清華大學 计算机系列教材

殷人昆 编著

数据结构（C语言版）

（第2版）

清华大学出版社
北京

内容简介

本书是根据教育部《高等学校计算机科学与技术专业公共核心知识体系与课程》编写的数据结构主教材。全书共8章。第1章介绍数据结构的地位和主要知识点，数据结构和算法的基本概念和算法分析的简单方法，以及C语言编程的要点。第2～8章分别介绍了线性表、栈和队列及其应用、多维数组、特殊矩阵、稀疏矩阵、字符串和广义表、树与二叉树、图、查找、排序，并做了适当延伸。作者在讨论每一个知识单元时，结合30多年教学的经验和考试辅导的体会，合理安排教材内容，力求透彻、全面，对学生读书容易忽略的地方和隐藏在书中所讨论问题后面的东西都有适当的提示。

本书的编写得到清华大学2015年精品教材建设项目的资助。本书既可作为高等学校计算机科学与技术专业和软件工程专业本科生学习数据结构与算法课程的教材，也可以作为计算机专业考研的辅导教材或其他计算机或软件考试的复习教材，还可作为计算机或软件系统开发人员的参考资料。

图书在版编目（CIP）数据

数据结构：C语言版 / 殷人昆编著. —2版. —北京：清华大学出版社，2017（2020.11重印）
（清华大学计算机系列教材）
ISBN 978-7-302-45989-7

Ⅰ. ①数…　Ⅱ. ①殷…　Ⅲ. ①数据结构－高等学校－教材　②C语言－程序设计－高等学校－教材
Ⅳ. ①TP311.12　②TP312.8

中国版本图书馆CIP数据核字（2016）第312857号

责任编辑：龙启铭　战晓雷
封面设计：常雪影
责任校对：梁　毅
责任印制：杨　艳

出版发行：清华大学出版社
网　　址：http://www.tup.com.cn, http://www.wqbook.com
地　　址：北京清华大学学研大厦A座　　邮　　编：100084
社 总 机：010-62770175　　邮　　购：010-83470235
投稿与读者服务：010-62776969，c-service@tup.tsinghua.edu.cn
质 量 反 馈：010-62772015，zhiliang@tup.tsinghua.edu.cn
课 件 下 载：http://www.tup.com.cn, 010-83470236
印 刷 者：北京富博印刷有限公司
装 订 者：北京市密云县京文制本装订厂
经　　销：全国新华书店
开　　本：185mm×260mm　　印　　张：26.25　　字　　数：638千字
版　　次：2012年10月第1版　2017年5月第2版　　印　　次：2020年11月第7次印刷
定　　价：49.50元

产品编号：068323-01

第 2 版前言

本书第 2 版的初稿完成于 2015 年 12 月，作为另一本教材《数据结构精讲与习题详解》（第 2 版）的写作参照，相互融合，相互补充，首先完成了该书，再回过头来第二次修改本书，所以本书实际上是第 2 版的修订本。

自从 1978 年美籍华人冀中田第一次在中国讲授“数据结构”课开始，很多老师对课程的内容和讲授方法做了大量的研究，也可以说是在做中学，总结出许多好的经验，使得课程的教学比当时进步了很多。我本人在这门课程的教学中也积累了一些心得，非常希望与正在学习这门课程的同学们分享，这是我修改这本教材的初衷。

既然数据结构与算法相辅相成，密不可分，而算法就是解决问题的过程描述，那么，描述数据结构与算法的语言就应该是过程性的。早期用伪代码描述，实践证明不可持续，因为很多用伪代码描述的算法转换为使用某种编程语言编写的程序后，怎么也通不过。原因是很多人编程语言的实践能力太差，算法的实现细节太粗糙。所以我认为，使用某种过程性语言，如 C、C++等，对于学习和实现数据结构与算法是合适的。

由于数据结构课程学时的限制（多数学校为 48～64 学时），作为本科生的教材，包含的知识容量应有一定限度。知识点太少，学生在未来的学习和工作中可联想的思考空间狭窄，使解决问题的能力受限；知识点太多，必然沦为百科全书式的阅读，基础不牢靠，同样使得解决问题的能力受限。通过教学实践证明，本书的第 1 版在内容上取材是恰当的，范围上取材的深度和广度也是恰当的，但联想不够，某些算法的实现上偏向使用伪代码描述，造成部分读者在学习上和实践上的困惑。本书第 2 版修改部分包括：

（1）在结构上从第 1 版的 10 章改为 8 章，虽然章数压缩了，但叙述内容不减反增。增加的知识点大多作为“扩展阅读”出现，它们不作为考核内容，主要是拓展视野。

（2）各章的“想想看”改为“思考题”，目的是增加一些互动环节。这些思考题触及的都是可联想的内容，或者是对理解正文有用的知识“点拨”。所谓“学问”就是有“学”还要有“问”。正面的“问”有助于理解“应该做什么”，反面的“问”有助于理解“不该做什么”。

（3）书中所有使用 C 语言书写的算法，包括辅助教材《数据结构精讲与习题详解》（第 2 版）中的 800 道算法题，都重新使用 VC++ 6.0 编译程序调试过，有的还按照软件工程的要求做了边界值测试。因为书中算法的正确运行需要构建运行环境，所以对于书中所涉及的主要数据结构的存储表示，绝大多数都在第 2 版给出了结构定义、初始化或创建算法、输出算法等，这样可由读者自行搭建运行环境。

（4）第 3 章增加了多栈共享同一存储时的栈浮动技术、递归程序的非递归模拟方法、优先队列的内容；第 4 章增加了 w 对角矩阵的压缩存储、稀疏矩阵的链表存储、串的 BM 模式匹配算法的内容；第 5 章增加了等价类与并查集的内容；第 6 章增加了构造最小生成树的破圈法、Dijkstra 算法的内容；第 7 章增加了跳表、红黑树、伸展树、字典树的内容。此外对保留的内容有部分增删。教材现有内容基本覆盖大多数学校的教学大纲和考研大纲。

（5）附录增加了词汇索引，书中出现的重要概念都收录在索引中，大大方便了读者查阅相关的词汇。

各章所附习题不包括选择题，但精选了许多综合应用题，这些习题的参考解答请参看作者的另一本配套教材《数据结构精讲与习题详解》。

因为作者的水平有限，可能在某些方面有考虑不周的地方，书中难免存在疏漏或错误，诚恳希望读者提出宝贵意见。

作者的 E-mail 地址是 yinrk@tsinghua.edu.cn 或 yinrk@sohu.com。

作　者

2016 年 8 月于清华大学

目　　录

第1章 绪　论

开发一个计算机系统，最基本的工作就是编程。没有程序，没有数据，再好的计算机硬件也是没有用的。譬如修建高速铁路，没有好的运行计划程序、调度程序、网络通信程序和机车控制程序，不可能让整个线路运转起来。因此，一个计算机系统离不开程序和数据。算法和数据结构是程序的核心，是支持问题解决所采取的数据组织方式。

当前，算法和数据结构已成为计算机科学与技术学科和软件工程学科一门重要的专业基础课程，也是许多后续课程（如操作系统、计算机系统结构、计算机网络、编译原理、数据库、人工智能等）的先修课程。它不仅是计算机和软件工程专业的必修课，也是许多非计算机专业学生的选修课和系统开发人员的培训课程。

1.1 数据结构的概念及分类

1.1.1 为什么要学习数据结构

当今世界是一个互联网普及、信息大爆炸的世界，各种 APP（应用程序）已经为人们的生活提供了种种方便。不同领域的人们对各种 APP 的需求越来越广泛，然而，这都离不开计算机程序的开发人员。如何开发出性能优良、可靠性高的程序，是摆在计算机从业人员面前的首要问题，这些需求形成了一门基础性学科——程序设计方法学，而算法和数据结构正是程序设计方法学的核心。

【例 1-1】 开发大学选课系统。假设某学期为计算机系的 160 名本科生设置了 40 门可选课程，限定每位学生一个学期只能选 6 门课程。这样，学生和课程之间出现了多对多的关系，如图 1-1(a)所示。如果引入一个交互实体“选课”，学生和课程之间的关系就转化为两个一对多的关系，如图 1-1(b)所示。

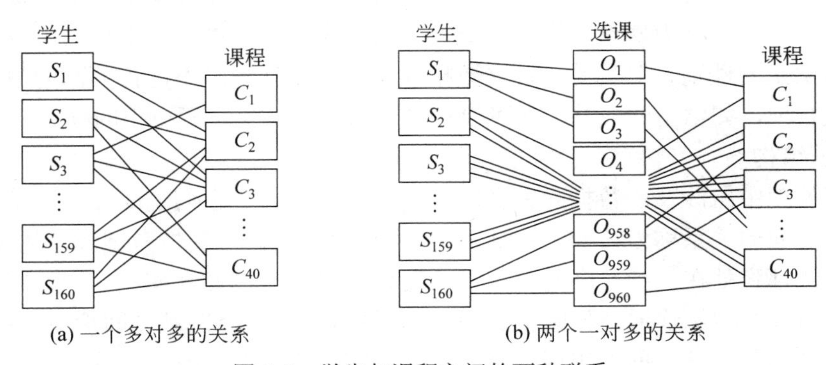

图 1-1　学生与课程之间的两种联系

图 1-1 给出了问题中出现数据之间的关系，这些关系包括一对一的、一对多的和多对多的关系。数据以及它们之间关系若选择得当，可以大大简化问题，设计出良好的解决方

案，降低问题解决的困难度，甚至可以大幅降低最终程序的运行时间或节省大量的存储空间。

事实上，问题的最终解决取决于程序，而程序的质量又取决于算法的选择和数据的组织方式。著名的瑞士科学家，图灵奖获得者 Niklaus Wirth（沃思）在其经典著作 *Algorithms*＋*Data Structures*＝*Programs* 中强调“程序的构成与数据结构是两个不可分割地联系在一起的问题。”他又引用 C. A. R. Hoare（霍尔）在 *Notes on Data Struncturing* 中的名言：“不了解施加于数据上的算法就无法决定如何构造数据，反之，算法的结构和选择却常常在很大程度上依赖于作为基础的数据结构。”从而给出一个权威性的定义：程序就是在数据的某些特定的表示方式和结构的基础上对抽象算法的具体表述。

因此，学习数据结构的意义在于编写高质量的程序。因为人们的直观概念总是数据先于算法——你总得先有对象才有施加于它的算法。

1.1.2　与数据结构相关的基本术语

1．数据

我们在日常生活中会遇到各种信息，如用语言交流的思想，在战争中用于传递命令的旗语等。这些信息必须转换成数据才能在计算机中进行处理。因此，数据的定义是：数据是信息在计算机程序中的表示形式或编码形式，是描述客观事物的数、字符以及所有能输入到计算机中并被计算机程序识别和处理的符号的集合。

数据大致可分为两类：一类是数值性数据，包括整数、浮点数、复数、双精度数等，主要用于工程和科学计算，以及商业事务处理；另一类是非数值数据，主要包括字符和字符串，以及文字、图形、图像、语音等。

2．数据元素

数据的基本单位是数据元素，它是计算机处理或访问的基本单位。例如，一个考生名册中的每个学生记录，一个字符串中的每一个字符，一个数组的每一个数组成分都是数据元素。不同场合下数据元素可以有别名，如元素、记录、结点、表项等。

3．数据项

数据元素可以是简单元素，如整数、浮点数、字符等；也可以是由多个数据项构成的复合元素。数据项又称为属性、字段、域。数据元素中的数据项可以分为两种：一种叫做初等项，如学生的性别、籍贯等，这些数据项是在数据处理时不能再分割的最小单位；另一种叫做组合项，如学生的成绩，它可以再划分为物理、化学等更小的项。

4．数据结构

在数据处理中所涉及的数据元素之间都不是孤立的，在它们之间存在着某种关系，这种数据元素之间的关系称为结构。例如，招生考试时把所有考生按考试成绩从高到低排队，所有考生记录都将处在一种有序的序列中；又如，在 n 个网站之间建立通信网络，要求以最小的代价将 n 个网站连通，如图 1-2(a)所示，这样，在所有网站之间形成一种树形关系；反之，要求当网络中任一网站出现故障时，整个网络仍然保持畅通，这样，在所有网站之间形成一种网状关系，如图 1-2(b)所示。

由此可以引出数据结构的定义：数据结构是由与特定问题相关的某一数据元素的集合和该集合中数据元素之间的关系组成的。

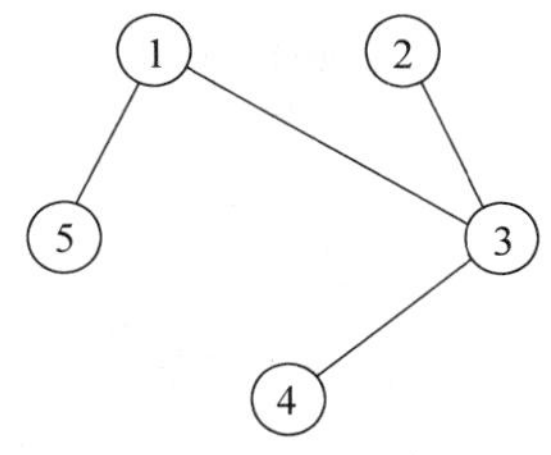

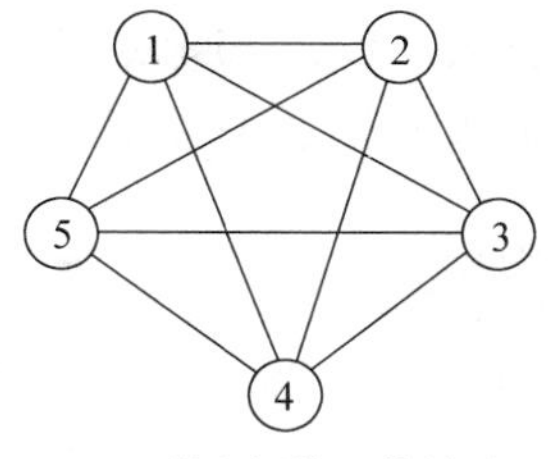

(a) 网站之间的树状关系

(b) 网站之间的网状关系

图 1-2 *n* 个网站之间的连通关系

数据结构可分为静态数据结构（static data structure）和动态数据结构（dynamic data structure）。例如，数组是静态数据结构，它的元素个数和元素间的关系是不变的；链表和索引表是动态数据结构，它们的元素个数和元素间的关系将会因插入或删除而变化。

5．数据对象

从狭义的观点把数据对象定义为具有一定关系的相同性质的数据元素的集合。从广义的观点把数据对象定义为一个由数据抽象和处理抽象构成的封装体，即数据对象的声明中不但要包含属性，还要包含可用的操作。

6．数据类型

从程序设计角度来看，数据类型与数据结构的概念是相通的，主要用于刻画程序中操作对象的特性。数据类型明确地或隐含地规定了在程序执行期间变量、表达式或函数所有可能取值的范围，以及作用在这些取值上的操作。因此，数据类型是一个值的集合和定义在这个值集合上的一组操作的总称。例如，C 或 C++语言规定了一些内置的数据类型，如整数、浮点数、字符、指针、枚举量等，它们的表示、取值和操作如表 1-1 所示。

表 1-1 C/C++语言中的内置数据类型

表示	char	int	unsigned int	long int	unsigned long int	float	double
类型	字符型	整型	无符号整型	长整型	无符号长整型	浮点型	双精度型
位数	8b	16b	16b	32b	32b	32b	64b
取值	−127～127	−32 767～32 767	0～65 535	−2 147 483 647～2 147 483 647	0～4 294 967 295	6 位有效数字	10 位有效数字
操作		+，−，×，/，%	+，−，×，/，%	+，−，×，/，%	+，−，×，/，%	+，−，×，/	+，−，×，/

但仅有内置的数据类型还不能满足所有应用系统的需求，需要使用更复杂的数据类型，即构造型数据类型。内置数据类型在数据设计中亦称基本数据类型或原子类型，它的每个数据元素都是单一的无法再分割的整体。但构造数据类型可以由不同成分的内置数据类型或子结构类型按照一定的规则组成。例如，一个学生的学籍卡片是一个构造数据类型，除了包括姓名、性别、年龄等基本类型外，还包括如家庭成员等子结构类型。在编写 C 或 C++语言程序时人们可以自行定义为解决应用问题所必需的数据类型，它是确切地描述数据对象，正确地进行相关计算的有效工具。

【例 1-2】 数据表（Data List）的数据类型定义如程序 1-1 所示。

程序 1-1 数据表的构造型类型定义

```
#define maxSize 100                //表空间的大小，可根据实际情况决定
typedef struct {
    int elem[maxSize];             //存放表元素的向量
    int n;                         //当前的表长度
} DataList;
```

数据类型和数据结构又是什么关系呢？一般认为，数据结构是一种抽象的描述，数据元素的定义和元素间关系的定义舍弃了实际的物理的背景，是通用型的定义。数据类型是一种有实际问题要求背景的特定的定义，是数据结构的实例化。

数据类型分两种，一种是内置数据类型，如 int、float、double、char、string 等，是编程语言已经实现了的，程序员可直接在程序中使用的数据结构。而构造数据类型是程序员用编程语言描述的数据结构的存储映像。

数据对象和数据结构又是什么关系呢？从对象技术的意义上讲，数据对象不但包括了数据结构，还包括了数据结构的存储表示和施加于其上的运算。可以说，数据对象包含了数据结构所涉及的所有层面。

7．抽象数据类型 ADT

在软件设计时，常常提到“抽象”和“信息隐蔽”。那么，什么是抽象呢？

抽象的本质就是抽取反映问题本质的东西，忽略非本质的细节。对于数据的抽象，可以用一个例子说明。在汇编语言中则给出了各种数据的自然表示，如 15.5、1.3E10、10 等，它们是二进制数据的抽象，编程人员在编写程序时可以直接使用它们，不必考虑实现的细节。到了高级语言，出现了整型、实型、字符型、双精度型等，它们是更高一级的数据抽象。为适应现代程序设计技术的发展，又出现了抽象数据类型。它可以进一步定义更高级的数据抽象，如各种表、队列、图，甚至窗口、管理器等。编程人员只需了解这种数据抽象包含哪些信息，有哪些可用的服务，即可在自己的程序中使用它。

抽象数据类型还有一种特性，即使用与实现分离，实现封装和信息隐蔽，就是说，抽象数据类型把数据的具体实现封装在数据类型之内，将其隐蔽起来。使用者在使用这种数据类型支持问题的解决时不必考虑类型中数据的具体组织和相关操作的编程细节，只要通过相关对外公开操作的调用（接口）来使用即可。这样做的好处是提高了复用程度，把可能的修改局部化。如果把数据类型内部的实现改掉，只要接口的调用形式不变，用户程序中所有调用此接口的地方一律可以不改变，提高了程序的可修改性和可移植性。

一般地，抽象数据类型由用户定义，是用以表示应用问题的数据模型。抽象数据类型不像 C 语言中的构造（struct）类型那样，把数据结构和相关操作分别定义，而是把数据成分和一组相关的操作封在一起。因此，抽象数据类型在 C++、Java 中可以用“类”直接描述，在 C 语言没有适当的机制描述，所以本书在以后的讨论中，不再涉及抽象数据类型。

在使用 C 语言编程时，要求先用 typedef struct…来定义数据的结构类型，再分别定义相关的操作。从教学观点来看，用 C 语言描述比较简洁，初学的学生容易上道。

思考题 系统开发中数据设计三视图为数据内容、数据结构和数据流。其中有关数据

结构的讨论主要涉及数据元素之间的关系，那么数据元素内容应在什么时候考虑？

1.1.3　数据结构的分类

1．分解和抽象

数据结构的核心技术是分解与抽象。首先是数据的分解和抽象，通过分解划分出数据的层次（数据－数据元素－数据项）；再通过抽象，舍弃数据元素的具体内容，就得到数据的逻辑结构。其次是处理的分解和抽象，通过分解将处理需求划分成各种功能，再通过抽象舍弃实现细节，就得到算法的定义。上述两个方面的结合将问题变换为数据结构和算法。这是一个从具体（即具体问题）到抽象（即数据结构和算法）的过程。

进一步地，通过增加对实现细节的考虑进一步得到存储结构和实现运算，从而完成程序设计的任务。这是一个从抽象（即数据结构）到具体（即具体实现）的过程。

熟练地掌握这两个过程是数据结构课程在专业技能培养方面的基本目标。

2．逻辑结构与存储结构

数据的逻辑结构是根据问题的需要建立的数据元素和它们之间的关系，完全不考虑具体如何实现。例如，在商店销售系统中的交易文件、商品文件；在图书管理系统中的图书文件、读者文件、借阅文件等。而逻辑结构的实现就是存储结构（或物理结构）。

数据的存储结构则是指数据逻辑结构的存储方式，是属于实现层面的，亦称为数据结构的存储映像，例如，索引文件组织、散列文件组织、顺序文件组织等。

数据的逻辑结构根据问题所要实现的功能建立，数据的存储结构根据问题所要求的响应速度、处理时间、修改时间、存储空间和单位时间的处理量等来实现数据的逻辑结构。它们之间的关系如图 1-3 所示。从用户角度所能看到的只是数据的逻辑结构，所以通常所称的数据结构只是数据的逻辑结构。按照现代程序设计的思想，用户最好不要直接访问数据的逻辑结构所包含的数据内容，而应通过一组用户可见的操作来访问这些数据内容。逻辑结构可以通过一组特定的操作映射到存储结构。

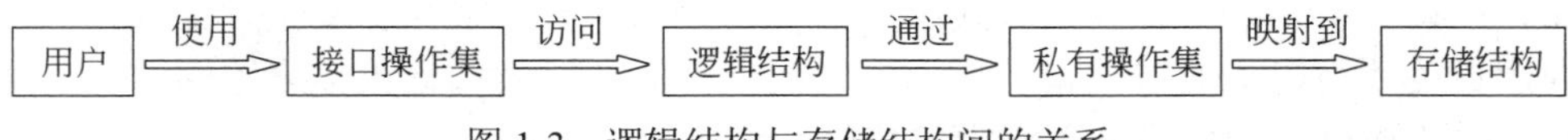

图 1-3　逻辑结构与存储结构间的关系

3．逻辑结构的分类

在解决特定问题时，依据可能遇到的数据元素之间关系的不同，数据的逻辑结构（在本书下文中简称为数据结构）分为线性结构、树结构、图结构和集合结构，如图 1-4 所示。

（1）线性结构。在这种结构中所有数据元素都按某种次序排列在一个序列中，如图 1-4(a)所示。它的元素之间的关系是一对一的，如线性表、向量、栈、队列、优先队列、字典等。

（2）非线性结构。在非线性结构中各个数据元素不再保持在一个线性序列中，每个数据元素可能与零个或多个其他数据元素发生联系。根据关系的不同，可分为树结构和图结构。树结构的元素之间是一对多的关系，如图 1-4(b)所示；图结构的元素之间是多对多的关系，如图 1-4(c)所示。多维数组和广义表属于线性表的扩展，从宏观上看，不具有线性结构的一对一的特点，从可共享情况来看，又有多对多的特点。

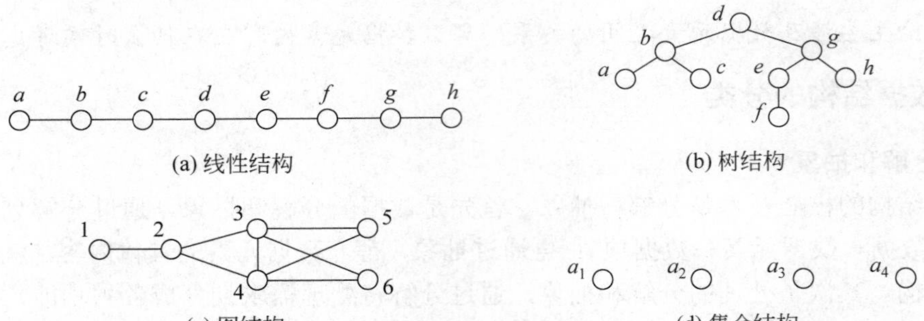

(a) 线性结构

(b) 树结构

(c) 图结构

(d) 集合结构

图 1-4　不同数据结构中各数据元素间的联系

思考题　数据的逻辑结构是否可以独立于存储结构来考虑？反之，数据的存储结构是否可以独立于逻辑结构来考虑？

思考题　集合结构中的元素之间没有特定的联系，如图 1-4(d)所示。那么集合结构属于线性结构还是非线性结构？这是否意味着需要借助其他结构来表示？

1.1.4　数据结构的存储结构

数据结构根据存取方法的不同，可分为 3 类：

（1）直接存取结构。可以按序号直接存取某一元素，如向量、多维数组、散列表等。

（2）顺序存取结构。只能从序列中第一个元素起，按逻辑顺序逐个访问元素，如各种链表结构（单链表、循环链表、双向链表、二叉或三叉链表、图的邻接表等）就属于此类。

（3）索引结构。通过关键码来识别和访问元素，如线性索引、多叉查找树等。

一般地，常用的 4 种存储方式如下：

（1）顺序存储方式。该存储方式把逻辑上相邻的元素存放到物理位置上相邻的存储单元中，数据元素之间的逻辑关系由存储单元的邻接位置关系来体现。由此得到的存储结构称为顺序存储结构，通常，顺序存储结构可借助程序设计语言中的一维数组来描述。

（2）链接存储方式。该存储方式不要求逻辑上相邻的元素在物理位置上也相邻，元素之间的逻辑关系由附加的链接指针指示。由此得到的存储结构称为链表存储结构，通常，链表存储结构要借助程序设计语言中的指针类型来描述。

（3）索引存储方式。该存储方式在存储元素信息的同时还建立索引表。索引表中每一项称为索引项，索引项的形式是（关键码，地址）。关键码是能够标识一个元素的数据项。按照索引项是针对每个元素还是针对一组元素，可分为稠密索引和稀疏索引。此外，根据索引表是一层还是多层，可分为线性索引和多级索引。

（4）散列存储方式。该存储方式根据元素的关键码通过一个函数计算直接得到该元素的存储地址。

上述 4 种基本的存储结构既可以单独使用，也可以组合起来建立数据结构的存储结构。同一种逻辑结构可以有不同的存储结构。选择何种存储结构来表示相应的逻辑结构，要视不同的资源要求而定。对于数据结构的实现者来说，选择存储结构主要考虑的要素如下：

（1）访问频率。对于其内容需要经常访问但修改不频繁的数据结构，宜采取存取速度快、存储利用率高的存储结构。

（2）修改频率。对于其内容经常需要修改的数据结构，宜采用修改速度快、尽可能不移动元素的存储结构。

（3）安全保密。对于安全保密要求高的数据结构，宜采用面向对象方法，用类的继承方式设计存储结构，用公有（public）、私有（private）和保护（protected）来划定访问级别。主要考虑运算的时间和空间要求以及算法的简单性。

思考题　关键码（key）有时被称为关键字或键，可用于标识一个数据元素。它可以用数据元素中的一个或几个数据项来定义。试问关键码是指关键码项还是指关键码值？

1.1.5　定义在数据结构上的操作

定义在数据结构上的操作是一个操作集，它提供了操纵数据结构的各种运算。

对于不同的数据结构，操作集所包含的操作也有所不同。基本的操作有以下几种：

（1）创建。构建属于数据结构的一个实例，对其所有成分赋予初值。

（2）销毁。撤销属于数据结构的一个实例，释放实例占用的动态分配的存储空间。

（3）查找。按照给定值搜索数据结构的一个实例内是否有满足要求的元素或结点。

（4）插入。把新元素按照指定位置插入到数据结构的一个实例内。

（5）删除。删去数据结构的一个实例内指定的元素或结点。

（6）排序。把线性结构内所有元素按照指定域的值从小到大或从大到小重新排列。

思考题　为何在数据结构课程中既要讨论各种在解决问题时可能遇到的典型的逻辑结构，还要讨论这些逻辑结构的存储映像（存储结构），此外还要讨论这种数据结构的相关操作（基本运算）及其实现？

1.1.6　“好”数据结构

如果一个数据结构可以通过某种“线性化”规则被转化为线性结构（如第2章讨论的线性表），则称它为“好”的数据结构。通常“好”的数据结构对应到“好”的（高效的）算法，这是由计算机的计算能力决定的。因为计算机本质上只能按照逻辑顺序处理指令和内存单元，如果没有线性化的结构，在逻辑上是不可计算的。

例如对一个图进行操作，要访问图的所有顶点，则必须按照某种顺序来依次访问这些顶点，因此必须通过某种方式（如遍历、拓扑排序）将图固有的非线性结构转化为某种线性序列，才能对图进行操作。又如对一棵树进行操作，已经有多种方式对其线性化，如树的前序、中序、后序、层次序遍历，树的线索化，查找树的随机查找路径等，从而可以利用树设计出多种非常高效的算法，因此可以称树是一种“好”的数据结构。除此以外，如栈、队列都是“好”的数据结构。

1.2　使用C语言描述数据结构

既然数据结构归于程序设计学范畴，讨论数据结构时采用某种程序设计语言描述是最合适的。首先，通过阅读算法的源程序，可以锻炼读程序的能力；通过接续程序设计语言课程，持续使用程序设计语言，可以锻炼写程序的能力。可以这样认为：在数据结构教学中融合程序设计，可以培养、实训和开发学生的分析问题和解决问题的能力。

1.2.1 C 语言的数据类型

数据类型明确地或默认地规定了在程序执行期间参加运算的变量或表达式所有可能的取值范围以及在这些值上允许进行的操作。对于内置数据类型，如 int、char、float 等的运用不再赘述，下面重点讨论构造型、联合型和指针型。

1．构造型 struct

构造型是程序员自己定义的数据类型，它本身又包含了若干不同的成分，每一成分又具有自己的数据类型。

【例 1-3】 考生（Examinee）记录的数据类型可定义为构造型，如程序 1-2 所示，每个 Examinee 包含的信息有报考号（number）、姓名（name）、成绩（score）和录取学校编码（code），它们分属不同的数据类型。

程序 1-2 考生的构造型定义

```
typedef struct {                     //考生记录的结构类型声明
     long number;                    //报考号（长整型）
     char *name;                     //姓名（字符型）
     float score;                    //成绩（浮点型）
     int code;                       //录取学校编码（整型）
} Examinee;                          //考生的类型名
```

构造型每一成分称为域（field）或字段。保留字 typedef 是类型定义所必需的，如果通过 Examinee s1 定义了一个考生记录 s1，则 s1 叫做属于 Examinee 类型的结构变量。对 s1 的访问必须写成 s1.score、s1.name 等形式。

2．联合型 union

联合型也称为共存型，它也是程序员自己定义的数据类型，与构造型类似，它也包含若干不同成分。与构造型的区别在于，联合型所包含的这些成分共享同一空间，就是说，这些成分覆盖了同一块存储空间。如果把程序 1-2 中的保留字 struct 改成 union，则它的所有成分将叠压在同一块存储空间，如图 1-5 所示。

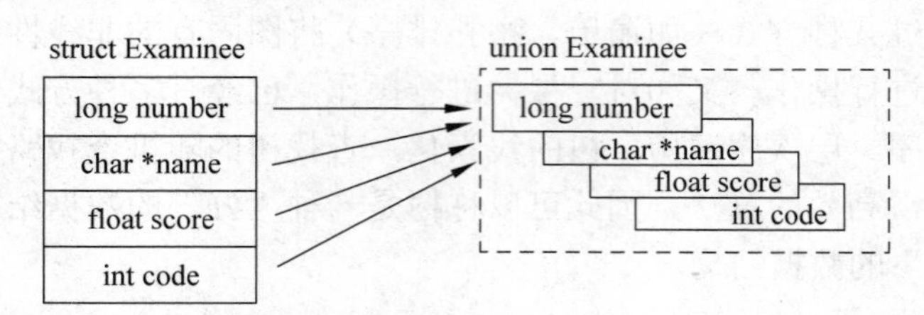

图 1-5 联合型与构造型的区别

3．指针型

指针存储的不是数据元素的内容，而是数据元素的地址。指针必须有类型，该类型用以说明该指针所指示的对象的类型。例如，char 类型的指针指向的地址存放的应是 char 类型的数据（原子型），Examinee 类型的指针指向的地址存放的应是 Examinee 类型的数据（构造型）。因此，指针变量的类型与它所指向的数据的类型必须一致。

如果通过 int *p 定义了一个指针型变量 p，并通过 p = &b 存储了整型变量 b 的存放地址，那么，若想把一个值 25 存入 b 中，可通过赋值语句*p = 25 实现，这相当于 b = 25；若想从 b 中提取它存放的值，可通过 int c = *p 实现，这相当于 int c = b。也就是说，如果*p 出现在赋值符（=）右边，意味着取出 p 所指示地址中保存的数据值；如果*p 出现在赋值符（=）左边，意味着向 p 所指示的地址内存入数据值。

如果指针 p 保持的是一个数组 a 中某一元素的地址，例如 p = &a[i]，与上述情况相同。但可以用 p++把指针 p 所保持的地址加 1，以指示下一数组元素 a[i+1]的地址；用 p--把指针 p 所保持的地址减 1，以指示前一数组元素 a[i-1]的地址。

思考题 如果结构定义时没有写 typedef，定义的是一个类型吗？通过 Examinee s1 定义的考生记录 s1 是否属于该类型的变量？

1.2.2 算法的控制结构

算法描述的三大控制结构是顺序型、选择型和重复型。

1．顺序型

算法中的语句顺序执行，构成顺序型控制结构，这是最简单的控制结构。

2．选择型

有 4 种选择语句类型。

（1）两分支选择型，其形式为

```
if （条件表达式） 语句 1； else 语句 2；
```

（2）else 部分为空的两分支选择型，其形式为

```
if （条件表达式） 语句 1；
```

（3）多分支选择型，其形式为

```
switch （计算表达式） {
      case 值 1：语句序列 1；break;
      ⋮
      case 值 n：语句序列 n：break;
      default：语句序列 n+1；
}
```

（4）条件赋值型，其形式为

```
变量名 = 条件表达式 ? 表达式 1（取真部分）：表达式 2（取假部分）；
```

3．重复型

即循环型控制结构，有 3 种循环语句类型。

（1）先判断型循环语句。它首先执行条件表达式计算，若结果为真，执行循环体语句，否则停止循环，执行后续语句。其形式是

```
while （条件表达式） 循环体语句；
```

这种循环有可能一次都不执行循环体语句。

（2）后判断型循环语句。它先执行循环体语句，再计算条件表达式，若结果为真，继

续执行循环体语句，否则停止循环，执行后续语句。其形式为

```
do {
   循环体语句
} (条件表达式);
```

这种循环至少执行一次循环体语句。

（3）增量型循环语句。它是一种特殊的先判断型循环语句，其形式是

```
for (循环控制变量初始化语句; 继续循环控制语句; 修改循环控制变量语句)
      循环体语句;
```

1.2.3 算法的函数结构

1．函数的一般形式

算法的描述一般都用函数形式给出。函数的一般形式是

```
函数返回类型 函数名（形式参数表）{
//函数设计思想或形式参数的简要说明
      语句序列
}
```

函数的调用者通过函数名来调用该函数，调用时把实际参数传送给形式参数表作为数据的输入，通过函数体中的语句序列实现该函数的功能；最后得到返回值作为输出。

【例 1-4】 程序 1-3 是一个求 a、b 中大值的函数。max 是函数名；a 和 b 是形式参数；函数名前 int 是函数返回类型；在花括号内括起来的是函数体，它给出了函数操作的实现。

程序 1-3 求两数中大者

```
int max ( int a, int b ) {
      return ( a > b ) ? a : b;
}
```

在 C 程序中没有返回值的函数，其返回类型是 void，函数体内 return 语句不返回任何内容；有返回值的函数都要求 return 语句返回一个内容，可能是返回计算结果，也可能是返回执行状态。return 的作用是返回一个与返回类型相同类型的内容，并中止函数的执行。

2．函数的参数传递

函数调用时传送给形式参数表的实际参数必须与形式参数在类型、个数、顺序上保持一致。参数传递有两种方式。一种是传值，这是默认的参数传递方式；另一种是引用类型。

使用传值方式时，把实际参数的值传送给函数内部对应形式参数的副本空间中，函数使用这个副本执行必要的功能。这时，函数修改的是副本的值，实际参数的值不变。使用引用类型方式传递参数时，需将形式参数声明为引用类型，即在参数名前加一个&。这意味着该形式参数将成为实际参数的别名，当函数执行时，对该形式参数的操作等于对相应实际参数的直接操作。函数执行后对形式参数的任何修改都将导致实际参数的修改。

【例 1-5】 程序 1-4 给出一个函数，交换 a 和 b 的值。函数通过传值型形式参数传递 a 和 b。函数执行的结果，a 和 b 的值没有改变。

程序 1-4 交换两个变量 a 和 b 的值

```
void Swap ( int a, int b ) {
     int temp = a;  a = b;  b = temp;
}
```

【例 1-6】 为了交换 a 和 b 的值，C 语言采取使用指针传递地址的方式来定义参数，如程序 1-5 所示。用 int *a 和 int *b 传递指针 a 和 b 所指示的变量的地址。若*a = &x，*b = &y，则主程序调用的方式应是 Swap (&x, &y)，最后交换了 x 和 y 的值，而不是 a 和 b 的值。

程序 1-5 交换指针 a 和 b 所指示变量的值

```
void Swap ( int *a, int *b ) {
     int temp = *a; *a = *b; *b = temp;
}
```

【例 1-7】 程序 1-6 给出另一个交换 a、b 的值的函数。函数通过引用型参数传递，主程序调用的方式应是 Swap (a, b)，最后交换了 a 和 b 的值。

程序 1-6 交换两个变量 a 和 b 的值

```
void Swap ( int &a, int &b ) {
     int temp = a;  a = b;  b = temp;
}
```

在把一个体积较大的结构变量当做函数参数时，使用引用方式的好处在于：

- 不必为实际参数建立副本，可节省存储空间。
- 不需要传递实际参数的值，可大大节省传递参数的时间。
- 如果形式参数是指针型引用变量，如*& p，则在函数内部可将 p 作为普通变量使用，可大大降低程序编写的复杂程度，从而降低程序的出错率。

3．数组作为参数传递

数组参数的传递情况比较特殊。数组作为形式参数可按传值方式声明，但实际采用引用方式传递，传递的是实际参数数组第一个元素的地址。在函数体内对形式参数数组所做的任何改变都将反映到实际参数数组中。此外，在形式参数表中数组 int R[n]可以用*R 形式声明，但这样声明容易与其他指针参数混淆，因此一般可采用 int R[ ]来声明。

【例 1-8】 对于一个整型数组 A[n]，交换 A[i]与 A[j]两个元素内容的算法如下面给出的程序 1-7 所示，算法执行后，A[i]与 A[j]的内容做了交换。

程序 1-7 另一种交换两个整型变量值的算法

```
void Exchange ( int A[], int i, int j ) {
   A[i] = A[i] + A[j];  A[j] = A[i] - A[j];  A[i] = A[i] - A[j];
}
```

此算法省去了通过三角交换必需的一个工作单元，但只限于整数值的交换。要注意的是，在参数表中不要写成(int A[maxSize], int n)的形式，即使传入数组的长度真的是 maxSize。

对于二维数组 A[m][n]，作为参数传递时第一个中括号内不写 m，第二个中括号内必须写 maxSize，且 maxSize 应是已经定义的常量，是数组第二维真实长度（n≤maxSize）。

【例 1-9】 一个整数数组 A1[n][n]自乘，结果存入 A2[n][n]，如图 1-6 所示。算法的实现如程序 1-8 所示。

$$\mathbf{A2=A1\times A1=}\begin{bmatrix}0&1&0\\0&0&1\\1&1&0\end{bmatrix}\times\begin{bmatrix}0&1&0\\0&0&1\\1&1&0\end{bmatrix}=\begin{bmatrix}0&0&1\\1&1&0\\0&1&1\end{bmatrix}$$

图 1-6　矩阵自乘

程序 1-8　矩阵自乘

```
void selfMul ( int A1[][maxSize], int A2[][maxSize], int n ) {
        int i, j, k;
        for ( i = 0; i < n; i++ )
                for ( j = 0; j < n; j++ ) {
                        A2[i][j] = 0;
                        for ( k = 0; k < n; k++ )
                                A2[i][j] = A2[i][j] + A1[i][k] * A1[k][j];
                }
}
```

函数参数表中的数组参数都是引用型的，函数体内的任何运算对数组参数的修改都会带给实际参数。

思考题　在使用传值型参数时，参数可以是常数、常量、变量或表达式；但在使用引用型参数时，参数是否可以直接使用常数、常量、变量或表达式？

1.2.4　动态存储分配

在用 C 语言编写的程序中，经常使用函数 malloc 动态地为程序变量分配它所需要的空间，并通过函数 free 动态地释放这个空间。函数 malloc 执行时，要求它的调用者使用函数 sizeof 提供所需存储空间的数量，完成动态分配后还需要对返回指针做类型的强制转换。

【例 1-10】 动态分配一个包含 127 个字符的串变量 s 的存储空间并检查分配是否成功。

```
char *s = ( char* ) malloc ( 128*sizeof ( char )); //动态分配
if ( s == NULL )                                    //若分配失败，报错并退出
      {printf ( "Dynamic memory allocation fail!\n " ); exit (1); }
```

在 C 语言中没有无用单元收集，这样使用 malloc 分配的存储必须显式地使用 free 命令释放。free 函数不需要明确指出 malloc 分配了多少存储空间。

1.2.5　逻辑和关系运算的约定

在 C 语言中逻辑和关系运算的优先次序如表 1-2 所示。

因此，在执行一个条件表达式时，一定是先执行关系运算符（<, <=, >, >=, ==, !=），得到的结果为 true 或 false，再执行&&（与）的运算，最后执行 ||（或）的运算。

表 1-2　C 语言中逻辑和关系运算的优先级表

运算优先级	1	2	3	4	5	6	7
操作符	单目−, !	*, /, %	+, −	<, <=, >, >=	==, !=	&&	||

本书中在书写由多个用&&和 || 连接的判断条件，如 a && b 或 c || d 时，采取了许多 C 编译器所规定的“短路”规则：

- 对于逻辑表达式 *A* && *B*，若条件 *A* 为假，表达式结果为假，不再判断条件 *B*；反之，若条件 *A* 为真，还要看条件 *B* 的取值。*B* 为什么值，表达式的结果就是什么值。
- 对于逻辑表达式 *A* || *B*，若条件 *A* 为真，表达式结果为真，不再判断条件 *B*；反之，若条件 *A* 为假，还要看条件 *B* 的取值。*B* 为什么值，表达式的结果就是什么值。

思考题　按照“短路”规则，*A* && *B* 与 *B* && *A* 的结果是否相同？*A*||*B* 与 *B*||*A* 的结果是否相同？

1.2.6　输入与输出

在 C 语言程序中，最常使用的输入和输出语句为

```
scanf ( [提示与格式串], &变量 1, …, &变量 n );          //输入
printf ( [提示与格式串] , 变量 1, …, 变量 n );          //输出
```

注意，scanf 命令的参数表中，形式参数都是指针型的，所以实际使用时输入的实际参数都必须在变量名前带上&符号，输入字符串除外。printf 命令无此要求。另外要求使用这两个语句时在程序首部需要使用预处理命令#include <stdio.h>链接相应的头文件。

常用的输入输出格式符如表 1-3 所示。

表 1-3　常用的输入输出格式符

格式符	格　式	格式符	格　式
d	十进制整数	c	单个字符
i	十进制整数	s	字符串
x	十六进制整数	e	指数形式的浮点数
0	八进制整数	f	小数形式的浮点数
u	无符号十进制整数	g	e 和 f 的较短的一种

1.3　算法和算法设计

1.3.1　算法的定义和特性

什么是算法？通常人们将算法定义为一个有穷的指令集，这些指令为解决某一特定任务规定了一个运算序列。一个算法应当具有以下特性：

（1）有输入。一个算法必须有 0 个或多个输入。它们是算法开始运算前给予参与运算

的各个变量的初始值。它们可以使用输入语句由外部显式地提供，也可以使用赋值语句在算法内隐式地给定，此即 0 个输入情形。无论如何，还是有输入。

（2）有输出。一个算法应有一个或多个输出，输出的值应是算法计算得出的结果。

（3）确定性。算法的每一步都应确切地、无歧义地定义。这意味着，对于一组确定的输入，在算法中应按一条确定的执行路径进行运算。

（4）有穷性。一个算法无论在什么情况下都应在执行有穷步后结束。

（5）可行性。算法中每一条运算都必须是足够基本的。就是说，它们都能通过计算机指令精确地执行，甚至人们仅用笔和纸做有限次运算就能完成。

算法和程序不同，程序可以不满足上述的特性（4）。例如，一个操作系统在用户未使用前一直处于“等待”的循环中，直到出现新的用户事件为止。这样的系统可以无休止地运行，直到系统停工。

思考题 分析以下几种情况是否违反了算法的特性。

- 算法应有输入，则 0 个输入是否有输入？算法特性中“0 个输入”是什么意思？
- 牛顿算法不收敛，它是否违反“有穷性”的要求？
- 如果一个算法多层嵌套地调用了其他算法，它是否违反“可行性”的要求？
- 如果一个算法内部有一个随系统状态会转移到不同指令地址的开关，它是否违反“确定性”的要求？

1.3.2 算法的设计步骤

【例 1-11】 现以选择具有最大值元素的程序为例，说明如何把一个具体问题转变为一个算法。所使用的方法是自顶向下、逐步求精的结构化程序设计方法，以“理解需求—设计思路—算法框架—程序实现”按部就班进行。

（1）理解需求。描述到底需要解决什么问题。在此例中，问题的要求是在一个整数数组中查找具有最大值的整数，返回该整数的位置（数组元素的下标）。如果有多个整数都是具有最大值的元素，则只返回第一个具有最大值的数组元素的下标。

（2）设计思路。考虑问题解决方案。n 个数据存放在数组 $a[n]$中，先假定 $a[0]$是具有最大值的元素，用 k 记忆这个位置，然后用 i 从 $a[1]$开始逐个检查。如果 $a[i]\leqslant a[k]$则让 i 加 1 继续检查下一个 $a[i]$；如果 $a[i]>a[k]$，则 $a[i]$是具有更大值的整数，让 k 记忆它的位置。这样一直检查下去，直到 $i=n$ 为止，k 记忆着具有最大值元素的位置，返回 k 值即可。

（3）算法框架。根据以上设计思路，可以建立算法的框架如程序 1-9 所示。首先让 $k=0$，再让 $i=1, 2, \cdots, n-1$，逐个检查 $a[i]$是否大于 $a[k]$，如果是，则让 $k=i$，记忆具有最大值整数的下标，当 $n-1$ 次比较做完，就在 k 中得到排序结果。

程序 1-9 选择具有最大值元素算法的框架

```
int i, k = 0;
从 i = 1 开始，逐项比较 a[i]和 a[k]:
     做 a[i], a[k]的比较，若 a[i] > a[k]则让 k 记忆 i 的下标
     让 i = i+1 继续向后比较
比较直到 i≥n 为止
```

（4）程序实现。用 C 语言实现算法框架，得到如程序 1-10 所示的算法。

程序 1-10 选择具有最大值元素的算法

```
int getMax ( int a[], int n ) {
     int i, k = 0;
     for ( i = 1; i < n; i++ )
           if ( a[i] > A[k] ) k = i;
     return k;
};
```

1.3.3 算法设计的基本方法

对于许多问题，只要仔细分析了数据对象，相应的处理方法就有了；对于有些问题则不然。为此，掌握一些常用的算法设计方法对于探寻问题求解思路是很有用的。本节简要介绍几种基本的算法设计方法，包括穷举法、迭代法、递推法、递归法。至于更复杂的算法设计方法，如回溯法、贪心法、分治法、动态规划和分枝定界等，在后续章节陆续介绍。

1．穷举法

穷举法又称为枚举法。它的基本思想如下：

（1）首先根据求解问题的部分条件分别列举出各种可能解。

（2）验证每一可能解是否满足条件，若是则可得出求解问题的解。若全部情况验证后均不符合求解问题的条件，则问题无解。

为了避免重复试探，应保证列举过的可能解在后面不再列举。要做到这一点，一般有两种方式：一是按规则列举，使得每次的列举与以前不同；二是盲目列举，但要随时检查当前的列举是否重复。检查重复需要记下以前的列举，这需要消耗存储空间。

【例 1-12】 求解小于等于某个整数 n 的最大素数。使用穷举法需从 n 到 $\sqrt{n}$，逐个用 2 到 $\sqrt{n}$ 的整数来整除，若能除尽则不是素数。相应代码如程序 1-11 所示。

程序 1-11 求小于或等于 n 的最大素数

```
#include <math.h>                           //有求平方根函数 sqrt 的定义
int prime ( int n ) {
//求小于等于整数 n（n > 0）的最大素数，通过函数返回值返回其结果
     if ( n <= 2 ) return n;
     int i, j, d = (int) sqrt (n);          //d 是 n 的平方根
     for ( i = n; i >= d; i-- ) {           //从大到小逐一检查
           for ( j = 2; j <= d; j++ )       //逐个试探
                 if ( i % j == 0 ) break;   //余数为 0 则能整除，跳过
           if ( j > d ) return i;           //都不能整除，i 即为最大素数
     }
}
```

穷举法的特点是算法简单，但有时运算量大，效率较低。在可以确定解的取值范围，但一时又找不到更好的算法时，就可以使用穷举法求解。

2．迭代法

迭代法的基本思想是，由一个量的原值求出它的新值，不断地再用新值替代原值求出它的下一个新值，直到得到满意的解。新值与原值之间存在一定的关系，这种关系可以用

一个公式来表示，称为迭代公式。迭代法主要用于那些很难用或无法用解析法求解的一类计算问题，如高次方程、超越方程、大型线性方程组等。它能使复杂问题的求解过程转化为相对较简单的迭代算式的重复执行过程，用数值方法求出问题的近似解。

【例 1-13】 使用区间折半法求超越方程 $f(x) = 0$ 的根。设求根区间为$[a, b]$，且区间内最多只有一个根。算法首先计算区间左端点的函数值$f(a)$，右端点的函数值$f(b)$，然后执行以下步骤：

（1）计算区间中间点 m 和它的函数值$f(m)$，若$f(m) = 0$，则 m 即为方程的根，结束算法，否则做如下判断：

- 如果$f(a)f(m) \leqslant 0$，说明$f(a)$与$f(m)$正负号相反，在数轴上位于横轴的上、下两侧，方程在区间$[a, m]$有根。舍弃右半区间(m, b)，令 $b = m$，$f(b) = f(m)$，转到步骤(1)继续执行。
- 如果$f(a)f(m) > 0$，说明$f(a)$ 与$f(m)$正负号相同，在数轴上位于横轴的同一侧，方程在区间$[a, m]$内无根，舍弃$[a, m]$，令 $a = m$，$f(a) = f(m)$，转到步骤(1)继续执行。

（2）当区间缩小成没有元素的空区间，则表明区间$[a, b]$无根，结束算法。

程序 1-12 给出使用区间折半法求方程$f(x) = 0$ 的根的算法。

程序 1-12 使用区间折半法求方程 $x^2+2x-1 = 0$ 在区间$[a, b]$中的根

```
#include<math.h>
#define Fa  a*a+2*a-1
#define Fb  b*b+2*b-1
#define Fm  m*m+2*m-1
float equation_Root ( float a, float b ) {
      float m, fa, fb, fm, x, y;  int i, n = 100;    //n 是最大迭代次数
      fa = Fa, fb = Fb;                              //区间两端点的函数值
      if ( fa*fb <= 0 ) {                            //区间中有根，继续执行
            x = a;  y = b;                           //设置当前求根区间的两个端点
            for ( i = 1; i <= n; i++ ) {             //最多允许迭代 n 次
                  m = (x+y)/2; fm = Fm;              //求中点及中点的函数值
                  if ( fabs(Fm) < 0.001 || fabs(y-x) < 0.001 ) break;
                                                     //求到转出循环
                  if ( Fa*Fm > 0 ) { x = m;  fa = fm; } //向右缩小区间
                  else { y = m;  fb = fm; }          //向左缩小区间
            }
            return m;
      }
}
```

这种迭代方法通过循环实现迭代过程。迭代法的另一常用场合是数列求值或级数求和。如计算 $s = 1+2+3+\cdots+1000$，可选取迭代公式 s+1→s 和迭代初值 0（即 0→s）。

3．递推法

递推法的基本思想是从前面的一些量推出后面的一些量。它从已知的初始条件出发，逐次推出所要求解的各中间结果和最终结果。

用递推法求解问题的具体实现有两种方式：递归的和非递归的。递归的递推求解是使用递归法计算，是自顶向下进行的；非递归的递推求解是使用迭代法计算，是自底向上进行的。

【例 1-14】 计算斐波那契（Fibonacci）数。Fibonacci 数列存在着递推关系

$$f(0)=0，f(1)=1，f(n)=f(n-1)+f(n-2)，n\geqslant 2$$

如果使用迭代法求 Fibonacci 数列中某一项 $f(k)$的值，利用递推公式逐步求出 $f(2)$, $f(3)$, …, $f(k-1)$的值，最后求出$f(k)$的值。相应实现参看程序 1-13。

程序 1-13 计算 Fibonacci 数的迭代算法

```
int Fib ( int k ) {
      if ( k < 2 ) return k;                     //特殊情况处理
      int f0, f1, fk;
      f0 = 0;  f1 = 1;                           //迭代初始值
      for ( int i = 2; i <= k; i++ ) {           //逐步递增计算
            fk = f0 + f1;                        //计算 Fib(k)
            f0 = f1;  f1 = fk;                   //为下一步计算保存前两项的值
      }
      return fk;
}
```

4．递归法

如果一个数据对象包含它自身，则称此对象为递归的；如果一个过程直接或间接地调用它自身，则称该过程是递归的。直接调用自身称作直接递归，间接调用自身则称作间接递归。

递归是构造算法的一种基本方法，它将一个复杂问题归结为若干个较为简单的问题，然后将这些较为简单的问题进一步归结为更简单的问题，这个过程一直进行下去，直到归结为最简单的问题时为止。这个最简单的问题即为递归终止条件，也称作递归出口。

后续章节介绍的许多算法都可以用递归法实现，包括很多人工智能问题、图论问题等。

递归和递推是既有区别又有联系的两个概念。递推是从已知初始条件出发逐次推出最后所求的值；递归则是首先确定可以直接求解的情况和问题解，然后从问题规模为 n 的场合把问题划分，通过调用其本身求解过程降低问题规模，直到可以直接求值的递归出口，然后再倒推回来得到最终的值。一般来说，一个递推算法总可以转换为一个递归算法。

【例 1-15】 求 Fibonacci 数的问题。采用递归算法求解的过程如程序 1-14 所示。

程序 1-14 计算 Fibonacci 数的递归算法

```
int Fib ( int k ) {
      if ( k < 2 ) return k;
      else return Fib(k-2)+Fib(k-1);
}
```

对于同一问题所设计的递归算法往往要比相应的非递归算法（如迭代算法）付出更多的执行时间代价和更多的辅助存储空间开销。然而，利用递归方法分析和设计算法可使难度大幅度降低，且程序设计语言中一般都提供递归机制；利用递归过程描述问题求解算法不仅非常自然，而且算法的正确性证明要比相应的非递归算法容易得多；另外有成熟的方

法和技术，可以很方便地把递归算法改写为非递归算法。所以，递归技术是算法设计的基本技术，递归方法是降低分析设计难度提高设计效率的重要手段和工具。

思考题 穷举法与迭代法有何关系？穷举法与递推法有何关系？递推与递归又有何关系？

1.4 算法分析与度量

一个问题的解决可采用多种算法来实现，每个算法也有多种实现方案可供选择。因此，需要做算法分析，以比较采用什么数据结构和算法最合适。

1.4.1 算法的评价标准

判断一个算法的优劣，主要有以下几个标准：

（1）正确性。要求算法在正确的输入条件下能够正确地执行预定的功能并达到性能要求。这是最重要的标准，这要求算法的编写者对问题的要求有正确的理解，并能正确地、无歧义地描述和利用某种编程语言正确地实现算法。

（2）健壮性。要求算法在不正确的输入条件下能够自我保护。为此，在算法中应加入对输入参数、打开文件、读文件记录、子程序调用状态进行自动检错、报错并通过与用户对话来纠错的功能。

（3）可读性。算法应当是可读的。这是理解、测试和修改算法的需要。为了达到这一要求，算法的逻辑必须是清晰的、简单的和结构化的。所有的变量名、函数名的命名必须有实际含义。在算法中必须加入注释。

（4）高效性。算法的高效性也称为效率，主要指算法执行时间和空间的开销，前者叫做算法的时间代价，后者叫做算法的空间代价。算法的效率与多种因素有关。例如，所用的计算机系统、可用的存储容量和算法的复杂性等。下面将重点地讨论算法的效率。

（5）简单性。算法的简单性是指一个算法所采用数据结构和方法的简单程度。算法的简单性与算法的出错率直接相关。算法越简单，其出错率越低，可靠性越高。常用的算法简单性度量是环路复杂度度量，它等于程序中判断语句和子程序调用总数加 1。环路复杂度越低，程序越简单，软件工程要求每个程序模块中的环路复杂度最大不能超过 10，否则会出现出错率的跃升。

1.4.2 算法的时间和空间复杂度度量

通常，算法效率的度量受多种因素影响。例如，一个算法的执行效率与运行环境有关。同样的算法用相同的输入在速度不同的计算机运行，执行速度可能相差得非常大；一个算法用不同的编译器编译出的目标代码也不一样长，完成同样的功能所需时间也不同；对于一个存储需求极大的算法，如果可用的存储空间不够，在运行时将不得不频繁地进行内外存交换，需要的运行时间就很多。因此，算法的运行时间依赖于所用的计算机系统、编译器、可用存储空间大小，还依赖于所用的编程语言、系统提供的标准函数库和动态链接库等。

可以对算法的运行时间进行测量，以评估算法的时间和空间效率，但在不同的机型、不同的编译器版本、不同的硬软件配置情况下，想通过测量结果来判断算法执行效率的优劣是不可行的。最好是通过比较算法的时间和空间复杂度来评价算法的优劣，因为算法的时间和空间复杂度与具体的运行环境和编译器版本无关。

1．算法的复杂度度量与问题规模

算法的复杂度度量分为时间复杂度度量和空间复杂度度量。算法的时间复杂度是指当问题的规模从1增加到n时，解决这个问题的算法在执行时所耗费的时间也由1增加到$T(n)$，则称此算法的时间复杂度为$T(n)$；算法的空间复杂度是指当问题的规模从1增加到n时，解决这个问题的算法在执行时所占用的存储空间也由1增加到$S(n)$，则称此算法的空间复杂度为$S(n)$。一般来说，时间复杂度度量和空间复杂度度量都是问题规模的函数，因此，在算法分析时有两件事要做：

（1）明确问题规模，问题规模可以从问题的描述中找到。例如，在有n个学生记录的学生文件中查找某个名叫张克群的学生，则n即为问题规模。又例如，对一个n阶线性方程组求解，则问题规模仍为n。

（2）在确定了问题规模之后，具体分析算法的程序代码，找出算法具体服从何种函数。

为简化分析，通常规定算法的时间复杂度度量仅限于算法中的可执行语句，并规定语句一次执行的时间单位为1。而算法的空间复杂度度量仅涉及算法执行所需的附加存储空间，其空间单位也为1。

2．时间复杂度度量

为估算算法的时间复杂度，需要统计算法中所有语句的执行频度，即所有语句的执行次数。运行时间的计算如下：

算法的执行频度＝等于算法中所有运算语句的总执行时间
＝算法中每条运算语句所执行时间的总和
＝每条语句的执行次数×该语句执行时间

由于在计算机中基本运算语句，如加、减、乘、除、转移、存、取等的运算时间受计算机硬件、编译器的编译方法、操作系统的调度算法等的影响，很难准确估计，所以在度量时可视每条基本运算语句的执行时间为单位时间。这样可以设定：

算法中每条运算语句的执行频度＝该语句执行次数
算法中所有运算语句的总执行频度＝算法中每条运算语句执行频度的总和
算法的执行频度＝算法中所有运算语句执行频度的总和

【例1-16】 给出一个程序example，功能是计算并输出$m \times m$矩阵$\boldsymbol{x}$各行元素的和，计算该程序的所有运算语句的总执行频度。用列表法计算，参看表1-4。

表1-4 程序执行频度计算

行号	程 序 语 句	一次执行所需语句数	执行次数	总次数
0	void example(float x[ ][m], int m)			
1	{	0	1	0
2	float sum[m]; int i, j;	0	1	0
3	for (i = 0; i < m; i++) {	2	m+1	2(m+1)
4	sum[i] = 0.0;	1	m	m

续表

行号	程序语句	一次执行所需语句数	执行次数	总次数
5	for (j = 0; j < m; j++)	2	$m(m+1)$	$2m(m+1)$
6	sum[i] = sum[i] + x[i][j];	1	m^2	m^2
7	}	0	$m+1$	0
8	for (i = 0; i < m; i++)	2	$m+1$	$2(m+1)$
9	printf ("第%d 行和=%f\n", i, sum);	1	m	m
10	}	0	1	0
				总程序执行频度 $3m^2+8m+4$

算法并列两个循环，程序总执行频度为 $3m^2+8m+4$。

【例 1-17】 对于程序 1-15 所示的递归算法，计算它的时间复杂度。

程序 1-15 计算数组 a 前 n 个元素的值的递归算法

```
float rsum ( float a[], int n ) {
    if ( n <= 0 ) return 0;
    else return rsum ( a, n-1 )+a[n-1];
}
```

在此递归算法中，语句 if (n <= 0) return 0 是递归结束条件，要求执行 n <= 0 比较和执行 return 0 各一次，程序执行次数为 2。当 n > 0 时进入递归 rsum(a, n−1)，递归调用 rsum(a, n−1)一次，加 a[n−1]一次。递归算法 rsum(a, n−1)的程序执行次数为：

$$T_{\text{rsum}}(n)=\begin{cases}2, & n\leqslant 0 \text{ 时}\\ 2+T_{\text{rsum}}(n-1), & n>0 \text{ 时}\end{cases}$$

这是一个递推公式，通过重复代入 T_{rsum} 来实现递推计算 T_{rsum}：

$$\begin{aligned}T_{\text{rsum}}(n) &= 2 + T_{\text{rsum}}(n-1)\\ &= 2 + 2 + T_{\text{rsum}}(n-2) = 2\times 2 + T_{\text{rsum}}(n-2)\\ &= 2\times 2 + 2 + T_{\text{rsum}}(n-3) = 2\times 3 + T_{\text{rsum}}(n-3)\\ &\ \ \vdots\\ &= 2n + T_{\text{rsum}}(0) = 2n + 2\end{aligned}$$

3．空间复杂度度量

算法的空间复杂度度量是指算法所需附加存储空间有多少。包括两个部分：

（1）固定部分：这部分空间主要包括算法所需工作单元所占空间。这部分属于静态空间，只要做简单的统计就可估算。

（2）可变部分：这部分空间主要包括其与问题规模有关的数组所占空间、递归工作栈所用空间，以及在算法运行过程中通过 malloc 和 free 使用的空间。

如果空间大小仅与问题规模 n 有关，可以通过分析算法，找出所需空间大小与 n 的一个函数关系，就能得到所需空间大小。

【例 1-18】 程序 1-16 和程序 1-17 是计算 $n!$的非递归算法和计算 $n!$的递归算法，分别估算它们的空间复杂度。

程序 1-16 计算函数 $n!$的非递归算法

```
int Fact ( int n ) {                          //假定n!不会超出所能表示的最大整数
      int product = 1;                        //初始值为0! = 1
      for ( int i = 1; i <= n; i++ )
            product = i * product;
      return product;
}
```

程序 1-17 计算 *n*!的递归算法

```
int Fact ( int n ) {
      if ( n <= 0 ) return 1;
      else return n * Fact(n-1);
}
```

在非递归实现的程序 1-16 中，问题规模为 n。在程序中用到一个整数 product 存放连乘结果，附加空间数为 1，空间复杂度也为 1。在递归实现的程序 1-17 中，问题规模也是 n。为了实现递归过程用到了一个递归工作栈，每递归一层就要加一个工作记录到递归工作栈中，工作记录为形式参数 n、函数的返回值以及返回地址，保留了 3 个存储单元。由于算法的递归深度是 n，故所需的栈空间是 $3n$，空间复杂度为 $3n$。

最不好估算的是动态存储分配所涉及的存储空间。若使用了 k 次 malloc 命令，动态分配了 k 次空间单位。如果没有使用 free 命令释放已分配的空间，那么占用的存储空间数等于分配的空间数；如果使用了 k 次 free 命令，就必须具体分析。若用 m 代表 malloc，用 f 代表 free，一个算法在运行过程中执行 malloc 和 free 的顺序为 m, m, f, m, m, f, m, f, f, f, m, m, m, m, m, m，分析这个序列就可以计算出空间复杂度为 6。

思考题 一个语句本身的执行次数的估算需要具体问题具体分析。例如，有一个赋值语句 x = rsum(R, n)，它本身的执行次数为 1。但从递归求和算法可知，该语句一次执行还包括对函数 rsum(R, n)的调用，需要把 rsum(R, n)的执行次数计入。因此，该语句一次执行的程序步数应当是 1+2n+2 = 2n+3。这是否有道理？

1.4.3 算法的渐近分析

算法的渐近分析（asymptotic algorithm analysis）简称算法分析。算法分析直接与它所求解的问题的规模 n 有关，因此，通常将问题规模作为分析的参数，求算法的时间和空间开销与问题规模 n 的关系。

1．渐近的时间复杂度

计算程序执行频度的目的是想比较两个或多个完成相同功能的程序的时间复杂度，并估计当问题规模变化时，程序的运行时间如何随之变化。

要想确定一个程序的准确的执行频度有时是非常困难的，而且也不是很必要。因为程序执行频度这个概念本身不是一个精确的概念。如赋值语句 x = a 和 x = a+b*(c−d)−e/f 居然具有相同的执行频度。由于执行频度不能确切地反映运行时间，所以用精确的程序执行频度来比较两个程序，其结果不一定有价值。因此，只要给出算法的执行频度的数量级，从 n 增长过程中分析算法执行次数增长的数量级，即可达到分析的目的。

2．大 *O* 表示

在多数情况下，只要得到一个估计值就足够了。若设问题的规模为 n，程序的时间复杂度为 $T(n)$，当 n 增大时，$T(n)$也随之变大。可是 $T(n)$将如何精确地变化，需要分析程序内部结构，使用大 O 表示描述该程序时间复杂度的估计值。

大 O 表示的一般提法是：当且仅当存在正整数 c 和 n_0，使得 $T(n)\leqslant c\times f(n)$对所有的 $n\geqslant n_0$ 成立，则称该算法的时间增长率在 $O(f(n))$中，记为 $T(n) = O(f(n))$。

就是说，随着问题规模 n 逐步增大，算法的时间复杂度也在增加。从数量级大小考虑，算法的程序语句的执行次数（是 n 的函数）在最坏情况下存在一个增长的上限，即 $c\times f(n)$，那么将视这个算法的时间复杂度增长的数量级为 $f(n)$，即算法的增长率的上限为 $O(f(n))$，并称该算法的渐近时间复杂度的度量为 $O(f(n))$。

【例 1-19】 考查 $f(n) = 3n+2$。当 $n\geqslant 2$ 时，$3n+2\leqslant 3n+n = 4n$，所以 $f(n) = O(n)$，$f(n)$是一个线性变化的函数。

【例 1-20】 考查 $f(n) = 10n^2+4n+2$。当 $n\geqslant 2$ 时，有 $10n^2+4n+2\leqslant 10n^2+5n$，当 $n\geqslant 5$ 时，有 $5n\leqslant n^2$，因此，对于 $n\geqslant 5$，$f(n)\leqslant 10n^2+n^2 = 11n^2$，$f(n) = O(n^2)$。

【例 1-21】 考查 $f(n) = 6\times 2^n + n^2$。当 $n\geqslant 4$，有 $n^2\leqslant 2^n$，所以对于 $n\geqslant 4$，有 $f(n)\leqslant 6\times 2^n+2^n= 7\times 2^n$，因此，$f(n) = O(2^n)$。

【例 1-22】 考查 $f(n) = 9$。当 $n_0 = 0, c = 9$，即可得到 $f(n) = O(1)$。

可以这样理解：假设 $f(n) = 2n^3+2n^2+2n+1$，当 n 充分大时，$T(n) = O(n^3)$，这是因为当 n 很大时，与 n^3 相比，n^2 与 n 的数值常常没有决定影响，可以忽略不计。因此，使用大 O 表示，对于多项式，只保留最高次幂的项，常数系数和低阶项可以不要。

当 $f(n)$的数量级是对数级时，可能是 $\lfloor\log_2 n\rfloor$ 的关系[①]，也可能是 $\lceil\log_2 n\rceil$ 的关系[②]，使用大 O 表示，只要记为 $O(\log_2 n)$就可以了。

为使用大 O 表示对一个较复杂的算法的渐近时间复杂度进行度量，一个简捷的方法是分析关键操作的语句执行次数，找出其与 n 的函数关系 $f(n)$，从而得到渐近时间复杂度。

关键操作大多存在于循环中。在单重循环中，关键操作是循环内的执行语句；在多重循环中，关键操作是最内层循环内的执行语句。程序的渐近时间复杂度应是此关键操作的执行次数的大 O 表示。如果程序中存在多个并列的循环，先分析每个循环的渐近时间复杂度，然后利用大 O 表示的加法规则来计算整个程序的渐近时间复杂度。

大 O 表示的加法规则是指当两个并列的程序段的渐近时间复杂度分别为 $T_1(n) = O(f(n))$ 和 $T_2(m)=O(g(m))$ 时，那么将两个程序段连在一起后整个程序的渐近时间复杂度为

$$T(n, m) = T_1(n)+T_2(m) = O(\max\{f(n), g(m)\})$$

对于嵌套调用的程序，分别计算外层（调用）程序的渐近时间复杂度和内层（被调用）程序的渐近时间复杂度，然后利用大 O 表示的乘法规则来计算整个程序的渐近时间复杂度。

大 O 表示法的乘法规则是指当两个嵌套的程序的渐近时间复杂度分别是 $T_1(n) = O(f(n))$ 和 $T_2(m) = O(g(m))$ 时，那么整个程序的渐近时间复杂度为

$$T(n, m) = T_1(n) \times T_2(m) = O(f(n)\times g(m))$$

---

① $\lfloor\log_2 n\rfloor$ 表示向下取整，即把计算出来的 $\log_2 n$ 值的小数部分舍去，仅保留它的整数部分。
② $\lceil\log_2 n\rceil$ 表示向上取整，例如 $\log_2 5 = 2.322$，$\lceil\log_2 5\rceil = 3$，即只要有小数，整数部分就向上加 1。

【例 1-23】 有一个包含 n 个整数的数组 A，设计一个算法，把其中所有值为 x 的整数替换成 y。算法的实现包括两个函数：一个是查找函数，从第 i（$0 \leqslant i < n$）个位置起，查找值为 x 的整数，函数返回 x 所在位置；另一个是替换函数，把当前找到的值为 x 的整数替换为 y。参看下面的程序 1-18。

程序 1-18 在数组 A 中用整数 y 替换 x 的所有出现

```
int Find ( int A [], int x, int i, int n ) {
//在数组 A[n]中从第 i 个位置起查找值为 x 的元素，函数返回查找到的整数位置
    if ( i < 0 || i >= n ) return -1;
    for ( int k = i; k < n && A[k] != x; k++ ); //寻找值为 x 的元素
    return ( k == n ) ? -1 : k;
}
void Replace ( int A[], int n ) {
//不断调用 Find 函数查找含 x 的整数并用 y 替换之
    int i = 0, j, k = 0;
    while ( i < n ) {                                   //检测所有整数
        d = Find ( A, x, i, n );                        //查找包含 x 的整数
        if ( d != -1 ) { A[d] = y;  i = d+1}; //找到含 x 的整数，用 y 替换
        else return;                                    //没有可替换的 x，退出函数
    }
}
```

Find 函数的渐近时间复杂度为 $O(n)$，Replace 函数的渐近时间复杂度为 $O(n)$，按照大 O 表示的乘法规则，整个算法的渐近时间复杂度应为 $O(n^2)$。其实不然，因为 Find 函数只检测了一段数组元素，Replace 函数在迭代时又跳过了 Find 函数检测的那一段，所以，此算法的渐近时间复杂度只有 $O(n)$。

在大 O 表示的乘法规则里有一个特例，如果 $T_1(n) = O(c)$，c 是一个与 n 无关的任意常数，$T_2(n)= O(f(n))$，则有

$$T(n) = T_1(n) \times T_2(n) = O(c \times f(n)) = O(f(n))$$

这也说明在大 O 表示中，任何非 0 正常数都属于同一数量级，记为 $O(1)$。

事实上，要全面分析一个算法，需要考虑算法在最坏情况下的时间代价、在最好情况下的时间代价和在平均情况下的时间代价。而大 O 表示是针对最坏情况而言的。

当 n 充分大时，各种函数的增长有如下关系：

$$c < \log_2 n < n < n\log_2 n < n^2 < n^3 < 2^n < 3^n < n!$$

其中，c 是与 n 无关的任意正数。如果一个算法的时间复杂度取到 c、$\log_2 n$、n、$n\log_2 n$，那么它的时间效率比较高，如表 1-5 所示。如果取到 n^2、n^3，其时间效率还可接受。如果取到 2^n、3^n、$n!$，那么当 n 稍大一点，算法的时间代价就会变得很大，以至于不能计算了。

表 1-5 大 O 表示法中各个函数随 n 的增长函数值的变化情况

n	$\log_2 n$	$n\log_2 n$	n^2	n^3	2^n	$n!$
4	2	8	16	64	16	24
8	3	24	64	512	256	80 320
10	3.32	33.2	100	1000	1024	3 628 800

续表

n	$\log_2 n$	$n\log_2 n$	n^2	n^3	2^n	$n!$
16	4	64	256	4096	65 536	2.1×10^{13}
32	5	160	1024	32 768	4.3×10^{9}	2.6×10^{35}
128	7	896	16 384	2 097 152	3.4×10^{38}	∞
1024	10	10 240	1 048 576	1.07×10^{9}	∞	∞
10 000	13.29	132 877	10^8	10^{12}	∞	∞

3．渐近的空间复杂度

当问题规模 n 充分大时，需要的存储空间大小的变化情况也可以像分析时间复杂度一样，用大 O 表示来表达。设 $S(n)$是算法的渐近空间复杂度，在最坏情况下它可以表示为问题规模 n 的某个函数 $f(n)$的数量级，记为

$$S(n) = O(f(n))$$

同样需要注意的是，存储空间指的是为解决问题所需要的辅助存储空间。例如在排序算法中为移动数据所需的临时工作单元、在递归算法中所需的递归工作栈等。通常，只有完成同一功能的几个算法之间才具有可比性。可以使用大 O 表示来标记这些空间，用以比较各算法的优劣。

小　结

本章的知识点有 5 个：数据的逻辑结构、物理结构和运算，数据结构与数据类型，算法的定义与特性，算法时间复杂度 $T(n)$计算和算法空间复杂度 $S(n)$计算。

本章复习的要点：

- 有关数据结构的基本概念。包括数据、数据对象、数据元素、数据结构、数据类型、数据抽象、抽象数据类型、数据结构的抽象层次等。需要对各个概念进行区分与比较。
- 使用 C 语言描述数据结构和算法。要求重点理解使用 typedef 和#define 定义数据类型和常量的方法，重点掌握使用函数定义算法的方法，特别是参数传递的方法。要求能够区分和准确使用传值型和引用型参数传递数据，留心指针通过参数表传递时可能带来的错误。
- 算法的概念。包括算法的定义，算法的 5 个特性和衡量算法优劣的 5 个标准。
- 算法的设计。包括常用的穷举、递推、递归算法，以及更复杂的分治、减治、回溯、贪心、动态规划、剪枝等算法的设计思想。
- 算法的性能分析。包括算法的性能标准，算法的后期测试，算法的事前估计，空间复杂度度量，时间复杂度度量，渐近的时间复杂度度量，渐近的空间复杂度度量。

习　题

一、问答题

1．用归纳法证明：

（1）$\sum_{i=1}^{n} i = \frac{n(n+1)}{2}$，$n \geqslant 1$

（2）$\sum_{i=1}^{n} i^2 = \frac{n(n+1)(2n+1)}{6}$，$n \geqslant 1$

（3）$\sum_{i=0}^{n} x^i = \frac{x^{n+1}-1}{x-1}$，$x \neq 1$，$n \geqslant 0$

2．设 n 为正整数，分析下列各程序段中加下画线的语句的执行次数。

（1）
```
int i, j, k;
for ( i = 1; i <= n; i++ )
      for ( j = 1; j <= n; j++ ) {
            c[i][j] = 0.0;
            for ( k = 1; k <= n; k++ )
            c[i][j] = c[i][j] + a[i][k] * b[k][j];
      }
```

（2）
```
int i, j, k, x = 0, y = 0;
for ( i = 1; i <= n; i++ )
      for ( j = 1; j <= i; j++ )
            for ( k = 1; k <= j; k++ )
                  x = x + y;
```

3．有实现同一功能的两个算法 A_1 和 A_2，其中 A_1 的渐进时间复杂度是 $T_1(n) = O(2^n)$，A_2 的渐进时间复杂度是 $T_2(n) = O(n^2)$。仅就时间复杂度而言，具体分析这两个算法哪个好。

4．按增长率由小至大的顺序排列下列各函数：

2^{100}，$(3/2)^n$，$(2/3)^n$，$(4/3)^n$，n^n，$n^{3/2}$，$n^{2/3}$，$\sqrt{n}$，$n!$，n，$\log_2 n$，$n/\log_2 n$，$(\log_2 n)^2$，$\log_2(\log_2 n)$，$n\log_2 n$，$n^{\log_2 n}$

5．已知有实现同一功能的两个算法，其时间复杂度分别为 $O(2^n)$和 $O(n^{10})$，假设计算机可连续运算的时间为 10^7s（100多天），又每秒可执行基本操作（根据这些操作来估算算法时间复杂度）10^5 次。试问在此条件下，这两个算法可解问题的规模（即 n 值的范围）各为多少？哪个算法更适宜？请说明理由。

6．试举一个例子，说明对相同的逻辑结构，同一种运算在不同的存储方式下实现，其运算效率不同。

7．指出下列各算法的功能并求出其时间复杂度。

（1）
```
int Prime ( int n ) {
      int i = 2,  x = (int) sqrt (n);    //sqrt(n)为求n的平方根
      while ( i <= x ) {
            if ( n % i == 0 ) break;
            i++;
      }
      if ( i > x ) return 1;
      else return 0;
};
```

（2）
```
int sum1( int n ) {
        int p = 1, s = 0;
        for ( int i = 1; i <= n; i++ )
            { p *= i;  s += p; }
        return s;
    };
```

（3）
```
int sum2 ( int n ) {
        int s = 0;
        for ( int i = 1; i <= n; i++ ) {
            int p = 1;
            for ( int j = 1; j <= i; j++ ) p *= j;
            s += p;
        }
        return s;
    };
```

二、实训题

1. 编写一个函数，接收 3 个浮点数 a、b、c，分别作为一元二次方程 $ax^2 + bx + c = 0$ 的系数和常数，并解出此方程的根。要求在主程序中输入这 3 个数，再调用已编写好的函数进行计算，结果要区分有两个解、一个解和无解的情况，分别报告相应信息并在屏幕输出它们。

2. 编写一个函数，以二维数组作为形式参数，计算两个矩阵的乘积。要求形式参数传递 3 个 3×3 的二维数组 A、B、C，计算 $C = A \times B$。要求在主程序中输入 A 和 B 的数据，再调用此函数，最后通过主程序打印结果二维数组（矩阵）C。

第2章 线 性 表

在不同类型的数据结构中，线性表是最简单、最基本的数据结构。线性表属于线性结构，本章即从线性表入手，从简到繁，从易到难，讨论数据结构的基本知识和算法。

2.1 线 性 表

2.1.1 线性表的定义和特点

1．线性表的定义

在所有的数据结构中，最简单的是线性表。通常，定义线性表为 n（$n\geqslant 0$）个数据元素的一个有限序列。记为

$$L = (a_1, a_2,\cdots, a_i, a_{i+1}, \cdots, a_n)$$

其中，L 是表名，a_i 是表中的数据元素，是不可再分割的原子数据，亦称为结点或记录。n 是表中元素的个数，也称为表的长度。若 $n = 0$ 叫做空表，此时，表中一个元素也没有。

线性表的第一个元素称为表头（head），最后一个元素称为表尾（tail）。

2．线性表的特点

（1）线性表是一个有限序列，意味着表中元素个数有限，且各个表元素是相继排列的，每两个相邻元素之间都有直接前趋和直接后继的逻辑关系，也就是说，当表非空时：

- 表中相邻的两个元素 a_i, a_{i+1} 构成序对，a_i 排在 a_{i+1} 前面，称 a_i 是 a_{i+1} 的直接前趋，a_{i+1} 是 a_i 的直接后继。
- 存在唯一的第一个元素和最后一个元素。
- 除第一个元素外，其他元素有且仅有一个直接前趋，第一个元素没有直接前趋。
- 除最后一个元素外，其他元素有且仅有一个直接后继，最后一个元素没有直接后继。

（2）线性表中的每一个元素都具有相同的数据类型，且不能是子表。

（3）线性表中每一元素都有“位置”和“值”。“位置”又称为“下标”，决定了该数据元素在表中的位置和前趋、后继的逻辑关系，“值”是该元素的具体内容。一般定义表元素 $a_i(1\leqslant i\leqslant n)$ 为线性表中位置为 i 的元素，或称为线性表的第 i 个元素。

（4）线性表中元素的值与它的位置之间可以有特定关系，也可以没有。例如，有序表（sorted list）中的元素按照值的递增顺序排列，而无序表（unsorted list）在元素的值与位置之间就没有这种要求。如果不特别说明，线性表默认是无序表。

【例 2-1】 线性表的实例。

```
COLOR =（'Red', 'Orange', 'Yellow', 'Green', 'Blue', 'Black'）
DEPT =（通信，计算机，自动化，微电子，建筑与城市规划，生命科学，精密仪器）
SCORE =（5, 4, 3, 2, 1, 0）
```

思考题 如果一个元素集合中每个元素都有且仅有一个直接前趋和一个直接后继，它是线性表吗？

思考题 线性表一般限定表元素应具有相同数据类型。如果表中各个元素可能数据类型不同，它还是线性表吗？如果一个元素的序列构成一个表，且表元素既有不可再分的数据元素，又有可以再分的子表，它是线性表吗？它在什么条件下才成为线性表？

2.1.2 线性表的主要操作

下面列出常用的线性表上的操作。其中，*L* 是指定线性表，其数据类型用 List 表示，但它一般按引用型传递给操作，好处是：一可降低参数传递的时间和空间代价；二可将对线性表或线性表元素的修改通过参数返回；三可简化线性表操作的实现。此外，操作中涉及元素的位置用 position 表示，元素的值的数据类型用 DataType 表示。

（1）线性表初始化：void initList (List& L)。

先决条件：线性表 *L* 已声明但存储空间未分配。

操作结果：动态分配存储空间，构造一个空的线性表 *L*。

（2）取线性表的第 *i* 个元素的值：DataType getValue (List& L, int i)。

先决条件：线性表 *L* 已存在且 *i* 满足 $1 \leqslant i \leqslant n$。

操作结果：返回线性表 *L* 的第 *i* 个元素的值。

（3）计算线性表的长度：int Length (List& L)。

先决条件：线性表 *L* 已存在。

操作结果：返回线性表 *L* 的长度。

（4）线性表的元素定位：position Locate (List& L, int i)。

先决条件：线性表 *L* 已存在，且参数 *i* 满足 $1 \leqslant i \leqslant n$。

操作结果：返回第 *i* 个元素的位置。

（5）线性表的查找：position Search (List& L, DataType x)。

先决条件：线性表 *L* 已存在，且给定值 *x* 的数据类型与表元素的数据类型相同。

操作结果：若查找成功，返回找到元素的位置；否则返回失败位置。

（6）线性表的插入：int Insert (List& L, int i, DataType x)。

先决条件：线性表 *L* 已存在，且参数 *i* 满足 $1 \leqslant i \leqslant n+1$，且给定值 *x* 的数据类型与表元素的数据类型相同。

操作结果：若插入成功，元素 *x* 插入到线性表 *L* 的第 *i* 个位置，且函数返回 1；若表已满或 *i* 不合理，函数返回 0。

（7）线性表的删除：int Remove (List& L, int i, DataType& x)。

先决条件：线性表 *L* 已存在，且整数 *i* 满足 $1 \leqslant i \leqslant n$。

操作结果：若删除成功，在线性表 *L* 中移去第 *i* 个元素，且通过引用参数 *x* 得到删去元素的值，同时函数返回 1；若删除不成功，函数返回 0。

（8）线性表的遍历：void Traverse (List& L)。

先决条件：线性表 *L* 已存在。

操作结果：按次序访问线性表 *L* 中所有元素一次且仅访问一次。

（9）线性表的排序：void Sort (List& L)。

先决条件：线性表 L 已存在。

操作结果：对线性表中所有元素按值从小到大排序。

以上所提及的操作是逻辑结构上定义的操作。只给出这些操作的功能是“做什么”，至于“如何做”等实现细节，只有待确定了存储结构之后才考虑。

2.2 顺 序 表

线性表的存储结构有两种：顺序存储和链表存储。用顺序存储方式实现的线性表称为顺序表，它是用向量（即一维数组）作为其存储结构的。

2.2.1 顺序表的定义和特点

1．顺序表的定义

把线性表中的所有元素按照其逻辑顺序依次存储在一块连续的存储空间中，就得到顺序表。线性表中第一个元素的存储位置（又称为基地址），就是顺序表被指定的存储位置，第 i 个元素（$2\leqslant i\leqslant n$）的存储位置紧接在第 $i-1$ 个元素的存储位置之后。假设顺序表中每个元素的数据类型为 DataType，则每个元素所占用存储空间的大小均为 sizeof (DataType)。

2．顺序表的特点

（1）在顺序表中，各个元素的逻辑顺序与其存放的物理顺序一致，即第 i 个元素存储于第 $i-1$ 个物理位置（$1\leqslant i\leqslant n$）。

（2）对顺序表中所有元素，既可以进行顺序访问，也可以进行随机访问。也就是说，既可以从表的第一个元素开始逐个访问，也可以按照元素位置（亦称为下标）直接访问。

（3）顺序表可以用 C 语言的一维数组来实现。它可以是静态分配的，也可以是动态分配的。在 C 语言中，只要定义了一个数组，就定义了一块可供用户使用的存储空间，该存储空间的起始位置就是由数组名表示的地址常量。

（4）线性表存储数组的数据类型就是顺序表中元素的数据类型，数组的大小（即数组包含的元素个数）要大于等于顺序表的长度。

（5）顺序表中的第 i 个元素被存储在数组下标为 $i-1$ 的位置上。

顺序表的存储结构如图 2-1 所示。

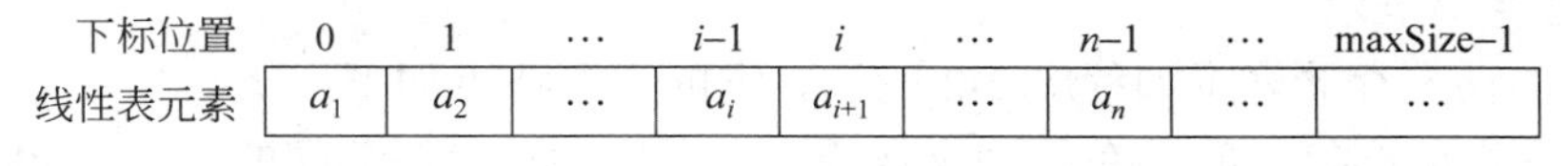

图 2-1　顺序表的示意图

假设顺序表 A 的起始存储位置为 LOC(1)，第 i 个元素的存储位置为 LOC(i)，则有：

$$\mathrm{LOC}\,(a_i) = \mathrm{LOC}\,(a_1) + i\times \mathrm{sizeof}\,(\mathrm{DataType})$$

其中，LOC(1)是第一个元素的存储位置，即数组中第 0 个元素位置。sizeof (DataType)是每个元素所占用的存储空间大小（按字节数计算）。

思考题　顺序表是一维数组吗？反之，一维数组是顺序表吗？

2.2.2 顺序表的结构定义

描述顺序表的存储表示有两种方式：静态方式和动态方式。

1．静态存储表示

顺序表的静态存储表示如程序 2-1 所示。它的主要特点如下：

（1）存储线性表的一维数组的大小 maxSize 和空间 data 在结构声明中明确指定。

（2）在程序编译时数组空间由编译器固定分配，程序退出后此空间自动释放。

（3）在数组中可以按照数组元素的下标（位置）存取任一元素的值，所花费时间相同。

（4）一旦数据空间占满，再加入新的数据就将产生溢出，此时存储空间不能扩充，就会导致程序停止工作。

程序 2-1 顺序表的静态存储表示（定义在头文件 SeqList.h 中）

```
#include <stdio.h>
#include <stdlib.h>
#define maxSize 30                          //表最大可存储的元素个数
typedef int DataType;                       //每个元素的数据类型（假设为 int）
typedef struct {                            //表的类型定义
    DataType data[maxSize];                 //存储向量
    int n;                                  //当前表元素个数
} SeqList;
```

在声明每个元素的数据类型时使用了事先定义的 DataType，没有直接使用具体的数据类型，如 int。这在程序设计中是一种常用的技巧，目的是增强灵活性。如果在不同场合需要更换其他数据类型，只需改动最初定义 DataType 的语句，不用处处修改。

若线性表的元素在存储数组中从 0 号位置相继存放，则顺序表的结构如图 2-2 所示。

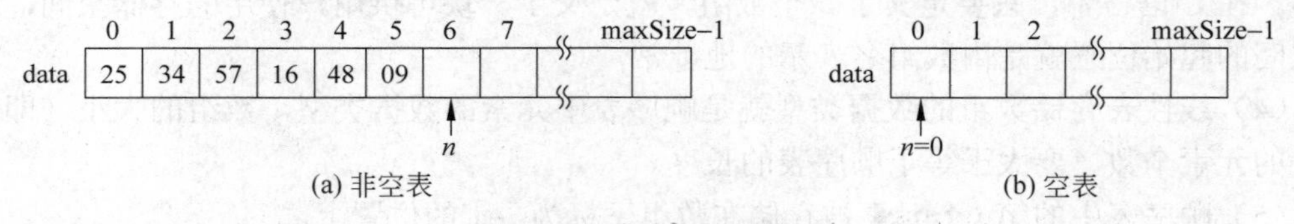

图 2-2 顺序表的存储结构

2．动态存储表示

顺序表的动态存储表示如程序 2-2 所示。它的主要特点如下：

（1）顺序表的存储空间是在程序执行过程中通过动态存储分配的语句 malloc 动态分配的，因此，在使用顺序表之前必须通过初始化操作为其动态分配存储空间。一旦数据空间占满，可以另外再分配一块更大的存储空间，用以代换原来的存储空间，从而达到扩充存储数组空间的目的。

（2）表示数组大小的 maxSize 放在顺序表的结构内定义，可以动态地记录扩充后数组空间的大小，进一步提高了结构的灵活性。

程序 2-2 顺序表的动态存储表示（定义在头文件 SeqList.h 中）

```
#include <stdio.h>
```

```
#include <stdlib.h>
#define initSize 30                        //表的初始大小
typedef int DataType;                      //预设的表元素的数据类型
typedef struct {                           //表的结构定义
    DataType *data;                        //元素存储向量的指针（必须分配空间）
    int maxSize, n;                        //表的最大长度和当前元素个数
} SeqList;
```

思考题　*用程序 2-2 定义顺序表后，可否直接使用？对于动态定义的顺序表，事先不执行初始化函数，为它分配空间的后果如何？*

程序 2-3　动态分配顺序表的简单操作

```
void initList ( SeqList& L ) {
//动态分配存储的顺序表的初始化函数
    L.data = (DataType*) malloc (initSize*sizeof (DataType)); //创建存储数组
    if ( ! L.data ) { printf ("存储分配错误!\n" );  exit(1);} //错误处理
    L.maxSize = initSize;  L.n = 0;                    //置表的实际长度为 0
}
void clearList ( SeqList& L ) {
//清空动态分配存储的顺序表（并未撤销）
    L.n = 0;                                           //顺序表当前长度置为 0
}
void Length ( SeqList& L ) {
//计算顺序表长度
    return L.n;                                        //返回顺序表的当前长度
}
int Locate ( SeqList& L, int i ) {
//定位函数：函数返回第 i （1≤i≤L.n） 个元素的位置。如果函数返回-1，表示定位失败
     if ( i >= 1 && i <= L.n ) return i-1;  //若参数 i 合理则返回实际位置
     else return -1;                                    //否则定位失败，返回-1
};
```

2.2.3　顺序表查找操作的实现

程序 2-4 所示函数 Search 是顺序表的顺序查找算法，查找过程从前向后，有两种结果：

（1）查找成功。找到与指定值相等的元素，程序返回找到的存储位置（从 0 算起）。

（2）查找失败。检查到表尾，没有找到与指定值相等的元素，程序返回–1。

程序 2-4　顺序表查找算法

```
int Search ( SeqList& L, DataType x ) {
//在表中顺序查找与值 x 匹配的元素，查找成功则函数返回该元素的位置，否则返回-1
     for ( int i = 0; i < L.n; i++ )
          if ( L.data[i] == x ) return i;    //顺序查找
     return -1;                              //查找失败
};
```

算法的时间代价用数据比较次数来衡量。在查找成功的场合，若要找的正好是表中第

1 个元素，数据比较次数为 1，这是最好情况；若要找的是表中最后的第 n 个元素，数据比较次数为 n（设表的长度为 n），这是最坏的情况。若要计算平均数据比较次数，需要考虑各个元素的查找概率 p_i 及找到该元素时的数据比较次数 c_i。查找的平均数据比较次数 ACN（Average Comparing Number）为

$$\text{ACN} = \sum_{i=1}^{n} p_i \times c_i$$

平均数据比较次数反映了算法查找操作的整体性能。若仅考虑相等概率的情形。有 $p_1 = p_2 = \cdots = p_n = 1/n$。且查找第 1 个元素的数据比较次数为 1，查找第 2 个元素的数据比较次数为 2……查找第 i 个元素的数据比较次数为 i，则

$$\text{ACN} = \sum_{i=1}^{n}\left(\frac{1}{n}\right) \times i = \frac{1}{n}\sum_{i=1}^{n} i = \frac{1}{n}(1+2+\cdots+n) = \frac{1}{n} \times \frac{(1+n)n}{2} = \frac{1+n}{2}$$

即平均要比较$(n+1)/2$ 个元素。

在查找不成功的场合，需要把整个表全部检测一遍，数据比较次数达到 n 次。

2.2.4　顺序表插入和删除操作的实现

1．插入操作的实现和性能分析

在顺序表中插入一个新的元素时，如果要求插入后仍保持各元素原来的相互位置关系，就必须做元素的成块移动。

【例 2-2】 在把新元素 x 插入到指定位置 i 时，必须把从 i 到 n 的所有元素成块向后移动一个元素位置，空出第 i 个位置后才可插入，如图 2-3 所示。

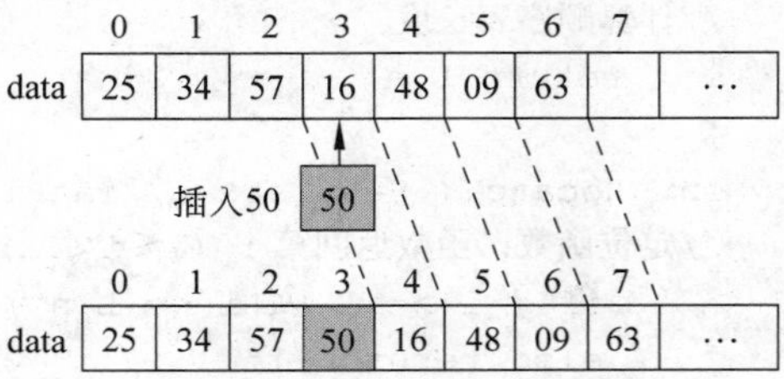

要注意的是，各个表元素必须相继存放于一个连续的存储空间内，不准跳跃式地存放。可插入位置是 1 到 n+1，不能是 n+2、n+3、…。顺序表的插入算法如程序 2-5 所示。

图 2-3　插入新元素的示例

程序 2-5　顺序表插入算法

```
bool Insert ( SeqList& L, int i, DataType& x ) {
//将新元素 x 插入到表中第 i ( 1≤i≤n+1) 个位置。插入成功函数返回 true；否则返回 false
    if ( L.n == L.maxSize ) return false;              //表满，不能插入
    if ( i < 1 || i > L.n+1 ) return false;            //参数 i 不合理，不能插入
    for ( int j = L.n; j >= i; j-- ) L.data[j] = L.data[j-1];
                                                       //依次后移，空出第 i 号位置
    L.data[i-1] = x;                                   //插入
    L.n++;                                             //表长度加 1
    return true;                                       //插入成功
};
```

分析顺序表插入算法的时间代价主要看循环内的数据移动次数。在将新元素插入到第 i 个元素（$1 \leqslant i \leqslant n+1$）位置前，应把从 L.data 数组中第 L.$n$−1 到第 i−1 位置共 n−i+1 个元素成块向后移动一个元素位置。因此，最好的情形是在第 n+1 个元素位置插入，相当于在表尾追加新元素，移动 0 个元素；最差情形是在第 1 个元素位置插入新元素，移动 n 个元

素；平均数据移动次数 AMN（Average Moving Number）在表各位置插入概率相等时为

$$\mathrm{AMN}=\frac{1}{n+1}\sum_{i=1}^{n+1}\left(n-i+1\right)=\frac{1}{(n+1)}\times\frac{n(n+1)}{2}=\frac{n}{2}$$

即就整体性能来看，在插入时有 n+1 个插入位置，平均移动 $n/2$ 个元素。

如果在插入时对表中原来的数据排列没有要求，不必须保持原来的顺序，可以采用如图 2-4 所示的方式移动元素，每次都是把新元素追加在表尾，移动 0 个元素。

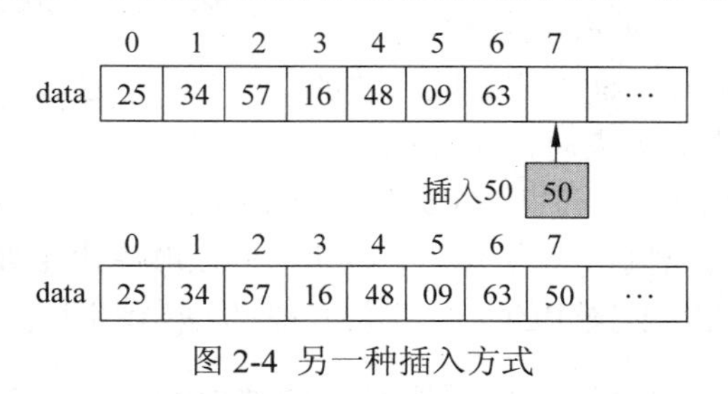

图 2-4 另一种插入方式

2．删除操作的实现和性能分析

在顺序表中删除一个元素时，如果必须保持表中各元素原来的相互位置关系，就必须做元素的成块移动。

【例 2-3】 删除第 i 个元素实际上是删除 data[i−1] 的值，删除第 i 个元素后必须把从 i+1 到 n 的所有元素成块向前移动一个元素位置，实际上是把 L.data 数组中从第 i 到第 L.n−1 个位置的 n−i 个元素全部前移，如图 2-5 所示。

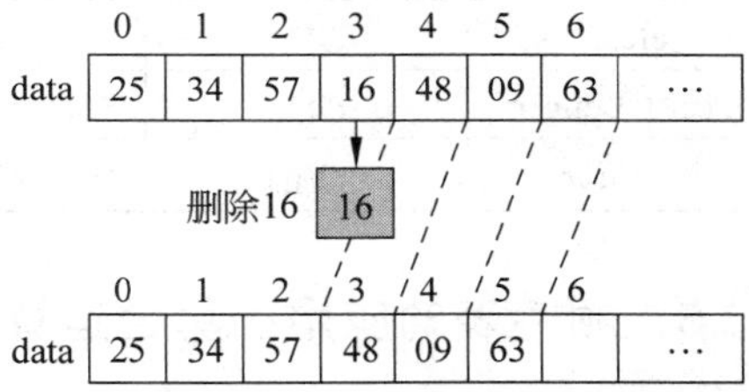

图 2-5 删除表中已有元素的示例

顺序表的删除算法参看程序 2-6。

程序 2-6 顺序表删除算法

```
int Remove ( SeqList& L, int i, DataType& x ) {
//删除顺序表第 i (1≤i≤n) 个元素，通过引用参数 x 返回删除元素的值
//若删除成功则函数返回 true，否则返回 false
    if ( ! L.n ) return false;                         //表空，不能删除
    if ( i < 1 || i > L.n ) return false;              //参数 i 不合理，不能删除
    x = L.data[i-1];                                   //存被删元素的值
    for ( int j = i; j < L.n; j++) L.data[j-1] = L.data[j];//依次前移，填补
    L.n--;                                             //表长度减 1
    return true;                                       //删除成功
};
```

分析顺序表删除的时间代价也是看循环内的数据移动次数。在删除第 i 个元素（$1\leqslant i\leqslant n$）时，必须把 L.data 数组中的第 i 个到第 L.n−1 个元素成块向前移动一个元素位置。因此，最好的情形是删去最后的第 n 个元素，移动 0 个元素；最差情形是删去第 1 个元素，移动 n−1 个元素；平均数据移动次数 AMN 在各元素删除概率相等时为

$$\mathrm{AMN}=\frac{1}{n}\sum_{i=1}^{n}(n-i)=\frac{1}{n}\times\frac{n\left(n-1\right)}{2}=\frac{n-1}{2}$$

就整体性能来说，在删除时有 n 个删除位置，平均移动 $(n-1)/2$ 个元素。

如果在删除时对表中原来的数据排列没有要求，不必须保持原来的顺序，此时，可以采用如图 2-6 所示的方式移动元素。在删除时，用表中最后一个元素（第 n 个元素）填补到被删的第 i 个元素的位置，移动 1 个元素即可。

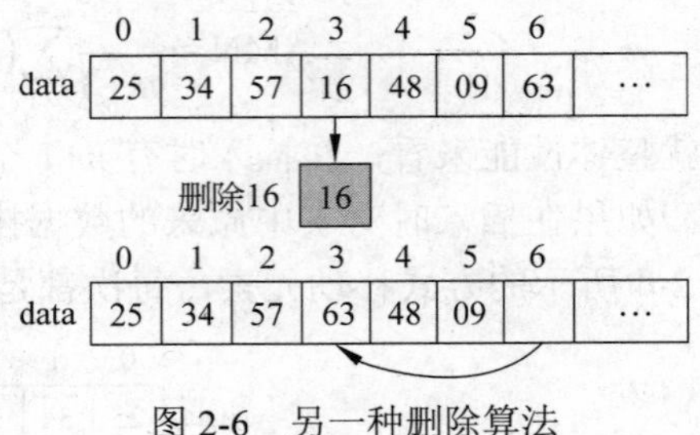

图 2-6　另一种删除算法

表 2-1 给出顺序表各种操作的性能对比。从表 2-1 可知，顺序表的查找、插入和删除算法的时间复杂度都是 $O(n)$，当 n 很大时，执行效率相当低。这是顺序表的最大缺陷。造成这个缺陷的原因是：为保持表中元素的原有排列顺序，在插入和删除时需要频繁地执行成块的数据移动，所以顺序表主要用于不经常插入或删除的应用程序。但顺序表的其他操作的时间复杂度都是 $O(1)$，因为它具有直接存取的特性。

表 2-1　顺序表操作的性能比较

操作名	时间复杂度	空间复杂度	操作名	时间复杂度	空间复杂度
初始化 initList	$O(1)$	$O(1)$	定位 Locate	$O(1)$	$O(1)$
清空 clearList	$O(1)$	$O(1)$	插入 Insert	$O(n)$	$O(1)$
求长度 Length	$O(1)$	$O(1)$	删除 Remove	$O(n)$	$O(1)$
查找 Search	$O(n)$	$O(1)$			

2.2.5　顺序表的应用：集合运算

【例 2-4】　有两个线性表 A 和 B，把它们当作集合来使用，考虑它们的“并”运算和“交”运算。参看程序 2-7。在算法实现中直接使用了线性表的操作。

程序 2-7　使用顺序表作为集合的运算实现

```
#include "SeqList.cpp"
void Merge ( SeqList& LA, SeqList& LB ) {
//集合的并运算：合并集合 LA 与 LB，结果存于 LA，重复元素只留一个
    DataType x;
    int n = Length ( LA ), m = Length ( LB ), i, k;
    for ( i = 0; i < m; i++ ) {                         //检查 LB 中所有元素
         x = LB.data[i];                                //在 LB 中取第 i 个元素，值为 x
         k = Search ( LA, x );                          //在 LA 中查找它
         if ( k == -1 )                                 //若在 LA 中未找到则插入它
              { Insert ( LA, n, x );  n++; }            //插入到 LA 的第 n 个元素之后
    }
}
void Intersection ( List& LA, List& LB ) {
//集合的交运算：查找集合 LA 与 LB 中的共有元素，结果存于 LA
    DataType x;
    int n = Length ( LA ), m = Length ( LB ), i, k;
    for ( i = 0; i < n; i++ ) {                         //检查 LA 中所有元素
```

```
            x = LA.data[i];                        //在 LA 中取第 i 个元素，存于 x
            k = Search ( LB, x );                  //在 LB 中搜索与 x 值相等的元素
            if ( k == -1 )                         //若在 LB 中未找到
                { Remove ( LA, i, x ); n--; }      //在 LA 中删除 x
            else i++;
        }
    }
```

2.3 单 链 表

顺序表是使用一维数组作为存储结构的线性表，其特点是用物理位置上的邻接关系来表示结点间的逻辑关系。而链表是采用链接方式存储的线性表，其特点是通过各结点的链接指针来表示结点间的逻辑关系，适用于插入或删除频繁，存储空间需求不定的情形。

2.3.1 单链表的定义和特点

单链表（singly linked list）也叫做线性链表或单向链表。它是线性表的链接存储表示。使用单链表存储线性表，各个数据元素可以相继存储，也可以不相继存储，不过它为每个数据元素附加了一个链接指针，并形成一个个结点（node）。通过这些指针，把各个数据元素按其逻辑顺序勾连起来。因此，单链表的每一个结点包含两个部分：data 和 link。其中，data 部分称为数据域，用于存储线性表的一个数据元素；link 部分称为指针域或链域，用于存放一个记录该链表中下一个结点开始存储地址的指针。

一个线性表($a_1, a_2, \cdots, a_n$)的单链表结构的示意图如图 2-7 所示。其中，链表的第一个结点（亦称为首元结点）的地址可以通过链表的头指针 first 找到，其他结点的地址则在前趋结点的 link 域中，链表的最后一个结点没有后继，在结点的 link 域中放一个空指针 NULL（在图中用符号∧表示）收尾，NULL 在 stdio.h 中被定义为数值 0。因此，对单链表中任一结点的访问必须首先根据头指针找到首元结点，再按有关各结点链域中存放的指针顺序往下找，直到找到所需的结点。

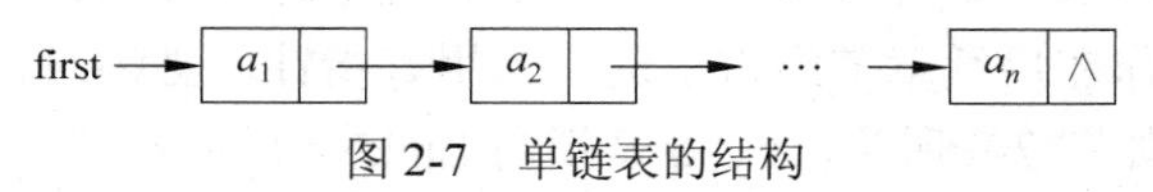

图 2-7 单链表的结构

头指针 first 为空的单链表为空表，该链表一个结点也没有。相对地，头指针 first 不为空且首元结点存在的单链表为非空表，表中至少有一个结点。

单链表的特点如下：

（1）单链表中数据元素的逻辑顺序与其物理顺序可能不一致，一般通过单链表的指针将各个数据元素按照线性表的逻辑顺序链接起来。

（2）单链表的长度可以扩充。例如，有一个连续的可用存储空间，如图 2-8(a)所示。指针 avail 指示当前可用空间的开始地址。当链表要增加一个新的结点时，只要可用存储空间允许，就可以为链表分配一个结点空间，供链表使用。形成的链表如图 2-8(b)所示。

（3）对单链表的遍历或查找只能从头指针指示的首元结点开始，跟随链接指针逐个结点进行访问，不能如同顺序表那样直接访问某个指定结点。

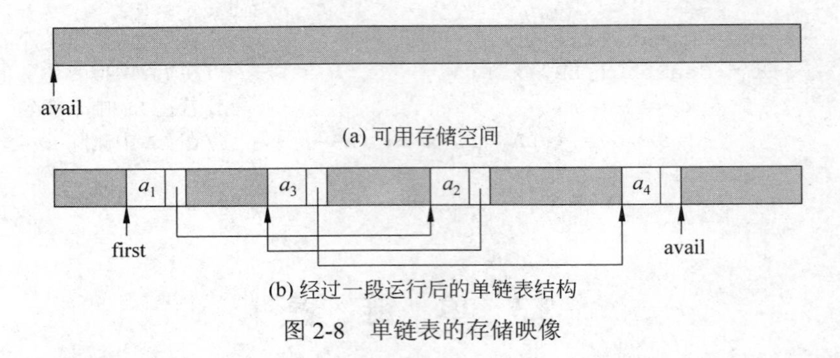

图 2-8　单链表的存储映像

（4）当进行插入或删除运算时，只需修改相关结点的指针域即可，既方便又省时。

（5）由于链接表的每个结点带有指针域，因而比顺序表需要的存储空间多。

2.3.2　单链表的结构定义

一个单链表包含了零个或多个结点，因此一个类型为 LinkList 的单链表对象包含有零个或多个类型为 LinkNode 的链表结点。用 C 语言描述单链表的结构如程序 2-8 所示。

程序 2-8　单链表的结构定义（定义在头文件 LinkList.h 中）

```
#include <stdio.h>
#include <stdlib.h>
typedef int DataType;                           //每个表元素的数据类型定义
typedef struct node {                           //链表结点的结构定义
     DataType data;                             //结点保存的元素数据
     struct node *link;                         //链接指针
} LinkNode, *LinkList;                          //单链表的结构定义
```

思考题　链表的结构定义是一个递归的定义，其递归性体现在什么地方？如何利用链表的递归性解决问题？

思考题　链表结点只能通过链表的头指针 first 才能访问，如果一个结点失去了指向它的指针，将产生什么后果？如何在做插入或删除时避免这种后果？

注意，指针的操作在后续章节经常出现，为用好指针，必须对常用的指针操作加以总结。常用的指针操作如图 2-9 所示。p、q 是指向 LinkNode 的指针。

2.3.3　单链表中的插入与删除

利用单链表来表示线性表，将使得插入和删除变得很方便，只要修改链中结点指针的值，无须移动表中的元素，就能高效地实现插入和删除操作。

1．插入算法

【例 2-5】 若想在非空单链表 $(a_1, a_2, \cdots, a_n)$ 的第 i 个位置插入一个新元素 x，有 3 种插入位置：

（1）若 $i = 1$，则新结点 newNode 应插入在原首元结点之前，如图 2-10(a)所示。这时必须修改链表的头指针 first。插入时要修改指针为 newNode->link = first；first = newNode。

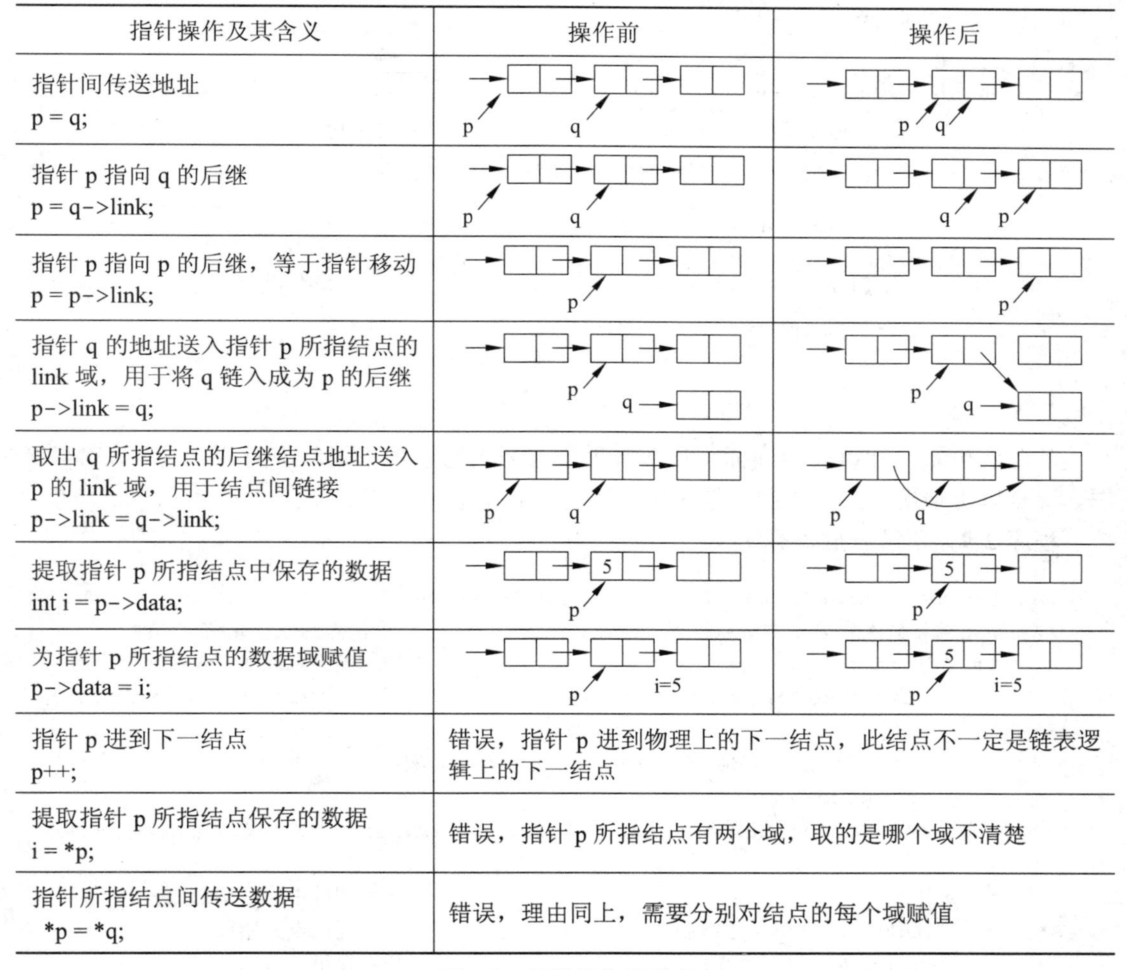

指针操作及其含义	操作前	操作后
指针间传送地址 p = q;		
指针 p 指向 q 的后继 p = q->link;		
指针 p 指向 p 的后继，等于指针移动 p = p->link;		
指针 q 的地址送入指针 p 所指结点的 link 域，用于将 q 链入成为 p 的后继 p->link = q;		
取出 q 所指结点的后继结点地址送入 p 的 link 域，用于结点间链接 p->link = q->link;		
提取指针 p 所指结点中保存的数据 int i = p->data;		
为指针 p 所指结点的数据域赋值 p->data = i;		
指针 p 进到下一结点 p++;	错误，指针 p 进到物理上的下一结点，此结点不一定是链表逻辑上的下一结点	
提取指针 p 所指结点保存的数据 i = *p;	错误，指针 p 所指结点有两个域，取的是哪个域不清楚	
指针所指结点间传送数据 *p = *q;	错误，理由同上，需要分别对结点的每个域赋值	

图 2-9　指针操作的列表

（2）若 $1<i<n$，则插入位置在表中间。此时，首先让一个检测指针 p 指向第 i-1 号结点，再将新结点 newNode 插入到 p 所指结点之后，新结点的后面链接到原第 i 号结点，如图 2-10(b)所示，此时，需要修改两个指针：newNode->link = p->link；p->link = newNode。

（3）当 $i>n$ 时，新结点应追加在表尾。如图 2-10(c)所示。这时，先令检测指针 p 指示含 a_n 的结点，即表中最后一个结点，再修改两个指针：newNode->link = p->link；p->link = newNode。

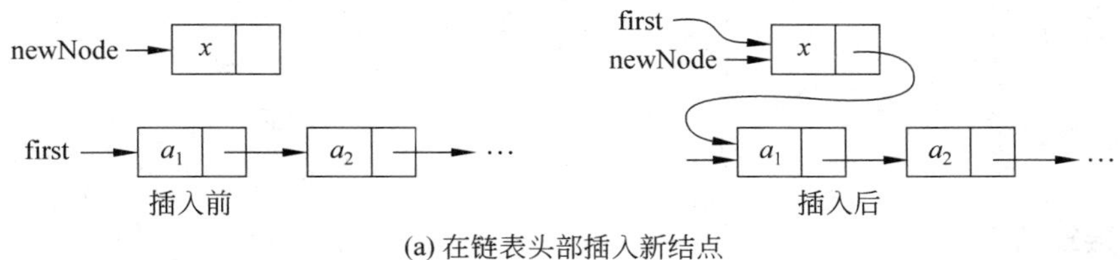

(a) 在链表头部插入新结点

图 2-10　链表插入的示例

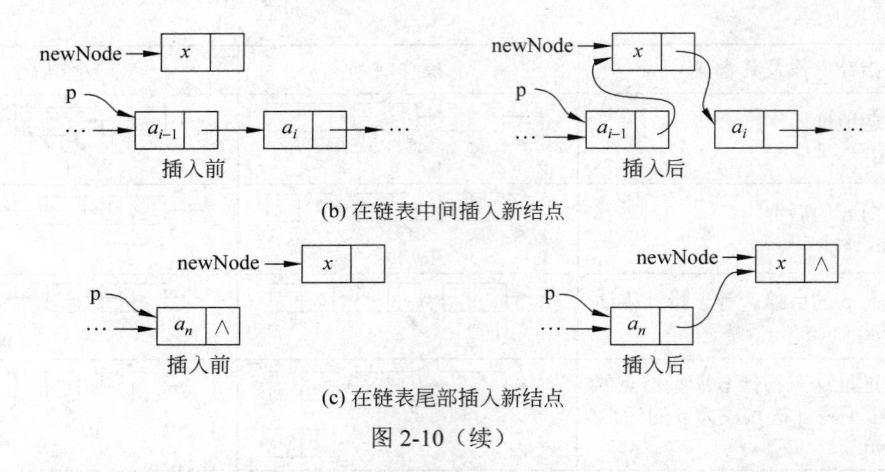

(b) 在链表中间插入新结点

(c) 在链表尾部插入新结点

图 2-10（续）

从此例可知，在链表中间插入和在链表尾部插入的运算相同，这两种情况可以合并考虑。综合以上情况，最后可得单链表的插入算法，参看程序 2-9。

程序 2-9 单链表插入算法

```
int Insert ( LinkList& first, int i, DataType x ) {
//将新元素 x 插入到第 i 个结点位置。i 从 1 开始，i = 1 表示插入到原首元结点之前
    if ( ! first || i == 1 ) {                    //插入到空表或非空表首元结点前
          LinkNode *newNode = ( LinkNode* ) malloc ( sizeof ( LinkNode ));
                                                   //建新结点
          if ( ! newNode ) { printf ( "存储分配错误! \n" );  exit(1); }
          newNode->data = x;
          newNode->link = first;  first = newNode;     //新结点成为首元结点
    }
    else {                                         //插入到链中间或尾部
        LinkNode *p = first;  int k = 1;           //从首元结点开始检测
        while ( p != NULL && k < i-1 )             //循链找第 i-1 个结点
            { p = p->link;  k++; }
        if ( p == NULL && first !=NULL )                   //非空表且链太短
            { printf ( "无效的插入位置!\n" );  return 0; }
        else {
            LinkNode *newNode = ( LinkNode* ) malloc ( sizeof ( LinkNode ));
                                                   //建新结点
            if ( ! newNode ) { printf ( "存储分配错误! \n" );  exit(1); }
            newNode->data = x;
            newNode->link = p->link;  p->link = newNode;
        }
    }
    return 1;                                      //正常插入
};
```

2．删除算法

【例 2-6】 单链表的删除，根据删除位置也有两种情况：

（1）删除链表的首元结点。这时需要先用指针 q 保存首元结点的地址，再将链表头指

针 first 改指向其下一个结点，使其成为新的链表首元结点，最后删除由 q 保存的原首元结点。参看图 2-11(a)，相应修改语句为：q = first；first = first->link；free (q)。

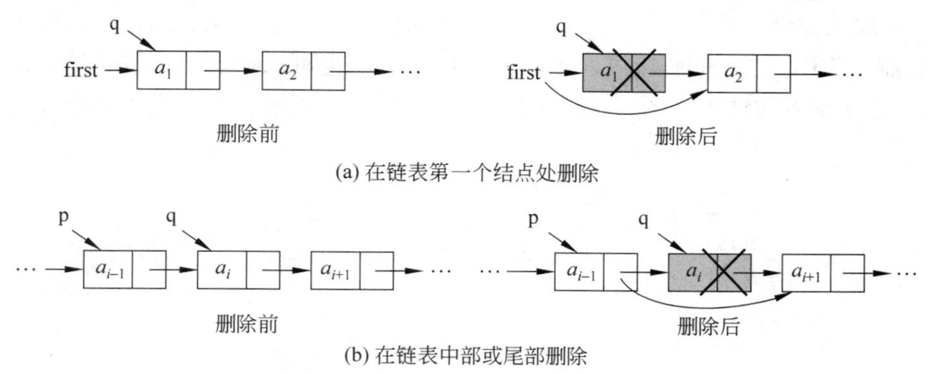

(a) 在链表第一个结点处删除

(b) 在链表中部或尾部删除

图 2-11　在单链表中删除含 a_i 的结点

（2）在链表中间或尾部删除。设删除链表中第 i 个结点：首先用指针 q 保存第 i 个结点的地址，再让第 i-1 个结点的 link 指针保存第 i+1 个结点的地址，通过重新拉链，把第 i 个结点从链中分离出来，最后再删去 q 保存的结点，如图 2-11(b)所示。相应的修改语句为：q = p->link；p->link = q->link；free (q)。

由此可得单链表的删除算法，如程序 2-10 所示。

程序 2-10　单链表删除算法

```
int Remove( LinkList& first, i, DataType& x ) {
//将链表中的第 i 个元素删去，i 从 1 开始，引用参数 x 返回被删元素的值
     LinkNode *q, *p;  int k;
     if ( i <= 1 ) { q = first;  first = first->link;}
                                             //删首元结点时表头退到下一结点
     else {                                  //删中间结点时重新拉链
          p = first;  k = 1;
          while ( p != NULL && k < i-1 )     //循链找第 i-1 号结点
               { p = p->link;  k++; }
          if ( p == NULL || p->link == NULL)  //空表或者链太短
               { printf ( "无效的删除位置!\n");  return 0; }
          q = p->link;                       //保存第 i 号结点地址
          p->link = q->link;                 //第 i 号结点从链上摘下
     }
     x = q->data;  free (q);                 //取出被删结点中的数据值
     return 1;
};
```

在寻找第 i-1 号结点时，寻找结果有 3 种情况：第一种情况是 p = NULL，说明链太短，没有找到第 i-1 号结点，无法执行删除；第二种情况是，虽然 p≠NULL，但是 p->link = NULL，说明虽然第 i-1 号结点存在，但第 i 号结点不存在，没有删除对象，不能执行删除；第三种情况是可以正常删除。

2.3.4 带头结点的单链表

为了实现的方便，为每一个链表加上一个“头结点”，如图 2-12 所示。它位于链表首元结点之前。头结点的 data 域可以不存储任何信息，也可以存放一个特殊标志或表长。图 2-12(a)是非空表的情形，图 2-12(b)是空表的情形。只要表存在，它必须至少有一个头结点。

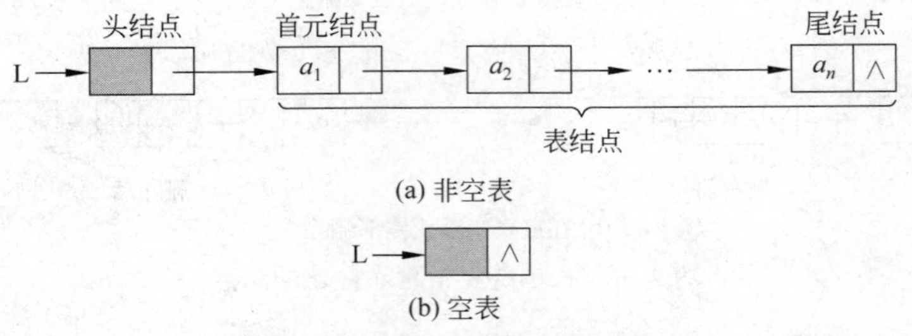

图 2-12　带头结点的单链表结构

由于在链表的首元结点前面还有一个头结点，因此，只要把头结点当作第 0 个结点，在算法中查找第 a_{i-1} 号结点时从 $k = 0$ 开始，如果 i 不超过表的长度加 1，总能找到含 a_{i-1} 的结点并让指针 p 指向它。这样，使用带头结点的链表，将有以下两个好处：

（1）统一了空表和非空表的操作：在空表或非空表首元结点之前的插入可以不作为特殊情况专门处理；类似地，删除首元结点导致空表与一般情况一样，也可统一处理。

（2）简化了链表的插入与删除操作代码的实现。

程序 2-11 给出单链表部分常用操作的实现。需要明确的是，所有运算的参数表中链表头指针 first 都是引用参数，即把它看作是实际一个链表头指针的别名。

程序 2-11　单链表部分常用操作的实现

```
void initList ( LinkList& first ) {
//初始化单链表，建立只有头结点的空链表
     first = ( LinkNode* ) malloc ( sizeof ( LinkNode ))    //创建头结点
     if ( ! first ) { printf ( "存储分配错误!\n" );  exit(1); }
     first->link = NULL;                                   //置空
};
void clearList ( LinkList& first ) {
//清空单链表，仅保留链表的头结点
     LinkNode *q;
     while ( first->link != NULL ) {                       //当链不空时，删去链中所有结点
          q = first->link;                                 //用指针 q 保存被删结点地址
          first->link = q->link;                           //从链上摘下该结点
          free (q);                                        //删除（仅保留一个头结点）
     }
};
int Length ( LinkList& first ) {
//计算表的长度，函数返回表的长度
    LinkNode *p = first->link;  int count = 0;
    while ( p != NULL )                                    //循链扫描，计算结点数
```

```
        { p = p->link;  count++; }
    return count;
};
LinkNode *Search ( LinkList& first, DataType x ) {
//在单链表中查找与 x 匹配的元素。查找成功时函数返回该结点地址，否则返回 NULL 值
    LinkNode *p = first->link;
    while ( p != NULL && p->data != x ) p = p->link;  //循链逐个找含 x 结点
    return p;                                        //若成功指针 p 返回找到的结点地址
};
LinkNode *Locate ( LinkList& first, int i ) {
//在单链表中对第 i（0≤i）个结点定位。函数返回表中第 i 个结点的地址
//若 i < 0 或 i 超出表中结点个数，则返回 NULL
    if ( i < 0 ) return NULL;                        //找头结点时 i = 0, i < 0 不合理
    LinkNode *p = first;  int k = 0;
    while ( p != NULL && k < i )                     //循链找第 i 个结点, k 做结点计数
        { p = p->link;  k++; }
    return p;                                        //若返回 NULL, 表示 i 值太大
};
int Insert ( LinkList& first, int i, DataType x ) {
//将新元素 x 插入在表中第 i（1≤i）个结点位置。如果 i 不合理则函数返回 0，否则函数返回 1
    LinkNode *p = Locate( first, i-1 );              //定位于第 i-1 个结点
    if ( p == NULL ) return 0;                       //i 不合理，插入不成功
    LinkNode *s = ( LinkNode* ) malloc (sizeof (LinkNode));//创建一个新结点
    if ( s == NULL ) { printf ( "存储分配错误!\n" );  exit(1); }
    s->data = x;
    s->link = p->link;  p->link = s;                 //将*s 链接在*p 之后
    return 1;                                        //插入成功
};
int Remove ( LinkList& first, int i, DataType& x ) {
//将链表中的第 i 个元素删去，通过引用型参数 x 返回该元素的值
//如果 i 不合理则函数返回 0，否则函数返回 1
    LinkNode *p = Locate( first, i-1 );              //定位于第 i-1 个结点
    if ( p == NULL || p->link == NULL ) return 0;
    LinkNode *q = p->link;                           //用 q 保存被删结点地址
    p->link = q->link;                               //重新拉链，将被删结点从链中摘下
    x = q->data;  free (q);                          //取出被删结点中的数据，释放结点
    return 1;
};
```

思考题 若 p 是链表指针，在链表中顺序查找不能使用 p++。为什么？

思考题 程序 Search 中继续循环的条件是 p != NULL && p->data != x，可否把这两个比较条件对换位置？

设一个单链表的结点个数（不含头结点）为 n，其主要操作的性能对比如表 2-2 所示。

因为在单链表中只能通过各结点的指针顺序查找，若考虑到所有可能的查找位置，并设各元素的查找概率相等，那么，与顺序表的顺序查找一样，平均需要查找$(n+1)/2$个元素，其时间复杂度为 $O(n)$。单链表的插入与删除操作虽然无须移动元素，但查找插入位置也需

要让检测指针逐个结点移动，直到需要实施插入的位置，其时间复杂度亦达到 $O(n)$。

表 2-2 单链表操作的性能比较

操作名	时间复杂度	空间复杂度	操作名	时间复杂度	空间复杂度
初始化 initList	$O(1)$	$O(1)$	定位 Locate	$O(n)$	$O(1)$
清空 clearList	$O(n)$	$O(1)$	插入 Insert	$O(n)$	$O(1)$
求长度 Length	$O(n)$	$O(1)$	删除 Remove	$O(n)$	$O(1)$
查找 Search	$O(n)$	$O(1)$	复制 Copy	$O(n)$	$O(1)$

2.3.5 单链表的遍历与创建

通常可以使用递归方法实现单链表的某些操作。常见的方法有两种：一种是先对前端的结点施行访问或创建，再使用递归对规模少一的后续链表做同样的工作；另一种是先对链表的前面部分使用递归做同样的工作，再对链表当前的最后一个结点施行访问或创建。这样做的好处是算法简单；坏处是存储开销较大，执行效率较低。

【例 2-7】 设有一个非空单链表 first，若想在 first 中正向依次输出所有结点的值，其递归算法如程序 2-12 所示（设结点值的数据类型为 int）。

程序 2-12 正向输出链表各结点值的递归算法

```
void printList ( LinkNode *first ) {
    if ( first == NULL ) return;                //递归到底，空表返回
    printf ( "%d\n", first->data );             //输出当前结点的值
    printList ( first->link );                  //以下一结点为表头继续递归输出
};
```

对于此算法，可以这样理解：首先应考虑的是可以直接求解的情况。有两个情况必须考虑，一个是失败的情况，即递归到链表为空的情形；另一个是成功的情况，即输出当前检测结点的值。这两种情况就是递归结束的条件。只有当这两种情况都不满足，才考虑对除当前检测结点外的链表后续部分递归进行输出，这就是减治法，它缩小了问题求解范围。

【例 2-8】 用尾插法创建一个单链表。所谓“尾插法”是指每次新结点总是插入到链表的尾端，这样连续插入的结果是链表中各结点中数据的逻辑顺序与输入数据的顺序完全一致。其实现步骤简述如下：

（1）从一个空表开始，重复读入数据，执行以下两步，直到输入结束。

① 生成新结点*last，将读入数据存放到新结点的 data 域中。

② 递归调用尾插法函数，以*last 为头结点建立后续链表。

（2）递归调用到输入 endTag（约定输入结束符号）将 last 置空，链表收尾，算法结束。

假设单链表带有头结点，那么在空表情形还应保持一个头结点，它的创建应在调用创建单链表的程序的主程序中进行。此外，引用参数 last 是尾指针，它总是指向新链表中最后一个结点，在递归返回时它会把新建结点地址或空地址传送到前一结点的 link 域中。具体实现如程序 2-13 所示。endTag 的约定：如果输入序列是正整数，endTag 可以是 0 或负数；如果输入序列是字符，endTag 可以是字符集中不会出现的字符，如'\0'。

程序 2-13 用尾插法创建一个单链表

```
#include "LinkList.h"
void createListRear ( LinkList& last, DataType endTag ) {
     DataType val;  scanf ( "%d", &val );                //输入结点元素数据
     if ( val == endTag ) last = NULL;                   //链表收尾，停止创建
     else {
          last = ( LinkNode* ) malloc ( sizeof ( LinkList )); //创建新结点
          if ( ! last ) { printf ( "存储分配错误! \n" ); exit(1); }
          last->data = val;                              //last 结点赋值
          createListRear ( last->link, endTag );         //递归创建后续链表
     }
};
void main(void) {
     LinkList L;  DataType endTag;
     scanf ( "%d", &endTag );                        //输入约定的输入结束标志
     L = ( LinkNode* ) malloc ( sizeof ( LinkList ));   //创建头结点
     if ( ! L ) { printf ( "存储分配错误!\n" );  exit(1); }
     LinkNode *rear = L;                             //尾指针，初始时指向头结点
     createListRear ( rear->link, endTag );          //递归建立单链表
     printList ( L->link );                          //可使用程序 2-12 定义的函数
     …
}
```

【例 2-9】 用前插法建立一个单链表。所谓“前插法”是指每次新结点总是作为首元结点插入在链表的头结点之后。这是另一种建立单链表的方式，插入的结果，使得链表中各结点中数据的逻辑顺序与输入数据的顺序正好相反。参看程序 2-14。

程序 2-14 用前插法创建一个单链表

```
#include "LinkList.h"
void createListFront ( LinkList& first, DataType endTag ) {
//endTag 是约定的输入序列结束的标志。其取值的约定同程序 2-13
     DataType val;  scanf ( "%d", &val );
     if ( val == endTag ) return;                    //数据输入结束，停止创建
     LinkNode *s = (LinkNode*) malloc (sizeof (LinkList)); //创建新结点*s
     if ( ! s ) { printf ( "存储分配错误! \n" );  exit(1); }
     s->data = val;                                  //s 结点赋值
     s->link = first->link;  first->link = s;        //作为首元结点链入头结点后
     createListFront ( first, endTag );              //递归创建后续链表
};
void main(void) {
     LinkList L2;  DataType endTag;
     L2 = ( LinkNode* ) malloc ( sizeof ( LinkList ));      //创建头结点
     if ( ! L2 ) { printf ( "存储分配错误! \n" );  exit(1); }
     scanf ( "%d", &endTag );                        //输入约定的输入序列结束标志
     L2->link = NULL;                                //链表置空
     createListFront ( L2, endTag );                 //递归建立单链表
     printList ( L2->link );
     …
}
```

以上 3 个算法的时间复杂度均为 $O(n)$，因为它们都属于单向递归，只有一个递归语句。

【例 2-10】 对应例 2-7 中的程序 2-12 使用递归法打印链表的程序，可以很容易地转换为用循环实现的非递归程序。它们在时间复杂度上都是一样的，都是 $O(n)$。但空间复杂度降低为 $O(1)$。参看程序 2-15。

程序 2-15 正向输出单链表各结点值的非递归算法

```
void printList_iter ( LinkNode *first ) {              //非递归（迭代）算法
    while ( first->link != NULL ) {                    //循环输出到链空
        printf ( "%d  ", first->link->data );          //链表非空，输出结点数据
        first = first->link;                           //继续输出下一结点
    }
    printf ( "\n" );
};
```

思考题 如果想逆向（从后向前）输出单链表中保存的数据，算法如何写？

2.3.6 单链表的应用：集合运算

可以用有序链表来表示集合。链表中的每个结点表示集合的一个成员，各个结点所表示的成员 $e_0, e_1, \cdots, e_n$ 在链表中按升序排列，即 $e_0 < e_1 < \cdots < e_n$。因此，在一个有序链表中寻找一个集合成员时，一般不用查找整个链表，查找效率可以提高很多。此外，用有序链表表示集合，集合成员可以无限增加。

用有序链表表示集合时的结构定义与带头结点的单链表大致相同，如程序 2-16 所示。

程序 2-16 基于有序链表表示集合的结构定义

```
typedef int DataType;                        //假定集合元素的数据类型为 int 型
typedef struct node {                        //集合的结点定义
    DataType data;                           //每个成员的数据
    struct node *link;                       //链接指针
} SetNode;
typedef struct {                             //集合的定义
    SetNode *first, *last;                   //表头与表尾指针
} LinkSet;
```

图 2-13 给出用有序链表表示的集合的图示。

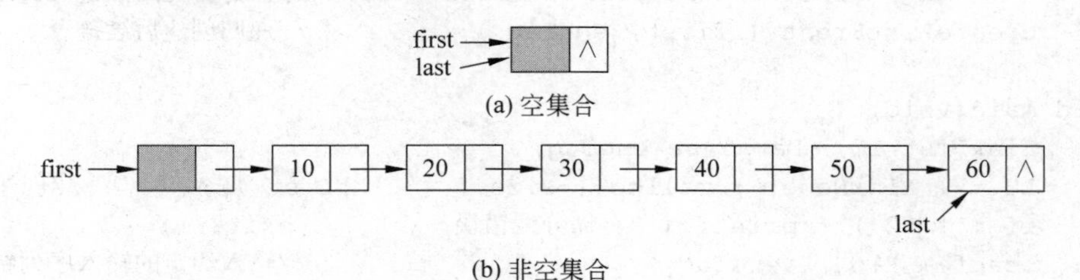

图 2-13 用带头结点的有序链表表示集合

【例 2-11】 集合的查找算法 Contains 是“判断一个元素 x 是否在集合中”的操作。实际上它就是一个在有序链表中顺序检测的过程：从链表的首元结点开始，沿链表查找，直

到找到这个元素或遇到大于这个元素的一个元素。如果是前者，则查找成功，该元素在此集合中；否则查找失败，该元素不在此集合中。参看程序 2-17。

程序 2-17　集合 Contains 算法的实现

```
SetNode *Contains ( LinkSet& S, DataType x ) {
//如果 x 是集合 S 的成员，则函数返回与 x 匹配的集合结点地址，否则函数返回 NULL
    SetNode *p = S.first->link;                             //链的扫描指针
    while ( p != NULL && p->data < x ) p = p->link;     //循链搜索
    if ( p != NULL && p->data == x ) return p;          //找到
    else return NULL;                                       //未找到
};
```

【例 2-12】　函数 addMember 是“向集合加入新成员”的算法。为了把一个新元素 x 插入集合中，算法先查找 x 的插入位置。如果找到 x，则不能插入；否则插入在刚刚大于 x 的元素前面，以保持链表的有序性。这时必须用一个指针 pre 记忆 p 的前趋结点地址，新元素插入在 pre 与 p 中间。参看程序 2-18。

程序 2-18　集合 addMember 算法的实现

```
int addMember ( LinkSet& S, DataType x ) {
//把新元素 x 加入到集合之中。若集合中已有此元素，则函数返回 0，否则函数返回 1
    SetNode *p = S.first->link, *pre = S.first;//p 是扫描指针，pre 是 p 的前趋
    while ( p != NULL && p->data < x )          //循链扫描
        { pre = p;  p = p->link; }
    if ( p != NULL && p->data == x ) return 0; //集合中已有此元素，不插入
    SetNode *q = ( SetNode* ) malloc ( sizeof ( SetNode ));
                                                //创建结点，用 q 指示
    q->data = x;  q->link = p;  pre->link = q;  //新元素链入
    if ( ! p ) S.last = q;                      //新元素加在链尾时改尾指针
    return 1;
};
```

【例 2-13】　函数 delMember 是删除指定元素的算法。同样需要先搜索删除结点位置。如果没有找到这个元素，则不能删除；否则必须将被删元素所在结点从链中摘下，也要求一个指针 pre 记忆 p 的前趋结点地址。实现代码参看程序 2-19。

程序 2-19　集合 delMember 算法的实现

```
int delMember ( LinkSet& S, DataType x ) {
//把集合中成员 x 删去。若集合不空且元素 x 在集合中，则函数返回 1，否则返回 0
    SetNode *p = S.first->link, *pre = S.first;
    while ( p != NULL && p->data < x )          //循链扫描
        { pre = p;  p = p->link; }
    if ( p != NULL && p->data == x ) {          //找到被删元素，删除结点*p
        pre->link = p->link;                    //重新链接，从链上摘下*p
        if ( p == S.last ) S.last = pre;        //被删元素位于链尾时改尾指针
        free (p);    return 1;                  //删除含 x 结点
    }
    else return 0;                              //集合中无此元素，不能删除
```

```
};
```

【例 2-14】 集合的“并”运算就是合并两个有序链表并消除重复元素的过程。为此，需要对两个有序链表顺序检测，当两个链表都未检测完时比较对应元素的值，把小的插入到结果链表中；当其中有一个链表检测完时把另一个链表复制到结果链中。参看程序 2-20。

程序 2-20 集合 Merge 算法的实现

```
void Merge ( LinkSet& LA, LinkSet& LB, LinkSet& LC ) {
//求集合 LA 与集合 LB 的并，结果通过 LC 返回，要求 LC 已存在且为空
    SetNode *pa = LA.first->link, *pb = LB.first->link;
                                                    //LA 与 LB 集合的扫描指针
    SetNode *p, *pc = LC.first;                     //结果链 LC 的存放指针
    while ( pa != NULL && pb != NULL ) {            //两个集合都未检测完
        if ( pa->data <= pb->data ) {               //LA 集合的元素值小或相等
            pc->link = ( SetNode* ) malloc ( sizeof ( SetNode ));
            pc->link->data = pa->data;              //把 LA 的元素复制到 LC
            pa = pa->link;
        }
        else {                                      //LB 集合的元素值小
            pc->link = ( SetNode* ) malloc ( sizeof ( SetNode ));
            pc->link->data = pb->data;              //把 LB 的元素复制到 LC
            pb = pb->link;
        }
        pc = pc->link;
    }
    p = ( pa != NULL ) ? pa : pb;                   //处理未处理完的集合
    while ( p != NULL ) {                           //向结果链逐个复制
        pc->link = ( SetNode* ) malloc ( sizeof ( SetNode ));
        pc->link->data = p->data;
        pc = pc->link; p = p->link;
    }
    pc->link = NULL; LC.last = pc;                  //结果链表收尾
};
```

其他集合的运算，如“交”“差”等都可以用类似的程序结构实现。这些关于有序链表的操作在后续章节经常会用到，请读者充分体会。

2.3.7 循环链表

循环链表又称循环单链表，是另一种形式的表示线性表的链表，它的结点结构与单链表相同，与单链表不同的是链表的尾结点的 link 域中不是 NULL，而是存放了一个指向链表开始结点的指针。这样，只要知道表中任何一个结点的地址，就能遍历表中其他任一结点。图 2-14 是循环链表的一个示意图。

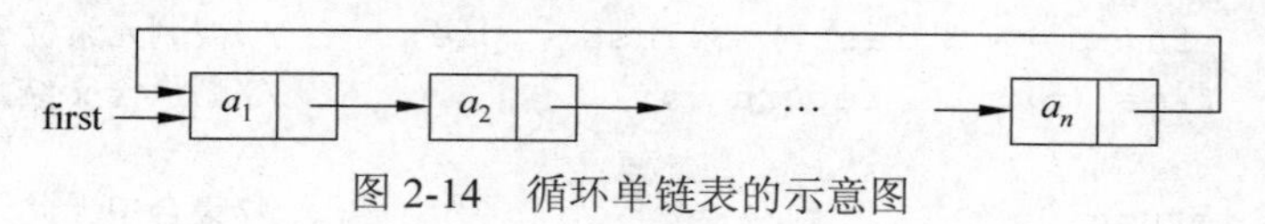

图 2-14 循环单链表的示意图

设 p 是在循环单链表中逐个结点检测的指针，first 是表头指针，则在判断 p 是否达到链表的链尾时，不是判断是否 p->link == NULL，而是判断是否 p->link == first。

循环单链表的运算与单链表类似。与单链表一样，链表可以有头结点，这样能够简化链表操作的实现，统一空表与非空表的运算。图 2-15 给出空表与非空表情形下循环单链表的形态。在带头结点的循环单链表中，链尾结点的 link 域存放的是该链表的头结点的地址。

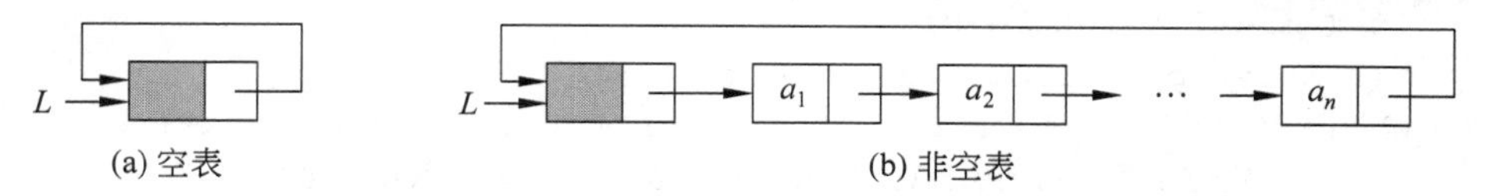

图 2-15 带头结点的循环单链表

循环链表的结构定义如程序 2-21 所示，结构上与单链表相同。

程序 2-21 循环单链表的结构定义

```
#include <stdio.h>
#include <stdlib.h>
typedef int DataType;
typedef struct node {                              //循环链表定义
      DataType data;                               //结点数据
      struct node *link;                           //后继结点指针
} CircNode, *CircList;
```

循环单链表与单链表在语义上有所不同，单链表只能从头结点开始，沿着各结点 link 指针所指方向顺序检测链表的所有结点；而循环单链表则可以从表中任一结点开始，沿着各结点 link 指针所指方向检测到链表的所有结点。

对于循环单链表各种操作的实现，可以参照单链表，仅在处理表尾时有微小的差别。

【例 2-15】 从一个数组 $A[n]$创建循环单链表的算法如程序 2-22 所示。算法分两步：首先构造只有头结点的空循环单链表；然后再逐个输入建立元素结点，再链入到表尾后。

程序 2-22 用后插法建立循环单链表的算法

```
void createCircList ( CircList& first, DataType A[], int n ) {
//根据数组 A[n]建立一个循环单链表，表中各元素次序与 A[n]中各元素次序相同
    first = ( CircNode * ) malloc ( sizeof ( CircNode ));     //创建头结点
    first->link = first;                              //构成空循环链表
    CircNode *r = first, *s;                          //设置尾指针 r
    for ( int i = 0; i < n; i++ ) {                   //尾插法
          s = ( CircNode * ) malloc ( sizeof ( CircNode ));
          s->data = A[i];  s->link = r->link;         //s->link = first
          r->link = s;  r = s;                        //*s 链到*r 后, r 进到新链尾
    }
}
```

要求每次链入新结点*s 时保证*s 的 link 指针指向表头 first，指针 r 指向新链尾*s。

【例 2-16】 循环单链表的插入与删除算法如程序 2-23 所示。有两点需要注意。一是在查找插入或删除位置时检测指针检查到表头即可确定操作失败；二是在尾结点操作时需保

证循环链表的特性不致破坏。

程序 2-23 循环单链表的插入和删除算法

```
int Insert ( CircNode *first, int i, DataType x ) {
//将新元素 x 插入在循环链表中第 i（1≤i）个结点位置
//如果插入失败函数返回 0,否则函数返回 1
    if ( i < 1 ) return 0;
    CircNode *p = first, *q;  int k = 0;
    while ( p->link != first && k < i-1 ) { p = p->link;  k++; }
        //定位于第 i-1 个结点，如果 i 超出表长度，则插入在链尾
    q = ( CircNode * ) malloc ( sizeof ( CircNode ) );
    q->data = x;  q->link = p->link;  p->link = q;  //将*q 链接在*p 之后
    return 1;                                       //插入成功
};
int Remove ( CircNode *first, int i, DataType& x ) {
//将链表中的第 i 个元素删去，通过引用参数 x 返回该元素的值
//如果 i 不合理则删除失败，函数返回 0，否则函数返回 1
if ( i < 1 ) return 0;                          //i 太小，不合理
CircNode *p = first, *q;  int k = 0;
while ( p->link != first && k < i-1 ) { p = p->link;  k++; }
      if ( p->link == first ) return 0;         //i 太大，被删结点不存在
      q = p->link;                              //用 q 保存第 i 号结点
      p->link = q->link;                        //从链上摘下第 i 号结点
      x = q->data;  free (q);                   //被删结点数据存 x，释放结点
      return 1;
};
```

以上两个算法因有查找位置的问题，时间复杂度仍为 $O(n)$。如果改变一下循环链表的标识方法，不用表头指针而用一个指向表尾结点的指针 rear 来标识，可以将在表头或表尾插入的时间复杂度和删除的时间复杂度提高到 $O(1)$。

【例 2-17】 图 2-16 是在一个只带表尾指针的循环单链表的尾端插入一个由 newNode 所指示新结点的图示。关键运算为：newNode->link = rear->link；rear->link = newNode。

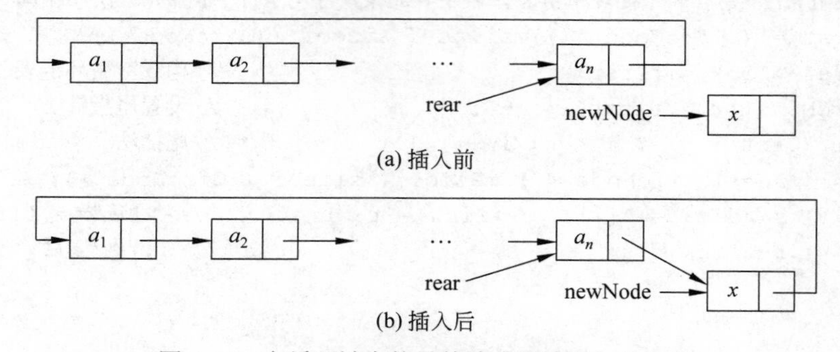

图 2-16 在循环链表的最前端或尾端插入的情形

【例 2-18】 求解约瑟夫环问题。约瑟夫环问题的提法是：n 个人围成一个环，选取一个正整数 m ($< n$) 作为报数值。然后从第一个人开始按顺时针方向自 1 开始顺序报数，报

到 m 时停止报数，报 m 的人出列，然后从他顺时针方向上的下一个人开始重新报数，如此下去，直到环中只剩下一个人，他将是最后的优胜者。例如，若 $n = 8$，$m = 3$，则出列的顺序将为 3, 6, 1, 5, 2, 8, 4，最初编号为 7 的人将赢得环球旅游的机会，参看图 2-17。

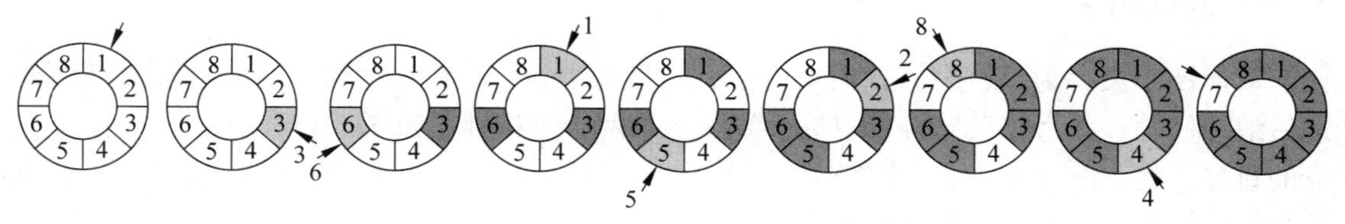

图 2-17　$n = 8$，$m = 3$ 的约瑟夫环问题示例

实现约瑟夫环问题的主要步骤如下：

（1）形成有 n 个结点的循环链表。

（2）执行 $n-1$ 趟报数的循环。每趟循环从 1 开始连续加 1 计数 $m-1$ 次，同时让链表检测指针向后移动 $m-1$ 个结点。当移动到第 m 个结点时删去它并打印该结点的编号。然后从顶替被删结点的后一结点开始继续下一趟循环。当只剩下一个结点时跳出循环，结束算法。

算法的实现如程序 2-24 所示。

程序 2-24　求解约瑟夫环问题

```
#include "CircList.h"
#define maxSize 30
void Josephus ( CircList& list, int s, int m, int n ) {
//算法中 s 是起始结点号，m 是报数间隔，n 是最初人数
     CircList p = list->link, pr = list;  int i, j;
     for ( i = 1 ; i < s ; i++ ) p = p->link;    //指针 p 进到第 s 个结点
     for ( i = 0; i < n; i++ ) {                 //执行 n 次
            for ( j = 1; j < m; j++ ) {          //数 m-1 个人
                   pr = p;  p = p->link;
                   if ( p == list ) { pr = p;  p = p->link; }
                                                 //若*p 为头结点则跳过
          }
          printf ( "%d  ", p->data );            //输出
          pr->link = p->link;  free (p);         //删去第 m 个结点
          p = pr->link;                          //下一次报数从下一结点开始
          if (p == list) {pr = p; p = p->link;}//若*p 为头结点则跳过
     }
     printf ( "\n" );                            //换行
}
void main ( void ) {
     CircList L;  int s = 1, m = 3, n = 8;       //起始位置、报数间隔和人数
     int A[maxSize] = {1, 2, 3, 4, 5, 6, 7, 8}; //人员编号
     createCircList ( L, A, n );                 //建循环单链表，见程序 2-22
     for ( CircNode *p = L->link; p != L; p = p->link )
            printf ( "%d  ", p->data );          //输出循环单链表
     printf ( "\n" );
     Josephus( L, s, m, n );                     //执行报数出列算法
```

```
}
```

算法的时间复杂度为 $O(n \times m)$。

2.3.8 双向链表

双向链表又称为双链表。使用双向链表的目的是为了解决在链表中访问直接前趋和直接后继的问题。因为在双向链表中每个结点都有两个链指针，如图 2-18 所示，一个指向结点的直接前趋（lLink），另一个指向结点的直接后继（rLink），这样不论是向前趋方向查找还是向后继方向查找，其时间复杂度都只有 $O(1)$。

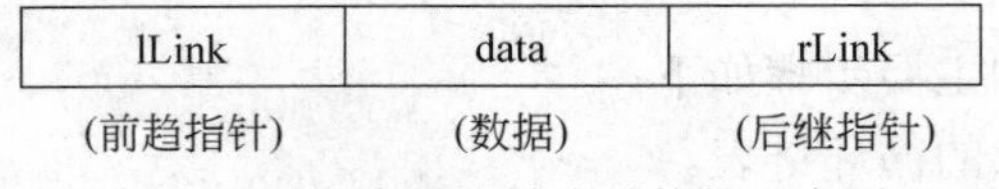

图 2-18　双向链表结点结构的示意图

双向链表常采用带头结点的循环链表方式，称为循环双链表，如图 2-19 所示。

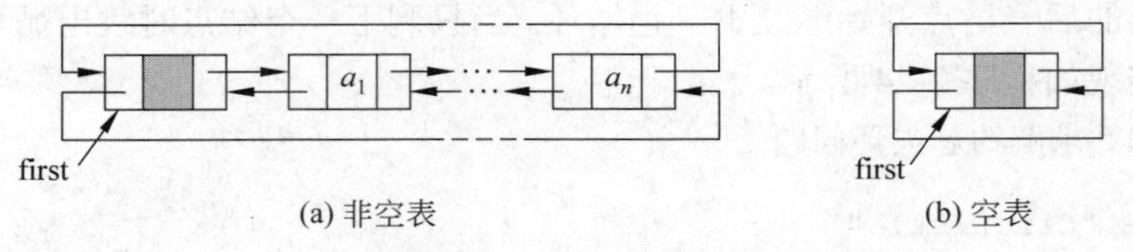

图 2-19　带头结点的循环双链表

一个循环双链表有一个头结点，由链表的头指针 first 指示，它的 lLink 指向链表的尾结点，rLink 指向链表的首元结点。链表的首元结点的左链指针 lLink 和尾结点的右链指针 rLink 都指向头结点。假设指针 p 指向循环链表的某一结点，那么，p->lLink 指示 p 所指结点的前趋结点，p->lLink->rLink 中存放的是 p 所指结点本身；同样地，p->rLink 指示 p 所指结点的后继结点，p->rLink->lLink 也指向 p 所指结点本身。循环双链表结点指针的指向见图 2-20。

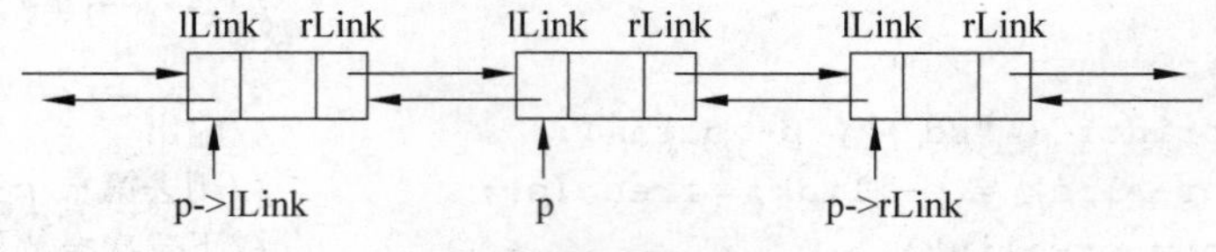

图 2-20　循环双链表结点指针的指向

循环双链表的结构定义如程序 2-25 所示，与循环单链表相比，每个结点多了一个前趋指针。程序 2-26 给出循环双链表的部分操作的实现。

程序 2-25　循环双链表的结构定义

```
#include <stdio.h>
#include <stdlib.h>
#define maxSize 30
typedef int DataType;
typedef struct node {                                    //双向链表定义
     DataType data;                                         //结点数据
     int freq;                                              //访问计数
```

```
    struct node *rLink, *lLink;                     //后继与前趋结点指针
} DblNode, *DblList;
```

程序 2-26　循环双链表的创建、输出、查找和定位操作的实现

```
void createListR ( DblList& first, DataType A[], int m ) {
//顺序输入A[m]中的数据，使用尾插法沿右链方向建立循环双链表
//每插入一个结点，需要在前趋和后继方向的两个链中进行链接
    first = ( DblNode * ) malloc ( sizeof ( DblNode ) );  //建立头结点
    first->rLink = first;  first->lLink = first;           //初始化
    DblNode *s, *q, *r = first;
    for ( int i = 0; i < m; i++ ) {                      //使用尾插法顺序建立链表
        s = ( DblNode * ) malloc ( sizeof ( DblNode ) ); //建立新结点
        s->data = A[i];  s->freq = 0;                     //新结点赋值
        q = r->rLink;  s->lLink = r;  q->lLink = s;       //前趋方向链接
        r->rLink = s;  s->rLink = q;  r = s;              //后继方向链接
    }
}
void printList ( DblList first, int d ) {
//输出循环双链表所有元素的值，d = 0 按前趋方向，d = 1 按后继方向
    DblList p;                                           //遍历指针
    p = ( d == 0 ) ? first->lLink : first->rLink;  //按前趋或后继方向输出
    while ( p != first ) {                               //循链输出
        printf ( "%d", p->data );
        p = ( d == 0 ) ? p->lLink : p->rLink;
        if ( p != first ) printf ( "  " );
    }
    printf ( "\n" );                                     //输出收尾
}
DblNode *Search ( DblList& first, DataType x, int d ) {
//在带头结点的循环双链表中寻找其值等于 x 的结点，若找到，则函数返回该结点地址，
//否则函数返回 NULL。参数 d = 0，按前趋方向查找；d ≠ 0，按后继方向查找
    DblNode *p = ( d == 0 ) ? first->lLink : first->rLink;
    while ( p != first && p->data != x )
        p = ( d == 0 ) ? p->lLink : p->rLink;
    return ( p != first ) ? p : NULL;                    //返回查找结果
};
DblNode *Locate ( DblList& first, int i, int d ) {
//在带头结点的循环双链表中按 d 所指方向寻找第 i 个结点
//若 d = 0，在前趋方向寻找第 i 个结点；若 d ≠ 0，在后继方向寻找第 i 个结点
    if ( i < 0 ) return NULL;                            //i 不合理，返回 NULL
    if ( i == 0 ) return first;                          //i = 0 定位于头结点
    DblNode *p = ( d == 0 ) ? first->lLink : first->rLink;
    for ( int j = 1; j < i; j++ )                        //逐个结点检测
        if ( p == first ) break;                         //链太短，退出搜索
        else p = (d == 0) ? p->lLink : p->rLink;
    return ( p != first ) ? p : NULL;                    //返回查找结果
};
```

循环双链表的插入和删除算法必须在参数表中指定是按前趋方向还是后继方向进行操作。与单链表相比，无论是链入一个新结点还是摘除一个已有结点，都必须在“前趋链”和“后继链”这两个链上操作，所以需要修改 4 个指针。

循环双链表插入算法 Insert 的主要步骤如下：

（1）按照 d 所指方向在双向循环链表中查找插入位置。$d = 0$，在前趋方向查找第 i-1 个结点；$d \neq 0$，在后继方向查找第 i-1 个结点。

（2）建立一个新结点，$d = 0$，在前趋方向链入到第 i-1 个结点之后，$d \neq 0$，在后继方向链入到第 i-1 个结点之后，使之成为新的第 i 个结点。

算法的实现参看程序 2-27。

程序 2-27 循环双链表的插入算法

```
int Insert ( DblList& first, int i, DataType x, int d ) {
//建立一个包含值 x 的新结点，并将其按 d 指定的方向插入到第 i 个结点位置
    DblNode *p = Locate( first, i-1, d );                    //定位到第 i-1 个结点
    if ( p == NULL ) return 0;                               //i 不合理，插入失败
    DblNode *s = (DblNode*) malloc (sizeof (DblNode));  //创建新结点
    s->data = x;
    if ( d == 0 ) {                                          //在前趋方向插入
         s->lLink = p->lLink;  p->lLink = s;                 //前趋链
         s->lLink->rLink = s;  s->rLink = p;                 //后继链
    }
    else {                                                   //在后继方向插入
         s->rLink = p->rLink;  p->rLink = s;                 //后继链
         s->rLink->lLink = s;  s->lLink = p;                 //前趋链
    }
    return 1;                                                //插入成功
};
```

【例 2-19】 循环双链表的插入过程如图 2-21 所示，图 2-21(a)是空表情形，新结点成为链表的首元结点；图 2-21(b)是非空表情形。

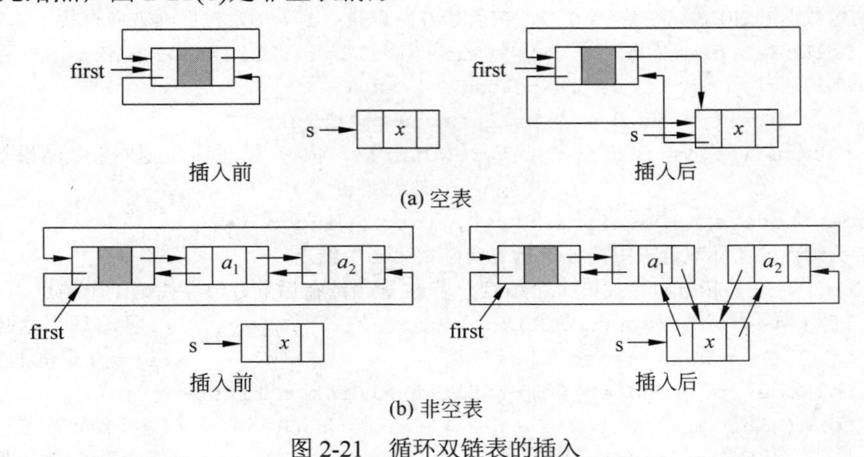

图 2-21 循环双链表的插入

【例 2-20】 循环双链表的删除算法是按照 d 所指方向删除第 i 个结点，参看图 2-22。

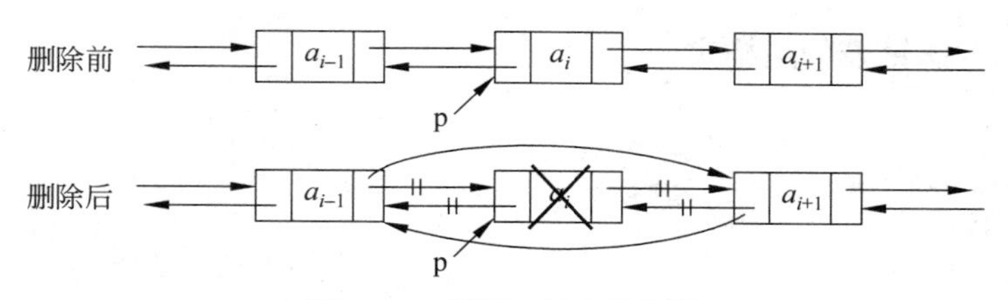

图 2-22 循环双链表的删除

删除过程分 3 步：第一步按 d 所指方向定位于第 i 个结点。$d = 0$，定位于前趋方向上的第 i 个结点；$d \neq 0$，定位于后继方向上的第 i 个结点；第二步把第 i 个结点从链中分离出来，为了从两个链上摘下被删结点，必须修改前趋结点的后继指针和后继结点的前趋指针；第三步释放被删结点。算法的实现参看程序 2-28。

程序 2-28 循环双链表的删除算法

```
int Remove ( DblList& first, int i, DataType& x, int d ) {
//在带头结点的循环双链表中按照 d 所指方向删除第 i 个结点
//被删元素的值通过引用参数 x 返回。如果删除成功，则函数返回 1，否则函数返回 0
    DblNode *p = Locate ( first, i, d );          //按 d 所指方向定位于第 i 个结点
    if ( p == NULL ) return 0;                    //空表或 i 不合理，删除失败
    p->rLink->lLink = p->lLink;                   //从 lLink 链中摘下
    p->lLink->rLink = p->rLink;                   //从 rLink 链中摘下
    x = p->data;  free (p);                       //删除
    return 1;                                     //删除成功
};
```

2.3.9 静态链表

在某些问题中不方便动态地分配结点空间，再通过指针链接来实现链表，此时可采用向量（即一维数组）来存储链表，这就是静态链表。在此链表中为每一个元素附加一个链接指针。处理时可以不改变各元素的物理位置，只要重新链接就能改变这些元素的逻辑顺序。参看图 2-23。

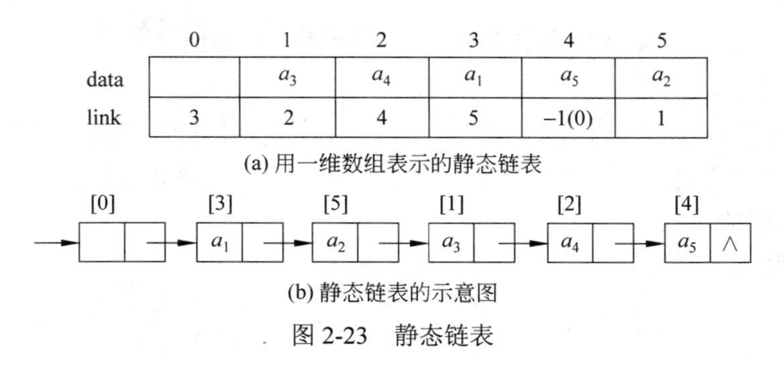

	0	1	2	3	4	5
data		a_3	a_4	a_1	a_5	a_2
link	3	2	4	5	−1(0)	1

(a) 用一维数组表示的静态链表

(b) 静态链表的示意图

图 2-23 静态链表

静态链表每个结点由两个域构成：data 域存储数据，link 域存放链接指针。需要注意的是，这种指针实际上是向量元素的下标，它给出逻辑上的下一个结点在向量中的位置。

用 C 语言描述的静态链表的结构定义如程序 2-29 所示。

程序 2-29 静态链表的结构定义

```
#include <limits.h>
#include <stdio.h>
#include <stdlib.h>
#define maxSize 100                          //默认静态链表最大容量
#define maxValue INT_MAX                     //假定的最大值
typedef int DataType;                        //假定关键码类型为 int
typedef struct {                             //静态链表结点的类型定义
    DataType data;                           //元素
    int link;                                //结点的链接指针
} SLNode;
typedef struct {                             //静态链表的类型定义
    SLNode *elem;                            //存储待排序元素的向量
    int n;                                   //当前元素个数
} StaticLinkList;
```

链表结点向量 elem 中，第 0 号结点是链表的头结点，它的 link 域中存放的是链表首元结点的下标。如果静态链表是单链表，则链表尾结点的 link 域放-1，表示链收尾；如果静态链表是循环单链表，则链尾结点的 link 指针为 0，指向头结点（下标为 0）。

为使静态链表在表满时能够扩充，链表数组 elem 采取动态分配方式，在链表初始化运算中对其分配可用的存储空间。若设表名为 SL，则初始化的关键语句为

```
SL.maxSize = defaultSize;
SL.elem = (SLinkNode*) malloc ((SL.maxSize+1)*sizeof(SLinkNode));
if ( ! SL.elem ) { printf ( "存储分配失败！\n " );  exit(1); }    //链接 stdlib.h
和 iostream.h
for ( int i = 1; i <= SL.maxSize; i++ ) SL.elem[i] = -1;
SL.elem[0] = 0;
```

思考题 在数据移动代价比较高的场合，使用静态链表是否更节省时间？

2.4 顺序表与线性链表的比较

顺序表和线性链表是线性表的两种存储表示，下面从不同方面对它们做一些比较，以期帮助读者在最合适的场合选择最合适的存储结构，达到最满意的效果。

1. 存储方面的比较

（1）从存储利用率来看，若用存储密度来衡量。可定义

$$存储密度=\frac{数据元素占用的存储字节数}{为结构分配的最大字节数}$$

一般地，存储密度越小，说明结构的存储利用率越低。为存储相同数量的数据元素所需的存储空间就越多。顺序表的存储密度为 1，存储利用率很高，因为表示数据元素之间的逻辑关系无须占用附加空间；而单链表的存储密度小于 1，存储利用率较差，因为每个数据元素都需附加一个链接指针以指示元素之间的逻辑关系。

（2）从空间限制来看，顺序表在静态分配其存储空间的情形下，一旦存储空间装满就不能扩充，如果再加入新元素将出现存储溢出；在动态分配其存储空间的情形下，虽然存储空间可以扩充，但在扩充期间新、老空间并存，同时需要移动大量数据元素，将导致较多的存储开销和时间开销，使操作效率降低。单链表的结点空间只有在需要的时候才申请，无须事先分配，因此，只要还有存储空间可分配，就没有存储溢出的问题。

（3）从存储的占用方式来看，顺序表的存储空间大小将不随链表的操作（包括插入、删除、清空等）变化。这会造成使用上的一些困难。例如，若想在程序中事先分配一个顺序表的存储，当表长度变化较大时，难以确定合适的存储空间大小，若按可能达到的最大长度预先分配表的空间，则容易造成一部分空间长期闲置而得不到充分利用；若事先对表长估计不足，则插入操作可能使表长超过预先分配的空间而造成溢出。而链表的存储空间大小将随链表的操作（包括插入、删除、清空等）变化。因此，使用链表，无须事先定义链表的最大长度，只要有存储空间可供分配，就可以大胆扩充表的长度，提高了灵活性。

2．存取方面的比较

（1）顺序表是使用一维数组作为存储结构的线性表，其特点是用物理位置上的邻接关系来表示结点间的逻辑关系，结构简单；而单链表中各个表元素的物理存储位置与逻辑顺序不一定一致，若想访问某一数据元素在逻辑上的下一个元素，只能通过相应结点的链接指针才能找到。

（2）从访问方式来看，顺序表可以从前向后顺序存取，也可以从后向前顺序存取，还可以按照元素序号（下标）直接存取；而单链表只能从链的头部开始逐个结点顺序存取。因此，顺序表查找速度比单链表要快。

（3）从插入和删除速度来看，如果要求插入和删除后表中其他元素的相对逻辑顺序保持不变，则顺序表平均需要移动大约一半元素，而单链表只需修改链接指针，不需要移动元素，因此，单链表比顺序表的插入和删除速度快。

（4）从C语言指针的使用来看，在顺序表的情形，指针p指示数据元素存储位置，用*p可取得该数据的值，用p++可以顺序进到物理上下一个数据元素的位置；在单链表的情形，指针p指示链表结点的地址，用*p不能取得该结点数据的值，用p++也不能进到下一个结点位置，只能使用p->data取得结点数据的值，用p = p->link进到下一个结点。

3．安全保密方面的比较

在顺序表的情形，只要知道了数组的名字和数组元素的下标，就能访问表中的元素；在单链表的情形，如果找不到结点的地址，结点所保存的数据就是安全的，而结点的地址只能在逻辑上的前一个结点中找到，如果表头指针被保护，则单链表的安全保密性比顺序表好。

4．基于使用方面的考虑

（1）从描述工具来看，C语言中数组定义和操作都很简单，但使用之前必须对其初始化，因为C编译器并未在创建它时自动对它实施初始化。但C语言中指针的使用比较复杂，在使用指针实现单链表的结构和运算时，特别是在操作的参数表中需要用指针做参数时，当心传递的数据为零，就是说，用指针穿越程序接口时数据被丢失。

（2）从存储的动态分配和动态回收来看，顺序表和单链表都面临同样的问题：程序中动态分配的存储空间必须在程序中用存储释放命令动态回收。如果忽视了这个问题，可能会丢失这些动态分配的存储空间，使得它们成为不能复用的又未释放的无用单元。遗憾的是，C 和 C++都没有自动收集无用单元的功能（Java 有），如果无用单元积累多了，可能会出现内存不够用的出错情况，使得程序无法再执行下去。

（3）从算法分析来看，顺序表的查找时间为 $O(1)$，而插入和删除的时间为 $O(n)$，其中 n 是表中元素个数；而单链表的查找时间为 $O(n)$，插入和删除的时间为 $O(1)$，因为只需修改指针，不需移动元素（不过为寻找插入或删除的位置还需要时间，但此时只是结点计数而不需要数据比较）。所以，对于不需频繁插入和删除，但需要经常执行查找的线性表，可采用顺序表存储；对于需要频繁插入和删除，但查找次数不多的线性表，可采用单链表存储。

总之，两种存储结构各有其优缺点，应根据应用程序的实际需要来选择使用哪一种。

2.5 线性表的应用：一元多项式及其运算

在表处理时经常遇到的一个问题就是多项式的表示和运算，因此有必要讨论如何建立一个符号多项式的数据结构，构造由符号（即多项式中的系数和指数）组成的表。例如，有两个一元多项式 $A(x)$和 $B(x)$，$A(x)$是一个一元 4 阶多项式，$B(x)$是一个一元 6 阶多项式：

$$A(x) = 2.5 + 15.2x^2 + 10.0x^3 + 1.5x^4 = \sum_{i=0}^{4} a_i x^i$$

$$B(x) = 4.1x + 3.8x^2 - 1.5x^4 + x^6 = \sum_{i=0}^{6} b_i x^i$$

定义多项式的阶为多项式中最高的指数。那么，做这两个多项式的加法和乘法时，其和与积可以表示为

$$A(x) + B(x) = \sum_{i=0}^{6} (a_i + b_i) x^i$$

$$A(x) \times B(x) = \sum_{i=0}^{4} (a_i x^i \times \sum_{j=0}^{6} (b_j x^j))$$

类似地，可以做两个多项式的减法和除法以及其他的许多运算。

2.5.1 一元多项式的表示

通常在数学中对一元 n 次多项式可表示成如下的形式：

$$P_n(x) = a_0 + a_1 x + a_2 x^2 + \cdots + a_{n-1} x^{n-1} + a_n x^n = \sum_{i=0}^{n} a_i x^i$$

设多项式的最高可能阶数为 maxDegree，当前的最高阶数为 n，各个项按指数递增的次序从 0 到 n 顺序排列。

第一种表示方法是为多项式建立一个有 maxDegree+1 个元素的静态数组 coef 来存储多项式的系数。相关的数据成员有

```
int degree;                          //多项式中当前阶数
float coef[maxDegree+1];             //多项式的系数数组
```

参看图 2-24。假设 pl 是一个一元多项式（polynomial），且最高阶数 $n \leqslant$ maxDegree，则上述多项式 $P_n(x)$可以表示为：

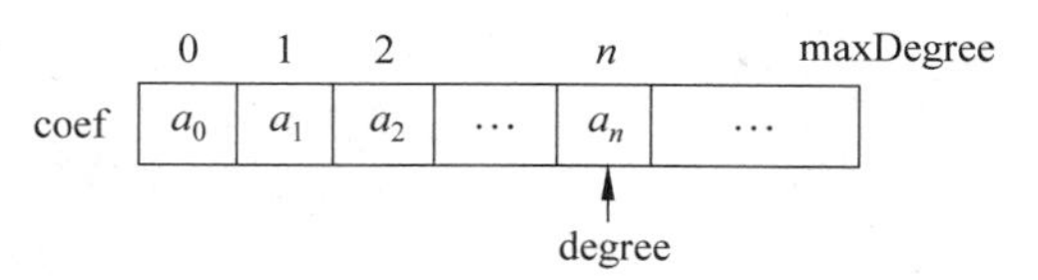

图 2-24 利用一个静态数组表示一元 n 次多项式

```
pl.degree = n,
pl.coef[i] = ai,  0≤i≤n
```

coef []是系数数组，coef [0]中存放系数 a_0 的值，coef [1]中存放系数 a_1 的值……coef [degree]中存放 a_{degree} 的值。多项式中指数为 i 的项的系数 a_i 存于 coef [i]中。这样可以充分利用存储来表示一元 n 次多项式并很方便地进行多项式的加、减、乘、除运算。

但是，对于缺很多项，各项指数跳动很大的一元多项式，例如

$$P_{101}(x) = 1.2 + 51.3x^{50} + 3.7x^{101}$$

阶为 101 的多项式需要有 102 个元素的数组来存储各个项的系数，其中只有 3 个数组元素非零，其他都是零元素。这种多项式叫做稀疏多项式。如果在存储多项式时只存储那些系数非零的项，可以期望节省存储空间。因此，考虑多项式的第二种表示方法，对于每一个系数非零的项只存储它的系数 a_i 和指数 e_i，并用一个存储各系数非零项的数组来表示这个多项式。

一般地，一元多项式可以表示为

$$P_n(x) = a_0x^{e_0} + a_1x^{e_1} + a_2x^{e_2} + \cdots + a_mx^{e_m}$$

其中，每个 a_i 是 $P_n(x)$中的非零系数，指数 e_i 是递增的，即 $0 \leqslant e_0 < e_1 < \cdots < e_{m-1} < e_m$。相应的存储表示如图 2-25 所示。

	0	1	2		i		m		maxDegree
coef	a_0	a_1	a_2	…	a_i	…	a_m	…	
exp	e_0	e_1	e_2	…	e_i	…	e_m	…	

图 2-25 一般的一元多项式的存储表示

第三种解决的办法是利用链表来表示多项式。它适用于项数不定的多项式，特别是对于项数在运算过程中动态增长的多项式，不存在存储溢出的问题。其次，对于某些零系数项，在执行加法运算后不再是零系数项，这就需要在结果多项式中增添新的项；对于某些非零系数项，在执行加法运算后可能是零系数项，这就需要在结果多项式中删去这些项，利用链表操作，可以简单地修改结点的指针以完成这种插入和删除运算，不像在顺序方式中那样可能移动大量数据项，因此运行效率较高。

2.5.2 多项式的结构定义

一般使用带头结点的单链表来实现一元多项式。每个结点表示多项式中的一项，命名为 Term，它包括两个数据域：coef（系数）和 exp（指数）。其结构定义参看程序 2-30。

程序 2-30 多项式的结构定义

```
#include <stdlib.h>
#include <stdio.h>
#include <math.h>
typedef struct node {                    //多项式结点的定义
    double coef;                         //系数
    int exp;                             //指数
    struct node *link;                   //链接指针
} Term, *Polynomial;                     //一元多项式的定义
```

基于这个定义，可以逐个结点输入建立一个一元多项式，参看程序 2-31。算法要求预先把输入的系数和指数存放在数组 $C[n]$和 $E[n]$中，且不规定所有输入项都按指数递增或递减顺序排列，其中 n 是一元多项式的项数。算法每次在建立一个新项后，在按指数降序链接的链表中寻找它应插入的位置并插入之，算法的时间复杂度达到 $O(n^2)$。

程序 2-31 一元多项式的建立算法

```
void Input ( Polynomial& PL, double C[], int E[], int n ) {
//从系数数组 C[n]和指数数组 E[n]输入一元多项式的各项
//建立一个按降幂方式排列的一元多项式 PL。要求调用此函数前 PL 已存在且已置空
     Polynomial newTerm, p, pre;  int i;
     for ( i = 0; i < n; i++ ) {                          //输入各项的系数和指数
          p = PL->link;  pre = PL;                        //按降幂寻找新项插入位置
          while ( p != NULL && p->exp > E[i] ) { pre = p;  p = p->link; }
          if ( p != NULL && p->exp == E[i] )      //已有指数相等的项，不插入
               printf ( "已有与指数%d 相等的项，输入作废\n", E[i] );
          else {
               newTerm = ( Term* ) malloc ( sizeof ( Term ));  //创建新结点
               newTerm->coef = C[i];  newTerm->exp = E[i];
               newTerm->link = p; pre->link = newTerm;//链入并保持项指数降序
          }
     }
}
```

一元多项式的输出算法比较简单，只要逐个输出多项式链表中的系数和指数即可。但在输出时要区分 0 次项、1 次项和其他项，得到形如“The polynomial is: $a_0 + a_1X + a_2X$^2 +⋯ + a_nX^n”的输出结果。算法的实现参看程序 2-32。

程序 2-32 按照降幂方式输出一个一元多项式

```
void printPoly ( Polynomial& PL ) {
     Polynomial p = PL->link;
     printf ( "The polynomial is:\n" );
     bool h = 1;                                    //h = 1 表示输出首项时不输出"+"号
     while ( p != NULL ) {                          //逐项输出
          if ( h == 1 ) {                           //输出的首项
               if ( p->coef < 0) printf ("-"); //首项系数小于 0 输出"-"
               h = 0;                               //标识以后的输出不再是首项
```

```
        }
        else {                                          //输出的不是首项
              if ( p->coef > 0 ) printf ( "+" );  //输出系数符号
              else printf ( "-" );
        }
        if ( p->exp == 0 || fabs (p->coef) != 1)//输出常数项或系数为 1 或-1
             printf ( "%g", fabs ( p->coef ) );   //输出项的系数
        switch ( p->exp ) {                         //输出项的指数
        case 0: break;                              //常数项不输出指数
        case 1: printf ( "X" );  break;            //一次项仅输出“X”
        default: printf ( "X^%d", p->exp );        //高次项输出“X^指数”
        }
        p = p->link;                                //下一项
    }
    printf ( "\n" );
}
```

2.5.3　多项式的加法

【例 2-21】 有两个多项式 $A = 1-10x^6+2x^8+7x^{14}$，$B = -x^4+10x^6-3x^{10}+8x^{14}+4x^{18}$。它们的链表表示如图 2-26(a)所示。

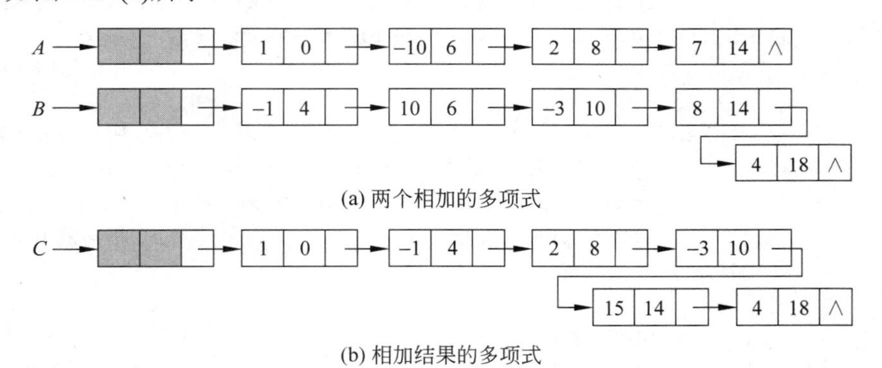

图 2-26　多项式链表的相加

在做两个多项式 *A* 和 *B* 相加时，假设各个多项式链表都带头结点，设置两个检测指针 pa 和 pb 分别指示在两个多项式链表中当前检测到的结点，并设结果多项式链表的头指针为 *C*，存放指针为 pc，初始位置在 *A* 的头结点。算法的实现分两个阶段：

（1）当 pa 和 pb 没有检测完各自的链表时，比较当前检测结点的指数域：

- 指数不等。小者加入 *C* 链，相应检测指针 pa 或者 pb 进 1。
- 指数相等。对应项系数相加。若相加结果不为 0，则结果（存于 pa 所指结点中）加入 *C* 链，否则不加入 *C* 链，检测指针 pa 与 pb 都进 1。

（2）当 pa 或 pb 指针中有一个已检测完自己的链表，把另一个链表的剩余部分加入到 *C* 链中。

图 2-26(b)就是图 2-26(a)中两个多项式链表 *A* 和 *B* 相加后的结果。算法的实现参看程序 2-33。

程序 2-33　两个多项式链表 *A* 和 *B* 相加的算法

```
void AddPolynomial ( Polynomial& A, Polynomial& B, Polynomial& C ) {
//两个带头结点的按升幂排列的一元多项式链表的头指针分别是 A 和 B
//相加结果通过 C 返回。要求 C 已存在且为空（即链表 C 只有头结点存在）
    Term *pa, *pb, *pc, *p, *s;  double temp;
    pc = C;                                           //pc 为结果多项式 C 的尾指针
    pa = A->link;  pb = B->link;                    //pa 与 pb 是 A 链与 B 链的检测指针
    while ( pa != NULL && pb != NULL )                //两两比较
         if ( pa->exp == pb->exp ) {                  //对应项指数相等
             temp = pa->coef + pb->coef;              //系数相加
             if ( fabs ( temp ) > 0.001 ) {           //相加后系数不为 0
                 s = ( Term* ) malloc ( sizeof (Term)); //建立新项结点
                 pc->link = s;  pc = pc->link;        //*s 链入结果链
                 pc->coef = temp;  pc->exp = pa->exp;
             }
             pa = pa->link;  pb = pb->link;            //pa、pb 指向链中下一结点
         }
         else {                                        //对应项指数不等
             s = ( Term* ) malloc ( sizeof ( Term ) );
             if ( pa->exp < pb->exp ) {                //pa 所指项的指数小
                 pc->link = s;  pc = pc->link;         //pa 所指项链入结果链
                 pc->coef = pa->coef;  pc->exp = pa->exp;
                 pa = pa->link;                        //pa 指向链中下一结点
             }
             else {                                    //pb 所指项的指数小
                 pc->link = s;  pc = pc->link;         //pb 所指项链入结果链
                 pc->coef = pb->coef;  pc->exp = pb->exp;
                 pb = pb->link;                        //pb 指向链中下一结点
             }
         }
    p = ( pa != NULL ) ? pa : pb;                     //p 指示剩余链的地址
    while ( p != NULL ) {                             //处理链剩余部分
         pc->link = ( Term* ) malloc ( sizeof ( Term ) );
         pc = pc->link;  pc->coef = p->coef;  pc->exp = p->exp;
         p = p->link;
    }
    pc->link = NULL;
}
```

设两个多项式链表的项数分别为 m 和 n，则总的数据比较次数为 $O(m+n)$。

2.5.4　扩展阅读：多项式的乘法

用带头结点的单链表表示多项式，链表中的结点按指数升序链接。设两个一元多项式 $A(x)$和 $B(x)$分别为

$$A(x) = a_0 + a_1x + a_2x^2 + \cdots + a_nx^n$$
$$B(x) = b_0 + b_1x + b_2x^2 + \cdots + b_mx^m$$

那么，$A(x)$与$B(x)$的乘积

$$C(x) = A(x) \times B(x) = c_0 + c_1x + c_2x^2 + \cdots + c_kx^k$$

其中，$k = n + m, c = \sum_{i+j=p} a_i * b_j (0 \leqslant p \leqslant k)$。

【例 2-22】 设有两个多项式链表 A 和 B：$A = 2x^5+7x^3+3x^2+5$，$B = 9x^4+4x^3+2x-1$，两个多项式相乘，每一步的计算结果如图 2-27 所示。

乘法运算	相乘结果（加下画线的为本步在乘积中新增的项，箭头是本步开始检测位置）
$+2x^5 \times B(x)$	$\underline{18x^9}+\underline{8x^8}+\underline{4x^6}+\underline{(-2)x^5}$ ↑
$+7x^3 \times B(x)$	$18x^9+8x^8+\underline{63x^7}+(4+\underline{28})x^6+(-2)x^5+\underline{14x^4}+\underline{(-7)x^3}$ ↑
$+3x^2 \times B(x)$	$18x^9+8x^8+63x^7+(4+28+\underline{27})x^6+(-2+\underline{12})x^5+14x^4+(-7+\underline{6})x^3+\underline{(-3)x^2}$ ↑
$+5 \times B(x)$	$18x^9+8x^8+63x^7+(4+28+27)x^6+(-2+12)x^5+(14+\underline{45})x^4+(-7+6+\underline{20})x^3+(-3)x^2$ $+\underline{10x}+\underline{(-5)}$ ↑
$A(x) \times B(x)$	$18x^9+8x^8+63x^7+59x^6+10x^5+59x^4+19x^3-3x^2+10x-5$

图 2-27 多项式相乘运算的过程及中间结果

图 2-27 给出 $A(x)$各项与 $B(x)$相乘并累加的结果。因为 $A(x)$、$B(x)$和结果 $C(x)$都是按降幂排列的一元多项式，每步 $A(x)$与 $B(x)$相乘产生的新项插入 $C(x)$的规则如下：

顺序取 $A(x)$各项与 $B(x)$相乘，新项插入 $C(x)$，相当于有序链表的插入。

（1）从前向后逐项检查 $C(x)$各项的指数。

- 若新项的指数与 $C(x)$中某项的指数相等，则将新项的系数累加进去；若累加和等于 0，则从 $C(x)$中删去该项。
- 若新项的指数介于 $C(x)$中某两项之间，或小于 $C(x)$中所有项，则将新项插入 $C(x)$，使之仍保持降幂排列。

（2）检查 $C(x)$需设置两个指针 p 和 pr，pr 指示 p 所指项的前趋，p 是检查指针。

从图 2-27 可以看出，下一步开始检查的起始位置是上一步开始检查起始位置的下一个结点，因为上一步所得 $C(x)$链表的最高次幂项在下一步绝对不会出现同高次幂的新项。这样不必总从头检查。算法的实现参看程序 2-34。

程序 2-34 两个一元多项式相乘的算法

```
void MultPolynomial ( Polynomial& A, Polynomial& B, Polynomial& C ) {
//将一元多项式 A 和 B 相乘，结果由 C 返回，要求 C 调用前已存在并置空
    Term *pa, *pb, *t, *pr, *p, *q;  int k;
    pa = A->link;  t = C;
    while ( pa != NULL ) {                              //顺序取 A 链中的结点
        pb = B->link;
        while ( pb != NULL ) {                          //与 B(x) 逐项相乘
```

```
                k = pa->exp + pb->exp;                    //乘积的指数
                pr = t;  p = pr->link;                    //在 C 链检查
                while (p != NULL && p->exp > k) //pr->exp>k 且*pr 是尾结点
                    { pr = p;  p = p->link; }  //或 pr->exp>k≥p->exp
                if ( p == NULL || p->exp < k ) {  //扫到链尾或无指数相等的项
                    q = ( Term* ) malloc ( sizeof ( Term ));    //建新项
                    q->coef = pa->coef * pb->coef ;  q->exp= k;
                    pr->link = q;  q->link = p;           //新项链入 C 链
                }
                else {                                    //有指数相等的项
                  p->coef+=pa->coef*pb->coef;             //系数相乘累加到 p->coef
                  if ( fabs( p->coef ) < 0.001 )  //系数等于 0，从链上删除
                      { pr->link = p->link;  free (p);  }
                }
                pb = pb->link;                            //检测 B(x) 下一结点
            }
            pa = pa->link;  t = t->link;                //t 指示下一步检测 C 链的起点
        }
    }
```

设两个多项式链表 A 和 B 的项数分别为 n 和 m，算法的关键操作在其第三重嵌套循环，总的时间复杂度为 $O(n \times m^2)$，附加空间为 $O(1)$。如果改变算法，设置一个辅助数组，存放中间计算出的所有可能的 $n + m$ 个项的系数累加结果，算法的时间复杂度可降至 $O(n \times m)$，附加空间达 $O(n + m)$。

小　结

本章的知识点有 5 个：线性表的定义和特点，线性表的基本操作（查找、定位、遍历、插入、删除），线性表的存储表示（顺序存储、链接存储），特殊的链接存储表示（循环链表和双向链表），线性表的应用（集合表示、一元多项式）。

本章复习的要点：

- 线性表的定义和特点。包括线性表的定义，线性表的特点，线性表的元素类型，线性表与向量（一维数组）的关系，线性表的操作归类（包括访问操作，插入、删除操作，初始化、置空和定位操作，判空和判满操作，访问前趋和后继操作）。
- 线性表的顺序存储表示。包括顺序表的静态和动态的 C 语言结构定义，顺序表的特点，向量（一维数组）的存储地址计算，顺序表主要操作（如查找、插入、删除等）的实现算法，简单的时间和空间性能分析。
- 线性表的链接存储表示。包括单链表的 C 语言结构定义，单链表的特点，单链表的主要操作（如查找、插入、删除等）的实现算法。
- 其他特殊的链表表示。包括循环链表和双向链表的 C 语言结构定义，循环链表的主要操作（如定位、查找、插入、删除运算）的实现，双向链表的主要操作（如双向定位、查找、插入、删除运算）的实现，静态链表的 C 语言结构定义，静态链

表的主要操作（如定位、查找、插入、删除运算）的实现。

- 单链表在集合中的应用。包括有序单链表的主要操作（如查找、插入、删除、并、交、差、剔除重复元素的运算）的实现。
- 单链表在一元多项式中的应用。包括多项式链表的 C 语言结构定义，稀疏多项式求值、加法、插入、乘法等运算的实现。

习 题

一、问答题

1．线性表可用顺序表或链表存储。试问：

（1）两种存储表示各有哪些主要优缺点?

（2）如果有 n 个表同时并存，并且在处理过程中各表的长度会动态发生变化，表的总数也可能自动改变，在此情况下应选用哪种存储表示？为什么？

（3）若表的总数基本稳定，且很少进行插入和删除，但要求以最快的速度存取表中的元素，这时应采用哪种存储表示？为什么？

2．顺序表的插入和删除要求仍然保持各个元素原来的次序。设在等概率情形下，对有 127 个元素的顺序表进行插入，平均需要移动多少个元素？删除一个元素，又平均需要移动多少个元素?

3．为什么在循环单链表中设置尾指针比设置头指针更好？

4．想以 $O(1)$的时间代价删除链表中指针 p 指示的结点，可采用何种链表结构？

5．想以 $O(1)$的时间代价把两个链表连接起来，可采用何种链表结构？

6．在数据移动代价比较高的场合，使用静态链表是否更节省时间？

7．在单链表、循环单链表和循环双链表中，若只知道指针指向，而不知道头指针，如果限定不移动数据，能否将结点*p 从链表中删去？

8．整数集合、字符集合和字符串集合都有顺序吗？它们如何相互比较？

9．指针集合有顺序吗？

二、算法题

1．设有一个线性表（$e_1, e_2, \cdots, e_{n-1}, e_n$）存放在一个一维数组 A[arraySize]中的前 n 个数组元素位置。编写一个算法将这个线性表原地逆置，即将数组的前 n 个原址内容置换为（$e_n, e_{n-1}, \cdots, e_2, e_1$）。

2．假定数组 $A[n]$中有多个零元素，编写一个算法，将 A 中所有的非零元素依次移到数组 A 的前端 $A[i]$（$0 \leqslant i \leqslant n-1$）。

3．编写一个算法，将一个有 n 个非零元素的整数一维数组 $A[n]$ 拆分为两个一维数组，使得 $A[\ ]$ 中大于零的元素存放在 $B[\ ]$ 中，小于零的元素存放在 $C[\ ]$ 中。

4．已知在一维数组 $A[m+n]$ 中依次存放着两个顺序表 ($a_1, a_2, \cdots, a_m$) 和 ($b_1, b_2, \cdots, b_n$)。编写一个算法，将数组中两个顺序表的位置互换，即将 ($b_1, b_2, \cdots, b_n$) 放在 ($a_1, a_2, \cdots, a_m$) 的前面。

5．从顺序表中删除其值在给定值 s 与 t 之间（要求 $s \leqslant t$）的所有元素，如果 s 或 t 不合理或顺序表为空则显示出错信息并退出运行。

6．从有序顺序表中删除其值在给定值 s 与 t 之间（要求 $s \leqslant t$）的所有元素，如果 s 或 t 不合理或顺序表为空则显示出错信息并退出运行。

7．从有序顺序表中删除所有其值重复的元素，使表中所有元素的值均不相同。

8．编写一个函数，以不多于 $3n/2$ 的平均比较次数，在一个有 n 个整数的顺序表 A 中找出具有最大值和最小值的整数。

9．设 $A = (a_1, a_2, \cdots, a_m)$ 和 $B = (b_1, b_2, \cdots, b_n)$ 均为顺序表，A'和 B'分别是除去最大公共前缀后的子表。如 A = ('b', 'e', 'i', 'j', 'i', 'n', 'g')，B = ('b', 'e', 'i', 'f ', 'a', 'n', 'g')，则两者的最大公共前缀为'b', 'e', 'i'，在两个顺序表中除去最大公共前缀后的子表分别为 A' = ('j', 'i', 'n', 'g')，B' = ('f ', 'a', 'n', 'g')。若 $A' = B' =$ 空表，则 $A = B$；若 $A' =$ 空表且 $B' \neq$ 空表，或两者均不空且 A'的第一个元素值小于 B'的第一个元素的值，则 $A < B$；否则 $A > B$。编写一个算法，根据上述方法比较 A 和 B 的大小。

10．在带头结点的单链表中寻找具有最大值的结点。

11．已知 L 为不带头结点的单链表的表头指针，链表中存储的都是整型数据，编写实现下列运算的递归算法：

（1）求链表中的最大整数。

（2）求链表的结点个数。

（3）求所有整数的平均值。

12．设有一个表头指针为 h 的单链表。编写一个算法，通过遍历一趟链表，将链表中所有结点的链接方向逆转，如图 2-28 所示。

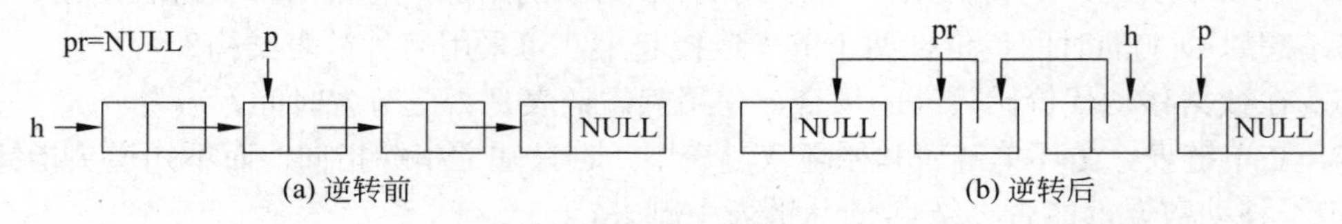

图 2-28　题 12 的图

13．设在一个带头结点的单链表中所有元素结点的数据值按递增顺序排列，编写一个函数，删除表中所有大于 min，小于 max 的元素（若存在）。

14．设在一个带头结点的单链表中所有元素结点的数据值无序排列，试编写一个函数，删除表中所有大于 min，小于 max 的元素（若存在）。

15．设以带头结点的循环双链表表示的线性表 $L = (a_1, a_2, \cdots, a_n)$。编写一个时间复杂度为 $O(n)$的算法，将 L 改造为 $L = (a_1, a_3, \cdots, a_n, \cdots, a_4, a_2)$。

16．编写一个实现下述要求的 Locate 运算的算法。设有一个带表头结点的双向链表 L，每个结点有 4 个数据成员：指向前趋结点的指针 lLink、指向后继结点的指针 rLink、存放数据的成员 data 和访问频度 freq。所有结点的 freq 初始时都为 0。每当在链表上进行一次 Locate (L, x)操作时，令元素值为 x 的结点的访问频度 freq 加 1，并将该结点前移，链接到与它的访问频度相等的结点后面，使得链表中所有结点保持按访问频度递减的顺序排列，以使频繁访问的结点总是靠近表头。

17．若采用数组来存储一元多项式的系数，即用数组的第 i 个元素存放多项式的 i 次幂项的系数。

（1）编写一个算法，求两个一元多项式的和。

（2）编写一个算法，求两个一元多项式的乘积。

18．如果用带头结点的单链表来表示一元多项式，编写一个算法，计算多项式 A 在 x 处的值。

三、实训题

1．编写一组程序，实现顺序表的动态结构和相应的操作，放在 SeqList.h 中。至少应包括初始化、查找、定位、插入、删除、判表空、判表满、求表长、表复制、表扩充等操作的实现。要求设计一个主程序，首先定义一个顺序表 A，其元素的数据类型为整型；再依次执行初始化，输入若干整数（分不超过表的长度和超过表的长度两种情况），插入到表中；然后对表中所有元素求和并计算平均值；最后输出计算结果。

2．编写一组程序，实现带头结点单链表的结构和相关的操作，放在 LinkList.h 中。至少应包括初始化、用尾插法建表、查找、插入、删除、定位、判表空、求表长、释放整个表、表复制等操作的实现。要求设计一个主程序，首先定义一个单链表 L 并初始化为空表，其元素的数据类型为整型；再依次读入若干整数创建一个单链表，然后对相关操作一个一个调用它们，检查其功能是否有效、正确。

3．编写一组程序，用带头结点的有序单链表实现一个集合，放在 SetList.h 中。要求实现这个集合的结构和相关的操作。至少应包括初始化，用尾插法建立集合，查找给定元素是否在集合内，新元素插入集合中，删除集合中指定元素，求两个集合的并、交、差、输出集合等操作的实现。要求设计一个主程序，首先定义 3 个用有序单链表实现的集合 A、B、C 并初始化为空集合，其元素的数据类型为整型；再依次读入若干整数创建集合 A 和 B，并检查集合上的查找、插入、删除等操作的实现是否有效、正确，存入 C 中并输出它。

4．编写一组程序，实现用单链表表示的一元多项式的结构和相关的操作，放在 Poly.h 中。至少应包括初始化，建立一元多项式，两个多项式相加、相减、相乘、相除，一个一元多项式求值，输出，判断最高次幂等操作的实现。要求设计一个主程序，首先定义 3 个一元多项式 A、B 和 C，然后依次检查相关操作的功能是否有效、正确。

第3章 栈和队列

栈和队列在计算机系统中应用极多。Windows 操作系统中就用到了 9000 多个栈。而且栈与队列都是顺序存取结构，比向量更容易使用。这就像结构化编程相对于普通编程，具有更加优良的程序设计风格。

3.1 栈

栈、队列和双端队列是特殊的线性表，它们的逻辑结构和线性表相同，只是其运算规则较线性表有更多的限制，故又称它们为运算受限的线性表，或限制了存取点的线性表。

3.1.1 栈的概念

栈是只允许在表的一端进行插入和删除的线性表。允许插入和删除的一端叫做栈顶，而不允许插入和删除的另一端叫做栈底。当栈中没有任何元素时则称为空栈。

设给定栈 $S = (a_1, a_2, \cdots, a_n)$，则称最后加入栈中的元素 a_n 为栈顶。栈中按 $a_1, a_2, \cdots, a_n$ 的顺序进栈。而退栈的顺序反过来，a_n 先退出，然后 a_{n-1} 才能退出，最后退出 a_1。换句话说，后进者先出。因此，栈又叫做后进先出（Last In First Out，LIFO）的线性表。参看图 3-1。

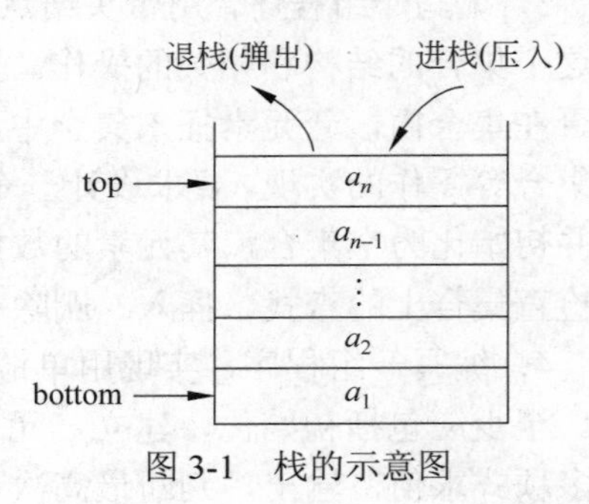

图 3-1　栈的示意图

栈的主要操作如下：

（1）void InitStack(Stack& S);

先决条件：无。

操作结果：为栈 S 分配存储空间，并对各数据成员赋初值。

（2）int Push(Stack& S, SElemType x);

先决条件：栈 S 已存在且未满。

操作结果：新元素 x 进栈 S 并成为新的栈顶。

（3）int Pop(Stack& S, SElemType & x);

先决条件：栈 S 已存在且栈非空。

操作结果：若栈 S 空，则函数返回 0，x 不可用；否则栈 S 的栈顶元素退栈，退出元素由 x 返回，函数返回 1。

（4）int GetTop(Stack& S, SElemType & x);

先决条件：栈 S 已存在且栈非空。

操作结果：若栈 S 空，则函数返回 0，x 不可用；否则由引用型参数 x 返回栈顶元素的值但不退栈，函数返回 1。

（5）int StackEmpty(Stack& S);

先决条件：栈 *S* 已存在。

操作结果：函数测试栈 *S* 空否。若栈空，则函数返回 1，否则函数返回 0。

（6）int StackFull(Stack& S);

先决条件：栈 *S* 已存在。

操作结果：函数测试栈 *S* 满否。若栈满，则函数返回 1，否则函数返回 0。

（7）int StackSize(Stack& S);

先决条件：栈 *S* 已存在。

操作结果：函数返回栈 *S* 的长度，即栈 *S* 中元素个数。

【例 3-1】 利用栈实现向量 ***A*** 中所有元素的原地逆置。算法的设计思路是：若设向量 ***A*** 中数据原来的排列是{ $a_1, a_2, \cdots, a_n$ }，执行此算法时，把向量中的元素依次进栈。再从栈 *S* 中依次退栈，存入向量 ***A***，从而使得 ***A*** 中元素的排列变成{ $a_n, a_{n-1}, \cdots, a_1$ }。所谓“原地”是指逆转后的结果仍占用原来的空间。参看程序 3-1。

程序 3-1　向量 ***A*** 中所有元素逆置的算法

```
void Reverse ( SElemType A[], int n ) {
     Stack S;  InitStack(S);  int i;
     for ( i = 1; i <= n; i++ ) Push (S, A[i-1]);
     i = 0;
     while ( !StackEmpty(S)) Pop (S, A[i++]);
};
```

思考题　为何栈元素的数据类型要用 SElemType 定义？在何处声明？

3.1.2　顺序栈

顺序栈是栈的顺序存储表示。实际上，顺序栈是指利用一块连续的存储单元作为栈元素的存储空间，只不过在 C 语言中是借用一维数组实现而已。

在顺序栈中需要设置一个向量 elem 存放栈的元素，同时附设指针 top 指示栈顶元素的实际位置。在 C 语言中，栈元素是从数组 elem[0]开始存放的。顺序栈的结构示意如图 3-2 所示。

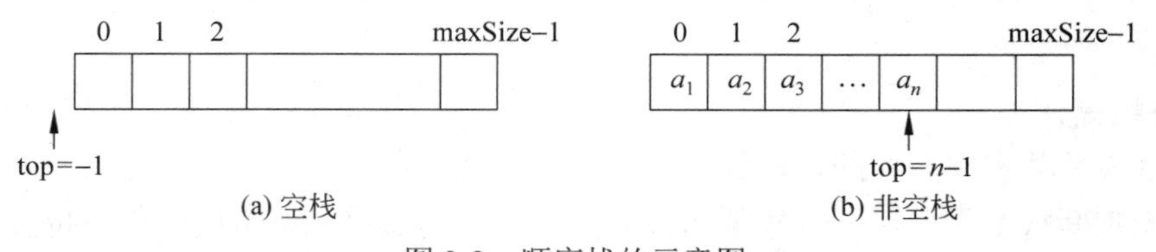

图 3-2　顺序栈的示意图

顺序栈的静态存储结构定义如程序 3-2 所示。

程序 3-2　顺序栈的静态存储结构（存放于头文件 SeqStack.h 中）

```
#define maxSize 100
typedef int SElemType;                    //栈元素数据类型
```

```
typedef struct {
      SElemType elem[maxSize];
      int top;
} SeqStack;
```

顺序栈的静态存储结构在程序编译时就分配了存储空间，栈空间一旦装满就不能扩充。因此在顺序栈中，当一个元素进栈之前，需要判断是否栈满（栈空间中没有空闲单元），若栈满，则元素进栈会发生上溢现象。特别需要注意的是栈空情形。因为向量下标从 0 开始，栈空时应该 S.top < 0，因此空栈时栈顶指针 S.top == -1。

因为在解决应用问题的系统中往往不能精确估计所需栈容量的大小，需要设置足够大的空间。如果程序执行过程中发现上溢，系统就会报错而导致程序停止运行。因此，应采用动态存储分配方式来定义顺序栈，一旦栈满可以自行扩充，避免上溢现象。

顺序栈的动态存储结构定义如程序 3-3 所示。

程序 3-3 顺序栈的动态存储结构（保存于头文件 SeqStack.h 中）

```
#define initSize 20                    //栈空间初始大小
typedef int SElemType;                 //栈元素数据类型
typedef struct {                       //顺序栈的结构定义
   SElemType *elem;                    //栈元素存储数组
   int maxSize, top;                   //栈空间最大容量及栈顶指针（下标）
} SeqStack;
```

下面讨论栈的主要操作的实现。

1．初始化操作

程序 3-4 给出动态顺序栈的初始化算法。算法的基本思路是：按 initSize 大小为顺序栈动态分配存储空间，首地址为 S.elem，并以 initSize 作为最初的 S.maxSize。

程序 3-4 动态顺序栈的初始化

```
void InitStack ( SeqStack& S ) {
//建立一个最大尺寸为 initSize 的空栈，若分配不成功则进行错误处理
    S.elem = ( SElemType* ) malloc ( initSize*sizeof ( SElemType ));
                                       //创建栈空间
    if ( S.elem == NULL ) { printf ( "存储分配失败！\n" );  exit(1); }
    S.maxSize = initSize;  S.top = -1;
}
```

2．进栈操作

程序 3-5 是动态顺序栈的进栈算法。主要步骤如下：

（1）先判断栈是否已满。若栈顶指针 top == maxSize-1，说明栈中所有位置均已使用，栈已满。这时新元素进栈将发生栈溢出，函数报错并返回 0。

（2）若栈不满，先让栈顶指针进 1，指到当前可加入新元素的位置，再按栈顶指针所指位置将新元素插入。这个新插入的元素将成为新的栈顶元素，最后函数返回 1。

【例 3-2】 顺序栈进栈操作的示例如图 3-3 所示。栈顶指针指示最后加入元素位置。

程序 3-5 动态顺序栈进栈操作的实现

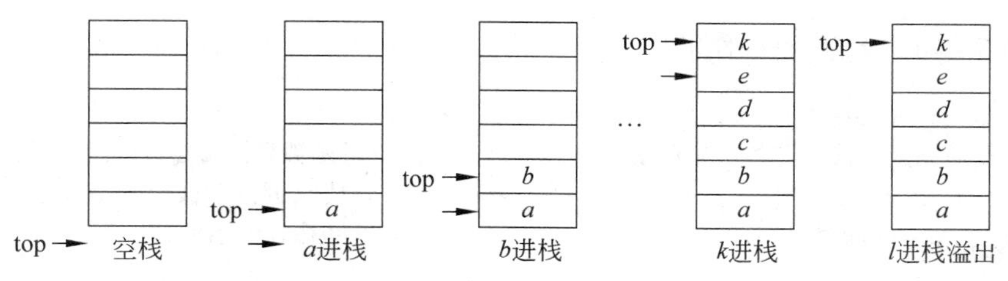

图 3-3　顺序栈的进栈操作示意图

```
int Push( SeqStack& S, DataType x ) {
//进栈操作：若栈不满，则将元素 x 插入栈顶，函数返回 1；否则栈溢出，函数返回 0
     if ( S.top == S.maxSize-1 ) return 0;      //栈满则溢出处理
     S.elem[++S.top] = x;                       //栈顶指针先加 1，再进栈
     return 1;
}
```

思考题　可否使用 void calloc(n, size)函数动态分配存储空间？如何做？

3．退栈操作

程序 3-6 是动态顺序栈的退栈算法。算法的基本思路是：先判断是否栈空。若在退栈时发现栈是空的，则执行退栈操作失败，函数返回 0；若栈不空，可先将栈顶元素取出，再让栈顶指针减 1，让栈顶退回到次栈顶位置，函数返回 1，表示退栈成功。

【例 3-3】 顺序栈退栈操作的示例如图 3-4 所示。位于栈顶指针上方的栈空间中即使有元素，它们也不是栈的元素了。

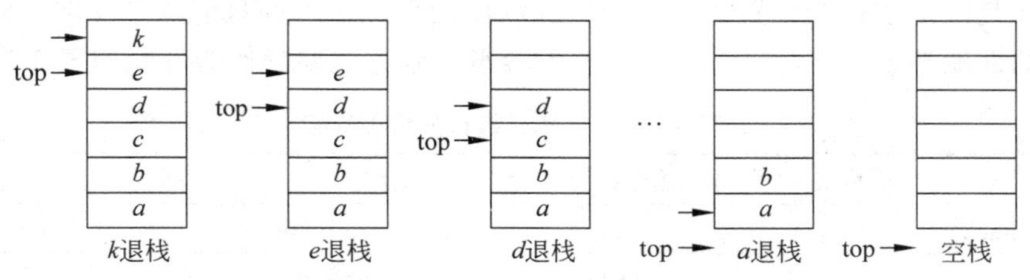

图 3-4　顺序栈的退栈操作示意图

程序 3-6　顺序栈退栈操作的实现

```
int Pop ( SeqStack& S, SElemType& x ) {
//退栈：若栈不空则函数通过引用参数 x 返回栈顶元素值，栈顶指针退 1，函数返回 1
//否则函数返回 0，且 x 的值不可引用
    if ( S.top == -1 ) return 0;          //判栈空否，若栈空则函数返回 0
    x = S.elem[S.top--];                  //栈顶指针退 1
    return 1;                             //退栈成功，函数返回 1
};
```

思考题　有一种说法：退栈时若栈空不是错误，而是表明使用栈的某种处理的结束，执行栈空处理即可。进栈时若栈满则是错误，表明栈溢出，需做溢出处理。这种说法对吗？

4．顺序栈其他操作的实现

顺序栈其他操作的实现参看程序 3-7。需要注意的是，GetTop 操作与 Pop 操作的不同。

程序 3-7　顺序栈其他操作的实现

```
int GetTop ( SeqStack& S, SElemType& x ) {
//读取栈顶元素的值：若栈不空则函数返回栈顶元素的值且函数返回 1，否则函数返回 0
    if ( S.top == -1 ) return 0;                //判栈空否，若栈空则函数返回 0
    x = S.elem[S.top];                          //返回栈顶元素的值
    return 1;
};
int StackEmpty ( SeqStack& S ) {
//函数测试栈 S 空否。若栈空，则函数返回 1，否则函数返回 0
    return S.top == -1;                         //函数返回 S.top == -1 的结果
};
int StackFull ( SeqStack& S ) {
//函数测试栈 S 满否。若栈满，则函数返回 1，否则函数返回 0
    return S.top == S.maxSize;                  //函数返回 S.top == S.maxSize 的结果
};
int StackSize ( SeqStack& S ) {
//函数返回栈 S 的长度，即栈 S 中元素个数
    return S.top+1;
};
```

思考题　为何栈操作只有这几个？表的其他一般操作，如 Search、Insert、Remove 是否也可以适用于栈？

顺序栈是限定了存取位置的线性表，除溢出处理操作外都只能顺序存取，这决定了各主要操作的性能都十分良好。设 n 是栈最大容量，则各主要操作的性能如表 3-1 所示。

表 3-1　顺序栈各操作的性能比较

操作名	时间复杂度	空间复杂度	操作名	时间复杂度	空间复杂度
初始化 InitStack	$O(1)$	$O(1)$	判栈空 StackEmpty	$O(1)$	$O(1)$
进栈 Push	$O(1)$	$O(1)$	判栈满 StackFull	$O(1)$	$O(1)$
退栈 Pop	$O(1)$	$O(1)$	求栈长 StackSize	$O(1)$	$O(1)$
读栈顶 GetTop	$O(1)$	$O(1)$			

从表 3-1 可知，顺序栈所有操作的时间和空间复杂度都很低。因此，顺序栈是一种高效的存储结构。

3.1.3　扩展阅读：多栈处理

1．双栈共享同一栈空间

程序中往往同时存在几个栈，因为各个栈所需的空间在运行中是动态变化着的。如果给几个栈分配同样大小的空间，可能在实际运行时，有的栈膨胀得快，很快就产生了溢出，而其他的栈可能此时还有许多空闲的空间。这时就必须调整栈的空间，防止栈的溢出。

【例 3-4】　当程序同时使用两个栈时，可定义一个足够大的栈空间 $V[m]$，并将两个栈设为 0 号栈和 1 号栈。在 $V[m]$两端的外侧分设两个栈的栈底，用 $b[0]$（= –1）和 $b[1]$（= m）指示。让两个栈的栈顶 $t[0]$和 $t[1]$都向中间伸展，直到两个栈的栈顶相遇，才认为发生了溢

出，如图 3-5 所示。

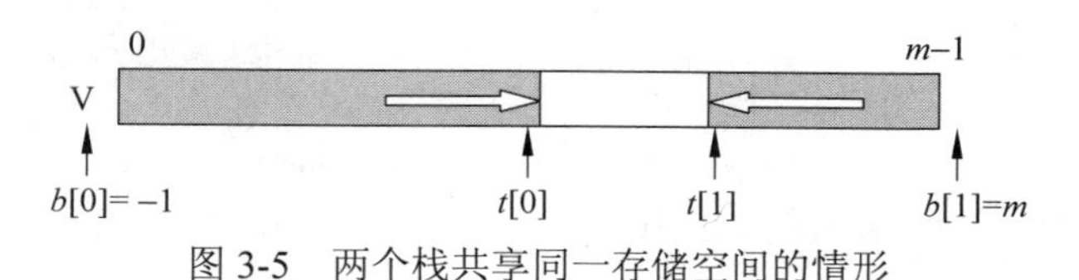

图 3-5　两个栈共享同一存储空间的情形

- 进栈情形：对于 0 号栈，每次进栈时栈顶指针 $t[0]$加 1；对于 1 号栈，每次进栈时栈顶指针是 $t[1]$减 1。当两个栈的栈顶指针相遇，即 $t[0]+1 == t[1]$时，才算栈满。
- 退栈情形：对于 0 号栈，每次退栈时栈顶指针 $t[0]$减 1；对于 1 号栈，每次退栈时栈顶指针 $t[1]$加 1。只有当栈顶指针退到栈底才算栈空。

两栈的大小不是固定不变的。在实际运算过程中，一个栈有可能进栈元素多而体积大些，另一个则可能小些。两个栈共用一个栈空间，互相调剂，灵活性强。

两个栈共享一个栈空间时主要栈操作的实现如程序 3-8 所示。

程序 3-8　两栈共享同一栈空间时主要操作的实现（保存于头文件 DblStack.h 中）

```
#define m 20                                          //栈存储数组的大小
typedef int SElemType
typedef struct {                                      //双栈的结构定义
    int top[2], bot[2];                               //双栈的栈顶指针和栈底指针
    SElemType V[m];                                   //栈数组
} DblStack;
void InitStack ( DblStack& S ) {
//初始化函数：建立一个大小为 m 的空栈
    S.top[0] = S.bot[0] = -1;  S.top[1] = S.bot[1] = m;
}
int Push ( DblStack& S, SElemType x, int i ) {        //进栈运算
     if (S.top[0]+1 == S.top[1] ) return 0;           //栈满则返回 0
     if ( i == 0 ) S.V[++S.top[0]] = x;               //栈 0：栈顶指针先加 1 再进栈
     else S.V[--S.top[1]] = x;                        //栈 1：栈顶指针先减 1 再进栈
     return 1;
}
int Pop ( DblStack& S, int i, SElemType& x ) {
//函数通过引用参数 x 返回退出栈 i 栈顶元素的元素值，前提是栈不为空
    if ( S.top[i] == S.bot[i] ) return 0;             //第 i 个栈栈空，不能退栈
    if ( i == 0 ) x = S.V[S.top[0]--];                //栈 0：先出栈，栈顶指针减 1
    else x = S.V[S.top[1]++];                         //栈 1：先出栈，栈顶指针加 1
    return 1;
}
```

2．多栈共享同一栈空间

当程序中同时使用 3 个或更多的栈时，如果它们共享同一个存储空间 $V[m]$，必须使用所谓的“栈浮动技术”来处理栈的进栈、退栈和溢出处理。

如果 n 个栈共同使用同一块存储空间 $V[m]$，可定义各栈的栈底指针 bot[n]和栈顶指针 top[n]，其中，bot[i]表示第 i 个栈的栈底，top[i]表示第 i 个栈的栈顶，如图 3-6 所示。

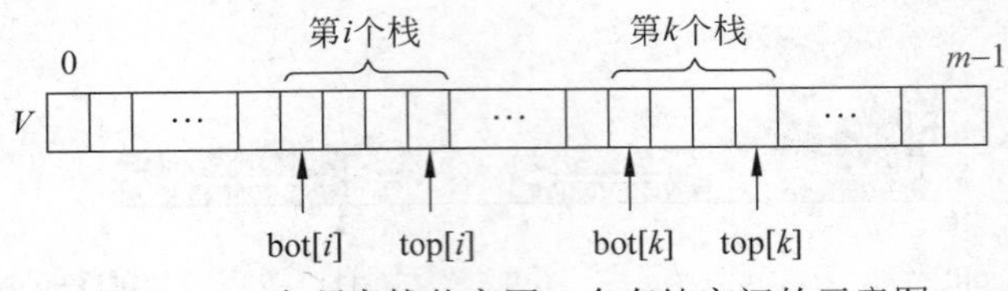

图 3-6　n 个顺序栈共享同一个存储空间的示意图

假设 m 可以整除 n，各栈的编号从 1 开始，$V[m]$平均分配给 n 个栈。各栈的初始分配将是 $bot[i] = (i-1)\times m/n$，$top[i] = bot[i]-1$（$1\leqslant i\leqslant n$），$bot[n+1] = m$。

【例 3-5】 若 $m = 16, n = 4$，则各栈的初始分配是 bot[i] = 0, 4, 8, 12, 16，top[i] = −1, 3, 7, 11。注意，栈底指针比栈顶指针多一个。第 i 个栈的栈空条件是 bot[i]−1 == top[i]，栈满条件是 top[i]+1 == bot[i+1]，如图 3-7 所示。

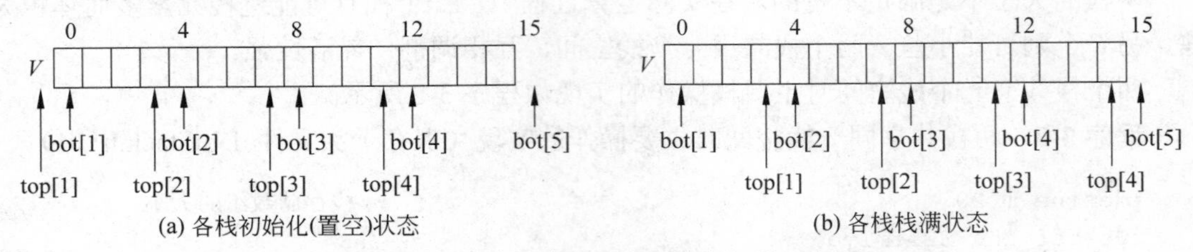

(a) 各栈初始化(置空)状态　　　　(b) 各栈栈满状态

图 3-7　4 个栈共享同一个存储空间的示意图

- 第 i 个栈进栈的情形：若 top[i]+1==bot[i+1]，则栈满，发生“上溢”，需要做栈浮动，为第 i 个栈腾出进栈的空间才能继续进栈；否则置 V[++top[i]] = x，进栈成功。
- 第 i 个栈退栈的情形：若 top[i] == bot[i]−1，则第 i 个栈空，不能退栈；否则执行退栈操作，置 x = D[top[i]−−]，从 x 取得退出的元素。

一种较直观的栈浮动的方法是：当第 i 个栈发生“上溢”时，先从其右边第 i+1 个栈起往右边扫描，寻找未满的栈，如果找到，则移动第 i 栈右边相关栈的存储，为第 i 个栈腾出空间；否则向第 i 个栈左边的各栈扫描，寻找未满的栈；如果左边也找不到未满的栈，则说明整个存储区均已占满，报告失败信息。这一算法详述如下：

（1）向右寻找满足 $i<k\leqslant n$ 且 top[k]+1＜bot[k+1]的最小的 k。如果存在这样的 k，则执行以下操作：

① 对于所有的存储单元 j（j = top[k], top[k]−1, …, bot[i+1]），执行 $V[j+1] = V[j]$，为第 i 个栈腾出一个栈顶存储单元，再执行 V[++top[i]] = x。

② 对于所有相关的栈 j（$i<j\leqslant k$），修改栈顶与栈底，置 bot[j]++，top[j]++。

（2）如果找不到步骤（1）中的 k，但在 top[i]的左边找到了满足 $1\leqslant k<i$ 且 top[k]+1＜bot[k+1]的最大的 k，则执行以下操作：

① 对于所有的存储单元 j（ j = bot[k+1], …, top[i]），执行 $V[j-1] = V[j]$，为第 i 个栈腾出一个栈顶存储单元，再执行 V[top[i]++] = x。

② 对于所有相关的栈 j（$k<j\leqslant i$），修改栈顶和栈底，置 bot[j]−−，top[j]−−。

（3）对于所有的 $k\neq i$，如果均有 top[k]+1 == bot[k+1]，则表示存储空间已满，n 个栈都不能进栈了。

多个顺序栈共享同一个栈空间，使用栈浮动技术处理溢出，会导致大量的时间开销，降低了算法的时间效率。特别是当整个存储空间即将充满时，这个问题更加严重。解决的办法就是采用链接方式作为栈的存储表示。

3.1.4 链式栈

链式栈是栈的链接存储表示。采用链式栈来表示一个栈，便于结点的插入与删除。在程序中同时使用多个栈的情况下，用链接表示不仅能够提高效率，还可以达到共享存储空间的目的。链式栈的示意图可参看图 3-8。

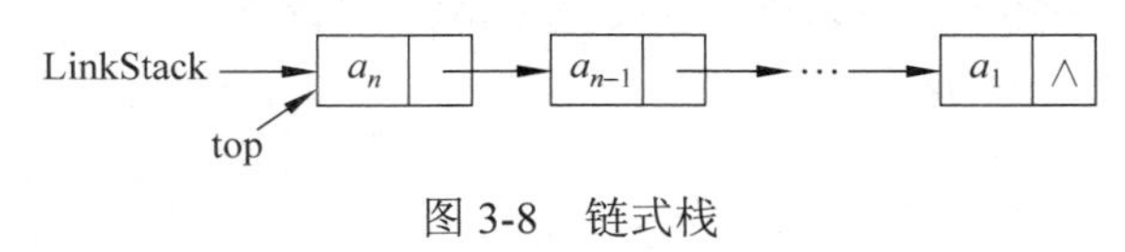

图 3-8 链式栈

从图 3-8 可知，链式栈无须附加头结点，栈顶指针在链表的首元结点。因此，新结点的插入和栈顶结点的删除都在链表的首元结点，即栈顶进行。

链式栈用单链表作为它的存储表示，其结构定义如程序 3-9 所示。它使用了一个链表的头指针来表示一个栈。对于需要同时使用多个栈的情形，只要声明一个链表指针向量，就能同时定义和使用多个链式栈，并且无须在运算时做存储空间的移动。

程序 3-9 链式栈的定义（保存于头文件 LinkStack.h 中）

```
typedef int SElemType;
typedef struct node {
      SElemType data;
      struct node *link;
} LinkNode, *LinkStack;
```

链式栈主要操作的实现如程序 3-10 所示。对于链表结构，有一点需要注意：只要还有可分配的存储空间，就可以申请和分配新的链表结点，使得链表延伸下去，所以理论上讲，链式栈没有栈满问题。但是它有栈空问题。

程序 3-10 链式栈主要操作的实现

```
void InitStack ( LinkStack& S ) {
//链式栈初始化：置栈顶指针，即链表头指针为空
    S = NULL;                                          //栈顶置空
};
int Push ( LinkStack& S, SElemType x ) {
//进栈：将元素 x 插入到链式栈的栈顶，即链头
    LinkNode *p = ( LinkNode* ) malloc (sizeof (LinkNode));  //创建新结点
    p->data = x;  p->link = S;  S = p;                 //新结点插入在链头
    return 1;
}
int Pop ( LinkStack& S, SElemType& x ) {
//退栈：若栈空，函数返回 0，参数 x 的值不可用
//若栈不空，则函数返回 1，并通过引用参数 x 返回被删栈顶元素的值
    if ( S == NULL ) return 0;                         //栈空，函数返回 0
    LinkNode *p = S;  x = p->data;                     //存栈顶元素
    S = p->link;  free (p);  return 1;                 //栈顶指针退到新栈顶位置
```

```
}
int GetTop ( LinkStack& S, SElemType& x ) {
//读取栈顶：若栈不空，函数通过引用参数 x 返回栈顶元素的值
    if ( S == NULL ) return 0;                          //栈空，函数返回 0
    x = S->data;  return 1;                             //栈不空则返回 1
};
int StackEmpty ( LinkStack& S ) {
//判断栈是否为空：若栈空，则函数返回 1，否则函数返回 0
    return S == NULL;
}
int StackSize ( LinkStack& S ) {
//求栈的长度：计算栈元素个数
    LinkNode *p = S;  int k = 0;
    while ( p != NULL ) { p = p->link;  k++; }          //逐个结点计数
    return k;
}
```

链式栈主要操作的性能分析如表 3-2 所示，其中 n 是链式栈中元素个数。

表 3-2　链式栈各操作性能的比较

操作名	时间复杂度	空间复杂度	操作名	时间复杂度	空间复杂度
初始化 InitStack	$O(1)$	$O(1)$	读取栈顶 GetTop	$O(1)$	$O(1)$
进栈 Push	$O(1)$	$O(1)$	判栈空 StackEmpty	$O(1)$	$O(1)$
退栈 Pop	$O(1)$	$O(1)$	计算栈长 StackSize	$O(n)$	$O(1)$

除计算栈长操作需要逐个结点处理，时间复杂度达到 $O(n)$以外，其他操作的时间和空间性能都相当好。此外，如果事先无法根据问题要求确定栈空间大小时，使用链式栈更好些，因为它没有事先估计栈空间大小的困扰，也不需要事先分配一块足够大的地址连续的存储空间。但是由于每个结点增加了一个链接指针，导致存储密度较低。

如果同时使用 n 个链式栈，其头指针数组可以用以下方式定义：

```
LinkStack *s = ( LinkStack* ) malloc ( n*sizeof ( LinkStack ));
```

在多个链式栈的情形中，link 域需要一些附加的空间，但其代价并不很大。

3.1.5　扩展阅读：栈的混洗

设给定一个数据元素的序列，通过控制入栈和退栈的时机，可以得到不同的退栈序列，这就叫做栈的混洗。在用栈辅助解决问题时，需要考虑混洗问题。那么，对于一个有 n 个元素的序列，如果让各元素按照元素的序号 1, 2, …, n 的顺序进栈，可能的退栈序列有多少种？不可能的退栈序列有多少种？现在来做一讨论。

当进栈序列为 1, 2 时，可能的退栈序列有两种：{1, 2}和{2, 1}；当进栈序列为 1, 2, 3 时，可能的退栈序列有 5 种：{1, 2, 3}，{1, 3, 2}，{2, 1, 3}，{2, 3, 1}，{3, 2, 1}。注意，{3, 1, 2}是不可能的退栈序列。

一般情形又如何呢？若设进栈序列为 1, 2, …, n，可能的退栈序列有 m_n 种，则：

- 当 $n=0$ 时：$m_0=1$，退栈序列为{}。
- 当 $n=1$ 时：$m_1=1$，退栈序列为{1}。
- 当 $n=2$ 时：退栈序列中 1 在首位，1 左侧有 0 个数，右侧有 1 个数，有 $m_0m_1=1$ 种退栈序列：{1, 2}；退栈序列中 1 在末位，1 左侧有 1 个数，右侧有 0 个数，有 $m_1m_0=1$ 种退栈序列：{2, 1}。总的可能退栈序列有 $m_2=m_0m_1+m_1m_0=2$ 种。
- 当 n = 3 时：退栈序列中 1 在首位，1 左侧有 0 个数，右侧有 2 个数，有 $m_0m_2=2$ 种退栈序列：{1, 2, 3}和{1, 3, 2}；退栈序列中 1 在第 2 位，1 左侧有 1 个数，右侧有 1 个数，有 $m_1m_1=1$ 种退栈序列：{2, 1, 3}；退栈序列中 1 在第 3 位，1 左侧有 2 个数，右侧有 0 个数，有 $m_2m_0=2$ 种退栈序列：{2, 3, 1}和{3, 2, 1}。总的可能退栈序列有 $m_3=m_0m_2+m_1m_1+m_2m_0=5$ 种。
- 当 $n=4$ 时：在退栈序列中置 1 在第 1 位、第 2 位、第 3 位和第 4 位，得到总的可能退栈序列数有 $m_4=m_0m_3+m_1m_2+m_2m_1+m_3m_0=1\times5+1\times2+2\times1+5\times1=14$ 种。

一般地，设有 n 个元素按序号 1, 2, …, n 进栈，轮流让 1 在退栈序列的第 1, 2, …, n 位，则可能的退栈序列数为

$$m_n=\sum_{i=0}^{n}m_im_{n-i-1}=\frac{1}{n+1}C_{2n}^{n}=\frac{2n(2n-1)\cdots(n+2)}{n!}$$

再看不可能的退栈序列又是什么情况。设对于初始进栈序列 1, 2, …, n，利用栈得到可能的退栈序列为 $p_1p_2\cdots p_i\cdots p_n$，如果进栈时按 p_i、p_j、p_k 次序，即…, p_i, …, p_j, …, p_k，则…, p_k, …, p_i, …, p_j 就是不可能的退栈序列。因为 p_k 在 p_i 和 p_j 之后进栈，按照栈的后进先出的特性，p_i 压在 p_j 的下面，当 p_k 最先退栈时，p_i 不可能先于 p_j 退栈，所以…, p_k, …, p_i, …, p_j 是不可能的退栈序列。

【例 3-6】已知一个进栈序列为 *abcd*，可能的退栈序列有 14 种，即 *abcd, abdc, acbd, acdb, adcb, bacd, badc, bcad, cbad, bcda, bdca, cbda, cdba, dcba*；不可能的退栈序列有 4!−14 = 24−10 = 10 种，原因参看表 3-3。

表 3-3　不可能的退栈序列

不可能退栈序列	不可能的原因
adbc	*b* 先于 *c* 进栈，*d* 退栈时 *b* 一定压在 *c* 下，不可能 *b* 先于 *c* 退栈
bdac	*a* 先于 *c* 进栈，*d* 退栈时 *a* 一定压在 *c* 下，不可能 *a* 先于 *c* 退栈
cabd	*a* 先于 *b* 进栈，*c* 退栈时 *a* 一定压在 *b* 下，不可能 *a* 先于 *b* 退栈
cadb	*a* 先于 *b* 进栈，*c* 退栈时 *a* 一定压在 *b* 下，不可能 *a* 先于 *b* 退栈
cdab	*a* 先于 *b* 进栈，*c* 退栈时 *a* 一定压在 *b* 下，不可能 *a* 先于 *b* 退栈
dabc	按照 *a, b, c, d* 顺序进栈，*d* 先退栈，*a, b, c* 一定还在栈内，且 *a* 压在最下面，*b* 压在 *c* 下面，不可能 *b* 先于 *c* 或 *a* 先于 *b* 退栈
dacb	*a* 先于 *b* 进栈，*d* 退栈时 *a* 一定压在 *b* 下，不可能 *a* 先于 *b* 退栈
dcab	*a* 先于 *b* 进栈，*d* 退栈时 *a* 一定压在 *b* 下，不可能 *a* 先于 *b* 退栈
dbac	*a* 先于 *c* 进栈，*d* 退栈时 *a* 一定压在 *c* 下，不可能 *a* 先于 *c* 退栈
dbca	*b* 先于 *c* 进栈，*d* 退栈时 *b* 一定压在 *c* 下，不可能 *b* 先于 *c* 退栈

3.2 队 列

3.2.1 队列的概念

队列是另一种限定存取位置的线性表。它只允许在表的一端插入，在另一端删除。允许插入的一端叫做队尾，允许删除的一端叫做队头，参看图 3-9。每次在队尾加入新元素，因此元素加入队列的顺序依次为 $a_1, a_2, \cdots, a_n$。最先进入队列的元素最先退出队列，如同在铁路车站售票口排队买票一样，队列所具有的这种特性就叫做先进先出（First In First Out，FIFO）。

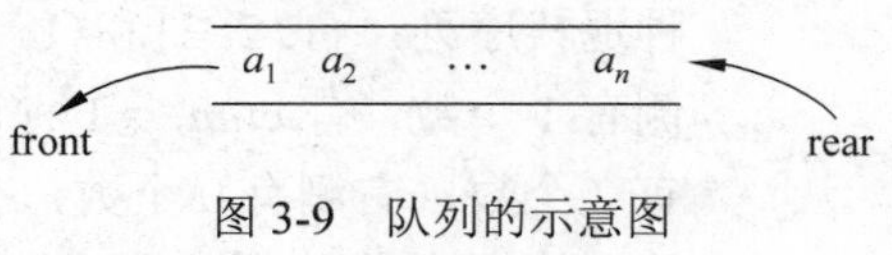

图 3-9　队列的示意图

队列的主要操作如下:

（1）队列的初始化：void InitQueue (Queue& Q)。

先决条件：无。

操作结果：队列 Q 置空，并对各数据成员赋初值。

（2）进队列：int EnQueue (Queue& Q, QElemType x)。

先决条件：队列 Q 已存在且未满。

操作结果：新元素 x 进队列 Q 并成为新的队尾。

（3）出队列：int DeQueue (Queue& Q, QElemType& x);

先决条件：队列 Q 已存在且非空。

操作结果：若队列 Q 空，则函数返回 0，x 不可用；否则队列 Q 的队头元素退队列，退出元素由 x 返回，函数返回 1。

（4）读取队头：int GetFront(Queue& Q, QElemType& x)。

先决条件：队列 Q 已存在且队列非空。

操作结果：若队列 Q 空，则函数返回 0，x 不可用；否则由引用型参数 x 返回队列元素的值但不退队列，函数返回 1。

（5）判队列空否：int QueueEmpty(Queue& Q)。

先决条件：队列 Q 已存在。

操作结果：判队列 Q 空否。若队列空，则函数返回 1，否则函数返回 0。

（6）判队列满否：int QueueFull(Queue& Q)。

先决条件：队列 Q 已存在。

操作结果：判队列 Q 满否。若队列满，则函数返回 1，否则函数返回 0。

（7）求队列长度：int QueueSize(Queue& Q)。

先决条件：队列 Q 已存在。

操作结果：函数返回队列 Q 的长度，即队列 Q 中元素个数。

3.2.2 循环队列

队列的存储表示也有两种方式：一种是基于数组的存储表示，另一种是基于链表的存储表示。队列的基于数组的存储表示亦称为顺序队列，它利用一个一维数组 elem[maxSize]

来存放队列元素，并且设置两个指针 front 和 rear，分别指示队列的队头和队尾位置。

【例 3-7】 顺序队列的初始化、插入和删除如图 3-10 所示。maxSize 是数组的最大长度。

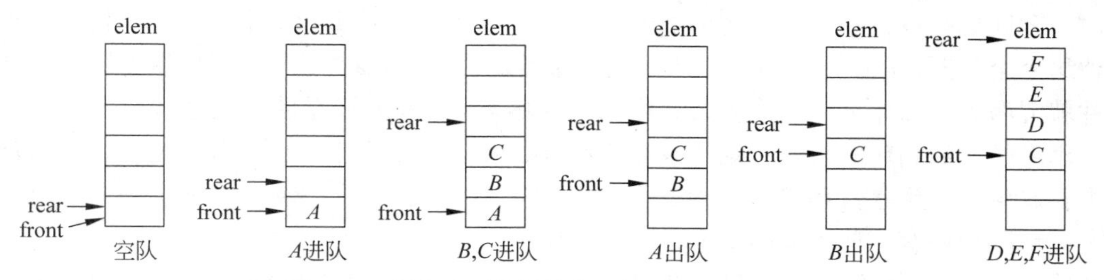

图 3-10 顺序队列的初始化、插入和删除的示意

从图 3-10 中可以看到，在队列刚建立时，需要首先对它初始化，令 front = rear = 0。每当加入一个新元素时，先将新元素添加到 rear 所指位置，再让队尾指针 rear 进 1。因而指针 rear 指示了实际队尾位置的后一位置，即下一元素应当加入的位置。而队头指针 front 则不然，它指示真正队头元素所在位置。所以，如果要退出队头元素，应当首先把 front 所指位置上的元素值记录下来，再让队头指针 front 进 1，指示下一队头元素位置，最后把记录下来的元素值返回。

从图 3-10 中还可以看到，当队列指针 front == rear 时，队列为空；而当 rear == maxSize 时，队列满，如果再加入新元素，就会产生“溢出”。

但是，这种“溢出”可能是假溢出，因为在数组的前端可能还有空位置。为了能够充分地使用数组中的存储空间，把数组的前端和后端连接起来，形成一个环形的表，即把存储队列元素的表从逻辑上看成一个环，成为循环队列。

【例 3-8】 循环队列的初始化、插入和删除如图 3-11 所示。循环队列的首尾相接，当队头指针 front 和队尾指针 rear 进到 maxSize-1 后，再前进一个位置就自动到 0。这可以利用整数除取余的运算（%）来实现。

队头指针进 1：front = (front+1) % maxSize。

队尾指针进 1：rear = (rear+1) % maxSize。

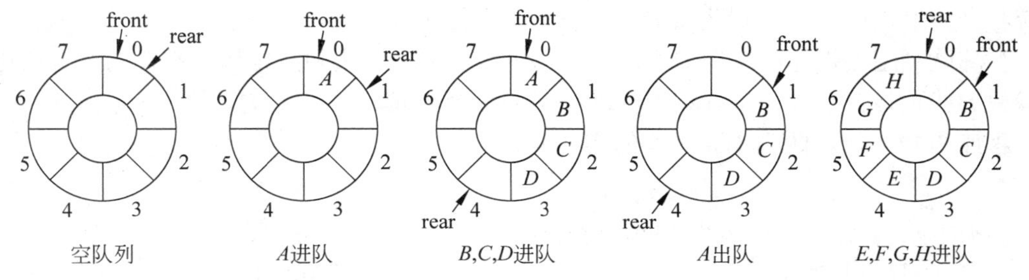

图 3-11 循环队列的初始化、插入和删除的示意

循环队列的队头指针 front 和队尾指针 rear 初始化时都置为 0。在队尾插入新元素和删除队头元素时，两个指针都按顺时针方向进 1。当它们进到 maxSize-1 时，并不表示表的终结，只要有需要，利用 %（取模或取余数）运算可以前进到数组的 0 号位置。

如果循环队列取出元素的速度快于存入元素的速度，队头指针很快追上了队尾指针，一旦到达 front == rear，队列变空；反之，如果队列存入元素的速度快于取出元素的速度，队尾指针很快就赶上了队头指针，使得队列变满。为了区别于队空条件，用(rear+1) % maxSize == front来判断是否队满，就是说，让rear指到front的前一位置就认为队已满。此时，因队尾指针指示实际队尾的后一位置，所以在队满时实际空了一个元素位置。如果不留这个空位置，让队尾指针一直走到这个位置。必然有rear == front，则队空条件和队满条件就混淆了。除非另加队空/队满标志，否则无从分辨到底是队空还是队满。

思考题　在循环队列中，最多只能存放maxSize-1个元素。在设计队列时，若估计队列需要容纳*n*个元素，则队列容量至少应设计多大？

循环队列还有其他可能的实现方式，例如：

（1）使用队头指针front、队尾指针rear加上一个进队/出队的标志tag，可以实现循环队列。新元素进队列时置tag = 1，以rear == front和tag == 1作为判断队列是否为满的条件；元素出队列时置tag = 0，以rear == front和tag == 0作为判断队列是否为空的条件。队列的进队列和出队列操作仍然按加1取模来实现。

（2）使用队尾指针rear和队列长度length（作为队列的控制变量），也可实现循环队列。

思考题　使用队尾指针rear时队头在何处？是在rear+1处，还是在rear – length+1处？是否需要用% maxSize处理一下？

循环队列使用了一个容量为maxSize的元素数组elem，还需要两个指针front和rear，这样可定义如程序3-11所示的循环队列的结构。

程序3-11　循环队列的结构定义（保存于头文件 CircQueue.h 中）

```
typedef int QElemType;
#define maxSize 20                              //循环队列的容量
typedef struct {
    QElemType elem[maxSize];                    //元素数组
    int front, rear;                            //队头指针和队尾指针（数组下标）
} CircQueue;
```

在实际应用时循环队列多采用静态存储分配。例如，作为系统的输入缓冲区，一旦队列满，系统将产生中断，直到队列元素取走为止；作为系统的输出缓冲区，一旦队列空，系统将产生输出中断，直到队列中重新填充元素为止。

循环队列主要操作的实现如程序3-12所示。注意，队头和队尾指针都在同一方向进1，不像栈的栈顶指针那样，进栈和退栈是相反的两个方向。

程序3-12　循环队列主要操作的实现

```
void InitQueue ( CircQueue& Q ) {
//循环队列初始化：令队头指针和队尾指针归零
    Q.front = Q.rear = 0;
};
int EnQueue ( CircQueue& Q, QElemType x ) {
//若队列不满，则将元素x插入到队尾，函数返回1，否则函数返回0，不能进队列
    if ((Q.rear+1) % maxSize == Q.front) return 0; //队列满则不能插入，
                                                   //函数返回0
    Q.elem[Q.rear] = x;                            //按照队尾指针指示位置插入
    Q.rear = (Q.rear+1) % maxSize;                 //队尾指针进1
```

```
    return 1;                               //插入成功，函数返回1
};
int DeQueue ( CircQueue& Q, QElemType& x ) {
//若队列不空，则函数退掉一个队头元素并通过引用型参数x返回，函数返回1，否则函数
//返回0，此时x的值不可引用
    if ( Q.front == Q.rear ) return 0;      //队列空则不能删除，函数返回0
    x = Q.elem[Q.front];
    Q.front = (Q.front+1) % maxSize;        //队头指针进1
    return 1;                               //删除成功，函数返回1
};
int GetFront( CircQueue& Q, QElemType& x ) {
//若队列不空，则函数通过引用参数x返回队头元素的值，函数返回1，否则函数返回
//0，此时x的值不可引用
    if ( Q.front == Q.rear ) return 0;      //队列空则函数返回0
    x = Q.elem[Q.front];                    //返回队头元素的值
    return 1;
};
int QueueEmpty ( CircQueue& Q ) {
//判队列空否。若队列空，则函数返回1；否则返回0
    return Q.front == Q.rear;               //返回front==rear的运算结果
};
int QueueFull ( CircQueue& Q ) {
//判队列满否。若队列满，则函数返回1；否则返回0
    return (Q.rear+1) % maxSize == Q.front; //返回布尔式的运算结果
};
int QueueSize ( CircQueue& Q ) {
//求队列元素个数
    return (Q.rear-Q.front+maxSize) % maxSize;
};
```

思考题 Q.rear – Q.front 的结果在什么情况下是正数，在什么情况下是负数？

循环队列主要操作的性能如表3-4所示。

表3-4 循环队列各个操作的性能比较

操作名	时间复杂度	空间复杂度	操作名	时间复杂度	空间复杂度
初始化 initQueue	$O(1)$	$O(1)$	判队列空否 QueueEmpty	$O(1)$	$O(1)$
进队列 EnQueue	$O(1)$	$O(1)$	判队列满否 QueueFull	$O(1)$	$O(1)$
出队列 DeQueue	$O(1)$	$O(1)$	求队列长度 QueueSize	$O(1)$	$O(1)$
读取队头 GetFront	$O(1)$	$O(1)$			

循环队列所有操作的时间复杂度和空间复杂度都为$O(1)$，其性能十分良好。注意，空间复杂度是指操作中所使用的附加空间的复杂度，它是常数级的，包括0个附加空间。

思考题 在后续章节，如树与二叉树、图、排序等，如果在它们的算法中使用了顺序栈或循环队列，这些栈或队列是那些算法的附加空间。在这种场合，栈或队列涉及的元素数组是否应计入算法的空间复杂度度量内？

3.2.3 链式队列

链式队列是队列的基于单链表的存储表示，如图3-12所示。在单链表的每一个结点中有两个域：data域存放队列元素的值，link域存放单链表下一个结点的地址。

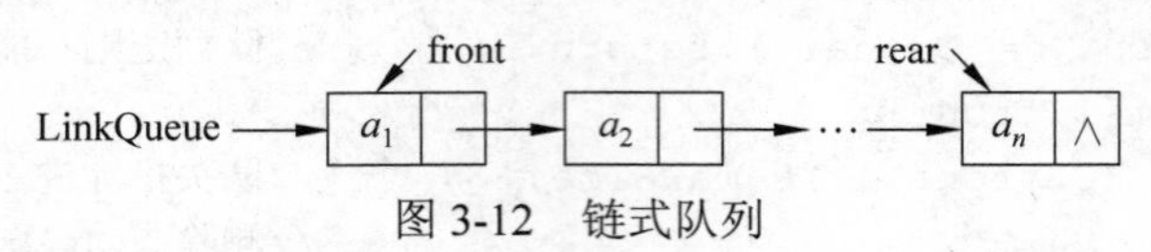

图3-12　链式队列

在不设头结点的场合，队列的队头指针指向单链表的首元结点，若要从队列中退出一个元素，必须从单链表中删去首元结点。而队列的队尾指针指向单链表的尾结点，存放新元素的结点应插在队列的队尾，即单链表的尾结点后面，这个新结点将成为新的队尾。

用单链表表示的链式队列特别适合于数据元素变动比较大，而且不存在队列满而产生溢出的情况。另外，假若程序中要使用多个队列，与多个栈的情形一样，最好使用链式队列，这样不会出现存储分配不合理的问题，也不需要进行存储的移动。

思考题　*在链式队列中设置头结点与不设置头结点有什么不同？*

链式队列每个结点的定义与单链表结点相同，队列设置了两个指针：队头指针 front 指向首元结点，队尾指针 rear 指向链尾结点。链表中所有结点都必须通过这两个指针才能找到。队列的结构定义如程序3-13所示。

程序3-13　链式队列的结构定义（保存于头文件 LinkQueue.h 中）

```
typedef int QElemType;
typedef struct Node {                                   //链式队列结点
     QElemType data;                                    //结点的数据
     struct Node *link;                                 //结点的链接指针
} LinkNode;
typedef struct {                                        //链式队列
     LinkNode *front, *rear;                            //队列的队头和队尾指针
} LinkQueue;
```

链式队列主要操作的实现如程序3-14所示，与单链表不同的是，插入和删除仅限于队列的两端：插入（进队列）在队尾，新结点成为新的队尾；删除（出队列）在队头，队列的第二个结点成为新的首元结点。

程序3-14　链式队列主要操作的实现

```
void InitQueue ( LinkQueue& Q ) {
//队列初始化：令队头指针和队尾指针均为NULL
    Q.front = Q.rear = NULL;                            //队头与队尾指针初始化
};
int EnQueue( LinkQueue& Q, DataType x ) {
//进队列：将新元素x插入到队列的队尾（链尾）
    LinkNode *s = ( LinkNode* ) malloc (sizeof (LinkNode));  //创建新结点
    s->data = x;  s->link = NULL;
```

```
    if ( Q.rear == NULL ) Q.front = Q.rear = s;//空队列时新结点是唯一结点
    else { Q.rear->link = s; Q.rear = s; }     //新结点成为新的队尾
    return 1;
}
int DeQueue ( LinkQueue& Q, QElemType& x ) {
//出队列：如果队列空，不能退队，函数返回 0，且引用参数 x 的值不可用
//如果队列不空，函数返回 1，且从引用参数 x 得到被删元素的值
    if ( Q.front == NULL ) return 0;           //队列空，不能退队，返回 0
    LinkNode *p = Q.front; x = p->data;        //存队头元素的值
    Q.front = p->link; free (p);               //队头修改，释放原队头结点
    if ( Q.front == NULL ) Q.rear = NULL;
    return 1;
}
int GetFront ( LinkQueue& Q, QElemType& x ) {
//读取队头元素的值：若队列空，则函数返回 0，且引用参数 x 的值不可用
//若队列不空，则函数返回 1，且从引用参数 x 可得到退出的队头元素的值
    if ( Q.front == NULL ) return 0;           //队列空，不能读，返回 0
    x = Q.front->data;   return 1;             //取队头元素中的数据值
}
int QueueEmpty ( LinkQueue& Q ) {
//判队列空否：队列空则函数返回 1，否则函数返回 0
     return Q.front == NULL;                   //返回布尔式的计算结果
};
int QueueSize ( LinkQueue& Q ) {
//求队列元素个数
     LinkNode *p = Q.front; int k = 0;
     while ( p != NULL ) { p = p->link; k++; }
     return k;
}
```

链式队列主要操作的性能如表 3-5 所示。

表 3-5 链式队列各操作的性能比较

操作名	时间复杂度	空间复杂度	操作名	时间复杂度	空间复杂度
初始化 InitQueue	$O(1)$	$O(1)$	判队列空否 QueueEmpty	$O(1)$	$O(1)$
进队列 EnQueue	$O(1)$	$O(1)$	判队列满否 QueueFull	$O(1)$	$O(1)$
出队列 DeQueue	$O(1)$	$O(1)$	求队列长度 QueueSize	$O(n)$	$O(1)$
读取队头 GetFront	$O(1)$	$O(1)$			

除求队列长度的操作外，其他链式队列的操作的时间和空间复杂度都很好。求队列长度的操作需要对链式队列所有结点逐个检测，若设链式队列中有 n 个结点，其时间复杂度达到 $O(n)$。

思考题 为何链式队列不采用循环单链表作为其存储表示？

3.3 栈的应用

栈在计算机科学与技术领域应用十分广泛，本节所涉及的仅是其中的一小部分。希望通过几个小的实例，让读者学会如何灵活使用栈来解决问题。

3.3.1 数制转换

在计算机基础课程中已经讲过如何利用“除 2 取余”法把一个十进制整数转换为二进制数。例如，一个十进制整数 111 转换为二进制数 1101111 的计算过程如图 3-13 所示。若想把一个十进制整数转换为八进制数也可以使用类似的方法。例如，一个十进制整数 1347 转换为八进制数 2503 的计算过程如图 3-14 所示。

整数 N	111	55	27	13	6	3	1
商（$N\div 2$）	55	27	13	6	3	1	0
余数（N%2）	1	1	1	1	0	1	1

图 3-13　十进制数转换为二进制数的过程

整数 N	1347	168	21	2
商（$N\div 8$）	168	21	2	0
余数（N%8）	3	0	5	2

图 3-14　十进制数转换为八进制数的过程

一般地，可把此方法推广到把十进制整数转换为 k 进制数。

【例 3-9】 可以利用栈解决数制转换问题。例如，$49_{10} = 1\times 2^5 + 1\times 2^4 + 1\times 2^0 = 110001_2$。其转换规则如下：

$$N = \sum_{i=0}^{\lfloor \log_k N \rfloor} b_i \times k^i,\quad b_i = 0, 1, \cdots, k-1$$

其中，b_i 表示 k 进制数的第 i 位上的数字。

这样，十进制数 N 可以用长度为 $\lfloor \log_k N \rfloor + 1$ 位的 k 进制数表示为 $b_{\lfloor \log_k N \rfloor} \cdots\ b_2\, b_1\, b_0$。若令 $j = \lfloor \log_k N \rfloor$，则有

$$N = b_j k^j + b_{j-1} k^{j-1} + \cdots + b_1 k^1 + b_0 = (b_j k^{j-1} + b_{j-1} k^{j-2} + \cdots + b_1) \times k + b_0$$

$$b_j k^{j-1} + b_{j-1} k^{j-2} + \cdots + b_1 = (b_j k^{j-2} + b_{j-1} k^{j-3} + \cdots + b_2) \times k$$

因此，可以先通过 $N \% k$ 求出 b_0，然后令 $N = N / k$，再对新的 N 做除 k 求模运算可求出 b_1……如此重复，直到算出的 N 等于零结束。这个计算过程是从低位到高位逐个进行的，但输出过程是从高位到低位逐个打印的，为此需要利用栈来实现。算法如程序 3-15 所示。

程序 3-15　使用栈实现数制转换的算法

```
typedef int SElemType;
int BaseTrans ( int N ) {
     int i, result = 0;
     SeqStack S;  InitStack ( S );
     while ( N != 0 )
          { i = N % k;  N = N / k;  Push ( S, i ); }
     while ( ! StackEmpty ( S ) )
          { Pop ( S, i );  result = result*10+i; }
     return result;
}
```

在程序中，进栈和退栈都是“线性”的，这种“流水式”的处理体现了栈和队列的优越性。与一维数组中使用下标跳来跳去进行处理相比，使用栈和队列辅助算法的实现不仅思路清晰，而且正确性更好。

3.3.2 括号匹配

【例 3-10】 在一个用字符串描述的表达式“(a*(b+c)−d)”中，位置 0 和位置 3 有左括号“(”，位置 7 和位置 10 有右括号“)”。位置 0 的左括号匹配位置 10 的右括号，位置 3 的左括号匹配位置 7 的右括号。而对于字符串“(a+b))(”，位置 5 的右括号没有可匹配的左括号，位置 6 的左括号没有可匹配的右括号。

现在要建立一个算法，输入一个字符串，输出匹配的括号和没有匹配的括号。

可以观察到，如果从左向右扫描一个字符串，那么每一个右括号将与最近出现的那个未匹配的左括号相匹配。这个观察的结果使我们联想到可以在从左向右的扫描过程中把所遇到的左括号存放到栈中。每当在后续的扫描过程中遇到一个右括号时，就将它与栈顶的左括号（如果存在）相匹配，并删除栈顶的左括号。图 3-15 是利用栈对字符串“(a*(b+c)−d)”进行括号匹配的过程，图 3-16 是利用栈对字符串“(a+b))(”进行括号匹配的过程。

顺序	栈内容	当前字符	动作	剩余字符串	顺序	栈内容	当前字符	动作	剩余字符串
0	空	'('	进栈	"(a*(b+c)−d)"	6	'(', '('	'c'	跳过	"c)−d)"
1	'('	'a'	跳过	"a*(b+c)−d)"	7	'(', '('	')'	退栈	")−d)"
2	'('	'*'	跳过	"*(b+c)−d)"	8	'('	'−'	跳过	"−d)"
3	'('	'('	进栈	"(b+c)−d)"	9	'('	'd'	跳过	"d)"
4	'(', '('	'b'	跳过	"b+c)−d)"	10	'('	')'	退栈	")"
5	'(', '('	'+'	跳过	"+c)−d)"	11	空	无	结束	""

图 3-15 无错误的括号匹配过程

顺序	栈内容	当前字符	动作	剩余字符串	顺序	栈内容	当前字符	动作	剩余字符串
0	空	'('	进栈	"(a+b))("	4	'('	')'	退栈	"))("
1	'('	'a'	跳过	"a+b))("	5	空	')'	报错	")("
2	'('	'+'	跳过	"+b))("	6	空	'('	进栈	"("
3	'('	'b'	跳过	"b))("	7	'('	无	报错	""

图 3-16 有错误的括号匹配过程

程序 3-16 给出相应的算法。因为括号数目不定，采用了链式栈。其时间复杂度为 $O(n)$，其中 n 是输入串的长度。

程序 3-16 判断括号匹配的算法

```
#include <string.h>
#include <stdio.h>
#define stkSize 10
void PrintMatchedPairs ( char expr[] ) {
//参数 expr 应是已存在的表达式字符串，算法给出括号匹配的过程
```

```
    int S[stkSize];  int top = -1;                      //设置栈 S 并置空
    int j, i = 0;  char ch = expr[i];
    while ( ch != '\0' ) {                              //在表达式中搜索'('和')'
        if ( ch == '(' ) S[++top] = i;                  //左括号，位置进栈
        else if ( ch == ')' ) {                         //右括号
            if ( top != -1 ) {                          //如果栈不空，有括号匹配
                j = S[top--];                           //退栈
                printf ( "位置%d 的左括号与位置%d 的右括号匹配！\n", j, i );
            }
            else printf ( "栈空，没有与位置%d 的右括号匹配的左括号！\n", i );
        }
        ch = expr[++i];                                 //跳过，取下一字符
    }
    while ( top != -1 ) {                               //串已处理完，但栈中还有左括号
        j = S[top--];                                   //报错次数等于栈中左括号数目
        printf ( "没有与位置%d 的左括号相匹配的右括号！\n", j );
    }
}
```

算法扫描表达式，只要遇到左括号“(”立即将它进栈。如果遇到右括号“)”，就要看栈顶，如果栈不空，括号可配对；将栈顶退掉；如果栈空，表示右括号无左括号与之配对，报错。如果表达式扫描完，栈不空，表示栈内还有左括号，但再无右括号与之配对，报错。此程序修改一下，使用 3 个栈，就可以同时解决在文本中的“{”与“}”、“[”与“]”、“(”与“)”的匹配问题。

3.3.3 表达式的计算与优先级处理

在计算机中执行算术表达式的计算是通过栈来实现的。

如何将表达式翻译成能够正确求值的指令序列，是语言处理程序要解决的基本问题。作为栈的应用事例，下面讨论表达式的求值过程。

任何一个表达式都是由操作数、操作符和分界符组成。通常，算术表达式有 3 种表示：

（1）中缀表达式：<操作数> <操作符> <操作数>，例如 $A+B$。

（2）前缀表达式：<操作符> <操作数> <操作数>，例如$+AB$。

（3）后缀表达式：<操作数> <操作数> <操作符>，例如 $AB+$。

后缀表达式也叫做 RPN 或逆波兰记号。我们日常生活中所使用的表达式都是中缀表达式。如 $A+B*(C-D)-E/F$ 就是中缀表达式。

为了正确执行这种中缀表达式的计算，必须明确各个操作符的执行顺序。为此，C 语言为每一个操作符都规定了一个优先级。为简单起见，本节只讨论算术运算中的双目操作符。C 语言规定一个表达式中相邻的两个操作符的计算次序为：优先级高的先计算；如果优先级相同，则自左向右计算；当使用括号时，从最内层的括号开始计算。

对于编译程序来说，一般使用后缀表达式对表达式求值。因为用后缀表达式计算表达式的值，在计算过程中不需考虑操作符的优先级和括号，只需顺序处理表达式的操作符即可。

【例 3-11】 给出一个中缀表达式 $A+B*(C-D)-E/F$，求值的执行顺序如图 3-17 所示，R_1、R_2、R_3、R_4、R_5 为中间计算结果。与图 3-17 所示的表达式计算等价的后缀表达式计算过程如图 3-18 所示。与中缀表达式 $A+B*(C-D)-E/F$ 对应的后缀表达式为 $ABCD-*+EF/-$。

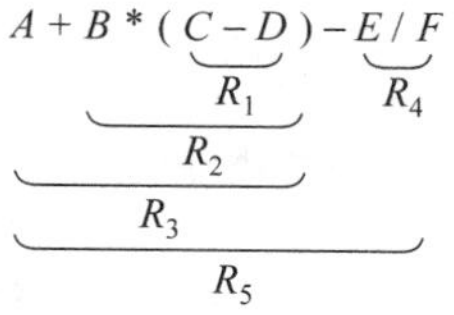

$A+B*(C-D)-E/F$（R_1, R_4, R_2, R_3, R_5）

图 3-17　中缀表达式计算顺序

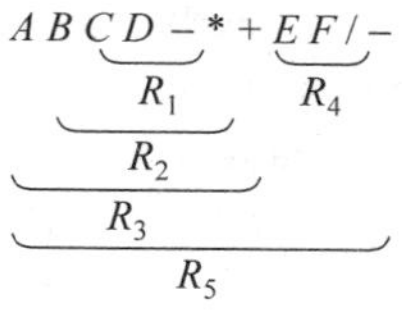

$ABCD-*+EF/-$（R_1, R_4, R_2, R_3, R_5）

图 3-18　后缀表达式的计算顺序

通过后缀表示计算表达式值的过程为：顺序扫描表达式的每一项，然后根据它的类型做如下相应操作：如果该项是操作数，则进栈；如果是操作符<op>，则连续从栈中退出两个操作数 Y 和 X，形成运算指令 X <op> Y，并将计算结果重新进栈。当表达式的所有项都扫描并处理完后，栈顶存放的就是最后的计算结果。

【例 3-12】 对于后缀表达式 $ABCD-*+EF/-$ 的求值过程如图 3-19 所示。

步	扫描项	项类型	动　　　　作	栈中内容
1			置空栈	空
2	A	操作数	进栈	A
3	B	操作数	进栈	$A\ B$
4	C	操作数	进栈	$A\ B\ C$
5	D	操作数	进栈	$A\ B\ C\ D$
6	$-$	操作符	D、C 退栈，计算 $C-D$，结果 R_1 进栈	$A\ B\ R_1$
7	*	操作符	R_1、B 退栈，计算 $B*R_1$，结果 R_2 进栈	$A\ R_2$
8	+	操作符	R_2、A 退栈，计算 $A+R_2$，结果 R_3 进栈	R_3
9	E	操作数	进栈	$R_3\ E$
10	F	操作数	进栈	$R_3\ E\ F$
11	/	操作符	F、E 退栈，计算 E/F，结果 R_4 进栈	$R_3\ R_4$
12	$-$	操作符	R_4、R_3 退栈，计算 R_3-R_4，结果 R_5 进栈	R_5

图 3-19　使用操作符栈的后缀表达式的求值过程

程序 3-17 给出简单计算器的模拟。它要求从键盘读入一个字符串后缀表达式，计算表达式的值。该计算器接收的操作符包括 '+'、'-'、'*'、'/'，操作数在'0'～'9'之间。

程序 3-17　计算后缀表达式的值

```
#include <math.h>
#include <stdio.h>
#include <stdlib.h>
#define stkSize 20                                    //预设操作数栈的大小
int DoOperator ( int OPND[], int& top, char op ) {
//算法：从操作数栈 OPND 中取两个操作数，根据操作符 op 形成运算指令并计算
    int left, right;
    if ( top == -1 )                                            //检查栈空否？
```

```
            { printf ( "缺少右操作数! \n" );  return 0; }          //栈空，报错
      right = OPND[top--];                                        //取右操作数
      if ( top == -1 )                                            //检查栈空否?
            { printf ( "缺少左操作数! \n" );  return 0; }          //栈空，报错
      left = OPND[top--];                                         //取左操作数
      switch ( op ) {                                             //形成运算指令
          case '+' :  OPND[++top] = left+right;  break;           //加
          case '-' :  OPND[++top] = left-right;  break;           //减
          case '*' :  OPND[++top] = left*right;  break;           //乘
          case '/' :  if ( abs (right) < 0.001 )                  //除
                         { printf ( "Divide by 0!\n" );  return 0; }
                      else OPND[++top] = left/right;
                      break;
          default:    return 0;
      }
      return 1;
};
void main ( void ) {
//从键盘读字符串并求一个后缀表达式的值。以字符'#'结束
      int OPND[stkSize];  int top = -1;
      char ch;  int result;
      printf ( "请输入后缀表达式（输入值限于0～9），操作符限于+, -, *, /\n" );
      scanf ( "%c", &ch );
      while ( ch != '#' ) {
          if ( ch >= '0' && ch <= '9') OPND[++top] = ch-48; //操作数：进栈
          else if ( ch == '+' || ch == '-' || ch == '*' || ch == '/' ) {
                                                          //操作符：执行计算
              if ( ! DoOperator ( OPND, top, ch ) )
                    { printf ( "运算出错! \n" );  exit(1); }
          }
          else printf ( "输入了非法字符，请重新输入! \n" );
          scanf ( "%c", &ch );
      }
      result = OPND[top--];
      printf ( "计算结果是：%d\n", result );
};
```

所有内部运算都在DoOperator()的控制下。如果返回0，表示操作失败，否则DoOperator()执行字符变量op（'+', '-', '*', '/'）所指定的操作，并将结果进栈。

main程序有一个循环，从键盘读取字符，直到读入字符 '#' 时结束。如果读入的字符是操作符（'+', '-', '*', '/'），则调用函数DoOperator()完成相关的计算。如果读入的字符不是操作符，是操作数，则将它放入操作数栈OPND中，否则输入错误，提示重新输入。

使用栈可将表达式的中缀表示转换成它的后缀表示。在中缀表达式中操作符的优先级和括号使得求值过程复杂化，把它转换成后缀表达式，可简化求值过程。为了实现这种转换，需要考虑各操作符的优先级，参看表3-6。

表 3-6 各个算术操作符的优先级

操作符 ch	#	(	*, /, %	+, -	)
isp	0	1	5	3	6
icp	0	6	4	2	1

表中的 isp 叫做栈内优先级（in stack priority），icp 叫做栈外优先级（in coming priority）。为什么要如此设置？这是因为某一操作符按照算术四则运算有一个优先级，这是栈外优先级 icp。一旦它进入操作符栈，它的优先级要提高，以体现优先级相同的操作符先来的先做，就是说，在表达式中运算优先级相同的自左向右计算。这就是栈内优先级 isp。

从表 3-6 中可以看到以下几个处理：

- 左括号“(”的栈外优先级最高，它一来到立即进栈，但当它进入栈中后，其栈内优先级变得极低，以便括号内的其他操作符进栈。除它之外，其他操作符（除右括号“)”外）进入栈中后优先级都升 1，这样可体现在中缀表达式中相同优先级的操作符自左向右计算的要求，让位于栈顶的操作符先退栈并输出。
- 操作符优先级相等的情况只出现在“)”与栈内“(”括号配对或栈底的“#”号与表达式输入最后的“#”号配对时。前者将连续退出位于栈顶的操作符，直到遇到“(”为止。然后将“(”退栈以对消括号，后者将结束算法。
- 右括号“)”的栈外优先级没有用。

扫描中缀表达式、将它转换为后缀表达式的算法描述如程序 3-18 所示。

程序 3-18 中缀表达式转换为后缀表达式的算法

(1) 操作符栈初始化，将结束符'#'进栈。然后读入中缀表达式字符流的首字符 ch。
(2) 重复执行以下步骤，直到 ch = '#'，同时栈顶的操作符也是'#'，停止循环。
  ① 若 ch 是操作数，直接输出，读入下一个字符 ch。
  ② 若 ch 是操作符，比较 ch 的优先级 icp 和当前栈顶的操作符 op 的优先级 isp：
    ◆ 若 icp(ch) > isp(op)，令 ch 进栈，读入下一个字符 ch。
    ◆ 若 icp(ch) < isp(op)，退栈并输出。
    ◆ 若 icp(ch) = isp(op)，退栈但不输出，若退出的是"("号，读入下一字符 ch。
(3) 算法结束，输出序列即为所需的后缀表达式。

【例 3-13】 给定中缀表达式为 $A+B*(C-D)-E/F$，其对应后缀表达式是 $ABCD-*+EF/-$，按照程序 3-19 所给算法所执行的转换过程（包括栈的变化和输出）如图 3-20 所示。

程序 3-19 中缀表达式转换为后缀表达式的算法

```
void Infix_to_Postfix ( ) {
//把从键盘读入的中缀表示转换成后缀表示并输出之。要求输入的最后一个符号是'#'
    char OPTR[stkSize];  int top = -1;          //定义操作符栈 OPTR 并初始化
    char ch, ch1, op;
    printf ( "请输入后缀表达式（输入值限于 0～9），操作符限于+, -, *, /, (, ), #\n" );
    OPTR[++top] = '#';  scanf ( "%c", &ch); //栈底放一个'#'，读入下一个字符
    while ( top != -1 || ch != '#' )            //连续处理
       if ( ch >= '0' && ch <= '9' )            //输出操作数，读入下一个字符
             { printf ( "%c", ch );  scanf ( "%c", &ch ); }
       else {
```

步	扫描项	项类型	动　　作	栈的变化	输出
0			'#' 进栈	#	
1	*A*	操作数		#	*A*
2	+	操作符	isp('#') < icp('+'), 进栈	# +	*A*
3	*B*	操作数		# +	*A B*
4	*	操作符	isp('+') < icp('*'), 进栈	# + *	*A B*
5	(	操作符	isp('*') < icp('('), 进栈	# + * (	*A B*
6	*C*	操作数		# + * (	*A B C*
7	-	操作符	isp('(') < icp('−'), 进栈	# + * (−	*A B C*
8	*D*	操作数		# + * (−	*A B CD*
9	)	操作符	isp('−') > icp(')'), 退栈	# + * (	*A B C D* −
			isp('(') == icp(')'), 退栈	# + *	*A B C D* −
10	-	操作符	isp('*') > icp('−'), 退栈	# +	*A B C D* − *
			isp('+') > icp('−'), 退栈	#	*A B C D* − * +
			isp('#') < icp('−'), 进栈	# −	*A B C D* − * +
11	*E*	操作数		# −	*A B C D* − * + *E*
12	/	操作符	isp('−') < icp('/'), 进栈	# − /	*A B C D* − * + *E*
13	*F*	操作数		# − /	*A B C D* − * + *E F*
14	#	操作符	isp('/') > icp('#'), 退栈	# −	*A B C D* − * + *E F* /
			isp('−') > icp('#'), 退栈，结束	#	*A B C D* − * + *E F* / −

图 3-20　利用栈的转换过程

```
          ch1 = OPTR[top];                          //取栈顶操作符 ch1
           if ( isp(ch1) < icp(ch) )                //新输入操作符 ch 优先级高
                 { OPTR[++top] = ch;  scanf ( "%c", &ch ); }
                                                    //进栈，读入下一个字符
           else if ( isp(ch1) > icp(ch) )           //新输入操作符 ch 优先级低
                 { op = OPTR[top--];  printf ("%c", op);}//退栈并输出
           else {                                   //优先级相等
                 op = OPTR[top--];
                 if ( op == '(') scanf ("%c", &ch);
                                                    //消括号，读入下一个字符

     }
   }
};
```

该算法总执行时间复杂度为 $O(n)$。算法中调用求字符 ch 优先级的函数 int icp (char ch) 和 int isp (char ch)，请读者根据表 3-6 自行给出。

3.3.4　栈与递归的实现

1．递归过程

在数学及程序设计方法学中为递归下的定义是：若一个对象部分地包含它自己，或用

它自己给自己定义，则称这个对象是递归的；若一个过程直接地或间接地调用自己，则称这个过程是递归的过程。

【例3-14】 数学函数$n!$的定义是递归的，其递归式为

$$n!=\begin{cases}1, & n=0\\ n(n-1)!, & n>0\end{cases}$$

对应这个递归的函数，可以使用递归过程来求解，如程序3-20所示。

程序3-20 计算阶乘的递归算法

```
long Factorial ( long n ) {
   if ( n <= 0 ) return 1;                          //终止递归的条件
   return n*Factorial ( n-1 );                      //递归步骤
};
```

在这个程序中，第一句是递归结束条件，当$n\leqslant 0$时可直接返回1，表示计算0! = 1；第二句是递归调用语句，是在n的规模没有降低到0时，通过递归计算$(n-1)!$再乘以n得到$n!$的情况。每递归调用一次，n的规模降低1，这样递归下去，最终能将n的规模降到0。

图3-21描述了执行Factorial(4)的函数调用顺序。

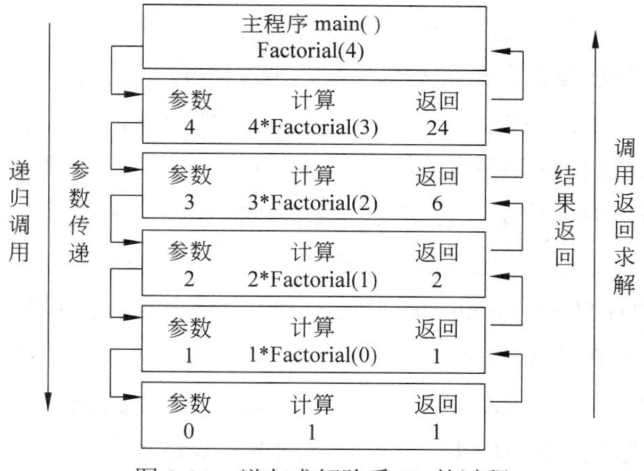

图3-21 递归求解阶乘4! 的过程

假设最初是主程序main()调用了函数Factorial(4)。在函数执行过体中，else语句以参数3, 2, 1, 0执行递归调用。最后一次递归调用的函数因参数$n = 0$执行if语句。一旦到达递归结束条件，调用函数的递归链中断，同时在返回的途中计算1×1, 2×1, 3×2, 4×6，最后将计算结果24返回给主程序。

在此例中，主程序调用Factorial(4)属于外部调用，其他调用都属于内部调用，即递归过程在其过程内部又调用了自己。调用方式不同，调用结束时返回的方式也不同。外部调用结束后，将返回调用递归过程的主程序。内部调用结束后，将返回递归过程内部本次调用语句的后继语句处，如图3-22(a)所示。

此外，函数每递归调用一层，必须重新分配一批工作单元，包括本层使用的局部变量、形式参数（实际是上一层传来的实际参数的副本）等，这样可以防止使用数据的冲突，还可以在退出本层，返回到上一层后恢复上一层的数据。

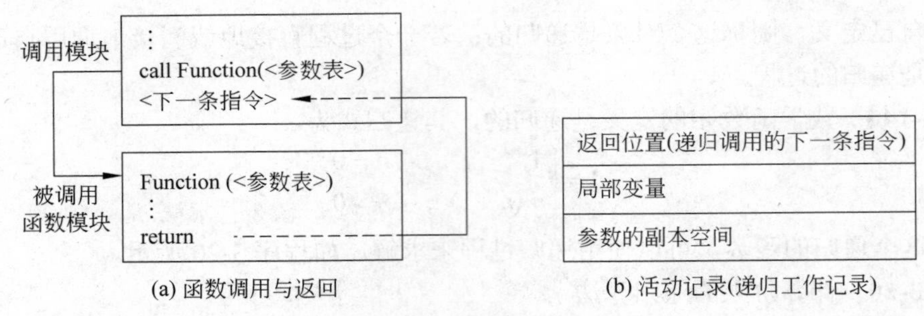

(a) 函数调用与返回　　(b) 活动记录(递归工作记录)

图 3-22　函数递归调用时的活动记录

2．递归工作栈

为了保证递归过程每次调用和返回的正确执行，必须解决调用时的参数数据传递和返回地址问题。因此，在每次递归过程调用时，必须做参数保存、参数传递等工作。在高级语言的处理程序中，是利用一个“递归工作栈”来进行处理的。

每一层递归调用所需保存的信息构成一个工作记录。通常它包括如下内容：

（1）返回地址。即上一层中调用自己的语句的后继语句处。

（2）在本次过程调用时，为与形式参数对应的实际参数创建副本。包括传值参数的副本空间、引用参数和返回值的地址空间。

（3）为本层的局部变量值分配的存储空间。递归工作记录的结构如图 3-22(b)所示。

在每进入一层递归时，系统就要建立一个新的工作记录，把上述项目登入，加到递归工作栈的栈顶。它构成函数可用的活动框架。每退出一层递归，就从递归工作栈退出一个工作记录。因此，栈顶的工作记录必定是当前正在执行的这一层的工作记录。所以又称之为“活动记录”。

以图 3-21 所示的计算 Factorial(4)的过程为例，看递归计算的过程中递归工作栈和活动记录是如何使用的。参看图 3-23。

最初对 Factorial(4)的调用由主程序执行。当函数运行结束后控制返回到主程序 RetLoc1 处，主程序将使用函数的返回值 24（即 4!）继续做计算或赋值。而在 Factorial(4)函数过程内部递归调用 Factorial(3)时，调用返回到 Factorial 程序内部 RetLoc2 处，计算 $n\times(n-1)!$，RetLoc2 在乘法操作符“*”处。

就 Factorial 函数而言，每一层递归调用所创建的活动记录由 3 部分组成：实际参数值 n 的副本、返回上一层的指令地址和局部变量存储单元 temp。参看图 3-23(a)。

Factorial(4)的执行启动了一连串 5 个函数调用。图 3-23(b)描述了每一次函数调用时的活动记录。主程序外部调用的活动记录在栈的底部，随内部调用一层层地进栈。递归结束条件出现于函数 Factorial(0)的内部，从此开始一连串的返回语句。退出栈顶的活动记录，控制按返回地址转移到上一层调用递归过程处。

思考题　*递归深度与递归工作栈的层次有何关系？*

递归工作栈是编译程序实现递归机制时在内部建立的，使用者看不到。但是，分析算法的时间复杂度和空间复杂度时应考虑它的时间和空间开销，必须了解它的工作。

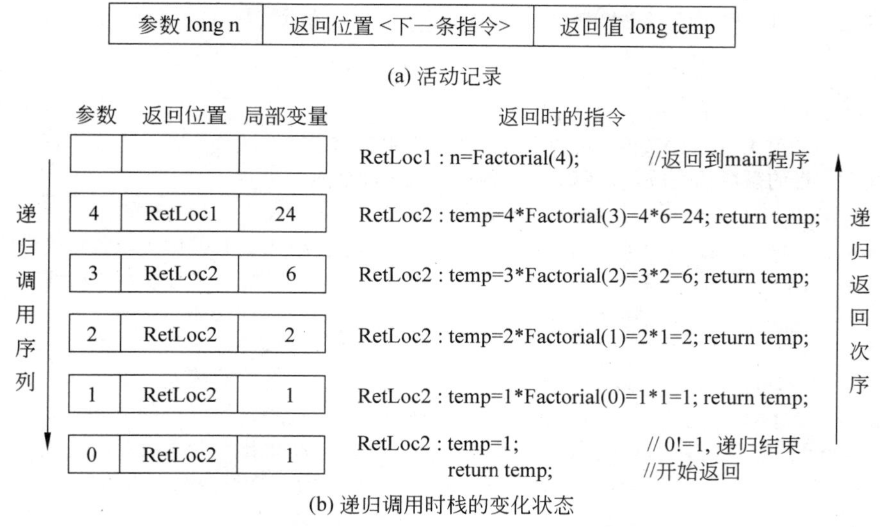

图 3-23　计算 Factorial（4）时活动记录的内容

3.4　队列的应用

队列在计算机中也有广泛的应用，除了用作输入输出缓冲区、为实现调度算法而创建的任务队列和进程队列之外，在数据结构方面还有很多用途。在计算机中经常遇到需逐行处理的问题，或者是逐层访问系统结构的问题，都可以利用队列来辅助实现。

【例 3-15】 利用队列打印二项展开式$(a+b)^i$的系数，是一个典型的分层处理的例子。将二项式$(a+b)^i$展开，其系数构成杨辉三角形，如图 3-24 所示。

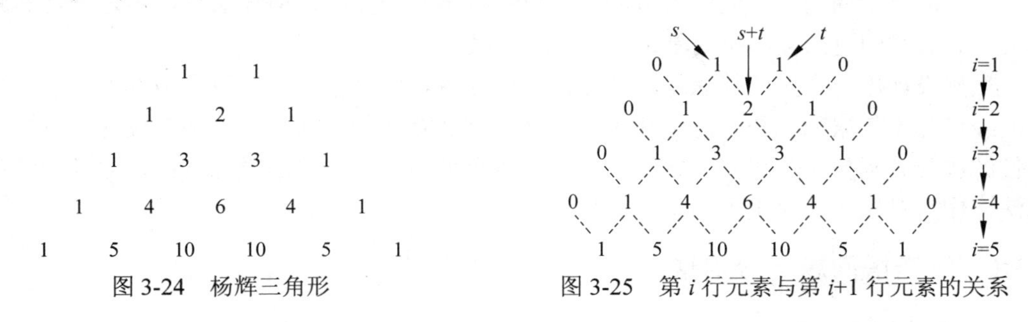

图 3-24　杨辉三角形

图 3-25　第 i 行元素与第 i+1 行元素的关系

问题是如何按照图 3-24 所给形式，逐行输出展开式前 n 行的系数？

从杨辉三角形的性质可知，除第 1 行以外，在打印第 i 行时，用到了上一行（第 i−1 行）的数据，在打印第 i+1 行时，又用到了第 i 行的数据。如图 3-25 所示，只要利用第 i 行的两个相邻的数字，就可算出第 i+1 行的一个数字。如第 1 行 $s = 1$，t = 1，$s+t = 2$ 就是第 2 行的数字 2。若在第 i 行的两侧各加上一个 0，第 i+1 行两边的数字都能计算出来。

现在利用杨辉三角形的这种特性，借助队列来实现逐行输出杨辉三角形。参看程序 3-21。

程序 3-21 利用队列逐行输出杨辉三角形的前 *n* 行的算法

```
#include "Linkqueue.h"
void YANGHVI ( int n ) {
//分行打印二项式 (a+b)ⁿ展开式的系数。在程序中利用了一个队列，在输出上一行系数时
//将其下一行的系数预先放入队列中。在各行系数之间插入一个 0
      LinkQueue Q;  InitQueue ( Q );             //建立队列并初始化
      EnQueue ( Q, 1 );  EnQueue ( Q, 1 );       //第 1 行的两个系数预先进队列
      int i, j;  int s = 0, t;                   //计算下一行系数时用到的工作单元
      for ( i = 1; i <= n; i++ ) {               //逐行处理
            printf ( "\n" );                     //换一行
            EnQueue ( Q, 0 );                    //各行间插入一个 0
            for ( j = 1; j <= i+2; j++ ) {       //处理第 i 行的 i+2 个系数(包括 0)
                  DeQueue ( Q, t );              //退出一个系数存入 t
                  EnQueue ( Q, s+t );        //计算下一行系数，并进队列
                  s = t;
                  if ( j != i+2 ) printf ( "%d ", s );
                                                 //输出一个系数，第 i+2 个是 0 不输出
            }
      }
};
```

思考题 在逐层处理一个分层结构的时候，如何确定每一层的结束？

3.5 在算法设计中使用递归

解决同一个问题，不同的人可能会写出几种不同的算法。但算法有好坏之分，其判断标准是看其时间复杂度和空间复杂度是否达到最小。

虽然设计出一个好的算法是一件非常困难的事，但是设计算法也不是没有方法可循，人们经过几十年来的工作，总结和积累了许多行之有效的方法，了解和掌握这些方法会给我们解决问题提供一些思路。本节主要讨论两个使用递归的算法设计方法，即分治法和回溯法。作为对比，还讨论了动态规划法。

3.5.1 汉诺塔问题与分治法

1．分治法的概念

分治法的基本思想是：把一个规模较大的问题分成两个或多个较小的与原问题相似的子问题，首先对子问题进行求解，然后把各个子问题的解合并起来，得出整个问题的解，即对问题分而治之。如果有的子问题的规模仍然比较大，还可以对这个子问题再应用分治法。

【例 3-16】 求解汉诺（Hanoi）塔问题。问题的提法是：“设有一个塔台，台上有 3 根标号为 A，B，C 的柱子，在 A 柱上放着 64 个盘子，每一个都比下面的略小。要求通过有限次的移动把 A 柱上的盘子全部移到 C 柱上。移动的条件是：一次只能移动一个盘子，移动过程中大盘子不能放在小盘子上面。”

程序 3-22 给出快速求解汉诺塔问题的递归解法的具体描述。

程序 3-22　求解汉诺塔的递归解法

```
设 A 柱上最初的盘子总数为 n，问题的解法为：
    如果 n = 1，则将这一个盘子直接从 A 柱移到 C 柱上。否则，执行以下 3 步：
    ① 用 C 柱做过渡，将 A 柱上的 n-1 个盘子移到 B 柱上：
    ② 将 A 柱上最后一个盘子直接移到 C 柱上；
    ③ 用 A 柱做过渡，将 B 柱上的 n-1 个盘子移到 C 柱上。
```

图 3-26 给出搬动 4 个盘子的情形。首先把 A 柱上的 3 个盘子通过 C 柱作过渡移动到 B 柱上，再把 A 柱上剩下的一个盘子直接移动到 C 柱上，最后把 B 柱上的 3 个盘子通过 A 柱作过渡移动到 C 柱上。

这样就把移动 n 个盘子的汉诺塔问题分解为两个移动 $n-1$ 个盘子的汉诺塔问题。与此类似，移动 $n-1$ 个盘子的汉诺塔问题又可分解为两个移动 $n-2$ 个盘子的汉诺塔问题……最后可以归结到只移动一个盘子的汉诺塔问题。通过这种方式分解问题、化繁为简，逐步解决了问题。

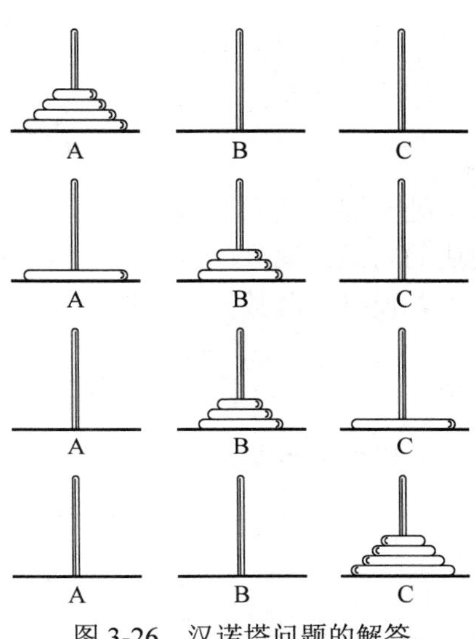

图 3-26　汉诺塔问题的解答

下面根据上述解法给出求解 n 阶汉诺塔问题的递归算法，如程序 3-23 所示。

程序 3-23　求解汉诺塔问题的递归算法

```
void Hanoi ( int n, char A, char B, char C ) {
    if ( n == 1 )                    //只有一个盘子
          printf ( "Move disk from %c to %c.\n", A, C );
    else {
          Hanoi ( n-1, A, C, B );
          printf ( "Move disk from %c to %c.\n", A, C );
          Hanoi ( n-1, B, A, C );
    }
};
```

2．递归树

递归树是用于描述递归算法执行过程的图形工具。其根结点代表求解规模为 n 的问题，它的两个子结点代表经过分解得到的两个规模为 $n-1$ 的子问题，这些子结点又有两个子结点，分别代表由子问题分解得到的更小的子问题，如此继续分解下去，直到叶结点，这些叶结点代表递归结束，直接求解的情形。

【例 3-17】　描述 $n = 3$ 时汉诺塔问题递归求解的递归树，如图 3-27 所示。图中的①、②、…是移动盘子的顺序。

通过观察递归树可知，分治法对问题是按“自顶向下、逐层分解”的原则来执行的。递归树的上下层表示递归程序的调用关系，同一程序模块的各子模块从左向右顺序执行。

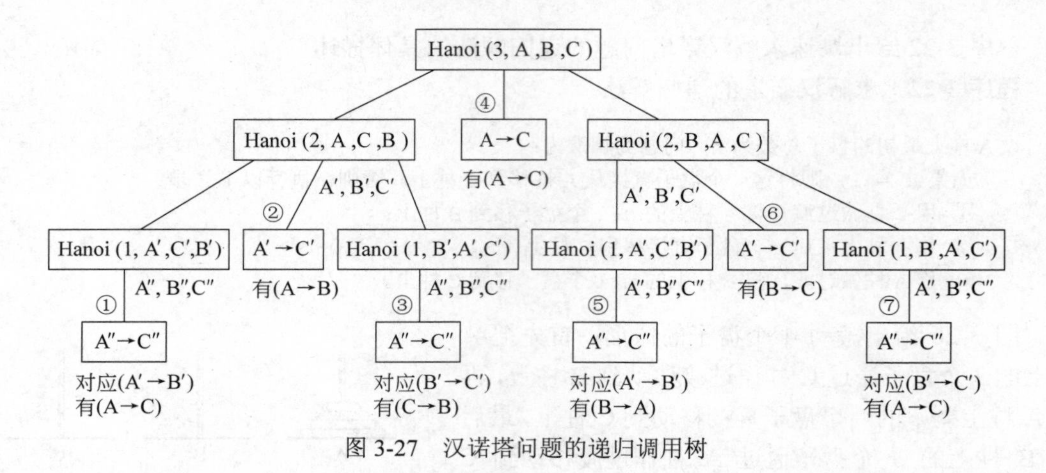

图 3-27　汉诺塔问题的递归调用树

各个处于递归结束位置的子模块执行盘片移动，最右端子模块执行结束后就实现了上一层模块的功能。编号①、②、…给出执行次序。

若设盘子总数为 n，在算法中盘子的移动次数 moves(n)为

$$\text{moves}(n)=\begin{cases}1, & n=1\\ 2\times\text{moves}(n-1)+1, & n>1\end{cases}$$

同样可以得知：

$$\begin{aligned}\text{moves}(n) &= 2\times\text{moves}(n-1)+1\\ &= 2^2\times\text{moves}(n-2)+3\\ &\;\;\vdots\\ &= 2^{n-1}\times\text{moves}(1)+(2^{n-1}-1)\\ &= 2^n-1\end{aligned}$$

这类问题的时间复杂度为 $O(2^n)$。从图 3-27 所示的递归树可知，当 $n=3$ 时递归过程调用了 3 层，即递归深度为 3，总递归调用次数为 $2^3-1=7$。算法的空间复杂度为 $O(n)$，因为递归工作栈用了 3 个活动记录。

3.5.2　直接把递归过程改为非递归过程

对于递归过程，可以利用栈将它改为非递归过程，目的是想改进它的时间和空间效率，提高执行速度。

【例 3-18】 对于汉诺塔问题，为得到非递归算法，首先需要分析图 3-27 给出的递归树中语句执行的顺序：对于每一个结点，先执行左分支的处理，左分支执行完再执行右分支的处理。现在使用栈，可以按右、中、左的顺序把结点的 3 个分支结点的状态记入栈中，再进入一个大循环，当栈不空时，退出一个保存的分支结点，执行同样的处理。由于退栈的顺序与进栈的顺序相反，就可以完成原来递归过程的全部工作。虽然时间复杂度仍为 $O(2^n)$，但取消了递归调用。利用栈实现汉诺塔问题的非递归算法如程序 3-24 所示。

程序 3-24　求解汉诺塔问题的非递归算法

```
typedef struct {                                          //定义栈元素
    int m;                                                //盘子个数
```

```
    char a, b, c;                                           //3个柱子的标识
} item;
void Hanoi_iter ( int n, char A, char B, char C ) {
    item S[stkSize];  int top = -1;                         //创建并初始化栈S
    item v, w;
    w.m = n; w.a = A; w.b = B; w.c = C; S[++top] = w;       //进栈
    while ( top != -1 ) {                                   //当栈不空时循环
        v = S[top--];                                       //退栈
        if ( v.m == 1 )                                     //直接输出
            printf ( "Move disk from %c to %c.\n", v.a, v.c );
        else {
            w.m = v.m-1; w.a = v.b; w.b = v.a; w.c = v.c; S[++top] = w;
                                                            //(n-1,B,A,C)
            w.m = 1;  w.a = v.a;  w.b = v.b;  w.c = v.c;  S[++top] = w;
                                                            //(1, A,B,C)
            w.m = v.m-1; w.a = v.a; w.b = v.c; w.c = v.b; S[++top] = w;
                                                            //(n-1,A,C,B)
        }
    }
}
```

3.5.3 扩展阅读：递归过程的非递归模拟算法

可以利用栈把递归算法改造为非递归算法。也就是说，使用非递归方式来模拟递归调用。通用的模拟规则如下：

设 void $F(p_1, p_2, \cdots, p_k, p_{k+1}, \cdots, p_m)$ 是一个递归过程，其中 $p_1, p_2, \cdots, p_k$ 是引用参数，$p_{k+1}, \cdots, p_m$ 是传值参数。且设过程中有 n 个局部变量 $q_1, q_2, \cdots, q_n$ 和 t 个递归调用本过程的语句。

（1）增设递归工作栈 S，栈的每个工作记录包括 $m+n+1$ 个数据项，如图 3-28 所示。

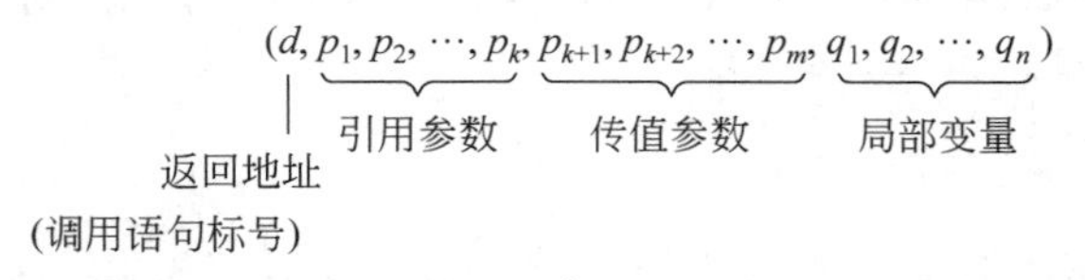

图 3-28 栈的工作记录

（2）设置 $t+2$ 个语句标号 0, 1, 2, ⋯, t, $t+1$。其中，'0' 设置在过程体第一个执行语句上；'$t+1$'设置在过程体结束的 '}' 语句处，其余 t 个标号设置在 t 个递归调用语句处。

（3）将每个递归调用语句改写成以下 5 个语句：

```
Push ( S, 标号 i, a1, ⋯, ak, ak+1, ⋯, am );          //调用时的实参进栈
goto 标号 0;                                         //转向递归入口处
<标号 i>: ( v1,⋯, vk ) = GetTop(S).(p1, ⋯, pk);     //暂存 k 个引用参数 p1,⋯, pk
Pop ( S );                                           //退掉本层工作记录
setTop (S).( p1, ⋯, pk ) = ( v1, ⋯, vk );           //引用参数值传送给上一层
```

（4）在过程体的第一个执行语句前增加两个语句，作为非递归入口：

```
InitStack ( S );                              //由主程序进入时初始化栈
Push ( S, 标号 t+1, p1,…, pm, q1,…, qn );     //当前返址、参数、局部变量进栈
```

（5）凡退出递归均改为转向栈顶工作记录所记下的标号（返回地址）：

```
switch ( label = getTop ( S, d ) ) {          //栈顶所记标号
     case 0:    goto <标号 0>;  break;
     case 1:    goto <标号 1>;  break;
     …
     case t+1:    goto <标号 t+1>;
}
```

（6）标号 t+1 所标识的语句是新增加的一个实现计算结果出栈的语句，用于过程 F 的非递归出口，（以返回调用该递归过程的上一层过程）。

```
<标号 t+1>: ( v1, …, vk ) = getTop(S).( p1, …, pk );
            Pop (S);
```

（7）将过程中所有的参数和局部变量都用栈顶工作记录中相应的数据项代替，包括函数名在内（它也算作一个引用参数）。

【例 3-19】 以汉诺塔问题为例，看如何利用以上转换规则把一个递归过程改造为非递归过程。首先改造原递归过程，把递归调用语句从其他语句内部独立出来，参看程序 3-25。

程序 3-25 改造汉诺塔问题的递归算法

```
void Hanoi ( int n, char x, char y, char z ) {
     if ( n == 1 ) {
          printf ( "move 1th disc from %c to %c\n ", x, z );
          goto 3;
     }
     Hanoi ( n-1, x, z, y );
     printf ( "move %dth disc from %c to %c\n ", n, x, z );
     Hanoi ( n-1, y, x, z );
3:
}
```

这一过程中没有引用参数，只有 n、x、y、z 这 4 个传值参数，也没有局部变量。则递归工作栈的工作记录由 5 个数据项组成，如图 3-29 所示。

adr	np	xp	yp	zp
反址	n	x	y	z

图 3-29 汉诺塔递归栈工作记录

根据以上转换规则，将递归过程改造为非递归过程，如程序 3-26 所示。

程序 3-26 汉诺塔问题的非递归模拟算法

```
#include <stdio.h>
#define maxSize                                  //递归工作栈的长度
typedef struct {                                 //递归工作栈的工作记录定义
     int adr, np;                                //返回地址与盘片数
     char xp, yp, zp;                            //3 个柱子
} snode;
```

```
    typedef struct {                                     //递归工作栈的结构定义
         snode elem[maxSize];
         int top;
    } CurStack;
    void Hanoi ( int n, char x, char y, char z ) {
         CurStack S; snode w, w1; S.top = -1;            //栈初始化
         w1.adr = 3; w1.np = n; w1.xp = x; w1.yp = y; w1.zp = z;
         S.elem[++S.top] = w1;                           //当前结束地址及值参进栈
0:       w = S.elem[S.top];                              //取栈顶至工作记录
        if ( w.np == 1 ) {
             printf ( "move 1th disc from %c to %c\n ", w.xp, w.zp );
             goto w.adr;                                 //返回到上一层
        }
        w1.adr = 1; w1.np = w.np-1; w1.xp = w.xp; w1.yp = w.zp; w1.zp = w.yp;
        S.elem[++S.top] = w1;                            //第一个递归的返址和值参进栈
        goto 0;                                          //转向递归入口，处理第一个递归
1:      S.top--;                                         //退栈，退出第一个递归
        w = S.elem[S.top];                               //取栈顶
        printf ( "move %dth disc from %c to %c\n ", w.np, w.xp, w.zp );
        w1.adr = 2; w1.np = w.np-1; w1.xp = w.yp; w1.yp = w.xp; w1.zp = w.zp;
        S.elem[++S.top] = w1;                            //第二个递归的返址和值参进栈
        goto 0;                                          //转向递归入口，处理第二个递归
2:      S.top--;                                         //退栈，退出第二个递归
        w = S.elem[S.top];                               //取栈顶
        goto w.adr;                                      //第二个递归结束，返回上一层
3:      S.top--;                                         //退出递归过程
    }
```

这一过程结构混乱，不好理解。可以根据转换后所得过程加以整理、简化，为此先画出流程图，参看图3-30。

再由此流程图得到消去goto语句的结构良好的非递归程序，参看程序3-27。

程序3-27 汉诺塔问题的结构化的非递归算法

```
void Hanoi ( int n, char x, char y, char z ) {
     CurStack S; snode w, w1; S.top = -1;            //栈初始化
     w1.adr = 3; w1.np = n; w1.xp = x; w1.yp = y; w1.zp = z;
     S.elem[++S.top] = w1;                           //当前结束地址及值参进栈
     w = S.elem[S.top];
     do {
         while ( w.np > 1 ) {
             w1.adr = 1; w1.np = w.np-1;
             w1.xp = w.xp; w1.yp = w.zp; w1.zp = w.yp; S.elem[++S.top] = w1;
             w = S.elem[S.top];
         }
         printf ( "move 1th disc from %c to %c\n ", w.xp, w.zp );
         while ( w.adr == 2 ) { S.top--; w = S.elem[S.top]; }
         if ( w.adr == 1 ) {
```

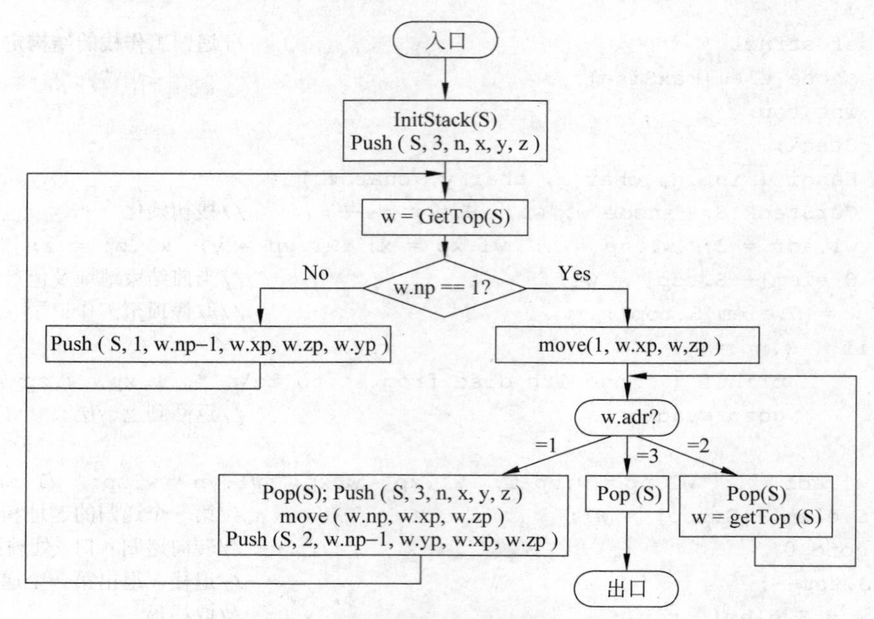

图 3-30　解决汉诺塔问题的程序流程图

```
            S.top--;  w = S.elem[S.top];
            printf ( "move %dth disc from %c to %c\n ", w.np, w.xp, w.zp );
            w1.adr = 2;  w1.np = w.np-1;
            w1.xp = w.yp;  w1.yp = w.xp; w1.zp = w.zp; S.elem[++S.top] = w1;
            w = S.elem[S.top];
        }
    } while ( w.adr != 3 );
    S.top--;
}
```

3.5.4　迷宫问题与回溯法

1．回溯法的概念

回溯法也称为试探法。这种方法一步一步向前试探，当某一步有多种选择时，可以先任意选择一种，只要这种选择暂时可行就继续向前，一旦发现到达某步后无法再前进，说明前面已经做的选择可能有问题，就可以后退，回到上一步重新选择（称为回溯）。使用回溯法可以避免穷举式的盲目搜索，从而可能减少问题求解的搜索时间。

【例 3-20】 求解迷宫问题。所谓迷宫，就是一个 $m \times n$ 的网格，它有很多墙壁，对前进方向形成了多处障碍。我们想让一只老鼠从迷宫的入口出发探寻一条到达出口的最佳路线。

利用递归方法，可获得老鼠从迷宫入口到达出口的最佳路线。假设用一个二维数组 maze[m+2][n+2]来表示迷宫，当数组元素 maze[i][j] = 1 时，表示该位置是墙壁，不能通行；当 maze[i][j] = 0 时，表示该位置是通路。$1 \leqslant i \leqslant m$，$1 \leqslant j \leqslant n$。数组的第 0 行、第 m+1 行，第 0 列和第 n+1 列是迷宫的围墙，如图 3-31 所示。

在求解迷宫问题的过程中，当沿某一条路径一步步走向出口但发现进入死胡同走不通时，就回溯一步或多步，寻找其他可走的路径。这就是回溯。老鼠在迷宫中任一时刻的位置可用元素的行下标 i 和列下标 j 表示。为简化问题，设从 maze[i][j]出发，可能的前进方向有 4 个，按顺时针方向为 N([i−1][j])、E([i][j+1])、S([i+1][j])、W([i][j−1])，参看图 3-32。

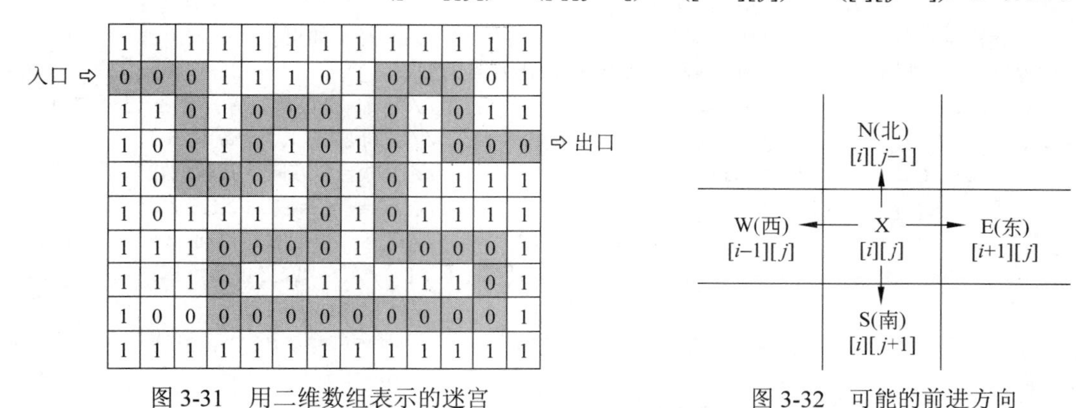

图 3-31　用二维数组表示的迷宫　　图 3-32　可能的前进方向

设位置[i][j]标记为 X，它是一系列交通路口。X 周围有 4 个方向，分别代表 4 个前进位置。如果某一方向是 0 值，表示该方向有路可通，否则表示该方向已堵死。为了有效地选择下一位置，可以将从位置[i][j]出发可能的前进方向预先定义在一个表内。参看表 3-7。称该表为前进方向表，它给出向各个方向的偏移量，相应的结构定义参看程序 3-28。

表 3-7　前进方向表 move

Move[q].dir	move[q].a	move[q].b	Move[q].dir	move[q].a	move[q].b
"N"	−1	0	"S"	1	0
"E"	0	1	"W"	0	−1

程序 3-28　前进方向表中偏移的定义

```
typedef struct offsets {                              //位置在直角坐标下的偏移
     int a, b;                                        //a, b 是 x, y 方向的偏移
     char *dir;                                       //dir 是方向
};
```

当在迷宫中向前试探时，可根据表 3-7 所示的前进方向表，选择某一个前进方向向前试探。如果该前进方向走不通，则在前进路径上回退一步，再尝试其他的允许方向。

为了防止重走原路，另外设置一个标志矩阵 mark[m+2][n+2]，它的所有元素都初始化为 0。一旦行进到迷宫的某个位置[i][j]，则将 mark[i][j]置为 1。下次这个位置就不能再走了。下面给出求解迷宫问题的算法，如程序 3-29 所示。

程序 3-29　解决迷宫问题的递归算法

```
#define maxM 11                                       //迷宫最大行数（包括外墙）
#define maxN 6                                        //迷宫最大列数（包括外墙）
#define direct 4                                      //迷宫方向数
typedef struct {                                      //偏移表的结构定义
    int a, b;                                         //在 x、y 方向的偏移
```

```
    char dir;                                    //方向
} offsets;
int SeekPath ( int maze[][maxN], int mark[][maxN], offsets move[ ], int x,
            int y, int m, int p ) {
//从迷宫某一位置[x][y]开始，寻找通向出口[m][p]的一条路径。如果找到，则函数
//返回 1。否则函数返回 0。在主程序进行试探的出发点为[1][1]
    int i, g, h;  char d;                        //用 g、h 记录位置，dir 记录方向
    if ( x == m && y == p ) return 1;            //已到达出口，函数返回 1
    for ( i = 0; i < direct; i++ ) {            //按每一个方向寻找通向出口通路
        g = x+move[i].a;  h = y+move[i].b;  d = move[i].dir;
                                                 //找下一个位置和方向(g, h, dir)
        if ( ! maze[g][h] && ! mark[g][h]) {  //下一位置可通，试探该方向
            mark[g][h] = 1;                      //标记为已访问过
            if ( SeekPath ( maze, mark, move, g, h, m, p ) ) {
                                                 //从此位置递归试探
                printf ( "(%d, %d, %c)\n", g, h, d );
                                                 //找到出口退回打印路口数据
                return 1;                        //继续回退，返回 1
            }
        }
    }                                            //换一个方向再试探
    if ( x == 1 && y == 1 ) printf ( "no path in Maze!\n" );
    return 0;
}
void main (void) {
    int i, j;
    int maze[maxM][maxN] = { 1, 1, 1, 1, 1, 1, 0, 0, 0, 0, 1, 1, 1, 1,
        1, 0, 0, 1, 1, 0, 0, 0, 1, 1, 1, 0, 1, 1, 1, 1, 1, 0, 0, 0, 0,
        1, 1, 1, 1, 1, 0, 1, 1, 0, 0, 0, 0, 1, 1, 0, 1, 1, 1, 1, 1, 0,
        0, 0, 0, 0, 1, 1, 1, 1, 1, 1 };
    int mark[maxM][maxN];
    offsets move[direct] = {{-1, 0, 'N'}, {0, 1, 'E'}, {1, 0, 'S'}, {0, -1, 'W'}};
    for ( i = 1; i < maxM-1; i++ )
        for (j = 1; j < maxN-1; j++) mark[i][j] = 0;//全部标记为可访问
    for ( i = 0; i < maxM; i++ )
        mark[i][0] = mark[i][maxN-1] = 1;             //左右外墙标记不可访问
    for ( j = 0; j < maxN; j++ )
        mark[0][j] = mark[maxM-1][j] = 1;             //上下外墙标记不可访问
    int x = 1, y = 1, m = 9, p = 4;                   //入口和出口坐标
    SeekPath ( maze, mark, move, x, y, m, p );        //调用迷宫算法
    printf ( "(%d, %d, E)\n", x, y );                 //补打入口数据
}
```

这个算法的时间复杂度较难确定，原因在于外层 for 循环的次数完全取决于给定的迷宫构造。由于设置了 mark 标志数组，一旦某一位置[i][j]被访问，立即给它加上标志，因此路径上的每一个位置不会重复访问。假设 Maze 数组（迷宫）中零元素的个数为 t，那么最多有 t 个位置可以加上标志，而 $t \leqslant m \times n$，因此算法的时间复杂度为 $O(m \times n)$。

3.5.5 计算组合数与动态规划

任何数学上的递推公式都可以写成递归算法，但这些递归算法往往都是低效的。为此可把递归算法重新写成非递归算法，把子问题的解系统地记入一个表中，这种方法就是动态规划方法。

【例 3-21】 计算组合数 C_m^n。我们知道，计算组合数的递推公式为

$$\begin{cases} C_m^n = 1, & n = 0 \text{ 或 } m = n \\ C_m^n = C_{m-1}^n + C_{m-1}^{n-1}, & m > n > 0 \end{cases}$$

它对应的递归过程如程序 3-30 所示。

程序 3-30 计算组合数的递归算法

```
int combinat ( int m, int n ) {
      if ( n == 0 || m == n ) return 1;                       //终止递归的条件
      else return combinat (m-1, n) + combinat (m-1, n-1);    //递归步骤
};
```

其递归计算 C_5^3 的次序可用如图 3-33 所示的递归树来描述。

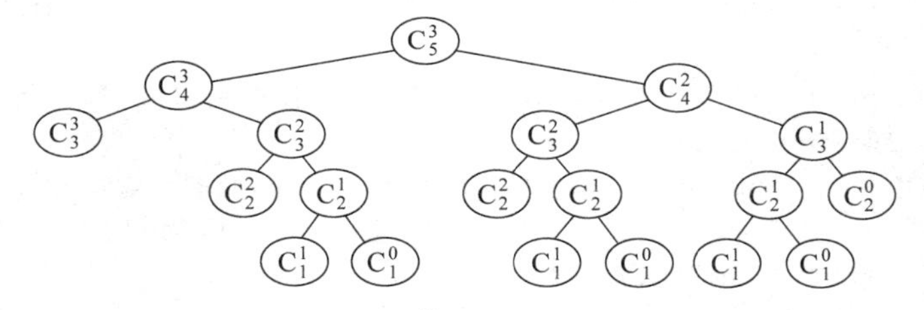

图 3-33 计算组合 C_5^3 的递归过程的递归调用树

为了计算 C_5^2，必须先计算 C_4^2；为了计算 C_4^2，必须先计算 C_3^2，再计算 C_2^2 及 C_2^1，C_2^2 可以直接求解；为了计算 C_2^1，必须先计算 C_1^1，再计算 C_1^0，C_1^1 和 C_1^0 可以直接求值。求出 C_1^1 与 C_1^0 后，可以得到 C_2^1 的解，求出 C_2^2 与 C_2^1 后，可以得到 C_3^2 的解……

递归树表明，子问题的重复计算太多，使得总的计算次数达到指数级。

如果能够保存已解决的子问题的解，在需要时再找出已求得的解，就可以避免大量的重复计算，从而得到时间复杂度为多项式级的算法。为了达到这个目的，可以用一个表来记录所有已解决的子问题的解。不管该子问题以后是否被用到，只要它被计算过，就将其结果填入表中。这就是动态规划法的基本想法。

【例 3-22】 为计算组合数，首先建立一个 m+1 行、n+1 列的二维表格 $C[m+1][n+1]$，如图 3-34 所示，然后从递归树的终端结点开始，把各子问题的解都填入表格中（m = 0 这一行不用，因为不可能计算 C_0^0）。

初始时因为 $C_1^1 = C_2^2 = \cdots = C_n^n = 1$，所以 $C[i][i]$ = 1，i = 1, 2, …, n；再因为 $C_1^0 = C_2^0 = \cdots = C_m^0 = 1$，第 $n = 0$ 列 $C[i][0] = 1$，i = 1, 2, …, m 至此的表格如图 3-34(a)所示。

然后就可以从第 $j = 1$ 列开始自上向下逐行计算 $C[i][j] = C[i-1][j] + C[i-1][j-1]$, i = 2, 3, …, m；j = 1, 2, …, i−1。一行计算完再换一列，直到全部计算完成。最右下角的元素值

C[5][3]即为问题的解，如图 3-34(b)所示。

m \ n	0	1	2	3
1	1	1		
2	1		1	
3	1			1
4	1			
5	1			

(a) 直接填写的项

m \ n	0	1	2	3
1	1	1		
2	1	2	1	
3	1	3	3	1
4	1	4	6	4
5	1	5	10	10

(b) 逐行逐列计算

图 3-34　用动态规划法求解组合数 $C(5, 3)$

这是一个自底向上的算法，表格每个子问题只需要计算一次。在计算非终端结点时，所有子结点的值都已经求出，直接可以从表格中取出使用。算法的实现如程序 3-31 所示。

程序 3-31　用动态规划法计算组合数

```
#define maxSize 100                             //二维表格的每一维最大容量
int combinate ( int m, int n ) {
      int i, j;  int C[maxSize][maxSize];
      if ( n == 0 || m == n ) return 1;         //C(m, 0)与C(m, m)直接定值1
      else {
            for ( i = 1; i <= m; i++ ) C[i][0] = C[i][i] = 1;  //直接定值
            for ( i = 1; i <= m; i++ )
                  for (j = 1; j < i; j++)//C(m, n) = C(m-1, n)+C(m-1, n-1)
                        C[i][j] = C[i-1][j]+C[i-1][j-1];
            return C[m][n];
      }
}
```

问题的规模越大，用动态规划法的好处就越明显地体现出来。填完整个表，得到题目所求，花的时间要大大少于不填表递归的求解所花的时间。设题目的规模为 n，分治法时间代价是 $O(2^n)$，而动态规划法的时间代价仅要 $O(n^2)$。因此，在解这类问题时，一般采用动态规划法。

思考题　*在用动态规划法进行问题求解时可否利用队列？为什么？*

3.6　扩展阅读：双端队列

双端队列是对队列的扩展，它允许在队列的两端进行插入和删除。双端队列英文的全称是 double-ended queue。

3.6.1　双端队列的概念

双端队列有 3 种类型：允许在两端插入和删除的双端队列，允许在两端插入但只允许在一端删除的双端队列，只允许在一端插入但允许在两端删除的双端队列，如图 3-35 所示。

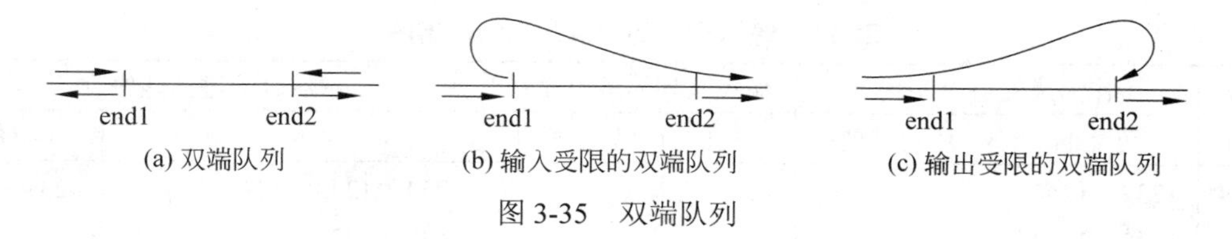

(a) 双端队列　(b) 输入受限的双端队列　(c) 输出受限的双端队列

图 3-35　双端队列

可以把双端队列视为底靠底的双栈，但它们相通，成为双向队列。两端都可能是队头和队尾。

【例 3-23】 假设有两个整数 1、2 顺序进入双端队列，再退出双端队列，则可能的情况如表 3-8 所示。设 L_I 代表左端进，R_I 代表右端进，L_O 代表左端出，R_O 代表右端出，如图 3-36 所示。

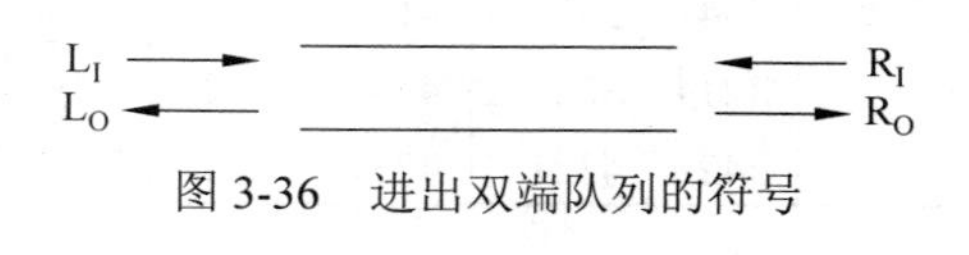

图 3-36　进出双端队列的符号

表 3-8　当 1、2 进队时可能的输出序列

进队顺序	左端或右端当作栈	当作左进右出或右进左出的队列	混合进出双向队列		
12	$L_IL_OL_IL_O$, (12)	$L_IR_OL_IR_O$, (12)	$L_IL_IL_OR_O$, (21)	$L_IL_IR_OL_O$, (12)	$L_IR_IL_OL_O$, (12)
	$L_IL_IL_OL_O$, (21)	$L_IL_IR_OR_O$, (12)	$L_IR_IL_OR_O$, (12)	$L_IR_IR_OL_O$, (21)	$L_IR_IR_OR_O$, (21)
	$R_IR_OR_IR_O$, (12)	$R_IL_OR_IL_O$, (12)	$R_IL_IL_OL_O$, (21)	$R_IL_IL_OR_O$, (21)	$R_IL_IR_OL_O$, (12)
	$R_IR_IR_OR_O$ (21)	$R_IR_IL_OL_O$ (12)	$R_IL_IR_OR_O$, (12)	$R_IR_IL_OR_O$, (12)	$R_IR_IR_OL_O$, (21)

无论如何进出，出队的序列只有两个：12 和 21。一般地，若有 n 个元素，进入双端队列的顺序是 $1, 2,\cdots, n$（不管是何端进/出），可用数学归纳法证明：全进全出后可能的出队顺序有 $n!$ 种。

思考题　一般的先进先出队列可能的出队顺序有几种？

3.6.2　输入受限的双端队列

如果限定只能在双端队列的一端输入，可以在两端输出，那么对于一个确定的输入序列，输出只能有 3 种可能：在同一端输出，相当于栈；或者在另一端输出，相当于队列；或者混合进出，如图 3-35(b)所示。

【例 3-24】 假设双端队列的两端分别是 end1 和 end2，并限定输入端是 end1。输入的数据序列是 1, 2, 3, 4，则可能的进出队列的情况如表 3-9 所示。

从表 3-9 中可知，如果输入元素都从 end1 端进队再从 end1 端出队，则是栈的情形。应当有 $\frac{1}{(4+1)}C_8^4=14$ 种合理的出栈序列，那么不可能的出栈序列有 $4!-14=24-14=10$ 种。如果输入元素从 end1 端进队从 end2 端出队，则是队列的情形，只有一种合理的出队序列，即 1234；如果输入元素都从 end1 端进队，但可以在 end1 或 end2 端出队，则是混合出队情形，它的合理出队序列不但包括了前两种情形，而且还包括了更多的出队序列。

不合理的出队序列基本上都是以 4 打头的。当 4 先出队时，1、2、3 依次排在队列里，2 夹在中间，它不可能在 1 和 3 之前出队，所以不可能的出队序列只有 4231 和 4213。

表 3-9　输入受限的双端队列的输出序列

进队顺序	作为栈的进出序列		作为队列的进出序列		混合的进出队序列	
	可能的	不可能的	可能的	不可能的	可能的	不可能的
1234	1234　1243	1423	1234		1234　1243　1342　1324	4231　4213
	1342　1324	2413			1432　1423　2134　2143	
	1432　2134	3124　3142			2314　2341　2431　2413	
	2143　2314	3412			3214　3241　3421　3124	
	2341　2431	4123			3142　3412　4321　4312	
	3214　3241	4132　4312			4123　4132	
	3421　4321	4231　4213				

3.6.3　输出受限的双端队列

如果限定只能在双端队列的一端输出，但可以在两端输入，那么对于一个确定的输入序列，输出也只能有 3 种可能：在同一端输入和输出，相当于栈；或者在一端输入另一端输出，相当于队列；或者混合进出，如图 3-35(c)所示。

【例 3-25】 假设双端队列的两端分别是 end1 和 end2，并限定输出端是 end2。输入的数据序列是 1, 2, 3, 4，则所有的不同排列的序列有 4! = 24 种，当数据 1, 2, 3, 4 从队列两端依次输入时，这 24 种情况都有可能出现。问题是哪些是可以输出的，哪些是不可能输出的。从前面分析可知，有 14 种序列肯定是合理的输出序列，它们可以从同一端输入输出（栈）得到，分析的焦点就可以集中到那 10 种不能通过栈得到的序列上，如表 3-10 所示。

表 3-10　输出受限的双端队列的输出序列

序号	候选序列	混合进出双端队列的过程	结论
1	1423	1 左进, 1 右出, 2 右进, 3 左进, 4 右进, 4 右出, 2 右出, 3 右出	合理
2	2413	1 右进, 2 右进, 2 右出, 3 左进, 4 右进, 4 右出, 1 右出, 3 右出	合理
3	3124	1 左进, 2 左进, 3 右进, 3 右出, 1 右出, 2 右出, 4 右进, 4 右出	合理
4	3142	1 左进, 2 左进, 3 右进, 3 右出, 1 右出, 4 右进, 4 右出, 2 右出	合理
5	3412	1 左进, 2 左进, 3 右进, 3 右出, 4 右进, 4 右出, 1 右出, 2 右出	合理
6	4123	1 左进, 2 左进, 3 左进, 4 右进, 4 右出, 1 右出, 2 右出, 3 右出	合理
7	4132	1 左进, 2 左进 (致使 3 不可能在 1 之后 2 之前输出), 2 右进, 必然在 1 之前输出	不合理
8	4312	1 左进, 2 左进, 3 右进, 4 右进, 4 右出, 3 右出, 1 右出, 2 右出	合理
9	4231	1 左进, 2 右进 (致使 3 在 2 前出或 3 在 1 后出), 2 左进 (致使 2 不能在 1 前输出)	不合理
10	4213	1 左进, 2 右进, 3 左进, 4 右进, 4 右出, 2 右出, 1 右出, 3 右出	合理

从表 3-10 可知，不可能的输出序列还是要在以 4 开头的排列中查找。

3.6.4　双端队列的存储表示

1. 顺序存储表示

程序 3-32 定义了双端队列的顺序存储表示。顺序双端队列 SeqDeque 的结构与一般队列的结构基本相同，但是放宽了对队头和队尾的限制。队头 end1 和队尾 end2 处都可以插入和删除。同样，队列存储数组 elem[maxSize]也被视为一个首尾相连的环形数组，因此，end1 和 end2 的变动需要使用（% maxSize）取模运算。

程序 3-32 顺序双端队列 SeqDeque 的结构定义

```
#include <stdio.h>
#define maxSize 100                          //双端队列的最大容量
typedef struct {                             //队列结构定义
    DQElemType elem[maxSize];                //环形存储数组
    int end1, end2;                          //队头和队尾指针
} SeqDeque;
```

SeqDeque 的队空条件是 end1 == end2，因此队列初始化操作仅是让 end1 = end2 = 0；不过与一般队列不同的是，它的队头和队尾指针不是在同一方向变动，而是可能朝向相反的方向变动，所以在每次插入时，end2 顺时针加 1，end1 反时针减 1；删除时正好相反。

插入与删除操作的实现与一般队列相同，插入新元素到队尾时，先把队尾指针 end2 加 1，再按此位置把新元素 x 插入。因此，队尾指针 end2 指示实际队尾的下一位置。在队尾删除时，就必须按(end2-1+maxSize) % maxSize 的位置删除。

但插入新元素到队头时，不能采取同样的策略，否则会把一开始按照 end2 指示位置存入的元素冲掉，需改变一下，让队头指针 end1 先减 1，再按此位置插入。这样，队头指针指示实际队头位置，在队头删除时，可直接删除队头指针 end1 所指示位置的元素，再让队尾指针减 1。双端队列插入过程的示意图如图 3-37 所示。

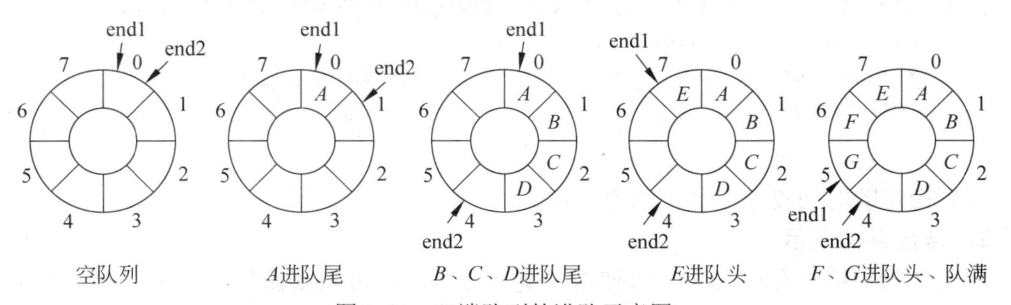

图 3-37 双端队列的进队示意图

程序 3-33 双端队列主要操作的实现

```
int EnQueueHead ( SeqDeque& Q, DQElemType x ) {
//插入 x 到队头。若堆满则插入失败，函数返回 0，否则函数返回 1
    if ( (Q.end2+1) % maxSize == Q.end1 ) return 0;
    Q.end1 = (Q.end1-1+maxSize) % maxSize;      //先让 end1 减 1
    elements[end1] = x;                          //再按 end1 指示位置存 x
    return 1;                                    //指针 end1 指示实际队头位置
};
int DeQueueHead ( SeqDeque& Q, DQElemType& x ) {
//删去队头元素，其值通过 x 返回。若队空则删除失败，函数返回 0，否则函数返回 1
    if ( Q.end1 == Q.end2 ) return 0;
```

```
        x = Q.elem[Q.end1];                     //先按 end1 指示位置取值
        Q.end1 = (Q.end1+1) % maxSize;          //指针 end1 加 1
        return 1;
    };
    int GetHead ( SeqDeque& Q, DQElemType& x ) {
    //读取队头元素，其值通过 x 返回。若队空则读取失败，函数返回 0，否则函数返回 1
        if ( Q.end1 == Q.end2 ) return 0;
        x = Q.elem[Q.end1];                     //按 end1 指示位置读取
        return 1;
    };
    int EnQueueTail ( SeqDeque& Q, DQElemType x ) {
    //插入 x 到队尾。若堆满则插入失败，函数返回 0，否则函数返回 1
        if ( (Q.end2+1) % maxSize == Q.end1 ) return 0;
        Q.elem[Q.end2] = x;                     //先按 end2 指示位置存 x
        Q.end2 = (Q.end2+1) % maxSize;          //再让 end2 加 1
        return 1;                               //指针 end2 指示实际队尾的后一位置
    };
    int DeQueueTail ( SeqDeque& Q, DQElemType& x ) {
    //删去队尾元素，其值通过 x 返回。若队空则删除失败，函数返回 0，否则函数返回 1
        if ( Q.end1 == Q.end2 ) return 0;
        Q.end2 = ( Q.end2-1+maxSize ) % maxSize;   //指针 end2 先减 1
        x = Q.elem[Q.end2];                        //再按此位置取值
        return 1;
    };
    int GetTail ( SeqDeque& Q, DQElemType& x ) {
    //读取队尾元素，其值通过 x 返回。若队空则读取失败，函数返回 0，否则函数返回 1
        if ( Q.end1 == Q.end2 ) return 0;
        x = Q.elem[(Q.end2-1+maxSize) % maxSize];
        return 1;
    };
```

所有操作的时间复杂度和空间复杂度都是 $O(1)$。

2．链接存储表示

双端队列的链接存储表示可以使用单链表、循环单链表或循环双链表，但必须至少设置两个指针，一个是 end1（front），另一个是 end2（rear），这样就可实现双端队列的所有操作。因为篇幅关系，读者可自行考虑。

3.7　扩展阅读：优先队列

3.7.1　优先队列的概念

有一种队列在实际应用中经常使用，每次从队列中取出的并不是最早加入队列中的元素，而是具有最高优先级（priority）的元素，这种队列就是优先队列。

在优先队列中有两个重要操作，即 PQInsert（插入）和 PQRemove（删除）。PQInsert 每次把一个新的数据元素加入到队列的队尾，而 PQRemove 每次从队列中退出优先级最高的元素。至于每个元素的优先级是如何规定的，需根据问题的要求而定。例如，一个公司中秘书处的工作安排有一定的先后顺序。通常，董事长交代下来的任务具有最高的优先级，部门主管交代的任务的优先级次之，职工要求完成的任务的优先级再次之……依次类推。秘书处按任务的优先级来安排工作的先后顺序。

当从优先队列中退出一个元素时，可能出现多个元素具有相同的优先级。在这种情况下，把这些具有相同优先级的元素视为一个先来先服务的队列，按它们加入优先队列的先后次序处理。在本节的讨论中，假定不出现这种情况。

3.7.2 优先队列的实现

优先队列的实现有多种方法。最佳实现方法是使用第5章介绍的“堆”，为了每次退队能在队头选出优先级最高的元素，必须在插入新元素时对队列元素进行调整，“堆”的调整时间在对数级。本节主要介绍使用向量作为优先队列的实现方案。

程序3-34给出了使用向量做为优先队列的存储结构的结构定义。

程序3-34 优先队列的结构定义

```
#include <stdlib.h>
#define maxPQSize 50;                          //优先队列存储数组的最大长度
typedef int PQElemType;                        //队列元素的数据类型
typedef struct {                               //优先队列的结构定义
    PQElemType elem[maxPQSize];                //优先队列存储数组
    int n;                                     //当前元素个数
} PQueue;
```

数据成员 n 是当前元素个数，当 $n=0$ 时是空队列，当 $n\neq0$ 时，队列元素存放位置从0到 $n-1$。本节仅讨论两个优先队列的两个操作：插入（进队）与删除（退队），其他操作可仿照特性为FIFO（先进先出）的普通队列来实现。参看程序3-35。

程序3-35 优先队列的插入与删除操作

```
int PQInsert ( PQueue& PQ, PQElemType x ) {
//若优先队列 PQ 不满，则将元素 x 插入到 PQ 的队尾，函数返回 1；否则函数返回 0
    if ( PQ.n == maxPQSize ) return 0;       //队列满则返回 0
    PQ.elem[PQ.n++] = x;                     //元素 x 插入到 PQ.n 的位置
    return 1;
}
int PQRemove ( PQueue& PQ, PQElemType& x ) {
//若优先队列空则函数返回 0，此时引用参数 x 的值不可用；若优先队列不空，则函数
//删除具有最大优先级（值最小）元素且返回 1，从引用参数 x 可得到被删元素的值
    if ( PQ.n == 0 ) return 0;               //队列空则返回 0
    PQElemType min = PQ.elem[0]; int k = 0; //假设 0 号元素值最小
    for ( int i = 1; i < PQ.n; i++ )         //逐个元素比较，找最小值元素
          if ( PQ.elem[i] < min ) { min = PQ.elem[i];  k = i; }
    x = PQ.elem[k];  PQ.n--;                 //存被删的具最高优先级的元素到 x
    PQ.elem[k] = PQ.elem[PQ.n];              //用最后元素填补第 k 个元素
    return 1;
}
```

由于 PQInsert 操作是直接把元素 x 加入到优先队列的队尾，因而其时间复杂度为 $O(1)$，但 PQRemove 操作需要先扫描整个数组以确定其最小值元素及其位置，所以其计算时间复杂度为 $O(n)$，n 是优先队列的当前元素个数。

小　结

本章的知识点有 6 个：栈和栈的存储实现，队列和队列的存储实现，栈的应用、队列的应用，双端队列和优先队列。

本章复习的要点：

- 栈和队列的定义及其特点。包括栈的定义和先进后出特点，队列的定义和先进先出特点，栈的混洗，进栈、出栈、判空、置空操作的使用，进队、出队、判空、置空操作的使用。
- 栈的存储表示及其基本运算的实现。包括顺序栈的静态数组定义和动态数组定义，顺序栈的栈空、栈满条件，顺序栈的进栈、出栈运算的实现，双栈共用一个数组的进栈、退栈、置空栈、判栈空算法及栈满、栈空条件；链式栈的结构定义，链式栈的进栈、出栈运算的实现，链式栈的栈空条件。
- 队列的存储表示及其基本运算的实现。包括循环队列的结构定义，用队头指针和队尾指针判断队列空和队列满的条件，循环队列的进队、出队的取模操作的实现，链式队列的结构定义，链式队列的进队列和出队列操作的实现。
- 栈的应用。包括数制转换、括号配对、表达式计算、递归过程中作为工作栈的使用。
- 队列的应用。包括队列在分层处理中的使用，队列在对数据循环处理过程中的使用，队列在调度算法中的使用，队列在缓冲区处理中的应用。
- 双端队列。包括双端队列的结构定义，一般双端队列、输入受限的双端队列、输出受限的双端队列可能的进、出队序列的分析，双端队列的进队、出队运算的实现，队列空和队列满的条件。
- 优先队列。优先队列的定义，优先队列的进队、出队操作的实现。

习　题

一、问答题

1．若一个栈的输入序列为 1, 2, …, n，输出序列的第一个元素是 n，则第 i 个输出元素是什么（$1 \leqslant i \leqslant n$）？

2．铁路进行列车调度时，常把站台设计成栈式结构的站台，如图 3-38 所示。试问：

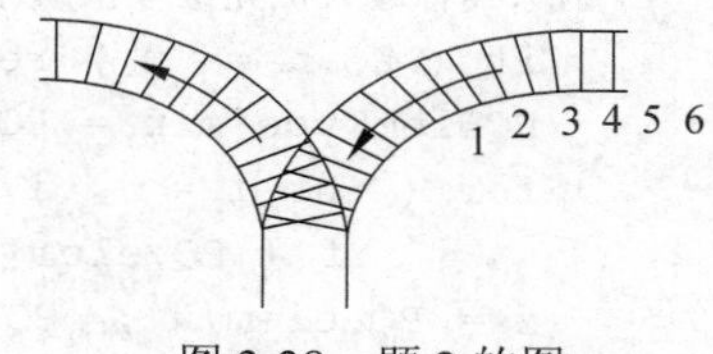

图 3-38　题 2 的图

（1）设有编号为 1, 2, 3, 4, 5, 6 的 6 辆列车顺序开入栈式结构的站台，则可能的出栈序列有多少种？

（2）若进站的 6 辆列车顺序如上所述，那么是否能够得到 435612、325641、154623 和 135426 的出站序列？如果不能，说明为什么不能；如果能，说明如何得到（即写出“进栈”或“出栈”的序列）。

3．试证明：若借助栈可由输入序列 1, 2, …, n 得到一个输出序列 $p_1, p_2, \cdots, p_n$（它是输入序列的某一种排列），则在输出序列中不可能出现以下情况，即存在 $i < j < k$，使得 $p_j < p_k < p_i$。（提示：用反证法。）

4．设有一个顺序栈 S，元素 $s_1, s_2, s_3, s_4, s_5, s_6$ 依次进栈，如果 6 个元素的出栈顺序为 $s_2, s_3, s_4, s_6, s_5, s_1$，则顺序栈的容量至少应为多少？

5．是否可以用两个栈模拟一个队列？反之，是否可以用两个队列模拟一个栈？

6．写出下列中缀表达式的后缀形式：

（1）$A * B * C$

（2）$-A + B - C + D$

（3）$A* - B + C$

（4）$(A + B) * D + E / (F + A * D) + C$

7．将中缀表达式转换为相应的后缀表达式时，需要利用栈暂存某些操作符，现有一个中缀表达式：$a + b* (c - d) + e / f\#$，请给出转换为后缀表达式时的处理过程及栈的相应变化。（提示：操作符的优先级如表 3-11 所示，其中，icp 表示当前扫描到的操作符 ch 的优先级，该操作符进栈后的优先级为 isp，字符 '#' 为表达式结束符。）

表 3-11　题 7 的表

操作符	#	(	*, /	+, -	)
isp	0	1	5	3	6
icp	0	6	4	2	1

8．根据表 3-11 给出的优先级，回答以下问题：

（1）在中缀表达式转换为后缀表达式的过程 postfix 中，如果表达式 e 含有 n 个操作符和分界符，问栈中最多可存入多少个元素？

（2）如果表达式 e 含有 n 个操作符，且括号嵌套的最大深度为 6 层，问栈中最多可存入多少个元素？

9．数学上常用的阶乘函数定义如下：

$$n! = \begin{cases} 1, & n = 0 \\ n\,(n-1)\,!, & n > 0 \end{cases}$$

对应的求阶乘的递归算法如下：

```
long Factorial ( long n ) {
    if ( n <= 0 ) return (1);                    //终止递归的条件
    else return (n*Factorial (n-1));             //递归步骤
}
```

试推导求 n! 时的计算次数。

10．定义斐波那契数列为 $F_0 = 0, F_1 = 1, F_i = F_{i-1} + F_{i-2}, i = 2, 3, \cdots, n$。其计算过程如下：

```
long Fib( long n ) {
    if ( n < 2 ) return (n);
```

```
    else return (Fib(n-1) + Fib(n-2));
}
```

试推导求 F_n 时的计算次数。

11．试推导当总盘数为 n 时的汉诺塔的移动次数。

12．设有一个双端队列，元素进入该队列的顺序是 1, 2, 3, 4。试分别求出满足下列条件的输出序列。

（1）能由输入受限的双端队列得到，但不能由输出受限的双端队列得到的输出序列。

（2）能由输出受限的双端队列得到，但不能由输入受限的双端队列得到的输出序列。

（3）既不能由输入受限的双端队列得到，又不能由输出受限的双端队列得到的输出序列。

二、算法题

1．借助栈实现单链表上的逆置运算。

2. 设以数组 Q.elem[maxSize]存放循环队列的元素，同时以 Q.rear 和 Q.length 分别指示循环队列中的队尾位置和队列中所含元素的个数。试给出该循环队列的队空条件和队满条件，并写出相应的插入（EnQueue）和删除（DeQueue）元素的操作。

3．设以数组 Q.elem[maxSize]存放循环队列的元素，同时设置一个标志 Q.tag，以 Q.tag = 0 和 Q.tag = 1 来区别在队头指针（front）和队尾指针（rear）相等时，队列状态为空还是满。试编写与此结构相应的插入（EnQueue）和删除（DeQueue）算法。

4．循环队列采用一维数组作为它的存储表示，往往很难确定到底数组需要设置多少元素才够用。设置太多元素，可能造成浪费；设置太少元素，可能造成溢出。为此可以改写队列的插入和删除算法，自动根据需要调整队列的存储数组大小。

（1）改写队列的插入（进队）函数，当队列满并需要插入新元素时将数组空间扩大一倍，使新元素得以插入。

（2）改写队列的删除（出队）函数，当队列元素少于数组空间的 1/4 时，将数组空间自动缩减一半。

5．若使用循环链表来表示队列，rear 是链表中的一个指针（视为队尾指针）。试基于此结构给出队列的插入（EnQueue）和删除（DeQueue）算法，并给出 rear 为何值时队列空（设该循环链表不设置表头结点）。

6．编写一个算法，将一个非负的十进制整数 N 转换为一个二进制数。

7．试编写一个算法，检查一个程序中的花括号、方括号和圆括号是否配对，若能够全部配对则返回 1，否则返回 0。

8．利用栈和队列的操作，编写以下针对队列的函数的实现代码（要求非递归实现）。

（1）“逆转”函数 void reverse (Queue& Q)。

（2）“判等”函数 bool equal (Queue Q1, Queue Q2)。

（3）“清空”函数 void clear (Queue& Q)。

9．已知阿克曼（Ackerman）函数定义如下：

$$\text{akm}(m,n)=\begin{cases} n+1, & m=0 \\ \text{akm}(m-1,\ 1), & m\neq 0, n=0 \\ \text{akm}(m-1,\ \text{akm}(m,n-1)), & m\neq 0, n\neq 0 \end{cases}$$

（1）根据定义，写出它的递归求解算法。

（2）利用栈，写出它的非递归求解算法。

10．编写一个递归算法，输出自然数 1, 2, …, n 这 n 个元素的全排列。

11．编写一个递归算法，找出从自然数 1, 2, …, n 中任取 r 个数的所有组合。例如 $n=5, r=3$ 时所有组合为 543，542，541，532，531，521，432，431，421，321。

12．设一个栈的输入序列为 1, 2,…, n，编写一个算法，判断一个序列 $p_1, p_2, \cdots, p_n$ 是否是一个合理的栈输出序列。

13．试利用循环队列编写求 k 阶斐波那契序列中前 n+1 项（$f_0, f_1, \cdots, f_n$）的算法。要求满足：$f_n \leqslant \max$ 而 $f_{n+1} > \max$，其中 max 为某个约定的常数。（注意：本题所用循环队列的容量仅为 k，则在算法执行结束时，留在循环队列中的元素应是所求 k 阶斐波那契序列中的最后 k 项 $f_{n-k+1}, \cdots, f_n$）。

14．设用双向链表表示一个双端队列，要求可在表的两端插入，但限制只能在表的一端删除。试编写基于此结构的队列的插入（enQueue）和删除（deQueue）算法，并给出队列空和队列满的条件。

三、实训题

1．设计一组程序，实现顺序栈的结构和初始化、进栈、出栈、判栈空、判栈满、读栈顶等操作，放在 SeqStack.h 中。编写一个函数，实现用栈来逆置一个顺序表中的所有元素，即把（$a_0, a_1, \cdots, a_{n-1}$）转换为（$a_{n-1}, a_{n-2}, \cdots, a_0$）。要求编写一个主程序，使用 SeqList.h 建立顺序表并把数据送入顺序表，然后调用函数把表中所有元素逆置，最后输出结果。

2．设计一组程序，实现链式栈的结构和初始化、进栈、出栈、判栈空、读栈顶等操作，放在 LinkStack.h 中。编写一个函数，实现用栈来逆转单链表的所有结点的链接指针。要求编写一个主程序，首先建立一个单链表，使用 LinkList.h 的操作，再使用 LinkStack.h 实现链表指针的逆转，然后输出结果。

3．设计一组程序，实现循环队列的结构和初始化、进队、出队、判队空、判队满、读队头等操作，放在 CircQueue.h 中。编写一个函数，实现用队列在一个二维数组表示的网格中寻找从 $A(i_1, j_1)$ 格点到 $B(i_2, j_2)$ 格点的最短通路，即中间经过的格点最少的一条通路。要求编写一个主程序，建立这个网格并调用这个函数，最后输出函数返回的通路。

第 4 章　数组、串和广义表

数组是最常见的数据结构了，然而广义表可能在此之前很少听说。实际上学生在入学时需要填写一张个人情况表，那就是广义表，它的特点是“表中套表”，表的每一项目不都是简单项。字符串则是常见的数据结构，属于 C/C++的内置数据类型，本章主要讨论它的一种重要算法，即模式匹配。

4.1　数　组

数组比较特殊，它既可以是逻辑结构，也可以是存储结构。作为逻辑结构，它可以在应用程序中用于组织用户数据；作为存储结构，它可以作为其他多种逻辑结构，如表、树、图等的顺序存储表示。

4.1.1　一维数组

1．数组的定义和特性

在程序设计语言中通常把一维数组看作是存储于一个连续存储空间中的相同数据类型的数据元素的集合。一维数组的特性如下：

（1）从逻辑结构角度来看，一维数组属于线性结构，但与线性表有别。线性表的表元素按照逻辑顺序可以顺序存取；而一维数组只能直接存取，导致某些没有被赋值的数组元素散落在数组各处。因此它被称为向量，而不被叫做线性表。

（2）从存储结构角度来看，一维数组可以作为存储数组用于其他数据结构的顺序存储表示，通常把数组视为一段连续的存储空间，其他逻辑结构的数据可以存放在数组中。

（3）在一维数组中，每个有定义的下标都与一个值对应，这个值称作数组元素。一维数组可以看作是序对 <下标, 值> 的一个集合。一维数组的数组元素通过其下标，即元素的序号（从 0 开始），可以直接访问。

（4）一维数组仅提供两个操作：按照下标存入数组元素和按照下标读取数组元素。

（5）在 C/C++中有静态数组和动态数组之分。静态数组必须在定义它时指定其大小和类型，在程序运行过程中其结构不能改变，在程序执行结束时自动撤销，其结构定义如程序 4-1 所示。动态数组是在程序运行过程中才为它分配存储空间，在程序执行结束时不能自动释放所分配的空间，必须显式地用释放命令来释放这些空间，其结构定义如程序 4-2 所示。

程序 4-1　静态数组的定义和使用示例

```
#define maxSize 25
void main(void) {
    int A[maxSize];  int i;                          //数组 A 静态分配
    for ( i = 0; i <= maxSize-2; i++ ) A[i] = i+1;   //用元素下标存取
```

```
        A[maxSize-1] = 0;
        for ( i = 0; i < maxSize; i++ ) printf ( "%d", A[i] );
        printf("\n");
};
```

程序 4-2　动态数组的定义和使用示例

```
void main(void) {
    int *A, *T;  int i, n;                              //定义动态数组指针
    scanf ( "%d", &n );
    A = ( int *) malloc ( n*sizeof ( int ));            //动态分配数组空间
    if ( ! A ) { printf ("存储分配失败!\n"); exit(1); }
    T = A;
    for ( i = 0; i <= n-2; i++ ) { *T = i+1;  T++;}//用指针直接存取
    *T = 0;
    T = A;
    for ( i = 0; i <= n-1; i++ ) { printf ( "%d", *T );  T++; }
    printf("\n"); free ( A );                           //动态释放数组空间
};
```

（6）有的语言（如 Visual Basic）还可以定义变长的数组，但 C/C++中的静态数组必须是定长的，在声明一维数组时其上界必须是常数。数组下标从 0 开始。

2．一维数组元素存储地址的计算

一维数组的顺序存储表示是按各个数组元素的排列顺序，把它们顺次存放在一个连续的存储区域中。由于数组元素的直接访问特性，有的数组元素被赋值，有的则没有被赋值。所有的被赋值元素不一定是相继存放的，这就是它与顺序表的区别。

因为每个数组元素的数据类型相同，占有相同的存储空间，每个数组元素的开始位置到相邻元素的开始位置的距离相等。这样，只要知道一个数组元素在数组中是第几个（即下标），就可以直接存取这个数组元素。

【例 4-1】　图 4-1 是一个长度为 10，每个数组元素占 l 个存储字的数组 $A[10]$。第 0 号数组元素的起始地址为 $\mathrm{LOC}(A[0]) = a$。则该数组的任一数组元素的存储地址 $\mathrm{LOC}(A[i])$ 可以使用如下的递推公式计算：

$$\mathrm{LOC}(A[i]) = \begin{cases} a, & i = 0 \\ \mathrm{LOC}(A[i-1]) + l, & i > 0 \end{cases}$$

因为

$$\mathrm{LOC}(A[1]) = \mathrm{LOC}(A[0]) + l = a + l$$
$$\mathrm{LOC}(A[2]) = \mathrm{LOC}(A[1]) + l = a + 2 \times l$$
$$\vdots$$

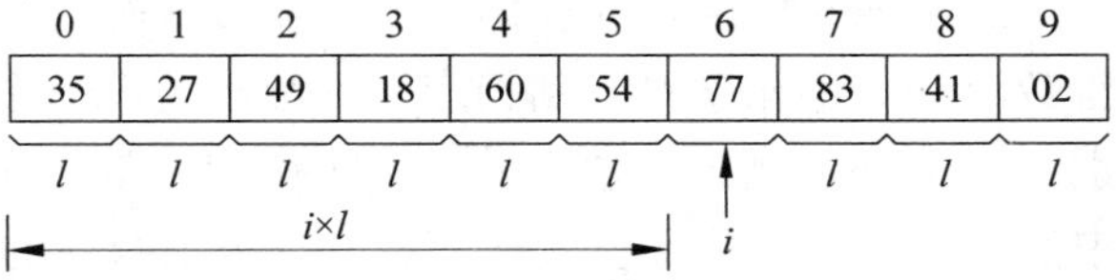

0	1	2	3	4	5	6	7	8	9
35	27	49	18	60	54	77	83	41	02
l	l	l	l	l	l	↑ i	l	l	l

i×l

图 4-1　一维数组的示例

则有

$$LOC(A[i]) = LOC(A[i-1]) + l = a + i \times l$$

由此可得到求 $A[i]$存储地址的通项公式：

$$LOC(A[i]) = LOC(A[0]) + i \times l$$

其中 l 是每个数组元素所占用的存储单元数。根据这个公式，可以得到如下认识：

对于一个一维数组，不论是哪一个元素，其存取操作的时间复杂度都为 $O(1)$。

4.1.2　多维数组

一维数组的元素类型可以是基本内置数据类型，也可以是用户自定义的复杂数据类型。当元素类型也是一维数组时，一维数组扩充为二维数组，参看图 4-2(a)。

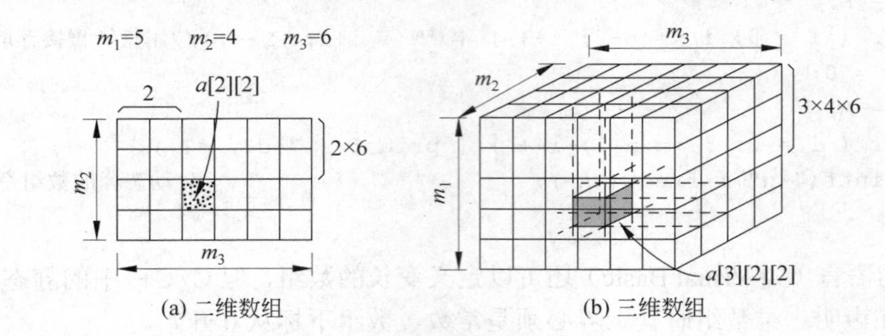

(a) 二维数组　　(b) 三维数组

图 4-2　多维数组

1．二维数组的定义和特性

二维以上的数组称为多维数组。多维数组是一维数组的扩展。

二维数组又称为矩阵或阵列，作为逻辑结构，它的每个数组元素同时处于两个向量（行向量、列向量）中，除位于边缘的数组元素外，每个数组元素都有两个直接前趋（行方向、列方向）和两个直接后继（行方向、列方向），如图 4-2(a)所示，不符合线性结构定义，所以二维数组不是线性结构。二维数组是最简单的非线性结构。

作为存储结构，二维数组可以是数组元素为一维数组的一维数组。设 m 行 n 列的二维数组有 m 个行向量和 n 个列向量，在二维数组 $a[m][n]$中总共有 $m \times n$ 个数组元素。每一元素 $a[i][j]$（$0 \leqslant i \leqslant m-1, 0 \leqslant j \leqslant n-1$）同时处于第 i 个行向量和第 j 个列向量之中。某一数组元素在数组中的位置需由一对下标（i, j）唯一确定。

思考题　二维数组每个元素的存取时间都相同吗？

2．二维数组元素存储地址的计算

二维数组实际上是用一维数组存储的，可以利用一维数组的存储方式来表示二维数组。对于一个一维数组，只要知道某个数组元素在数组中是第几个（即下标），就可以直接利用一维数组元素定址公式 $LOC(A[i]) = LOC(A[0]) + i \times l$ 存取这个数组元素。

由于二维数组每一个数组元素所占用的存储大小与相应一维数组中的数组元素所占用的存储大小相同，二维数组第一个元素对应到相应一维数组的第一个元素位置。只要把一个二维数组的数组元素 $a[i][j]$ 映射到一维数组的某一个位置，就能计算出二维数组中数组元素在相应一维数组中的位置，直接按此位置存取相应一维数组中的数组元素。

对于二维数组 $a[m][n]$，可根据其数组元素的下标计算出在相应一维数组中对应的下标，需要区分两种存储方式，即行优先顺序和列优先顺序。设二维数组如图 4-3 所示。

$$A=\begin{bmatrix} a_{0,0} & a_{0,1} & a_{0,2} & \cdots & a_{0,n-1} \\ a_{1,0} & a_{1,1} & a_{1,2} & \cdots & a_{1,n-1} \\ a_{2,0} & a_{2,1} & a_{2,2} & \cdots & a_{2,n-1} \\ \vdots & \vdots & \vdots & \ddots & \vdots \\ a_{m-1,0} & a_{m-1,1} & a_{m-1,2} & & a_{m-1,n-1} \end{bmatrix}$$

图 4-3　二维数组

按照行优先的顺序，所有数组元素按行向量依次排列，第 i+1 个行向量紧跟在第 i 个行向量后面，这样得到二维数组元素在一维存储数组中存放的一种线性序列：

$$(a_{0,0}, a_{0,1}, \cdots, a_{0,n-1}, a_{1,0}, a_{1,1}, \cdots, a_{1,n-1}, \cdots, a_{m-1,0}, a_{m-1,1}, \cdots, a_{m-1,n-1})$$

大多数的程序设计语言都是按行优先的顺序把数组元素存放于一个一维数组中的。这种存放方式又称为以行为主序的存放方式。

若按照列优先的顺序，所有数组元素按列向量依次排列，第 j+1 个列向量紧跟在第 j 个列向量后面，这样得到二维数组元素存于一维存储数组的另一种线性序列：

$$(a_{0,0}, a_{1,0}, \cdots, a_{m-1,0}, a_{0,1}, a_{1,1}, \cdots, a_{m-1,1}, \cdots, a_{0,n-1}, a_{1,n-1}, a_{m-1,n-1})$$

FORTRAN 语言就是按照这种方式将二维数组元素存于一个一维数组中的。这种存放方式又称为以列为主序的存放方式。

1）行优先的顺序存放方式

现在就行优先的顺序讨论地址的存放。设二维数组 $a[m][n]$第一个元素 $a[0][0]$存放在一维存储数组中的地址为 LOC($a[0][0]$)，每个元素占 l 个元素的空间，那么，任一数组元素 $a[i][j]$ 在一维存储数组中的存放地址利用递推公式计算得：

$$\begin{aligned} \mathrm{LOC}(a[i][j]) &= \mathrm{LOC}(a[i][0]) + j \times l \\ &= \mathrm{LOC}(a[i-1][0]) + (n + j) \times l \\ &= \mathrm{LOC}(a[i-2][0]) + (2 \times n + j) \times l \\ &\vdots \\ &= \mathrm{LOC}(a[0][0]) + (i \times n + j) \times l \end{aligned}$$

可以这样理解：在矩阵的第 i 行前有 i 行（行号从 0 到 $i-1$），每行有 n 个元素，总共有 $i \times n$ 个元素。在第 i 行第 j 个元素前有 j 个元素（列号从 0 到 $j-1$），则在元素 $a[i][j]$前面总共有 $i \times n+j$ 个元素，加上矩阵第一个元素存放在一维存储数组中的地址，即可得到 $a[i][j]$的存放地址 LOC($a[0][0]$)+($i \times n+j$)$\times l$，参看图 4-3。

2）列优先的顺序存放方式

按照列优先的顺序存放时，下标变动得最快的是第一维，即行向量。同样设二维数组 $a[m][n]$第一个元素 $a[0][0]$在一维存储数组中的地址为 LOC($a[0][0]$)，每个元素占 l 个元素的空间，那么，任一数组元素 $a[i][j]$ 在相应一维数组中的存放地址为

$$\mathrm{LOC}(a[i][j]) = \mathrm{LOC}(a[0][0]) + (j \times m + i) \times l$$

同样可以这样理解：在矩阵元素 $a[i][j]$ 存放在一维存储数组之后，它前面有 j 列（列号从 0 到 $j-1$），每一列有 m 个元素，共有 $j \times m$ 个元素，在第 j 列第 i 行前有 i 行（行号 0 到 $i-1$），总共有 $j \times m+i$ 个数组元素，$a[i][j]$ 应存放在 LOC($a[0][0]$) + ($j \times m + i$) $\times l$ 位置。

【例 4-2】 设有一个二维数组 $A[10][20]$，按行存放于一个连续的存储空间中，$A[0][0]$

的存储地址是 200，每个数组元素占 3 个存储字，则 $A[6][2]$的地址计算如下：

$$LOC(A[6][2]) = LOC(A[0][0]) + (6 \times 20 + 2) \times 3 = 200 + 122 \times 3 = 566$$

思考题　如果应用中要求数组下标从某个值，例如−3 开始，但 C 语言中数组下标只能从 0 开始，如何建立它们之间的映射关系？

3．多维数组的存储表示

三维数组可以视为二维数组的扩展，是数组元素为二维数组的一维数组。在如图 4-2(b)所示的三维数组 $a[m_1][m_2][m_3]$中，总共有 $m_1 \times m_2 \times m_3$ 个数组元素，每一个数组元素 $a[i][j][k]$（$0 \leqslant i \leqslant m_1-1, 0 \leqslant j \leqslant m_2-1, 0 \leqslant k \leqslant m_3-1$）同时处于 3 个向量之中。若把三维数组比作一本书，第一维相当于页，称为页向量，数组元素 $a[i][j][k]$属于第 i 个页向量；一旦页号 i 确定，第二维、第三维就相当于从属于该页的一个二维数组，j 表示第 j 个行向量，k 表示第 k 个列向量。这样，数组元素 $a[i][j][k]$在数组中的位置应由 3 个下标（i, j, k）唯一确定。

对于三维数组 $a[m_1][m_2][m_3]$，为把它存放于一个一维数组中，也需要先确定各数组元素的排列顺序。最常见的一种映射方式是页优先的顺序。在这种情况下有 m_1 页，第 i+1 页的元素紧跟着存放于第 i 页之后（$0 \leqslant i < m_1$）；在第 i 页内有 m_2 行，每行有 m_3 个数组元素。每页按二维数组行优先顺序存放。若设三维数组第一个元素 $a[0][0][0]$在相应一维存储数组中的地址为 $LOC(a[0][0][0])$，每个数组元素占有 l 个存储空间，则对于任一数组元素 $a[i][j][k]$来说，它在对应一维数组中的存放位置为

$$\begin{aligned}
LOC(a[i][j][k]) &= LOC(a[i][0][0]) + (j \times m_3 + k) \times l \\
&= LOC(a[i-1][0][0]) + (m_2 \times m_3 + j \times m_3 + k) \times l \\
&= LOC(a[i-2][0][0]) + (2 \times m_2 \times m_3 + j \times m_3 + k) \times l \\
&\ \ \vdots \\
&= LOC(a[0][0][0]) + (i \times m_2 \times m_3 + j \times m_3 + k) \times l
\end{aligned}$$

以此类推，n 维数组可以视为数组元素为 $n-1$ 维数组的一维数组。

在一个 n 维数组 $a[m_1][m_2] \cdots [m_n]$中，总共有 $m_1 \times m_2 \times \cdots \times m_n$ 个数组元素，每个数组元素 $a[i_1][i_2] \cdots [i_n]$（$0 \leqslant i_1 \leqslant m_1-1, 0 \leqslant i_2 \leqslant m_2-1, \cdots, 0 \leqslant i_n \leqslant m_n-1$）处于 n 个向量之中，其位置由 n 个下标（$i_1, i_2, \cdots, i_n$）唯一确定。

若设 n 维数组第一个元素 $a[0][0]\cdots[0]$在相应一维存储数组中开始存放地址是 $LOC(a[0][0] \cdots [0])$，又设它每个元素所占用的存储大小为 l，且以第一维优先的顺序存放到一维数组中，那么，任意一个数组元素 $a[i_1][i_2]\cdots[i_n]$在相应一维数组中的存储地址为

$$\begin{aligned}
&LOC(a[i_1][i_2] \cdots [i_n]) \\
&= LOC(a[0][0] \cdots [0]) + (i_1 \times m_2 \times m_3 \times \cdots \times m_n + i_2 \times m_3 \times \cdots \times m_n + \cdots + i_{n-1} \times m_n + i_n) \times l \\
&= LOC(a[0][0]\cdots[0]) + \left(\sum_{j=1}^{n-1} i_j \times \prod_{k=j+1}^{n} m_k + i_n \right) \times l
\end{aligned}$$

4.2　特殊矩阵的压缩存储

特殊矩阵是指诸如对称矩阵、带状矩阵，对角矩阵等一类矩阵，其元素值的分布有一定规律。对于这些矩阵，使用特殊的存储方法，可以节省大量的存储空间和计算时间。

4.2.1　对称矩阵的压缩存储

设一个 $n \times n$ 的方阵 $\boldsymbol{A}$，对于矩阵 $\boldsymbol{A}$ 中的任一元素 a_{ij}，当且仅当 $a_{ij}=a_{ji}$ 时（$0 \leqslant i \leqslant n-1$，$0 \leqslant j \leqslant n-1$），矩阵 $\boldsymbol{A}$ 为对称矩阵，如图 4-4(a)所示。可以利用对称矩阵的这个性质，只存储对角线及对角线以上的元素，或者只存储对角线及对角线以下的元素，前者称为上三角阵，如图 4-4(b)所示，后者称为下三角阵，如图 4-4(c)所示。

$$\begin{bmatrix} a_{0,0} & a_{0,1} & \cdots & a_{0,n-1} \\ a_{1,0} & a_{1,1} & \cdots & a_{1,n-1} \\ \vdots & \vdots & \ddots & \vdots \\ a_{n-1,0} & a_{n-1,1} & \cdots & a_{n-1,n-1} \end{bmatrix} \quad \begin{bmatrix} a_{0,0} & a_{0,1} & \cdots & a_{0,n-1} \\ & a_{1,1} & \cdots & a_{1,n-1} \\ & & \ddots & \vdots \\ & & & a_{n-1,n-1} \end{bmatrix} \quad \begin{bmatrix} a_{0,0} & & & \\ a_{1,0} & a_{1,1} & & \\ \vdots & \vdots & \ddots & \\ a_{n-1,0} & a_{n-1,1} & \cdots & a_{n-1,n-1} \end{bmatrix}$$

(a) 对称矩阵　　(b) 上三角矩阵　　(c) 下三角矩阵

图 4-4　对称矩阵、上（下）三角矩阵

对一个 $n \times n$ 的对称方阵 A，有 n^2 个矩阵元素，而上三角矩阵或下三角矩阵则仅有 $n+(n-1)+(n-2)+\cdots+2+1=n(n+1)/2$ 个元素。故存储对称矩阵时最多只需存储 $n(n+1)/2$ 个元素。

如前所述，矩阵可以用二维数组来存储，利用对称矩阵的对称性，可以用一维数组 B 存储对称矩阵 A。因此，关键就是要找到对称矩阵的上三角部分或下三角部分中的任一元素在一维数组中的下标位置。这要区分两种存储方式，即行优先方式和列优先方式。

1．行优先压缩存储上三角矩阵

若只存对称矩阵的上三角部分，一维数组 B 中从 0 号位置开始存放，并按行优先存储，$a_{0,0}$ 存放于 B_0，则图 4-4(b)的数组元素存于一维数组 B 的存放顺序如图 4-5 所示。

B	$a_{0,0}$	$a_{0,1}$	$a_{0,2}$	…	$a_{0,n-1}$	$a_{1,1}$	$a_{1,2}$	…	$a_{1,n-1}$	$a_{2,2}$	$a_{2,3}$	…	$a_{n-1,n-1}$

图 4-5　上三角阵的压缩存储

矩阵 $\boldsymbol{A}$ 的每一行都是从对角线开始存放，对于矩阵 $\boldsymbol{A}$ 的任一元素 a_{ij}，在按行优先存储的情况下，当 $i \leqslant j$，元素 a_{ij} 处于矩阵的上三角部分，在数组 B 中可以找到对应的存储位置，它前面存放有 i 行（从 0 行到 $i-1$ 行，$0 \leqslant i \leqslant n-1$）的元素及在第 i 行第 j 列（从 0 列到 $j-1$ 列，$0 \leqslant j \leqslant n-1$）前的 $j-i$ 个元素。因为上三角矩阵第 0 行有 n 个元素，第 1 行有 $n-1$ 个元素……第 $i-1$ 行有 $n-i+1$ 个元素，故矩阵 $\boldsymbol{A}$ 的元素 a_{ij} 在数组 B 中存放的位置（从 0 开始）为 $0+(n+(n-1)+(n-2)+\cdots+(n-i+1))+(j-i)=(2\times n-i+1)\times i/2+j-i=(2\times n-i-1)\times i/2+j$。

当 $i>j$ 时，数组元素 a_{ij} 处于矩阵的下三角部分，在数组 B 中没有存放，可以通过寻找对称元素 a_{ji} 的位置而访问到它的值，此时 a_{ij} 的值就是 a_{ji} 在数组 B 中存放的值，将上面计算式中 i 和 j 对换，可得其访问地址为 $(2\times n-j-1)\times j/2+i$。

【例 4-3】 设 $n=4$，上三角矩阵与对应的一维压缩数组如图 4-6 所示。

$$\boldsymbol{A}=\begin{bmatrix} a_{0,0} & a_{0,1} & a_{0,2} & a_{0,3} \\ & a_{1,1} & a_{1,2} & a_{1,3} \\ & & a_{2,2} & a_{2,3} \\ & & & a_{3,3} \end{bmatrix}$$

(a) 上三角矩阵

$$\begin{matrix} & 0 & 1 & 2 & 3 & 4 & 5 & 6 & 7 & 8 & 9 \\ B=(& a_{0,0} & a_{0,1} & a_{0,2} & a_{0,3} & a_{1,1} & a_{1,2} & a_{1,3} & a_{2,2} & a_{2,3} & a_{3,3}) \end{matrix}$$

(b) 压缩存储数组

图 4-6　上三角矩阵及其压缩存储

$A[2][3]$在 B 中的位置可通过计算 $(2\times n-i-1)\times i/2+j=(2\times4-2-1)\times2/2+3=8$ 得到。

$A[2][1]$在 B 中没有存放，可通过计算它的对称元素 $A[1][2]$得到：

$$(2\times n-i-1)\times i/2+j=(2\times4-1-1)\times1/2+2=5$$

思考题 如果矩阵元素行列下标从 1 开始计算，压缩数组开始下标也从 1 计算，上三角矩阵的计算式又该如何推导？

2．行优先压缩存储下三角阵

若只存对称矩阵的下三角部分并按行存放，且在一维数组 B 中从 0 号位置开始存放，$a_{0,0}$ 存放于 B_0，则图 4-4(c)的数组元素在一维数组 B 中的存放顺序如图 4-7 所示。

B	$a_{0,0}$	$a_{1,0}$	$a_{1,1}$	$a_{2,0}$	$a_{2,1}$	$a_{2,2}$	…	$a_{n-1,0}$	$a_{n-1,2}$	…	$a_{n-1,n-1}$

图 4-7　下三角矩阵的压缩存储

矩阵 $\boldsymbol{A}$ 的每一行都是存到对角线为止，对于矩阵 $\boldsymbol{A}$ 的任一数组元素 a_{ij}，在按行优先存放的情形下，当 $i\geqslant j$ 时，数组元素 a_{ij} 处于矩阵的下三角部分，在 B 中有对应存放位置。它前面有 i 行的元素及第 i 行的 j 个元素。因为下三角矩阵第 0 行存放 1 个元素，第 1 行存放 2 个元素……第 $i-1$ 行存放 i 个元素。故矩阵 $\boldsymbol{A}$ 的元素 a_{ij} 在数组 B 中的存放位置（从 0 开始）为 $0+(1+2+3+\cdots+i)+j=(i+1)\times i/2+j$。

当 $i<j$ 时，数组元素 a_{ij} 处于矩阵的上三角部分，在数组 B 中找不到对应的存放位置，但基于矩阵元素的对称性，可以通过寻找对称元素 a_{ji} 在数组 B 中的位置而访问到它的值。此时 a_{ij} 的值就是 a_{ji} 在数组 B 中存放的值，把上面的计算式 i 和 j 对换，得$(j+1)\times j/2+i$。

【例 4-4】 设 $n=4$，下三角矩阵与对应的一维压缩数组如图 4-8 所示。

$$\boldsymbol{A}=\begin{bmatrix} a_{0,0} & & & \\ a_{1,0} & a_{1,1} & & \\ a_{2,0} & a_{2,1} & a_{2,2} & \\ a_{3,0} & a_{3,1} & a_{3,2} & a_{3,3} \end{bmatrix}$$

(a) 下三角矩阵

$$\begin{matrix} & 0 & 1 & 2 & 3 & 4 & 5 & 6 & 7 & 8 & 9 \\ B=(& a_{0,0} & a_{1,0} & a_{1,1} & a_{2,0} & a_{2,1} & a_{2,2} & a_{3,0} & a_{3,1} & a_{3,2} & a_{3,3}) \end{matrix}$$

(b) 压缩存储数组

图 4-8　下三角矩阵及其压缩存储

$A[3][1]$在 B 中的位置可通过计算 $(i+1)\times \mathrm{i}/2+j=(3+1)\times3/2+1=7$ 得到。$A[1][2]$在 B 中没有存放，可通过计算它的对称元素 $A[2][1]$得到：$(2+1)\times2/2+1=4$。

思考题 如果矩阵元素行列下标从 1 开始计算，压缩数组开始下标也从 1 计算，下三角矩阵的计算式又该如何推导？

思考题 两个对称矩阵相加，结果矩阵还对称吗？两个对称矩阵相乘，结果矩阵还对称吗？

4.2.2　三对角矩阵的压缩存储

设有一个 $n\times n$ 的方阵 $\boldsymbol{A}$，若所有的非零元素都集中在主对角线（$a_{i,i}$，$0\leqslant i\leqslant n-1$）和主对角线相邻两侧的对角线（$a_{i,j}$，$0\leqslant i\leqslant n-2$ 且 $j=i+1$；或 $1\leqslant i\leqslant n-1$ 且 $j=i-1$），则称这样的矩阵为三对角矩阵。如图 4-9 所示。

在三对角矩阵中，列下标 j 只能取 $i-1$、i、$i+1$，即各非零元素的下标必须满足 $|\ i-j\ |$

≤1。为了节省存储空间，只存储主对角线及其上、下两侧对角线上的元素，其他零元素一律不存储。为此，可以用一个一维数组 B 来存储三对角矩阵中位于三条对角线上的元素。对于一个 $n \times n$ 的三对角矩阵，只需存储 $3n-2$ 个非零元素就够了。

$$\boldsymbol{A}=\begin{bmatrix} a_{0,0} & a_{0,1} & & & & \\ a_{1,0} & a_{1,1} & a_{1,2} & & & \\ & a_{2,1} & a_{2,2} & a_{2,3} & & \\ & & \ddots & \ddots & & \\ & & & a_{n-2,n-3} & a_{n-2,n-2} & a_{n-2,n-1} \\ & & & & a_{n-1,n-2} & a_{n-1,n-1} \end{bmatrix}$$

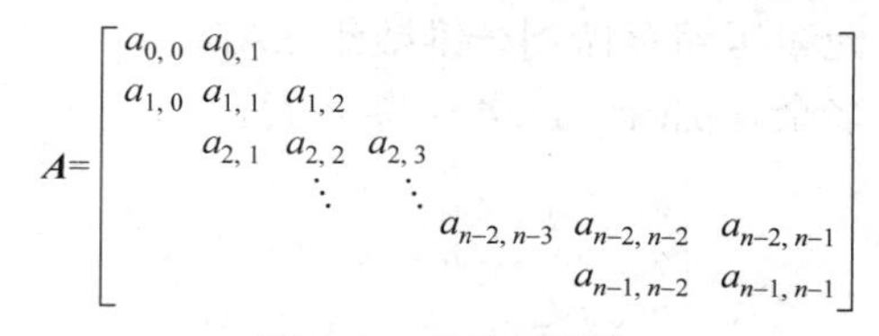

图 4-9　三对角矩阵

下面讨论如何实现将三对角矩阵的任一元素 a_{ij} 映射到一维数组中。这里同样有两种存储方式，即行优先方式和列优先方式。主要讨论三对角矩阵的行优先压缩存储。列优先压缩存储请读者根据行优先压缩存储的例子自行考虑。

1．从三对角矩阵映射到压缩数组

若想把三对角矩阵 $\boldsymbol{A}$ 中 3 条对角线上的元素按行优先方式存放在一维数组 B 中，且 $a_{0,0}$ 存放于 B_0，其存放格式如图 4-10 所示。

B	$a_{0,0}$	$a_{0,1}$	$a_{1,0}$	$a_{1,1}$	$a_{1,2}$	$a_{2,1}$	$a_{2,2}$	$a_{2,3}$	…	$a_{n-2,n-3}$	$a_{n-2,n-2}$	$a_{n-2,n-1}$	$a_{n-1,n-2}$	$a_{n-1,n-1}$

图 4-10　三对角矩阵的压缩存储

三对角矩阵 $\boldsymbol{A}$ 的三条对角线的非零元素在一维数组 B 中按行有限存放，元素 a_{ij} 在第 i 行（$0 \leqslant i \leqslant n-1$），考虑到第 0 行少 1 个元素，则第 i 行前面 i 行（从 0 到 $i-1$ 行），有 $3 \times i-1$ 个非零元素，而在第 i 行中的第 j 列（$i-1 \leqslant j \leqslant i+1$）前面有 $j-i+1$ 个非零元素，所以三对角矩阵的元素 a_{ij} 在 B 中的存放位置为 $(3 \times i-1)+(j-i+1)=2 \times i+j$。

2．从压缩数组映射到三对角矩阵

已知在数组 B 中某元素的下标为 k，必须知道它是三对角矩阵的哪一行哪一列，才能在程序中使用。为使 k 的{0, 1}对应到 i 的 0，k 的{2, 3, 4}对应到 i 的 1，k 的{5, 6, 7}对应到 i 的 2……可取 $i=\lfloor (k+1)/3 \rfloor$，由 $k=2 \times i+j$ 可得 $j=k-2 \times i$。

【例 4-5】 设一个三对角矩阵 $\boldsymbol{A}$ 的阶 $n=5$，矩阵及其压缩数组参看图 4-11。

$$\boldsymbol{A}=\begin{bmatrix} a_{0,0} & a_{0,1} & & & \\ a_{1,0} & a_{1,1} & a_{1,2} & & \\ & a_{2,1} & a_{2,2} & a_{2,3} & \\ & & a_{3,2} & a_{3,3} & a_{3,4} \\ & & & a_{4,5} & a_{5,5} \end{bmatrix}$$

(a) 三对角矩阵

$$\begin{matrix} & 0 & 1 & 2 & 3 & 4 & 5 & 6 & 7 & 8 & 9 & 10 & 11 & 12 \\ B=(& a_{0,0} & a_{0,1} & a_{1,0} & a_{1,1} & a_{1,2} & a_{2,1} & a_{2,2} & a_{2,3} & a_{3,2} & a_{3,3} & a_{3,4} & a_{4,3} & a_{5,5}) \end{matrix}$$

(b) 压缩数组

图 4-11　三对角矩阵及其压缩存储的例子

任选一个元素 $A[3][2]$，计算 $k=2 \times i+j=2 \times 3+2=8$；反之，若给定 $k=8$，可计算该元素在三对角矩阵中的行号 $i=\lfloor (k+1)/3 \rfloor=\lfloor (8+1)/3 \rfloor=3$，列号 $j=k-2 \times i=8-2 \times 3=2$。

思考题　两个三对角矩阵相加，结果是否还是三对角矩阵？相乘结果又如何？

4.2.3　扩展阅读：w 对角矩阵的压缩存储

一个 w 对角矩阵（w 为奇数）$\boldsymbol{A}$ 满足：如果$|i-j|>(w-1)/2$，则元素 $a_{ij}=0$。图 4-12 给出一个 8 阶 5 对角矩阵（$w=5$）。为了方便，假设把 w 条对角线上的元素存储到一个 $n \times w$

的矩阵中，与图 4-12 对应的存储矩阵如图 4-13 所示。如果按行优先依次把图 4-13 中所有元素压缩存储到一维数组 SA[$n\times w$]中，就可以简单地找出 a_{ij} 与 SA[k]的映射关系。代价是多余存储$(w^2-1)/4$ 个零元素。

$$A=\begin{bmatrix} a_{0,0} & a_{0,1} & a_{0,2} & & & & & \\ a_{1,0} & a_{1,1} & a_{1,2} & a_{1,3} & & & & \\ a_{2,0} & a_{2,1} & a_{2,2} & a_{2,3} & a_{2,4} & & & \\ & a_{3,1} & a_{3,2} & a_{3,3} & a_{3,4} & a_{3,5} & & \\ & & a_{4,2} & a_{4,3} & a_{4,4} & a_{4,5} & a_{4,6} & \\ & & & a_{5,3} & a_{5,4} & a_{5,5} & a_{5,6} & a_{5,7} \\ & & & & a_{6,4} & a_{6,5} & a_{6,6} & a_{6,7} \\ & & & & & a_{7,5} & a_{7,6} & a_{7,7} \end{bmatrix}$$

图 4-12　一个 8 阶 5 对角线矩阵

$$A'=\begin{bmatrix} 0 & 0 & a_{0,0} & a_{0,1} & a_{0,2} \\ 0 & a_{1,0} & a_{1,1} & a_{1,2} & a_{1,3} \\ a_{2,0} & a_{2,1} & a_{2,2} & a_{2,3} & a_{2,4} \\ a_{3,1} & a_{3,2} & a_{3,3} & a_{3,4} & a_{3,5} \\ a_{4,2} & a_{4,3} & a_{4,4} & a_{4,5} & a_{4,6} \\ a_{5,3} & a_{5,4} & a_{5,5} & a_{5,6} & a_{5,7} \\ a_{6,4} & a_{6,5} & a_{6,6} & a_{6,7} & 0 \\ a_{7,5} & a_{7,6} & a_{7,7} & 0 & 0 \end{bmatrix}$$

图 4-13　转换为一个 8×5 矩阵

矩阵 $\boldsymbol{A}$ 中 w 条对角线上的非零元素 a_{ij}（$|i-j|\leqslant(w-1)/2$)转换为一个 n 行 w 列矩阵 $\boldsymbol{A'}$ 中的元素 a_{ts}（$0\leqslant t\leqslant n-1$，$0\leqslant s\leqslant w-1$）的映射关系为 $t=i$，$s=j-i+(w-1)/2$；而矩阵 $\boldsymbol{A'}$中的元素 a_{ts} 在一维数组 SA 中的下标 $k=w\times t+s$。

4.3　稀疏矩阵

稀疏矩阵有很强的工程背景。在做电路分析时，需要在多个结点上列基尔霍夫方程，从而得到一个大型线性方程组，其系数矩阵就是稀疏矩阵。在用有限元法做工程结构应力分析时，也会得到一个大型线性方程组，其系数矩阵亦为稀疏矩阵。如何存储它，如何对其运算，是计算工程师多年关注的问题。

4.3.1　稀疏矩阵的概念

稀疏矩阵是一种特殊矩阵，其非零元素的个数远远小于零元素的个数。现在还没有一个精确的定义说明什么样的矩阵是稀疏矩阵。有人定义了一个稀疏因子，用以描述稀疏矩阵的非零元素的情况。设在一个 m 行 n 列的矩阵中有 t 个非零元素，则稀疏因子 δ 为

$$\delta=\frac{t}{m\times n}$$

通常当这个值小于 0.05 时，可以认为是稀疏矩阵。而这个定义不是唯一的。著名教授 Sartaj Sahni 和 Allen Weiss 等放宽了限制，认为对于一个 $n\times n$ 的矩阵，只要非零元素个数小于 $n^2/3$ 就是稀疏矩阵，在某些场合应小于 $n^2/5$。

【例 4-6】 图 4-14 就是一个 6×7 的稀疏矩阵，该矩阵中共有 42 个元素，其中非零元素为 8 个，占元素总数的 4/21，其他的都是零元素。

$$A_{6\times 7}=\begin{bmatrix} 0 & 0 & 2 & 0 & 0 & 0 & 0 \\ 3 & 0 & 0 & -11 & 0 & 0 & 4 \\ 0 & 0 & 0 & -6 & 0 & 0 & 0 \\ 0 & 0 & 0 & 0 & 0 & 17 & 0 \\ 0 & 0 & 0 & 0 & 9 & 0 & 0 \\ 0 & -8 & 0 & 0 & 0 & 0 & 0 \end{bmatrix}$$

图 4-14　稀疏矩阵

稀疏矩阵是针对稠密矩阵而言。例如 4.2 节讨论的 $n\times n$ 的三角矩阵和三对角矩阵，前者最多有 $n(n+1)/2$ 个非零元素（包括主对角线），最少有 $n(n-1)/2$ 个非零元素（不包括主对角线），它属于稠密矩阵；后者有 $3n-2$ 个非零元素，当 $n>8$ 时它属于稀疏矩阵。在工程领域中，稀疏矩阵有多种类型，如带状对角矩阵、变带状对

角矩阵、对称稀疏矩阵、非对称稀疏矩阵等。最常用的是对称稀疏矩阵。

思考题　国内有些数据结构教材明确规定：当非零元素远远少于矩阵元素总数且这些非零元素在矩阵中的分布没有规律，才称为稀疏矩阵。然而国外教材明确指出三对角矩阵是稀疏矩阵。你是如何理解的？

4.3.2　稀疏矩阵的顺序存储表示

1．三元组表

如果想只存储在矩阵中数量极少的非零元素，可对每一个非零元素保存它的下标和值。为此，可以采用一个三元组＜行下标，列下标，值＞来唯一地确定一个非零元素，因此。稀疏矩阵需要使用一个三元组数组（亦称为三元组表）来表示。在该三元组表中，各非零元素的三元组按在原矩阵中的位置，以行优先的顺序依次存放，另外还要存储原矩阵的行数、列数和非零元素个数。基于以上要求，程序 4-3 给出用三元组表表示稀疏矩阵的定义。

程序 4-3　稀疏矩阵的三元组表的结构定义（存放于头文件 SparseMatrix.h 中）

```
#define maxTerms 30
typedef int DataType;
typedef struct {                           //稀疏矩阵中表示非零元素的三元组
     int row, col;                         //非零元素所在的行号、列号
     DataType value;                       //非零元素的值
} Triple;
typedef struct {                           //稀疏矩阵定义
        int Rows, Cols, Terms;             //稀疏矩阵的行数、列数和非零元素个数
        Triple elem[maxTerms];             //三元组表
} SparseMatrix;
```

当把所有的三元组按照行号为主序、列号为辅序，当行号相同时再考虑列号次序进行排列，就构成了一个唯一表示稀疏矩阵的三元组表。

【例 4-7】　图 4-14 所示的稀疏矩阵 ***A*** 的三元组表表示见图 4-15。矩阵 ***A*** 的行下标和列下标都从 0 开始。

	row	col	value
0	0	2	2
1	1	0	3
2	1	3	–11
3	1	6	4
4	2	3	–6
5	3	5	17
6	4	4	9
7	5	1	–8

图 4-15　三元组表

	row
0	0
1	1
2	4
3	5
4	6
5	7

行指针数组

C	col	value
0	2	2
1	0	3
2	3	–11
3	6	4
4	3	–6
5	5	17
6	4	9
7	1	–8

图 4-16　带行地址数组的二元组表

对于 $n \times n$ 的稀疏矩阵，只要非零元素个数小于 $n^2/3$，就可以使用三元组表来存储它。但它失去了稀疏矩阵原来所具有的数组可按下标直接存取的特性，只能按其下标顺序搜寻

相应的三元组，再访问该三元组所包含的值。此外，如果稀疏矩阵的某一行有多个非零元素，在对应的三元组表中行下标需要存储多次。一种改进的方法是把三元组表改为带行地址数组的二元组表，每个非零元素的行下标只存储一次，参看图 4-16。这种存储方式不但进一步节省了存储空间，而且改善了存取方式。查找非零元素 $A[i][j]$时，可先查找行指针数组 row，从 $R[i]$中取得第 i 行元素在二元组表 C 中的开始存放位置，再到二元组表 C 中查找列下标等于 j 的二元组，只需几次比较就可以找到 $A[i][j]$的二元组，从而取得 $A[i][j]$的值。

2．基于三元组表的矩阵转置

矩阵的转置是最常见的矩阵运算，例如，图 4-17 给出图 4-14 的转置矩阵的三元组表。

为把图 4-15 所示的稀疏矩阵的三元组表转换成图 4-17 所示的转置矩阵的三元组表，一个最简单的方法是把图 4-15 给出的三元组表中的 row 与 col 的内容互换，然后再按照新的 row 中的行号对各三元组从小到大重新排序，最后得到图 4-17 所给出的三元组表。

	row	col	value
0	0	1	3
1	1	5	–8
2	2	0	2
3	3	1	–11
4	3	2	–6
5	4	4	9
6	5	3	17
7	6	1	4

图 4-17　转置矩阵的三元组表

另一种稀疏矩阵的转置方法如下：假设稀疏矩阵 $\boldsymbol{A}$ 有 n 列，相应地，可针对它的三元组表中的 col 列进行 n 趟扫描，第 k（$0 \leqslant k \leqslant n-1$）趟扫描是在数组的 col 列中查找列号为 k 的三元组。若找到，则意味着这个三元组所表示的矩阵元素在稀疏矩阵的第 k 列，需要把它存放到转置矩阵的第 k 行。具体办法是：取出这个三元组，并交换其 row（行号）与 col（列号）的内容，连同 value 中存储的值，作为新三元组顺序存放到转置矩阵的三元组表中。当 n 趟扫描完成，算法结束。参看程序 4-4。

程序 4-4　稀疏矩阵的转置算法

```
void Transpose ( SparseMatrix& a, SparseMatrix& b ) {
    int CurrentB, k, i;
    b.Rows = a.Cols;  b.Cols = a.Rows;  b.Terms = a.Terms;
    if ( a.Terms > 0 ) {
        CurrentB = 0;                                  //转置三元组表存放指针
        for ( k = 0; k < a.Cols; k++ )                 //对所有列号处理一遍
            for ( i = 0; i < a.Terms; i++)//在数组中找列号为 k 的三元组
                if (a.elem[i].col == k) {//第 i 个三元组中元素列号为 k
                    b.elem[CurrentB].row = k;
                    b.elem[CurrentB].col = a.elem[i].row;
                    b.elem[CurrentB].value = a.elem[i].value;
                    CurrentB++;                        //存放指针进 1
                }
    }
}
```

若设稀疏矩阵的行数为 m，列数为 n，非零元素个数为 t，则最坏情况下的时间复杂度为 $O(n \times t)$。如果非零元素个数 t 与矩阵行、列数的乘积 $m \times n$ 等数量级，则程序 4-4 的算法

时间复杂度为 $O(n\times t) = O(m\times n^2)$，处理效率极低。

为提高转置效率，采用一种快速转置的方法。在此方法中，引入两个辅助数组：

（1）rowSize[n]。存放事先统计出来的稀疏矩阵各列的非零元素个数，转置后是转置矩阵各行的非零元素个数。具体做法是：先把这个数组清零，然后扫描矩阵 $\boldsymbol{A}$ 的三元组表，逐个取出三元组的列号 col，把以此列号为下标的辅助数组元素的值累加 1。

（2）rowstart[n]。存放事先计算出来的转置矩阵各行非零元素在转置矩阵三元组表中应存放的位置。具体做法是：先预定转置矩阵的第 0 行（从对应三元组表的 0 号位置开始）元素的存放位置；然后循环计算第 1, 2, …, n 行在三元组表中的开始存放位置。

算法的主要思想是：事先统计好转置后各行非零元素在转置矩阵三元组表中应存放的位置，然后对稀疏矩阵的三元组表进行一趟扫描，依次检测各三元组，交换其行号（row）与列号（col），连同它的值，构成一个新的三元组，按辅助数组 rowStart [row]所指示的位置，直接存放到转置矩阵的三元组中。参看程序 4-5。

程序 4-5　增加辅助数组的稀疏矩阵快速转置算法

```
void FastTranspos ( SparseMatrix& a, SparseMatrix& b ) {
//对稀疏矩阵 a 做快速转置，结果放在 b 中，时间代价为 O(Terms+Columns)
    int *rowSize = ( int *) malloc ( a.Cols*sizeof ( int ));    //辅助数组
    int *rowStart = ( int *) malloc ( a.Cols*sizeof ( int ));   //辅助数组
    int i, j;
    b.Rows = a.Cols; b.Cols = a.Rows; b.Terms = a.Terms;
    if ( a.Terms > 0 ) {
         for ( i = 0; i < a.Cols; i++ )
              rowSize[i] = 0;                      //统计矩阵中各列非零元素数
         for ( i = 0; i < a.Terms; i++ )
              rowSize[a.elem[i].col]++;
         rowStart[0] = 0;                          //计算转置后各行开始位置
         for ( i = 1; i < a.Cols; i++ )
              rowStart[i] = rowStart[i-1]+ rowSize[i-1];
         for ( i = 0; i < a.Terms; i++ ) {         //从 a 向 b 传送
              j = rowStart[elem[i].col];
              b.elem[j].row = a.elem[i].col;
              b.elem[j].col = a.elem[i].row;
              b.elem[j].value = a.elem[i].value;
              rowStart[a.elem[i].col]++;           //修改转置后第 i 行存放位置
         }
    }
    free ( rowSize ); free ( rowStart );
}
```

此程序的时间复杂度为 $O(n+t)$，其中 n 是转置前矩阵列数，t 是非零元素个数。虽然程序的时间效率很高，但程序需要增加两个大小为 n 的辅助数组。在 t 总是大于 n 时，如果能够大幅度提高速度，这点存储开销是值得的。

思考题　稀疏矩阵相加，结果是否还是稀疏矩阵？两个稀疏矩阵相乘，结果矩阵又如何？

4.3.3 稀疏矩阵的链表表示

使用链表来表示稀疏矩阵，能够在执行矩阵的加、减、乘等运算时有效地表示动态变化的矩阵结构，克服用三元组表存储的缺点。

1．简单链式存储

使用单链表按行优先的方式存储稀疏矩阵的每个非零元素。链表的每个结点有 4 个域（row, col, val, link），分别存储非零元素的行号、列号、值和链表指针。

【例 4-8】 图 4-14 的简单链式存储如图 4-18 所示。

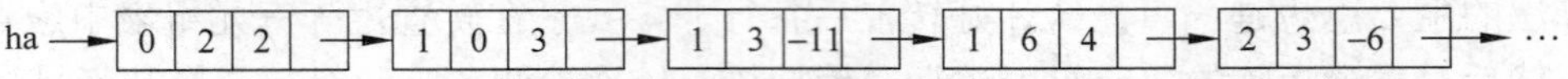

ha
0 2 2
1 0 3
1 3 −11
1 6 4
2 3 −6
…
图 4-18　稀疏矩阵的简单链式存储

这种存储形式是三元组表的简单链接，同样失去矩阵的直接存取特性，但增加了灵活性，解决了三元组表的不易扩充的问题。

2．行链表组

这种形式为矩阵的每一行建立一个单链表，把同一行的非零元素按列增加的顺序链接起来。它是图 4-16 带行地址二元组表的链接实现，每个链结点有 3 个域（col, val, link），分别存储非零元素的列号、值和链接指针。

稀疏矩阵所有 *m* 行的行链表的头指针形成一个链表组 ha[*m*]，其中 ha[*i*]是第 *i* 个行链表的头指针，从 ha[*i*]可找到所有行号为 *i* 的非零元素结点。图 4-14 的行链表组如图 4-19 所示。这种存储形式可以直接取到某一行的非零元素，大大缩短了寻找指定非零元素的时间，可以说，它具有部分直接存取特性。

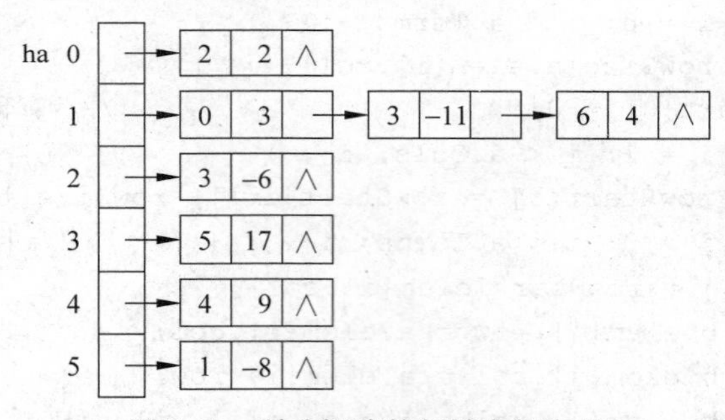

ha 0
2 2 ∧
1
0 3
3 −11
6 4 ∧
2
3 −6 ∧
3
5 17 ∧
4
4 9 ∧
5
1 −8 ∧
图 4-19　稀疏矩阵的行链表组存储

类似地，可以将稀疏矩阵组织成列链表组形式，以方便稀疏矩阵的按列存取。

3．正交链表（十字链表）

在稀疏矩阵的正交链表表示中，矩阵的每一行设置为一个带头结点的单链表（称为行链表），每一列也设置为一个带头结点的单链表（称为列链表）。链表中的结点包含一个域 head，用于区分该结点是头结点还是链表中的非零元素结点：head = true 表示该结点是头结点，head = false 表示该结点是矩阵中的非零元素结点。

每一个头结点有 3 个域（down, right, next），参看图 4-20(a)。第 *i* 个行链表和第 *i* 个列链表共用一个头结点，在它的 down 域存放第 *i* 个列链表的首元结点的地址，在它的 right 域存放第 *i* 个行链表首元结点的地址，通过 next 域能够链接到第 *i*+1 个头结点。因此，行/

列链表附加头结点总数为 max{行数, 列数}。

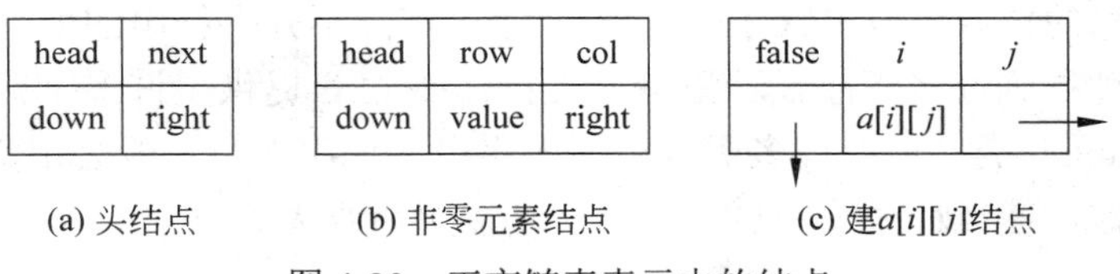

图 4-20　正交链表表示中的结点

每一个非零元素结点包含 6 个域（head, row, col, down, right, value），如图 4-20(b)所示。row 和 col 用以指明该结点的行号与列号；down 存放列链表指针，用以指明在同一个列链表中下一结点的地址；right 存放行链表指针，用以指明在同一个行链表中下一结点的地址；value 存放元素的值。例如，图 4.20(c)是一个非零元素 $a[i][j]$的存储结点，它的 row = i, col = j, value = $a[i][j]$, head = false，它链接到第 i 个行链表和第 j 个列链表中。

【例 4-9】 图 4-21 给出图 4-14 所示的 6 行 7 列的稀疏矩阵的正交链表表示。为节省空间，图中用 T、F 分别表示 true、false。

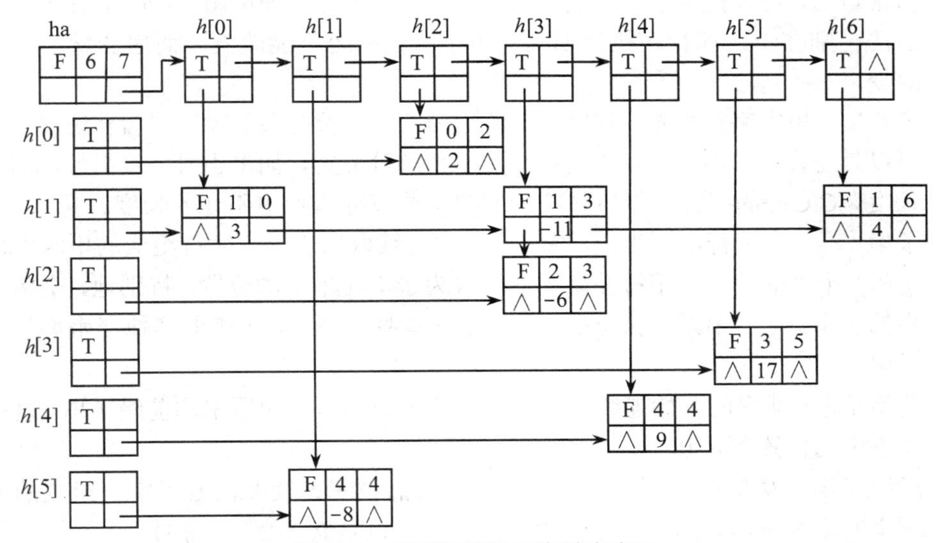

图 4-21　稀疏矩阵的正交链表表示

在稀疏矩阵中，每个行/列链表的头结点通过 next 域链接起来，这个头结点链也有一个头结点，该头结点的 row 和 col 域给出矩阵的行数和列数。从这个头结点出发，可以顺序地访问第一个、第二个、…行/列链表的头结点。

正交链表需要附加许多指针和标识信息。同样，如果想按照下标寻找 $a[i][j]$的值，也只能顺序查找，不能像数组那样直接存取。

4.4　字　符　串

字符串是一串文字和符号的序列。确切地说，字符串是由零个或多个字符的顺序排列所组成的线性表，其基本组成元素是单个字符（char），字符串的长度可变。

字符串在计算机处理中使用非常广泛，人机之间信息的交换、文字信息的处理、生物信息学中基因信息的提取以及Web信息的提取等，都离不开字符串的处理。

字符串的处理得到许多程序设计语言的支持。C 语言提供了许多字符串的操作，C++还提供了一个string.h类。但在许多更复杂的应用中，程序人员一般会定义新的String类，加入更丰富的操作，使得程序编写更为简洁，功能更为强大。

4.4.1 字符串的概念

字符串简称为串，是 $n\ (n\geqslant 0)$个字符的一个有限序列。通常可记为

$$S = "a_0\ a_1\ a_2\ \cdots\ a_{n-1}"$$

其基本组成元素是单个字符，字符串的长度可变。

字符串的有关术语如下：

- 串值和串名。串值是可以直接引用的串，如"maintenance"，一般用单引号 '…' 或双引号 "…"作为分界符括起来，它所包含的是串中的字符。串名包括串变量名或串常量名，可以把串值赋给它，以后可以通过串名来使用串值。串常量名与串变量名的区别在于：在程序执行期间，串常量的内容不能改变，而串变量的内容可以改变。
- 串长度。串中字符个数。长度为零的串为空串，长度大于零的串为非空串。非空串可以是空白串，但空白串不是空串。串值的分界符，如单引号、双引号，都不计入长度。C/C++的字符串最后系统所加的串结束符 '\0' 也不计入长度。
- 子串。若一个字符串不为空，从这个串中连续取出若干个字符组成的串叫做原串的子串。子串的第0个字符在串中的位置为子串在串中的位置。特别地，空串是任意串的子串，任一串是它自身的子串。除它本身以外，一个串的其他子串都是它的真子串。
- 前缀子串。从串的开始连续取出若干字符组成的串叫做原串的前缀子串。这些子串在串中的位置都是0。
- 后缀子串。从串中某一位置开始到串的最后位置连续取出若干字符组成的串叫做原串的后缀子串。这些子串在串中的位置可以是0, 1, 2, …, $n-1$。
- 串的模式匹配。求子串在串中的位置的运算叫做串的模式匹配。

4.4.2 字符串的初始化和赋值

在C语言中，字符串是用char型的一维数组来存放的，并以字符'\0'作为串结束标志。因此，字符串可以看作是以'\0'作为结尾的字符数组，串名存放的是其存储空间的首地址。另外，NULL可以表示一个空串值。

在做字符串的初始化和赋值时需要注意的是：

（1）在对一个新声明的字符串做初始化时，可以使用语句

```
char s[10] = { 'H', 'e', 'l', 'l', 'o', '! ', '\0' }
```

或

```
char s[10] = "Hello! "
```

进行赋值。对于"Hello! "，编译器自动在最后加上 '\0'。

（2）若赋值语句是

```
char s[6] = "Hello!"
```

则是有问题的，因为赋值号右边的串值中实际有 7 个字符，最后的 '\0' 挤占了下一个不属于 s 的存储单元，可能会破坏其他数据或程序代码。

（3）为了防止数组超界，可以写成

```
char s[] = { 'H', 'e', 'l', 'l', 'o', '!', '\0' }
```

或

```
char s[] = "Hello!"
```

编译器会根据字符串中实际的字符个数来定义数组的大小，包括最后的'\0'。但要注意，如果把字符串赋初值的语句写成

```
char s[] = { 'H', 'e', 'l', 'l', 'o', '!' }
```

则是错误的。因为所赋初值的末尾没有'\0'，所以编译器不认为在 s 中存放的是字符串。如果把 s 当做字符串来使用，编译器将会在它后面的内存中找一个距离它最近的'\0'作为其结束符，这样必然导致错误的结果。

（4）在进行串赋值（不是初始化场合）时，要注意串值不能赋给数组名。若定义

```
char *s, st[10];
```

那么，如果另外执行 st = "Hello! "则是不合法的，而 s = "Hello! "是合法的。

（5）在 C 语言中不允许字符数组整体赋值。如果有如下的赋值语句：

```
char s1[10] = "Hello! ", s2[10];  s2 = s1;
```

这是不合法的，只能通过循环，逐个字符赋值，最后在 s2 加上字符串结束符'\0'。

```
for ( int i = 0; s1[i] != '\0'; i++ ) s2[i] = s1[i];
s2[i] = '\0';
```

（6）如果使用指向字符串的指针，则指针保存的是串值的首地址。正确的写法应是

```
char *s1 = "Hello!";
```

或

```
char *s1;  s1 = "Hello!";
```

而错误的写法是

```
char *s1;  *s1 = "Hello!";
```

4.4.3 自定义字符串的存储表示

为适应问题需要，可以自定义字符串的数据类型，其存储表示有3种：定长顺序存储表示、堆分配存储表示和块链存储表示。

1．字符串的定长顺序存储表示

字符串的定长顺序存储表示简称为顺序串，它用一组地址连续的存储单元来存储字符串中的字符序列。因此可以使用定长的字符数组来实现。程序4-6给出顺序串的类型定义。字符数组SeqString的长度预先定义为maxSize。该长度包括C语言规定的串值结束符 '\0'。*n*表示串中当前实际字符个数，即串的实际长度。

程序4-6 字符串的定长顺序存储的结构定义（存放于头文件SeqString.h中）

```
#define maxSize 256                        //串字符数组最大长度
typedef struct {
    char ch[maxSize+1];                    //顺序串的存储数组
    int n;                                 //顺序串的实际长度
} SeqString;
```

这种字符串的存储表示简单，但其存储数组的空间是在程序编译时静态分配的，一旦这个空间在字符存入时放满了，由于数组空间不能扩展，将导致程序不能圆满完成预定功能。此外，在字符数组ch中，最多可存放maxSize个字符，存放于0～maxSize-1位置，还要给'\0'留一个位置。

【例4-10】 设计一个算法，读入一个字符数组*c*（预先存放有字符串，用'\0'结尾），建立一个用定长顺序存储表示定义的字符串*s*；然后再设计一个算法，输出这个字符串。

建立字符串的定长顺序存储表示有一个重要考虑，即串数组的最大允许长度maxSize必须足够大，足以容纳字符数组*c*输入的字符个数。如果不能全部容纳，只能存储*c*中的前maxSize个字符，并且报错。程序的实现参看程序4-7。

程序4-7 建立定长顺序存储的字符串和输出字符串的函数

```
#include "SeqString.h"
void createSeqString ( SeqString& s, char c[] ) {        //建立字符串
     int i = 0;
     while ( i < maxSize && c[i] != '\0' ) { s.ch[i] = c[i];  i++; }
     s.n = i;
     if ( i == maxSize ) {
           printf ( "串空间不足以容纳输入字符串！" );
           for ( i = 0; c[i] != '\0'; i++ ) printf ( "%c", c[i] );
           printf ( "\n" );
     }
}
void printSeqString ( SeqString& s ) {                    //输出字符串
     for ( int i = 0; i < s.n; i++ )
           if ( s.ch[i] == '\0' ) break;
           else printf ( "%c", s.ch[i] );
     printf ( "\n" );
}
```

【例 4-11】 使用程序 4-7 定义的字符串，实现两个字符串 s1 和 s2 的连接运算。此时，必须考虑以下 3 种情况：

（1）$s1.n+s2.n \leq maxSize$，空间足够，可以将 s2 全部链接在 s1 后面并存于 s1 中。

（2）$s1.n < maxSize$ 且 $s1.n+s2.n > maxSize$，没有足够的空间将 s2 全部连接在 s1 后面并存于 s1 中，只能把 s2 的前面 m 个字符连接到 s1 后面并存于 s1，使得 $s1.n + m = maxSize$。

（3）$s1.n = maxSize$，不能实现 s1 与 s2 的连接，没有空间存放 s2。

假设 t1 = "Beijing"，t2 = "city"，t3 = "University"，maxSize = 13，根据上述连接的规定，定义连接 s2 到 s1 后的函数 Concat (s1, s2)，则 Concat (t1, t2)的结果如图 4-22(a)所示；而 Concat (t1, t3)的结果如图 4-22(b)所示，t3 只有一部分连接到 t1 的后面。图中 '\0' 未画出。

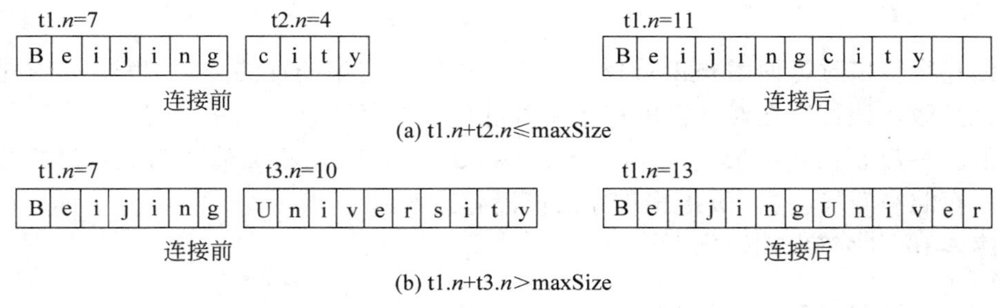

图 4-22　串连接运算的示意图

串连接运算的实现如程序 4-8 所示。

程序 4-8　串连接算法的实现

```
int Concat ( SeqString& s1, SeqString& s2 ) {
//将 s2 连接到 s1 后，若连接成功，函数返回 1；若部分连接成功或不成功，函数返回 0
    if ( s1.n + s2.n < maxSize ) {             //完全连接
        for ( int i = 0; i < s2.n; i++ ) s1.ch[i+s1.n] = s2.ch[i];
        s1.n = s1.n + s2.n;  s1.ch[s1.n] = '\0';
        return 1;
    }
    else if ( s1.n < maxSize ) {               //部分连接
        int m = maxSize -s1.n;                 //计算可传送字符数
        for ( int i = 0; i < m; i++ ) s1.ch[i+s1.n] = s2.ch[i];
        s1.n = maxSize;  s1.ch[maxSize] = '\0';
        return 0;
    }
    else return 0;                             //s1.n=maxSize 不能连接
}
```

为了解决结果串的长度可能到达或超出字符串的最大容量 maxSize 的情形，可以考虑动态分配和释放字符串的存储空间。

2．堆分配存储表示

此即顺序串的动态分配存储方式。存放串值的字符型一维数组是从一个叫做“堆（heap）”的内存自由空间中通过动态存储分配得来的。程序 4-9 描述了用这种方式组织的字符串的结构定义，其中指针 ch 保存通过动态分配命令得到的串值数组的开始地址。由于将数组长度 maxSize 的定义放在结构定义中，可以随时改变数组空间的大小。

程序 4-9 堆分配字符串的结构定义（存放于头文件 HString.h 中）

```
#include <stdio.h>
#include <stdlib.h>
#include <string.h>
#define defaultSize 128                          //默认串字符数组长度
typedef struct {
    char *ch;                                    //顺序串的存储数组
    int maxSize;                                 //字符串存储数组的最大长度
    int n;                                       //顺序串的实际长度
} HString;
```

在创建字符串时可使用 malloc 操作动态分配该字符串的存储空间。程序 4-10 是字符串的初始化函数，该程序在对字符串初始化时进行动态存储分配，并对结构定义中的所有成分赋初值。参数 *n* 指定串长度，程序比较 *n* 和 defaultSize，将 *n* 修改为大者，并按 *n* 的大小分配串存储空间（注意，*n* 退出程序后值没有改变）。

程序 4-10 字符串初始化

```
void initString ( HString& s, int n ) {
    if ( n < defaultSize ) n = defaultSize;
    s.ch = (char*) malloc((n+1)*sizeof(char)); //动态分配
    if ( s.ch == NULL ) exit(1);               //分配不成功调用 exit 退出
    s.ch[0] = '\0';  s.n = 0;                  //字符串 s 的当前长度
    s.maxSize = n;                             //字符串 s 的最大容量
}
```

【例 4-12】 设计一个算法，读入一个字符数组 *c*（预先存放有字符串，用'\0'结尾），建立一个用堆分配存储表示定义的字符串 *s*；然后再设计一个算法，输出这个字符串。

建立字符串的用堆分配的存储表示可参看程序 4-11，如果默认的串存储数组不够大，可指定足够大的存储大小，用初始化函数动态分配串存储数组。

程序 4-11 建立用堆分配存储的字符串和输出字符串的函数

```
#include "HString.h"
void createHString ( HString& s, char c[] ) {
    int i, k;
    for ( k = 0; c[k] != '\0'; k++ );          //统计串长度
    initString ( s, k );                       //初始化，分配空间
    for ( i = 0; c[i] != '\0'; i++ ) s.ch[i] = c[i];
    s.n = k;
}
void printHString ( HString& s ) {
    for ( int i = 0; i < s.n; i++ )
        if ( s.ch[i] == '\0' ) break;
        else printf ( "%c", s.ch[i] );
    printf("\n");
}
```

【例 4-13】 使用程序 4-9 定义的字符串，重新实现两个字符串 s1 和 s2 的连接运算。如果两个字符串 s1 和 s2 的长度加起来超过 maxSize，必须对串 s1 进行空间的扩展，以容纳连接后的所有字符，从而解决空间的不足问题。算法的实现如程序 4-12 所示。

程序 4-12　串连接算法的再实现

```
int Concat ( HString& s1, HString& s2 ) {
    int i;
    if ( s1.n + s2.n > s1.maxSize ) {          //现有空间不足以容纳两个串
        s1.maxSize = s1.n + s2.n;              //新串最大容量，扩展 s1.ch 空间
        char *newAddr = (char*) malloc ((s1.maxSize+1)*sizeof (char));
        if ( ! newAddr ) { printf ( "存储分配失败！\n" );  exit (1);}
        for ( i = 0; i < s1.n; i++ ) newAddr[i] = s1.ch[i];
                                               //传送 s1 的字符序列
        free (s1.ch);                          //删老数组
        s1.ch = newAddr;                       //新数组成为 s1 的字符数组
    }
    for ( i = 0; i < s2.n; i++ ) s1.ch[i+s1.n] = s2.ch[i];
                                               //传送 s2 的字符序列
    s1.ch[i] = '\0';  s1.n = s1.n + s2.n;
    return 1;
};
```

思考题　*在存储分配时，堆与栈有什么不同？有人将栈称为堆栈，堆栈是否是堆？*

3．字符串的块链存储表示

与线性表的链接存储表示类似，也可使用单链表作为字符串的存储表示。因为字符串的每一个数据元素是一个字符，每一个链表结点的 ch 域可以存储一个字符，但这样存储利用率较低，为提高存储利用率，每个链表结点可以存储多个字符。为此，可定义“结点大小”为每一个链表结点可存储的字符个数。图 4-23(a)是结点大小为 4 的字符串块链存储的示意图，图 4-23(b)是结点大小为 1 的字符串块链存储的示意图。当结点大小大于 1 时，字符串的长度不一定是结点大小的整数倍，使得最后一个结点的 ch 域不能被字符全部占满，此时可使用不属于串值内字符的其他字符，例如 '#' 来填补空下来的空间。

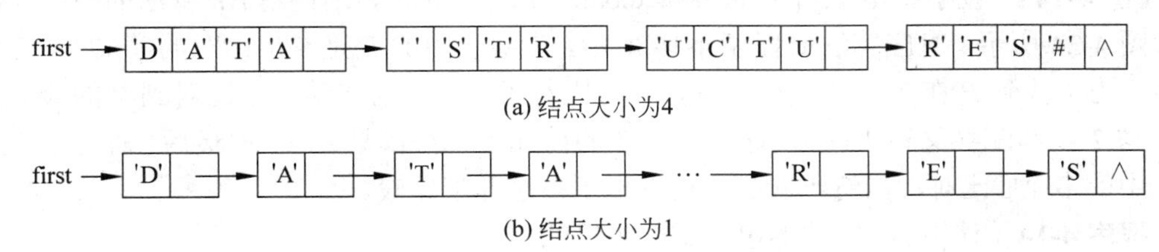

图 4-23　字符串的块链存储表示的示意图

字符串的块链存储表示的定义如程序 4-13 所示。为便于字符串的操作，存储串值的单链表中除表头指针 first 外，还增设了一个表尾指针 last。

程序 4-13　字符串块链存储表示的结构定义（存放于头文件 LinkString.h 中）

```
#define blockSize 4                        //可由使用者定义的结点大小
```

```
typedef struct block {                          //链表结点的结构定义
    char ch[blockSize];
    struct block *link;
} Chunk;
typedef struct {                                //链表的结构定义
    Chunk *first, *last;                        //链表的头指针和尾指针
    int n;                                      //串的当前长度
} LinkString;
```

比较字符串存储表示的存储利用率也可用存储密度来衡量。设字符串的存储密度为

$$存储密度=\frac{该串的串值占用的存储空间大小}{为该串分配的存储空间总大小}$$

串的块链存储表示与顺序表示类似。结点大小为 1 时存储密度低但操作方便，而结点大小大于 1 时存储密度高但操作不方便。

4.4.4 串的模式匹配

字符串的模式匹配问题描述如下：设有两个字符串 *T* 和 *P*，若打算在串 *T* 中查找是否有与串 *P* 相等的子串，则称串 *T* 为目标（Target），称 *P* 为模式（Pattern），并称查找模式串在目标串中的匹配位置的运算为串的模式匹配（pattern matching）。

1. BF 模式匹配

这个模式匹配方法又称为蛮力法，是由 Brute 和 Force 提出来的。它的基本想法是：

（1）初始时让目标串 *T* 的第 0 位与模式串 *P* 的第 0 位对齐。

（2）顺序比对目标串 *T* 与模式串 *P* 中的对应字符，比对结果有 3 种可能：

a）模式串 *P* 与目标串 *T* 比对中途发现对应位不匹配，则本趟失配。将模式串 *T* 右移，让模式串 *P* 的第 0 位与目标串 *T* 的下一位对齐，转到（2），重新进行比对；

b）模式串 *P* 与目标串 *T* 对应位都相等，则匹配成功，目标串当前比较指针停留位置减去模式串 *P* 的长度，所得结果即为目标串 *T* 中匹配成功的位置，函数返回后算法结束。

c）模式串 *P* 与目标串 *T* 比对过程中，目标串 *T* 后面所剩字符个数少于模式串 *P* 的长度，则模式匹配失败，算法返回-1。

【例 4-14】 设字符串 *T*[ ] = "aaaaaacdaxue", *P*[ ] = "aac"，则使用 BF 算法的模式匹配过程如图 4-24 所示。对应算法如程序 4-14 所示。参数表中的 *P* 是参加比对的模式串，*T* 是目标串。为了找到 *P* 在 *T* 中的匹配位置，一共比对了 5 趟。前 4 趟都是比对到 *P* 的最后才发现 *P* 与 *T* 不匹配（又称失配），这是因为 *T* 的前几个字符都是'a'，*P* 中最后一个字符为'c'，与 *T* 中的多个'a'比对，当然不匹配，这浪费了多趟匹配比较。

程序 4-14 使用 BF 方法的串模式匹配算法

```
int Find ( HString& T, HString& P ) {
//在目标串 T 中从第 0 个字符开始寻找模式串 P 在 T 中匹配的位置。若在 T 中找不到与
//串 P 匹配的子串，则函数返回-1，否则返回 P 在 T 中第一次匹配的位置
    int i, j, k;                                 //T.n-P.n 为在 T 中最后可比对位置
    for ( i = 0; i <= T.n-P.n; i++) {            //逐趟比对
        for (k = i, j = 0; j < P.n; k++, j++)
```

```
                                          //从 T.ch[i]开始与 P.ch 进行比对
                if ( T.ch[k] != P.ch[j]) break;     //比对不等，跳出循环
            if ( j == P.n ) return i;             //P 已扫描完，匹配成功
        }
        return -1;                                //匹配失败
};
```

		0	1	2	3	4	5	6	7	8	9	10	11
第一趟	目标 *T*	a	a	a	a	a	a	c	d	a	x	u	e
	模式 *P*	a	a	c	✗								
第二趟	目标 *T*	a	a	a	a	a	a	c	d	a	x	u	e
	模式 *P*		a	a	c	✗							
第三趟	目标 *T*	a	a	a	a	a	a	c	d	a	x	u	e
	模式 *P*			a	a	c	✗						
第四趟	目标 *T*	a	a	a	a	a	a	c	d	a	x	u	e
	模式 *P*				a	a	c	✗					
第五趟	目标 *T*	a	a	a	a	a	a	c	d	a	x	u	e
	模式 *P*					a	a	c	✓				

图 4-24　使用 BF 方法的串模式匹配过程样例

一般地，若模式串 P 长度为 n，目标串 T 长度为 m，极端情况下，要做 $m-n+1$ 趟比较，每趟比对 n 次，最多需要比对次数达 $n\times(m-n+1)$。在多数场合下 n 远远小于 m，因此，算法的运行时间为 $O(n\times m)$。

2．KMP 模式匹配算法

BF 模式匹配算法速度慢的原因是目标串每趟比对有回退，而这些回退是可以避免的。从图 4-23 可以看到，每趟匹配失败后，模式串右移一位重新比对，目标串中上一趟比对过的字符又参加了比对，导致重复比对，使得时间复杂度达到 $O(n\times m)$，这种算法实际上是一种穷举算法。

为了改进模式匹配算法，1977 年由 D.E.Knuth、J.H.Morris 和 V.R.Pratt 同时提出来了一种无回退的模式匹配算法，称为 KMP 算法。

下面讨论 KMP 算法的基本思路。设目标 T = "$t_0 t_1 \dots t_{n-1}$"，模式 P = "$p_0 p_1 \dots p_{m-1}$"。用前面介绍的 BF 模式匹配算法做第 s 趟匹配比对时，从目标 T 的第 s 个位置 t_s 与模式 P 的第 0 个位置 p_0 开始进行比对，直到在目标 T 第 $s+j$ 位置 t_{s+j} “失配”，如图 4-25 所示。

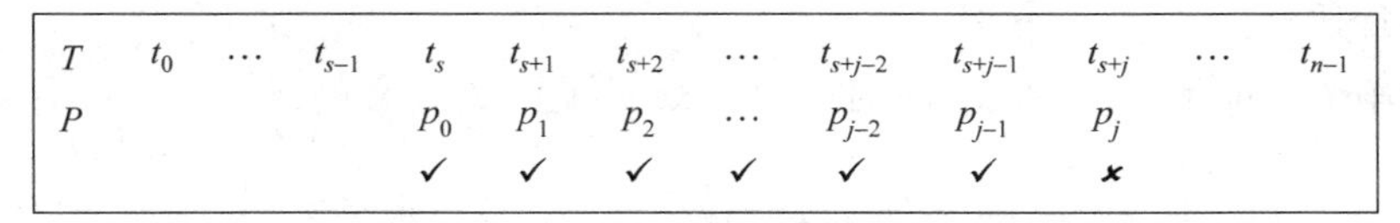

T	t_0	…	t_{s-1}	t_s	t_{s+1}	t_{s+2}	…	t_{s+j-2}	t_{s+j-1}	t_{s+j}	…	t_{n-1}
P				p_0	p_1	p_2	…	p_{j-2}	p_{j-1}	p_j		
				✓	✓	✓	✓	✓	✓	✗		

图 4-25　第 s 趟匹配过程示例

这时，应有

$$t_s t_{s+1} t_{s+2} \dots t_{s+j-1} = p_0 p_1 p_2 \dots p_{j-1} \qquad (1)$$

按 BF 匹配算法，下一趟应从目标 T 的第 $s+1$ 个位置起用 t_{s+1} 与模式 P 中 p_0 对齐，重

新开始匹配比对。如图 4-26 所示，若在模式 P 中

$$p_0\,p_1 \dots p_{j-2} \neq p_1\,p_2 \dots p_{j-1} \tag{2}$$

则第 s+1 趟不用进行匹配比对，就能断定它必然“失配”。因为由式（1）和式（2）可知：

$$p_0\,p_1 \dots p_{j-2} \neq t_{s+1}\,t_{s+2} \dots t_{s+j-1} \quad (= p_1\,p_2 \dots p_{j-1})$$

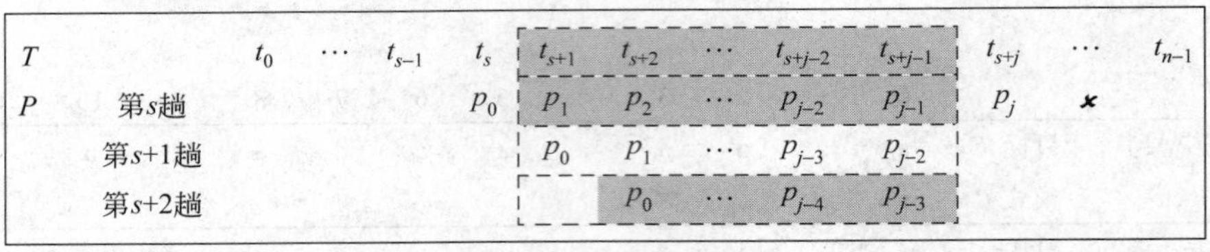

T		t_0	…	t_{s-1}	t_s	t_{s+1}	t_{s+2}	…	t_{s+j-2}	t_{s+j-1}	t_{s+j}	…	t_{n-1}
P	第s趟				p_0	p_1	p_2	…	p_{j-2}	p_{j-1}	p_j	×	
	第s+1趟					p_0	p_1	…	p_{j-3}	p_{j-2}			
	第s+2趟						p_0	…	p_{j-4}	p_{j-3}			

图 4-26　匹配结果分析

既然如此，第 s+1 趟可以不做。那么，第 s+2 趟又怎样呢？从上面推理可知，如果

$$p_0\,p_1 \dots p_{j-3} \neq p_2\,p_3 \dots p_{j-1}$$

仍然有

$$p_0\,p_1 \dots p_{j-3} \neq t_{s+2}\,t_{s+3} \dots t_{s+j-1} \quad (= p_2\,p_3 \dots p_{j-1})$$

这一趟比对仍然“失配”。依此类推，直到对于某一个值 k，使得

$$p_0\,p_1 \dots p_{k+1} \neq p_{j-k-2}\,p_{j-k-1} \dots p_{j-1} \quad 且 \quad p_0\,p_1 \dots p_k = p_{j-k-1}\,p_{j-k} \dots p_{j-1}$$

这一趟才可以继续做模式匹配。如图 4-27 所示。用在第 s 趟比对“失配”时模式 P 中前 k+1 位覆盖比对失配的 p_j 前的 k+1 位（即用 $p_0\,p_1 \dots p_k$ 覆盖 $p_{j-k-1}\,p_{j-k} \dots p_{j-1}$），直接从 T 中的 t_{s+j}（即上一趟失配的位置）与模式中的 p_{k+1} 开始，继续向下进行匹配比对。

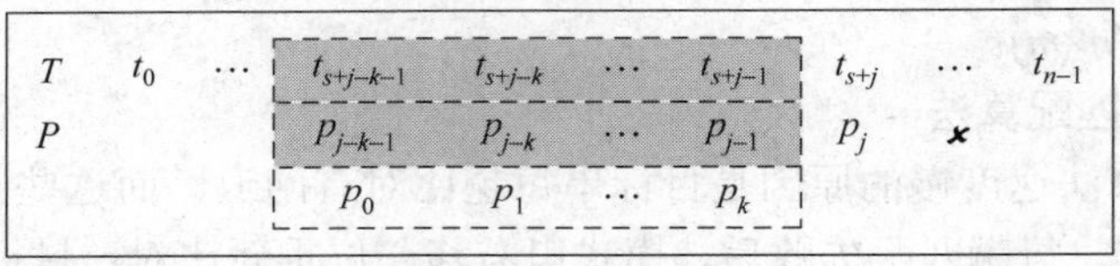

T	t_0	…	$t_{s+j-k-1}$	t_{s+j-k}	…	t_{s+j-1}	t_{s+j}	…	t_{n-1}
P			p_{j-k-1}	p_{j-k}	…	p_{j-1}	p_j	×	
			p_0	p_1	…	p_k			

图 4-27　寻找模式串 P 中 p_j 前的相等的前缀子串和后缀子串

在 KMP 算法中，目标 T 在第 s 趟比对失配时，它的扫描指针在下一趟比对时不必回退，第 s+1 趟继续从此处开始向下进行匹配比对；而模式 P 的扫描指针应退回到 p_{k+1} 位置。

当某一趟比对失配后，我们最关心的是如何从模式 $p_0\ p_1\ \dots\ p_{j-1}$ 中确定 k。Knuth 等人发现，对于不同的 j，k 的取值不同，它仅依赖于模式串 P 本身前 j 个字符的构成，与目标串无关。因此，可以用一个 next 失配函数来确定：当模式串 P 中第 j 个字符与目标串 T 中相应字符失配时，模式串 P 中应当由哪个字符（设为第 k+1 个）与目标串中刚失配的字符对齐继续进行比对。

设模式串 $P = p_0\,p_1 \dots p_{m-2}\,p_{m-1}$，则它的 next 失配函数定义如下：

$$\text{next}(j) = \begin{cases} -1, & j = 0 \\ k+1, & 0 \leqslant k < j-1 \text{ 且使得 } p_0 p_1 \cdots p_k = p_{j-k-1} p_{j-k} \cdots p_{j-1} \text{ 的最大整数} \\ 0, & \text{其他情况} \end{cases}$$

称 $p_0\,p_1 \dots p_k$ 为串 $p_0\,p_1 \dots p_{j-1}$ 的前缀子串，$p_{j-k-1}\,p_{j-k} \dots p_{j-1}$ 为串 $p_0\,p_1 \dots p_{j-1}$ 的后缀子串，它们都是原串的真子串。设模式 P = "abaabcac"，对应的 next 函数如图 4-28 所示。

j	0	1	2	3	4	5	6	7
P	a	b	a	a	b	c	a	c
next(j)	−1	0	0	1	1	2	0	1

图 4-28　next 失配函数示例

$j = 0$ 时，next (j) = −1。表示下一趟匹配比对时，模式串的第-1 个字符与目标串上次失配的位置 i 对齐，即模式串 p_0 与目标串 i+1 位置对齐，继续向后做匹配比对。

$j = 1$ 时，满足 $0 \leqslant k < j-1$ 的 k 找不到，next (j) = 0（按其他情况处理）。表示下一趟匹配比对时，模式串 p_0 与目标串上次失配的位置 i 对齐，向后继续比对。

$j = 2$ 时，k 的取值可以是 0：因为 $p_0 \neq p_1$，所以 next (j) = 0。表示下一趟匹配比对时，模式串 p_0 与目标串上次失配的位置 i 对齐，向后继续做匹配比对。

$j = 3$ 时，k 的取值可以是 0 和 1，$p_0 = p_2$ 且 $p_0 p_1 \neq p_1 p_2$，故 k 取 0，next (j) = 1。表示下一趟匹配比对时，模式串 p_1 与目标串上次失配的位置 i 对齐，向后继续比对。

$j = 5$ 时，k 可取 0 到 3 的值，因为 $p_0 \neq p_4$，$p_0 p_1 = p_3 p_4$，$p_0 p_1 p_2 \neq p_2 p_3 p_4$，$p_0 p_1 p_2 p_3 \neq p_1 p_2 p_3 p_4$，因此 $k = 1$，next (j) = 2。表示下一趟匹配比对时，模式串 p_2 与目标串上次失配的位置 i 对齐，向后继续比对。此时，模式串右移，$p_0 p_1$ 覆盖到原来 $p_3 p_4$ 的位置，从 p_3 开始继续向后进行对应字符比对。其他类推。

一般地，若设进行某一趟匹配比对时在模式的第 j 位失配，如果 $j > 0$，那么在下一趟比对时模式串 P 从 $p_{\text{next}(j)}$ 位置开始比对，目标串 T 的指针不回退，仍指向上一趟失配的字符；如果 $j = 0$，则目标串指针进一，模式串指针回到 p_0，继续进行下一趟匹配比对。

程序 4-15 给出 KMP 算法的实现。该算法使用了一个整型数组 next[]表示失配函数。

程序 4-15　使用 KMP 算法实现串模式匹配

```
int fastFind ( HString& T, HString& P, int next[ ] ) {
//在目标串 T 中寻找模式串 P 的匹配位置。若找到，则函数返回 P 在 T 中开始字符
//下标，否则函数返回-1。数组 next 存放 P 的失配函数 next[j]值
    int j = 0, i = 0;                              //串 P 与串 T 的扫描指针
    while ( j < P.n && i < T.n )                   //对两串扫描
        if ( j == -1 || P.ch[j] == T.ch[i] ) { j++;  i++; }
                                                   //对应字符匹配，比对位置加 1
        else j = next[j];                          //第 j 位失配，找下一对齐位置
    if ( j < P.n ) return -1;                      //j 未比完失配，匹配失败
    else return i-P.n;                             //匹配成功
};
```

算法中 j == −1 时，目标扫描指针 i 进 1，模式扫描指针 j 回到 0，即 p_0，继续下一趟比对；否则若 P.ch[j] == T.ch[i]，则 i、j 指针都进 1，比对下一对应字符；否则 j 走到 $p_{\text{next(j)}}$，即 P.ch[next[j]]，i 不回退，继续下一趟比对。由于是无回退的算法，执行循环时，目标串字符比对有进无退，字符的比对次数最多为 $O(n)$，其中 n 是目标串长度。

【例 4-15】 设目标串 T = "acabaabaabcacaabc"，模式串 P = "abaabcac"，它的 next 失配函数的取值参看图 4-28。现在根据 KMP 算法进行模式匹配，其过程见图 4-29。一共做了 4 趟匹配比对。

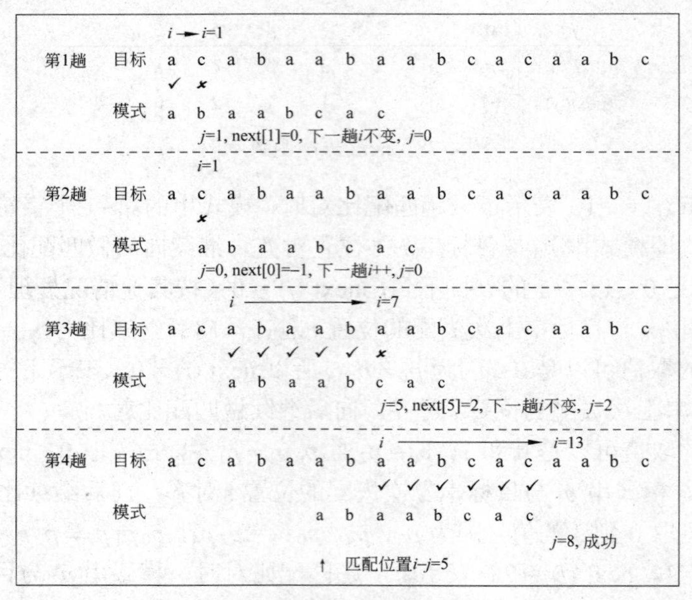

图 4-29　运用 KMP 算法的匹配过程

如何正确地计算出失配函数 next(*j*)，是实现无回退匹配算法的关键。

从 next(*j*)定义出发，计算 next(*j*)，就是要在串 $p_0 p_1 p_2 \ldots p_{j-1}$ 中找出最长的相等的前缀子串 $p_0 p_1 \ldots p_k$ 和后缀子串 $p_{j-k-1} p_{j-k} \ldots p_{j-1}$。这个查找过程实质上仍是一个模式匹配的过程，只是目标串和模式串现在是同一个串 *P*。

可以用递推的方法求 next(*j*)的值。下面用一个例子说明求解的方法。

【例 4-16】 设模式串为 *P* = "aabaabaaca"，按照公式得到的 next[*j*]如图 4-30 所示。

j	0	1	2	3	4	5	6	7	8	9
模式*P*	a	a	b	a	a	b	a	a	a	a
next(*j*)	−1	0	1	0	1	2	3	4	5	2

图 4-30　next 失配函数的计算示例

当 $j = 1$ 时，$next[j-1] = -1$，显然找不到 $p_0 p_1 \ldots p_{j-1}$ 的真子串，$next[1] = next[0]+1 = 0$。

当 $j = 2$ 时，$next[j-1] = next[1] = 0$ 且 $p_{j-1} = p_{next[j-1]}$($p_{j-1} = p_1$ = 'a'，$p_{next[j-1]} = p_0$ = 'a')，说明找到 $p_0 p_1 \ldots p_{j-1}$ 的前缀子串 p_0 和后缀子串 p_1，则 $next[2] = next[1]+1 = 1$。

当 $j = 8$ 时，$next[j-1] = next[7] = 4$ 且 $p_{j-1} = p_{next[j-1]}$($p_{j-1} = p_7$ = 'a'，$p_{next[j-1]} = p_4$ = 'a')，说明找到 $p_0 p_1 \ldots p_{j-1}$ 的前缀子串 $p_0 p_1 \ldots p_4$（= "aabaa"）和后缀子串 $p_3 p_4 \ldots p_7$（= "aabaa"），则 $next[8] = next[7]+1 = 5$。

当 $j = 9$ 时，$next[j-1] = next[8] = 0$ 且 $p_{j-1} \neq p_{next[j-1]}$($p_{j-1} = p_8$ = 'a'，$p_{next[j-1]} = p_5$ = 'b')，说明没有找到 $p_0 p_1 \ldots p_8$ 的相等的前缀子串和后缀子串。

现在缩小范围，next[8] = 5，表明 p_8 前存在相等的长度最大为 5 的前缀子串 $p_0 p_1 \ldots p_4$ = "aabaa"和后缀子串 $p_3 p_4 \ldots p_7$ = "aabaa"，下面在前缀子串中寻找是否有相等的前缀子串和后缀子串：因 next[5] = 2，表明在 p_5 前面存在长度为 2 的相等的前缀子串 $p_0 p_1$ = "aa"和后缀子串 $p_3 p_4$ = "aa"，这样，$p_0 p_1$ 可以与 $p_6 p_7$ 相等，p_8 直接与 p_2 比对，发现不等，再缩小一次范围。因 next[2] = 1，表明 $p_0 = p_1$ = 'a'，让 p_0 覆盖 p_7，p_1 直接与 p_8 比对，它们相等，好了，结果出来了，是 $p_0 p_1 = p_7 p_8$，next[9] = 2。

综上所述，有 next[9] = next[next[next[8]]] +1 = next[next[5]] +1 = next[2] +1 = 2。

计算 next 失配函数的算法就是基于以上考虑给出来的。算法的实现如程序 4-16 所示。

程序 4-16　计算 next 失配函数

```
void getNext ( HString& P, int next[] ) {
//对模式串 P，计算 next 失配函数
    int j = 0, k = -1;  next[0] = -1;
    while ( j < P.n ) {                         //计算 next[j]
        while ( k >= 0 && P.ch[j] != P.ch[k] ) k = next[k];
        j++;  k++;
//      if ( P.ch[j] == P.ch[k] ) next[j] = next[k];
//      else
        next[j] = k;
    }
};
```

按照 getNext 算法重新做例 4-15，可得到如图 4-25 的结果。但这样做对于某些特殊的模式串，效率还不够好。

【例 4-17】 设目标串 T = "aaacaaab", P = "aaab"，按照上面给出的算法所得到的 next 失配函数和匹配过程如图 4-31(a)和图 4-31(b)所示。

j	0	1	2	3
模式P	a	a	a	b
next[j]	–1	0	1	2

(a) next失配函数计算

	i	0	1	2	3	4	5	6	7
	目标T	a	a	a	c	a	a	a	b
第1趟	模式P	a	a	a	b	next[3]=2			
第2趟			a	a	a	b	next[2]=1		
第3趟				a	a	a	b	next[1]=0	
第4趟					a	a	a	b	next[0]=–1
第5趟						a	a	a	b ✓

(b) 匹配过程

图 4-31　一个匹配的例子

从匹配过程来看，比对趟数一点不少于 BF 算法。分析问题所在，是模式 P 的 next(j) 函数造成的。上一趟用 'a' 比对失配，下一趟还是用 'a' 来比对。因此，需改造 next(j)的计算，在对 next[j]定值时，检查一下 P.ch[j] == P.ch[k]否？若相等则把 next[k]的值直接赋给 next[j]。反映在算法中把“//”去掉即可。

改进后的 next 失配函数和匹配过程如图 4-32(a)和图 4-32(b)所示。

若设目标串的长度为 n，模式串的长度为 m，求解失配函数的 getNext 算法的时间复杂度为 $O(m)$。包括 getNext 和 fastFind 算法在内的整个模式匹配过程的时间复杂度为 $O(m+n)$。

j	0	1	2	3
模式P	a	a	a	b
next[j]	−1	−1	−1	2

(a) next失配函数计算

	i	0	1	2	3	4	5	6	7
	目标T	a	a	a	c	a	a	a	b
第1趟	模式P	a	a	a	b	next[3]=2			
第2趟			a	a	a	b	next[2]=−1		
第3趟						a	a	a	b ✓

(b) 匹配过程

图 4-32　应用改进后的 next 函数的匹配过程

3．扩展阅读：BM 算法

BM 算法是 1977 年 Boyer 和 Moore 提出的。该算法在理论上与 KMP 算法的复杂度差不多，但模式匹配的效率比 KMP 算法高得多。

设模式匹配中的目标串为 T = "$s_0\ s_1 \cdots s_{n-1}$"，模式串 P = "$p_0\ p_1 \cdots p_{m-1}$"，在匹配过程中 P 自左向右滑动，而字符的比较自右向左进行。当 P 从 p_{m-1}, p_{m-2},…与 T 对应位比对失配时，使用两种启发式规则，即坏字符规则和好后缀规则，来决定向右滑动的距离。

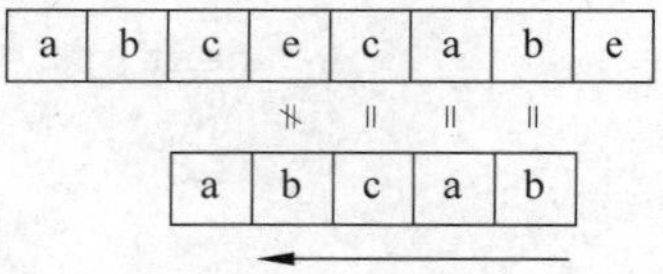

那么，坏字符和好后缀是什么？请参看图 4-33。

图 4-33　BM 匹配比对

图中在自右向左的比对过程中，第一个不匹配的字符即为坏字符（如目标串中的'e'和模式串中的'c'），已匹配部分即为好后缀（如目标串和模式串中的"cab"）。

（1）坏字符规则：在使用 BM 算法从右向左扫描的过程中，若发现目标串 T 中某个字符 x 失配，则按以下两种情况进行处理：

- 如果字符 x 在模式 P 中没有出现，那么目标串 P 中从字符 x 开始的长度为 m 的子串显然不可能与 P 匹配，直接全部跳过该区域即可。
- 如果字符 x 在模式 P 中出现，则以该字符进行对齐。

综合考虑以上情况，若设 Skip(x)为 P 向右滑动的距离，m 为模式串 P 的长度，max(x)为字符 x 在 P 中的最右位置。则有

$$\text{Skip}(x)=\begin{cases} m, & x \neq P[j]\ \ (0 \leqslant j \leqslant m-1),\ \text{即}x\text{在}P\text{中 没有出现} \\ m-\max(x)-1, & x = P[k]\ \ (0 \leqslant k < m-1),\ \text{即}x\text{在}P\text{中出现} \end{cases}$$

【例 4-18】 对图 4-34(a)所示字符串进行模式匹配，在 T[4] = 'c'处失配。自右向左在模式串 P 中查找'c'，得 max('c') = 2，使用坏字符规则，计算 Skip('c') = m−max('c')−1 = 2，得知模式串 P 应向右滑动两个字符，如图 4-34(b)所示。对图 4-34(b)再做模式匹配，在 T[3] = 'e' 处失配，因为在 P 中找不到 'e'，理应模式串 P 向右滑动 m = 5 个字符，但 T 后续字符串长度不足 m，匹配失败。

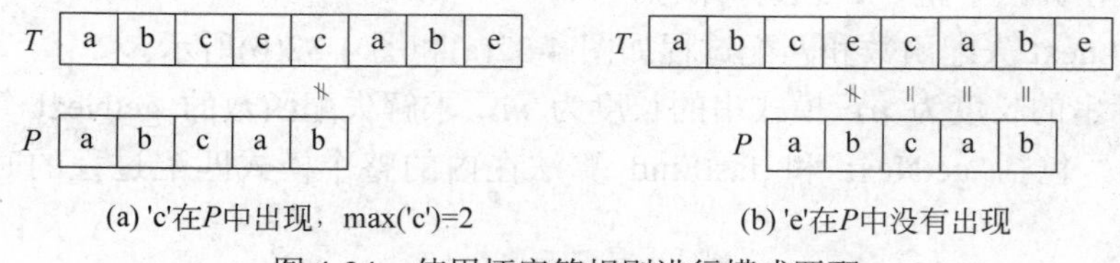

(a) 'c'在P中出现，max('c')=2　　(b) 'e'在P中没有出现

图 4-34　使用坏字符规则进行模式匹配

（2）好后缀规则：如果在发现某个字符失配时，已有部分字符匹配成功，则按以下两种情况处理：

- 若该后缀（开始于 j 位置）在模式串 P 中除自身外，从右向左再次出现（开始于 j' 位置），则可将 P 向右滑动使 j' 与刚才 j 所在位置对齐。
- 若该后缀在 P 中不再出现，可以在 P 中寻找相等的最长的后缀子串和前缀子串，设它们的开始位置分别为 j 和 j'，则向右滑动 P，使 j 与 j' 所在位置对齐。

如果设 Shift(j)为 P 向右滑动的距离，m 为模式串 P 的长度，j 为当前好后缀的开始位置，s 为 j' 与 j 的距离（属前一情况）或者 j 与 j' 的距离（属后一情况），则有

$$\text{Shift}(j) = \min \{ s \mid (p_j p_{j+1} \ldots p_{m-1} == p_{j-s} p_{j-s+1} \ldots p_{m-1-s}) \,\&\&\, (p_{j-1} \neq p_{j-s-1})\ (j > s),\quad p_0 p_1 \ldots p_{m-s-1} == p_s p_{s+1} \ldots p_{m-1}\ (j \leqslant s) \}$$

【例 4-19】 对图 4-35(a)所示的字符串进行模式匹配，从右向左比对到 T 的'e'，与 P 的'c'不匹配，此时，$j = 2$（在 P 中好后缀"cab"开始位置）。根据以上公式，当 $j > s$ 时，s 可取 1，$p_2 p_3$ 为"ca"，$p_1 p_2$ 为"bc"，二者不等；当 $j \leqslant s$ 时，若 s 取 2，$p_0 p_1 p_2$ 为"abc"，$p_2 p_3 p_4$ 为"cab"，二者不等，若 s 取 3，$p_0 p_1$ 为"ab"，$p_3 p_4$ 为"ab"，二者相等，因此 $s = 3$，在下一趟匹配时应把模式串 P 右移 3 个字符位置，如图 4-35(b)所示。

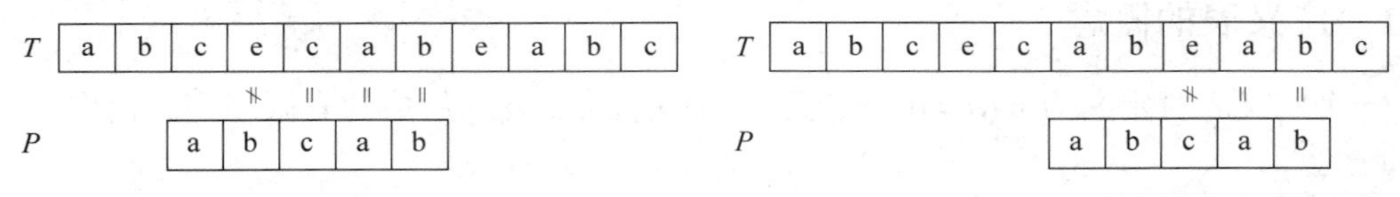

(a) 好后缀"cab"在P中没有再出现在P中最长前缀、后缀子串"ab"　　(b) P右移，好后缀"ab"在P中再出现，P再右移，目标串后续字符数<m，失败

图 4-35　使用好后缀规则进行模式匹配

BM 算法要求预先进行预处理，计算 Skip 数组和 Shift 数组的取值。Skip 数组是针对模式 P 中不匹配字符的，Shift 数组是针对模式 P 中已匹配子串的。在 BM 算法匹配的过程中，若不匹配字符为 x，好后缀子串开始位置为 j，则取 Skip(x)与 Shift(j)中的较小者作为向右移动模式串 P 的距离。

【例 4-20】 设目标串 T = "bcadcbcabababdadacab"，模式串 P = "bcababab"，使用 BM 算法进行模式匹配。为进行这种匹配，首先构造 Skip 表和 Shift 表，如表 4-1 和表 4-2 所示。然后进行模式匹配。匹配过程如图 4-36 所示。

表 4-1　Skip 表

ch	a	c	b	d
Skip[ch]	1	6	2	8

表 4-2　Shift 表

j	0	1	2	3	4	5	6	7
P	b	c	a	b	a	b	a	b
Shift[j]	0	8	4	2	2	2	2	2

BM 算法预处理时间复杂度为 $O(m+s)$，空间复杂度为 $O(s)$，s 是与 P、T 相关的有限字符集长度，匹配过程的时间复杂度为 $O(m \times n)$。

序号	0	1	2	3	4	5	6	7	8	9	10	11	12	13	14	15	16	17	18	19
T	b	c	a	d	c	b	c	a	b	a	b	a	b	d	a	d	a	c	a	b
P	b	c	a	b	a	b	a	b												
								↑ Skip['a'] = 1, Shift[7] = 2，右移 1 位												
P		b	c	a	b	a	b	a	b											
							↑ Skip['c'] = 6, Shift[5] = 2，右移 2 位													
P				b	c	a	b	a	b	a	b									
							↑ Skip['c'] = 6, Shift[3] = 2，右移 2 位													
P						b	c	a	b	a	b	a	b							
						↑ 匹配成功														

图 4-36　BM 模式匹配过程

4.5　广　义　表

广义表又称为列表，是对线性表的扩展，它允许表中的元素还可以是表，这样就形成了“表中套表”的结构。

4.5.1　广义表的概念

一个广义表可定义为 n ($n \geqslant 0$)个表元素 $\alpha_0, \alpha_1, \alpha_2, \ldots, \alpha_{n-1}$ 组成的有限序列。记作

$$LS = (\alpha_0, \alpha_1, \alpha_2, \ldots, \alpha_{n-1})$$

其中，LS 为表名。α_i ($0 \leqslant i \leqslant n-1$)是表中元素，它或者是数据元素（称为原子），或者是子表。n 是表的长度，即表中元素的个数。表的长度不包括作为分界符的左括号“(”、右括号“)”和表元素之间的分隔符“,”。长度为 0 的表为空表。

习惯上，用大写字母表示表名，用小写字母表示原子元素。

如果 $n \geqslant 1$，则称广义表的第一个表元素 α_0 为广义表的表头，而由表中除 α_0 外其他元素组成的表（$\alpha_1, \alpha_2, \cdots, \alpha_{n-1}$）称为广义表的表尾。

广义表的定义是递归的，因为在表的描述中又用到了表，允许表中有表。这种递归的定义能够很简洁地描述庞大而复杂的结构。

【例 4-21】 下面给出一些广义表的例子。

（1）$A=()$：这是一个空表，表的长度为 0。它没有表头和表尾。

（2）$B=(a, b)$：这是一个只包括原子的表，称为线性表。表的长度为 2。它的表头为 a，表尾为(b)；表尾还是一个表，其表头为 b，表尾是空表()。一般地，线性表中的数据元素的数据类型可以不同，但在本书中不涉及不同类型的问题。

（3）$C=(c, (d, e, f))$：这是一个长度为 2 的表，它的表头为 c，表尾为$((d, e, f))$；这个表尾仍然是表，其表头为(d, e, f)，表尾为空表()。

（4）$D=(B, C, A)$：这是一个长度为 3 的表，它的 3 个表元素都是子表。其表头为 B，表尾为 (C, A)。

（5）$E=(B, D)$：这是一个长度为 2 的表，表元素都是子表。表头为 B，表尾为(D)。

（6）$F=(h, F)$：这是一个长度为 2 的表，表头为 h，表尾为(F)；这个表尾还是表，其表头为 F，表尾为空表()。对于表头来说，出现了递归。

4.5.2　广义表的性质

由广义表定义，可以得到以下几个性质：

（1）有次序性。在广义表中，各表元素在表中以线性序列排列，这个顺序不能交换。

（2）有长度。广义表中表元素个数一定，不能是无限的，可以是空表。

（3）有深度。广义表的表元素可以是原表的子表，子表的表元素还可以是子表……因此广义表是多层次结构。图 4-37 用有根有序有向的树描述了广义表各元素之间的层次关系。表中括号的重数即为深度。在图 4-37 中，用圆形结点○表示表元素，用方形结点□表示原子元素。在层次结构顶端的○结点表示这个广义表。如果有名字的话，在结点旁边附上名字。图中表元素○结点有几层，其深度等于几。例如，*A* 和 *B* 的深度为 1，*C* 的深度为 2，*D* 的深度为 3，*E* 的深度为 4，*F* 的深度为无穷大。

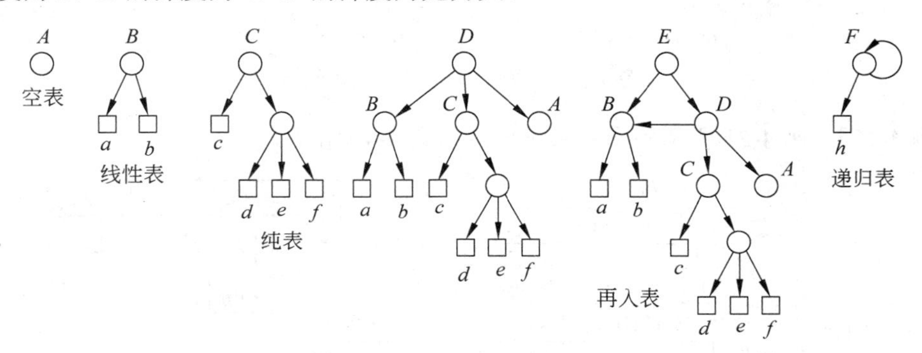

图 4-37　各种广义表的示意图

（4）可递归。广义表本身可以是自己的子表。例如，在图 4-36 中的表 *F* 就是这种情况。一般称具有这种性质的表为递归表。

（5）可共享。广义表可以为其他广义表共享。例如，在图 4-36 中的表 *E* 中，子表 *B* 即为这种情况。它被称为共享表或再入表。

由广义表的性质可知，广义表有深度，它是一种层次结构；广义表有共享性，它是一种有向图；广义表的表元素有次序，它类似于一种线性结构。但要了解，只有在所有表元素都为原子时广义表才退化成线性表。广义表是一种非线性结构。

【例 4-22】 因为广义表及其子表往往是通过它的名字来使用，为了既说明每个表的构成，又标明它的名字，可以将表的名字直接写在该表对应的括号前面。例 4-21 所举的 6 个例子分别可以写成 $A()$、$B(a, b)$、$C(c, (d, e, f))$、$D(B(a, b), C(c, (d, e, f)), A())$、$E(B(a, b), D(B(a, b), C(c, (d, e, f)), A()))$和 $F(h, F(h, F(h, F(h, \cdots))))$。

4.5.3　广义表的链接表示

通常，用链表结构作为广义表的存储表示。例如，广义表 list1 = (a, b, c, d, e)的链表表示如图 4-38 所示。

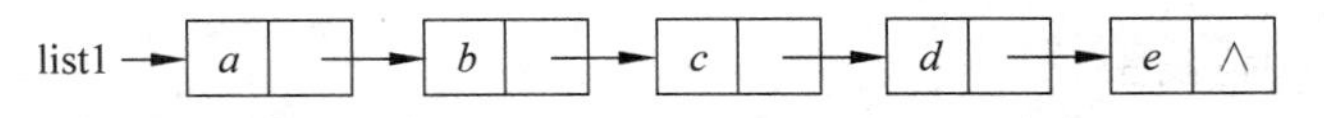

图 4-38　只包括原子数据的广义表链表表示

然而，考虑到广义表中的表元素可能是子表的情形，如

$$\text{list2} = (a, (b, c, (d, e, f), (), g), h, (r, s, t))$$

表中某一个表元素本身又是表。用链表表示它时，表结点的数据域中存放的是一个子表。那么，使用图 4-38 所示的单链表不能恰当地描述这种结构，需要使用更复杂的链表结构。

本节介绍 3 种链表表示：头尾表示、扩展线性链表表示和层次表示。

1．广义表的头尾表示

因为广义表可以分为表头、表尾两部分，可以设计表结点，它包括两个指针（表头结点指针 hlink 和表尾结点指针 tlink）；另外设计一种元素结点，它用 data 域保存原子元素的数据值。两种结点的构造如图 4-39 所示。

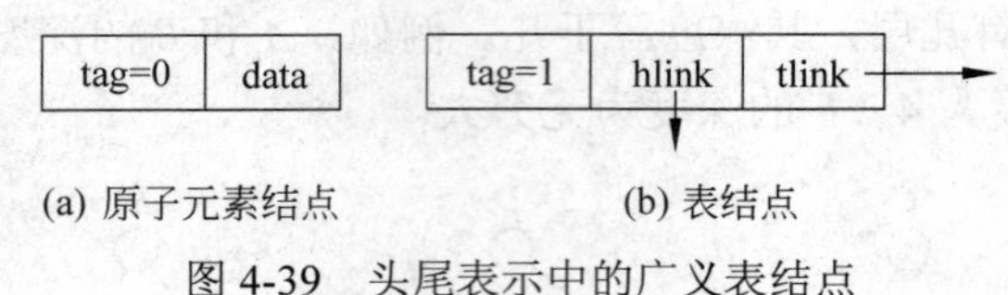

图 4-39　头尾表示中的广义表结点

【例 4-23】 例 4-21 所示例子的头尾表示如图 4-40 所示。

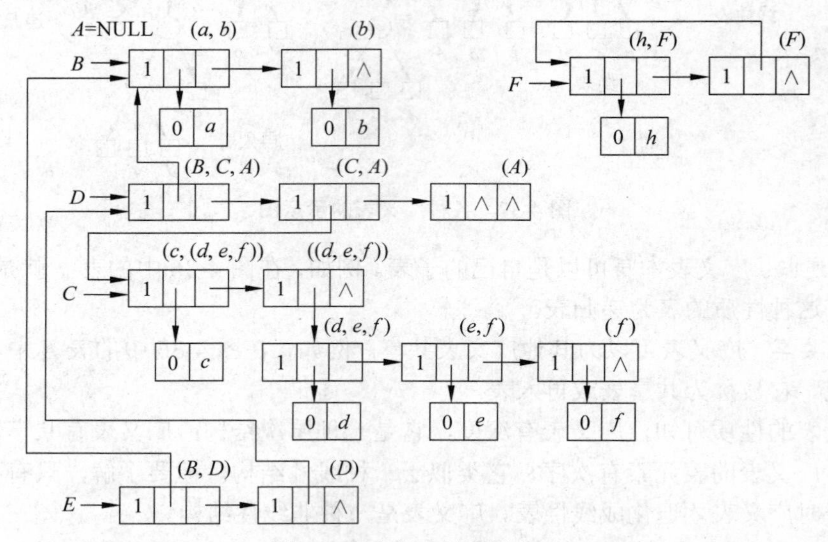

图 4-40　广义表的头尾表示

空表没有结点，指向空表的头指针为空。非空表的头指针指向一个表结点，该结点的 hlink 指针指向表头元素结点，tlink 指向表尾（该表尾肯定还是表）。

如果有多个指针指向一个表结点，则出现共享情况；如果表中某元素是子表，其 hlink 又指向该表，则出现递归情况。

程序 4-17 是广义表的头尾存储表示的结构定义。

程序 4-17　广义表的头尾存储表示的结构定义（存放于头文件 GList.h 中）

```
#include <stdio.h>
#include <stdlib.h>
typedef char ElemType;                       //原子元素类型定义
typedef struct node {                        //表结点类型定义
```

```
    int tag;                          //结点标志：= 0 原子；= 1 表结点
    int mark;                         //访问标志：= 0 未访问；= 1 已访问
    struct node *tlink;               //指向后继表结点的指针
    union {                           //共用体 val
        ElemType data;                //tag = 0 时原子的数据
        struct node *hlink;           //tag = 1 时子表中指向头元素的指针
    } val;
} GLNode, *GList;
```

递归地建立广义表的算法参看程序 4-18，算法的执行步骤如下：

循环地从 s 中取出下一字符 ch，如果 ch != '\0'，创建一个用 g 指示的新结点，让访问标志 g->mark = 0，再判断：

- 如果 ch = '('，置 g->tag = 1，然后用 g->val.hlink 递归调用本算法，建立表头元素所代表的子表。
- 如果 ch = ')'，应是表结束，置 g = NULL，即让实参 tlink 域为 NULL，返回。
- 如果 ch = ''，是空表，置 g = NULL，即让实参 hlink 域为 NULL，返回。
- 如果 ch = ','，说明还有表尾，用 g->tlink 递归调用本算法，建立表尾的子表。
- 如果 ch 是单字母，应是单元素，置 g->tag= 0，g->val.data = ch，返回。

程序 4-18　从括号表示建立广义表的头尾表示

```
#include "GList.h"
void CreateGList ( char * s, int& i, GLNode *& g ) {
//根据用括号表示法描述的广义表字符串 s，建立用 g 指示的广义表
    char ch = s[i++];                                  //取出一个字符
    if ( ch != '\0' ) {                                //若不是串结束
        if ( ch == '(' ) {                             //新结点为子表结点
            if ( s[i] == ')' ) { g = NULL; i++; }      //空表
            else {                                     //非空表
                g = (GLNode*) malloc (sizeof (GLNode));    //建子表结点
                g->tag = 1;  g->mark = 0;
                CreateGList(s, i, g->val.hlink);       //递归建立表头
                CreateGList(s, i, g->tlink);           //递归建立表尾的表尾
            }
        }
        else if ( ch == ')' ) g = NULL;            //表结束，让实参 tlink 为空
        else if ( ch == ',' ) {                        //处理表尾
            g = (GLNode*) malloc(sizeof (GLNode)); //建表尾结点
            g->tag = 1;  g->mark = 0;
            CreateGList(s, i, g->val.hlink);           //递归建立表尾的表头
            CreateGList(s, i, g->tlink);               //递归建立表尾的表尾
        }
        else {
            g = (GLNode*) malloc(sizeof (GLNode)); //建原子结点
            g->tag = 0;  g->mark = 0;  g->val.data = ch;
        }
    }
}
```

程序 4-18 建立广义表的算法是一个简化的算法，算法的实现有一些限制。如广义表不能是共享表，不能是递归表，且所有子表都没有表名。

2．广义表的扩展线性链表表示

广义表的这种表示也有两种结点：原子结点和表结点。与头尾表示不同的是，这两种结点都有 3 个域。一是标志域 tag，用于区分结点类型；二是指针域 tlink，用于存放指向同一层下一个表元素结点的指针；三是信息域 info，对于原子结点，存放元素值 value，对于表结点，存放指向子表的指针 hlink，如图 4-41 所示。

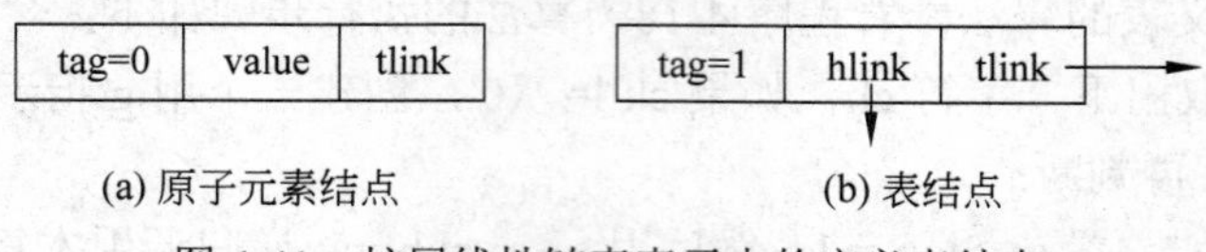

图 4-41　扩展线性链表表示中的广义表结点

这种表示比头尾表示简单，其结构类似于第 5 章涉及的二叉链表。它比头尾表示优越的地方是每个广义表都有一个起到“头结点”作用的表结点，即使是空表，也有一个表结点。它的缺点是每个对子表引用的指针没有指向子表的“头结点”，而是直接指向了广义表的表头元素结点，这样，造成对表头元素结点插入或删除困难。例如，如果该表头元素为多个表结点共享，删除它后想要找到所有共享它的结点，以修改指向这个结点的所有指针，必须遍历多个表结点。

【例 4-24】 例 4-21 所示的 6 个广义表的扩展线性链表表示如图 4-42 所示。

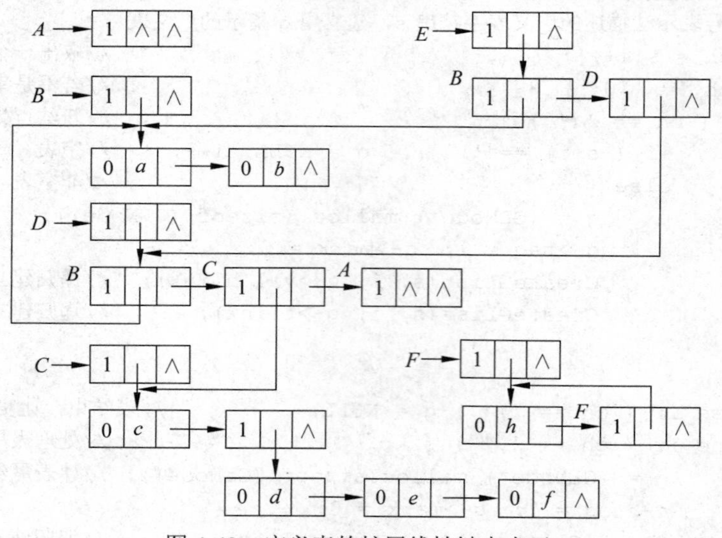

图 4-42　广义表的扩展线性链表表示

3．广义表的层次链表表示法

上面两种广义表的表示的实用性不强，真正实用的是第 3 种广义表表示，即层次链表表示。在这种表示中有 3 种结点：原子结点、子表结点和头结点（非表头元素结点）。

（1）原子结点存放原子的值（value）和同层下一元素结点的指针（tlink）。

（2）子表结点存放指向子表头结点的指针（hlink）和同层下一元素结点的指针（tlink）。

（3）头结点标志广义表，存放该表引用计数（ref）和指向该表表头元素结点的指针（tlink）。

同样，每个结点都有一个标志域 tag。用以区分结点类型。tag = 0 为头结点，tag = 1 为原子结点，tag = 2 为子表结点。广义表结点的定义如程序 4-19 所示。

程序 4-19　广义表的层次存储表示的结构定义（存放于头文件 GenList.h 中）

```
#include <stdio.h>
#include <stdlib.h>
#include <string.h>
typedef char ElemType;                    //原子元素类型定义
typedef struct node {                     //表结点定义
    int tag;                              //=0 为头结点，=1 为原子结点，=2 为子表结点
    struct node *tlink;                   //指向同一层下一结点的指针
    union {                               //共用体，此 3 个域叠压在同一空间
        char ref;                         //tag=0，存放该表引用计数
        ElemType value;                   //tag=1，存放数据，设为单字符
        struct node *hlink;               //tag=2，存放指向子表的指针
    } info;
} GenListNode, *GenList;
```

增加头结点的作用是简化插入和删除操作。如果插入或删除表头元素结点，有了头结点就不必特殊处理了。

【例 4-25】 对于例 4-21 所给的 6 个广义表的例子，用广义表层次表示得到的示意图如图 4-43 所示。

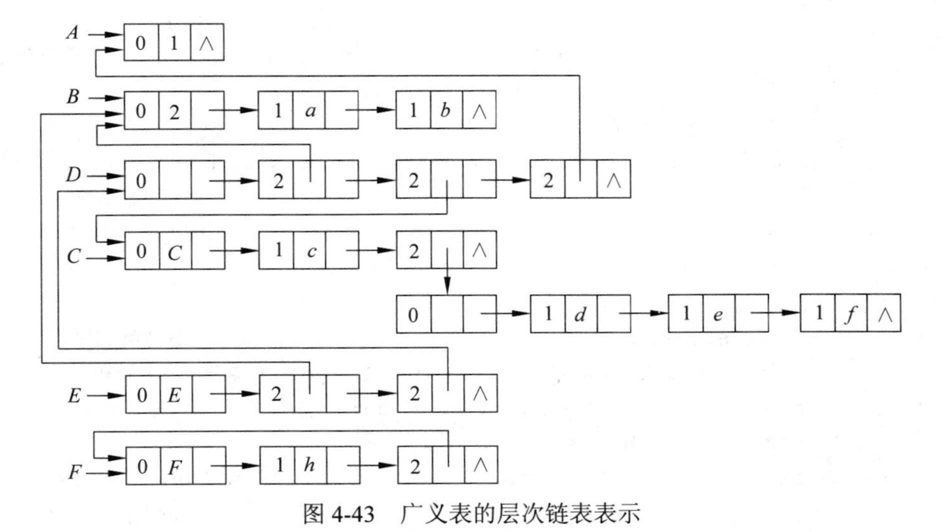

图 4-43　广义表的层次链表表示

程序 4-20 是建立广义表层次表示的算法。算法假设建立的广义表无共享、无递归的情况，且每一个子表都有表名，算法的基本思路如下：

从广义表字符串 *s* 中取得一个字符，检测它的内容。

- 如果遇到用大写字母表示的表名，保存该表名并建立相应广义表的头结点。表名后面一定是左括号'('，不是则输入错，是则递归建立广义表结构。

- 如果遇到用小写字母表示的原子，则建立原子元素结点。
- 如果遇到右括号')'，子表链收尾并退出递归。

注意在空表时的情形。整个广义表描述字符串以'\0'结束。

程序 4-20 从广义表的括号表示建立广义表层次表示

```
#include <ctype.h>
#include "GenList.h"
#define DefaultSize 50                                   //默认广义表中最大子表数
void CreateList ( char *s, int& i, GenListNode *& h, char L1[], GenList L2[],
int& k ) {
//建立一个带头结点的广义表结构。在表 L1 中存储大写字母的表名
//在表 L2 中存储表名对应子表结点的地址，k 是 L1、L2 中的存储计数
     GenListNode *p;  char nam, ch;
     nam = ch;  ch = s[i++];                             //从 s 中取一个字符
     printf ( "%c", ch );
     if ( isupper(ch) ) {                                //是大写英文字母（表名）
          h = ( GenListNode* ) malloc ( sizeof ( GenListNode ));
          h->tag = 2;                                    //建子表结点
          nam = ch;  ch = s[i++];
          if ( ch == '(' ) {
               p = ( GenListNode* ) malloc ( sizeof ( GenListNode ));
               p->tag = 0;  p->info.ref = 1;             //建头结点
               h->info.hlink = p;
               L1[k] = nam;  L2[k++] = p;
               if ( s[i] == '#' ) { p->tlink = NULL;  i++; }
               CreateList ( s, i, p->tlink, L1, L2, k );//递归建后续子表
               nam = ch;  ch = s[i++];
               printf ( "%c", ch );
               if ( ch == ',' ) CreateList ( s, i, h->tlink, L1, L2, k );
                                                         //递归建后续子表
               else if ( ch == ')' ) h->tlink = NULL;
          }
     }
     else if ( islower(ch) ) {                           //小写英文字母（元素）
          h = ( GenListNode* ) malloc ( sizeof ( GenListNode ));
          h->tag = 1;  h->info.value = ch;               //建原子结点
          nam = ch;  ch = s[i++];
          if ( ch == ',' ) CreateList ( s, i, h->tlink, L1, L2, k );
                                                         //递归建后续子表
          else if ( ch == ')' ) h->tlink = NULL;
     }
}
void CreateGenList ( char *s, GenList& GL, char Ls1[], GenList Ls2[], int&
count ) {
     int i = 0;  count = 0;
```

```
    CreateList ( s, i, GL, Ls1, Ls2, count );
    GenListNode *p = GL->info.hlink;
    free (GL);  GL = p;                                  //删去多余的表结点
}
```

4.5.4　扩展阅读：三元多项式的表示

作为广义表应用的例子，现在考虑三元多项式的表示。例如，有一个三元多项式

$$P(x, y, z) = x^{10}y^3z^2 + 2x^8y^3z^2 + 3x^8y^2z^2 + x^4y^4z + 6x^3y^4z + 2yz$$

如果定义采用如图 4-44 所示的每个结点包含 5 个域 coef、expx、expy、expz、link 的结构数组或单链表，让每个结点表示表达式中的一项。因为结点中域的个数取决于表达式变量个数，给存储管理会带来困难。所以可以考虑使用广义表来表达三元多项式。

coef(系数)	expx(x指数)	expy(y指数)	expz(z指数)	link(链接指针)

图 4-44　三元多项式的单链表表示的结点构造

设三元多项式为 $P(x, y, z)$，首先把变量 $z, z^2,\cdots$作为因子提出，得到

$$P(x, y, z) = (x^{10}y^3 + 2x^8y^3 + 3x^8y^2)\,z^2 + (x^4y^4 + 6x^3y^4 + 2y)\,z = Az^2 + Bz$$

按照 z 指数递减的顺序建立广义表，表中有两个表元素。分别存储 Az^2 和 Bz 的系数和指数$(A, 2)$和$(B, 1)$。但由于 $A(x, y)$和 $B(x, y)$是二元多项式，两个结点都是子表结点。

第二步，分别针对 A 和 B，把变量 y, y^2, …作为因子提出，得到

$$A(x, y) = (x^{10} + 2x^8)y^3 + 3x^8y^2 = Cy^3 + Dy^2$$

$$B(x, y) = (x^4 + 6x^3)y^4 + 2y = Ey^4 + Fy$$

分别建立子表 A 和 B，它们都是广义表，以变量 y 指数递减的顺序链接。表 A 存储 Cy^3 和 Dy^2 的系数和指数$(C, 3)$和$(D, 2)$；表 B 存储 Ey^4 和 Fy 的系数和指数$(E, 4)$和$(F, 1)$。因为 $C(x)$、$D(x)$、$E(x)$、$F(x)$都是变量 x 的一元多项式，所以 C、D、E、F 都是子表结点。

第三步，针对 $C(x)$中 x^{10} 和 $2x^8$ 的系数和指数(1, 10)和(2, 8)，$D(x)$中 $3x^8$ 的系数和指数(3, 8)，$E(x)$中 x^4 和 $6x^3$ 的系数和指数(1, 4)和(6, 3)，$D(x)$中 2 的系数和指数(2, 0)，分别建立子表，它们也都是广义表，但不再包含子表，广义表最后就完成了。

程序 4-21 给出适合这种广义表应用的类型为 PolyNode 的结点声明。

程序 4-21　用于表示 m 元多项式的结点定义

```
typedef struct node {           //多项式结点类定义
    struct node *tlink;         //同一层下一结点指针
    int exp;                    //指数
    int tag;                    //标志，=0 为头结点，=1 为子表结点，=3 为原子结点
    union {                     //共用体
        char name;              //表头结点中存放该链表基于的变量名
        struct node *hlink;     //子表结点中存放指向系数子链表的指针
        double coef;            //原子结点中存放浮点型系数
    }
} PolyNode;
```

在这种表示中，根据 tag 的值，可以有 3 种类型的结点。

tag = 0，则该结点是多项式链表的头结点，它的 name 域中存放该链表的变量名，exp 域不用。

tag = 1，则系数本身也是一个多项式，该结点 hlink 域中存放指向那个多项式子链表的指针，exp 域存放指数的值。

tag = 2，表示系数是一个浮点数，该结点 coef 域中存放系数的值，exp 域存放指数的值。

图 4-45 给出多项式 $P(x, y) = x^2+2xy + 4y^2$ 的链表表示。

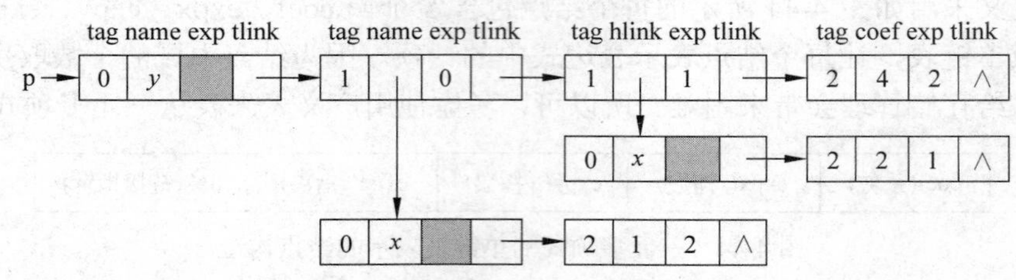

图 4-45　多项式 $P(x, y) = x^2+2xy + 4y^2$ 的链表表示

链表表头指针 p 指示的是一个头结点，它标明以它打头的一层链表是基于变量 y 的，它的 tlink 指针指示了多项式链表中的第一项。第一项的系数还是多项式，可以通过 hlink 指针找到那个多项式链表的表头结点，第一项的指数是 0，即 y^0 项。后续第二项的系数仍是多项式，它的指数为 1，即 y^1 项。第三项的系数是实数 4，指数为 2，即 $4y^2$。

图 4-46 给出本节所举例子 $P(x, y, z)$的链表表示。为了清晰起见，图中没有标出 tag 域，不过根据结点定义，每个结点是什么性质的结点是很清楚的。

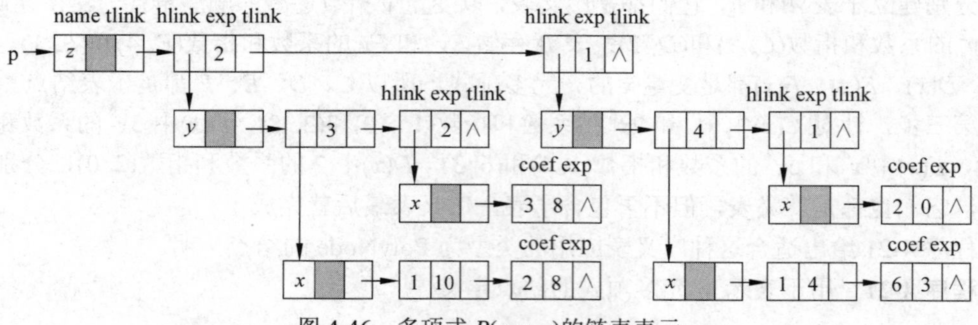

图 4-46　多项式 $P(x, y, z)$的链表表示

利用这种多项式链表表示，就能够仿照一元多项式的情形，实现多项式的加法和乘法运算了。因为篇幅原因，不再详细介绍。

小　结

本章的知识点有 6 个：一维数组，多维数组，特殊矩阵的压缩存储，稀疏矩阵及其存储表示，字符串及其模式匹配、广义表的概念。

本章复习的要点如下：

- 一维数组的概念。包括一维数组的静态结构定义与动态结构定义，一维数组的数组元素存储地址的计算。
- 多维数组的概念。包括多维数组的静态结构定义与动态结构定义，多维数组的数组元素存储位置的计算。
- 特殊矩阵。包括对称矩阵的压缩存储形式（包括上三角矩阵和下三角矩阵的数组元素在压缩数组中存储位置的计算），三对角矩阵的压缩存储形式及其数组元素在压缩数组中存储位置的计算。
- 稀疏矩阵。包括稀疏矩阵的概念，稀疏矩阵的三元组表存储表示的结构定义，稀疏矩阵的带行指针的二元组存储表示，稀疏矩阵的十字链表存储表示。
- 字符串。包括字符串的概念，string.h 所提供的字符串操作的使用方法，字符串的结构定义，字符串中部分操作的实现，简单的模式匹配算法和匹配事例。
- 广义表。包括广义表的定义和特性，广义表的表头和表尾的概念，广义表的结构定义，广义表的示例。

习　　题

一、问答题

1. 设有一个二维数组 $A[m][n]$，假设 $A[0][0]$存放位置在 644 $_{(10)}$，$A[2][2]$存放位置在 676 $_{(10)}$，每个元素占一个空间，问 $A[3][3]_{(10)}$ 存放在什么位置？（脚注 $_{(10)}$ 表示用十进制表示）。

2. 对于一个 $n×n$ 的矩阵 $\boldsymbol{A}$ 的任意矩阵元素 $a[i][j]$，按行存储时和按列存储时的地址之差是多少？（若设两种存储的开始存储地址 Loc(0, 0)及元素所占存储单元数 d 相同。）

3. 设有一个二维数组 $A[11][6]$，按行存放于一个连续的存储空间中，$A[0][0]$的存储地址是 1000，每个数组元素占 4 个存储字，则 $A[8][4]$的地址在什么地方？

4. 设有一个三维数组 $A[10][20][15]$，按页/行/列存放于一个连续的存储空间中，每个数组元素占 4 个存储字，首元素 $A[0][0][0]$的存储地址是 1000，则 $A[8][4][10]$存放于什么地方？

5. 设有一个 n×n 的对称矩阵 $\boldsymbol{A}$，如图 4-47 所示。为了节约存储，可以只存对角线及对角线以上的元素，或者只存对角线或对角线以下的元素。前者称为上三角矩阵，后者称为下三角矩阵。我们把它们按行存放于一个一维数组 B 中，如图 4-48(a)和图 4-48(b)所示，并称之为对称矩阵 $\boldsymbol{A}$ 的压缩存储方式。试问：

$$\begin{bmatrix} a_{1,1} & a_{1,2} & \cdots & a_{1,n} \\ a_{2,1} & a_{2,2} & \cdots & a_{2,n} \\ \vdots & \vdots & \ddots & \vdots \\ a_{n,1} & a_{n,2} & \cdots & a_{n,n} \end{bmatrix}$$

图 4-47　对称矩阵

（1）存放对称矩阵 $\boldsymbol{A}$ 上三角部分或下三角部分的一维数组 B 有多少元素？

（2）若在一维数组 B 中从 0 号位置开始存放，则如图 4-47 所示的对称矩阵中的任一元素 a_{ij} 在只存上三角部分时（如图 4-48(a)所示）应存于一维数组的什么下标位置？给出计算公式。

（3）若在一维数组 B 中从 0 号位置开始存放，则如图 4-47 所示的对称矩阵中的任一元

素 a_{ij} 在只存下三角部分时（如图 4-48(b)所示）应存于一维数组的什么下标位置？给出计算公式。

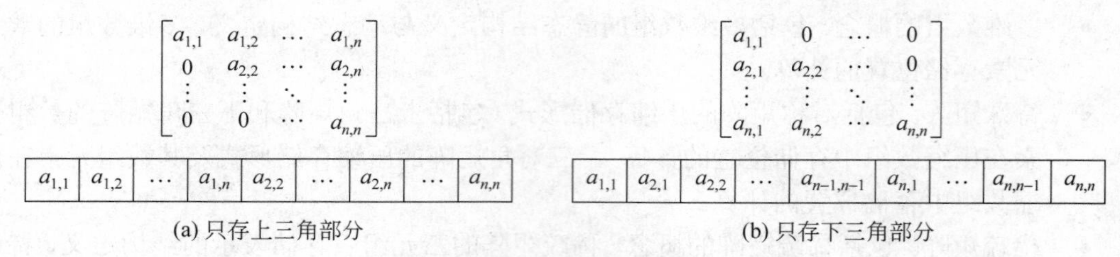

(a) 只存上三角部分　　(b) 只存下三角部分

图 4-48　对称矩阵的压缩存储

6．在实际应用中经常遇到的特殊矩阵是三对角矩阵，如图 4-49 所示。

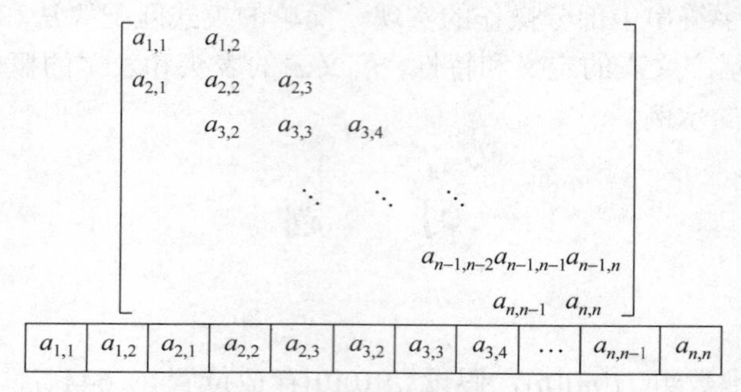

图 4-49　三对角矩阵的压缩存储

在该矩阵中除主对角线及在主对角线上下最临近的两条对角线上的元素外，所有其他元素均为 0。现在要将三对角矩阵 ***A*** 中 3 条对角线上的元素按行存放在一维数组 B 中，且 a_{11} 存放于 $B[0]$。试给出计算 ***A*** 在 3 条对角线上的元素 a_{ij}（$1\leqslant i\leqslant n, i-1\leqslant j\leqslant i+1$）在一维数组 B 中的存放位置的计算公式。

7．设带状矩阵是 $n\times n$ 阶的方阵，其中所有的非零元素都在由主对角线及主对角线上下各 b 条对角线构成的带状区域内，其他都为零元素，如图 4-50 所示。试问：

（1）该带状矩阵中有多少个非零元素？

（2）若用一个一维数组 B 按行顺序存放各行的非零元素，且设 a_{11} 存放在 $B[0]$中，请给出一个公式，计算任一非零元素 a_{ij} 在一维数组 B 中的存放位置。

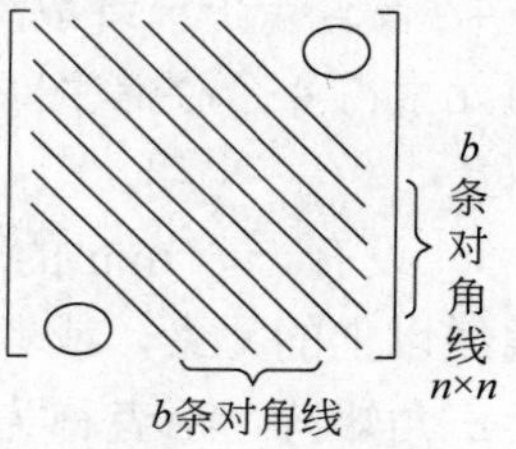

图 4-50　带状矩阵

8．设串 s 为 "*aaab*"，串 t 为 "*abcabaa*"，串 r 为"*abcaabbabcabaacbacba*"，试分别计算它们的 next 失配函数的值。

9．对目标 T ="*ababbaabaa*"，模式 P = "*aab*"，按 KMP 算法进行快速模式匹配，并用图分析计算过程。

10．画出下列广义表的图形表示和它们的存储表示：

（1）$D(A(c), B(e), C(a, L(b, c, d)))$

（2）J1(J2(J1, *a*, J3(J1)), J3(J1))

11．利用广义表的 head 和 tail 操作写出函数表达式，把以下各题中的单元素 banana 从广义表中分离出来：

（1）L1(apple, pear, banana, orange)

（2）L2((apple, pear), (banana, orange))

（3）L3(((apple), (pear), (banana), (orange)))

（4）L4((((apple))), ((pear)), (banana), orange)

（5）L5((((apple), pear), banana), orange)

（6）L6(apple, (pear, (banana), orange))

二、算法题

1. 若矩阵 $\boldsymbol{A}_{m\times n}$ 中的某一元素 $A[i][j]$ 是第 i 行中的最小值，同时又是第 j 列中的最大值，则称此元素为该矩阵的一个鞍点。假设以二维数组存放矩阵，试编写一个函数，确定鞍点在数组中的位置（若鞍点存在时），并分析该函数的时间复杂度。

2. 设定整数数组 $B[m+1][n+1]$ 的数据在行、列方向上都按从小到大的顺序排序，且整型变量 x 中的数据在 B 中存在。试设计一个算法，找出一对满足 $B[i][j] == x$ 的 i、j 值。要求比较次数不超过 $m+n$。

3. 试写一个递归算法，将整数字符串转换为整数（例："43567"→ 43567），算法的首部为：int stringToInt (char *s)，s 为给定的整数字符串，函数返回转换的结果。

4. 所谓回文，是指从前向后顺读和从后向前倒读都一样的不含空白字符的串。例如 did，madamimadam，pop 即是回文。试编写一个算法，判断一个串是否是回文。

5. 字符串的替换操作 replace (String& s, String& t, String& v) 是指：若 t 是 s 的子串，则用串 v 替换串 t 在串 s 中的所有出现；若 t 不是 s 的子串，则串 s 不变。例如，若串 t 为 "*bab*"，串 s 为 "*aabbabcbaabaaacbab*"，串 v 为 "*abdc*"，则执行 replace 操作后，串 s 中的结果为"*aababdccbaabaaacabdc*"。试利用字符串的基本运算实现这个替换操作。

6. 编写一个算法 frequency，统计在一个输入字符串中各个不同字符出现的频度。用适当的测试数据来验证这个算法。

三、实训题

设计一组程序，自定义用堆实现的字符串结构和相关的字符串比较、取子串、连接串、串替换等操作，放在 HString.h 中，可以使用 C 语言提供的 String.h 中的操作。利用串的操作，编写两个函数，计算 next 失配函数和用 KMP 算法实施串的模式匹配。要求设计一个主程序，输入两个字符串 T 和 P，调用这两个函数进行模式匹配，最后返回匹配结果，通过主程序打印出来。

第 5 章 树与二叉树

到目前为止，已经学习了线性结构、简单的多维数组和表结构。这些数据结构一般不适合描述具有分支结构的数据。在这种具有分支结构的数据之间可能有祖先-后代、一般-特殊、整体-部分等分支的关系。本章讨论的树形结构则是以分支关系定义的层次结构，是一类重要的非线性数据结构，在计算机领域有着广泛应用。例如，在文件系统和数据库系统中，树是组织信息的重要形式之一；在编译系统中，树用来表示源程序的语法结构；在算法设计与分析中，树还是刻画程序动态性质的工具。

5.1 树的基本概念

树结构广泛存在于现实世界，例如，家族的家谱、公司的组织机构、书的章节等。在计算机应用中，最为人们熟悉的就是磁盘中的文件夹，即文件目录，它包含文件和文件夹。

5.1.1 树的定义和术语

1．树的定义

一棵树是 n（$n\geqslant 0$）个结点的有限集合。$n = 0$ 为空树，而非空树可记作

$$T = \{r, T_1, T_2, \cdots, T_n\}$$

其中，r 是 T 的根结点。$T_1, T_2, \cdots, T_m$ 是除 r 之外其他结点构成的互不相交的 m（$m\geqslant 0$）个子集合，每个子集合也是一棵树，称为根的子树。

每棵子树的根结点有且仅有一个直接前趋（即它的上层结点），但可以有 0 个或多个直接后继（即它的下层结点）。m 称为 r 的分支数。

图 5-1 给出树的逻辑表示，它形如一棵倒长的树。图 5-1(a)是空树，一个结点也没有。图 5-1(b)是只有一个根结点的树，它的子树为空。图 5-1(c)是有 13 个结点的树。其中 A 是根结点，它一般都画在树的顶部；其余结点分成 3 个互不相交的子集：$T_1 = \{B, E, F, K, L\}$，$T_2 = \{C, G\}$，$T_3 = \{D, H, I, J, M\}$。它们都是根结点 A 的子树。再看 T_1，它的根是 B，其余

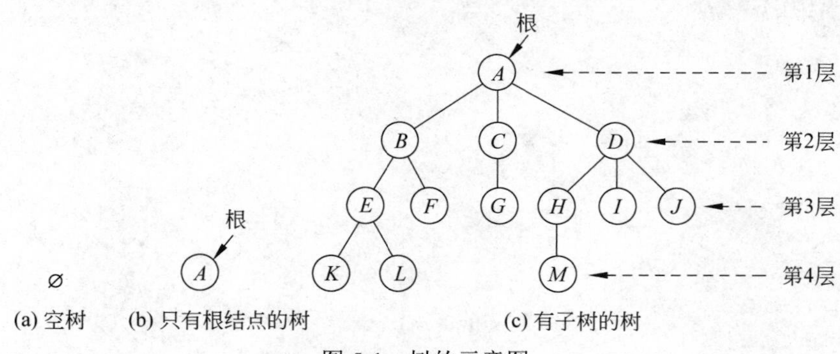

图 5-1 树的示意图

结点又分成两个互不相交的子集：$T_{11}=\{E, K, L\}$，$T_{12}=\{F\}$，它们是 T_1 的子树。

由此可知，树的定义是一个递归的定义，即树的定义中又用到了树的概念。

除了图 5-1 所描述的逻辑表示外，在计算机系统和其他领域还有几种表示方法，参看图 5-2。图 5-2(a)是树的目录结构表示，图 5-2(b)是树的集合文氏图表示，图 5-2(c)是树的凹入表表示，图 5-2(d) 是树的广义表表示。

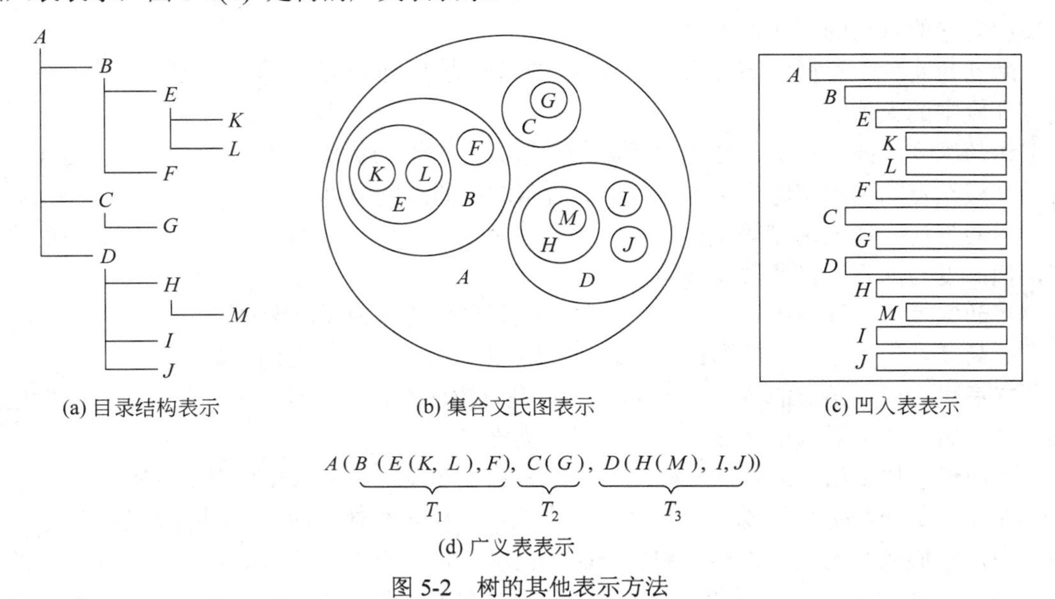

(a) 目录结构表示　(b) 集合文氏图表示　(c) 凹入表表示

(d) 广义表表示

图 5-2　树的其他表示方法

2. 树的基本术语

结点　它包含数据元素的值及指向其他结点的分支指针。例如在图 5-2(c)中的树总共 13 个结点。为方便起见，每个数据元素用单个字母表示。

结点的度　是结点所拥有的子树棵数。例如在图 5-1(c)所示的树中，根 A 的度为 3，结点 E 的度为 2，结点 K、L、F、G、M、I、J 的度为 0。

叶结点　即度为 0 的结点，又称为终端结点。例如在图 5-1(c)所示的树中，$\{K, L, F, G, M, I, J\}$ 构成树的叶结点的集合。

分支结点　除叶结点外的其他结点，又称为非终端结点。例如在图 5-1(c)所示的树中，A、B、C、D、E、H 就是分支结点。

子女结点　若结点 x 有子树，则子树的根结点即为结点 x 的子女。例如在图 5-1(c)所示的树中，结点 A 有 3 个子女，结点 B 有 2 个子女，结点 L 没有子女。

双亲结点　若结点 x 有子女，它即为子女的双亲。例如在图 5-2(c)所示的树中，结点 B、C、D、E 有一个双亲，根结点 A 没有双亲。

兄弟结点　同一双亲的子女互称为兄弟。例如在图 5-1(c)所示的树中，结点 B、C、D 为兄弟，E、F 也为兄弟，但 F、G、H 不是兄弟。

祖先结点　从根结点到该结点所经分支上的所有结点。例如在图 5-1(c) 所示的树中，结点 L 的祖先为 A、B、E、L。不包括 L 的祖先结点称为 L 的真祖先。

子孙结点　某一结点的子女，以及这些子女的子女都是该结点的子孙。例如在图 5-1(c)所示的树中，结点 B 的子孙为 B、E、F、K、L。不包括 B 的子孙称为 B 的真子孙。下文中如果不加特别说明，所谓“子孙”都是指真子孙。

结点间的路径　树中任一结点 v_i 经过一系列结点 $v_1, v_2, \cdots, v_k$ 到 v_j，其中(v_i, v_1), $(v_1, v_2), \cdots, (v_k, v_j)$是树中的分支，则称 $v_i, v_1, v_2, \cdots, v_k, v_j$ 是 v_i 与 v_j 间的路径。

结点的深度　即结点所处层次，简称结点的层次，即从根到该结点的路径上的分支数加1。例如在图5-1(c) 所示的树中，根结点在第1层，它的子女在第2层。树中任一结点的层次为它的双亲的层次加1。①

结点的高度　空树的高度为0，叶结点的高度为1，非叶结点的高度等于它的两个子女结点高度中的大值加1。

树的深度　树中距离根结点最远的结点所处层次即为树的深度。空树的深度为 0，只有一个根结点的树的深度为1，图5-1(c) 所示的树的深度为4。

树的高度　树的高度等于根结点的高度。需要注意的是：树的高度与树的深度的值相等，但高度与深度计算的方向不同。

树的宽度　统计树中每一层结点个数，取其最大者作为树的宽度。

树的度　树中结点的度的最大值。例如，图5-1(c) 所示的树的度为3。

有序树　树中结点的各棵子树 $T_0, T_1, \cdots$是有次序的，即为有序树。其中，T_1 叫做根的第1棵子树，T_2 叫做根的第2棵子树，以此类推。

无序树　树中结点的各棵子树之间的次序是不重要的，可以互相交换位置。

森林　是 m（$m \geqslant 0$）棵树的集合。在自然界，树与森林是两个不同的概念，但在数据结构中，它们之间的差别很小。删去一棵非空树的根结点，树就变成森林（不排除空的森林）；反之，若增加一个根结点，让森林中每一棵树的根结点都变成它的子女，森林就成为一棵树。

思考题　根据树的定义，请验证以下一些结论：

- 树中的分支条数等于结点个数减1。
- 树中任意两个结点之间存在唯一的一条路径。
- 结点间路径的长度等于路径上的分支条数。
- 树中每对结点至少存在一个共同祖先。
- 在一对结点的所有共同祖先中，深度最大的共同祖先称为最低共同祖先。每一对结点间的最低共同祖先必存在且唯一。

5.1.2　树的基本操作

（1）创建一棵树并初始化：void InitTree(Tree& T)。

先决条件：无。

操作结果：建立一棵根指针为 T 的空树。

（2）删除一棵树：void ClearTree (TreeNode *& T)。

先决条件：树非空。

操作结果：将树 T 中所有结点释放，将树清空。

（3）求结点 p 第一个子女地址：position FirstChild (Tree& T, position p)。

① 某些教材设定根结点在第0层。本书为便于学习，还是按照传统，把根结点定为第1层。

先决条件：结点 p 是树 T 的结点。

操作结果：返回结点 p 的第一个子女结点地址，若无子女，则函数返回 0。

（4）求结点 p 下一兄弟地址：position NextSibling (Tree& T, position p)。

先决条件：结点 p 是树 T 的结点。

操作结果：返回结点 p 的下一个兄弟结点地址，若无下一兄弟，返回 0。

（5）求结点 p 的双亲地址：position Parent(Tree& T, position p)。

先决条件：结点 p 是树 T 的结点。

操作结果：返回结点 p 的双亲地址，若结点 p 为根，返回 0。

（6）在结点 p 下插入新子女：int InsertChild (Tree& T, position p, TElemType x)。

先决条件：树 T 非空且结点 p 为树 T 的结点。

操作结果：在结点 p 下插入值为 x 的新子女，若插入失败，函数返回 0，否则函数返回 1。

（7）删除结点 p 的第 i 个子女：int DeleteChild (Tree& T, position p, int i)。

先决条件：树 T 非空且结点 p 是树 T 的结点。

操作结果：删除结点 p 的第 i 个结点，若删除失败，则函数返回 0，否则函数返回 1。

（8）删除以 t 为根结点的子树：void DeleteSubTree (Tree& T, position t)。

先决条件：t 是树 T 的结点。

操作结果：删除以 t 为根的子树的全部结点且 t 置为空。

（9）遍历以 p 为根的子树：void Traversal (Tree& T, position p)。

先决条件：树 T 非空且结点 p 是树的结点。

操作结果：遍历以结点 p 为根的子树。

5.2　二叉树及其存储表示

二叉树在很多问题中都得到应用，是一类重要的数据类型。

5.2.1　二叉树的概念

1．二叉树的定义

一棵二叉树是结点的一个有限集合，该集合或者为空，或者是由一个根结点加上两棵分别称为左子树和右子树的互不相交的二叉树组成。

$$T=\begin{cases}\varnothing, & n=0\\ \{r,T_{\mathrm{L}},T_{\mathrm{R}}\}, & n>0\end{cases}$$

二叉树的特点如下：

（1）每个结点最多有两个子女，分别称为该结点的左子女和右子女。就是说，在二叉树中不存在度大于 2 的结点，且二叉树的子树有左、右之分，其子树的次序不能颠倒。

（2）二叉树的定义是递归的。根结点的子树 T_{L}、T_{R} 仍是二叉树，到达空子树时递归的定义结束。许多基于二叉树的算法都利用了这个递归的特性。

（3）二叉树可能有 5 种不同的形态，参看图 5-3。图 5-3(a)表示一棵空二叉树。图 5-3(b)

是只有根结点的二叉树，根的左子树和右子树都是空的。图 5-3 (c)是根的右子树为空的二叉树，图 5-4(d)是根的左子树为空的二叉树，图 5-3 (e)是根的两棵子树都不为空的二叉树。一棵二叉树的根的子树还可以是这 5 种形态中的一种。

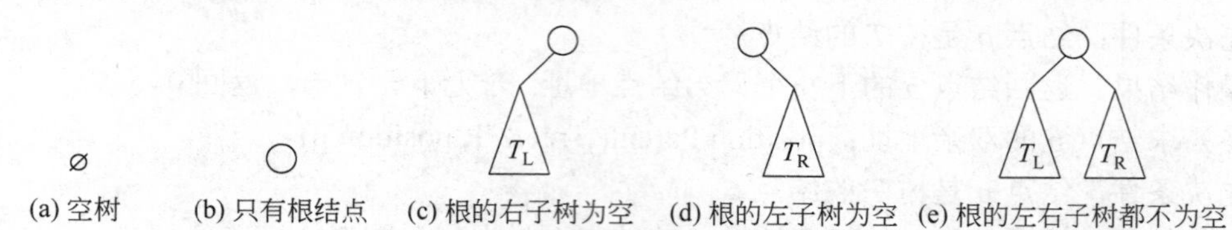

图 5-3　二叉树的 5 种不同形态

（4）关于树的术语对于二叉树都适用，但二叉树不是树，理由如下：

- 树在图论中被视为用 $n-1$ 条边连结 n 个顶点的特殊的图。图的顶点集合非空，故树的顶点非空。图论中另外定义了 N 叉树，它可以是空树，二叉树属于 N 叉树。
- 非空二叉树有根，根结点的子树有左、右之分，次序不能颠倒；若其中某一棵子树为空，另一棵子树也需保持左、右之分。树可以没有根（自由树）；即使有根，其子树也没有这种区分。

思考题　人们经常说：二叉树某结点无左子树或无右子树，这种说法对吗？

5.2.2　二叉树的性质

二叉树具有如下性质：

性质 1　在二叉树的第 i（$i \geqslant 1$）层最多有 2^{i-1} 个结点。

〖证明〗 用归纳法：当 $i=1$ 时，非空二叉树在第 1 层只有一个根结点，$2^{1-1}=2^0=1$，结论成立；现假定对于所有的 j，$1 \leqslant j < i$，结论成立，即第 j 层上至多有 2^{j-1} 个结点，由于二叉树每个结点最多有 2 个子女，因而第 $j+1$ 层上的最大结点数最多为第 j 层上最大结点数的 2 倍，即 $2 \times 2^{j-1}=2^j$ 个结点，性质成立。

性质 2　深度为 k（$k \geqslant 0$）的二叉树最少有 k 个结点，最多有 2^k-1 个结点。

〖证明〗 因为每一层最少要有 1 个结点，因此，最少结点数为 k。$k=0$ 是空二叉树的情形，此时一个结点也没有，$2^0-1=0$，结论成立。$k \geqslant 1$ 是非空二叉树情形，具有层次 $i=1, 2, \cdots, k$。根据性质 1，第 i 层最多有 2^{i-1} 个结点，则整个二叉树中所具有的最多结点数为

$$\sum_{i=1}^{k} \text{第}\, i\, \text{层的最多结点数} = \sum_{i=1}^{k} 2^{i-1} = 2^k - 1$$

性质 3　对于任一棵非空二叉树，若其叶结点数为 n_0，度为 2 的非叶结点数为 n_2，则 $n_0=n_2+1$。

〖证明〗 设二叉树中度为 1 的结点数为 n_1，因为二叉树只有度为 0、度为 1 和度为 2 的结点，所以树中结点总数为 $n=n_0+n_1+n_2$。再看二叉树中边（分支）条数 e。因为二叉树中除根结点没有双亲，进入它的边数为 0 之外，其他每一结点都有且仅有一个双亲，进入它们的边数均为 1，故二叉树中总的边数为 $e=n-1=n_0+n_1+n_2-1$。又由于每个度为 2 的结点发出 2 条边，每个度为 1 的结点发出 1 条边，度为 0 的结点发出 0 条边，因此总的边数为 $e=2n_2+n_1$。因此，有 $n_0+n_1+n_2-1=2n_2+n_1$，消去 n_1 和一个 n_2，得 $n_0-1=n_2$，即 $n_0=n_2+1$。结论成立。

其他一些性质是有关某些特殊二叉树的。为此，先定义两种特殊的二叉树。

满二叉树　深度为 k 的满二叉树是有 2^k-1 个结点的二叉树。在满二叉树中，每一层结点都达到了最大个数。除最底层结点的度为 0 外，其他各层结点的度都为 2。图 5-4(a)给出的就是高度为 4 的满二叉树。

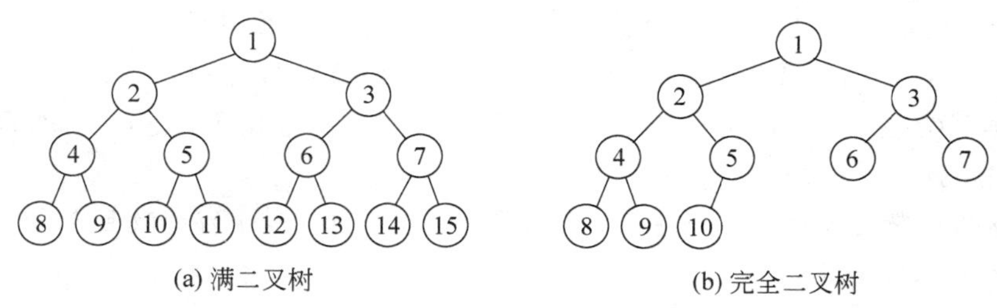

(a) 满二叉树　　(b) 完全二叉树

图 5-4　两种特殊的二叉树

完全二叉树　如果一棵具有 n 个结点的深度为 k 的二叉树，它的每一个结点都与高度为 k 的满二叉树中编号为 1～n 的结点一一对应，则称这棵二叉树为完全二叉树。图 5-4(b)给出的就是深度为 4 的完全二叉树。其特点是：上面从第 1 层到第 $k-1$ 层的所有各层的结点数都是满的，仅最下面第 k 层或是满的，或从右向左连续缺若干结点。

思考题　若完全二叉树有 n 个结点，当 n 为奇数时，$n_1=0$，$n_2=\lfloor n/2\rfloor$，$n_0=n_2+1$；当 n 为偶数时，$n_1=1$，$n_0=n/2$，$n_2=n_0-1$。其中的道理是什么？

性质 4　具有 n 个结点的完全二叉树的深度为 $\lceil \log_2(n+1)\rceil$。

〖证明〗 根据二叉树的性质 2，深度为 d 的完全二叉树最多结点个数 $n\leqslant 2^d-1$，最少结点个数 $n>2^{d-1}-1$，因此

$$2^{d-1}-1<n\leqslant 2^d-1$$

移项得

$$2^{d-1}<n+1\leqslant 2^d$$

取对数

$$d-1<\log_2(n+1)\leqslant d$$

因为 $\log_2(n+1)$ 介于 $d-1$ 和 d 之间且不等于 $d-1$，深度又只能是整数，因此有

$$d=\lceil \log_2(n+1)\rceil$$

结论成立。

注意，此性质针对完全二叉树给出。但对如图 5-5 所示的二叉树也适合。这种二叉树称为理想平衡树或丰满树，其第 1 层到第 $d-1$ 层也是满的，第 d 层的结点不一定集中在最左边，可能分布在该层的各处。

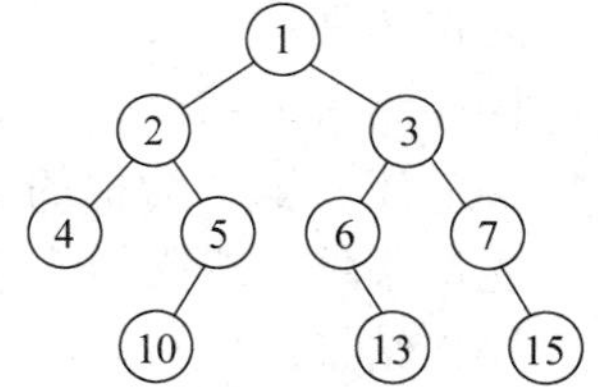

图 5-5　理想平衡树

思考题　有的教科书定义 $d=\lfloor \log_2 n\rfloor+1$，这与上述定义在 $n>0$ 时等效，但 $n=0$ 时是否同样有效？

性质 5　如果将一棵有 n 个结点的完全二叉树自顶向下，同一层自左向右连续给结点编号 1, 2, …, n，然后按此结点编号将树中各结点顺序地存放于一个一维数组中，并简称编号为 i 的结点为结点 i ($1\leqslant i\leqslant n$)，参看图 5-4(b)。则有以下关系：

（1）若 $i=1$，则结点 i 为根，无双亲；若 $i>1$，则结点 i 的双亲为结点 $\lfloor i/2\rfloor$。

（2）若 $2i\leqslant n$，则结点 i 的左子女为结点 $2i$。

（3）若 $2i+1\leqslant n$，则结点 i 的右子女为结点 $2i+1$。

（4）若结点编号 i 为奇数，且 $i\,!=1$，它处于右兄弟位置，则它的左兄弟为结点 $i-1$。

（5）若结点编号 i 为偶数，且 $i\,!=n$，它处于左兄弟位置，则它的右兄弟为结点 $i+1$。

（6）结点 i 所在层次为 $\lfloor \log_2 i \rfloor +1$。

思考题 如果结点编号从 0 开始，请验证以下结论。

- 结点 $i\,(1 \leqslant i \leqslant n-1)$的双亲为结点 $\lfloor (i-1)/2 \rfloor$，结点 0 无双亲。
- 分支结点中编号最大的是结点 $\lfloor (n-2)/2 \rfloor$ 或结点 $\lfloor n/2 \rfloor -1$。
- 若 $i \leqslant \lfloor (n-2)/2 \rfloor$，则结点 i 的左子女为 $2i+1$；若 $i \leqslant \lfloor (n-3)/2 \rfloor$)，则结点 i 的右子女为 $2i+2$。
- 若 i 为偶数且大于 0，则结点 i 有左兄弟结点 $i-1$；若 i 为奇数且 $i \leqslant n-2$，则结点 i 有右兄弟结点 $i+1$。
- 结点 $i\,(0 \leqslant i \leqslant n-1)$在第 $\lfloor \log_2 (i+1) \rfloor +1$ 层。

思考题 严格二叉树是只有度为 0 和度为 2 的结点的二叉树（又称正则树），其最大高度是多少？最小高度是多少？

5.2.3 二叉树的主要操作

（1）删除一棵树：void ClearBTree (BiTNode *& T)。

先决条件：二叉树非空。

操作结果：将根为 T 的二叉树中所有结点释放，将二叉树清空。

（2）求结点 p 左子女结点地址：BiTNode *LeftChild (BiTNode *p)。

先决条件：结点 p 是二叉树的结点。

操作结果：返回结点 p 的左子女结点地址，若无左子女则函数返回 NULL。

（3）求结点 p 右子女结点地址：BiTNode *RightChild (BiTNode *p)。

先决条件：结点 p 是二叉树的结点。

操作结果：返回结点 p 的右子女结点地址，若无右子女则函数返回 NULL。

（4）求结点 p 的双亲地址：BiTNode *Parent (BiTNode * p)。

先决条件：结点 p 是二叉树的结点。

操作结果：返回结点 p 的双亲地址，若结点 p 为根返回 NULL。

（5）返回结点 p 中存放的值：int GetData (BiTNode *p, TElemType& x)。

先决条件：二叉树非空且结点 p 是二叉树的结点。

操作结果：结点 p 的数据通过 x 返回且函数返回 1，否则返回 0。

（6）建立以 T 为根的二叉树：void CreateBinTree (BiTNode *& T)。

先决条件：二叉树为空且输入序列按先序排列。

操作结果：建立以结点 T 为根的二叉树。

（7）输出以结点 T 为根的子树：void PrintBinTree (BiTNode *& T)。

先决条件：二叉树非空。

操作结果：按照广义表的形式输出以结点 T 为根的子树。

（8）求以结点 T 为根的子树高度：int Height (BiTNode *& T)。

先决条件：无。

操作结果：计算以 T 为根的子树的高度，空树返回 0。

（9）先序遍历：void PreOrder (BiTNode *T)。

先决条件：无。

操作结果：按照先序顺序访问二叉树 T 的所有结点且每个结点仅访问一次。

（10）中序遍历：void InOrder (BiTNode *T)。

先决条件：无。

操作结果：按照中序顺序访问二叉树 T 的所有结点且每个结点仅访问一次。

（11）后序遍历：void PostOrder (BiTNode *T)。

先决条件：无。

操作结果：按照后序顺序访问二叉树 T 的所有结点且每个结点仅访问一次。

（12）层次序遍历：void LevelOrder (BiTNode *T)。

先决条件：无。

操作结果：按照层次序顺序访问二叉树 T 的所有结点且每个结点仅访问一次。

5.2.4　二叉树的顺序存储表示

二叉树的存储表示有两种：顺序存储表示和链接存储表示。通常地，在数据处理过程中二叉树的大小和形态不发生剧烈动态变化的场合，宜采用顺序存储方式来表示二叉树。用顺序存储方式存储二叉树结构，就是将二叉树的数据元素存储在一组连续的存储单元之内。这种方式可以用 C 语言的一维数组来描述，用数组元素的下标为索引，随机存取二叉树的结点。

1．完全二叉树的顺序存储表示

设有一棵完全二叉树，如图 5-6(a)所示，对它所有的结点按照层次次序自顶向下，同一层自左向右顺序编号 1, 2, …, n，就得到一个结点的顺序（线性）序列。按这个线性序列，把这棵完全二叉树放在一个一维数组中，如图 5-6(b)所示。

在数组 data[i] 中存放编号为 i（$i \geqslant 0$）的完全二叉树的结点。采用这种方式，可以利用完全二叉树的性质 5，从一个结点的编号推算出它的双亲、子女、兄弟等结点的编号，从而在数组 data 中找到这些结点。程序 5-1 给出二叉树顺序存储表示的定义。

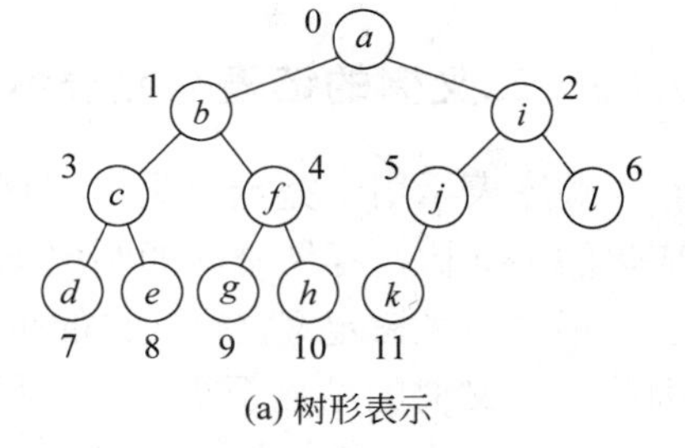

(a) 树形表示

0	1	2	3	4	5	6	7	8	9	10	11
a	b	i	c	f	j	l	d	e	g	h	k

(b) 数组存储

图 5-6　完全二叉树的数组表示

程序 5-1　二叉树顺序存储表示的类型定义

```
typedef char TElemType;              //假设元素数据类型为 char
typedef struct {
     TElemType data[maxSize];        //存储数组
     int n;                          //当前结点个数
} SqBTree;
```

这种存储表示是存储完全二叉树的最简单、最省空间的存储方式。但要注意，在数组中结点下标是从 0 开始的，计算双亲、子女、兄弟结点时与性质 5 所述有差异。

2．一般二叉树的顺序存储表示

设有一棵一般的二叉树，如图 5-7(a)所示，需要将它存放在一个一维数组中。为了能够简单地找到某一个结点的上下左右的关系，也必须仿照完全二叉树那样，对二叉树的结点进行编号，然后按编号将它放到数组中去，如图 5-7(b)所示。在编号时，如遇到空子树，应在编号时假定有此子树，也进行编号，而在顺序存储时当做有此子树那样把位置留出来，这样才能反映二叉树结点之间的相互关系，由其存储位置找到它的双亲、子女、兄弟结点的位置。但这样做有可能会消耗大量的存储空间。例如，图 5-8 给出的单支二叉树，要求一个可存放 31 个结点的一维数组，但只在第 0、2、6、14、30 这几个位置存放有结点数据，其他大多数结点空间都空着，又不能压缩到一起，造成很大的空间浪费。

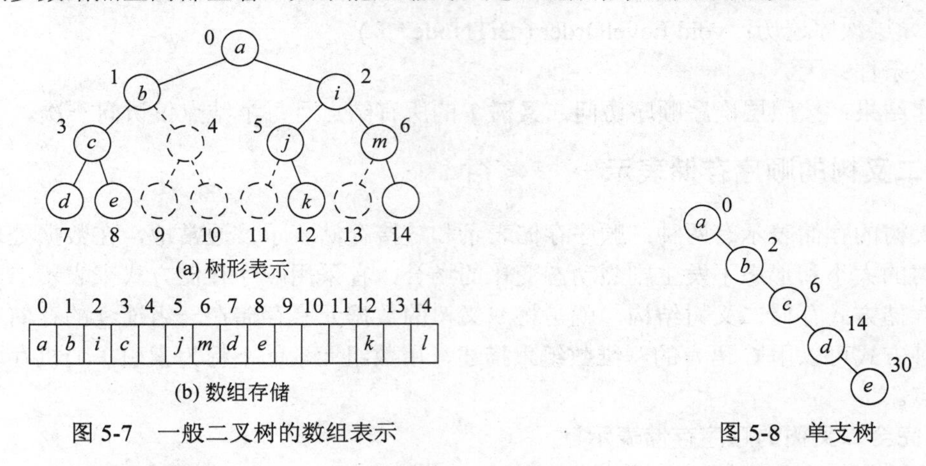

(a) 树形表示

0	1	2	3	4	5	6	7	8	9	10	11	12	13	14
a	*b*	*i*	*c*		*j*	*m*	*d*	*e*				*k*		*l*

(b) 数组存储

图 5-7　一般二叉树的数组表示

图 5-8　单支树

5.2.5　二叉树的链表存储表示

顺序表示用于完全二叉树的存储表示非常有效，但表示一般二叉树，尤其是形态剧烈变化的二叉树，存储空间的利用不很理想。使用链接存储表示可以克服这些缺点。

根据二叉树定义，二叉树的每一个结点可以有两个分支，分别指向结点的左、右子树。因此，二叉树的结点至少应当包括 3 个域，分别存放结点的数据 data、左子女结点指针 lchild 和右子女结点指针 rchild，如图 5-9(a)所示。这种链表结构称为二叉链表。使用这种结构，可以很方便地根据结点 lchild 指针和 rchild 指针找到它的左子女和右子女，但要找到它的双亲很困难。为了便于查找任一结点的双亲，可以在结点中再增加一个双亲指针域 parent，它被称为三叉链表。如图 5-9(b)所示。

lchild	data	rchild

(a) 二叉链表

lchild	data	parent	rchild

(b) 三叉链表

图 5-9　二叉树的链接存储表示

整个二叉树的链表有一个树根指针，它指向二叉树的根结点，其作用是当作树的访问进入点。图 5-10 (b)和图 5-10(c)分别是图 5-10(a)所示二叉树的二叉链表和三叉链表。根据完全二叉树的性质 3 很容易验证，在含有 n 个结点的二叉链表中有 $n+1$ 个空链指针域，这是因为在所有结点的 $2n$ 个链指针域中只有 $n-1$ 个存有边信息的缘故。三叉链表则有 $n+2$

个空链指针域。

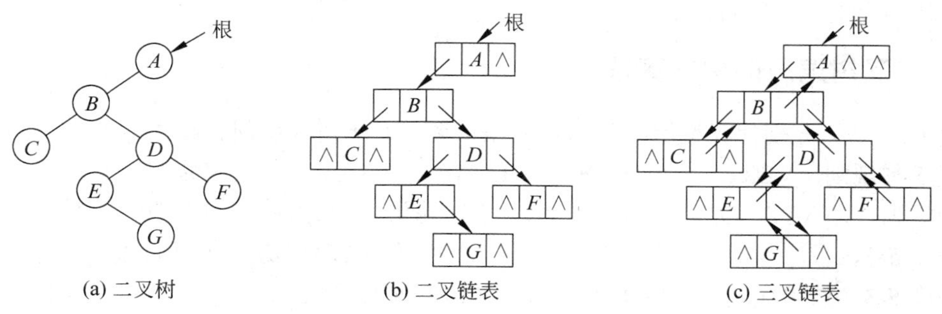

(a) 二叉树　(b) 二叉链表　(c) 三叉链表

图 5-10　二叉树链接存储表示的示例

二叉链表和三叉链表可以是静态链表结构，即把链表存放在一个一维数组中，数组中每一元素是一个结点，它包括 3 个域：数据域 data、左子女指针域 lchild 和右子女指针域 rchild。为寻找双亲方便，还可增加双亲指针域 parent。指针域指示另一结点在数组中的下标。例如，图 5-10(a)所示的二叉树的静态三叉链表结构如图 5-11 所示。

	data	parent	lchild	rchild
0	A	−1	1	−1
1	B	0	2	3
2	C	1	−1	−1
3	D	1	4	5
4	E	3	−1	6
5	F	3	−1	−1
6	G	4	−1	−1

图 5-11　二叉树的静态三叉链表示例

二叉树的存储结构多用二叉链表，其结构定义如程序 5-2 所示。

程序 5-2　二叉树的二叉链表表示

```
typedef char TElemType;                      //元素数据类型
typedef struct node {                        //树结点类型定义
     TElemType data;                         //结点的数据
     struct node *lchild, *rchild;           //左、右子女指针
} BiTNode, *BinTree;                         //二叉树定义
```

二叉树结点元素的数据类型 TElemType 与顺序表等相同，应在二叉树的头文件中使用 typedef 定义。

思考题　二叉树的三叉链表中每个结点增加了一个双亲指针 parent，目的在于能够方便地回退到双亲。其实在程序内增加一个记忆回退路径的栈，使用二叉链表同样可以达到使用三叉链表的目的，这是为什么？

思考题　二叉树的静态三叉链表如何定义？用 C 语言写出它的类型定义。

5.3　二叉树的遍历

所谓二叉树遍历（binarytree traversal），就是遵从某种次序，遍访二叉树中的所有结点，使得每个结点被访问一次且只访问一次。这里，“访问”的意思就是对结点施行诸如存、取等操作，要求这种访问不破坏它原来的数据结构。

对于线性表，遍历只需一趟扫描过去就可以了。但二叉树是一种非线性结构，每个结

点可能有不止一个直接后继，这样就必须规定遍历的规则，按此规则遍历二叉树，最后得到二叉树结点的一个线性序列。

5.3.1 二叉树遍历的递归算法

令 *L*、*R*、*V* 分别代表遍历一个结点的左子树、右子树和访问该结点的操作，则遍历二叉树有 6 种规则：VLR、LVR、LRV、VRL、RVL 和 RLV。若规定先左后右，则仅剩下前面 3 种规则，即 VLR（先序遍历）、LVR（中序遍历）和 LRV（后序遍历）。

程序 5-3、程序 5-4 和程序 5-5 给出中序、先序、后序遍历二叉树的递归实现。

程序 5-3 按中序遍历以*BT 为根的二叉树的递归算法

```
void InOrder_recur ( BiTNode *BT ) {
    if ( BT != NULL ) {                          //空树 T=NULL 是递归终止条件
        InOrder_recur ( BT->lchild );            //中序遍历根的左子树
        printf ( "%d ", BT->data );              //访问根结点
        InOrder_recur ( BT->rchild );            //中序遍历根的右子树
    }
}
```

程序 5-4 按先序遍历以*BT 为根的二叉树的递归算法

```
void PreOrder_recur ( BiTNode *BT ) {
    if ( BT != NULL ) {                          //空树 BT=NULL 是递归结束条件
        printf ( "%d ", BT->data );              //访问根结点
        PreOrder_recur ( BT->lchild );           //先序遍历根的左子树
        PreOrder_recur ( BT->rchild );           //先序遍历根的右子树
    }
}
```

程序 5-5 按后序遍历以*BT 为根的二叉树的递归算法

```
void PostOrder_recur ( BiTNode *BT ) {
    if ( BT != NULL ) {                          //空树 T=NULL 是递归结束条件
        PostOrder_recur ( BT->lchild );          //后序遍历根的左子树
        PostOrder_recur ( BT->rchild );          //后序遍历根的右子树
        printf ( "%d ", BT->data );              //访问根结点
    }
}
```

它们的差别在于访问语句 printf ("%d ", BT->data)出现的时机不同。

【例 5-1】 对于图 5-12 所示的一个表达式 a+b×(c – d)–e/f 对应的语法树，执行中序遍历后，得到 a+b×c – d – e/f，这个线性序列就是表达式的中缀表示。这个结果与表达式原来的字符顺序一致，但把括号丢失了。这是由于在求线性序列的过程中丢失了一些信息的缘故。

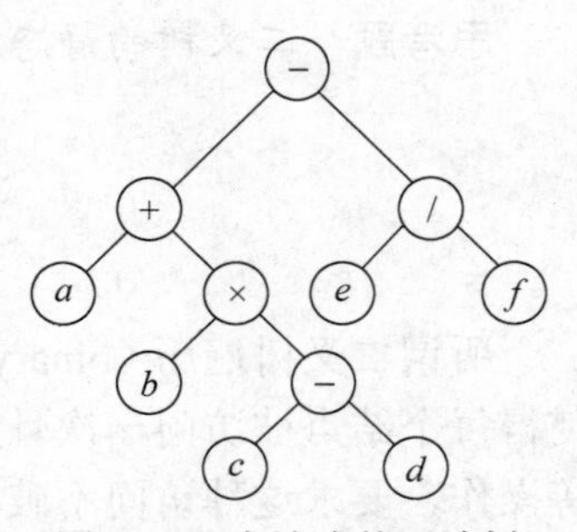

图 5-12 表达式的语法树

针对图 5-12，执行先序遍历算法的结果是线性序列

-+a×b-cd / ef。这是表达式的前缀表示。在此先序遍历结果序列中隐含了树的一些结构信息。第一个被访问的元素一定是二叉树的根。如果根的左子树非空，则在根后紧随的一定是根的左子女；如果左子女为空，则其后紧跟的是其右子树的根。以此类推。

同样针对图 5-12，执行后序遍历算法的结果是线性序列 abcd-×+ef / -。这是表达式的后缀表示。这种表示对于计算表达式十分有用。此外，在此后序遍历结果序列中也隐含了树的一些结构信息。最后一个被访问的元素一定是二叉树的根。如果根的右子树非空，则在根之前的一定是根的右子女；如果右子女为空，则其前的元素是其左子树的根。以此类推。

5.3.2　递归遍历算法的应用举例

以上二叉树遍历的方法是构造各种二叉树操作的基础。某些操作如果选用恰当的遍历方法可以简化实现。下面略举几例。

【例 5-2】 利用二叉树先序遍历建立二叉树。

应用二叉树先序遍历的递归算法可以建立二叉树的二叉链表表示，参看程序 5-6。在此程序中，输入结点值的顺序必须对应二叉树结点先序遍历的顺序，并约定以输入序列中不可能出现的值作为空结点的值以结束递归，例如在输入值为字符时用 '#' 表示空结点的值。

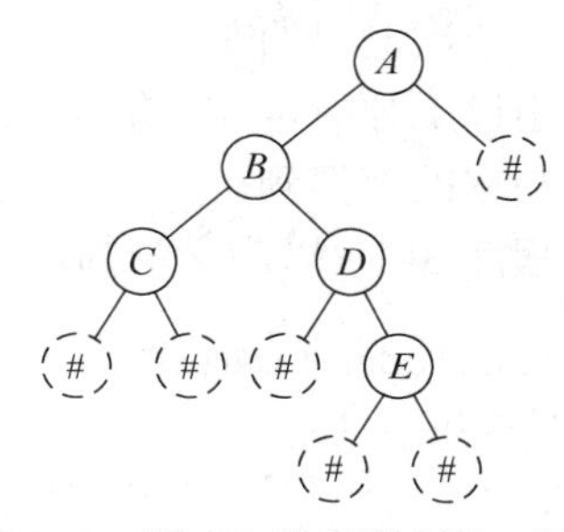

图 5-13　用 '#' 结束递归的二叉树

例如图 5-13 所示的二叉树中，所有结点值为 '#' 的结点位于原二叉树的空子树结点的位置，按照先序遍历所得到的先序序列为 *A B C # # D # E # # #*。算法的基本思想是：每读入一个值，就为它建立结点。该结点作为根结点，其地址通过函数的引用参数 *T* 直接链接到作为实际参数的指针中。然后，分别对根的左、右子树递归地建立子树。若读入'#'，则建立空子树，这是递归结束条件。若读入值为';'，则停止建立二叉树。

程序 5-6　根据二叉树先序序列构建二叉树

```
#include "BinTree.h"
void createBinTree_Pre ( BiTNode *& T, TElemType pre[], int& n ) {
//以递归方式建立二叉树，pre[]是输入序列，以';'结束，空结点的标识为'#'
//引用参数 n 初始调用前赋值 0，退出后 n 是输入统计
     TElelmType ch = pre[n++];                          //读入一个结点的数据
     if ( ch == ';' ) return;                           //处理结束，返回
     if ( ch != '#' ) {                                 //建立非空子树
          T = (BiTNode *) malloc (sizeof(BiTNode));    //建立根结点
          T->data = ch;
          createBinTree_Pre ( T->lchild, pre, n );      //递归建立左子树
          createBinTree_Pre ( T->rchild, pre, n );      //递归建立右子树
     }
     else T = NULL;                                     //否则建立空子树
};
```

在主程序中调用算法的形式为 int n=0; createBinTree_Pre (root, pre, n)，其中 root 为树根。

思考题 空结点作为外结点，原有树结点作为内结点，这样的二叉树称为扩充二叉树。上面的算法就是用带空树标记的先序遍历序列来构造二叉树的算法。如果用带空树标记的后序遍历序列是否也能构造二叉树？如果能，请叙述算法的步骤。

【例 5-3】 利用先序遍历按照广义表形式输出二叉树。

用于表示二叉树的广义表表示为 $L(a_1, a_2)$。其中，表名 L 代表根结点，后面紧随的圆括号内的 a_1 是左子树，a_2 是右子树。如果 a_i（$i = 1, 2$）是单元素，代表叶结点；如果 a_i 是子表，代表一棵非空子树；如果 a_i 缺失，代表空子树。例如，对于图 5-13 所示的二叉树，其对应的广义表表示为 $A(B(C, D(, E)),)$。其中，A 是二叉树的根，它的左子树的根是 B，右子树是空子树（逗号“,”后面为空）。B 的两棵子树的根分别为 C 和 D。C 是叶结点，D 是非空子树的根，其左子树为空子树（逗号“,”前面为空），右子树是叶结点 E。

用广义表的形式输出一棵二叉树时，应首先输出根结点，然后再依次输出它的左子树和右子树，不过在输出左子树之前要打印出左括号，在输出右子树之后要打印出右括号。另外，依次输出的左、右子树要求至少有一个不为空，若都为空就无须输出。

由以上分析可知，输出二叉树的算法如程序 5-7 所示，可在先序遍历算法的基础上作出适当修改后得到。

程序 5-7 以广义表的形式输出二叉树

```
#include "BinTree.h"
void PrintBinTree ( BiTNode *t ) {
      if ( t != NULL ) {
            printf ( "%c", t->data );
            if ( t->lchild != NULL || t->rchild != NULL ) {
                  printf ( "(" );
                  PrintBinTree ( t->lchild );
                  printf ( ", " );
                  PrintBinTree ( t->rchild );
                  printf ( ")" );
            }
      }
}
```

在主程序中调用算法的形式为 PrintBinTree (root)，其中 root 为树根。

【例 5-4】 利用后序遍历销毁一棵二叉树。

如程序 5-8 所示，算法首先销毁根的左子树和右子树，然后再释放根结点。由于根*T 可能是更大的二叉树的一棵子树，参数表中的根指针必须是引用型。

程序 5-8 销毁一棵二叉树

```
void clearBinTree ( BiTNode *& T ) {
//若指针 T 不为空，则删除根为*T 的子树
      if ( T != NULL ) {
            clearBinTree ( T->lchild );                   //递归删除*T 的左子树
```

```
            clearBinTree ( T->rchild );                //递归删除*T 的右子树
            free ( T );  T = NULL;                     //释放*T
        }
};
```

在主程序中调用算法的形式为 clearBinTree (root)，其中 root 为树根。

【例 5-5】 利用后序遍历计算二叉树的高度。

计算二叉树高度的算法思路是：如果二叉树为空，空树的高度为 0；否则先递归计算根结点左子树的高度和右子树的高度，再求出两者中的大者，并加 1（增加根结点时高度加 1），得到整个二叉树的高度。这是一个自底向上计算的过程，如程序 5-9 所示。

程序 5-9　计算一棵二叉树的高度

```
int Height ( BiTNode *T ) {
//计算以*T 为根的二叉树的高度
    if ( T == NULL) return 0;                      //递归结束：空树高度为 0
    else {
        int i = Height ( T->lchild );
        int j = Height ( T->rchild );
        return ( i < j ) ? j+1 : i+1;
    }
};
```

【例 5-6】 求二叉树中某结点的双亲。

在二叉链表情形求某结点的双亲需要利用算法解决。程序 5-10 给出求指定结点*p 双亲的算法。算法的基本思路是：若指定结点*p 是根结点，则*p 没有双亲；若指定结点*p 是根*t 的某一子女，则根*t 是*p 的双亲，这是可以直接求解的部分。否则先递归地到根*t 的左子树中查找，如果找到*p 的双亲，直接返回双亲的地址，否则到根*t 的右子树中递归查找，返回查找结果即可。

程序 5-10　在以*t 为根的二叉树上查找结点*p 的双亲

```
BiTNode *getParent ( BiTNode *t, BiTNode *p ) {
    if ( t == NULL ) return NULL;
    if ( t == p ) return NULL;                     //根结点*t 无双亲
    if ( t->lchild == p || t->rchild == p ) return t; //*t 是*p 的双亲，找到
    BiTNode *s = getParent ( t->lchild, p );       //否则递归到左子树中查找
    if ( s != NULL ) return s;                     //找到，返回
    else return getParent ( t->rchild, p );        //否则返回右子树中查找的结果
}
```

思考题　利用完全二叉树的先序遍历序列就能唯一地构造一棵完全二叉树，想想为什么和如何做？利用完全二叉树的中序遍历序列也能唯一地构造一棵完全二叉树。此外，利用完全二叉树的层次序遍历序列也能唯一地构造一棵完全二叉树。那么，后序序列行吗？

思考题　利用完全二叉树的先序遍历，能够写出交换二叉树所有结点的左右子女的算法，利用中序或后序遍历行吗？

5.3.3 二叉树遍历的非递归算法

上面所讨论的遍历方式，都是按照某种特定的次序访问树中的结点，使得每个结点被访问一次且仅被访问一次。如果综合考虑，它们所走的路线是相同的，参看图 5-14，只是不同的遍历方法选择的访问结点的时机不同而已。

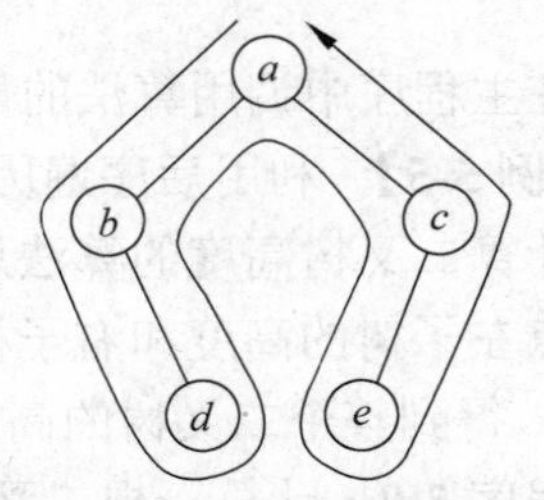

图 5-14 二叉树的欧拉巡回遍历

先序遍历是每遇到一个结点，先访问根结点，再遍历根的左子树和右子树。中序遍历是先遍历根的左子树，再回过头来访问根结点，然后遍历根的右子树。后序遍历是先遍历根的左子树，再遍历根的右子树，最后访问根结点。因此，把这 3 种遍历算法用非递归方式实现时，算法形式类似，只是访问根结点的时机变化一下即可。

在实现二叉树遍历算法的非递归过程时，需要用到一个工作栈，记录遍历时的回退路径。

1．利用栈实现先序遍历的非递归算法

【例 5-7】 图 5-15(b)给出了利用栈实现对图 5-15(a)所示的二叉树做先序遍历的过程。

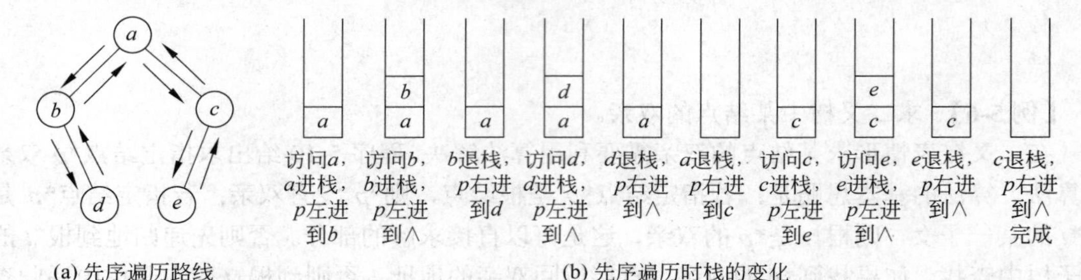

图 5-15 利用栈实现二叉树的先序遍历

算法的实现步骤如下：

（1）建立存放结点的栈 *S*，初始化 *S*；遍历指针 *p* 指向根结点。

（2）重复执行以下步骤：

① 遍历指针 *p* 沿二叉树左子女链走到底，一路走一路访问并进栈（“左下”）。

② 若栈不空，则从栈退出一个结点 *x*，用 *p* 指向 *x* 的右子女。

③ 若 *p* 不空，表明右子树非空，它亦为二叉树，转向①（“左上右下”）；若 *p* 为空，执行②，继续退栈（“右上”）。

④ 若 *p* 为空，同时栈亦为空，则二叉树遍历完成，转向（3）。

（3）算法结束。

算法的实现如程序 5-11 所示。

程序 5-11 二叉树先序遍历的非递归算法

```
#include "BinTree.h"
#define stackSize 30                                    //递归工作栈的大小
typedef BiTNode* SElemType;                             //递归工作栈的元素类型
```

```
void PreOrder( BinTree BT ) {                          //先序遍历二叉树的算法
     SElemType S[stackSize];  int top = -1;            //建立递归工作栈并初始化
     BiTNode *p = BT;                                  //p 是遍历指针
     do {
         while ( p != NULL ) {
               printf ( "%c ", p->data );              //访问结点
               S[++top] = p->rchild;                   //右子女进栈，预留回退路径
               p = p->lchild;                          //"左下"
         }
         if ( top != -1 ) {
                p = S[top--]; p = p->rchild;           //"左上右下"
         }
     } while ( p != NULL || top > -1 );
};
```

若设二叉树的结点数为 n，则算法的时间复杂度为 $O(n)$。算法的空间复杂度取决于二叉树的高度，最好情形为 $O(\log_2 n)$，最坏情形为 $O(n)$。

2．利用栈实现中序遍历的非递归算法

【例 5-8】 中序遍历二叉树的非递归算法也要使用一个栈，如图 5-16 所示。

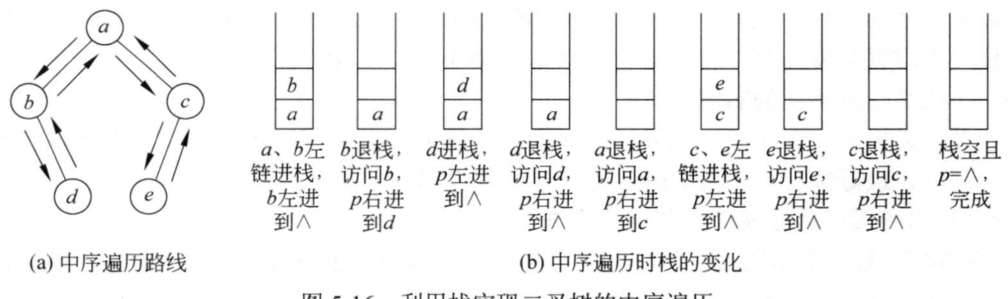

图 5-16　利用栈实现二叉树的中序遍历

在做中序遍历时，需要先让根结点进栈，再遍历根的左子树；左子树又是二叉树，又要先让根结点进栈，再遍历它的左子树……直到某个结点的左子树空为止。这是向左子树重复执行的过程，然后在回退时出栈，访问出栈的结点，即子树的根结点，接着再向其右子女方向走，遍历其右子树。当栈空且遍历指针无路可走时算法结束。算法实现步骤如下：

（1）建立存放树结点的栈 S，初始化 S；遍历指针 p 指向根结点。

（2）重复执行以下步骤：

① 从二叉树的根沿左子女链走到底，边走边把经过的结点进栈（“左下”）。

② 若栈不空，从栈中退出一个结点 x，用 p 指向它并访问之；然后 p 进到右子女结点（“左上右下”）。

③ 若 p 不空，说明刚访问结点 x 的右子树非空，它是二叉树，执行①；否则执行④。

④ 若 p 为空，说明刚访问的结点的右子树为空，以此结点为根的子树遍历完成，此时，若栈不空，执行②，退出更上层的根结点（“右上”）；若栈为空，转向（3）。

（3）算法结束。

算法最后访问的是从根开始沿各结点 rchild 指针走到底的结点，它的 rchild 为 NULL。

算法的实现如程序 5-12 所示。

程序 5-12 二叉树中序遍历的非递归算法

```
#include "BinTree.h"
#define stackSize 30                                   //递归工作栈的大小
typedef BiTNode* SElemType;                            //递归工作栈的元素类型
void InOrder ( BinTree BT ) {
       SElemType  S[stackSize];  int top = -1;         //建立递归工作栈并初始化
       BiTNode *p = BT;                                //p 是遍历指针，从根结点开始
       do {
            while ( p != NULL )                        //遍历指针进到左子女结点
                 { S[++top] = p;  p = p->lchild;}      //一路走一路进栈
            if ( top > -1 ) {                          //栈不空时退栈
                 p = S[top--];                         //退栈，此即子树的根结点
                 printf ( "%c ", p->data );            //访问
                 p = p->rchild;                        //遍历指针进到右子女结点
            }
       } while ( p != NULL || top > -1);
};
```

算法结束的条件为栈为空，同时遍历指针也为空，这两个条件缺一不可。因为在中途访问根结点时栈会变为空，但这时遍历指针可能不空，它指向根的右子女结点，故算法不能停止，还必须遍历根的右子树。

若设二叉树有 n 个结点，则算法的时间复杂度为 $O(n)$。算法的空间复杂度也取决于二叉树的高度，最好情形为 $O(\log_2 n)$，最坏情形为 $O(n)$。

3．利用栈实现后序遍历的非递归算法

【例 5-9】 后序遍历比先序和中序遍历的情况更复杂。在遍历完左子树时还不能访问根结点，需要再遍历右子树。待右子树遍历完后才访问根结点。所以，在遍历完左子树后，必须判断根的右子树是否为空或根的右子女是否访问过。若根的右子树为空，就应该回头访问根结点了；若根的右子女已访问过，根据后序遍历的次序，下一个就应该访问根了。除这些情况外，如果根结点的右子女存在及它没有被访问过，就应该遍历右子树。

图 5-17 给出利用栈进行后序遍历时栈的变化。

(a) 后序遍历路线　　(b) 后序遍历时栈的变化

图 5-17　利用栈实现二叉树的后序遍历

算法实现步骤如下：

（1）建立一个栈 S，记忆经过结点，初始化 S；遍历指针 p 指向根结点。

（2）重复执行以下步骤：

① 从根沿结点左子女指针链走到底，一路走一路进栈。

② 若栈不空，看位于栈顶的结点 x，用 p 指向它：此时若*p 的右子树为空或*p 的右子女已访问过，则退栈，q 记忆退出结点，访问它，置 p 为空；否则 p 进到右子树根结点。

③ 若 p 为空，栈不空，表明子树空，执行②，从栈退出更上层结点。

④ 若 p 不空，转向①，遍历 x 的右子树；若 p 为空，栈空，表明遍历完成，转向（3）。

（3）算法结束。

算法的实现如程序 5-13 所示。

程序 5-13　二叉树后序遍历的非递归算法

```
#include "BinTree.h"
#define stackSize 30                              //预定义栈大小，相当于树高
typedef BiTNode* SElemType;
void PostOrder ( BinTree BT ) {
     BiTNode *S[stackSize];  int top = -1;
     BiTNode *p = BT, *pre = NULL;                //p 是遍历指针，pre 是前趋指针
     do {
         while ( p != NULL )                      //左子树进栈
              { S[++top] = p;  p = p->lchild;}    //向最左下结点走下去
         if ( top > -1 ) {
               p = S[top];                        //用 p 记忆栈顶元素
               if ( p->rchild != NULL && p->rchild != pre )
                    p = p->rchild;                //p 有右子女且未访问过
               else {
                    printf ( "%d ", p->data ); //访问
                    pre = p;  p = NULL;           //记忆刚访问过的结点
                    top--;                        //转遍历右子树或访问根结点
               }
         }
     } while ( p != NULL || top != -1 );
}
```

若设二叉树有 n 个结点，算法的时间复杂度为 $O(n)$。算法的空间复杂度也取决于二叉树的高度，最好情形为 $O(\log_2 n)$，最坏情形为 $O(n)$。

5.3.4　利用队列实现二叉树的层次序遍历

【例 5-10】 层次序遍历从二叉树的根结点开始，自上向下、自左向右分层依次访问树中的各个结点。如图 5-18 所示，按照层次序遍历，结点的访问次序为 $-+/a\times efb-cd$。

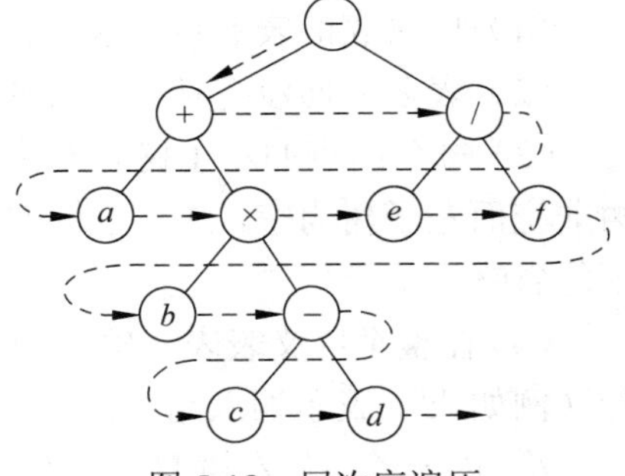

图 5-18　层次序遍历

按层次顺序访问二叉树的处理需要利用一个队列。在访问二叉树的某一层结点时，把下一层结点指针预先记忆在队列中，利用队列安排

逐层访问的次序。因此，每当访问一个结点时，将它的子女依次加到队尾，然后再访问已在队头的结点。这样可以实现二叉树结点的按层访问。算法的实现如程序 5-14 所示。

程序 5-14 二叉树层次序遍历的算法

```
#include "BinTree.h"
#define queueSize 30
typedef BiTNode* QElemType;
void LevelOrder ( BinTree BT ) {
     BiTNode *Q[queueSize];  int rear, front;
     rear = 0;  front = 0;
     BiTNode *p = BT;  Q[rear++] = p;
     while ( rear != front ) {
          p = Q[front]; front = (front+1) % queueSize;  //从队列退出一个结点
          printf ( "%d ", p->data );                    //访问
          if ( p->lchild != NULL )                      //若有左子女，进队
               { Q[rear] = p->lchild;  rear = ( rear+1 ) % queueSize; }
          if ( p->rchild != NULL )                      //若有右子女，进队
               { Q[rear] = p->rchild;  rear = ( rear+1 ) % queueSize; }
     }
};
```

算法的时间复杂度取决于 while 循环的次数。设二叉树有 n 个结点，算法的时间复杂度为 $O(n)$。算法的空间复杂度与队列有关，取决于二叉树的宽度，即每层结点数的最大值。

思考题 先序序列与中序序列相同的是什么二叉树？先序序列与后序序列相同的是什么二叉树？中序序列与后序序列相同的是什么二叉树？先序序列与层次序序列相同的是什么二叉树？后序序列与层次序序列相同的是什么二叉树？先序序列与中序序列正好相反的是什么二叉树？先序序列与后序序列正好相反的是什么二叉树？

思考题 一棵二叉树的先序序列的最后一个结点是否是它中序序列的最后一个结点？一棵二叉树的先序序列的最后一个结点是否是它层次序序列的最后一个结点？

5.3.5 非递归遍历算法的应用举例

【例 5-11】 输入二叉树的广义表表示，建立二叉树。

从二叉树的广义表表示建立二叉树的规则如下：

（1）广义表的表名放在表前，表示二叉树的根结点，括号中是根的左、右子树。

（2）表名后面没有括号，表明它是二叉树的叶结点。

（3）每个结点的左子树和右子树用逗号隔开。若右子树非空而左子树为空，或左子树非空而右子树为空，逗号不能省略。

（4）在整个广义表表示输入的结尾加上一个特殊的符号（例如 ';'）表示输入结束。

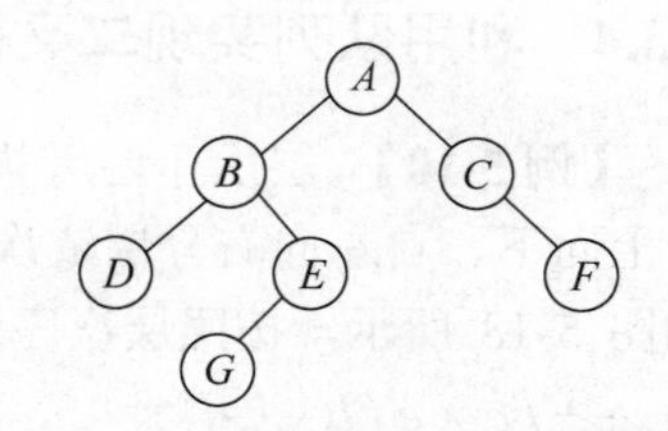

图 5-19 从广义表得到的二叉树

给定一个二叉树的广义表表示 $A(B(D, E(G,)), C(, F))$，建立的二叉树如图 5-19 所示。

算法实现的主要步骤如下：

从广义表字符串依次输入字符。

- 若是字母，则是结点的值，为它建立一个新的结点，并把该结点作为左子女（当 flag = 1）或右子女（当 flag = 2）链接到其双亲下面。
- 若是左括号 '('，则表明建子表开始，将 flag 置为 1；若是右括号 ')'，则表明建子表结束。
- 若是逗号 ','，则左子树建立结束，应接着建立右子树，将 flag 置为 2。
- 若是结束符 '#'，算法结束。

在算法中使用了一个栈 *S*，在进入子表之前将根结点指针进栈，以便括号内的子女链接之用。在子表处理结束时退栈。

根据这个思路建立二叉树的算法如程序 5-15 所示。

程序 5-15　用广义表形式的输入序列构建二叉树

```
#include "BinTree.h"
#define stackSize 64                                        //栈大小
void CreateBinTree_Gen ( BinTree& BT, char A[ ] ) {
//从广义表字符串 A 依次读入，建立以 BT 为根的二叉树的二叉链表表示
    BinTree S[stackSize];  int i, top = -1;             //定义栈并置空
    BiTNode *p, *prt;  int flag;  char ch;         //用 flag 作处理左右子树的标记
    BT = NULL;  i = 0;                                      //置空二叉树
    ch = A[i];                                              //顺序读入一个字符
    while ( ch != ';' ) {                                   //逐个字符处理
        switch (ch) {
        case '(': S[++top] = p;  flag = 1;  break; //进入子树
        case ')': prt = S[top--];  break;            //退出子树
        case ',': flag = 2;  break;                         //从左子树转入右子树
        default:  p = ( BiTNode* ) malloc ( sizeof ( BiTNode ) );
                  p->data = ch;  p->lchild = NULL;  p->rchild = NULL;
                  if ( BT == NULL ) BT = p;         //原为空树，新结点成为根
                  else {                                    //非空树
                      prt = S[top];                         //从栈中退出 p 的双亲 ptr
                      if (flag == 1) prt->lchild = p;//p 成为 ptr 的左子女
                      else prt->rchild = p;         //p 成为 ptr 的右子女
                  }
        }
        ch = A[++i];                                        //读入下一字符
    }
}
```

算法所使用的栈 *S* 的最大容量取决于二叉树的高度，而二叉树的高度则等于广义表表示中圆括号嵌套的最大层数加 1。所以当定义栈 *S* 的数组空间时，其长度要大于或等于二叉树的高度。该算法的时间复杂度为 $O(n)$，n 表示二叉树广义表中字符的个数。

5.3.6　二叉树的计数

具有 n 个结点的不同的二叉树有多少种？这与用栈得出的从 1 到 n 的数字有多少种不

同的排列具有相同的结论。

1．利用二叉树的先序序列和中序序列唯一地确定一棵二叉树

利用二叉树的先序序列和中序序列，或者利用二叉树的后序序列和中序序列，都可以唯一地确定一棵二叉树。这是使用了在二叉树的先序序列（或后序序列）和中序序列中隐藏的一些信息而实现的。下面举例说明。

【例 5-12】 已知一棵二叉树的先序序列{*ABHFDECKG*}和中序序列{*HBDFAEKCG*}，使用它们画出相应的二叉树。

主要步骤如下：

（1）根据先序遍历的定义，先序序列的第一个字母 *A* 一定是树的根。

（2）根据中序遍历的定义，字母 *A* 把中序序列划分为两个子序列{*HBDF*}和{*EKCG*}，它们应分别为 *A* 的左子树和右子树的数据，如图 5-20(a)所示。

（3）取先序序列的下一个字母 *B*，它出现在 *A* 的左子序列中，应是 *A* 的左子树的根，它把中序子序列{*HBDF*}又划分为两个子序列{*H*}和{*DF*}，它们分别为 *B* 的左子树和右子树，参看图 5-20(b)。将这个过程继续下去，最后可以得到如图 5-20(i)所示的二叉树。

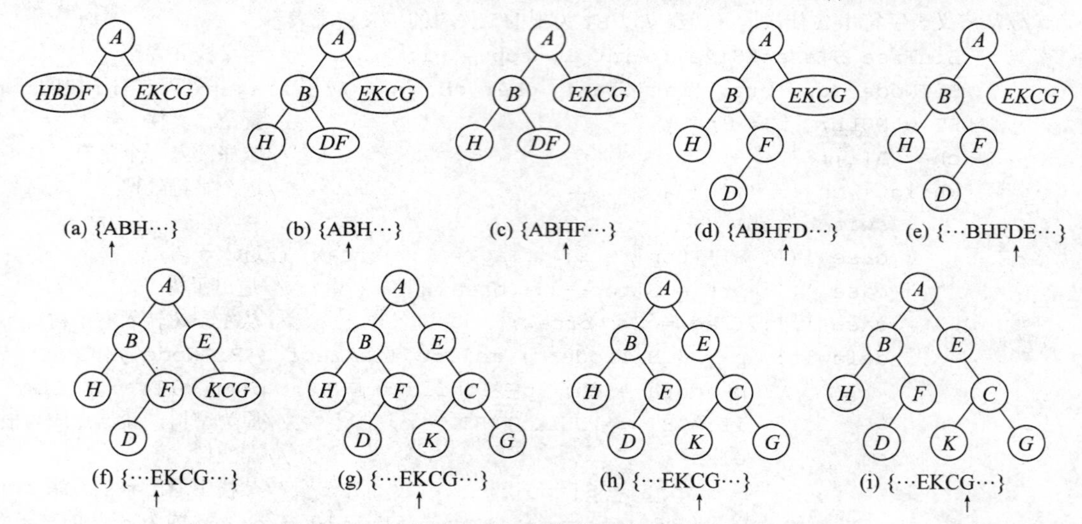

图 5-20　由先序序列和中序序列构造二叉树的过程

这个构造过程是一个递归过程，假设当前先序序列 Pre 的处理区间是 s1..t1，中序序列 In 的处理区间是 s2..t2。若 s1＜t1，则以 pre[s1]建立二叉树的根结点，然后搜索 in[s2..t2]，寻找 in[i] = pre[s1]的位置 *i*，从而把二叉树的中序序列分为两个中序子序列 in[s2..*i*−1]和 in[*i*+1..t2]，前者有 *i*−1−s2+1 = *i*−s2 个元素，后者有 t2−(*i*+1)+1 = t2−*i* 个元素。再分别以 pre[s1+1..s1+*i*−s2]与 in[s2..*i*−1] 递归构造根的左子树，以 pre [s1+*i*−s2+1..t1]和 in[*i*+1..t2] 递归构造根的右子树。算法的实现如程序 5-16 所示。

程序 5-16　由二叉树的先序序列和中序序列构建二叉树

```
void CreateBinTree_pre_In ( BiTNode *& t, TElemType pre[], TElemType in[],
        int s1, int t1, int s2, int t2 ) {
    if ( s1 <= t1 ) {
        t = (BiTNode*) malloc (sizeof (BiTNode));       //创建根结点
```

```
            t->data = pre[s1];  t->lchild = NULL;  t->rchild = NULL;
            for ( int i = s2; i <= t2; i++ )
                  if ( in[i] == pre[s1] ) break;            //在中序序列中查根
            CreateBinTree_pre_In ( t->lchild, pre, in, s1+1, s1+i-s2, s2, i-1);
            CreateBinTree_pre_In ( t->rchild, pre, in, s1+i-s2+1, t1, i+1, t2);
      }
}
```

通过归纳法可以验证，由给定的先序序列和中序序列能够唯一地确定一棵二叉树。下面将利用这个结论推导不同形态的二叉树棵数。

思考题　下面一些结论也成立：

（1）用二叉树的中序序列和后序序列可以唯一确定一棵二叉树。

（2）用二叉树的中序序列和层次序序列可以唯一确定一棵二叉树。

（3）用二叉树的中序序列和各结点所处层次可以唯一确定一棵二叉树。

（4）用二叉树的中序序列和各结点的左子女可以唯一确定一棵二叉树。

（5）用二叉树的中序序列和各结点的右子女可以唯一确定一棵二叉树。

（6）用二叉树的先序序列和各结点的右子女可以唯一确定一棵二叉树。

（7）用二叉树的后序序列和各结点的左子女可以唯一确定一棵二叉树。

是否可以尝试一下？

2．二叉树的计数

假设一棵二叉树有 n 个结点，并对各个结点做了编号。若先序遍历这棵树，则得到的结点编号序列叫做先序排列，若中序遍历这棵树，则得到的结点编号序列叫做中序排列。如图 5-21 给出的二叉树的先序排列为 1, 2, 3, 4, 5, 6, 7, 8, 9，但图 5-21 中左边的二叉树的中序排列为 3, 2, 5, 4, 1, 6, 8, 7, 9，图 5-21 中右边的二叉树的中序排列为 4, 3, 5, 2, 1, 7, 6, 8, 9。这是两棵不同的二叉树。

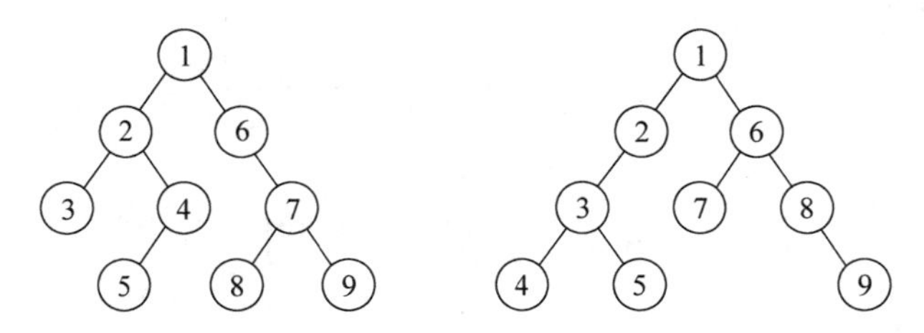

图 5-21　先序排列相同但中序排列不同的两棵二叉树

如果能够做到结点编号的先序排列正好是 1, 2, …, n，那么，这棵二叉树有多少中序排列，就能确定多少棵不同的二叉树。

现在问题就归结为：当二叉树的先序排列为 1, 2, …, n 时，可能有多少种中序排列。

二叉树的中序遍历都要使用栈，结点退栈的顺序正是中序排列的次序。因此，遍历过程中结点退栈次序不同就得到不同的中序排列。为了求得不同的中序排列，必须找到所有可能的进栈和退栈顺序。例如，当 $n = 3$ 时，1, 2, 3 的全排列有 $3! = 6$ 种，使用栈能得到的可能的中序排列有(1, 2, 3)，(1, 3, 2)，(2, 1, 3)，(2, 3, 1)，(3, 2, 1)，与其对应的二叉树如图 5-22 所示。

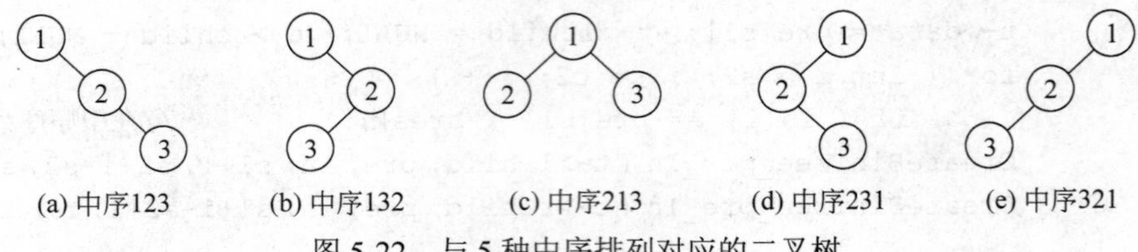

(a) 中序123　(b) 中序132　(c) 中序213　(d) 中序231　(e) 中序321

图 5-22　与 5 种中序排列对应的二叉树

现在来求解不同二叉树的棵数。设 b_n 表示有 n 个结点的不同的二叉树的棵数。当 n 很小时可直接导出，参看图 5-23。$b_0=1$(空树)，$b_1=1$(只有一个结点的二叉树)，$b_2=2$（有 2 个结点的二叉树)，$b_3=5$(有 3 个结点的二叉树)。

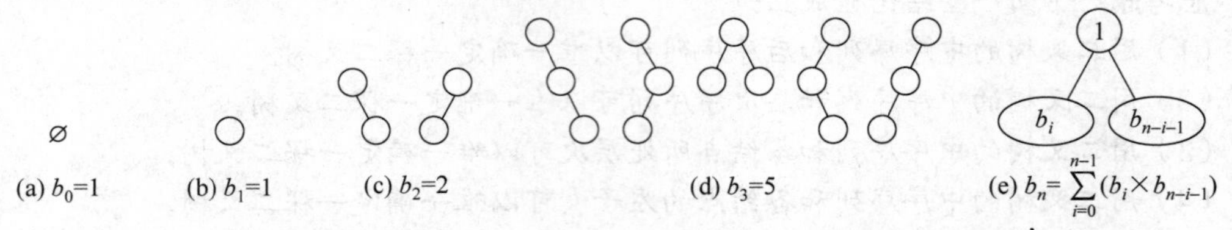

(a) b_0=1　(b) b_1=1　(c) b_2=2　(d) b_3=5　(e) $b_n=\sum_{i=0}^{n-1}(b_i\times b_{n-i-1})$

图 5-23　有 0 个、1 个、2 个、3 个、n 个结点的不同二叉树

一般地，可以通过递推公式直接计算：

$$\begin{cases} b_0=1, & n=0 \\ b_n=\sum\limits_{i=0}^{n-1}(b_i\times b_{n-i-1}), & n\geqslant 1 \end{cases}$$

其中，$b_i\times b_{n-i-1}$ 表示一棵二叉树可以由根结点、有 i 个结点的左子树和有 $n-i-1$ 个结点的右子树组成，这种情况下，它的不同二叉树棵数等于左子树上可能的不同二叉树棵数与右子树上可能的不同二叉树棵数的乘积。

可以利用生成函数（称为 catalan 函数）来求解这个递推公式，但这已经超出本书范围，最后给出一个最终结果：

$$b_n=\frac{1}{n+1}\mathrm{C}_{2n}^{n}=\frac{1}{n+1}\times\frac{(2n)!}{n!\cdot n!}$$

5.4　线索二叉树

二叉树虽然是非线性结构，但二叉树的遍历却为二叉树的结点集导出了一个线性序列。为了方便地找到二叉树指定结点在某种线性序列中的前趋和后继，一种解决方案是在二叉树中加入指向前趋 / 后继的指针，这就是线索二叉树。

5.4.1　线索二叉树的概念

利用 5.3 节介绍的几种遍历方式对二叉树进行遍历后，可将树中所有结点都按照某种次序排列在一个线性有序（先序、中序、后序、层次序）的序列中。这样，从某个结点出发可以很容易地找到它在某种次序下的前趋和后继。

然而，希望很快找到某一结点的中序前趋或后继，但不希望每次都要对二叉树遍历一遍，这就需要把每个结点的前趋和后继信息记录下来。为了做到这一点，可在原来的二叉链表中增加一个前趋指针域 pred 和一个后继指针域 succ，分别指向该结点在某种次序下的前趋结点和后继结点。以中序遍历为例，参看图 5-24，二叉树每个结点 5 个域，通过结点的 pred 指针和 succ 指针，就能找到该结点在中序下的前趋和后继。

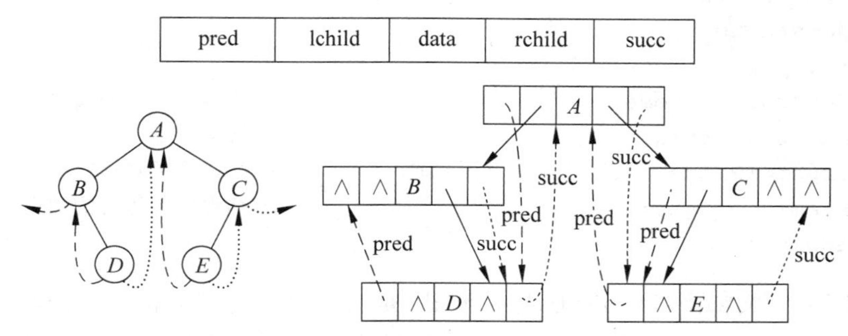

图 5-24　增加中序 pred 指针和 succ 指针的二叉树

但这样做显然浪费了不少存储空间。每个结点增加了两个指针域，而原来的 lchild 与 rchild 指针域中有许多指针是空指针，又没有利用。为了不浪费存储空间，把结点的前趋和后继指针压入原有的空指针域。一般约定，利用空的 lchild 域存放结点的前趋结点指针，利用空的 rchild 域存放结点的后继结点指针。

这一类指示前趋与后继的指针叫做线索，加上了线索的二叉树叫做线索二叉树，对应的二叉链表叫做线索二叉链表。在线索二叉树中，由于有了线索，无须遍历二叉树就可得到任一结点的前趋与后继结点的地址。

5.4.2　线索二叉树的种类

用不同的顺序遍历二叉树，在遍历过程中将线索加入到空的指针域，可得到相应的线索二叉树，如图 5-25 所示。图 5-25(a)是经过中序遍历得到的中序线索二叉树，图 5-25(b) 是经过先序遍历得到的先序线索二叉树，图 5-25(c)是经过后序遍历得到的后序线索二叉树，图 5-25(d)是经过层次序遍历得到的层次序线索二叉树。

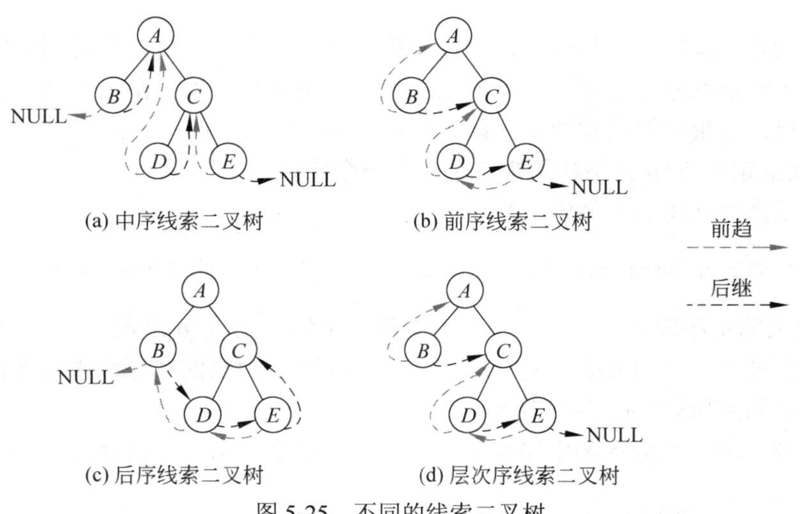

图 5-25　不同的线索二叉树

不论是何种线索二叉树，它们的结点构造是一样的，参看程序 5-17。

程序 5-17 线索二叉树的结点构造（存放于头文件 ThreadNode.h 中）

```
#include<stdio.h>
#include<stdlib.h>
typedef int TElemType;
typedef struct TRNode {                              //线索二叉树的结点
     int ltag, rtag;                                 //线索标志
     struct TRNode *lchild, *rchild;                 //线索或子女指针
     TElemType data;                                 //结点中所包含的数据
} ThreadNode;
```

其中标志域含义如下：ltag = 0 表示 lchild 是该结点的左子女指针，ltag = 1 表示 lchild 是该结点的前趋线索；rtag = 0 表示 rchild 是该结点的右子女指针，rtag = 1 表示 rchild 是该结点的后继线索。线索二叉树结点元素的数据类型为 TElemType。

5.4.3 中序线索二叉树的建立和遍历

在中序遍历过程中对二叉树线索化所得到的线索二叉树即为中序线索二叉树。一个中序线索二叉树的例子如图 5-26 所示。

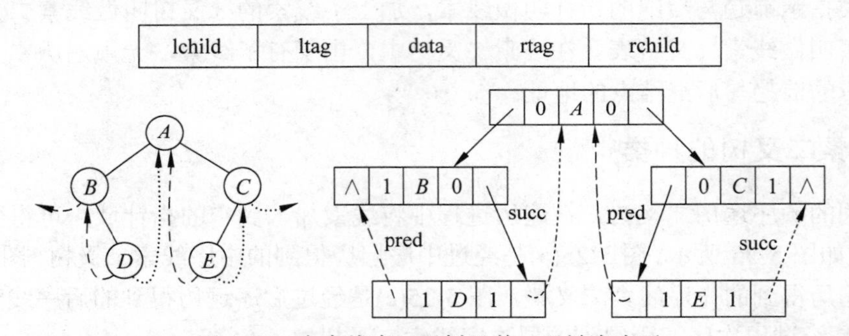

图 5-26 中序线索二叉树及其二叉链表表示

在中序线索二叉树中，每一个前趋线索指示结点在中序下前一个访问的结点，每一个后继线索指示结点在中序下下一个访问的结点。如果前趋线索为空，该结点是中序下第一个访问的结点；如果后继线索为空，该结点是中序下最后访问的结点。

1．寻找指定结点*p 为根的子树中中序第一个结点

设中序线索二叉树的类型定义为

```
typedef ThreadNode *InThreadTree;          //中序线索二叉树的类型为结点指针
```

以**p* 为根的中序线索二叉树中中序下的第一个结点是从**p* 出发，沿结点左子女指针链走到底，直到某个结点的 ltag = 1 为止，该结点即为**p* 为根的中序线索二叉树的中序第一个结点。算法的实现如程序 5-18 所示。

程序 5-18 求以**t* 为根的中序线索二叉树在中序下的第一个结点

```
ThreadNode *inFirst ( InThBinTree t ) {
     while ( t->ltag == 0 ) t = t->lchild;          //最左下结点（不一定是叶结点）
```

```
    return t;
}
```

2．寻找指定结点*p 的中序后继

在中序线索二叉树中从指定结点*t 寻找后继结点的规则如下：

（1）如果*t 结点的 rchild 指针是后继线索（rtag = 1），则 rchild 直接指向它的后继。

（2）如果*t 结点的 rchild 指针是右子女指针（rtag = 0），则后继为*t 的右子树在中序下的第一个结点。

算法的实现如程序 5-19 所示。

程序 5-19　在中序线索二叉树中求*t 的中序后继

```
ThreadNode *inNext ( InThBinTree t ) {
    if ( t->rtag == 0 ) return inFirst ( t->rchild );
                                        //中序后继是其右子树最左下结点
    else return t->rchild;              //rtag=1,直接返回后继线索
}
```

如果把 inFirst（程序 5-18）中的 ltag 和 lchild 换成 rtag 和 rchild，可得到求中序序列下最后一个结点的运算 Last；如果把 inNext（程序 5-19）中的 rtag 和 rchild 换成 ltag 和 lchild，可得到求中序序列下前趋结点的运算 Prior。

3．在中序线索二叉树上执行中序遍历

程序 5-20 给出使用 inFirst 和 inNext 运算实现的在中序线索二叉树上的中序遍历算法。

程序 5-20　中序线索二叉树上的中序遍历算法

```
void Inorder ( InThBinTree t ) {
    for ( ThreadNode *p = inFirst (t); p != NULL; p = inNext (p) )
        printf ( "%d ", p->data );
    printf ( "\n" );
}
```

4．通过中序遍历二叉树建立中序线索二叉树

对 5.3.1 节程序 5-3 介绍的中序遍历递归算法稍加改动，就可得到对二叉树按中序遍历线索化的算法。在算法中用到了一个指针 pre，它在遍历过程中总是指向遍历指针 p 的中序下的直接前趋结点，即在中序遍历过程中刚刚访问过的结点，初始时 pre = NULL。在做中序遍历时，只要一遇到空指针域，立即填入中序前趋或后继线索。算法的实现如程序 5-21 所示。

程序 5-21　中序遍历二叉树构建中序线索二叉树的算法

```
typedef ThreadNode *InThreadTree;                     //中序线索二叉树类型定义
void InThreaded ( ThreadNode *p, ThreadNode *& pre ) {
//通过中序遍历，对二叉树进行线索化
    if ( p != NULL ) {
        InThreaded ( p->lchild, pre );                //递归，左子树线索化
        if ( p->lchild == NULL)                       //建立当前结点的前趋线索
            { p->lchild = pre;  p->ltag = 1; }
```

```
            if (pre != NULL && pre->rchild == NULL)  //建立前趋结点的后继线索
                {pre->rchild = p;  pre->rtag = 1;}
            pre = p;                                //前趋跟上，当前指针向前遍历
            InThreaded ( p->rchild, pre );          //递归，右子树线索化
        }
    }
    void createInThread ( InThreadTree T ) {
    //利用中序遍历对二叉树进行中序线索化的主过程
        ThreadNode *pre = NULL;                     //前趋结点指针
        if ( T != NULL) {                           //非空二叉树，线索化
            InThreaded ( T, pre );                  //中序遍历线索化二叉树
            pre->rchild = NULL;  pre->rtag = 1;     //后处理中序最后一个结点
        }
    }
```

5.4.4 先序与后序线索二叉树

前面已经以中序线索二叉树为例，介绍了它的结构和有关操作的实现。除此之外，还可以通过先序遍历算法建立先序线索二叉树，通过后序遍历算法建立后序线索二叉树。它们建树的过程与中序遍历建立中序线索二叉树的算法类似，区别仅在于加入前趋和后继线索的时机不同而已。

1．先序线索二叉树

先序线索二叉树如图 5-27 所示，树中的线索记录了在先序次序下结点之间的前趋、后继信息。

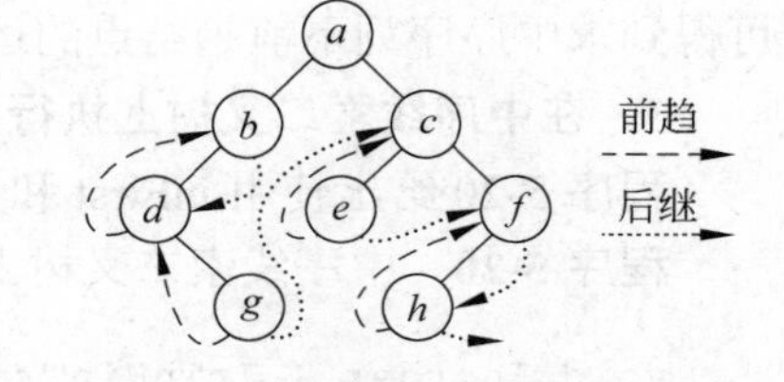

图 5-27　先序线索二叉树

在先序线索二叉树 T 中，根结点 T 是先序序列的第一个结点，它没有先序下的直接前趋，如图 5-27 中的结点 a。

除此之外，对于指定结点*p，求其直接前趋和直接后继的方法如图 5-28 所示。

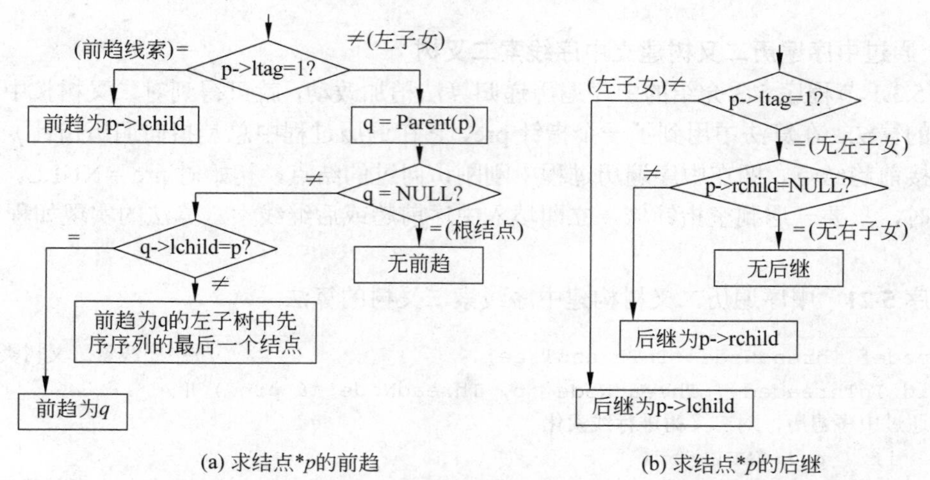

图 5-28　在先序线索二叉树上寻找指定结点的后继和前趋

图 5-28(a)是求指定结点*p 先序下的直接前趋的流程图。

（1）看*p 是否有前趋线索，若有，通过前趋线索可直接找到*p 的前趋，如图 5-27 中的 d、e、g、h；否则执行（2）：

（2）找*p 的双亲*q，若*p 没有双亲，则*p 没有前趋，如图 5-27 中的 a 就没有前趋；若有双亲，继续判断：

① 若*p 是*q 的左子女，则*q 是*p 的前趋，如图 5-27 中的 a 是 b 的前趋；否则执行②。

② 若*p 是*q 的右子女且*q 有左子女，则*p 的前趋是*q 的左子树中先序序列的最后一个结点（该结点的左、右指针均为线索且右线索指向*p），如图 5-27 中的 g 是 c 的前趋，e 是 f 的前趋。

图 5-28(b)是求指定结点*p 先序下的直接后继的流程图。

（1）如果*p 有左子女，则左子女是其后继，如图 5-27 中 b 是 a 的后继，d 是 b 的后继。

（2）如果*p 没有左子女但有右子女，则右子女是其后继，如图 5-27 中 g 是 d 的后继。

（3）如果*p 既没有左子女又没有右子女，则看 p->rchild = NULL 否，如果等于 NULL，则*p 是先序序列最后一个结点，它没有直接后继，如图 5-27 中的 h；否则 p->rchild 指示其直接后继，如图 5-27 中 g 的后继是 c，e 的后继是 f。

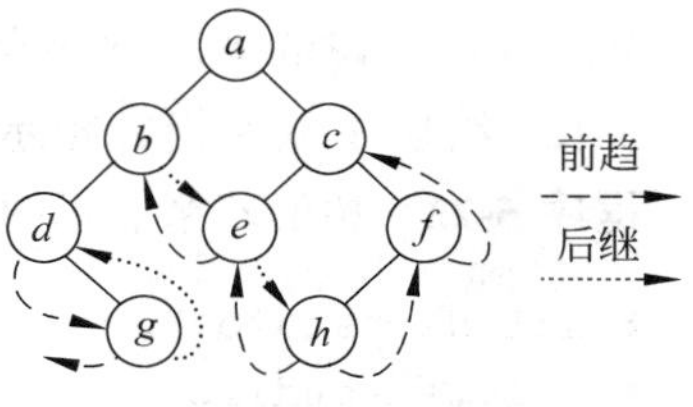

2．后序线索二叉树

后序线索二叉树如图 5-29 所示，树中的线索记录了在后序次序下结点之间的前趋、后继信息。

后序序列gdbehfca

图 5-29　后序线索二叉树

在后序线索二叉树中寻找指定结点*p 的后序后继结点和后序前趋结点的方法如图 5-30 给出的流程图所示。由于相关操作的实现与先序线索二叉树的情况类似，不再具体介绍。

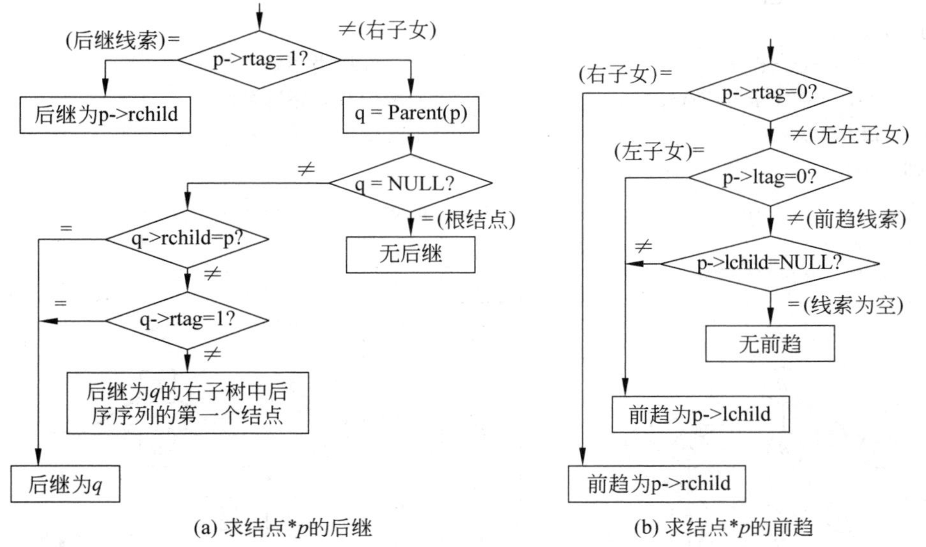

图 5-30　在后序线索化二叉树上寻找任一结点*p 的后继和前趋

5.5 树与森林

本节介绍树与森林的存储表示及其与二叉树的转换方法。

5.5.1 树的存储表示

在树的应用中有多种存储表示，以下介绍 4 种常用的存储表示。

1. 双亲表示法

双亲表示法也称为双亲指针表示法。它以一组连续的存储单元来存放树中的结点。每一个结点有两个域：一个是 data 域，用来存放数据元素，另一个是 parent 域，用来存放指示其双亲结点位置的指针。

【例 5-13】 如图 5-31 所示。图 5-31(b)是图 5-31(a)所示的树的双亲表示。树中结点的存放顺序一般不做特殊要求，但为了操作实现的方便，有时也会规定结点的存放顺序。例如，可以规定按树的先序次序存放树中的各个结点，或规定按树的层次次序安排所有结点。图 5-31(c) 给出了双亲指针指示的方向。程序 5-22 给出结构类型定义。

程序 5-22 树的双亲表示的结构定义（存放于头文件 PTree.h 中）

```
#include <stdio.h>
#include <stdlib.h>
#define maxSize 50                              //树中最多结点个数
typedef char TElemType;                         //结点数据的类型
typedef struct node {                           //树结点类型定义
     TElemType data;                            //结点数据
     int parent;                                //结点双亲指针
} PTNode;
typedef struct {                                //树类型定义
     PTNode tnode[maxSize];                     //双亲指针数组
     int n;                                     //现有结点数
} PTree;
```

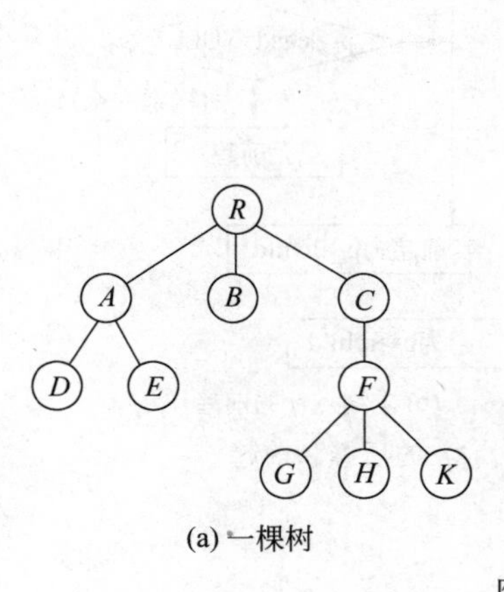

(a) 一棵树

	data	parent
0	*R*	−1
1	*A*	0
2	*B*	0
3	*C*	0
4	*D*	1
5	*E*	1
6	*F*	3
7	*G*	6
8	*H*	6
9	*K*	6

(b) 双亲指针数组

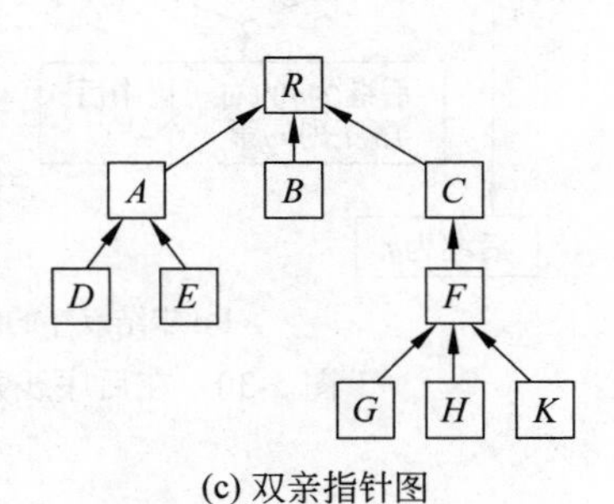

(c) 双亲指针图

图 5-31 树的双亲表示法

在双亲指针数组 tnode 的 0 号位置是根的存放位置，它的 parent 指针值为-1。相应的求子女、兄弟、双亲的操作如程序 5-23 所示。

程序 5-23　在树的双亲表示中求子女、兄弟、双亲操作的实现

```
int FirstChild ( PTree& T, int i ) {
//算法寻找结点 i 的第一个子女。返回第一个子女的位置；若无子女，则返回-1
     int j;
     for ( j = i+1; j < T.n; j++ )                   //第一个子女在结点 i 之后
          if ( T.tnode[j].parent == i ) break;
     if ( j < T.n ) return j;                        //找到结点 i 的第一个子女 j
     else return -1;
}
int NextSibling ( PTree& T, int i, int j ) {
//算法寻找结点 i 的第 j 个子女的下一个兄弟。返回下一个兄弟的位置，否则返回-1
     int k;
     for ( k = j+1; k < T.n; k++ )
           if ( T.tnode[k].parent == i ) break;
     if ( k < T.n ) return k;                        //找到下一个兄弟结点
     else return -1;
}
int FindParent ( PTree& T, int i ) {
//若结点 i 有双亲，则返回双亲结点的位置，否则返回-1
     if ( i < T.n && i > 0 ) return T.tnode[i].parent;
     else return -1;
}
```

这种存储表示找双亲的操作的时间复杂度为 $O(1)$，但找子女的操作需遍历整个数组，看谁的双亲是它，谁就是它的子女，时间复杂度达 $O(n)$，其中 n 是树中结点个数。

2．子女链表表示法

对于一般的树，树中每个结点具有的子女结点个数可能不尽相同。如果为每个子女设置一个子女指针，每个结点需要的子女指针个数也各有不同，很难确定每个结点究竟要设置多少指针为宜。若每个结点按树的度 d 来设置指针，如图 5-32 所示。

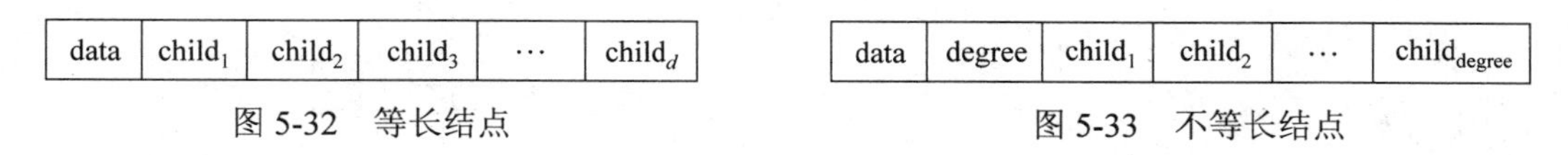

图 5-32　等长结点　　　　图 5-33　不等长结点

设置这种等长的结点，n 个结点一共有 $n \times d$ 个指针域。但树的边只有 $n-1$ 条，故树中空指针域有 $d \times n-(n-1) = n(d-1)+1$ 个。显然 d 越大，浪费空间越多。不过这种解决方案的好处是管理容易。若按每个结点的度来设置结点指针域个数，并在结点中增加一个结点度数域 degree 来指明该结点包含的指针域数，则各结点不等长，如图 5-33 所示，虽然节省了空间，但给管理带来了不便。

较好的方法是为树中每个结点设置一个子女链表，并将这些结点的数据和对应子女链表的头指针放在一个向量中，就构成了子女链表表示。在这种表示中，有 n 个结点就有 n 个子女链表（叶结点的子女链表为空链表）。

【例 5-14】 对于图 5-31(a)给出的树，其子女链表表示如图 5-34 所示。在图 5-34(c)中用虚线箭头标出子女链表中指针的指向。

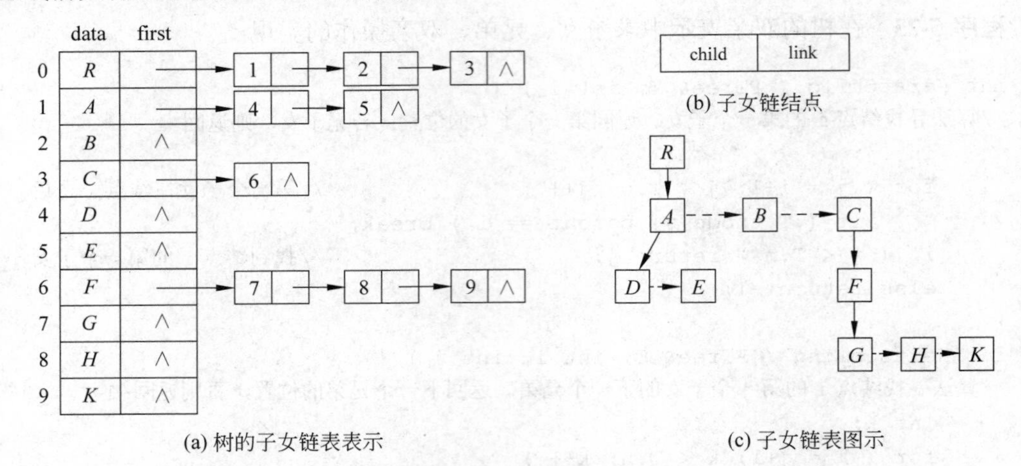

(a) 树的子女链表表示　　(c) 子女链表图示

图 5-34　树的子女链表表示法

在子女链表表示中，各个结点在向量中存放次序任意，但一般约定根结点放在最前端。此外，在子女链表中各个子女的先后位置在无序树的情形下不强调谁先谁后；而在有序树的情形，必须按树中各子树的自左到右的次序依次链接。

对于这种存储表示，寻找子女的操作在子女链表中进行，时间复杂度为 $O(d)$，d 是树的度。寻找双亲结点的操作需遍历整个子女链表头指针组成的数组，时间复杂度为 $O(n)$，n 是树中结点个数。这种存储表示适合需要频繁寻找子女的应用。如果将双亲表示法与子女链表表示法结合起来，则无论寻找双亲结点还是寻找子女结点都很方便。

3．广义表表示法

利用广义表来表示一棵树，也是一种非常有效的方法。树中的结点可以分为 3 种：叶结点、根结点、除根结点外的其他非叶结点(也称分支结点)。在广义表中也可以有 3 种结点与之对应：原子结点、头结点、子表结点。

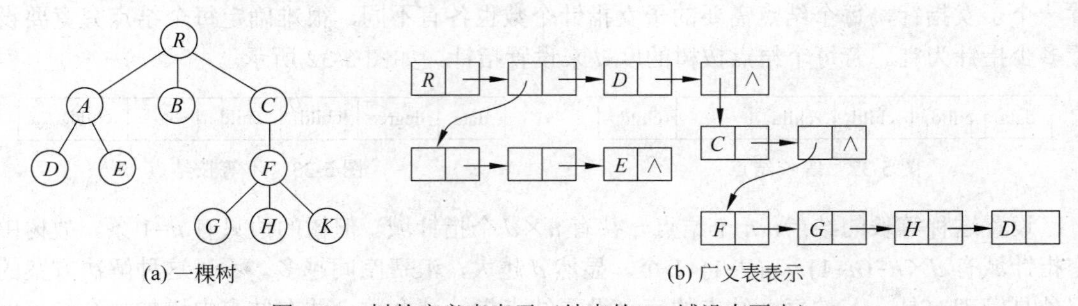

(a) 一棵树　　(b) 广义表表示

图 5-35　树的广义表表示（结点的 tag 域没有画出）

【例 5-15】 对于如图 5-35(a)所示的一棵树，它的广义表表示为 $R(A(D, E), B, C(F(G, H, K)))$。其存储表示如图 5-35(b)所示。根结点 R 有 3 个子女，则它的广义表链表中，头结点为 R，它有 3 个表结点。每个表结点表示一棵子树，代表非空子树的表结点是一个子表结点，它有一个指向子链表的指针；代表叶结点的表结点是一个原子结点，类似单链表结点。

4. 子女-兄弟链表表示法

这种存储表示又称为树的二叉树表示。它的每个结点的度 $d=2$，是最节省存储空间的树的存储表示。它的每一个结点由 3 个域组成，如图 5-36 所示。

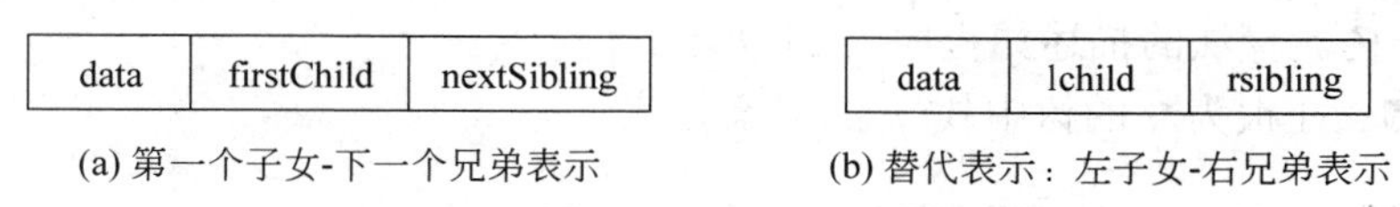

(a) 第一个子女-下一个兄弟表示　　(b) 替代表示：左子女-右兄弟表示

图 5-36　树的子女-兄弟链表表示法

【例 5-16】 图 5-37(b)是图 5-37(a)所示的树的子女-兄弟链表表示的例子。

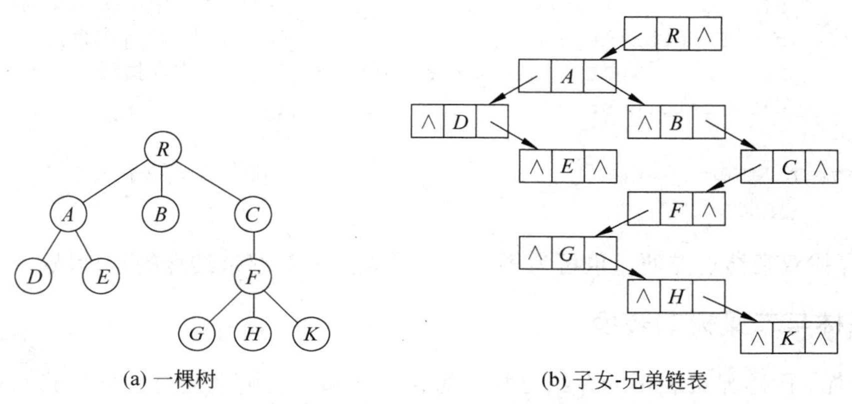

(a) 一棵树　　(b) 子女-兄弟链表

图 5-37　树的子女-兄弟链表表示

二叉树中根结点 R 只有一个，它没有兄弟，所以它的 rsibling 指针（简称右链域）为空；但它有 3 个子女，所以它的 lchild 指针（简称左链域）指向它的第一个子女 A。结点 A 又有子女又有兄弟，它的 rsibling 指针指向它的下一个兄弟 B，它的 lchild 指针指向它的第一个子女 D。结点 E 既没有兄弟又没有子女，所以它的两个链指针都是空的。

在树的子女-兄弟链表表示中，若要查找某一结点 A 的所有子女，只需先通过结点 A 的 lchild 指针，找到它的第一个子女 D，再通过结点 D 的 rsibling 指针找到它的下一个兄弟 E，因为结点 E 的 rsibling 指针为空，则查找结束。这实际上是循 rsibling 链的一次扫描。

这种二叉树表示便于实现各种树的操作。例如，若要访问结点 x 的第 k 个子女，只需从 x->lchild 开始沿着 rsibling 链连续走 $k-1$ 步即可完成。寻找子女的时间复杂度是 $O(d)$，d 是树的度。寻找双亲必须遍历二叉链表，时间复杂度为 $O(n)$，其中 n 是树中结点个数，程序 5-24 给出这种表示的结构定义。

程序 5-24　树的子女-兄弟表示的结构定义（存放于头文件 CSTree.h 中）

```
#include <stdio.h>
#include <stdlib.h>
#define maxSize 50
typedef char TElemType;
typedef struct Node {
    TElemType data;
    struct Node *lchild, * rsibling;
} CSNode, *CSTree;
```

寻找某指定结点*p 的第一个子女和下一个兄弟很容易，通过*p 的 lchild 和 rsibling 指针就可找到，但寻找*p 的双亲时，需要采用递归的算法从根开始找起：假设树非空，算法循环检查根结点*t 的所有子女，若有子女为*p，则根结点*t 为结点*p 的双亲，否则递归检查根的各棵子树。算法的描述如程序 5-25 所示。

程序 5-25　在根为*t 的树中找*p 的双亲结点

```
CSNode *FindParent ( CSNode *t, CSNode *p ) {
    CSNode *s, *q = t->lchild;
    while ( q != NULL ) {                          //循根的长子的兄弟链，搜索
           if ( q == p ) return t;                 //若子女为*p，则双亲为*t
           s = FindParent ( q, p );                //否则到子树 q 中查找
           if ( s == NULL ) q = q->rsibling;  //q 子树中未找到，检查下一个子女
           else return s;
    }
    return NULL;                                   //根结点无双亲
}
```

为了寻找双亲结点方便，也可为每个结点增设指向其双亲结点的指针域。

5.5.2 森林与二叉树的转换

通过树的子女-兄弟表示的介绍可知，树、森林和二叉树之间有一种自然的对应关系，它们之间可以互相进行转换，即任何一个森林或一棵树可以对应一棵二叉树，而任一棵二叉树也能对应到一个森林或一棵树上。

1．树、森林转换为二叉树

树的子女-兄弟链表表示是一种二叉链表结构，它可对应到一棵二叉树。当然，它们在语义上是不同的，在树对应的二叉树表示中，结点的左指针指示它的第一个子女结点的地址，右指针指示它的兄弟结点的地址。

在将树转换为二叉树的过程中，对于每一个结点，仅保留一个子女结点（若存在）的链接指针在结点的 lchild 域中，断开其他子女结点的链接指针；同时，把它的其他所有子女结点通过它们的右兄弟指针 rsibling 链接起来，再右旋 45°，即可得到树的对应二叉树表示。

【例 5-17】 如图 5-38 所示。一棵树可转换成唯一的一棵二叉树。

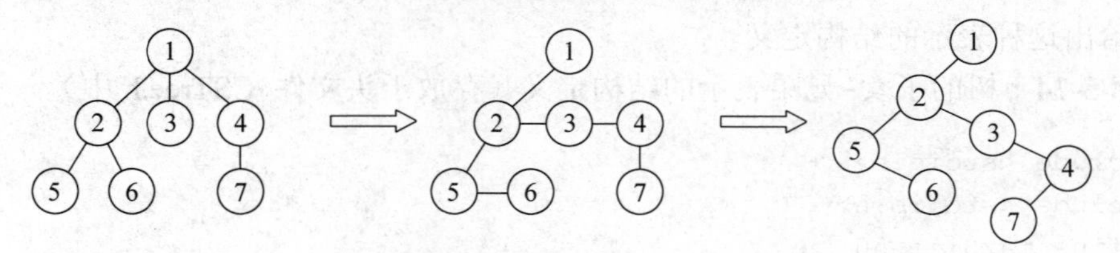

图 5-38　树转换为二叉树

由于根结点没有兄弟，所以树转换为二叉树后，二叉树根的右子树一定为空。这样，将一个森林转换为一棵二叉树的方法是：先将森林中的每一棵树转换为二叉树，再将第一棵树的根作为转换后的二叉树的根，第一棵树的左子树作为转换后二叉树根的左子树，第

二棵树作为转换后二叉树的右子树，第三棵树作为转换后二叉树根的右子树的右子树，依此类推，各棵树转换成的二叉树通过根的兄弟链链接起来，森林就可以转换为一棵二叉树。

【例 5-18】 森林转化为二叉树表示的过程如图 5-39 所示。

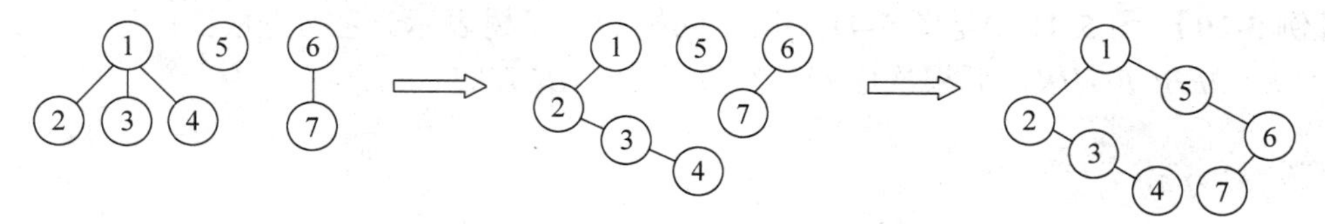

图 5-39　森林转换为二叉树

2．二叉树转换为树和森林

若二叉树非空，将二叉树从根开始，沿兄弟链逐个断开，形成一组树的二叉树表示，再对每一棵树运用树转换为二叉树的逆方法转换成树即可。

【例 5-19】 将一个森林的二叉树表示恢复为森林的过程如图 5-40 所示。

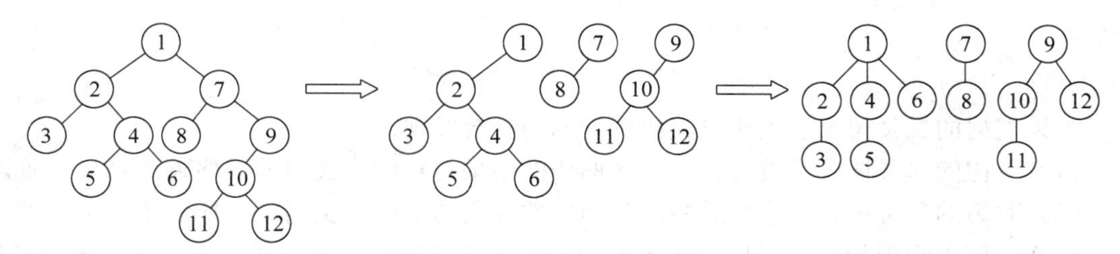

图 5-40　二叉树转换为树和森林

注意，二叉树转换为树和森林是唯一的。

思考题　在一棵 m 叉树，设根在第 1 层，并从 0 开始分层给各个结点编号。问：第 i 层最多有多少结点？高度为 h 的 m 叉树最多有多少结点？设 n 为树的结点个数，那么，编号为 k（$0 \leqslant k \leqslant n-1$）的结点的双亲结点编号是多少？编号为 k 的结点的第 1 个子女结点编号是多少？编号为 k 的结点在第几层？

思考题　n 个结点的树有多少种？

5.5.3　树与森林的深度优先遍历

1．树的深度优先遍历

树的遍历方式有两种，即深度优先遍历和广度优先遍历。树的深度优先遍历通常有两种遍历次序：先根次序（先序）遍历和后根次序（后序）遍历。因为一般的树没有硬性规定子树的先后次序，所以只能人为地假设第一棵子树 T_1，第二棵子树 T_2，等等。

给定树 T，如果 $T=\varnothing$，则遍历结束，否则若 $T=\{r, T_1, T_2, \cdots, T_m\}$，则可以导出先根遍历和后根遍历两种方法。

（1）先根次序遍历的顺序如下：

若树 $T=\varnothing$，返回；否则

- 访问树的根结点 r。
- 依次先根次序遍历根的第一棵子树 T_1，第二棵子树 T_2……

（2）后根次序遍历的顺序如下：

若树 $T=\varnothing$，返回；否则

- 依次后根次序遍历根的第一棵子树 T_1，第二棵子树 T_2……
- 访问树的根结点 r。

【例 5-20】 图 5-41(b)是图 5-41(a)所示的树的二叉树表示。它的先根次序遍历结果是线性序列 *RADEBCFGHK*，后根次序遍历结果是 *DEABGHKFCR*。

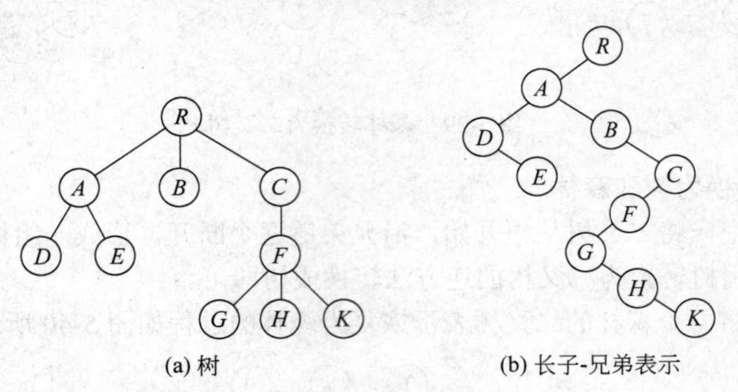

(a) 树　　(b) 长子-兄弟表示

图 5-41　树与其二叉树表示

如果把树的二叉树表示当作二叉树进行遍历就会发现：

（1）对树的二叉树表示进行先根次序遍历的结果与对应二叉树的先序遍历结果一致。

（2）对树的二叉树表示进行后根次序遍历的结果与对应二叉树的中序遍历结果一致。

这样，可以利用相应二叉树的先序遍历和中序遍历算法实现树的先根次序遍历和后根次序遍历，只需将指针的名字从 lchild 和 rchild 换成 lchild 和 rsibling 即可。

根据树的遍历算法的规则，基于树的子女-兄弟链表表示而实现的先序遍历和后序遍历的算法如程序 5-26 和程序 5-27 所示。

程序 5-26　树的先序遍历的递归算法

```
void PreOrder ( CSNode *p ) {
     if ( p != NULL ) {                                    //当树非空时
           printf ( "%c ", t->data );                      //先输出根结点
           for ( CSTNode *t = p->lchild; t != NULL; t = t->rsibling )
                PreOrder ( t );                            //再递归遍历根的各棵子树
     }
};
```

程序 5-27　树的后序遍历的递归算法

```
void PostOrder ( CSNode *p ) {
     if ( p != NULL ) {                                    //当树非空时
           for ( CSTbode *t = p->lchild; t != NULL; t = t->rsibling )
                PostOrder ( t );                           //遍历根的各棵子树
           printf ( "%c ", t->data );                      //最后输出根结点
     }
};
```

通过前面的学习可知，二叉树有先序、中序、后序 3 种遍历次序，但树的遍历不宜定

义中根遍历，原因是如果定义中根遍历，那么访问根结点操作的位置较难固定。例如，对于 $T=\{r, T_1, T_2, \cdots, T_m\}$，在 $T_1, T_2, \cdots, T_m$ 之间共有 $m-1$ 个位置，而且 m 也并不固定。

2．森林的深度优先遍历

给定森林 F，若 $F=\varnothing$，则遍历结束，否则若 $F=\{\{T_1=\{r_1, T_{11}, T_{12}, \cdots, T_{1k}\}, T_2, \cdots, T_m\}$，则可以导出先根次序遍历、中根次序遍历两种方法。其中，r_1 是第一棵树的根结点，$\{T_{11}, T_{12}, \cdots, T_{1k}\}$ 是第一棵树的子树森林，$\{T_2, \cdots, T_m\}$ 是除去第一棵树之后剩余的树构成的森林。

（1）先根次序遍历：

若森林 $F=\varnothing$，返回；否则

- 先访问森林的根结点（同时也是第一棵树的根结点）r_1。
- 先根遍历森林中第一棵树的根结点的子树森林 $\{T_{11}, T_{12}, \cdots, T_{1k}\}$。
- 先根遍历森林中除第一棵树外其他树组成的森林 $\{T_2, \cdots, T_m\}$。

（2）中根次序遍历：

若森林 $F=\varnothing$，返回；否则

- 中根遍历森林中第一棵树的根结点的子树森林 $\{T_{11}, T_{12}, \cdots, T_{1k}\}$。
- 访问森林的根结点 r_1。
- 中根遍历森林中除第一棵树外其他树组成的森林 $\{T_2, \cdots, T_m\}$。

图 5-42 给出这两种遍历的例子。

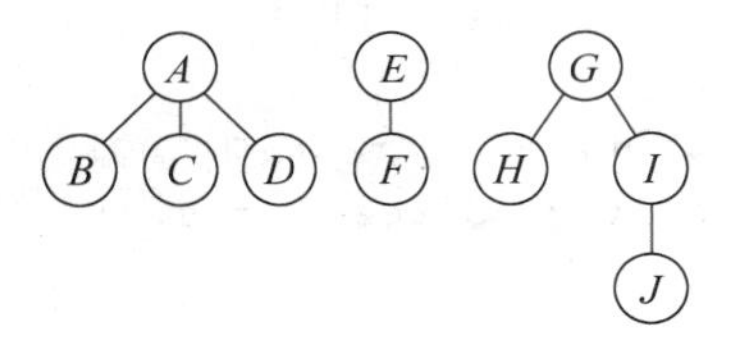

先根次序遍历：*A B C D E F G H I J*

中根次序遍历：*B C D A F E H J I G*

图 5-42　森林的深度优先遍历示例

由 5.5.2 节讨论的森林与二叉树之间的转换规则可知，当森林转换为二叉树时，其第一棵树的根的子树森林转换成左子树，根的剩余其他树组成的森林转换成右子树，则上述森林的先根次序遍历和中根次序遍历对应为二叉树的先序遍历和中序遍历。这样，森林的先根次序遍历和后根次序遍历可借用二叉树的先序遍历和中序遍历算法实现，只要把二叉树的指针名字从 lchild 和 rchild 换成 lchild 和 rsibling 即可。

5.5.4　树与森林的广度优先遍历

1．树的广度优先遍历

树的广度优先遍历方式与二叉树的层次序遍历类似，是分层进行访问的。首先访问层号为 1 的结点，再自左向右顺序访问层号为 2 的结点……直到所有结点都访问完。例如，对于图 5-43(a)所示的树，按广度方向遍历的顺序为 *RABCDEF*。

2．森林的广度优先遍历

森林的层次遍历规则要求从第 1 层起，自顶向下，同一层自左向右，依次访问森林各棵树的结点，不要求一棵树一棵树地解决。例如，对图 5-43(b)所示的森林，结点的访问顺序为 *AEGBCDFHIJ*。这种遍历可以在森林的对应二叉树上执行。

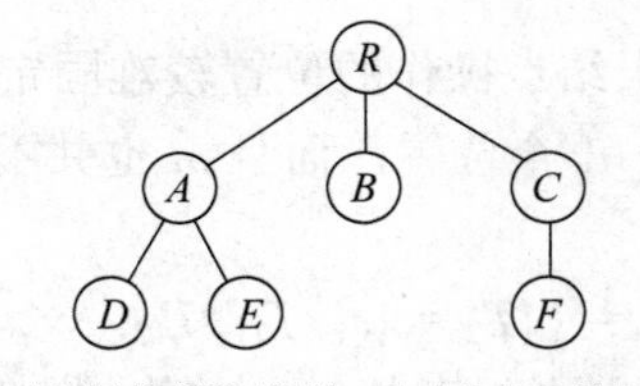

(a) 树的层次序列：*R A B C D E F*

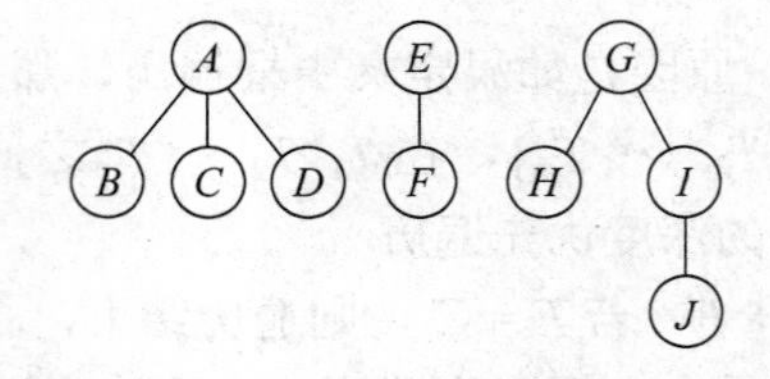

(b) 森林的层次序列：*A E G B C D F H I J*

图 5-43　树和森林的广度优先遍历图示

3．树和森林的广度优先遍历算法

树和森林的广度优先遍历算法不是递归算法，在算法中借助一个队列来安排分层访问的顺序。在访问某一层的结点时，扫描它的所有子女（循子女的右兄弟链），把它们依次进队列。这样预先把下一层要访问的结点顺序排在了队列中，算法的实现参看程序 5-28。

程序 5-28　对以**t* 为根的树做广度优先遍历

```
#define qSize 20                                          //队列的最大容量
void LevelOrder ( CSNode *t ) {
     if ( t == NULL ) return;                             //树空则返回
     CSNode* Q[qSize];  int front = 0, rear = 0;          //设置队列并置空
     CSNode *p, *s;
     rear = (rear+1) % qSize;  Q[rear] = t;               //根结点进队列
     while ( rear != front ) {
          front = (front+1) % qSize;  p = Q[front];       //队列中取一个结点
          printf ( "%c ", p->data );                      //输出结点数据
          for (s = p->lchild; s != NULL; s = s->rsibling) //子女全部进队列
               { rear = (rear+1) % qSize;  Q[rear] = s; }
     }
}
```

5.5.5　树遍历算法的应用举例

【例 5-21】　程序 5-29 给出树的广义表表示，如“A (B (E (K, L), F), C (G), D (H (M), I, J));”，建立树 *T* 的双亲表示的算法。算法执行的过程如下：

顺序扫描树的广义表表示，执行以下处理，直到当前遇到的字符是 ';' 为止。

（1）如果当前字符 *G*[*i*] = '('，表名 G[k]进栈，读下一个字符。

（2）如果当前字符 *G*[*i*] = ')'，栈中存放的表名退栈，表明子表处理结束。

（3）如果当前字符 *G*[*i*] = ','，子表内要进行后续处理，跳过；

（4）如果当前字符是除 '('、')'、',' 外的字符 *G*[*i*]，将其存入双亲指针数组（下标为 *k*）。

① 若它是最早扫描的字符 *G*[0]，成为树根，存放位置 *k* = 0，其双亲指针 parent 为−1。

② 否则其 parent 指向栈顶结点，即它所在表的表名存放位置。

程序 5-29　输入树的广义表表示，建立树的双亲表示的算法

```
#define stackSize 20
void CreatePTree ( PTree& T, TElemType G[ ] ) {        //TElemType 是 char 型
     DataType S[stackSize];  int top = -1;              //设置栈并置空
    int i, j, k = -1;  DataType ch;                     //k 是存指针，i 是取指针
```

```
    for ( i = 0; G[i] != ';'; i++ ) {          //循环取广义表字符
          ch = G[i];                            //取广义表字符串中一个字符
          switch ( ch ) {                       //分情况处理
          case '(': S[++top] = k;  break;
          case ')': j = S[top--];  break;
          case ',': break;
          default : T.tnode[++k].data = ch;
                    if ( top == -1 ) T.tnode[k].parent = -1;
                    else { j = S[top];  T.tnode[k].parent = j; }
          }
    }
    T.n = k+1;
}
```

由于广义表中各元素均是按树的先根次序出现的，所以，算法执行的结果，在双亲指针数组中各元素也是按照树的先根次序存放的。

【例 5-22】 程序 5-30 给出树的广义表表示，如“A (B (E (K, L), F), C (G), D (H (M), I, J));”，建立树 T 的子女－兄弟链表表示的算法。算法执行的过程与例 5-21 类似：广义表的名字即树根，名字后紧跟的括号内是它的子孙，依此类推。为了把所有根结点的子女作为兄弟链接起来，需要用到一个栈，在遇到'('时保存子树根结点的地址，以便括号内的第一个结点链接到它的双亲；在遇到','时结点链接到它的兄弟；在遇到')'时退掉根结点。为了控制处理结束，约定在广义表的最后加上';'作为结束。

程序 5-30　输入树的广义表表示，建立用子女－兄弟链表存储的树。

```
#define satckSize 20
void CreateCSTree_Gen ( CSTree& T, TElemType G[] ) {
     typedef struct { CSNode *ptr;  int dir; } SNode;    //dir = 0,左链;
                                                         //dir = 1,右链
     SNode S[stackSize];  int top = -1;                  //栈，置空
     int i, k = -1;  TElemType ch;  CSNode *p;         //i 是取指针，k 是存指针
     T = ( CSNode* ) malloc ( sizeof ( CSNode ) );       //创建根结点
     T->data = G[0];  T->lchild = T->rsibling = NULL;
     S[++top].ptr = T;                                   //根指针进栈
     for ( i = 1; G[i] != '#'; i++ ) {                   //循环取广义表字符
           ch = G[i];
           switch ( ch ) {                               //针对不同字符处理
           case '(': S[top].dir = 0;  break;
           case ')': top--;  break;
           case ',': S[top].dir = 1;  break;
           default : p = ( CSNode* ) malloc (sizeof (CSNode));//创建树结点
                     p->data = ch;  p->lchild = p->rsibling = NULL;
                     if ( top > -1 ) {                   //非根结点
                           if ( S[top].dir == 0 ) S[top].ptr->lchild = p;
                                                         //作为左子女链接
                           else { S[top].ptr->rsibling = p; top--; }
                                                         //作为右兄弟链接
```

```
            }
            S[++top].ptr = p;
        }
    }
}
```

思考题 森林中树 T_1、T_2、T_3 的结点数为 m_1、m_2、m_3，在该森林的二叉树表示中，根的左子树和右子树各有多少结点？

思考题 在一个有 n 个结点的森林的二叉树表示中，左指针为空的结点有 m 个，那么右指针为空的结点有多少个？

5.6 Huffman 树

Huffman 树，又称最优二叉树或赫夫曼树[①]，是一类加权路径长度最短的二叉树，在编码设计、决策、算法设计等领域有着广泛应用。

5.6.1 带权路径长度的概念

从 5.1 节已知，树的路径（path）由树中一个结点到另一个结点之间的分支组成；而路径长度（path length）是路径上的分支数，树的路径长度则是从树的根结点到每一个结点的路径长度之和。

由树的定义可知，从树的根结点到达树中每一结点有且仅有一条路径。若设树的根结点处于第 1 层，某一结点处于第 k 层，因为从根结点到达这个结点的路径上的分支数为 $k-1$，所以从根结点到其他各个结点的路径长度等于该结点所处的层次减 1。

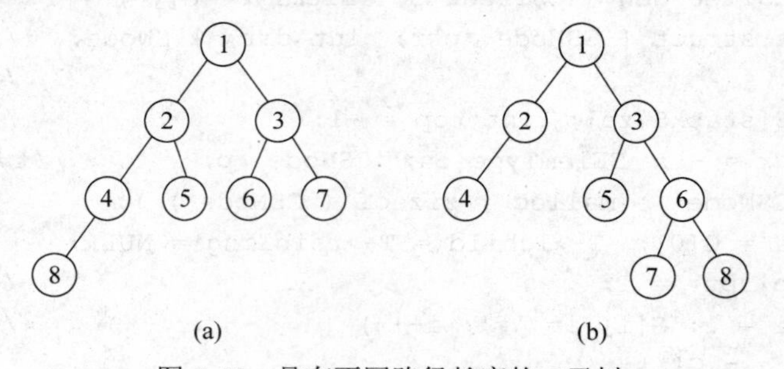

图 5-44 具有不同路径长度的二叉树

例如在图 5-44 中左侧的二叉树中，根结点①到各结点①，②，③，④，⑤，⑥，⑦，⑧的路径长度分别为 0, 1, 1, 2, 2, 2, 2, 3。该树的路径长度为 PL = 0 + 1 + 1 + 2 + 2 + 2 + 2 + 3 = 13。图 5-44(b)所示二叉树的路径长度为 PL = 0 + 1 + 1 + 2 + 2 + 2 + 3 + 3 = 14。显然前者的路径长度短。原因是该二叉树是完全二叉树，除最底层外，第 i 层的结点个数达到最多（为 2^{i-1}），而第 i 层结点到根的路径长度为 $i-1$。因此，该完全二叉树的路径长度是以下数列前 n 项的和：0, 1, 1, 2, 2, 2, 2, 3, 3, 3, 3, 3, 3, 3, 3, 4, 4, …。而图 5-44 中右侧的是一般二叉树，

① 按照外语教学与研究出版社出版的《英美人名大辞典》，Huffman 应译为霍夫曼。

虽然也是 8 个结点，但所取路径长度不是上面数列前 8 项的和，而是向后跳着取的：0, 1, 1, 2, 2, 2, 3, 3，因而其路径长度就比较长。由此得到以下结论：n 个结点的二叉树的路径长度不小于前述数列前 n 项的和，即

$$\mathrm{PL}=\sum_{i=0}^{n-1}\lfloor \log_2(i+1)\rfloor=(n+1)\lfloor \log_2 n\rfloor-2^{\lfloor \log_2 n\rfloor+1}+2$$

其最小路径长度等于 PL。完全二叉树的路径长度就满足这个要求。

当然，除了完全二叉树外，只要满足上述要求的二叉树都具有最小路径长度。例如，在 5.2 节提到过的丰满树。

5.6.2　Huffman 树的概念

1．带权路径长度

假设给定一个有 n 个权值的集合$\{w_1, w_2, \cdots, w_n\}$，其中 $w_i \geqslant 0$（$1 \leqslant i \leqslant n$）。若 T 是一棵有 n 个叶结点的二叉树，而且将权值 $w_1, w_2, \cdots, w_n$ 分别赋给 T 的 n 个叶结点，则称 T 是权值为 $w_1, w_2, \cdots, w_n$ 的扩充二叉树。带有权值的叶结点叫做扩充二叉树的外结点，其余不带权值的分支结点叫做内结点。外结点的带权路径长度为 T 的根到该结点的路径长度与该结点上权值的乘积。而 n 个外结点的扩充二叉树的带权路径长度 WPL（Weighted Path Length）定义为 $\mathrm{WPL}=\sum_{i=1}^{n} w_i \cdot l_i$，其中，$w_i$ 为外结点 i 所带的权值，l_i 为外结点 i 到根结点的路径长度。在权值为 $w_1, w_2, \cdots, w_n$ 的扩充二叉树中，其 WPL 最小的扩充二叉树称为最优二叉树。

例如，图 5-45 所示的 3 棵二叉树都是权值为{7, 5, 2, 4}的扩充二叉树。图 5-45(a)的带权路径长度为 WPL = 2×(2+4+5+7) = 36，图 5-45(b)的带权路径长度为 WPL = 2+2×4+3×(5+7) = 46，图 5-45(c)的带权路径长度为 WPL = 7+2×5+3×(2+4) = 35。图 5-45(c)所示的扩充二叉树的带权路径长度最小。由此可见，带权路径长度最小的扩充二叉树不一定是完全二叉树。

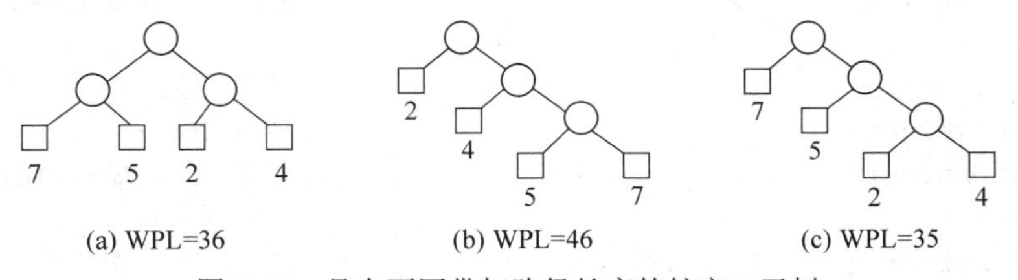

图 5-45　具有不同带权路径长度的扩充二叉树

直观地看，带权路径长度最小的二叉树应是权值大的外结点离根结点最近的扩充二叉树，这就是 Huffman 树。

2．Huffman 算法

为了构造权值集合为$\{w_1, w_2, \cdots, w_n\}$的 Huffman 树，Huffman 提出了一个构造算法，这个算法被称为 Huffman 算法。其基本思路如下：

（1）根据给定的 n 个权值$\{w_1, w_2, \cdots, w_n\}$，构造具有 n 棵扩充二叉树的森林 $F = \{T_1, T_2, \cdots, T_n\}$，其中每棵扩充二叉树 T_i 只有一个带权值 w_i 的根结点，其左、右子树均为空。

（2）重复以下步骤，直到 F 中仅剩下一棵树为止：

① 在 F 中选取两棵根结点的权值最小的扩充二叉树作为左、右子树，构造一棵新的二

叉树。置新的二叉树的根结点的权值为其左、右子树上根结点的权值之和。

② 在 F 中删去这两棵二叉树。

③ 把新的二叉树加入 F。

最后得到的就是 Huffman 树。

【例 5-23】 设给定的权值集合为{7, 5, 2, 4, 6}，构造 Huffman 树的过程如图 5-46 所示。首先构造每棵树只有一个结点的森林，参看图 5-46(a)；然后每次选择两个根结点权值最小的二叉树，以它们为左、右子树构造新的二叉树，步骤参看图 5-46(b)～(e)，最后得到一棵二叉树。图中带权叶结点用矩形框表示，内结点用圆圈表示。

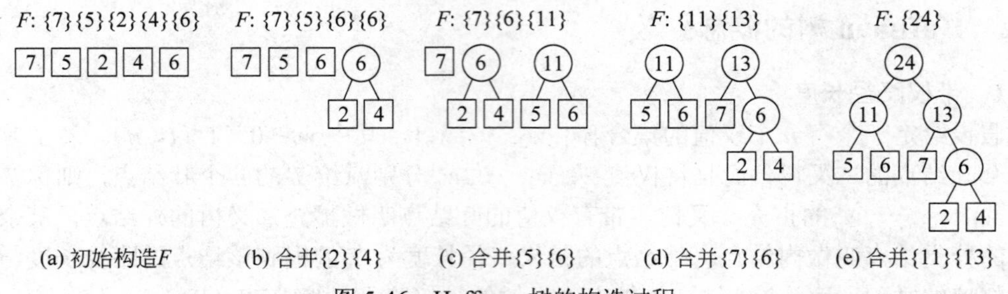

图 5-46　Huffman 树的构造过程

3. Huffman 树的结构定义

Huffman 树每个结点有一个权值域，它的数据类型为 int。为方便起见，树的存储结构定义为静态三叉链表，如程序 5-31 所示。

程序 5-31　Huffman 树的结构定义（存放于头文件 Huffman.h 中）

```
#include <stdio.h>
#include <stdlib.h>
#define leafNumber 20                                   //默认权值集合大小
#define totalNumber 39                                  //树结点个数=2*leafNumber-1
typedef struct {
    char data;                                          //结点的值
    int weight;                                         //结点的权
    int parent, lchild, rchild;                         //双亲、左、右子女结点指针
} HTNode;
typedef struct {
    HTNode elem[totalNumber];                           //Huffman 树存储数组
    int num, root;                                      //num 是外结点数，root 是根
} HFTree;
```

4. 构造 Huffman 树的算法实现

程序 5-32 描述了构造 Huffman 树的算法。在算法中使用了一个变量 maxValue，它是判最小和次小元素用的，是权值中不可能出现的最大值。

程序 5-32　构造 Huffman 树的算法

```
#define maxValue 32767                                  //比所有权值更大的值
void createHFTree ( HFTree& HT, char value[], int fr[], int n ) {
//输入数据 value[n]和相应权值 fr[n]，构造用三叉链表表示的 Huffman 树 HT
```

```
    int i, k, s1, s2;  int min1, min2;
    for ( i = 0; i < n; i++ )                    //所有外结点赋值
        { HT.elem[i].data = value[i];  HT.elem[i].weight = fr[i]; }
    for ( i = 0; i < leafNumber; i++ )           //所有指针置空
        HT.elem[i].parent = HT.elem[i].lchild = HT.elem[i].rchild = -1;
    for ( i = n; i < 2*n-1; i++ ) {              //逐步构造 Huffman 树
        min1 = min2 = maxWeight;                 //min1 是最小值, min2 是次小值
        s1 = s2 = 0;                             //s1 是最小值点, s2 是次小值点
        for ( k = 0; k < i; k++ )                //构造 Huffman 树的过程
            if ( HT.elem[k].parent == -1 )               //未成为其他树的子树
                if ( HT.elem[k].weight < min1 ) {        //新的最小
                    min2 = min1;  s2 = s1;               //原来的最小变成次小
                    min1 = HT.elem[k].weight;            //记忆新的最小
                    s1 = k;
                }
                else if (HT.elem[k].weight < min2)  //新的次小
                    { min2 = HT.elem[k].weight;  s2 = k; }
        HT.elem[s1].parent = HT.elem[s2].parent = i;  //构造子树
        HT.elem[i].lchild = s1;  HT.elem[i].rchild = s2;
        HT.elem[i].weight = HT.elem[s1].weight+HT.elem[s2].weight;
    }
    HT.num = n;  HT.root = 2*n-2;
}
```

建立起来的 Huffman 树的根结点在最后 HT.$n-2$ 的位置。算法的时间复杂度要看程序中二重循环内的关键语句。总运算次数为

$$\sum_{i=n}^{2n-2}\sum_{j=0}^{i-1}1=\sum_{i=n}^{2n-2}i=n+(n+1)+\cdots+(2n-2)=\frac{(3n-2)(n-1)}{2}$$

算法的时间复杂度为 $O(n^2)$。

【例 5-24】 图 5-47 是利用上面的程序对图 5-46 所示的例子建立 Huffman 树的示意图。图 5-47(a)是静态链表初始化的结果，图 5-47(b)是建立 Huffman 树的结果。

	weight	parent	lchild	rchild
0	7	−1	−1	−1
1	5	−1	−1	−1
2	2	−1	−1	−1
3	4	−1	−1	−1
4	6	−1	−1	−1
5		−1	−1	−1
6		−1	−1	−1
7		−1	−1	−1
8		−1	−1	−1

(a) 静态链表初始化

	weight	parent	lchild	rchild	选最小p1和次小p2
0	7	7	−1	−1	
1	5	6	−1	−1	
2	2	5	−1	−1	
3	4	5	−1	−1	
4	6	6	−1	−1	
5	=6	7	2	3	← p1=2, p2=3
6	=11	8	1	4	← p1=1, p2=4
7	=13	8	5	0	← p1=5, p2=0
8	=24	−1	6	7	← p1=6, p2=7

(b) 建立Huffman树的结果

图 5-47　建立 Huffman 树的示意图

因为数组元素从 0 开始编号，所以用−1 表示空指针。在图 5-47(b)中最右侧一栏中给出每次选根结点权值最小的结点的序号（用 p1 指示）和根结点权值次小的结点的序号（用 p2 指示）。有 5 个外结点，占用 0～4 号元素位置（相当于 0～n−1）；内结点有 4 个，占用 5～8 号元素位置（相当于 n～2n−2）。

5.6.3 扩展阅读：最优判定树

我们在日常生活与工作中常遇到判定问题，即根据反馈信息，在给定的 n 个对象中选择一个满足要求的对象。

【例 5-25】 设有一个考试成绩查询系统，对所有考生某门课程的成绩做了分类，如表 5-1 所示。

表 5-1 考生成绩分布

成　　绩	不及格	及格	中	良	优
考分范围	[0,60)	[60, 70)	[70, 80)	[80, 90)	[90, 100]
分布比率	0.10	0.20	0.35	0.25	0.10

现以考分的分布比率作为权值，构造 Huffman 树，如图 5-48 所示。分支结点（内结点）是判定过程，叶结点（外结点）是判定结果。

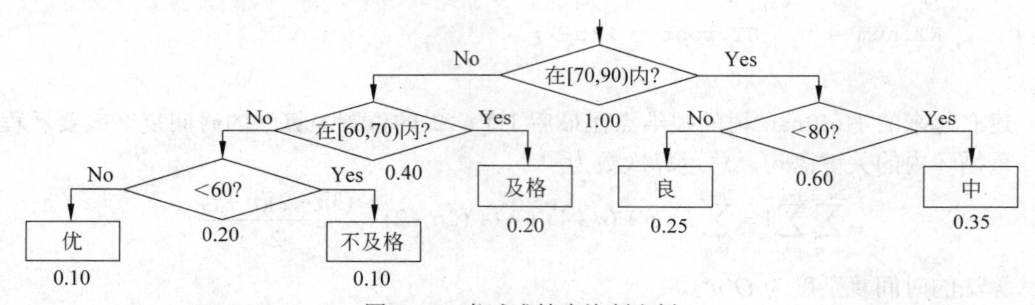

图 5-48 考试成绩查询判定树

按照 Huffman 树的定义，此判定树的带权路径长度为

$$WPL = 0.35\times2+0.25\times2+0.20\times2+0.10\times3+0.10\times3 = 2.2$$

实际上，在考试成绩查询的场合，WPL 代表了学生查询该课程成绩的查询比较次数的期望值。按照 Huffman 树算法构造出来的判定树的 WPL 最小，这就是最优判定树。

再考察图 5-48 所示的判定树，有些判定中的判断条件需要做两次，如判断在[70, 90)内时需要用 x≥70 and x＜90 实现，判断在[60, 70)内时需要用 x≥60 and x＜70 实现，因此，“良”和“中”增加了一次比较，“优”“及格”“不及格”增加了两次比较，实际比较次数为

$$0.35\times3+0.25\times3+0.20\times4+0.10\times5+0.10\times5 = 3.6$$

显然不是最优。为此，T. C. Hu 和 A.C.Tucker 提出了一个改进算法。下面用一个例子说明构造过程。

【例 5-26】 还是表 5-1 所示考试成绩查询的例子。对各个外结点加以编号：1－不及格，2－及格，3－中，4－良，5－优。每个外结点的权值分别是 1（0.10），2（0.20），3（0.35），

4（0.25），5（0.10），按照 Hu-Tucker 算法的处理规则：

（1）按照初始顺序排列各个结点，每个结点是单结点树形成的森林 F，如图 5-49 所示。

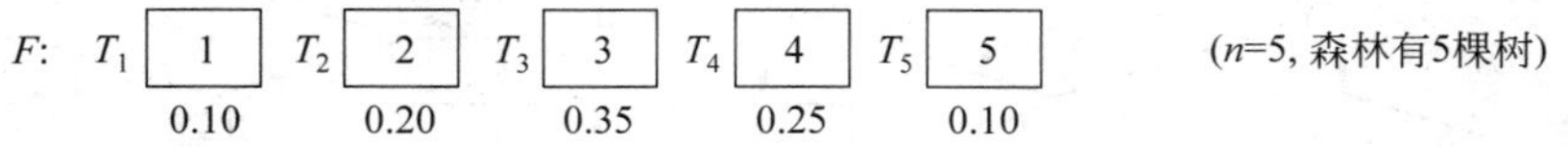

F:　T_1 1　T_2 2　T_3 3　T_4 4　T_5 5　(n=5, 森林有5棵树)

0.10　0.20　0.35　0.25　0.10

图 5-49　初始排列

（2）让 i 从 1 到 $n-1$，轮流检查相邻两棵树根结点权值之和 $T_i.w + T_{i+1}.w$，选择值最小的一对，用 k 记忆 i。再以 T_k 为左子树，T_{k+1} 为右子树，构造一个二叉树 $B_{k,k+1}$，该二叉树根结点的权值等于 T_k 和 T_{k+1} 根结点权值之和。接着，在 F 中删去 T_k 和 T_{k+1}，并把 $B_{k,k+1}$ 加入。这样，森林中树的棵数 n 减 1，如图 5-50 所示。

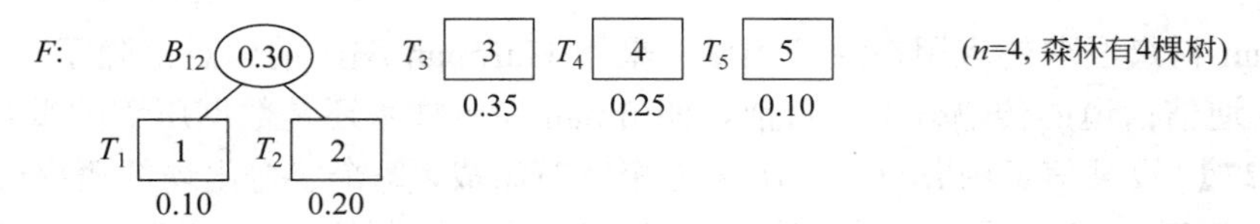

图 5-50　结合相邻权值和最小的结点，构造二叉树

（3）重复执行（2），直到森林中只剩一棵树，如图 5-51 所示。

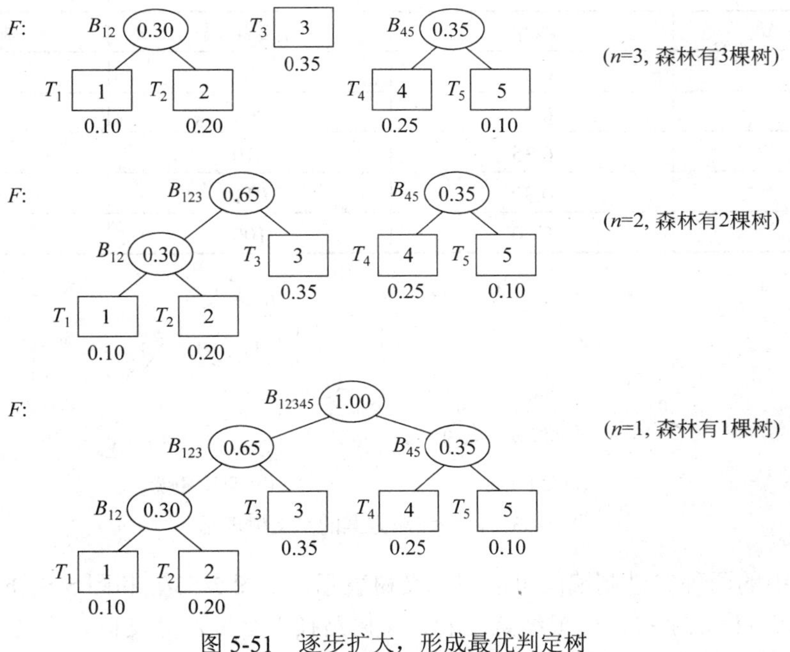

图 5-51　逐步扩大，形成最优判定树

（4）改换为判定树，如图 5-52 所示。

这个判定树的带权路径长度为

$$\text{WPL} = 0.35\times2+0.25\times2+0.10\times2+0.10\times3+0.20\times3 = 2.3$$

这棵判定树是实际可行的带权路径长度最短的最优判定树。

思考题　为什么各外结点的排列次序（相对位置）要保持不变？

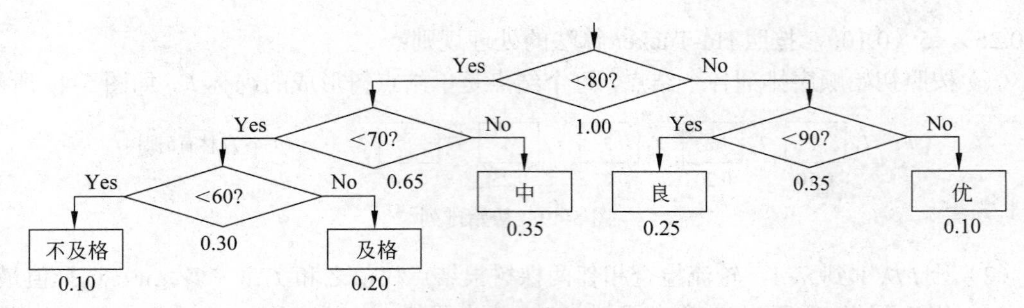

图 5-52　用 Hu-Tucker 算法构造的判定树

5.6.4　Huffman 编码

Huffman 树最经典的应用在通信领域。采用 Huffman 编码的信息消除了冗余数据，极大地提高了通信信道的传输效率。目前，Huffman 编码技术还是数据压缩的重要方法。

【例 5-27】 设某信息由 a，b，c，d，e 五个字符组成，每个字符出现的概率分别为 0.05，0.20，0.35，0.30，0.10，现在如果把这些字符编码成二进制的 0，1 序列，可采用定长编码方案，或采用基于 Huffman 树的变长编码方案，如表 5-2 和图 5-53 所示。

表 5-2　两种编码方案

符号	概率	定长编码	变长编码
a	0.05	000	110
b	0.20	001	10
c	0.35	010	01
d	0.30	011	00
e	0.10	100	111

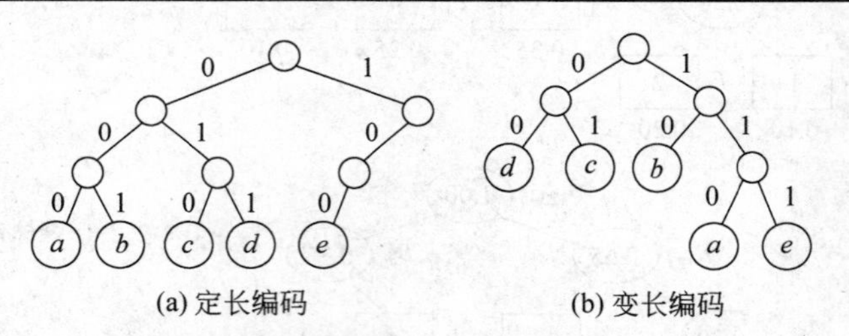

图 5-53　两种编码方案的二叉树表示

图 5-53 中的两种二进制编码可以用二叉树表示，如图 5-53(a)和图 5-53(b)所示。其中，二叉树的叶结点标记字符，由根结点沿着二叉树路径下行，左分支标记为 0，右分支标记为 1，则每条从根结点到叶结点的路径唯一表示了该叶结点的二进制编码。

虽然定长编码的编、译码操作都很方便，但当每个字符的出现概率不等时，这种编码方案极有可能造成冗余。因此，设计变长编码，为出现概率较高的字符指定较短的码字，而为出现概率较低的字符指定较长的码字，可以明显地提高传输的平均性能。根据这样的考虑，用平均编码长度 $\sum_{k=1}^{n} p_k l_k$ 衡量各种编码方案的效率，其中 p_k 是第 k 个字符出现的概率，l_k 是第 k 个字符的编码长度。例如，图 5-53(a)所示的定长编码的平均编码长度为

$$\sum_{k=1}^{5} w_k l_k = 0.05\times 3 + 0.20\times 3 + 0.35\times 3 + 0.30\times 3 + 0.10\times 3 = 3$$

图 5-53(b)所示的变长编码的平均编码长度为

$$\sum_{k=1}^{5} w_k l_k = 0.05\times 3 + 0.20\times 2 + 0.35\times 2 + 0.30\times 2 + 0.10\times 3 = 2.15$$

显然，变长的编码的效率高于定长的编码。

为避免编码、译码时出现歧义，在变长编码集中必须保证任一字符编码都不是其他字符的前缀，该性质称为编码的前缀性质。满足前缀性质的编码称为前缀编码。由二叉树表示的编码，易见其前缀性质能够得到保证，每个二进制串表示的字符都不可能是其他字符的前缀。反之，构造一棵具有 n 个叶结点的二叉树，并将 n 个待编码的字符与这 n 个叶结点一一对应，则这棵二叉树表示的二进制编码自然是前缀编码。

平均编码长度最小的前缀编码称为最优编码。不难看出，如果以字符的出现概率为权值构造 Huffman 树，并用相应字符标记对应的叶结点，则最优二进制编码问题可以通过构造 Huffman 树获得解决。Huffman 树的带权路径长度就是相应编码的平均编码长度。这样得到的编码称为 Huffman 编码。例如，从图 5-53(b)中得到的变长编码就是 Huffman 编码，它是最优二进制编码。图 5-53(b)是用来设计这种变长编码的 Huffman 树。

由于 Huffman 树的形态不唯一，对同一组字符集进行 Huffman 编码，有可能得出多套编码方案，但这些编码都是最优二进制编码。

【例 5-28】 对表 5-3 给出的一组字符及其出现概率，由于构造 Huffman 树时选取左、右子树的不同，可以构造出不同的 Huffman 树，图 5-54 列出了两种最优编码方案及其对应的 Huffman 树，它们的平均编码长度都是 2.71。

表 5-3　Huffman 编码的生成

字符	a	b	c	d	e	f	g	h
概率	0.05	0.29	0.07	0.08	0.14	0.23	0.03	0.11

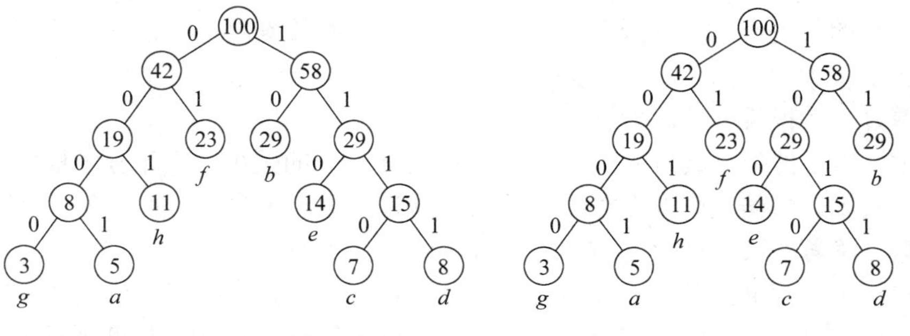

字符	a	b	c	d	e	f	g	h
编码方案1	0001	10	1110	1111	110	01	0000	001
编码方案2	0001	11	1010	1011	100	01	0000	001

图 5-54　同样的字符集有不同的 Huffman 树

5.7 堆

在许多应用程序中，通常需要从一个关键码集合中挑选具有最小或最大关键码的元素进行处理，支持这种处理的数据结构即为优先队列。在优先级队列的各种实现中，堆是最高效的一种数据结构。

5.7.1 小根堆和大根堆

利用堆来组织数据元素集合，依据的是数据元素的某个能够用于识别元素的数据项，称此数据项为关键码（key）。例如，在第 6 章讨论图时，为求解最小生成树问题，需要把图的所有边按其所带权值组织成小根堆，每次可选出权值最小的边。

如果有一个关键码集合 $K = \{ k_0, k_1, \cdots, k_{n-1} \}$，把它的所有元素按完全二叉树的顺序存储方式存放在一个一维数组中。并且满足

$$k_i \leqslant k_{2i+1} \text{ 且 } k_i \leqslant k_{2i+2} \quad （或者\ k_i \geqslant k_{2i+1} \text{ 且 } k_i \geqslant k_{2i+2}） \quad i = 0, 1, \cdots, \lfloor (n-2)/2 \rfloor$$

则称这个集合为小根堆（或大根堆）。图 5-55 给出小根堆和大根堆的例子。

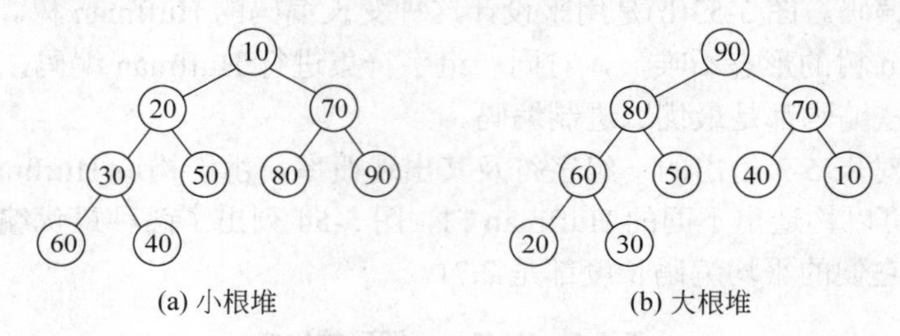

图 5-55　堆的例子

前者任一结点的关键码均小于或等于它的左、右子女的关键码，位于堆顶（即完全二叉树的根结点位置）的结点的关键码是整个集合中最小的，所以称它为小根堆或最小堆；后者任一结点的关键码均大于或等于它的左、右子女的关键码，位于堆顶的结点的关键码是整个集合中最大的，所以称它为大根堆或最大堆。不失一般性，下面只介绍小根堆。只要把它掌握好，大根堆的情况能够仿照小根堆来处理。

在堆中，所有的记录具有称为堆序（heap-ordered）的关系。堆序分小根堆序和大根堆序。具有小根堆序的结点间存在“≤”关系，具有大根堆序的结点间存在“≥”关系。

思考题　堆与二叉判定树有何不同？堆与栈有何不同？

因为小根堆中存储的是一个元素集合，并根据每个元素的关键码以小根堆序排列。所以在使用小根堆之前，使用者需要定义小根堆的结构类型，如程序 5-33 所示。

程序 5-33　小根堆的结构定义（存放于头文件 minHeap.h 中）

```
#include <stdio.h>
#include <stdlib.h>
#define heapSize 40                          //堆的最大元素个数
typedef int HElemType;                       //堆中元素的数据类型
typedef struct {                             //堆结构的定义
```

```
        HElemType elem[heapSize];              //小根堆元素存储数组
        int curSize;                           //小根堆当前元素个数
    } minHeap;
```

一维数组 elem[]是完全二叉树的顺序存储，由完全二叉树的性质 5，给定任意结点 i（从 0 开始），查找其双亲和左右子女的方法如下：

（a）如果 $i = 0$，结点 i 是根结点，无双亲；否则结点 i 的双亲为结点 $\lfloor (i-1)/2 \rfloor$。

（b）如果 $2i+1 > n-1$，则结点 i 无左子女；否则结点 i 的左子女为结点 $2i+1$。

（c）如果 $2i+2 > n-1$，则结点 i 无右子女；否则结点 i 的右子女为结点 $2i+2$。

思考题　堆用数组作为其存储，那么它是线性结构还是非线性结构？

5.7.2　堆的建立

建立小根堆的一种方式是对一个元素数组加以调整形成一个小根堆。当给出一个关键码集合时，首先把它们顺序存入堆的 elem 数组。最初它不一定是小根堆，若想把它调整成为一个小根堆，需要一个从下向上逐步调整的过程。

【例 5-29】 如果元素数组的初始排列是{53, 17, 78, 09, 45, 65, 87, 23}，现在把它视为完全二叉树的顺序存储，从编号最大的分支结点 $i = \lfloor (n-2)/2 \rfloor = \lfloor (8-2)/2 \rfloor = 3$ 开始，轮流以 $i =$ 3, 2, 1, 0 为根，将它们控制的子树调整为小根堆，其过程如图 5-56 所示。

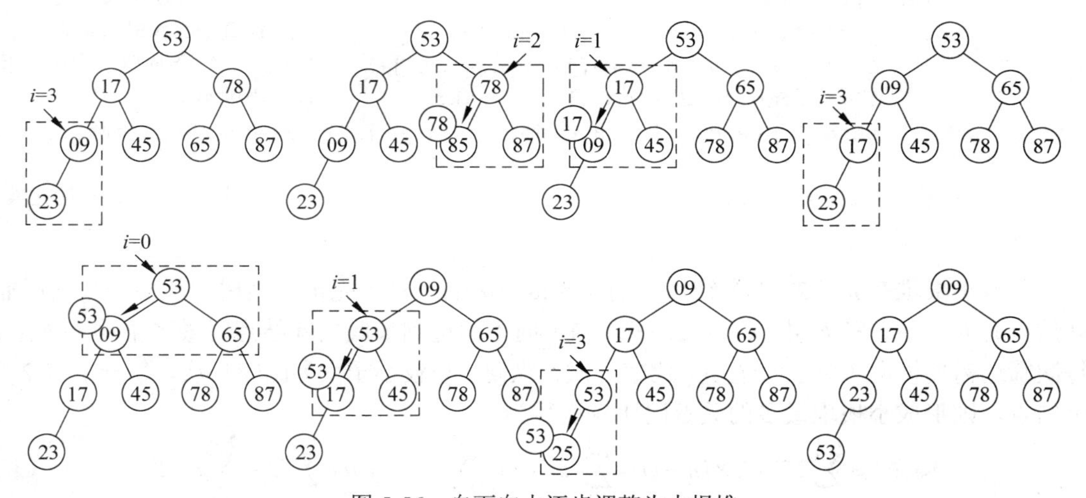

图 5-56　自下向上逐步调整为小根堆

这种建堆的算法是由 Robert Floyd 提出来的。其思想是从局部到整体，从下到上，逐步扩大小根堆。就是说，从离根最远的非叶结点开始，先把它们调整为小根堆，再以它们为基础，把更上层的子树调整为小根堆。由于子树的根下属的子树都已是小根堆，只需从它开始向下调整就可以了。这样逐步扩大到整个树的根结点，使得整棵树都成为小根堆。

在将以 i 为根的子树调整为小根堆的过程中，调用了一个向下调整的算法 siftDown，算法的实现如程序 5-34 所示。

程序 5-34　从一个输入序列逐步构建小根堆的算法

```
void creatMinHeap ( minHeap& H, ElemType arr[ ], int n ) {
```

```
//算法将一个数组从局部到整体，自下向上调整为小根堆
    int i;
    for ( i = 0; i < n; i++ ) H.elem[i] = arr[i]; //复制堆数组，建立当前大小
    H.curSize = n;
    for ( i = (H.curSize-2)/2; i >= 0; i-- )      //自底向上逐步扩大形成堆
        siftDown ( H, i, H.curSize-1 );           //局部自上向下筛选
};
```

在其算法中用到一个调整（称之为“筛选”）算法 siftDown，如程序 5-35 所示，它是一个自上而下的调整算法。其基本思想是：对有 m 个记录的集合 R，将它置为完全二叉树的顺序存储。首先从结点 i = start 开始向下调整，前提条件是假定它的两棵子树都已成为堆。首先在结点 i 的两个子女 $2i+1$ 和 $2i+2$ 中选择关键码小者，用 j 指示它，然后再比较结点 i 与结点 j：若结点 i 的关键码大，则把结点 j 上浮到 i 的位置（此时结点 i 的值已经存入辅助单元），并让 $i=j$，$j=2i+1$，继续向下一层进行比较；否则结点 j 不动，也不用再向下一层比较了，算法终止。最后结果是关键码最小的结点上浮到了堆顶。

程序 5-35 小根堆自顶向下“筛选”调整算法

```
void siftDown ( minHeap& H, int strat, int m ) {
    int i, j;  i = strat;
    HElemType temp = H.elem[i];                        //j 是 i 的左子女位置
    for ( j = 2*i+1; j <= m; j = 2*j+1 ) {             //检查是否到最后位置
        if ( j < m && H.elem[j] > H.elem[j+1]) j++;  //j 指向两子女中小者
        if ( temp <= H.elem[j] ) break;                //小则不做调整
        else { H.elem[i] = H.elem[j];  i = j; }       //小者上移,i 下降
    }
    H.elem[i] = temp;                                  //回放 temp 中暂存的元素
};
```

若设小根堆有 $n = 2^h-1$ 个结点，则 $h = \log_2(n+1)$。对于完全二叉树，从根到最低层非叶结点有 $h-1$ 层，第 k 层（$k = 1, 2, \cdots, h-1$）向下筛选到最底层叶结点时最多下移 $h-k$ 层，每次筛选需要横向（两子女选小）比较一次，纵向（与较小子女）比较一次，每一层有 2^{k-1} 个结点，则形成小根堆最多的关键码比较次数为

$$\mathrm{KCN} \leqslant \sum_{i=1}^{h-1} 2^{i-1} \times 2 \times (h-i) = \sum_{i=1}^{h-1} (2^i \times h) - \sum_{i=1}^{h-1} i \times 2^i = h \times \sum_{i=1}^{h-1} 2^i - \sum_{i=1}^{h-1} i \times 2^i \qquad (1)$$

可以用归纳法证明：

$$\sum_{i=1}^{h-1} 2^i = 2^h - 1, \quad \sum_{i=1}^{h-1} i \times 2^i = (h-2) \times 2^h + 2 \qquad (2)$$

将式（2）代入式（1），并用 $h = \log_2(n+1)$ 及 $n = 2^h-1$ 替换，有

$$\mathrm{KCN} \leqslant h\times(2^h-1)-((h-2)\times 2^h+2)$$
$$= n\log_2(n+1)-(n+1)\times(\log_2(n+1)-2)-2 = 2n-\log_2(n+1) < 2n$$

由上分析可知，形成小根堆的时间复杂度为 $O(n)$，空间复杂度为 $O(1)$。

思考题 使用 siftDown() 对从结点 s 到结点 m 的子树进行筛选以形成堆，当 $s > m$ 或 $s = m$ 时筛选结果如何？

5.7.3　堆的插入

小根堆的插入算法调用了另一种堆的调整算法 siftUp，实现自下而上的调整。因为每次新结点总是插在已经建成的小根堆后面。这时必须遵循与 siftDown 相反的比较路径，从下向上，与双亲的关键码进行比较，对调。

【例 5-30】 已知一个小根堆，现将一个新元素 3 插入到堆中，理所当然应插入到堆的最后（相当于在优先队列的队尾加入），如图 5-57(a)所示。但插入后，有可能不满足小根堆的定义了，应调用 siftUp 算法，从下向上，一层一层向上调整，如图 5-57(b)、图 5-57(c)所示，直到它不小于上层结点的关键码位置，如图 5-57(d)所示，至此小根堆的调整完成。

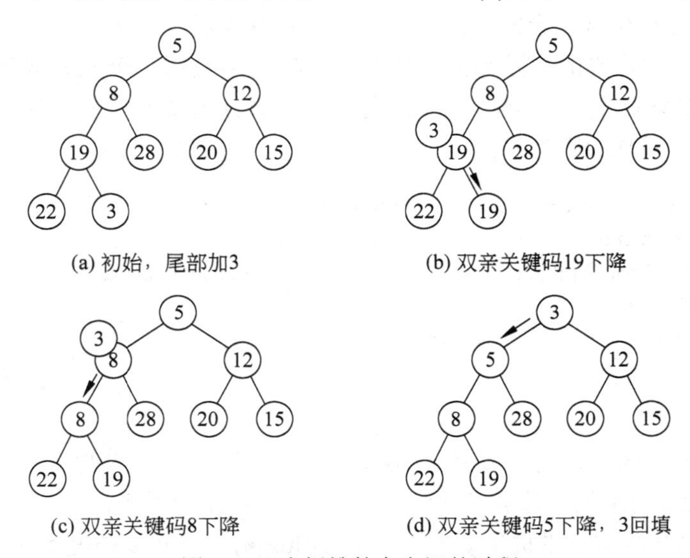

图 5-57　小根堆的向上调整过程

堆的插入算法和 siftUp 算法的实现如程序 5-36 和程序 5-37 所示。

程序 5-36　小根堆的插入算法

```
int Insert ( minHeap& H, HElemType x ) {          //堆的插入算法
      if ( H.curSize == heapSize ) return 0;      //堆满，返回插入不成功信息
      H.elem[H.curSize] = x;                      //插入到最后
      siftUp ( H, H.curSize );                    //从下向上调整
      H.curSize++;  return 1;                     //堆计数加 1
}
```

程序 5-37　自底向上调整为小根堆的算法

```
void siftUp ( minHeap& H, int start ) {
//从结点 start 开始到结点 0 为止，自下向上比较，如果子女的值小于双亲的值
//则双亲的值下降，再用子女的值继续向上层比较，这样将集合重新调整为堆
    HElemType temp = H.elem[start];  int j = start, i = (j-1)/2;
    while ( j > 0 ) {                                  //沿双亲路径向上直达根
        if ( H.elem[i] <= temp ) break;                //双亲的值小，不调整
        else { H.elem[j] = H.elem[i]; j = i; i = (i-1)/2;}  //双亲的值大
```

```
        }                                       //双亲的值下降，j 与 i 的位置上升
        H.elem[j] = temp;                       //回送
    }
```

设小根堆有 n 个结点，其向上筛选的调整层数不超过堆的高度减 1，即不超过 $\lfloor \log_2 n \rfloor$，故算法的时间复杂度为 $O(\log_2 n)$；而空间复杂度则为 $O(1)$，因为只使用了一个附加单元。

5.7.4 堆的删除

通常，从小根堆删除具有最小关键码元素的操作是将小根堆的堆顶元素，即其完全二叉树的顺序表示的第 0 号元素删去。在把这个元素取走后，一般以堆的最后一个结点填补取走的堆顶元素，并将堆的实际元素个数减 1。但是用最后一个元素取代堆顶元素将破坏堆，需要调用 siftDown 算法从堆顶向下进行调整。算法的实现参看程序 5-38。

程序 5-38 小根堆的删除算法

```
int Remove ( minHeap& H, DataType& x ) {                    //小根堆的删除算法
     if ( H.curSize == 0 ) return 0;                         //堆空，返回 0
     x = H.elem[0];  H.elem[0] = H.elem[H.curSize-1];//最后元素填补到根结点
     H.curSize--;
     siftDown ( H, 0, H.curSize-1);                          //自上向下调整为堆
     return 1;                                               //返回最小元素
}
```

设小根堆有 n 个结点，其高度 $h=\lfloor \log_2 n \rfloor+1$。在删除 0 号结点的值后用最后元素填补 0 号元素位置，并应用堆的筛选算法 siftDown 重新形成堆，向下调整次数最多不超过 $h-1=\lfloor \log_2 n \rfloor$，所以堆的删除算法的时间复杂度也是 $O(\log_2 n)$，空间复杂度为 $O(1)$。

思考题 堆是优先队列的最佳实现。每次新元素插入到队尾，相当于堆插入，每次从队头退出优先级最高的元素，相当于堆删除。试问对优先队列操作的时间代价是多少？

5.8 等价类与并查集

5.8.1 等价关系与等价类

在求解实际应用问题时，常会遇到等价类的问题。例如，软件测试用例设计常常要求把大量测试数据按发现错误的能力划分为若个等价类；图论里常常要求判断几个顶点是否在同一连通分量上，这些都涉及等价类。从数学上看，等价类是一个元素（或成员）的集合，在此集合中的所有元素应满足等价关系。假定用符号≡表示集合上的等价关系，那么对于该集合中的任意成员 x, y, z，下列性质成立：

（1）自反性。对于任一元素 x, $x\equiv x$（即等价于自身）。

（2）对称性。对于任意两个元素 x 和 y, 如果 $x\equiv y$, 则 $y\equiv x$。

（3）传递性。对于任意 3 个元素 x、y 和 z, 如果 $x\equiv y$ 且 $y\equiv z$, 则 $x\equiv z$。

因此，定义等价关系是集合上的一个自反、对称、传递的关系。

等价关系的例子很多。如“相等”(=)就是一种等价关系，它满足上述的 3 个特性。一般地，一个集合 S 中的所有对象可以通过等价关系划分为若干个互不相交的子集 S_1, S_2, S_3, …，它们的并就是 S。这些子集即为等价类。

5.8.2　确定等价类的方法

利用等价关系把集合 S 划分成若干等价类的原则是：对于集合 S 中的两个元素 x 与 y，当且仅当 $x \equiv y$，它们才属于同一等价类。确定等价类的算法分两步走。第一步，读入并存储所有的等价对(i, j)；第二步，标记和输出所有的等价类。

【例 5-31】 例如，给定集合 $S = \{ 0, 1, 2, 3, 4, 5, 6, 7, 8, 9, 10, 11 \}$，及如下等价对：

$$0 \equiv 4, 3 \equiv 1, 6 \equiv 10, 8 \equiv 9, 7 \equiv 4, 6 \equiv 8, 3 \equiv 5, 2 \equiv 11, 11 \equiv 0$$

我们首先把 S 的每一个元素看成是一个只有一个元素的等价类，再根据等价关系的自反、对称、传递性质，顺序地处理上面给出的等价对：

初始	{ 0 }, { 1 }, { 2 }, { 3 }, { 4 }, { 5 }, { 6 }, { 7 }, { 8 }, { 9 }, { 10 }, { 11 }
0≡4	{ 0, 4 }, { 1 }, { 2 }, { 3 }, { 5 }, { 6 }, { 7 }, { 8 }, { 9 }, { 10 }, { 11 }
3≡1	{ 0, 4 }, { 1, 3 }, { 2 }, { 5 }, { 6 }, { 7 }, { 8 }, { 9 }, { 10 }, { 11 }
6≡10	{ 0, 4 }, { 1, 3 }, { 2 }, { 5 }, { 6, 10 }, { 7 }, { 8 }, { 9 }, { 11 }
8≡9	{ 0, 4 }, { 1, 3 }, { 2 }, { 5 }, { 6, 10 }, { 7 }, { 8, 9 }, { 11 }
7≡4	{ 0, 4, 7 }, { 1, 3 }, { 2 }, { 5}, { 6, 10 }, { 8, 9 }, { 11 }
6≡8	{ 0, 4, 7 }, { 1, 3 }, { 2 }, { 5}, { 6, 8, 9, 10 }, { 11 }
3≡5	{ 0, 4, 7 }, { 1, 3, 5 }, { 2 }, { 6, 8, 9, 10 }, { 11 }
2≡11	{ 0, 4, 7 }, { 1, 3, 5 }, { 2, 11 }, { 6, 8, 9, 10 }
11≡0	{ 0, 2, 4, 7, 11 }, { 1, 3, 5 }, { 6, 8, 9, 10 }

接下来，要考虑如何实现等价类的标记和输出。设等价对个数为 m，元素个数为 n。最直观的方法是利用一个二维的布尔数组，如 pair[n][n]。当输入了一个等价对(i, j)时，令数组元素 pair[i][j] = True。这种表示比较简单、有效，但往往需要较多的存储空间，且数组中许多位置为 false。使用这种数据结构的算法的空间复杂度一般都是 $O(m \times n)$。

时间上，标记等价类最好的方法是利用并查集。使用这种方法，开始时，每个元素自成一个单元素集合，然后按一定规律将归于同一组元素的集合合并。在此过程中要反复用到查找指定元素属于哪个集合的运算。

5.8.3　并查集的定义及其实现

并查集是一种简单的用途广泛的集合，也称为 disjoint set（即不相交集合）。它支持以下 3 种操作：

（1）Union (Root1,Root2)。把子集合 Root2 并入集合 Root1 中。要求 Root1 与 Root2 互不相交，否则不执行合并。

（2）Find (x)。查找单元素 x 所在的集合，并返回该集合的名字。

（3）InitUFSets (s)。初始化函数，将并查集（用 UFSets 命名）中 s 个元素初始化为 s 个只有一个单元素的子集合。

并查集的主要作用是判断某个集合元素 i 在哪个集合内，以及判断两个集合元素 i 和 j

是否在同一个集合内。为实现这些功能，一个简单的方法是采用树的双亲数组表示作为并查集的存储结构。一棵树表示一个集合，多棵树组成的森林表示几个集合的全集合。树中每个结点代表集合的一个单元素。

【例 5-32】 假设集合最多有 n 个元素，树的双亲数组中有 n 个数组元素，在使用集合的应用中应该首先对这个数组初始化。例如，一个全集合 $S=\{0, 1, 2, 3, 4, 5, 6, 7, 8, 9\}$，初始化时置每个元素为只有一个元素的子集合，初始化的情形如图 5-58 所示。

图 5-58　并查集的初始化

在并查集中，用元素在数组中的下标表示该元素的名字；一棵树的根结点代表一个子集合，根结点的名字代表子集合的名字，根的双亲指针初始时置为–1，负数标识根结点，数字标识集合中元素个数。

【例 5-33】 经过一段时间的计算，所有单元素的子集合被合并成 3 个集合，它们是全集合 S 的子集合：$\{0, 6, 7, 8\}$，$\{1, 4, 9\}$，$\{2, 3, 5\}$。表示它们的并查集的树形结构如图 5-59(a)所示，对应的双亲指针数组如图 5-59(b)表示。

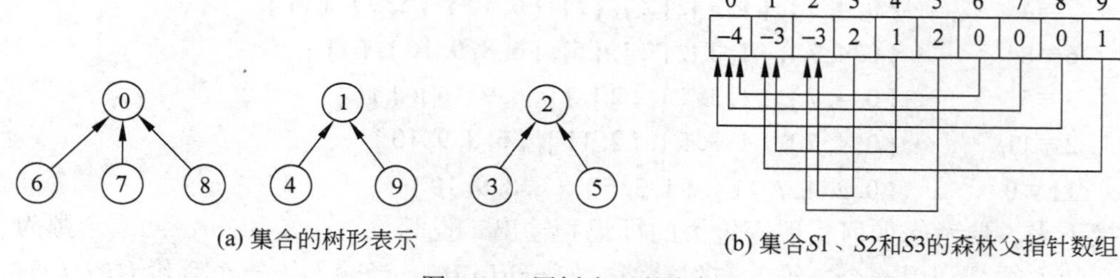

图 5-59　用树表示并查集

在双亲指针数组中，如果结点在同一棵树上，表明它们所代表的集合元素在同一个子集合内。对于任意给定的集合元素 i，沿着结点 i 的双亲指针向上一直走到树的根结点，就可以得到 i 所在集合的名字。为了得到两个集合的并，只要让表示其中一个集合的树的根结点的双亲指针指向表示另一个集合的树的根结点即可。

程序 5-39 给出表示并查集的树的结构定义，双亲指针数组是 parent[size]。

程序 5-39　用双亲指针数组表示的并查集的结构定义（存放于头文件 UFSets.h 中）

```
#define size 100
typedef struct {                                    //并查集类型定义
    int parent[size];                               //集合元素数组（双亲指针数组）
} UFSets;
```

并查集中最基本操作的实现如程序 5-40 所示。

程序 5-40　并查集基本操作的实现

```
void Initial ( UFSets& S ) {
//初始化操作（S 即并查集）
```

```
    for ( int i = 0; i < size; i++ ) S.parent[i] = -1; //每个自成单元素集合
}
int Find ( UFSets& S, int x ) {
//查找并返回元素 x 的根
    while ( S.parent[x] >= 0 ) x = S.parent[x];     //循链寻找 x 的根
    return x;                                       //根的 parent 值小于 0
}
void Merge ( UFSets& S, int R1, int R2) {
//将 R2 合并到 R1 中，成为 R1 的子女，要求 R1 与 R2 是不同子集合的根
    if ( R2 == R1 ) return;
    S.parent[R1] = S.parent[R1]+S.parent[R2];       //R1 成为合并后的树根
    S.parent[R2] = R1;                              //R2 的双亲指向 R1
}
```

【例 5-34】 考虑 5.8.2 节的例 5-31。参看图 5-60，最初全部 12 个元素各自成为一个等价类，有 parent[i] = −1, 0≤i<12。参看图 5-60(a)。以后每处理一个等价对 $i \equiv j$，先要确定 i 和 j 所在的集合，如果这是两个不同的集合，则用它们的并集代替它们；否则不做任何事情，因为 i 和 j 已经在同一个等价类中，$i \equiv j$ 是冗余的。参看图 5-60(b)～(d)。

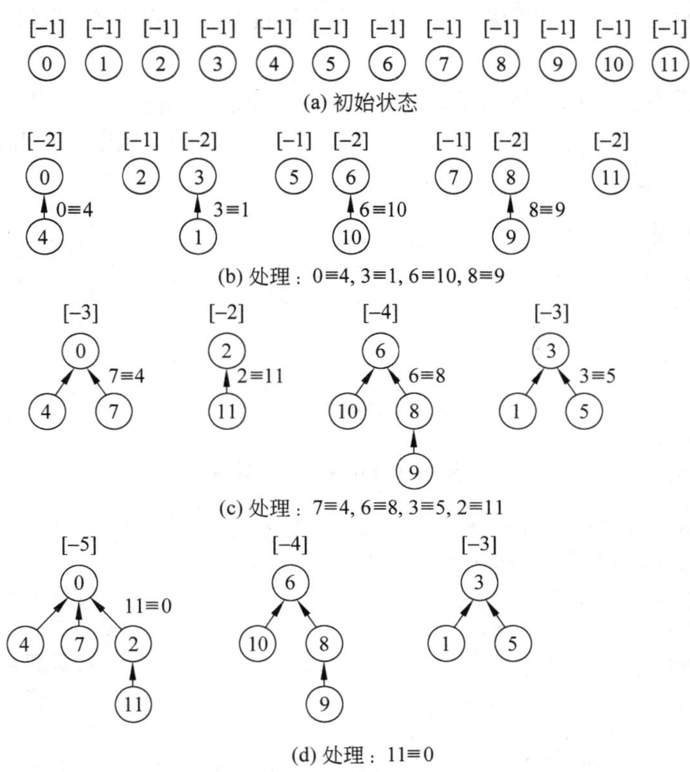

图 5-60　使用并查集处理等价对，形成等价类

5.8.4　并查集操作的分析和改进

并查集的合并与查找操作实现起来很简单，但性能特性并不好。假设最初 n 个元素自

成一个单元素的集合（即 $S_i = \{i\}, 0 \leqslant i < n$），相应的树结构为 n 棵树组成的森林，S.parent[i] = −1, $0 \leqslant i < n$。如果做如下处理：Merge ($S, n-2, n-1$), Merge ($S, n-3, n-2$), …, Merge (S, 1, 2), Merge (S, 0, 1)，将产生如图 5-61 所示的退化的树。

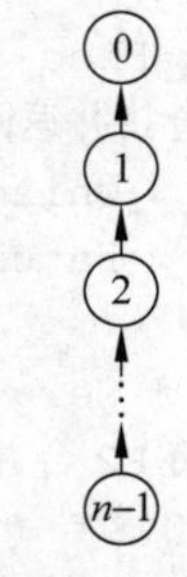

图 5-61　退化的树

因为执行一次 Merge 操作所需时间是 $O(1)$，所以 $n-1$ 次 Merge 操作可在 $O(n)$时间范围内完成。但如果执行 Find(S, 0), Find(S, 1), …, Find ($S, n-1$)，每个 Find 操作需要从被查找的元素出发，沿双亲指针链走到根。若被查找的元素为 i，完成 Find (S, i)操作需要时间为 $O(i)$，完成 n 次查找需要的总时间将达到

$$O\left(\sum_{i=1}^{n} i\right) = O(n^2)$$

为了避免产生退化的树，可以改进 Merge 操作的实现。

1．加权合并

这种合并方法是先判断两集合中元素的个数，如果以 i 为根的树中的结点个数少于以 j 为根的树中的结点个数，则让 i 的双亲指针指向 j，否则，让 j 的双亲指针指向 i。笼统地讲，就是让结点少的树成为结点多的树的子树。按照加权合并原则所得到的改进 Merge 算法如程序 5-41 所示。

【例 5-35】 参看图 5-62。因为 S.parent[0] = −4，S.parent[1] = −3，则说明以 0 为根的树中结点个数为 4，以 1 为根的树中结点个数为 3，所以直接让 1 的双亲指针指向 0。

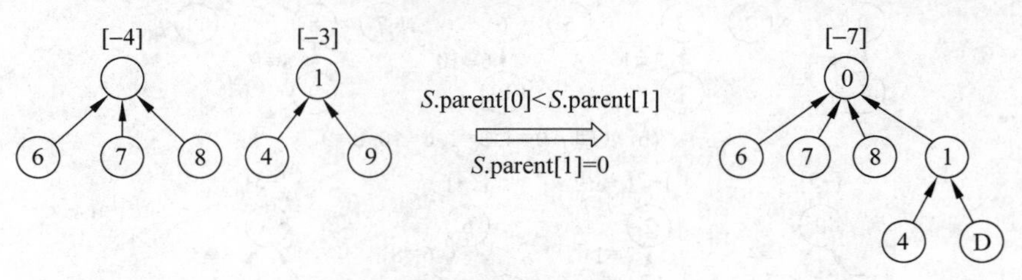

图 5-62　Merge 操作的加权合并

程序 5-41　使用加权合并方法求两个 UFSets 型集合的并

```
void MergebyWeight ( UFSets& S, int R1, int R2 ) {
//加权合并的优化策略(结点少的树合并到结点多的树上)
    int i = Find ( S, R1 ),  j = Find ( S, R2 );      //求两个子集合的根
    if ( i == j ) return;                              //在同一子集合，不合并
    int temp = S.parent[i] + S.parent[j];              //计算合并后元素个数
    if ( S.parent[j] < S.parent[i] )                   //子集合 j 的结点数多
      { S.parent[i] = j;  S.parent[j] = temp; }        //让 i 合并到 j 中
    else { S.parent[j] = i;  S.parent[i] = temp;}      //否则让 j 合并到 i 中
}
```

从上面的程序可知，执行一次 WeightedMerge 的时间比执行一次 Merge 的时间要稍多一些，但仍在常量界限 $O(1)$范围内。查找操作 Find 保持不变，其查找时间的上界不超过树的高度加 1。可以用归纳法证明，若设 T 是用一系列合并操作 WeightedMerge 建立的有 m

个结点的树，则 T 的高度不大于$\lfloor \log_2 m \rfloor$。对证明有兴趣的读者，请参看参考文献[1]。

2．用折叠规则“压缩路径”

折叠规则是指：如果 j 是从 i 到根的路径上的一个结点，并且 S.parent[j] ≠ S.root[i]，则把 S.parent[j]置为 S.root[i]。就是说，让 j 的双亲指针直接指向根。按照折叠规则压缩路径的算法如程序 5-42 所示。

程序 5-42　按照折叠规则压缩元素 i 到根路径的算法

```
int CollapsingFind ( UFSets& S, int i ) {
//在查找过程中压缩路径（把 i 到根的路径上各结点的双亲指针都指向根）
     int k, temp;
     for ( k = i; S.parent[k] >= 0; k = S.parent[k] );
                                                  //查找 i 所在树的根，用 k 指示
     while ( i != k )                             //让 i 沿到根的路径上移
          { temp = S.parent[i]; S.parent[i] = k; i = temp; }
                                                  //沿途结点的双亲都指向根 k
     return k;
}
```

【例 5-36】　设有一棵描述子集合的树，如图 5-63(a)所示。为提高查找效率，需要压缩树根到某一叶结点的路径。现在从结点 5 开始。因为 parent[5] = 9，没有直接指向根 0，可让 parent[5] = 0，直接指向 0，如图 5-63(b)所示。接着让 parent[9] = 0，如图 5-63(c)所示。

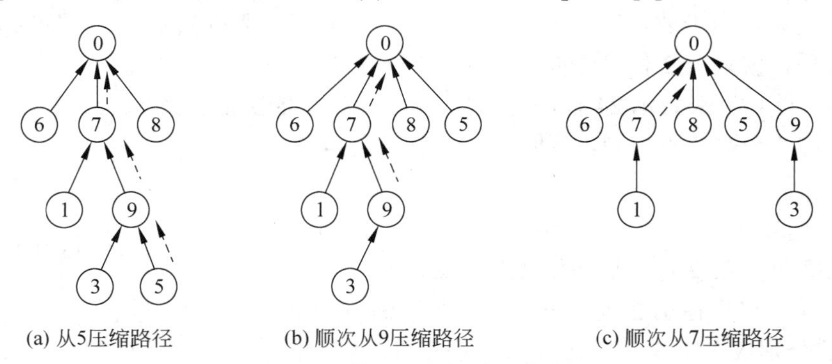

图 5-63　使用折叠规则压缩路径

使用一次折叠规则，仅压缩了从 i 到根的路径，同时完成了查找根的任务，所需时间大约增加一倍。但是，它能减少在最坏情况下完成一系列查找操作所需的时间。

5.9　扩展阅读：八皇后问题与树的剪枝

5.9.1　八皇后问题的提出

八皇后问题的提法是：“现有八个皇后，要放到 8×8 的国际象棋的棋盘上，使得它们彼此不受威胁，即没有两个皇后位于同一行、同一列或同一对角线上。问有多少种放置方法？”著名数学家高斯 1850 年提出这个问题并在当时给出了 76 个解。实际上这个问题有 92 个解，其中的 12 个解，如果写成 8 个数字的排列，可列出如下：

(72631485) (61528374) (58417263) (35841726) (46152837) (57263148)
(16837425) (57263184) (48157263) (51468273) (42751863) (35281746)

排列（72631485）表示解的一个布局，其中第 i 个数字表示第 i 行的皇后放置在第几列：如第 1 行皇后在第 7 列，第 2 行皇后在第 2 列，第 3 行皇后在第 6 列……图 5-64 给出了几个布局的棋盘图解。

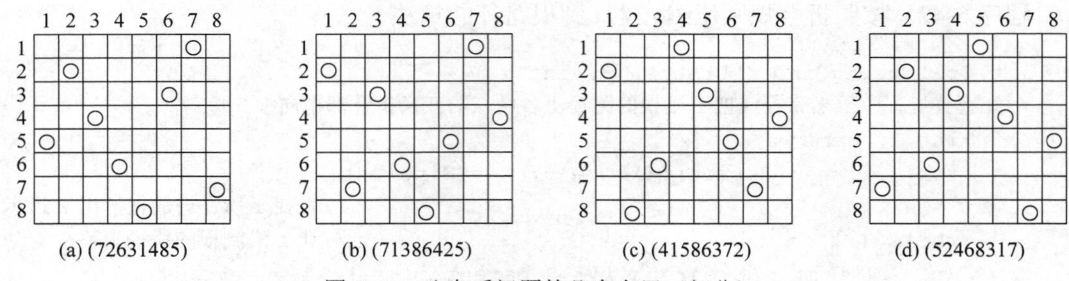

(a) (72631485) (b) (71386425) (c) (41586372) (d) (52468317)

图 5-64 八皇后问题的几个布局（部分）

5.9.2 八皇后问题的状态树

为简化问题，把“八皇后问题”的规模缩小为“四皇后问题”：即在 4×4 的棋盘上放 4 个皇后，使得没有两个皇后在同一行或同一列或同一对角线上。如何求解呢？

先考虑“任何两个皇后不能在同一行且不能在同一列”这个条件。当第 1 个皇后放在第 1 行某一列时，由于放在第 2 行的皇后不能与它同列，所以只有 3 个列可以放，而再放第 3 行的皇后，就只有 2 种可能放法，最后放下去的皇后只有 1 种选择。

我们用（$i\ j\ k\ l$）来表示 24 种可能布局。i、j、k、l 依次记载第 1、2、3、4 行皇后放置在第几列（这 4 个数各不相同，各取 1、2、3、4 这 4 个数字中某一个）。

例如，$i=3$，$j=1$，$k=2$，$l=4$ 即（3142）表示第 1 行皇后在第 3 列，第 2 行皇后在第 1 列，第 3 行皇后在第 4 列，第 4 行皇后在第 2 列。记号（31**）则表示第 1、2 行皇后分别放在第 3 列、第 1 列，而第 3、4 行皇后还未放的状态。它们的逻辑关系可画成如图 5-65 所示的一张放置层次图，其最后生成的 4 个皇后既不同行也不同列的状态有 4×3×2×1 = 24 种。

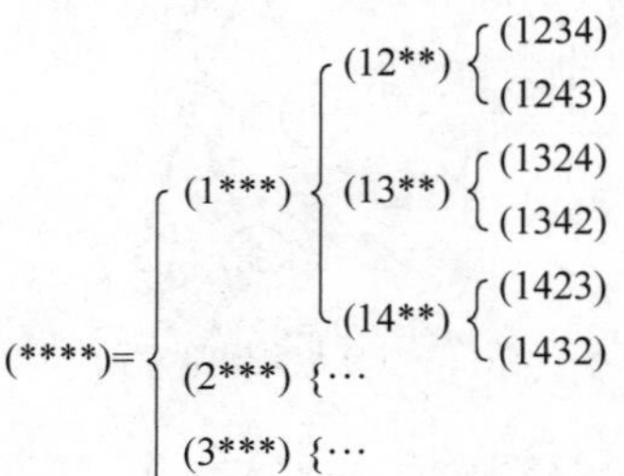

(****)= { (1***) { (12**) { (1234), (1243); (13**) { (1324), (1342); (14**) { (1423), (1432) }; (2***) {…; (3***) {…; (4***) {…

图 5-65 各行皇后放置层次图

现在把层次图转化为状态树，层次图中每一种状态作为一个树结点，得到一棵状态树，参看图 5-66。在状态树中，根结点代表（****），它的子结点分别代表（1***）、（2***）、（3***）、（4***）等 4 个状态，依次排列，树中每个结点所代表的状态，可由根（****）到该结点所经过的各分支旁所附数字依次排列得到。例如结点 E 表示状态（13**），结点 T 表示状态（3142）等。

有了状态树以后，剩下的问题就是对这 24 种状态进行判别，也就是对树的 24 个叶结点进行查找，看哪一种状态符合最后一个条件“任何两个皇后还不在同一对角线上”。这就要用到深度优先查找算法，每查找到树的一个结点，就用上述条件进行判断，对于不符合

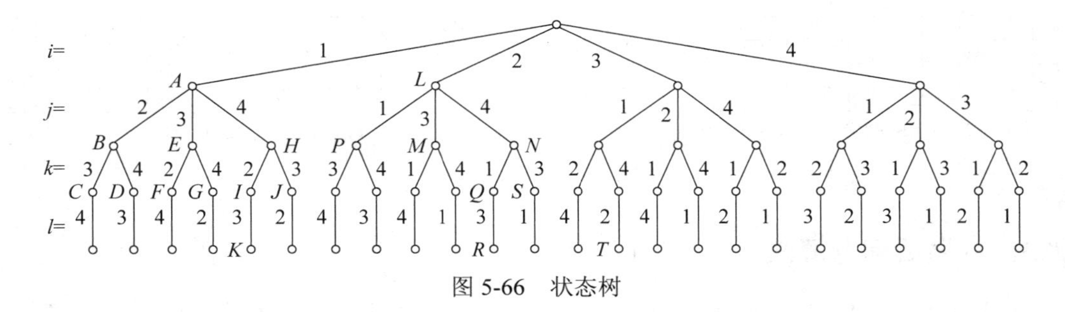

图 5-66　状态树

条件的结点，它的子孙也不会符合条件，此时可采取“剪枝”手段，剪去对子孙的判断。

图 5-67 是对（1***）与（2***）的全部子孙进行查找的过程。

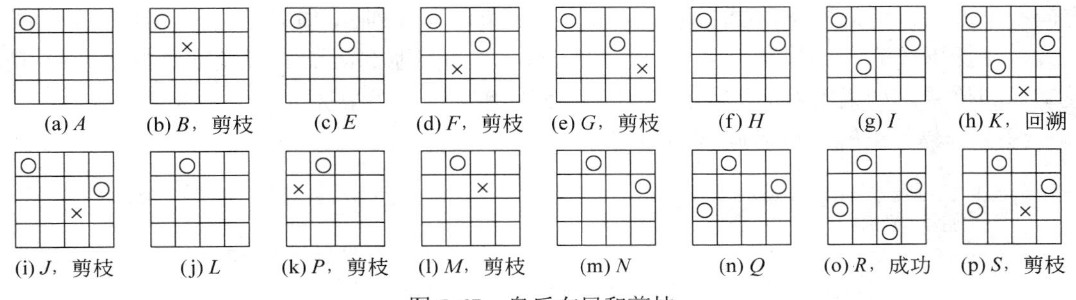

图 5-67　皇后布局和剪枝

结点 A 为状态（1***），结点 B 为状态（12**），此时，因第 1 行、第 2 行皇后已在同一对角线上，见图 5-67(b)，则它的两个子女 C（123*）与 D（124*）、两个孙子（1234）与（1243）都不符合“任何两个皇后不在同一对角线上”这一条件。因此，顶点 B 以下的树枝可全部“剪去”，即它的子孙情况不必再考虑。

棋盘下的字母对应于图 5-66 的状态。棋盘中打×处是不能往下放皇后的格子。

图 5-68 表示了对这部分进行“深度优先查找”的行进路程，打×处表示“剪枝”。对状态树左边一半查找，得到一个解为 R（2413），见图 5-67(o)。

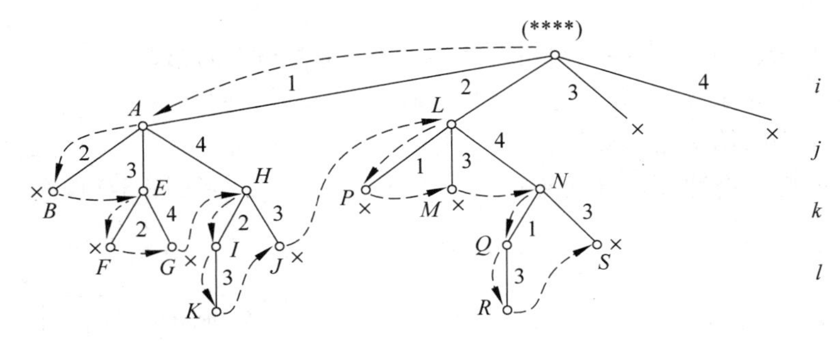

图 5-68　深度优先查找状态树

同样，对树的右边一半查找，可得另一解 T（3142），见图 5-69。R 与 T 各自按逆时针方向旋转 90°、180°、270°得到的仍是本身。R 与 T 是关于主对角线对称的。

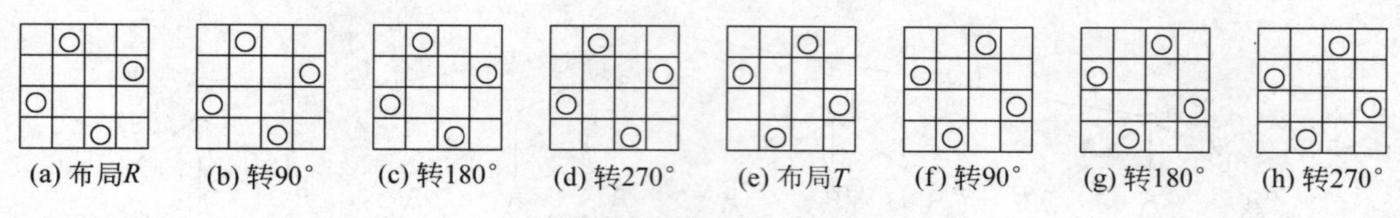

图 5-69　皇后布局旋转

5.9.3　八皇后问题算法

程序 5-43 是“八皇后问题”的递归算法。算法中用到一个数组 chess[8]，记载第 *i* 行皇后放置在第几列（$0 \leqslant i \leqslant 7$）。算法的思路是：假设前 $i-1$ 行的皇后已经安放成功，现在要在第 *i* 行的适当列安放皇后，使得它与前 $i-1$ 行安放的皇后在行方向、列方向和对角线方向都不冲突。为此，依次试探第 *i* 行的所有 8 个位置（列），如果某一列不能安放皇后，剪枝，试探下一列；如果某一列可以安放皇后，就递归地到第 $i+1$ 行继续寻找下一行可安放皇后的位置。如果所有 8 列都试探过了，则回溯到上一行，对上一行重新布局。

程序 5-43　求解八皇后问题的递归算法

```
void Queen( int chess[ ], int i ) {
    int j, k;
    if ( i == 8 ) {                          //0~7 行皇后安放成功，打印
         for ( j = 0; j < 8; j++ )
              printf ( "%d row, %d, column\n", j+1, chess[j]+1 );
         return;                             //打印行、列号，从 1 开始
    }
    for ( j = 0; j < 8; j++ ) {              //没有完成一个布局，试探安放皇后
        chess[i] = j;                        //在第 i 行第 j 列安放皇后
        for ( k = 0; k < i; k++ )
            if ( chess[i] != chess[k] && i-k != chess[i]-chess[k] &&
                k-i != chess[k]-chess[i] )
                Queen(chess, i+1);  //位置 j 不冲突，安放皇后，试探下一行
    }
};
```

算法中，用 chess[i] != chess[k]判断第 *i* 行皇后是否与上面第 *k* 行皇后同列。用 i-k != chess[i]-chess[k]判断第 *i* 行皇后是否与上面第 *k* 行皇后在同一条主对角线上。用 k-i != chess[k]-chess[i]判断第 *i* 行皇后是否与上面第 *k* 行皇后在同一条反对角线上。若都不等，才可以确认安放皇后不冲突，继续递归地安放下一行皇后。参看图 5-70。

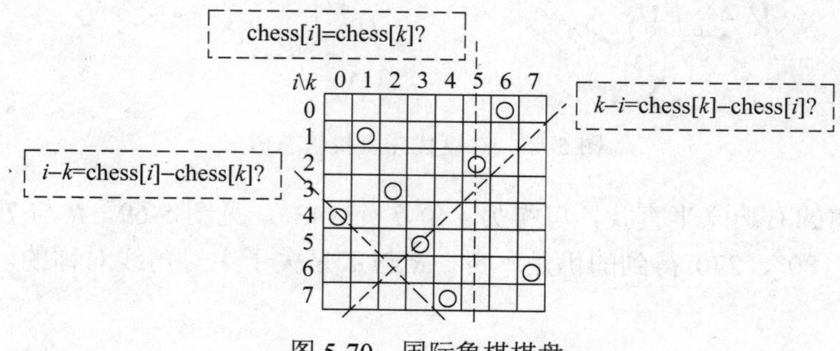

图 5-70　国际象棋棋盘

小　结

本章的知识点有 8 个：树的定义与存储，二叉树及其存储表示，二叉树的遍历，线索二叉树，树与森林，Huffman 树，堆和并查集。

本章复习的要点如下：

- 树与二叉树的概念。包括树的定义，相关术语，树的存储（包括双亲指针数组、子女链表、子女兄弟链表、广义表链表）。
- 二叉树的概念。包括二叉树的定义，二叉树的性质（包括二叉树中层次与结点个数的关系，二叉树中高度与结点个数的关系，二叉树中结点编号与层次的关系，完全二叉树中的结点间的关系，完全二叉树中高度与结点个数的关系），树与二叉树定义的递归性质，以及相应递归算法的递归方向和递归的结束条件。
- 二叉树的存储结构。包括二叉树的顺序存储结构，顺序存储结构中如何寻找某结点的双亲、子女和兄弟结点，二叉树的链式存储结构（包括二叉链表、三叉链表和静态链表），在二叉树的链表存储结构中如何寻找某结点的双亲、子女和兄弟结点。
- 不同存储结构的互换方法。
- 二叉树的遍历。包括二叉树的先序、中序、后序遍历的递归算法，使用栈的二叉树先序、中序、后序遍历的非递归算法，使用队列的二叉树的层次序遍历算法，利用先序与中序、中序与后序遍历结果构造二叉树的方法，不同种类的二叉树棵数的计数。
- 线索二叉树。包括理解什么是线索，中序线索二叉树的结构特性及在中序线索二叉树中寻找某结点的中序前趋和中序后继的方法，通过二叉树中序遍历建立中序线索二叉树的算法，中序线索二叉树上的中序遍历算法，先序线索二叉树的结构特性，在先序线索二叉树中寻找某结点的先序前趋和先序后继的方法，后序线索二叉树的结构特性，在后序线索二叉树中寻找某结点的先序前趋和先序后继的方法，通过二叉树的先序遍历和后序遍历建立先序线索二叉树和后序线索二叉树的算法，先序线索二叉树上的先序遍历算法和后序线索二叉树上的后序遍历算法。
- 树与森林。包括树 / 森林与二叉树的转换方法，树的先根与后根遍历的方法，森林的先根、中根遍历与对应二叉树的先序遍历、中序遍历的关系。
- Huffman 树。包括 Huffman 树的概念，Huffman 树的构造方法，构造 Huffman 树的 Huffman 算法，构造最佳判定树的 Hu-Tucker 算法，Huffman 编码。
- 堆。包括堆的概念，作为优先队列实现的堆，堆的完全二叉树顺序存储，堆的向下和向上调整算法，堆的构造算法，堆的插入和删除算法，构造堆的关键码比较次数。
- 并查集。包括并查集的概念，并查集的树双亲指针数组表示，并查集的主要操作（包括初始化、查找和合并）。

习　　题

一、问答题

1．在结点个数为 n（$n>1$）的各棵树中，深度最小的树的深度是多少？它有多少叶结点？多少分支结点？深度最大的树的深度是多少？它有多少叶结点？多少分支结点？

2．如果一棵树有 n_1 个度为 1 的结点，有 n_2 个度为 2 的结点……有 n_m 个度为 m 的结点，试问有多少个度为 0 的结点？试推导之。

3．设二叉树根结点所在层次为 1，树的深度 d 为距离根最远的叶结点所在层次，试回答以下问题：

（1）试精确给出深度为 d 的完全二叉树的不同二叉树棵数。

（2）试精确给出深度为 d 的满二叉树的不同二叉树棵数。

4．如果一棵 n 个结点的满二叉树的高度为 h（根结点所在的层次为 1），则

（1）用高度如何表示结点总数 n？用结点总数 n 如何表示高度 h？

（2）若对该树的结点从 0 开始按中序遍历次序进行编号，则如何用高度 h 表示根结点的编号？如何用高度 h 表示根结点的左子女结点的编号和右子女结点的编号？

5．已知一棵二叉树的先序遍历序列为 *ABECDFGHIJ*，中序遍历序列为 *EBCDAFHIGJ*，画出这棵二叉树并写出它的后序遍历序列。

6．一棵高度为 h 的满 m 叉树有如下性质：第 h 层上的结点都是叶结点，其余各层上每个结点都有 m 棵非空子树，如果按层次自顶向下，同一层自左向右，顺序从 1 开始对全部结点进行编号，试问：

（1）各层的结点个数是多少?

（2）编号为 i 的结点的双亲（若存在）的编号是多少?

（3）编号为 i 的结点的第 k 个子女结点（若存在）的编号是多少?

（4）编号为 i 的结点有右兄弟的条件是什么？其右兄弟结点的编号是多少?

（5）若结点个数为 n，则高度 h 是 n 的什么函数关系?

7．已知一棵树的先根次序遍历的结果与其对应二叉树表示（子女-兄弟表示）的先序遍历结果相同，树的后根次序遍历结果与其对应二叉树表示的中序遍历结果相同。利用树的先根次序遍历结果和后根次序遍历结果能否唯一确定一棵树？举例说明。

8．给定权值集合 15, 03, 14, 02, 06, 09，构造相应的 Huffman 树，并计算它的带权路径长度 WPL。

9．假定用于通信的电文仅由 8 个字母 c1, c2, c3, c4, c5, c6, c7, c8 组成，各字母在电文中出现的频率分别为 5, 25, 3, 6, 10, 11, 36, 4。试为这 8 个字母设计不等长 Huffman 编码，并给出该电文的总码数。

10．判断以下序列是否是小根堆？如果不是，将它调整为小根堆。

（1）{ 100, 86, 48, 73, 35, 39, 42, 57, 66, 21 }

（2）{ 12, 70, 33, 65, 24, 56, 48, 92, 86, 33 }

（3）{ 103, 97, 56, 38, 66, 23, 42, 12, 30, 52, 06, 20 }

（4）{ 05, 56, 20, 23, 40, 38, 29, 61, 35, 76, 28, 100 }

11．写出向堆中加入数据 4, 2, 5, 8, 3, 6, 10, 14 时每加入一个数据后堆的变化。

二、算法题

1．已知一棵完全二叉树存放于一个一维数组 *T* [*n*]中，*T* [*n*]中存放的是各结点的值。设计一个算法，从 *T* [0]开始顺序读出各结点的值，建立该二叉树的二叉链表表示。

2．编写一个算法，将用二叉链表表示的完全二叉树转换为二叉树的顺序表示。

3. 设二叉树 *T* 采用二叉链表存储，编写一个算法，用括号形式 key(LT, RT)输出二叉树 *T* 的各个结点。其中，key 是根结点的数据，LT 和 RT 是括号形式的左子树和右子树。要求空树不打印任何信息，一个结点的树的打印形式是 x，而不应是 (x,) 的形式。

4. 设二叉树的存储结构为二叉链表，编写有关二叉树的递归算法：

（1）统计二叉树中度为 1 的结点个数。

（2）统计二叉树中度为 2 的结点个数。

（3）统计二叉树中度为 0（叶结点）的结点个数。

（4）统计二叉树的高度。

（5）统计二叉树的宽度，即在二叉树的各层上结点数最多的那一层上的结点总数。

（6）从二叉树中删去所有叶结点。

（7）计算二叉树中指定结点*p 所在层次。

（8）计算二叉树中各结点中的最大元素的值。

（9）交换二叉树中每个结点的两个子女。

（10）以先序次序输出一棵二叉树所有结点的数据值及结点所在层次。

5．设二叉树的存储结构为二叉链表，编写一个递归算法，以先序次序输出一棵二叉树所有结点的数据值及结点所在层次。

6. 给定一棵二叉树的后序遍历序列 post[low1..high1]和中序遍历序列 in[low2..high2]，试以二叉链表为存储表示，编写一个算法构造这棵二叉树。

7. 设一棵二叉树采用二叉链表作为它的存储表示，指针 *t* 指向根结点，试编写一个在二叉树中查找值为 *x* 的结点，并打印该结点所有祖先结点的算法。在此算法中，假设值为 *x* 的结点不多于一个。

8. 设一棵二叉树采用二叉链表存储，编写一个算法，利用二叉树的先序遍历求任意指定的两个结点 *I* 和 *J* 间的路径和路径长度。

9. 设一棵二叉树 *T* 采用二叉链表存储，编写一个算法，判断 *T* 是否完全二叉树。

10. 针对一棵先序线索二叉树：

（1）仿照中序线索二叉树，定义先序线索二叉树的结构。

（2）编写算法，实现二叉树到先序线索二叉树的转换。

（3）编写算法，在以*t 为根的子树中求指定结点*p 的双亲结点。

（4）编写算法，求以*t 为根的子树的先序下的第一个结点。

（5）编写算法，求以*t 为根的子树的先序下的最后一个结点。

（6）编写算法，求结点*t 的先序下的后继结点。

（7）编写算法，求结点*t 的先序下的前趋结点。

（8）编写算法，实现先序线索二叉树的先序遍历。

11. 假设一棵树的存储结构采用双亲表示法，树中各个结点按先根遍历次序存放，根结点存于 T.tnode[0]。试编写一个函数，计算 p 所指结点和 q 所指结点的最近公共祖先结点。

12. 设树 T 以子女－兄弟链表作为其存储表示，编写一个算法无重复地输出树中所有的边。要求输出的形式为 $(k_1, k_2),\cdots,(k_i, k_j)$, $\cdots$，其中 k_i 和 k_j 为树结点的标识。

13. 设树 T 以子女－兄弟链表作为其存储表示，编写算法：

（1）统计树 T 的叶结点个数。

（2）计算树的度。

（3）计算树的高度。

（4）计算树的深度。

14. 设有一棵树用双亲表示存储，编写一个算法，将其转换为子女－兄弟链表表示。

15. 设以二元组(f, c)的形式输入一棵树的各条边（其中 f 是双亲的标识，c 是子女结点的标识），且在输入的二元组序列中，c 是按层次顺序出现的。f= '^' 时，c 为根结点的标识，若 c 也为 '^'，则表示输入结束。例如，如图 5-71 所示树的输入序列为：^*A*, *AB*, *AC*, *AD*, *CE*, *CF*, ^^。编写一个算法，由输入的二元组序列建立树的子女－兄弟链表。

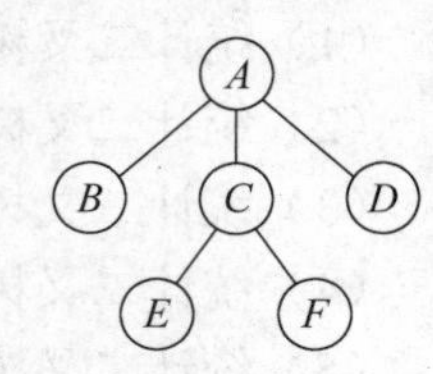

图 5-71　题 15 的图

16. 已知一棵树的层次序序列以及每个结点的度，编写一个算法，构造此树的子女－兄弟链表。

17. 可以用缩格（或移行）的文本形式（indented text）来表示一棵树的结点数据。例如，图 5-72(a)所示的树的缩格文本形式如图 5-72(b)所示。试设计一个算法，将用左子女-右兄弟链表表示的树用缩格文本形式输出。

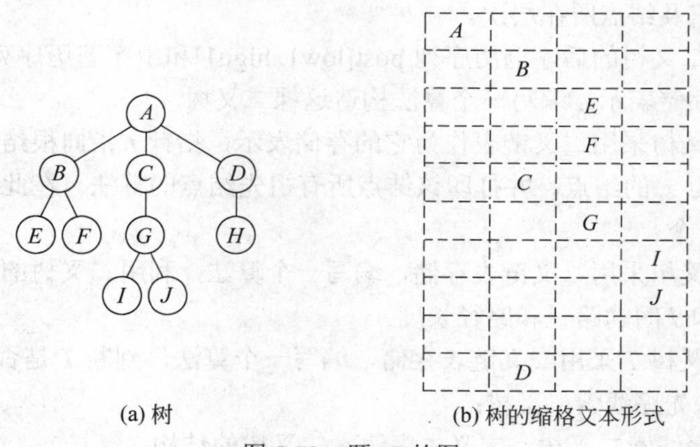

图 5-72　题 17 的图

三、实训题

1. 设计一组程序，实现二叉树的结构和相关操作，放在 BiTree.h 中，至少包括求根结点，求指定结点的左子女、右子女、双亲、深度、高度、度，利用广义表表示建立二叉树，用广义表表示输出二叉树等操作。利用它编写一个函数，计算指定结点的平衡因子，即其右子树高度减左子树高度的高度差。要求主程序调用 BiTree.h 中的操作建立二叉树，再输出二叉树，调用函数计算某指定结点的平衡因子，最后输出结果。

2．设计一组程序，实现树的双亲指针数组结构和相关操作，放在 PTTree.h 中，至少包括求根结点，求指定结点的第一个子女、下一个兄弟、双亲，利用广义表表示建立树，用广义表表示输出树等操作。利用它编写两个函数，按照先根遍历和后根遍历顺序输出树中所有结点的元素。要求主程序首先调用 PTTree.h 中的操作建立树的双亲指针数组，再输出这棵树，然后调用函数按先根和后根次序遍历树并输出结果。

3．设计一组程序，实现树的子女－兄弟链表结构和相关操作，放在 CSTree.h 中，至少包括求根结点，求指定结点的第一个子女、下一个兄弟、双亲，利用广义表表示建立树，用广义表表示输出树等操作。利用它编写两个函数，按照先根遍历和后根遍历顺序输出树中所有结点的元素。要求主程序首先调用 CSTree.h 中的操作建立树的双亲指针数组，再输出这棵树，然后调用函数按先根和后根次序遍历树并输出结果。

4．设计一组程序，基于 Huffman 树的静态链表结构，包括：

（1）应用 Huffman 算法构造一棵 Huffman 树的函数。

（2）基于 Huffman 树实现 Huffman 编码的函数。

（3）实现 Huffman 编码的解码的函数。

要求主程序给出一组权值。首先执行（1），建立 Huffman 树，用（data, parent, lchild, rchild）形式输出这棵 Huffman 树；接着执行（2）和（3），分别以（data, code）形式输出 Huffman 编码，以（code, data）形式输出还原后的情形。

5．设计一组程序，基于 Huffman 树的静态链表结构，包括：

（1）应用 Hu－Tucker 算法构造一棵最佳二叉判定树的函数。

（2）按照二叉树的前序遍历计算所有叶结点深度和带权路径长度，进一步计算树的带权路径长度的函数。

（3）仿照 5-29 题按照缩格文本形式输出这棵最佳二叉判定树。

要求主程序给出一组权值。首先执行（1），建立最佳二叉判定树；然后执行（2），输出这棵判定树的带权路径长度；最后执行（3），打印出这棵判定树。

6．设计一组程序，实现大根堆的结构和所有相关操作，把它们存放于 maxHeap.h 中，元素的数据类型设定为整型。要求主程序输入一连串整数，一个一个把它们插入大根堆中，然后再一个一个从大根堆中退出并打印出来。

7．设计一组程序，实现并查集的结构和相关操作，包括 InitUFSets、Find、Merge 等操作的实现。要求主程序输入一连串偶对（i, j），其中 i 和 j 都是 1～20 的整数且 $i \neq j$，然后计算 u = Find(S, i)和 v = Find(S, j)，当 $u \neq v$ 时合并 u 和 v：Merge(S, u, v)。其中 S 是 UFSets 型集合。这就是所谓的等价类。在同一棵树上的元素在同一个等价类中。主程序依次输出一棵树上的所有元素，最后输出所有的树。

第 6 章　图

1727 年瑞士年轻的学者欧拉解决了一个著名难题，即“七桥难题”。问题的提法是：普鲁士的哥尼斯堡有一个岛，名叫克涅波（见图 6-1(a)中 A），普雷格尔河的两条支流从它两边流过。有 7 座桥，把这个岛和 3 个陆区 B、C 和 D 连接起来。要设想一条散步的通路，使得能走过每座桥一次且只一次，并回到出发点。

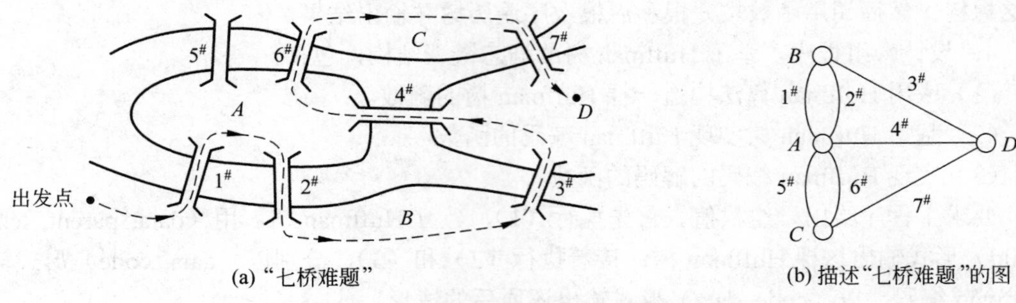

图 6-1　欧拉“七桥难题”示意图

欧拉首先抓住问题的本质。他认为，最重要的是哪座桥连结哪两块地方。他把 4 块地方各缩成一个点，7 座桥变成 7 条边，得到如图 6-1(b)所示的图。把“七桥难题”化成了“一笔画问题”，即图 6-1(b)是否可以不重复地一笔画出来，且回到出发点。1736 年欧拉发表了图论方面的第一篇论文：《依据几何位置的解题方法》，宣布“七桥难题”是无解的，即不存在这样一种散步方案。

实际上，很多问题都可以化为图论问题求解。因此，讨论图在计算机上如何表示，如何利用图来解决问题，是本章的重点。

6.1　图的基本概念

前面讨论的树形结构是由结点组成的具有根的分层结构，各个结点通过指针链接形成亲子关系，一个结点最多有一个双亲，但可以有零个或多个子女。本章讨论的图（graph），是另一种非线性结构，它的每一个顶点可以与多个其他顶点相关联，各顶点之间的关系是任意的。有人说，凡有二元关系的系统都可利用图给出数学模型。

6.1.1　与图有关的若干概念

1．图的定义

图是由顶点集合及顶点间的关系集合组成的一种数据结构：Graph = (V, E)。其中，顶点集合 $V = \{x \mid x \in$ 某个数据元素集$\}$是有穷非空集合；$E = \{(x, y) \mid x, y \in V\}$ 或 $E = \{<x, y> \mid x, y \in V$ && Path $(x, y)\}$是顶点间关系的有穷集合，也叫做边集合。Path(x, y)表示从顶点 x

到顶点 y 的一条单向通路，它是有方向的。

如果图中所有的顶点对<x, y>是有序的，则称这种图为有向图。在有向图中，顶点对<x, y>称为从顶点 x 到顶点 y 的一条有向边（或称为弧）。对于有向边<x, y>而言，x 是始点，y 是终点，<x, y>与<y, x>是不同的两条边。

如果图中所有的顶点对(x, y)是无序的，就是说，x 与 y 没有特定的先后次序，则称这种图为无向图（undirected graph）。在无向图中，顶点对(x, y)是连接于顶点 x 和顶点 y 之间的一条边。这条边没有特定的方向，(x, y)与(y, x)是同一条边。

【例 6-1】 在如图 6-2 所示的 4 个图中，图 G_1 和 G_2 是无向图，G_1 的顶点集合为 $V(G_1)$= {0, 1, 2, 3}，边集合为 $E(G_1)$ = {(0, 1), (0, 2), (0, 3), (1, 2), (1, 3), (2, 3)}。G_2 的顶点集合为 $V(G_2)$ = {0, 1, 2, 3, 4, 5, 6}，边集合为 $E(G_2)$ = {(0, 1), (0, 2), (1, 3), (1, 4), (2, 5), (2, 6)}，可以视之为一棵树。图 G_3 和 G_4 是有向图，G_3 的顶点集合为 $V(G_3)$ = {0, 1, 2}，边集合为 $E(G_3)$ = {<0, 1>, <1, 0>, <1, 2>}。G_4 的顶点集合为 $V(G_4)$ = {0, 1, 2, 3}，边集合为 $E(G_4)$ = {<0, 1>, <1, 0>, <0, 2>, <2, 0>, <0, 3>, <3, 0>, <1, 2>, <2, 1>, <1, 3>, <3, 1>, <2, 3>, <3, 2>}。

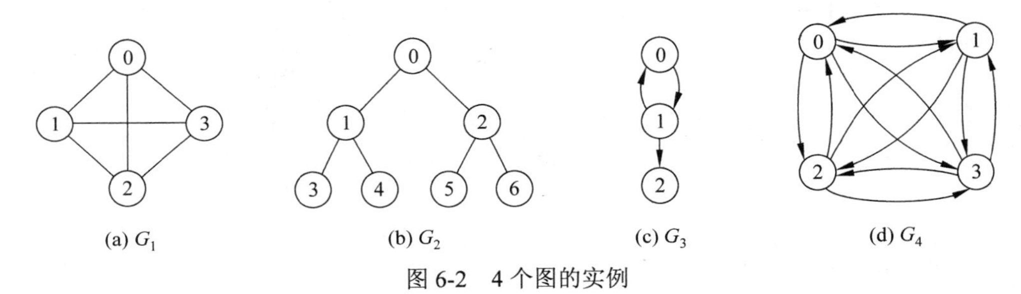
(a) G_1　(b) G_2　(c) G_3　(d) G_4

图 6-2　4 个图的实例

在有向图 G_3 和 G_4 中，用箭头表示有向边的方向，箭头从始点指向终点。在无向图中不加箭头。

在讨论图时，需要做些限制：

（1）不考虑顶点有直接与自身相连的边（即自身环）。就是说，不应有形如(x, x)或<x, x>的边。图 6-3 (a)中存在自环，这类图就不属于本章讨论的范围。

（2）在无向图中，任意两个顶点之间不能有多条边直接相连。如图 6-3(b)所示的图称为多重图，它突破了这个限制，不在本书的讨论范围之内。

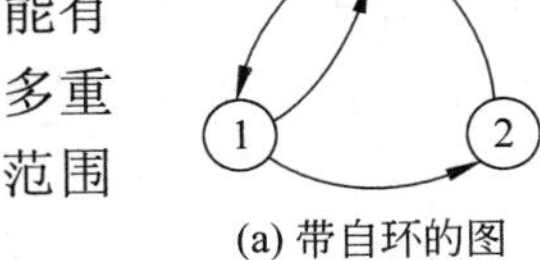
(a) 带自环的图

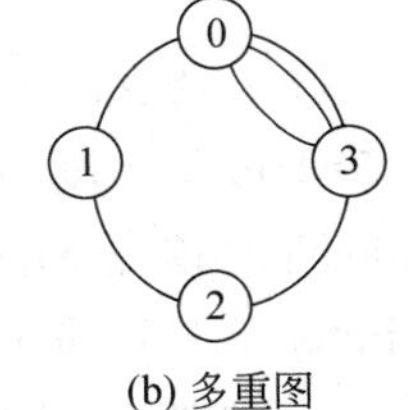
(b) 多重图

图 6-3　本章不予讨论的图

思考题　是否有“空图”的概念？

2．有关图的术语

（1）完全图。在 n 个顶点组成的无向图中，若每两个顶点之间都有一条边，则称为无向完全图，图 6-2(a)所示的 G_1 就是无向完全图，它有 $n(n-1)/2$ 条边。在 n 个顶点组成的有向图中，若每两个顶点之间都有方向相反的两条有向边，则称为有向完全图，图 6-2(d)所示的 G_4 就是有向完全图，它有 $n(n-1)$条边。完全图中的边数达到最大。

（2）权值。在某些图中，边具有与之相关的数值，称为权值。权值可以表示从一个顶点到另一个顶点的距离、花费的代价、所需的时间、次数等。

（3）网络。带权图也叫做网络。

（4）邻接顶点。亦称为相邻顶点。如果(u, v)是$E(G)$中的一条边，则称 u 与 v 互为邻接顶点，且称边(u, v)依附于顶点 u 和 v。在图 6-2(b)的图 G_2 中，与顶点 1 相邻接的顶点有 0、3、4。在 G_2 中依附于顶点 2 的边有(0, 2)、(2, 5)和(2, 6)。如果$\langle u, v\rangle$是有向图的一条有向边，则称顶点 u 邻接到顶点 v，顶点 v 邻接自顶点 u，边$\langle u, v\rangle$与顶点 u 与 v 相关联。例如，在图 6-2(c)的图 G_3 中，顶点 1（通过有向边<1, 2>）邻接到 2，顶点 2 邻接自 1，顶点 1 与边<0, 1>、<1, 0>和<1, 2>相关联。

（5）子图。设图 $G = (V, E)$和 $G' = (V', E')$。若 $V' \subseteq V$ 且 $E' \subseteq E$，则称图 G'是图 G 的子图。

【例 6-2】 图 6-4 (a)给出了无向图 G_1 的几个子图，图 6-4 (b)给出有向图 G_3 的几个子图。

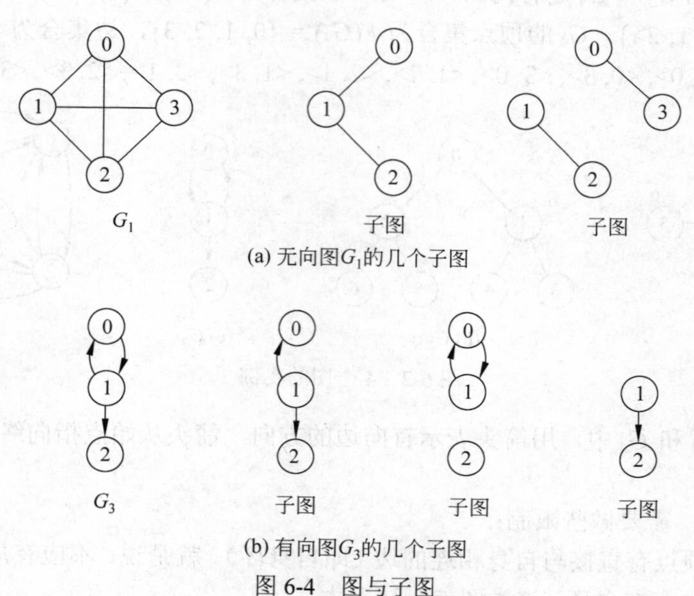

(a) 无向图G_1的几个子图

(b) 有向图G_3的几个子图

图 6-4 图与子图

（6）顶点的度。依附于顶点 v 的边数称作 v 的度，记作 $\deg(v)$。在有向图中，顶点的度等于该其入度与出度之和。其中，顶点 v 的入度是以 v 为终点的有向边的条数，记作 $\text{indeg}(v)$; 顶点 v 的出度是以 v 为始点的有向边的条数，记作 $\text{outdeg}(v)$。顶点 v 的度 $\deg(v) = \text{indeg}(v) + \text{outdeg}(v)$。

一般地，若图 G 中有 n 个顶点、e 条边，则

$$e = \frac{1}{2}\left\{\sum_{i=1}^{n}\deg(v_i)\right\}$$

（7）稠密图和稀疏图。如果用 n 表示图中的顶点数，e 表示图中的边数，则：

若 $e < n\log_2 n$，则称该图为稀疏图；若 $e \geqslant n\log_2 n$，则称该图为稠密图。

（8）路径。在图 $G = (V, E)$中，若从顶点 v_i 出发，沿一些边经过若干顶点 $v_{p1}, v_{p2}, \cdots, v_{pm}$ 到达顶点 v_j，则称顶点序列$(v_i, v_{p1}, v_{p2}, \cdots, v_{pm}, v_j)$为从顶点 v_i 到顶点 v_j 的一条路径。它经过的边(v_i, v_{p1})、(v_{p1}, v_{p2})、…、(v_{pm}, v_j)都是来自 E 的边。注意，在本书中是用顶点序列定义路径的，但在某些算法（例如求关键路径）中，是通过求一系列的边来寻找路径的。

（9）路径长度。对于不带权的图，路径长度是指此路径上边的条数。对于带权图，路径长度是指路径上各条边上权值的和。

（10）简单路径与回路。若路径上各顶点 $v_1, v_2, \cdots, v_m$ 均不互相重复，则称这样的路径为简单路径。若路径上第一个顶点 v_1 与最后一个顶点 v_m 重合，则称这样的路径为回路或环。若回路中的路径是简单路径，则称这样的回路为简单回路。

【例 6-3】 在图 6-5 中，图 6-5(a)是简单路径，图 6-5(b)不是简单路径，图 6-5(c)是回路。在解决实际应用问题时，通常只考虑简单路径。

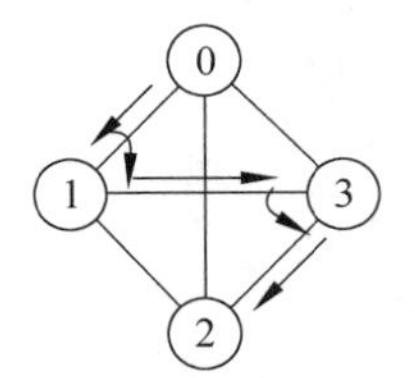

(a) 简单路径(0132)

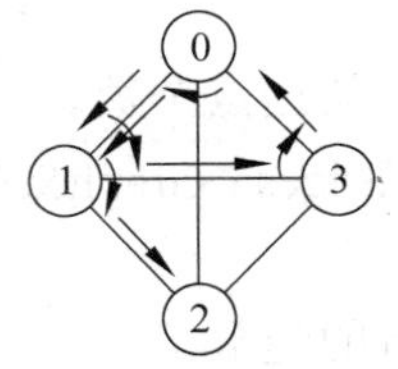

(b) 非简单路径(013012)

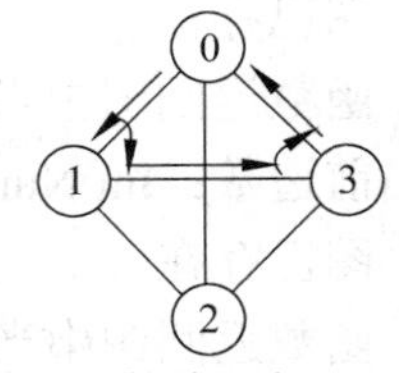

(c) 简单回路(013)

图 6-5　简单路径与回路

（11）连通图与连通分量。在无向图中，若从顶点 v_1 到顶点 v_2 有路径，则称顶点 v_1 与 v_2 是连通的。如果图中任意一对顶点都是连通的，则称此图是连通图。非连通图的极大连通子图叫做连通分量。

（12）强连通图与强连通分量。在有向图中，若在每一对顶点 v_i 和 v_j 之间都存在一条从 v_i 到 v_j 的路径，也存在一条从 v_j 到 v_i 的路径，则称此图是强连通图。非强连通图的极大强连通子图叫做强连通分量。

（13）生成树。一个无向连通图的生成树是它的极小连通子图，若图中含有 n 个顶点，则其生成树由 $n-1$ 条边构成。若是有向图，则可能得到它的由若干有向树组成的生成森林。

思考题　若设图有 n 个顶点，则请验证：

- 一个无向连通图至少有 $n-1$ 条边；若刚好有 n-1 条边即为生成树。
- 一个有向强连通图至少有 n 条有向边（构成一个有向环），1 个顶点的有向图至少有 0 个顶点。
- 简单路径的长度不超过 $n-1$。
- 长度为 k 的简单路径的数目不超过 $n!/(n-k-1)!$，$1 \leqslant k \leqslant n-1$。

思考题　有 n 个顶点的无向图最多有多少条边？有向图最多有多少条边？

6.1.2　图的基本操作

假设图的顶点数据的数据类型是 Type，边上权值的数据类型是 Weight，则图的主要操作如下：

（1）建立图：void CreateGraph (Graph& G，int n，int m)。

先决条件：无。

操作结果：从键盘输入 n 个顶点和 m 条边的信息，建立一个图。

（2）输出图：void PrintGraph (Graph& G)。

先决条件：图 G 已存在。

操作结果：输出所有边和顶点的信息。

（3）初始化：void InitGraph (Graph& G)。

先决条件：图已建立。

操作结果：将图的顶点数和边数置为 0。

（4）从顶点数据 *x* 查找该顶点号：int GetVertexPos(Geaph& G, Type x)。

先决条件：该顶点属于图的顶点集合。

操作结果：从顶点的数据值找出该顶点的顶点号，如果查找失败，函数返回-1。

（5）返回当前顶点数：int NumberOfVertices (Graph& G)。

先决条件：图已存在。

操作结果：函数返回图中当前已有的顶点个数。

（6）返回当前边数：int NumberOfEdges (Graph& G)。

先决条件：图已存在。

操作结果：函数返回图中当前已有的边数。

（7）取顶点 *i* 的值：Type GetValue (Graph& G, int i)。

先决条件：图已存在，且 *i* 是合法的顶点号。

操作结果：函数返回顶点 *i* 的值，若 *i* 不合理则函数返回 0。

（8）取边(*v*1, *v*2)上的权值：Weight GetWeight (Graph& G, int v1, int v2)。

先决条件：图已存在，且 *v*1 和 *v*2 是合理的顶点号，(*v*1, *v*2)是图中的边。

操作结果：函数返回边（*v*1, *v*2）所带的权值。

（9）取顶点 *v* 的第一个邻接顶点：int FirstNeighbor (Graph& G, int v)。

先决条件：图已存在，*v* 是合理的顶点号。

操作结果：函数返回顶点 *v* 的第一个邻接顶点的顶点号，若无邻接顶点则返回-1。

（10）取邻接顶点 *w* 的下一邻接顶点：int NextNeighbor (Graph& G, int v, int w)。

先决条件：图已存在，*v*、*w* 都是合理的顶点号。

操作结果：函数返回顶点 *v* 邻接顶点 *w* 后下一邻接顶点的顶点号，若无则返回-1。

（11）插入新的顶点：void InsertVertex (Graph& G, Type vertex)。

先决条件：图的顶点数未达最大顶点数。

操作结果：在图中插入一个顶点 vertex，该顶点暂时没有入边。

（12）插入新的边：void InsertEdge (Graph& G, int v1, int v2, WType weight)。

先决条件：*v*1 和 *v*2 都是图中的顶点，且依附于 *v*1 和 *v*2 的边还不存在。

操作结果：在图中插入一条边(*v*1, *v*2)。

（13）从图中删除顶点 *v*：void RemoveVertex (Graph& G，int v)。

先决条件：图已存在，且 *v* 是图中合理的顶点号。

操作结果：删去顶点 *v* 和所有关联到它的边。

（14）从图中删除边(*v*1, *v*2)：void RemoveEdge (Graph& G, int v1, int v2)。

先决条件：图已存在，且 *v*1、*v*2 是合理的顶点号，且(*v*1, *v*2)是合理的边。

操作结果：在图中删去边(*v*1, *v*2)。

思考题　图中各个顶点的顶点号是否固定不变？是否可以根据需要该边各个顶点的顶点号？改变顶点号时是否会改变各个顶点的邻接关系？

6.2　图的存储结构

图的存储结构根据不同的应用问题应该有不同的表示。在介绍几种常用的存储表示之前，先假定顶点数据的类型是 Type。如果是带权图，边上所带权值的类型是 Weight。它们实际的类型在使用图的主调用程序的首部用 typedef 来定义。

6.2.1　图的邻接矩阵表示

1．邻接矩阵的概念

邻接矩阵表示又称为数组表示，它使用了两个数组存储图。首先将所有顶点的信息组织成一个顶点表，然后利用一个称为邻接矩阵的二维数组来表示各顶点间的邻接关系。设图 $A=(V,E)$包含 n 个顶点，则 A 的邻接矩阵是一个二维数组 A.Edge[n][n]，其定义为

$$A.\text{Edge}[i][j]=\begin{cases}1, & \text{若}\left(v_i, v_j\right)\in E \text{ 或者 } <v_i,v_j>\in E\\ 0, & \text{否则}\end{cases}$$

【例 6-4】 在图 6-6 中，分别给出了无向图 G_1、有向图 G_2 和 G_3 的邻接矩阵。图 6-6(c)是一个非强连通图，它有两个强连通分量，反映在对应的邻接矩阵，每个强连通分量对应一个对角块，对角块之外的矩阵元素全为 0。

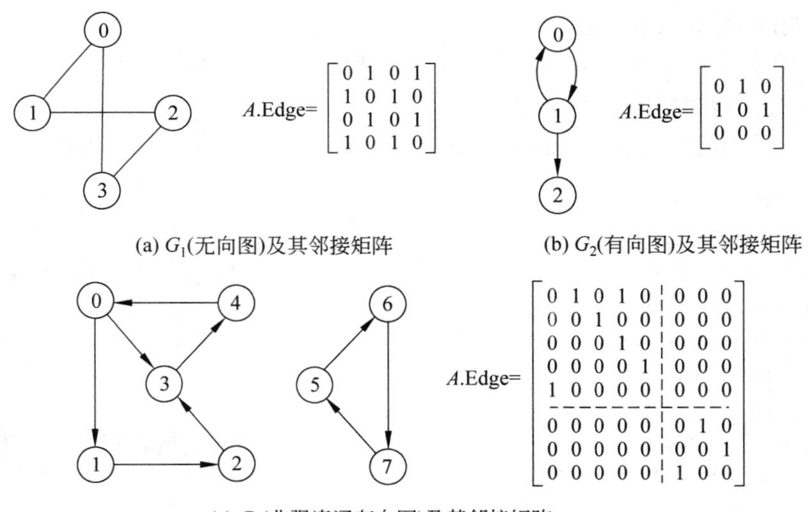

(a) G_1(无向图)及其邻接矩阵

(b) G_2(有向图)及其邻接矩阵

(c) G_3(非强连通有向图)及其邻接矩阵

图 6-6　图的邻接矩阵表示

不难看出，无向图的邻接矩阵是对称的，第 i 行或第 i 列的元素之和就是顶点 i 的度。有向图的邻接矩阵则不一定是对称的，第 i 行元素之和是顶点 i 的出度，而第 j 列元素之和是顶点 j 的入度，即

$$\text{outdeg}(i)=\sum_{j=0}^{n-1}A.\text{Edge}[i][j],\qquad \text{indeg}(j)=\sum_{k=0}^{n-1}A.\text{Edge}[k][j]$$

对于带权图（又称为网络），邻接矩阵定义如下：

$$A.\text{Edge}[i][j]=\begin{cases}W(i,j), & \text{若}i\neq j\text{同时}<i,j>\in E\text{或}(i,j)\in E\\ \infty, & i\neq j\text{同时}<i,j>\notin E\text{或}(i,j)\notin E\\ 0, & \text{若}i=j\end{cases}$$

思考题 为什么在有向图的邻接矩阵中，统计某行 1 的个数，得到顶点的出度；统计某列 1 的个数，得到某顶点的入度？

思考题 若设图有 n 个顶点，e 条边，则图的邻接矩阵中有 n^2 个矩阵元素。如果是不带权的无向图，只有 $2e$ 个矩阵元素非零。如果是不带权的有向图，只有 e 个矩阵元素非零，若 e 远远小于 n^2，邻接矩阵是否将成为稀疏矩阵？另一方面，要想检测无向图中所有的边，或检查图是否连通，是否需要对所有 n^2 个矩阵元素逐一检查？

【例 6-5】 图 6-7 给出了一个带权有向图及其对应的邻接矩阵。第 i 行（列）中权值 $0<W[i][j]<\infty$ 的顶点的数目就是顶点 i 的出（入）度。

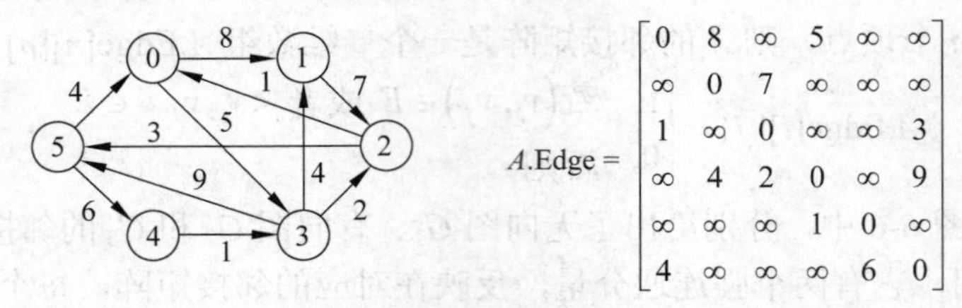

图 6-7 带权图的邻接矩阵

2．邻接矩阵表示的结构定义

程序 6-1 给出了邻接矩阵表示的结构定义，此定义针对带权无向图。对于不带权的图，可将邻接矩阵的元素类型 Weight 改为 int 即可。

程序 6-1 用邻接矩阵表示的图的结构定义（存放于头文件 MGraph.h 中）

```
#include <stdio.h>
#include <stdlib.h>
#define maxVertices 30                               //图中顶点数目的最大值
#define maxEdges 900                                 //最大边数
#define maxWeight 32767                              //最大权值
#define impossibleValue '#'
#define impossibleWeight -1
typedef char Type;                                   //顶点数据的数据类型
typedef int Weight;                                  //带权图中边上权值的数据类型
typedef struct {
     int numVertices,numEdges;                       //图中实际顶点个数和边的条数
     Type VerticesList[maxVertices];                 //顶点表
     Weight Edge[maxVertices][maxVertices];          //邻接矩阵
} MGraph;
```

3．基于邻接矩阵的主要图操作的实现

为实现简单起见，顶点表和邻接矩阵都采用了静态存储方式。基于邻接矩阵存储表示的主要存取操作的实现参看程序 6-2。

程序 6-2 用邻接矩阵存储的图的存取操作的实现

```
int getVertexPos ( MGraph& G,Type x ){
//从顶点的数据值找出该顶点的顶点号，如果查找失败，函数返回-1
     for ( int i = 0; i < G.numVertices; i++ )
           if ( G.VerticesList[i] == x )return i;
     return -1;
}
int FirstNeighbor ( MGraph& G,int v ){
//给出顶点 v 的第一个邻接顶点，如果找不到，则函数返回-1
    if ( v != -1 ){
           for ( int j = 0; j < G.numVertices; j++ )
           if ( G.Edge[v][j] > 0 && G.Edge[v][j] < maxWeight ) return j;
    }
    return -1;
}
int NextNeighbor ( MGraph& G,int v,int w ){
//给出顶点 v 的某邻接顶点 w 的下一个邻接顶点
     if ( v != -1 && w != -1 ){                    //v、w 顶点号合法
          for ( int j = w+1; j < G.numVertices; j++ )
               if ( G.Edge[v][j] > 0 && G.Edge[v][j] < maxWeight )return j;
     }
     return -1;
}
int NumberOfVertices ( MGraph& G ){
//函数返回图中当前已有的顶点个数
     return G.numVertices;
}
int NumberOfEdges ( MGraph& G ){
//函数返回图中当前已有的边数
     return G.numEdges;
}
Type getValue ( MGraph& G,int v ){                 //取顶点 v 的值
    if ( v != -1 )return G.VerticesList[v];
    else return impossibleValue;                    //该不可能值在 MGraph.h 定义
}
Weight getWeight ( MGraph& G,int v,int w ){
    if ( v != -1 && w != -1 )return G.Edge[v][w];
    else return impossibleWeight;                   //该不可能值在 MGraph.h 定义
}
```

程序 6-3 是带权图的创建算法。它的主要部分有两个：一是输入各顶点数据，如 A，B，C，D，E，建立顶点表；二是输入各边的顶点号和权值（三元组），如 A，B，24; A，C，46; B，C，15; B，E，67; C，B，37; C，D，53; E，D，31，建立邻接矩阵。

程序 6-3 从输入序列建立用邻接矩阵存储的带权无向图

```
void createMGraph ( MGraph& G,,int n,int e,int d ){
```

```
//输入 n 个顶点的数据和 e 条边的信息，建立带权图 G 的顶点向量和邻接矩阵
//d = 1，建有向图；d = 0，建无向图
     G.numVertices = n;  G.numEdges = e;
     int i,j,k;  Type val,e1,e2;  Weight cost;
     for ( i = 0; i < G.numVertices; i++ ){                    //输入顶点数据
          scanf ( "%c",&val );  G.VerticesList[i] = val;      //建立顶点表
          for (j = 0; j < G.numVertices; j++ )                 //邻接矩阵初始化
               G.Edge[i][j] = (i == j)? 0 : maxWeight;  //maxWeight 代表∞
     }
     k = 0;
     while ( k < G.numEdges ){                                 //建立邻接矩阵
            scanf ( "%c,%c,%d",&e1,&e2,&cost );                //输入边的信息
            i = getVertexPos ( G, e1 );                        //顶点值转换为顶点号
            j = getVertexPos ( G, e2 );
            if ( i != -1 && j != -1 ){
                G.Edge[i][j] = cost;                           //边赋值
                if ( d == 0 )G.Edge[j][i] = cost;   //若为无向图,有对称元素
                k++;
            }
            else printf ( "边两端顶点信息有误，重新输入!\n");
     }
}
```

基于邻接矩阵的图的输出算法参看程序 6-4。

程序 6-4　邻接矩阵的输出算法

```
void printMGraph ( MGraph& G,int d ){
//若 d = 1，按有向图输出；若 d = 0，按无向图输出
     int i,j,s,n,e;  Weight w;
     n = G.numVertices;  e = G.numEdges;
     printf ( "顶点数=%d，边数=%d\n",n,e );
     printf ( "顶点数据为\n" );
     for ( i = 0; i < n; i++ )                        //输出顶点数据
          printf ( "%d,%c ", i, G.VerticesList[i] );
     printf ( "\n" );
     printf ( "输出边，形式为(i,j),w: \n" );
     for ( i = 0; i < n; i++ ){
          s = ( d == 0 ) ? i : 0;                     //若为无向图，仅打印上三角
          for ( j = s; j < n; j++ ){                  //若为有向图，j < n
               w = G.Edge[i][j];                      //取边的权值
               if ( w > 0 && w < maxWeight )  //输出边的信息
                    printf ( "(%d,%d),%d\n",i,j,w );
          }
      }
}
```

图的创建和输出算法的时间复杂度都是 $O(n^2)$。

6.2.2　图的邻接表表示

若设图的顶点数为 n，边数为 e，如果该图为稀疏图，将使得邻接矩阵成为稀疏矩阵，造成存储空间的巨大浪费。为解决这一问题，可将邻接矩阵改进为邻接表，把邻接矩阵的各行分别组织为一个单链表（称为边链表）。

在邻接表第 i 行的边链表中，各结点（称作边结点）分别存放依附于同一个顶点 v_i 的各条边。各结点配有标识 dest，指示该边的另一个顶点（终顶点）的顶点号；还配有指针 link，指向同一链表中的下一条边的边结点（都依附于同一顶点 v_i）。对于带权图，边结点中还要保存该边的权值 cost。

顶点表的第 i 个顶点信息中保存有该顶点的数据值 data 和一个链表头指针 adj，通过 adj 可以找到与顶点 v_i 对应的边链表的第一个边结点。

【例 6-6】 图 6-8 给出一个无向图及其对应的邻接表。同一条边在邻接表中出现了两次，这是因为(v_i, v_j)与(v_j, v_i)是同一条边，在邻接表中，一个在顶点 i 对应的边链表中，另一个在顶点 j 对应的边链表中。如果想知道顶点 i 的度，只需统计顶点 i 的边链表中边结点的个数即可。

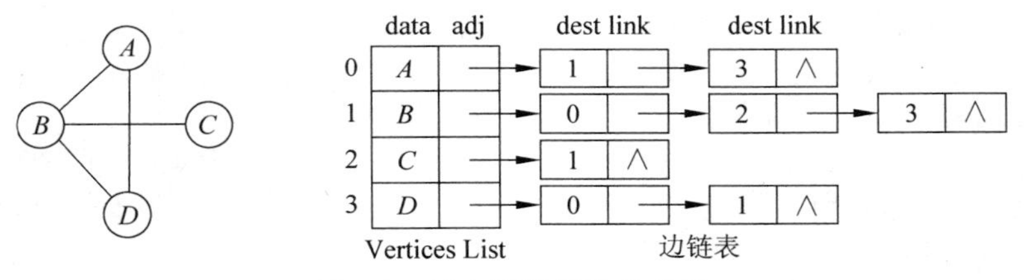

图 6-8　无向图的邻接表表示

思考题　从图 6-8 可知，所有顶点度数之和等于边数的 2 倍，因而是偶数。这就是握手定理。从握手定理是否可以推出如下结论：若称度数为奇数的顶点为奇顶点，度数为偶数的顶点为偶顶点，则任何一个图的奇顶点的总数是一个偶数，就是说，奇顶点总是成对出现。

【例 6-7】 图 6-9 给出有向图的邻接表和逆邻接表。每条边在邻接表中只出现一次。此时，与顶点 i 对应的链表所含结点的个数就是该顶点的出度，因此这种链表称为出边表。但想要得到该顶点的入度，必须检测其他所有顶点对应的边链表，看有多少个边结点的 dest 域中是 i，这样十分不方便。为此，建立逆邻接表，顶点 i 的边链表中链接的是所有进

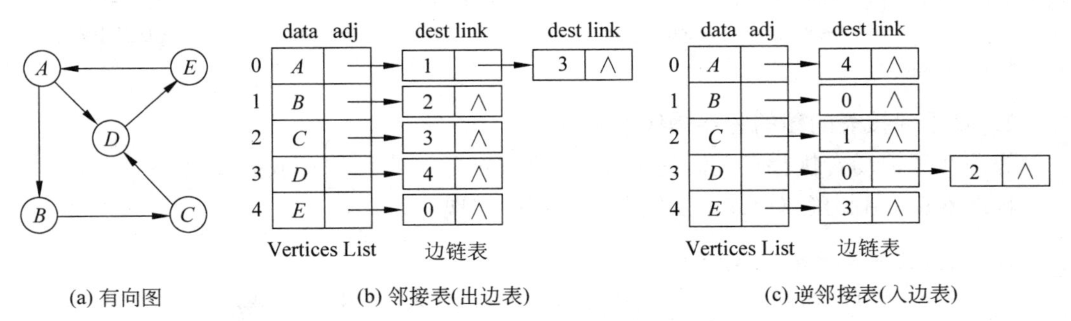

图 6-9　有向图的邻接表和逆邻接表表示

入该顶点的边，所以也称为入边表。统计顶点 i 的边链表中结点的个数，就能得到该顶点的入度。

对于带权图，必须在邻接表的边结点中增设一个域 cost，存放各边的权值。一个带权有向图的邻接表表示的示例如图 6-10 所示。

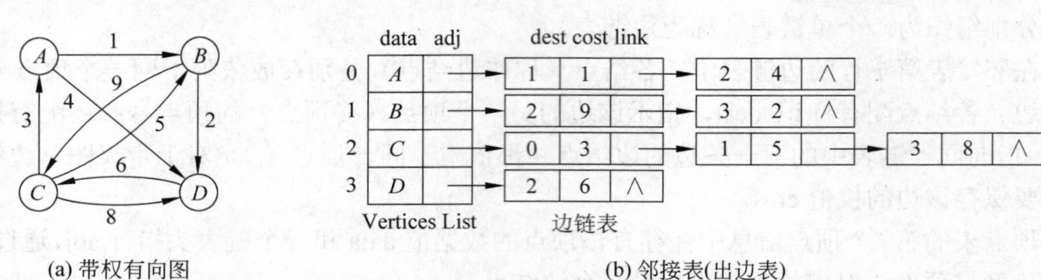

(a) 带权有向图　　(b) 邻接表(出边表)

图 6-10　带权有向图的邻接表

1．邻接表表示的结构定义

程序 6-5　用邻接表表示的图的结构定义（存放于头文件 ALGraph.h 中）

```
#include <stdio.h>
#include <stdlib.h>
#define maxVertices 30                    //图中顶点数目的最大值
#define maxEdges 450
typedef char Type;                        //顶点数据的数据类型
typedef int Weight;                       //带权图情形边上权值的数据类型
#define impossibleValue '#'
#define impossibleWeight -1
typedef struct Enode {                    //边结点的定义
    int dest;                             //边的另一顶点位置
    Weight cost;                          //边上的权值
    struct Enode *link;                   //下一条边链指针
} EdgeNode;
typedef struct Vnode {                    //顶点的定义
    Type data;                            //顶点的名字
    struct Enode *adj;                    //边链表的头指针
} VertexNode;
typedef struct {                          //图的定义
    VertexNode VerticesList[maxVertices]; //顶点表（各边链表的头结点)
    int numVertices,numEdges;             //图中实际顶点个数和边的条数
} ALGraph;
```

2．基于邻接表的图的主要操作的实现

为了在其他场合执行有关图的运算，程序 6-6 给出常用的存取操作的实现。

程序 6-6　用邻接表存储的图的存取操作的实现

```
int getVertexPos ( ALGraph& G,Type v ){
//根据顶点的值 v 查找顶点序号。函数返回对应顶点序号。如果非法，返回-1
    int i = 0;
    while ( i < G.numVertices && G.VerticesList[i].data != v )i++;
```

```
        if ( i < G.numVertices )return i;
        else return -1;
    }
    int NumberOfVertices ( ALGraph& G ){
    //函数返回图中当前已有的顶点个数
        return G.numVertices;
    }
    int NumberOfEdges ( ALGraph& G ){
    //函数返回图中当前已有的边数
        return G.numEdges;
    }
    int FirstNeighbor( ALGraph& G,int v ){
    //给出顶点 v 的第一个邻接顶点，如果找不到，则函数返回-1
        if ( v != -1 ){                                  //顶点 v 存在
            EdgeNode *p = G.VerticesList[v].adj;//对应边链表第一个边结点
            if ( p != NULL )return p->dest;      //存在,返回第一个邻接顶点
        }
        return -1;                                       //第一个邻接顶点不存在
    }
    int NextNeighbor ( ALGraph& G, int v, int w ){
    //给出顶点 v 的邻接顶点 w 的下一个邻接顶点，如果找不到,则函数返回-1
        if ( v != -1 ){                                  //顶点 v 存在
            EdgeNode *p = G.VerticesList[v].adj; //对应边链表第一个边结点
            while ( p != NULL && p->dest != w ) p = p->link;
            if ( p != NULL && p->link != NULL )return p->link->dest;
        }
        return -1;                                       //下一邻接顶点不存在
    }
    Type getValue ( ALGraph& G, int v ){
    //取出顶点 v 的数据值
        if ( v != -1 )return G.VerticesList[v].data;
        else return impossibleValue;
    }
    Weight getWeight ( ALGraph& G,int v,int w ){
    //取边(v, w)上的权值
        EdgeNode *p = G.VerticesList[v].adj;
        while ( p != NULL && p->dest != w ) p = p->link;
        if ( p != NULL )return p->cost;
        else return impossibleWeight;
    }
```

在创建图的邻接表时也分两步走。第一步，建立图的顶点表，输入各顶点数据顺序存放在顶点表中，同时将相应边链表置空。注意，顶点在表中的下标就是该顶点的序号。第二步，输入各边的信息，建立各顶点的边链表。在每个边链表中，各边结点的链入顺序任意，视边结点插入的次序而定。程序 6-7 给出基于邻接表表示的图的构建算法。注意，对于有向图，建立的是各顶点的出边表；对于无向图，同一条边出现在图的两个边链表中。

顶点的输入形式如 A, B, C, D, E；边的输入形式如 A, B, 24; A, C, 46; B, C, 15。

程序 6-7　从输入序列建立用邻接表存储的带权图

```
void createALGraph ( ALGraph& G,int n,int e,int d ){
//算法输入 n 个顶点的数据和 e 条边的信息，建立图 G 的邻接表表示
//d = 0，建立带权无向图，d = 1，建立带权有向图
    int i,j,k;  Type val,e1,e2;  Weight c;  EdgeNode *q,*p;
    G.numVertices = n;  G.numEdges = e;            //图的顶点数与边数
    for ( i = 0; i < G.numVertices; i++ ){         //建立顶点表
        scanf ( "%c",&val );
        G.VerticesList[i].data = val;              //顶点数据为字符
        G.VerticesList[i].adj = NULL;
    }
    i = 0;
    while ( i < G.numEdges ){                      //建立各顶点的边链表
        scanf ( "%c,%c,%d",&e1,&e2,&c );           //顶点为字符，边上权值为整数
        j = getVertexPos ( G, e1 );  k = getVertexPos ( G, e2 );
        if ( j != -1 && k != -1 ){
            p = G.VerticesList[j].adj;             //顶点 j 的边链表头指针
            while ( p != NULL && p->dest != k ) p = p->link;
            if ( p == NULL ){                      //图中没有重边，加入新边
                q = ( EdgeNode* )malloc ( sizeof ( EdgeNode ));
                q->dest = k;  q->cost = c;
                q->link = G.VerticesList[j].adj;
                                                   //前插，链入顶点 j 的边链表
                G.VerticesList[j].adj = q;
                if ( d == 0 ){                     //无向图，在对称边链表插入
                    q = ( EdgeNode* )malloc ( sizeof ( EdgeNode ));
                    q->dest = j;  q->cost = c;
                    q->link = G.VerticesList[k].adj;
                                                   //前插，链入顶点 k 的边链表
                    G.VerticesList[k].adj = q;
                }
                i++;
            }
            else printf ( "边重复，重新输入!\n" );
        }
        else printf ( "边两端顶点信息有误，重新输入!\n" );
    }
}
```

输出基于邻接表的图的算法如程序 6-8 所示。注意，因为建立边链表采用了前插法，输出依附于每个顶点的边的顺序与当初输入的边的顺序是相反的。

程序 6-8　输出用邻接表存储的带权图

```
void printALGraph ( ALGraph& G,int d ){
//输出带权图。d = 0，输出带权无向图；d = 1，输出带权有向图
```

```
    int i;  EdgeNode *p;
    printf ( "图G的顶点数是%d\n", G.numVertices );        //输出顶点数
    printf ( "顶点向量的值是\n" );
    for ( i = 0; i < G.numVertices; i++ )                 //输出顶点数据
        printf ( "%c ", G.VerticesList[i].data );
    printf ( "\n" );
    printf ( "图G的边数是\n", G.numEdges );                 //输出边数
    for ( i = 0; i < G.numVertices; i++ ){                //各顶点边链表
        for ( p = G.VerticesList[i].adj; p != NULL; p = p->link ){
            if (d == 0 && p->dest < i)continue;//无向图的对称元素不输出
            printf ( "(%d, %d)%d  ", i,p->dest,p->cost );
        }
        printf ( "\n" );
    }
}
```

图的创建和输出算法的关键语句在二重循环中。外层循环对所有顶点循环，内层循环对某一顶点的边链表循环。若设图中有 n 个顶点，e 条边，且这些边在各顶点中的分配为 $e_1, e_2, \cdots, e_n$，则关键语句的执行频度为

$$\sum_{i=1}^{n}(e_i + c) = \sum_{i=1}^{n} e_i + c \times n = e + c \times n$$

其中 c 为常数。

算法的时间复杂度都是 $O(n+e)$，空间复杂度为 $O(1)$。

思考题　设图有 n 个顶点，e 条边，用邻接表存储，某个算法要求检查每个顶点，并扫描每个顶点的边链表，那么这样的算法的时间复杂度是 $O(n \times e)$还是 $O(n+e)$?

6.2.3　邻接矩阵表示与邻接表表示的比较

最后，对邻接矩阵和邻接表这两种图的存储表示做一简单的比较。邻接矩阵和邻接表这两种存储方法的空间利用率孰优孰劣，需要结合实际的应用加以考虑。一般来讲，主要取决于边的数目。图越稠密（边的数量大），邻接矩阵的空间利用率越高，因为邻接表的指针开销较大，而邻接矩阵的边可能只需要一个二进位（bit）就可以表示。对于稀疏图，即边的数目远远小于顶点数目的平方的图，使用邻接表可以获得较高的空间利用率。

在时间效率方面，邻接表往往优于邻接矩阵，因为访问图的某个顶点的所有邻接顶点的操作使用得最频繁，如果是邻接表，只需检查此顶点对应的边链表，就能很快找到所有与此顶点相邻接的全部顶点；而在邻接矩阵中，则必须检查某一行全部矩阵元素。

此外，就无向图的存储而言，在邻接表中每条边都被存储了两遍。只要（v_i, v_j）出现在顶点 i 的边链表中，（v_j, v_i）就必然出现在顶点 j 的边链表中；反之亦然。实际上，它们就是同一条边。另一方面，在解决很多应用问题的过程中，都需要给被处理的边做上（已访问或已删除等）标记。若采用邻接表，则必须给各边对应的两个结点同时增加标记。由于这两个结点分属不同的边链表，操作很不方便。针对这一问题的一种改进方法，就是采用邻接多重表（adjacency multilist）结构。

6.2.4 图的邻接多重表和十字链表表示

邻接多重表在以处理图的边为主，要求每条边处理一次的实际应用中特别有用。邻接多重表把多重表结构引入到图的邻接表表示中，实际上是把邻接表表示中代表同一条边的两个边结点合为一个边结点，把几个边链表合成一个多重表，这样图的每一条边只用一个多重表结点表示。

1．无向图的邻接多重表表示

在无向图的邻接多重表中，图的每一条边用一个边结点表示，它由 5 个域组成，如图 6-11 所示。

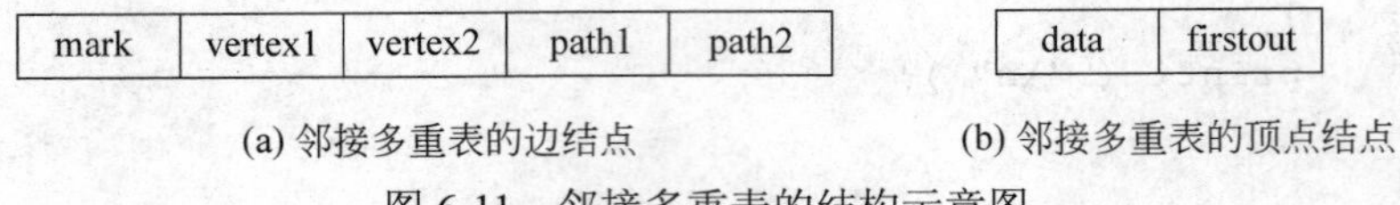

图 6-11　邻接多重表的结构示意图

其中 mark 是标记域，标记该边是否已接受过处理，取值为 0（未处理）或 1（已处理）；vertex1 和 vertex2 是顶点域，指明该边所依附的两个顶点（按顶点号标识）。path1 域和 path2 域是链接指针，指向依附于 vertex1 和 vertex2 的下一条边。如有必要，还可设置一个域以存放该边的权值 cost。

除增加一个 mark 域外，邻接多重表所需的存储空间与表示无向图的邻接表相同。

存储顶点信息的顶点表以一维数组方式组织，每个顶点结点有两个域，如图 6-12 所示。其中，data 域存放与该顶点相关的信息，firstout 是指针域，指向依附于该顶点的第一条边。

【例 6-8】 图 6-12 是一个无向图的邻接多重表表示的例子。

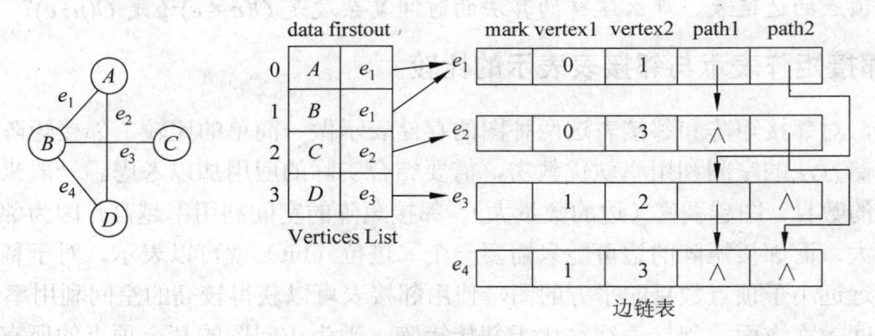

图 6-12　无向图的邻接多重表表示

如果想要搜寻所有依附于顶点 A 的边，只要先调用成员函数 getVertexPos(A)找到顶点 A 的序号，然后在顶点表中取出该顶点的 firstout 指针，通过该指针找到依附于它的第一条边 e_1，因为在边结点 e_1 中的 vertex1 中存放的是顶点号 0，故通过边结点 e_1 中的 path1 指针（对应于 vertex1）找到依附于它的第二条边 e_2。在边结点 e_2 中，还是 vertex1 存放的是顶点号 0，再看 path1（还是对应于 vertex1）指针，它为空，表明 e_2 是依附于顶点 A 的最后一条边，这样就找到了依附于顶点 A 的所有边，即 e_1 和 e_2，顶点 A 的度为 2。

再如，要是希望找出依附于顶点 B 的所有边，可先找到顶点 B 的序号位置（即 1 号位置），通过该顶点的 firstout 指针，找到依附于它的第一条边 e_1，因为在边结点 e_1 中的 vertex2 中存放的是顶点号 1，则必须通过边结点 e_1 中的 path2 指针找到依附于顶点 B 的下一条边。

由此可知，在邻接多重表中，依附于同一个顶点的所有边都链接在同一个单链表中。只要从顶点 i 出发，即可循链找出依附于该顶点的所有边（以及它的所有邻接顶点）。

2．有向图的十字链表

在用邻接表表示有向图时，有时需要同时使用邻接表和逆邻接表。可以把这两个表结合起来，用有向图的十字链表来表示一个有向图。

在有向图的十字链表中，每个边结点也有 5 个域，如图 6-13 所示。其中，mark 是标记域，在做有关边的处理时，如果该顶点未处理过，顶点的 mark = 0，否则 mark = 1。vertex1 和 vertex2 是顶点域，分别是该有向边的始顶点和终顶点的顶点号。path1 域是链接指针，指向与该边有同一始顶点的下一条边（出边表）；path2 也是链接指针，指向与该边有同一终顶点的下一条边（入边表）。需要时还可增加权值域 cost。

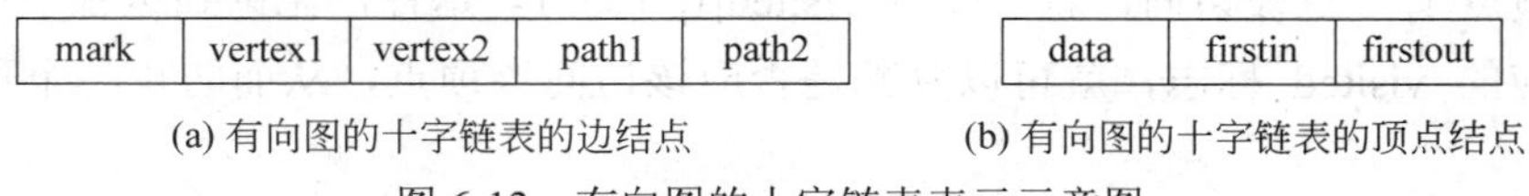

(a) 有向图的十字链表的边结点　　(b) 有向图的十字链表的顶点结点

图 6-13　有向图的十字链表表示示意图

在这样的十字链表中，每个顶点有一个结点，它相当于出边表和入边表的头结点，如图 6-14 所示。其中，data 域存放与该顶点相关的信息，firstout 和 firstin 域是指针域，分别指示以该顶点为始顶点的出边表的第一条边和以该顶点为终顶点的入边表的第一条边。

【例 6-9】 图 6-14 是一个有向图的十字链表表示的例子。在有向图的十字链表中，从顶点结点的 firstout 指针出发，沿 nextout 指针依次相连的各个边结点恰好构成了原先的一个邻接表结构。该链中边结点的总数就是该顶点的出度。若从顶点结点的 firstin 指针出发，沿 nextin 指针依次相连的各个边结点恰好构成了原先的一个逆邻接表结构。该链中边结点的总数就是该顶点的入度。

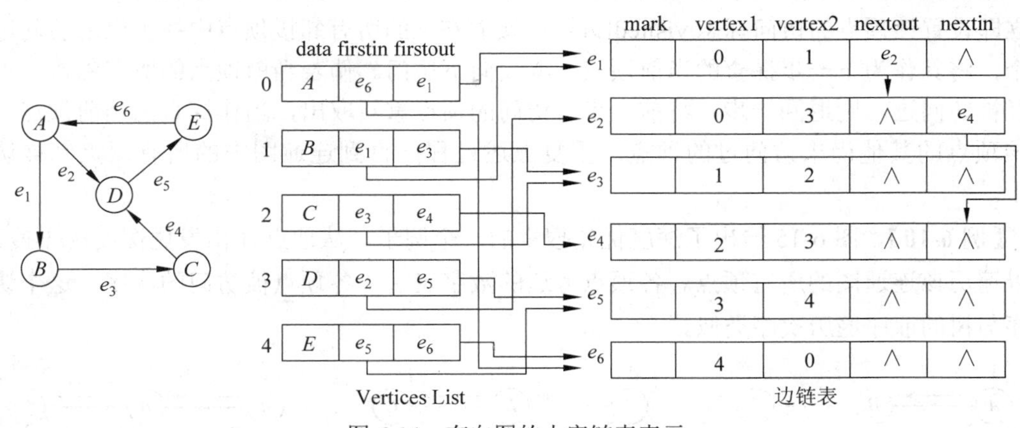

图 6-14　有向图的十字链表表示

6.3　图的遍历

与树的遍历类似，对图也可以进行遍历。图的遍历是指给定一个图 G 和其中任意一个顶点 v_0，从 v_0 出发，沿着图中各边访遍图中的所有顶点，且每个顶点仅被访问一次。这里所说的“访问”因具体的应用问题而异，可以是输出顶点的信息，也可以是修改顶点的某个属性，还可能是对所有顶点的某个属性进行统计（比如累计所有顶点的权值）。

在与图相关的各种应用问题中，涉及遍历的情况很多。例如，通过遍历，可以找出某个顶点所在的极大连通子图，可以消除图中的所有回路，可以找出关节点等。

对于树而言，因为树是连通的，故从任意一个顶点出发，（迟早）都可以抵达其他的每个顶点。此外，树是无环图，故任意两个顶点之间最多只有一条通路。

然而对于图而言，因为图中可能存在回路，则回路上的任一顶点在被访问之后，都有可能会（沿着回路）再次被访问。为了避免此类重复，需要利用一个标志数组 visited[]记录顶点是否访问过。在开始遍历之前，将该数组的所有数组元素全部置为 0；在实施遍历的过程中，顶点 v_i 一旦被访问，就立即将 visited[i]置为 1。这样，无论到达哪个顶点，只要检查其对应的 visited 标志，就可以判断是否应该访问该顶点，从而防止一个顶点被多次访问。

对于非连通图来说，在两个顶点之间可能不存在通路，每次遍历只能遍访其中的一个连通分量。为了保证所有顶点都能访问到，需要检测所有顶点的访问标志，一旦没有访问过，就可以从这个顶点出发，再开始实施新的图遍历，遍历另一个连通分量。

图遍历算法有两种：深度优先搜索和广度优先搜索。两种算法既适用于无向图，也适用于有向图，但本节将重点讨论无向图的情形。

6.3.1　深度优先搜索

深度优先搜索是一个不断探查和回溯的过程。在探查的每一步，算法都有一个当前顶点。最初的当前顶点就是指定的起始顶点。每一步探查时，首先对当前顶点 v 进行访问，并立即设置该顶点的访问标志 visited[v] = 1。接着在 v 的所有邻接顶点中找出尚未访问过的一个，将其作为下一步探查的当前顶点，继续向下访问。倘若当前顶点的所有邻接顶点都已经被访问过，则退回一步，将前一步所访问的顶点重新取出，当作探查的当前顶点，寻找该顶点的其他尚未访问过的顶点。重复上述过程，直到连通图中的所有顶点都被访问为止。

【例 6-10】 图 6-15 给出了深度优先搜索的一个例子。从顶点 A 出发做深度优先搜索，可以遍历该连通图的所有顶点。各顶点旁边的数字表明了各顶点被访问的次序，这个访问次序与树的前序遍历次序类似。

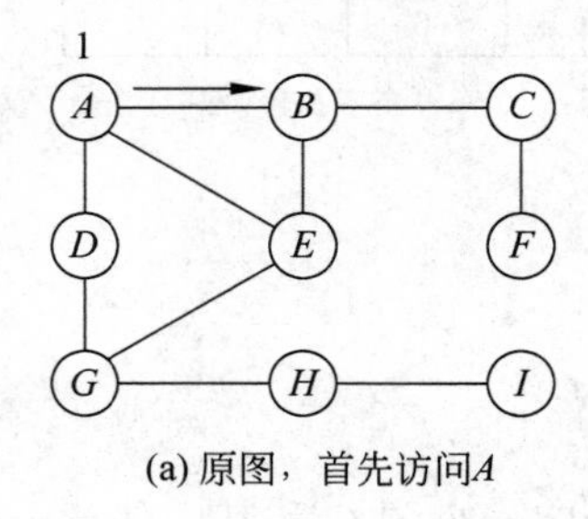

(a) 原图，首先访问A　　(b) 访问邻接顶点B　　(c) 访问邻接顶点C、F，堵塞

图 6-15　深度优先搜索的示例

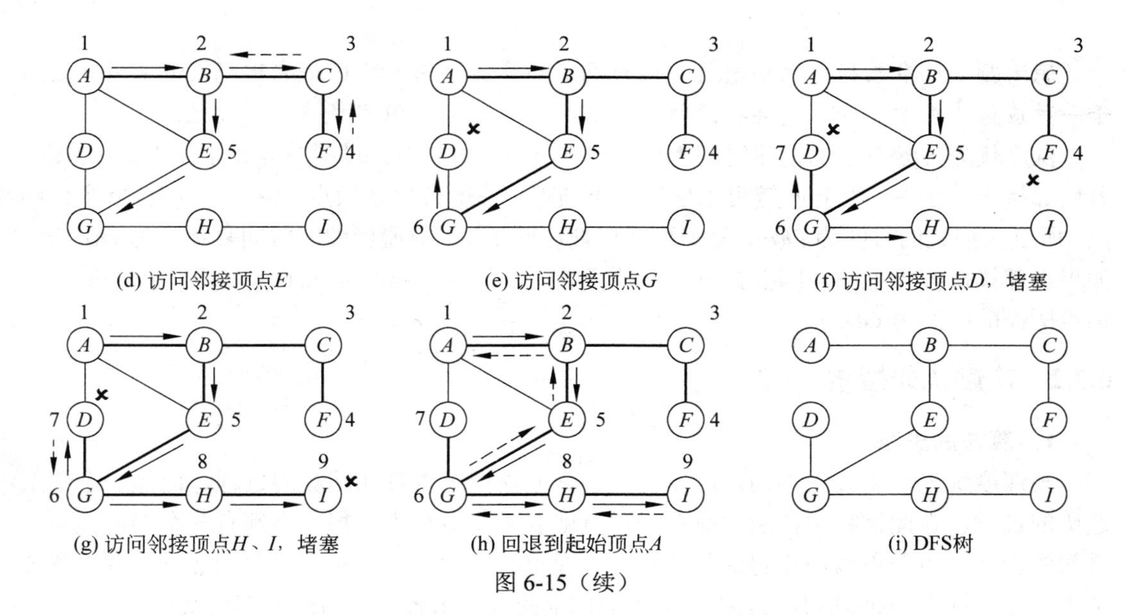

(d) 访问邻接顶点E　(e) 访问邻接顶点G　(f) 访问邻接顶点D，堵塞

(g) 访问邻接顶点H、I，堵塞　(h) 回退到起始顶点A　(i) DFS树

图 6-15（续）

图 6-15(i)给出了在深度优先搜索的过程中所有访问过的顶点和经过的边，它们构成一个连通的无环图，也就是树，称之为原图的深度优先生成树（DFS tree），简称 DFS 树。既然遍历覆盖了全部 n 个顶点，故 DFS 树包含 $n-1$ 条边。

程序 6-9 是深度优先搜索的主程序，因为深度优先搜索采用了典型的回溯策略，可以采用递归实现，所以在主程序所调用的深度优先搜索程序中使用了递归算法。

程序 6-9　连通图的深度优先搜索算法

```
#include "ALGraph.h"
void DFS_recur ( ALGraph& G,int v,int visited[] ){
//从顶点位置 v 出发，以深度优先的次序访问所有可读入的尚未访问过的顶点
//算法中用到一个辅助数组 visited，对已访问过的顶点作访问标记。算法中使用
//了邻接表定义 ALGraph.h，如果想使用邻接矩阵，请换 MGraph.h 即可
    printf ( "->%c ",getValue(G,v)); visited[v] = 1;
                                              //访问顶点 v，作访问标记
    int w = FirstNeighbor( G,v );             //取 v 的第一个邻接顶点 w
    while ( w != -1 ){                        //若 w 存在
        if ( !visited[w] )DFS_recur ( G,w,visited );
                                              //且 w 未访问过，递归访问 w
        w = NextNeighbor ( G,v,w );           //取 v 的下一个邻接顶点 w
    }
}
void DFS_Traversal ( ALGraph& G,int v ){
//从顶点 v 出发，对图 G 进行深度优先遍历的主过程
    int i,n = NumberOfVertices ( G );         //取图中顶点个数
    int visited[maxVertices];
    for ( i = 0; i < n; i++ )visited[i] = 0;
    DFS_recur ( G,v,visited );
    printf ( "\n" );
}
```

思考题 许多教材中把 visited 当做全局数组直接调用，从 C 语言编码规范来看，这属于一种应该力求避免的病态连接。所以，本书把 visited 当做参数传递给函数。

深度优先搜索算法的运算时间主要花费在 while 循环中。设图中有 n 个顶点、e 条边。若用邻接表表示图，沿 link 链可以依次取出顶点 v 的所有邻接顶点。由于总共有 $2e$ 个边结点，所以扫描边的时间为 $O(e)$。每个顶点只被访问 1 次，故遍历图的时间复杂度为 $O(n+e)$。如果用邻接矩阵表示图，则查找每一个顶点的所有的边所需时间为 $O(n)$，遍历图中所有的顶点所需的时间为 $O(n^2)$。

6.3.2 广度优先搜索

1．算法的思路

与深度优先搜索方法不同，广度优先搜索方法没有探查和回溯的过程，而是一个逐层遍历的过程。在此过程中，图中有多少顶点就要重复多少步。每一步都有一个当前顶点。最初的当前顶点是主程序指定的起始顶点。在每一步中，首先访问当前顶点 v，并设置该顶点的访问标志 visited[v] = 1。接着依次访问 v 的各个未曾被访问过的邻接顶点 $w_1, w_2, \cdots, w_t$，然后再顺序访问 $w_1, w_2, \cdots, w_t$ 的所有还未被访问过的邻接顶点。再从这些顶点出发，访问它们的所有还未被访问过的邻接顶点，如此做下去，直到图中所有顶点都被访问到为止。

【例 6-11】 图 6-16 给出一个从顶点 A 出发进行广度优先搜索的例子。图中各顶点旁边附的数字标明了顶点访问的顺序。图 6-16(f)给出经由广度优先搜索得到的广度优先生成树（BFS tree，简称 BFS 树），它由遍历时访问过的 n 个顶点和遍历时经历的 $n-1$ 条边组成。

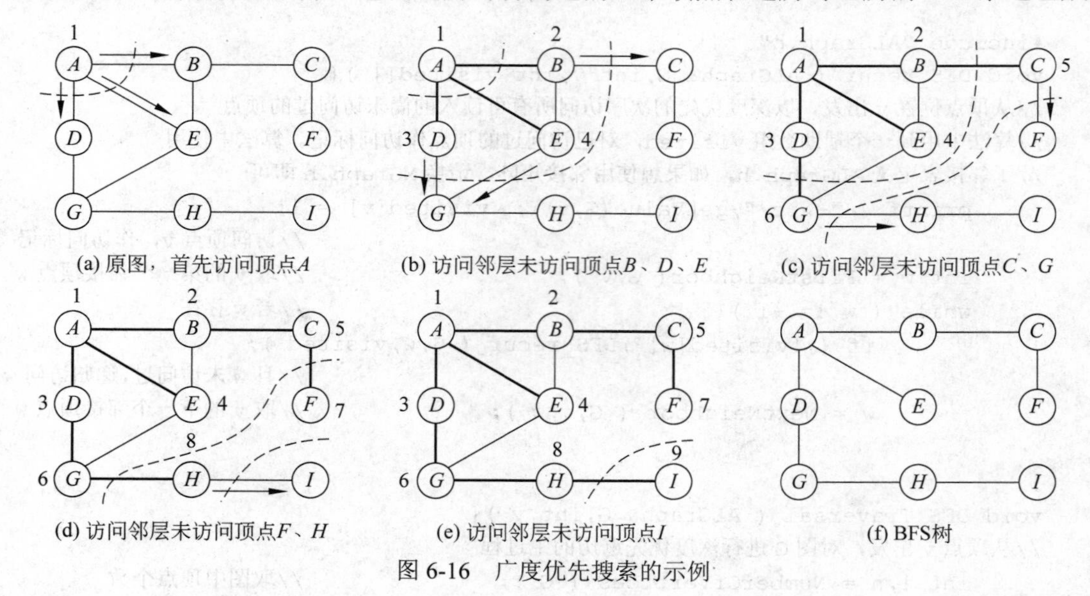

图 6-16 广度优先搜索的示例

2．广度优先搜索算法的实现

广度优先搜索不是一个递归的过程，其算法也不是递归的。为了实现逐层访问，算法中使用了一个队列，以记忆正在访问的这一层和上一层的顶点，以便于向下一层访问。另外，与深度优先搜索过程一样，为避免重复访问，需要一个辅助数组 visited[]给被访问过的顶点加标记。程序 6-10 给出广度优先搜索的算法。

程序 6-10 广度优先搜索算法

```
#include "ALGraph.h"
void BFSTraverse ( ALGraph& G ){
//算法实现图 G 的广度优先搜索。其中使用了一个队列 vexno，队头和队尾指针分别
//为 front 和 rear。此外，算法中使用了邻接表定义 ALGraph.h，如果想使用邻接矩阵
//请换 MGraph.h 即可
    int i,j,w,n = NumberOfVertices(G);  EdgeNode *p;
    int visited[maxVertices];                          //访问标志数组初始化
    for ( i = 0 ; i < n; i++ )visited[i] = 0;
    int vexno[maxVertices];  int front = 0,rear = 0;//设置队列并置空
    for ( i = 0 ; i < n; i++ )                         //顺序扫描所有顶点
        if ( ! visited[i] ){                           //若顶点 i 未访问过
            printf ( "->%c ",getValue(G,i));           //访问顶点 i
            visited[i] = 1;  vexno[rear++] = i;        //做访问标记并进队列
            while ( front < rear ){                    //队列不空时执行
                j = vexno[front++];                    //队头 j 出队
                w = FirstNeighbor ( G,j );             //取 j 的第一个邻接顶点 w
                while ( w != -1 ){                     //若顶点 w 存在
                    if ( ! visited[w] ){               //且顶点 j 未访问过
                        printf ( "->%c",getValue(G,w)); //访问顶点 w
                        visited[w] = 1;                //做访问标记
                        vexno[rear++] = w;             //顶点 w 进栈
                    }
                    w = NextNeighbor( G,j,w );//取顶点 j 的下一个邻接顶点 w
                }
            }
        }
}
```

在图的广度优先搜索算法中，每一个顶点进队列一次且仅一次。如果使用邻接表表示图，则总的时间代价为 $O(n+e)$。如果使用邻接矩阵，总的时间代价为 $O(n^2)$。

思考题 *深度优先搜索类似于与树的先根次序遍历，广度优先搜索又类似于树的何种遍历？*

6.3.3 连通分量

当无向图为非连通图时，从图中某一顶点出发，利用深度优先搜索算法无法遍历图的所有顶点，只能访问到该顶点所在最大连通子图的所有顶点。若在无向图每一连通分量中，分别从某个顶点出发进行一次遍历，就可以得到无向图的所有连通分量。在实际算法中，需要对图中顶点逐一检测：若已被访问过，则该顶点一定是落在图中已求得的某一连通分量上；若尚未被访问，则从该顶点出发遍历图，即可求得图的另一个连通分量。

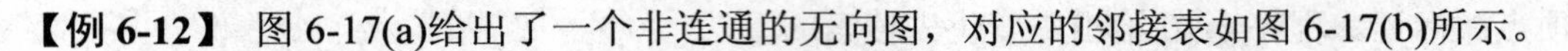

【例 6-12】 图 6-17(a)给出了一个非连通的无向图，对应的邻接表如图 6-17(b)所示。

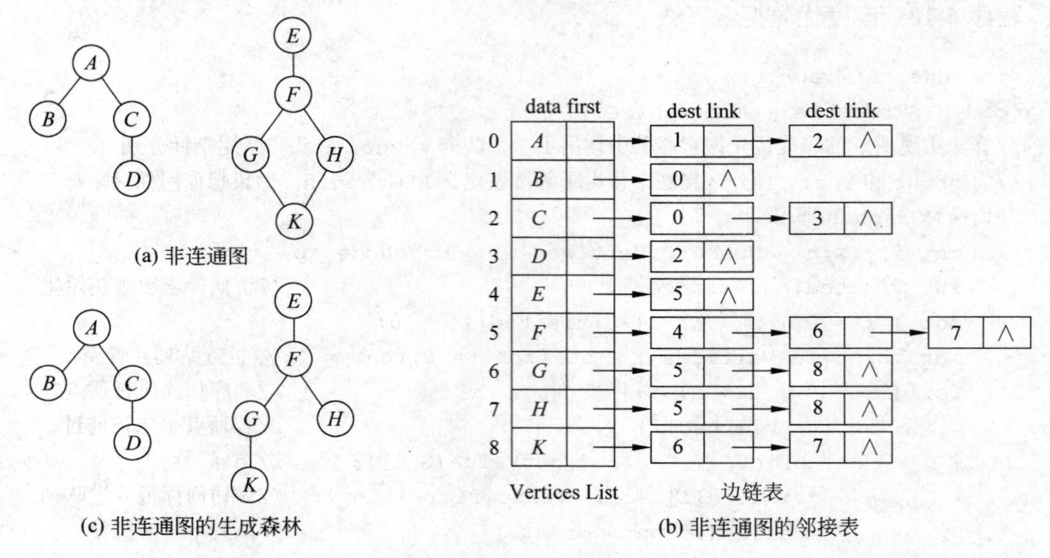

图 6-17　非连通图的遍历

对它进行广度优先搜索，将 2 次调用 DFS 过程：第一次从顶点 *A* 出发，第二次从顶点 *E* 出发，最后得到原图的 2 个连通分量，即 2 个极大连通子图。对于非连通的无向图，每个连通分量中的所有顶点集合和用某种方式遍历它时所走过的边的集合构成了一棵生成树，这是一个极小连通子图。所有连通分量的生成树组成了非连通图的生成森林。如图 6-17(c)就是图 6-17(a)的广度优先生成森林。

思考题　图的遍历对无向图和有向图都适用吗?

利用深度优先搜索算法，可以访问连通分量的所有顶点，但要求输出顶点之间的边，还需要修改深度优先搜索算法，在找到某一顶点 *v* 的没有访问过的邻接顶点 *w* 后，可立即断定顶点对(*v*, *w*)是连通分量的边。程序 6-11 是求非连通图的连通分量的算法。

程序 6-11　求图的连通分量的算法

```
void calcComponents ( ALGraph& G ){
//从顶点 v 出发,对图 G 进行深度优先搜索求连通分量
    int i,k,n = NumberOfVertices (G);              //取图中顶点个数
    int visited[maxSize];                          //创建辅助数组
    for ( i = 0; i < n; i++ )visited [i] = 0;    //辅助数组 visited 初始化
    k = 0;                                         //连通分量计数
    for ( i = 0; i < n; i++ )                      //顺序扫描所有顶点
        if ( !visited[i] ){                        //若未访问过,访问
            printf ( "输出第%d 个连通分量的边: \n",++k );
            DFS__Traversal ( G,i,visited );    //DFS 遍历一个连通分量
        }
    }
```

算法中调用 DFS 过程的次数与非连通图中的连通分量个数有关，而 DFS 过程的计算时间又与图的存储表示相关。

思考题　对无向图进行遍历，在什么条件下可以建立一棵生成树？在什么条件下得到一个生成森林，其中每个生成树对应图的什么部分？对有向图进行遍历，在什么条件下可以建立一棵生成树？在什么条件下得到一个生成森林？

6.3.4　双连通图

如果删除无向连通图 *G* 的任一顶点后，剩下的图仍能保持连通，则称这样的无向连通图为双连通图（或重连通图）。

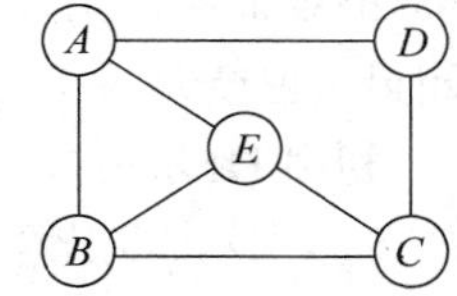

图 6-18　双连通图

【例 6-13】　图 6-18 是双连通图，图 6-19(a)不是双连通图。

如果一个无向连通图 *G* 不是双连通图，则图中一定存在关节点（articulation point），当且仅当删去关节点及依附于关节点的所有边后，图 *G* 将被分割成至少两个连通分量。例如图 6-19(a)中的顶点 *C* 和 *D* 都是关节点。

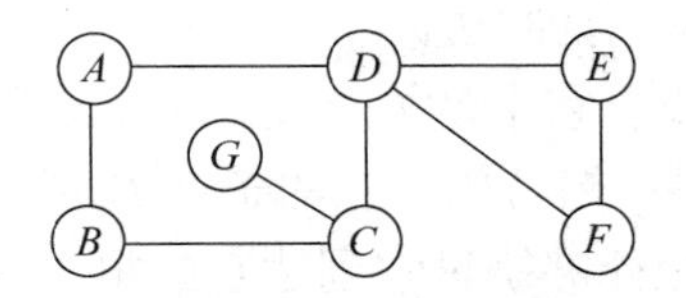

(a) 具有关节点的连通图

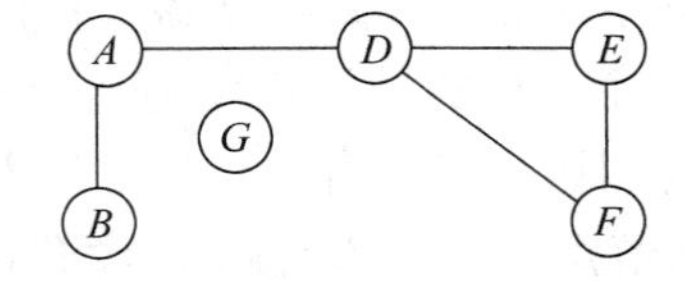

(b) 删去*C*成为非连通图

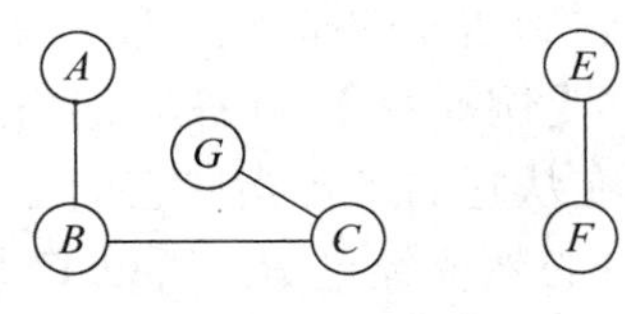

(c) 删去*D*成为非连通图

图 6-19　有关节点的非双连通图

例如，一个通信网络可以表示为一个无向连通图，其中，用顶点表示通信结点，用边表示可行的通信链路。对于这样一个通信网络，一般应保证它是双连通的，即不允许存在关节点。否则，一旦关节点发生失效，某些通信结点之间将无法通信。

一般地，若一个连通图 *G* 非双连通，它必然包括多个双连通分量。

【例 6-14】　如图 6-19(a)所示的连通图含有 3 个双连通分量，如图 6-20 所示。

不难验证，同一个图中的任何两个双连通分量最多只可能有一个公共顶点，同一条边也不可能同时处在多个双连通分量中。因此，图 *G* 的双连通分量事实上把 *G* 的边划分到互不相交的边的子集中。

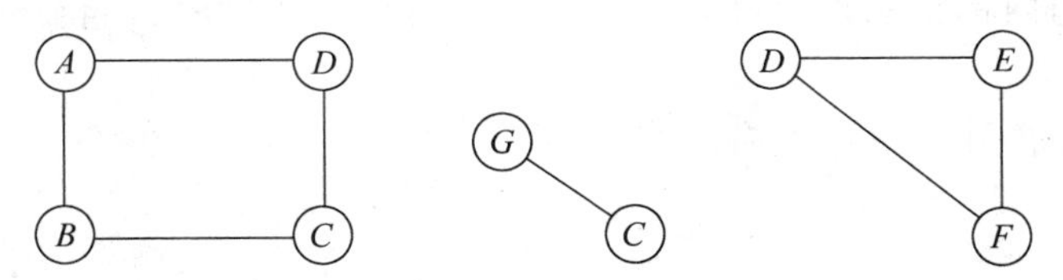

图 6-20　在图 6-19(a)所示的连通图中的双连通分量

在双连通图上，任何一对顶点之间至少存在有两条路径，在删去某个顶点及与该顶点相关联的边时，也不破坏图的连通性。基于这一认识，可以利用 DFS 树找出无向连通图 *G* 的各个双连通分量。

【例 6-15】　图 6-21(a)给出了对图 6-19(a)所示的连通图从顶点 *A* 出发进行深度优先搜索的过程，图 6-21(b)是所得到的 DFS 树，图中的虚边称为“回边”（back edge），是虽然属于图 *G* 但不属于生成树的边，每个顶点所附数字是深度优先搜索过程的访问次序编号，记为 dfn（即深度优先数）。

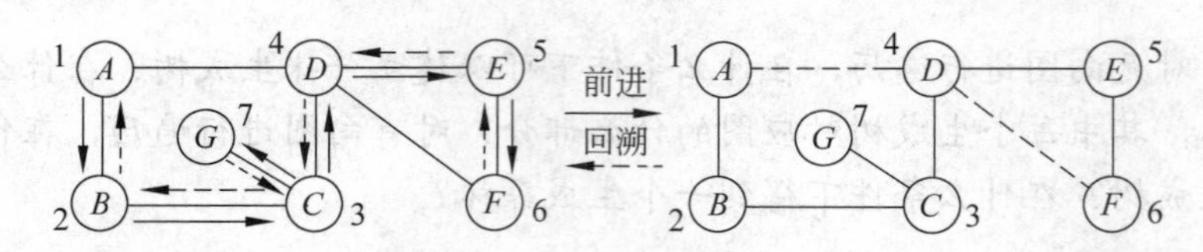

(a) 深度优先搜索过程　　(b) 深度优先树

图 6-21　深度优先树（DFS 树）

不难证明：对于任意两个顶点 u 和 v，若在 DFS 树中 u 是 v 的祖先，则必有 $dfn[u] < dfn[v]$，也就是说，祖先的深度优先数必然小于其子孙的深度优先数。

利用 DFS 树判断关节点的原则如下：

（1）根结点若至少有两个子女则是关节点。

（2）叶结点不是关节点。

（3）任一非根顶点 u 不是关节点的充要条件是，它的任一子孙 w 都可以沿某条路径绕过它到达 u 的某一祖先，而且 u 不属于这条路径（该路径可以包括回边）。

【例 6-16】 在图 6-21(b)中，生成树的根结点 A 有一个子女，它不是关节点。顶点 C 不存在从它的子孙指向它的祖先的回边，它只有唯一的父结点 B；但若想从它的子女 D 通往 A，必然要经过 B，所以 C 是关节点。顶点 D 的子孙没有路径能够绕过它到达它的祖先，所以 D 也是关节点。顶点 E 的子女 F 有指向它祖先的回边，所以顶点 E 不是关节点。特别地，叶结点 F、G 都不是关节点。为了消除关节点，建立双连通图，只需加入少量边，使所有那些关节点的子孙都有回边指向它的祖先即可。例如，在图 6-21(b)中加入一条边 (F, G)，就可以消除 C 和 D 这两个关节点。

6.3.5　有向图的强连通分量

在一个有向图 G 中，若对于 $V(G)$中任意两个不同的顶点 v_i 和 v_j，都存在从 v_i 到 v_j 以及从 v_j 到 v_i 的路径，则称 G 是强连通图。和无向图一样，采用图的深度优先遍历可以判断一个图是否是强连通图，也可以求出非连通有向图中的强连通分量。

如果图不是强连通的，从某个顶点开始的深度优先搜索可能访问不到所有结点。此时，需要从某个未作访问标记的顶点开始，再次执行深度优先搜索，直到所有顶点都被访问为止。

【例 6-17】 考虑图 6-22 中的有向图。

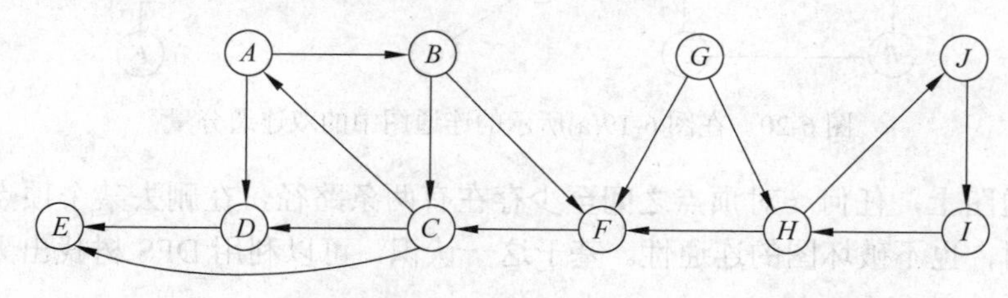

图 6-22　一个有向图

如果从顶点 B 开始深度优先搜索，可访问顶点 B、C、A、D、E 和 F。然后，从某个未访问的顶点重新开始，例如从 G 开始，访问 H、J、I。对应的深度优先树如图 6-23 所示。

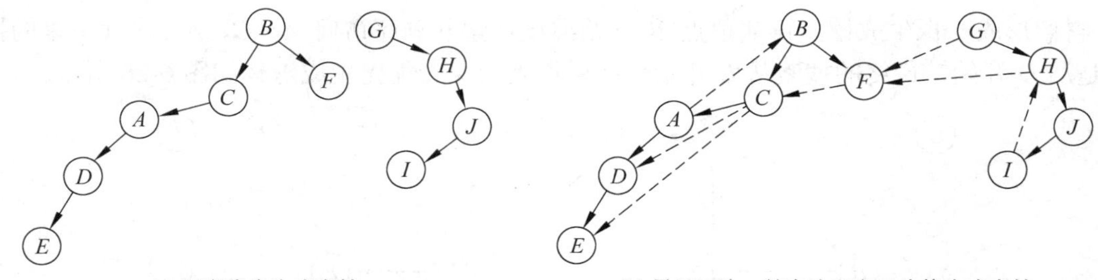

(a) 深度优先生成森林　　(b) 显示回边、前向边和交叉边的生成森林

图 6-23　对图 6-22 做深度优先搜索所得生成森林

图 6-23(b)所示的深度优先生成森林中的虚线箭头是一些虚边，它们虽然不在深度优先生成森林内，但它们是在原非连通图中存在的边。在无向图中把它们总视为回边，然而在有向图中可把它们归纳为 3 种类型：

（1）回边（back edge），从生成树的子孙指向祖先，如<*A*, *B*>和<*I*, *H*>。

（2）前向边（forward edge），从生成树的祖先指向子孙，如<*C*, *D*>和<*C*, *E*>。

（3）交叉边（cross edge），从一棵生成树的一个顶点指向另一棵生成树的顶点，如<*F*, *C*>和<*G*, *F*>。深度优先生成森林一般是自左向右把新的生成树加入森林中的，交叉边总是从右指向左边的。

寻找强连通分量的 Kosaraju 算法的步骤很简单，只有以下两步：

（1）对图 *G* 进行一次 DFS，在回退时记忆对结点回溯的顺序。

（2）把图 *G* 的所有的有向边逆转，得到图 *G′*，并沿回溯顺序再进行一次 DFS，所得到的深度优先森林（树）即为强连通分量的划分。

【例 6-18】 给定一个有向图如图 6-22 所示，对它执行一次深度优先搜索，得到一个生成森林，如图 6-23(a)所示。该生成森林又可画成图 6-24 所示的子女−兄弟链表表示。对该森林做后根次序遍历相当于对其二叉树表示做中序遍历，可以得到一个顶点序列：*E D A C F B I J H G*，对这些顶点重新编号，得 1:*E*，2:*D*，3:*A*，4:*C*，5:*F*，6:*B*，7:*I*，8:*J*，9:*H*，10:*G*。

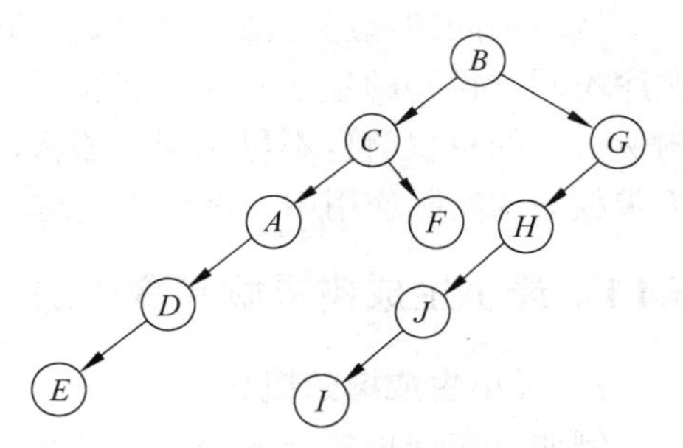

图 6-24　生成森林的二叉树表示

接着再把 *G* 的所有的边逆转，形成 *G′*。图 6-25 即为图 6-26 所示图 *G* 的逆转有向图 *G′*；顶点用它们的编号标出。

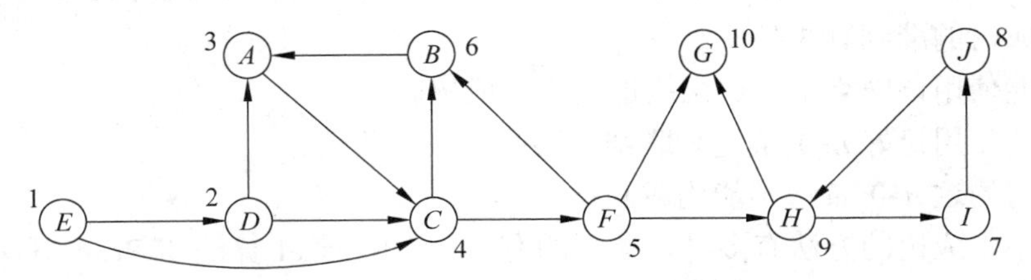

图 6-25　所有边反转且加上顶点编号的图 *G′*

然后算法从编号最高的顶点 *G* 开始再做一次新的深度优先搜索。顶点 *G* 的编号为 10，但该顶点不通向任何顶点，它自成一棵生成树。从顶点 *H* 开始继续搜索，可顺序访问 *I* 和

J，它们形成一棵生成树。再从顶点 B 开始继续搜索并顺序访问 A、C、F。接续下来的搜索是从 D 开始，最终的搜索从 E 开始。结果得到的深度优先生成森林如图 6-26 所示。

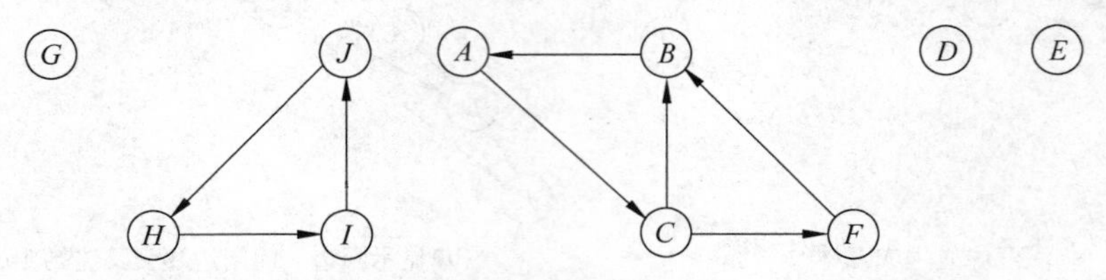

图 6-26　图 G' 的强连通分量为{G}、{H, I, J}、{B, A, C, F}、{D}、{E}

该深度优先生成森林中的每棵树形成一个强连通分量，这些强连通分量是{G}、{H, I, J}、{B, A, C, F}、{D}和{E}。

可以证明，在图 G'上所得到的深度优先生成森林中每一棵树的顶点集即为 G 的强连通分量的顶点集。Kosaraju 算法的时间复杂度和深度优先遍历算法的时间复杂度相同。

6.4　最小生成树

前面已经介绍过，连通图中的每一棵生成树都是原图的一个无环连通子图。从其中删去任何一条边，生成树就不再连通；反之，在其中引入任何一条新边，都会形成（恰好）一个回路。

按照不同的遍历算法，将得到不同的生成树；从不同的顶点出发，或邻接顶点的选择顺序不同，得到的生成树也可能有所差异。对于一个带权图（即网络）而言，不同的生成树所对应的总权值也不尽相同。那么，如何找出总权值最小的生成树呢？在多数可以表示为带权图的实际应用中，都会遇到这一问题。

6.4.1　最小生成树求解和贪心法

1．最小生成树的概念

例如，在规划建立 n 个城市之间的通信网络时，至少要架设 n−1 条线路。如果在任何两个城市间建立通信线路的成本已经确定，那么如何使总造价最低？若用顶点表示城市，用边表示城市之间的通信线路，边上的权值表示线路对应的造价，就可以将这一问题表示为一个带权图。为了建立成本最低的通信网络，就要找出该网络的一棵最小生成树。

按照定义，若连通网络由 n 个顶点组成，则其生成树必含 n 个顶点、n−1 条边。因此，构造最小生成树的准则有 3 条：

（1）只能使用该网络中的边来构造最小生成树。

（2）只能使用恰好 n−1 条边来联结网络中的 n 个顶点。

（3）选用的这 n−1 条边不能构成回路。

构造最小生成树的方法有多种，典型的有两种：Kruskal 算法和 Prim 算法。这两个算法都采用了贪心（greedy）的策略（亦称贪心法）。

2．贪心法的概念

什么是贪心法呢？贪心法又可称为逐步求解的方法：当追求的目标是一个问题的最优

解时，设法把对整个问题的求解工作分成若干步骤来完成。在其中的每一个阶段都选择从局部看是最优的方案，以期望通过各阶段的局部最优选择达到整体的最优。

因此，贪心法实际上是一种不追求最优解，只希望最快得到较为满意的解的方法。“贪心”是指以当前情况为基础作出局部的最优选择，而不去搜索所有的可能情况。因为贪心法不需要为找最优解而穷尽所有可能，所以可以快速找到符合要求的解。

【例 6-19】 考虑装箱问题。设有编号为 0, 1, …, $n-1$ 的 n 种物品，体积分别为 v_0, v_1, …, v_{n-1}。将这 n 种物品装到容量都为 V 的若干箱子里。约定这 n 种物品的体积均不超过 V，即 $0 < v_i \leqslant V$，$i = 0, 1, \cdots, n-1$。装箱问题要求使用尽可能少的箱子装进这 n 种物品。

使用贪心法来解决这个问题的思路是：先对这 n 件物品按它们的体积从大到小排序，然后按排序结果对物品重新编号，即 $v_0 \geqslant v_1 \geqslant \cdots \geqslant v_{n-1}$。最后依次将物品放到它第一个能放进去的箱子中。该算法虽不能保证找到最优解，但还是能找到非常好的解。程序 6-12 给出装箱算法的简单描述。

程序 6-12　用贪心法解决装箱问题的算法

```
算法输入：箱子的容积 V，物品种数 n
算法输出：所使用的箱子数
算法步骤：
{    按体积从大到小顺序,输入各物品的体积
     预置已用箱子链为空
     预置已用箱子计数器 box_count 为 0
     for ( i = 0; i < n; i++ ){            //顺序放入 n 个物品
             for(j = 0; j < box_count; j++)//在已用的箱子中寻找能放入物品 i 的箱子 j
                     if ( 已用箱子都不能再放物品 i ){
                           另用一个箱子,并将物品 i 放入该箱子
                           box_count++;
                    }
                    else 将物品 i 放入箱子 j
     }
}
```

以上算法能求出需要的箱子数 box_ count，并能求出各箱子所装物品。

一般地，贪心法各个阶段的局部最优选择一经确定就可固定地作为解序列的一部分。经过 n 步选择就可得到一个较好的次优解（有可能是最优解，但最优解一般需经穷举搜索才能得到）。

使用贪心法求解最小生成树的思路是：给定带权图 $N = \{V, E\}$，设边集合 V 中有 n 个顶点。首先构造一个包括全部 n 个顶点和 0 条边的森林 $F = \{T_0, T_1, \cdots, T_{n-1}\}$，然后不断迭代。每经过一轮迭代，就会在 F 中引入一条尚未加入 F 的权值最小的边。经过 $n-1$ 轮迭代，最终得到一棵包含 $n-1$ 条边的最小生成树。

思考题　如当有多条边具有相等的权值时，是否同一带权图可能有多棵最小生成树？

6.4.2 Kruskal 算法

虽然最小生成树不唯一，但还是能够证明：在任一带权图中，权值最小的那条边必然会被至少一棵最小生成树采用，权值次小的边也会被至少一棵最小生成树采用。

那么，权值第三小的边是否同样具有这种性质？若是，则只要将所有边按权值大小排序，则最小的 n-1 条边就给出了最小生成树。但很遗憾，从权值第三小的边开始，就不一定能够被最小生成树采用。原因在于，这些边的引入有可能会导致回路的出现，这就违背了树结构的基本要求。尽管如此，只要对上述贪心策略稍做修改，就可以得到一个可行的算法，即 Kruskal 算法。

Kruskal 算法的思路是：任给一个有 n 个顶点的带权连通图 $N = \{V, E\}$，首先构造一个有 n 个顶点但不含任何边的图 $T = \{V, \varnothing\}$，其中每个顶点自成一个连通分量。然后不断从 E 中取出权值最小的一条边（若有多条，任取其一），若该边的两个端顶点来自不同的连通分量，则将此边加入到 T 中。如此重复，直到所有顶点在同一个连通分量上为止。算法的简单描述如程序 6-13 所示。

程序 6-13　Kruskal 算法的伪代码描述

```
{   T = ∅;              //T 是最小生成树的边集合，初始为空；E 是带权无向图的边集合
    while ( T 包含的边少于 n-1 && E 不空 ){
        从 E 中选一条具有最小代价的边 (v,w)
        从 E 中删去(v,w)
        如果(v,w)加到 T 中后不会产生回路，则将(v,w)加入 T；否则放弃(v,w)
    }
    if ( T 中包含的边少于 n-1 条 ) printf("不是最小生成树!\n");
}
```

思考题　*有人形象地把 Kruskal 算法称为"避圈法"，这是为什么？*

在讨论 Kruskal 算法的实现之前，先给出最小生成树的结构定义，如程序 6-14 所示。

程序 6-14　最小生成树的结构定义

```
#include <stdio.h>
#define maxSize 20                                 //数组默认大小
#define maxValue 32767                             //机器可表示但问题中不可能出现的大数
typedef int WeightType;                            //权值的数据类型
typedef struct {                                   //最小生成树边结点的结构定义
    int v1,v2;                                     //两顶点的顶点编号
    WeightType cost;                               //边上的权值,为结点关键码
} MSTEdgeNode;
typedef struct {                                   //最小生成树的结构定义
    MSTEdgeNode edgeValue[maxSize];                //用边值数组表示树
    int n;                                         //数组当前元素个数
} MinSpanTree;
void InitMinSpanTree ( MinSpanTree& T ){ //最小生成树初始化：构造一棵空树
     T.n = 0;
}
```

```
void printMinSpanTree ( MinSpanTree& T ){
    for ( int i = 0; i < T.n; i++ ){
        printf ( "(%d,%d,%d)", T.edgeValue[i].v1, T.edgeValue[i].v2,
                T.edgeValue[i].key );
    }
    printf ( "\n" );
}
```

在实现 Kruskal 算法时，利用一个边值数组来存放原图 G 中的所有的边，数组中每个元素的格式与最小生成树所存边结点的格式相同，其结构也为 MSTEdgeNode。边值数组中所有元素按边上的权值从小到大有序排列。

【例 6-20】 针对图 6-27(a)所示的带权图，首先将所有顶点组成一个如图 6-27(b)所示的非连通图，然后不断迭代。每次迭代时，选出一条具有最小权值，且两端顶点不在同一连通分量上的边，加入生成树当中。图 6-27(a)共有 7 个顶点，故经过 6 轮迭代（从图 6-27(c)～(h)），就可以得到在图 6-27(h)中由 6 条边组成的一棵生成树。

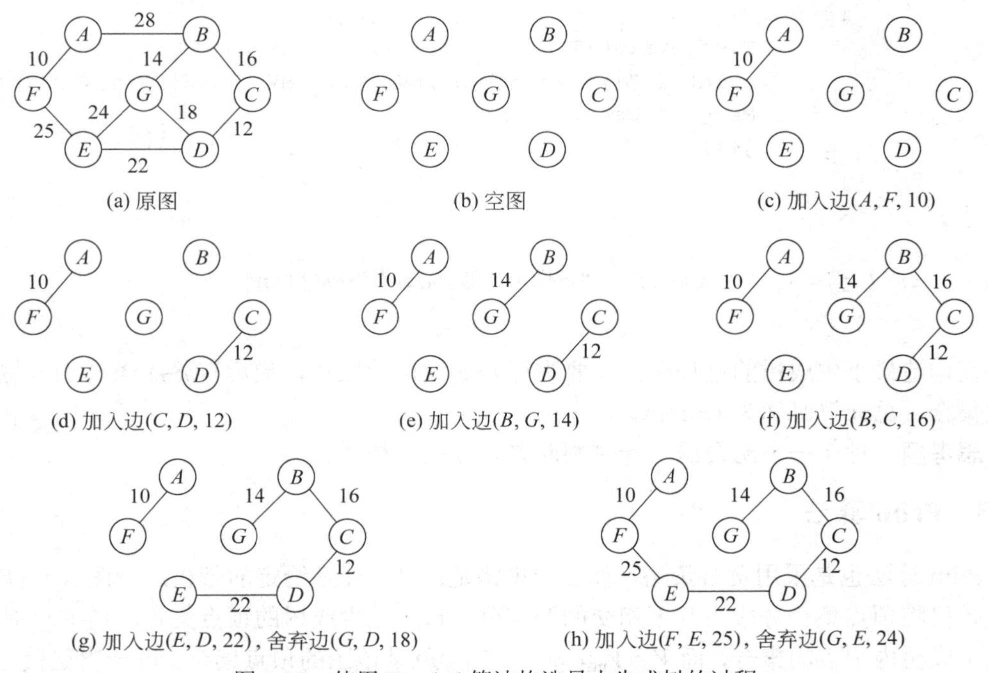

图 6-27　使用 Kruskal 算法构造最小生成树的过程

在构造最小生成树的过程中，每次从边值数组中取出的是（剩余）边上的权值最小的边，然后检查它的两个端顶点是否在同一个连通分量上。若在，则舍去这条边；否则，将此边加入到 T 中，再把这两个端顶点合并到一个连通分量中。

连通分量的判断借助于并查集。在 Kruskal 算法的执行过程中，每取到一条边，就应使用并查集的查找操作 Find，在并查集内分别寻找 i 和 j 所在树的根 u 和 v。如果 u 和 v 是同一个顶点，则 i 和 j 在同一棵树上，即 i 和 j 在同一个连通分量上，该边舍弃，不加到生成树的边集合；如果 u 和 v 不是同一个顶点，则 i 和 j 不在同一个连通分量上，在把这条边加入生成树边集合的同时，通过 Merge 操作合并 u 和 v，即将 i 和 j 各自所处的两个连通分量（两棵树）合并。随着 T 中的边不断增多，连通分量也逐步合并，直到最后整体构成一个连通分量（一棵树）为止。算法的实现如程序 6-15 所示。

程序 6-15 用 Kruskal 算法求解最小生成树问题

```
#include "UFSets.h"
#include "MinSpanTree.h"
#include "ALGraph.h"
void Kruskal_MST ( MSTEdgeNode EV[],int n,int e,MinSpanTree& T ){
//从已按 key 排好序的边值数组 EV 中顺序取出边,建立最小生成树 T
    int i,j,k,u,v;
    UFSets Vset;  Initial ( Vset );            //建立并查集 Vset 并初始化
    InitMinSpanTree ( T );                     //最小生成树初始化：构造一棵空树
    j = 0;  k = 0;
    while ( k < e ){
        u = Find ( Uset,EV[j].v1 );
        v = Find ( Uset,EV[j].v2 );
        if ( u != v ){
            T.edgeValue[T.n++] = EV[j];
            print ( "(%d,%d,%d)\n",EV[j].v1,EV[j].v2,EV[j].cost );
            Merge ( Uset,u,v );
            j++;
        }
        k++;
    }
    if ( j < n-1 )printf ( "该图不连通,无最小生成树!\n" );
}
```

在构造最小生成树的过程中，需要进行 O(e)次取边操作，最后有 n–1 条边加入生成树的边集合，总计算时间为 $O(n+e)$。

思考题 对于一个无向图，如何判断它是否是一棵树？

6.4.3 Prim 算法

Prim 算法也是采用贪心策略，算法的思路是：对于任意给定的带权连通图 $N = \{V, E\}$，算法始终将顶点集合分成为互不相交的两部分，V_{mst} 是生成树的顶点集合，$V–V_{mst}$ 是图中不在生成树内顶点的集合，而 $V = V_{mst} \cup (V–V_{mst})$就是该图的顶点集合。每一次迭代，都要在一个端顶点在 V_{mst}，另一个端顶点在 $V–V_{mst}$ 的所有边中，选出权值最小的边(u, v)，$u \in V_{mst}$，$v \in V–V_{mst}$。然后将顶点 v 加入到生成树的顶点集合 V_{mst} 中，将边(u, v)加入到生成树的边集合 E_{mst} 中。这一过程不断重复，每经过一次迭代，V_{mst} 都会增加一个顶点，E_{mst} 会增加一条边。当 V_{mst} 中含有 n 个顶点、E_{mst} 中含有 n–1 条边时，算法即可终止。此时的(V_{mst}, E_{mst})就给出了 N 的一棵最小生成树。

【例 6-21】 以图 6-28(a)中的带权图为例，若从顶点 0 开始采用 Prim 算法构造其最小生成树，构造的过程如图 6-28(b)～(h)所示。

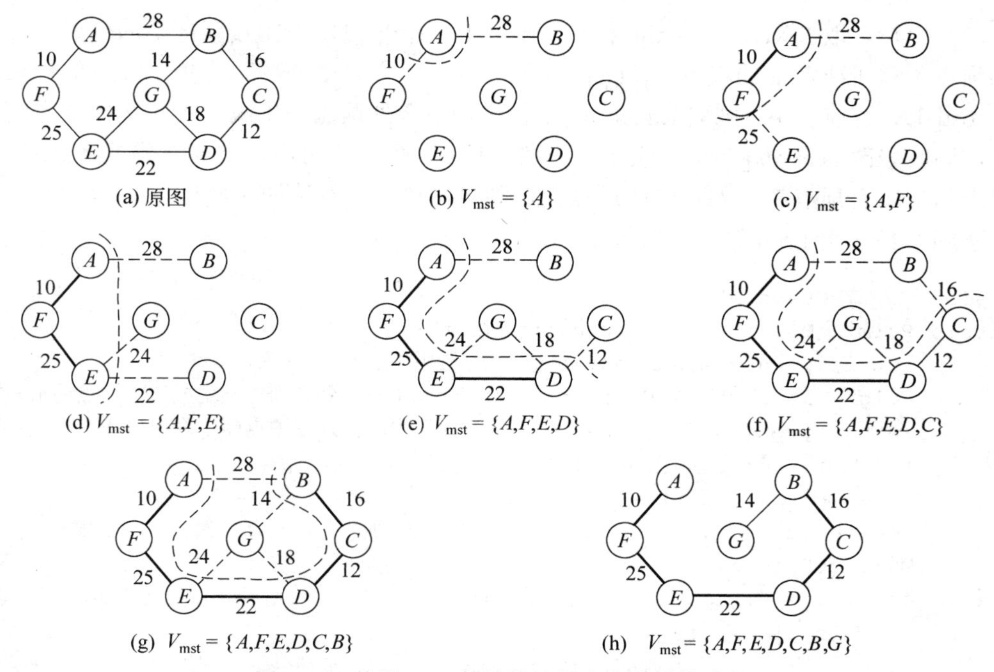

图 6-28　使用 Prim 算法构造最小生成树的过程

Prim 算法的简单描述如程序 6-16 所示。

程序 6-16　Prim 算法的伪代码描述

```
选定构造最小生成树的出发顶点 u0
{    Vmst = {u0},Emst = ∅              //Emst是最小生成树的边集合,Vmst是其顶点集合
     while ( Vmst包含的顶点少于 n && E 不空 ){
           从 E 中选一条边(u,v), u∈Vmst ∩ v∈V-Vmst, 且具有最小权值
           令 Vmst = Vmst∪{v}, Emst = Emst∪{(u,v)}
           将新选出的边从 E 中剔除: E = E-{(u,v)}
     }
     if (Vmst包含的顶点少于 n)printf ( "不能得到最小生成树\n" );
}
```

算法采用邻接矩阵作为图的存储表示。在构造过程中，还设置了两个辅助数组：

lowcost [ ]：存放生成树顶点集内顶点到生成树外各顶点的边上的当前最小权值。

nearvex [ ]：记录生成树顶点集外各顶点到集合内哪个顶点的距离最小。

若从顶点 *u* 开始构造最小生成树，那么，在生成树顶点集内最初只有一个顶点 *u*，在 nearvex 数组中，只有表示顶点 *u* 的数组元素 nearvex[*u*] = −1，其他都是 0，表示集合外各顶点 i（$0<i<n$）距离集合内最近的顶点都是 0。数组 lowcost 的内容则是从邻接矩阵的第 *u* 行复制而来的。然后反复做以下工作：

（1）在 lowcost[ ]中选择 nearvex[*i*]≠−1 且 lowcost[*i*]值最小的边 *i*，用 *v* 标记它。则选中的权值最小的边为(nearvex[*v*]，*v*)，相应的权值为 lowcost[*v*]。

（2）将 nearvex[*v*]改为−1，表示它已加入生成树顶点集。将边（nearvex[*v*], *v*, lowcost[*v*]）加入生成树的边集合。

（3）比较，取 lowcost[i] = min { lowcost[i], Edge[v][i] }，即比较新选中的生成树顶点集外各顶点 i 到新顶点 v 的权值（Edge[v][i]）和原来它们到生成树顶点集中顶点的最短距离（lowcost[i]），若前者小，则取 Edge[v][i]作为这些集合外顶点到生成树顶点集内顶点的最短距离，同时修改 nearvex[i] = v。表示生成树外顶点 i 到生成树内顶点 v 当前距离最近。

当图中所有顶点都加入生成树顶点集，则算法结束。算法的实现如程序 6-17 所示。

程序 6-17 用 Prim 算法求解最小生成树问题

```
#include "MGraph.h"
void Prim ( MGraph& G,int u,MinSpanTree& T ){
    int i,j,v,n = G.numVertices;  //图中顶点数
    Weight lowcost[maxVertices];  //保存生成树外各顶点到生成树内顶点的最短距离
    int nearvex[maxVertices];     //保存生成树外各顶点到生成树内哪个顶点距离小
    for ( i = 0; i < G.numVertices; i++ )
        { lowcost[i] = G.Edge[u][i];  nearvex[i] = 0; }
    nearvex[u] = -1;              //顶点 u 加到生成树顶点集合,用-1 表示
    MSTEdgeNode e;  Weight min;  T.n = 0;
    for ( i = 0; i < G.numVertices; i++ )        //循环 n-1 次,加入 n-1 条边
        if (i != u){
            min = maxValue;  v = 0;    //求生成树外顶点到生成树内顶点最小边
            for(j = 0; j < G.numVertices; j++)//确定当前边及顶点位置
                if ( nearvex[j] != -1 && lowcost[j] < min )
                    { v = j;  min = lowcost[j]; }
            if (v){                      // v = 0 表示再也找不到要求的顶点了
                e.v1 = nearvex[v];  e.v2 = v;  e.key = lowcost[v];
                T.edgeValue[T.n++] = e;         //加入生成树边集合
                nearvex[v] = -1;                //加入生成树顶点集合
                for (j = 0; j < G.numVertices; j++)
                    if ( nearvex[j] != -1 && G.Edge[v][j] < lowcost[j] )
                    {lowcost[j] = G.Edge[v][j]; nearvex[j] = v;}
        }
    }
}
```

算法的时间复杂度为 $O(n^2)$，它适用于边稠密的网络。

6.4.4 扩展阅读：其他建立最小生成树的方法

1. Sollin 算法

此算法的基本思路是：将求连通带权图的最小生成树的过程分为若干阶段，每一阶段选取若干条边。具体步骤如下：

（1）将每个顶点视为一棵树，图中所有顶点形成一个森林。

（2）为每棵树选取一条边，它是该树与其他树相连的所有边中权值最小的一条边，把该边加入生成树中。如果某棵树选取的边已经被其他树选过，该边不再选取。

重复操作(2)，直到整个森林变成一棵树。

【例 6-22】 以图 6-29(a)中的带权图为例，首先构造每个顶点自成一棵树的森林，如

图 6-29(b)所示；再为每棵树选权值最小的边，连接边的另一端顶点，如图 6-29(c)所示；最后，再一次为每棵树从剩余的边中选权值最小的边，连接边的另一端顶点，如图 6-29(d)所示。

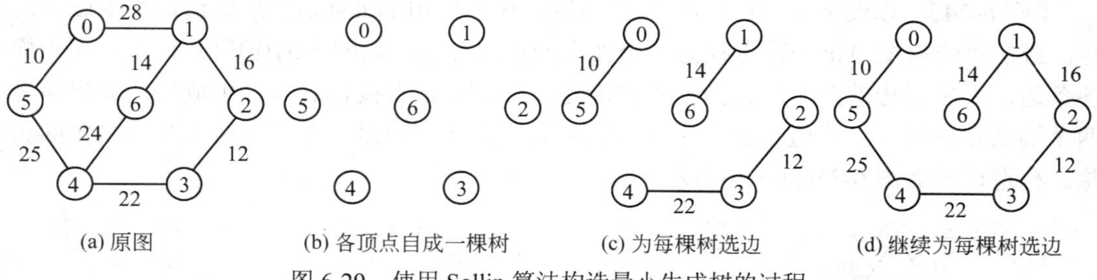

(a) 原图　(b) 各顶点自成一棵树　(c) 为每棵树选边　(d) 继续为每棵树选边

图 6-29　使用 Sollin 算法构造最小生成树的过程

2．Rosenstiehl 和管梅谷算法

该算法又称为破圈法。其基本思路是：设有一个连通网络 $N = \{V, E\}$，预先把 E 中所有的边按其权值从大到小排列，放到边值数组 H 中。然后依次取出 H 中权值最大的边，如果该边处于一个回路中，就从 N 中删去这条边；如果该边没有处于某个回路中，则在 N 中保留它。如此重复，直到 N 中只剩下 $n-1$ 条边（n 为 V 中顶点个数），成为一棵树为止。此时 N 就是原图的一棵最小生成树。

【例 6-23】 以图 6-30(a)中的带权图为例，说明使用破圈法构造最小生成树的流程。

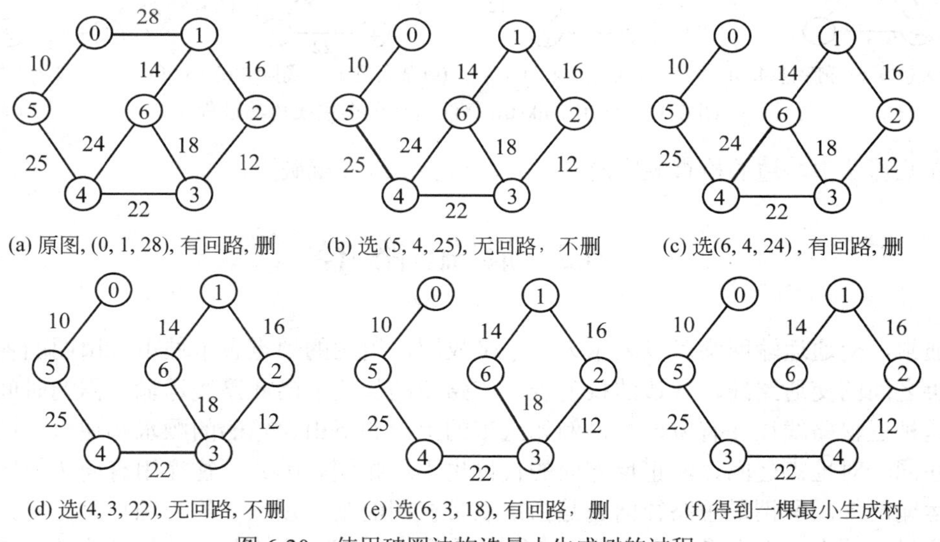

(a) 原图, (0, 1, 28), 有回路, 删　(b) 选 (5, 4, 25), 无回路，不删　(c) 选(6, 4, 24)，有回路, 删

(d) 选(4, 3, 22), 无回路, 不删　(e) 选(6, 3, 18), 有回路，删　(f) 得到一棵最小生成树

图 6-30　使用破圈法构造最小生成树的过程

从 H 中每取出一条权值最大的边，都要使用 DFS 算法从该边的一个端顶点出发遍历图，判断是否有一条路径回到该顶点。如果存在构成回路的路径，则表明删除此边没有破坏图的连通性，此边可删，否则撤销删除，恢复此边。图 6-30(b)～(f)为构造过程。

因为是有关边的处理，一般采用邻接表存储带权图，时间代价为 $O(n+e)$。

3．Dijkstra 算法

Dijkstra 算法的基本思路是：对于一个连通网络 $N = \{V, E\}$，把 E 中所有的边以方便的次序逐个加入到初始为空的生成树的边集合 T 中。每次选择并加入一条边时，需要判断它是否会与先前加入 T 中的边构成回路。如果构成了回路，则从这个回路中将权值最大的边退选。如此重复，直到 T 中有 $n-1$ 条边为止，其中 n 是 V 中顶点个数。

【例 6-24】 以图 6-31(a)中的带权图为例，说明使用 Dijkstra 算法构造最小生成树的流程。最初将带权图中每个顶点视为一个独立的连通分量，如图 6-31(b)所示，然后逐个检查各条边，如果该边的两个端顶点在不同的连通分量上，直接把它加入生成树；如果该边的两个端顶点在同一个连通分量上，加入它后会形成一个回路，把该回路上权值最大的边删除。构造过程如图 6-31(c)～(h)所示。

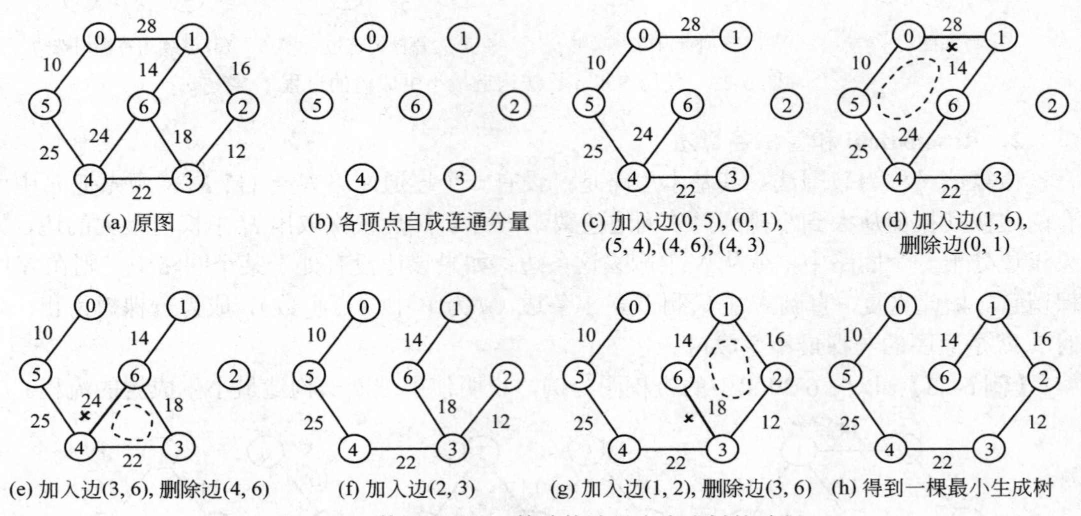

(a) 原图　(b) 各顶点自成连通分量　(c) 加入边(0, 5), (0, 1), (5, 4), (4, 6), (4, 3)　(d) 加入边(1, 6), 删除边(0, 1)

(e) 加入边(3, 6), 删除边(4, 6)　(f) 加入边(2, 3)　(g) 加入边(1, 2), 删除边(3, 6)　(h) 得到一棵最小生成树

图 6-31　使用 Dijkstra 算法构造最小生成树的过程

在此算法中，边的检查顺序没有限制，只要出现圈就破圈。

6.5　最短路径

通常，交通运输网络可以表示为一个带权图，用图的顶点表示城市，用图的各条边表示城市之间的交通路线，各边的权值表示该路线的长度或沿此路线运输所需的时间或运费等。这种运输路线往往有方向性，例如汽车的上山和下山、轮船的顺水和逆水，此时，即使是在同一对地点之间，沿正反方向的代价也不尽相同。因此，往往用有向带权图来表示交通运输网络。所谓最短路径问题是指：从带权图的某一顶点（称为源点）出发，找出一条通往另一顶点（称为终点）的最短路径。所谓“最短”，也就是沿路径各边的权值总和达到最小。

本节讨论最常见的两种最短路径算法。

6.5.1　非负权值的单源最短路径

最短路径问题的提法是：给定一个有向带权图 D 与源点 v，各边上的权值均非负。要求找出从 v 到 D 中其他各顶点的最短路径。为了求得这些最短路径，Dijkstra 提出了按路径长度的递增次序逐步产生最短路径的算法。这实质上还是贪心策略。

算法首先求出长度最短的一条最短路径，然后参照它求出长度次短的一条最短路径，依此类推，直到从顶点 v 到其他各顶点的最短路径全部求出为止。

为实现 Dijkstra 算法，可做如下工作：

设立一个集合 S 存放已经求出的最短路径的终点。最初，S 中只有一个顶点（即源顶点），不妨设为 v_0。以后每求得一条最短路径 $(v_0, \cdots, v_k)$，就将终顶点 v_k 加入到集合 S 中。直到全部顶点都加入到集合 S 中，算法就可以结束了。

为了当前找到的从源点 v_0 到其他顶点的最短路径和最短路径长度，引入两个辅助数组：

path[n]，记下当前从源点 v_0 到其他各终点 v_i 的最短路径上最后一条边的始顶点号；

dist[n]，记当前从源点 v_0 到其他各终点 v_i 的最短路径的长度。

它们的初始状态是：若从源点 v_0 到顶点 v_i 有边，则 path[i]为该边始顶点号，dist[i]为该边上的权值；若从源点 v_0 到顶点 v_i 没有边，则 path[i]为−1，dist[i]为∞（用 maxWeight 代表）。

【例 6-25】 考虑如图 6-32(a)所示的带权有向图。边上的权值即为该边的长度，并设源点为顶点 v_0。按照 Dijkstra 算法，首先引用其邻接矩阵的第 0 行，求出从顶点 v_0 到其他各顶点最短路径的初步结果；以后逐步求最短路径的过程如图 6-32(b)～(h)所示。

对于图 6-32(a)的例子，用 Dijkstra 算法求解最短路径的过程如图 6-33 所示。

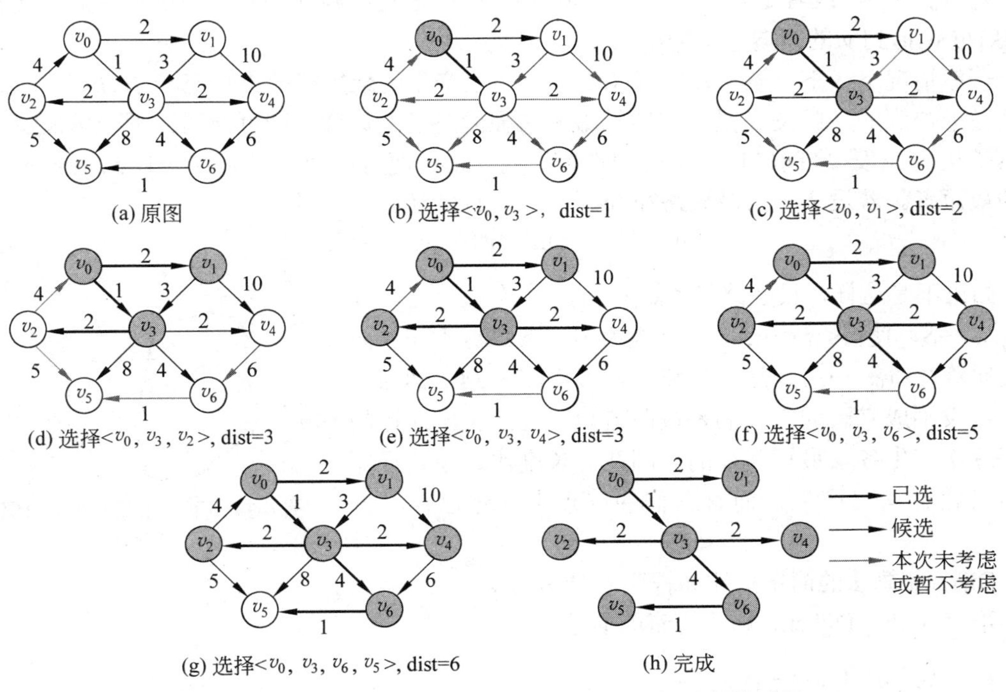

图 6-32　使用 Dijkstra 算法求有向带权图最短路径的过程

思考题　用 Dijkstra 算法求最短路径，为何要求所有边上的权值必须大于 0？

设第一条最短路径为 (v_0, v_k)，其中 k 满足

$$\text{dist}[k] = \min_i \{\text{dis}[i] \mid v_i \in V - \{v_0\}，V \text{是图的顶点集合}\}$$

源点	终点		从顶点 v_0 到其他各顶点的最短路径的求解过程					
			$i=1$	$i=2$	$i=3$	$i=4$	$i=5$	$i=6$
v_0	v_1	dist	2	$\underline{2}$				
		path	v_0	v_0				
	v_2	dist	∞	3	$\underline{3}$			
		path	−1	v_3	v_3			
	v_3	dist	$\underline{1}$					
		path	v_0					
	v_4	dist	∞	3	3	$\underline{3}$		
		path	−1	v_3	v_3	v_3		
	v_5	dist	∞	9	8	8	8	$\underline{6}$
		path	−1	v_3	v_2	v_2	v_2	v_6
	v_6	dist	∞	5	5	5	$\underline{5}$	
		path	−1	v_3	v_3	v_3	v_3	
选中顶点			v_3	v_1	v_2	v_4	v_6	v_5

图 6-33　用 Dijkstra 算法求解过程中最短路径 path 和最短路径长度 dist 的变化

那么下一条最短路径是哪一条呢？假设下一条最短路径的终点是 v_j，则可想而知，它或者是<v_0, v_j >，或者是<v_0, v_k, v_j >。其长度或者是从 v_0 到 v_j 的有向边上的权值，或者是 dist[k]与从 v_k 到 v_j 的有向边上的权值之和。

一般情况下，下一条最短路径总是在“由已产生的最短路径再扩充一条边”形成的最短路径中得到的。假设 S 是已求得的最短路径的终点的集合，则可证明：下一条最短路径必然是从 v_0 出发，中间经过 S 中的顶点再扩充一条边便可到达顶点 v_i $\{v_i \in V\!-\!S\}$的各条路径中的最短者。若设下一条最短路径<v_0, …, v_k>的终点是 v_k，则有

$$\text{dist}[k] = \min_i \{\text{dis}[i] \mid v_i \in V-S\}$$

如果不是这样，设在路径<v_0, …, v_k >上存在另一个顶点 $v_p \in V-S$，使得<v_0, …, v_p , v_k>成为另一条终点不在 S 而长度比路径<v_0, …, v_k>还短的路径，参看图 6-34。然而，这个假设不成立。因为我们是按照最短路径的长度递增的次序逐次产生各条最短路径的，因此，长度比这条路径短的所有路径均已产生，而且它们的终点也一定已在集合 S 中。

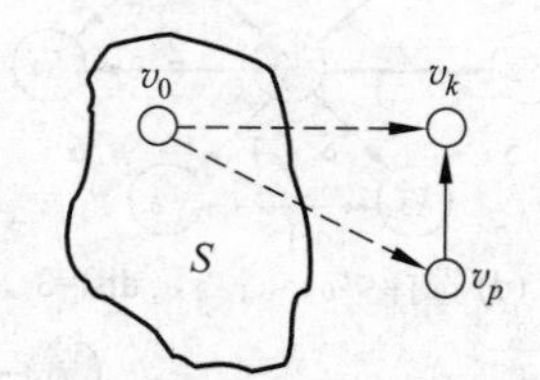

图 6-34　下一条最短路径上不可能存在 $v_p \in V-S$

Dijkstra 算法的简单描述如程序 6-18 所示。

程序 6-18　Dijkstra 算法的简单描述

```
{      ① 初始化：S←{v0}
                dist[j]← Edge[0][j],j = 1, 2, …, n-1  //n 为图中顶点个数
       ② 求出最短路径的长度：dist[k]← min{dist[i]}, i ∈ V-S
                          S←S∪{k}
       ③ 修改：dist[i]← min{dist[i], dist[k]+Edge[k][i]}, 对于每一个 i ∈ V-S
       ④ 判断：若 S = V，则算法结束，否则转②
}
```

Dijkstra 算法的实现如程序 6-19 所示。

程序 6-19　用 Dijkstra 算法求从顶点 v 到其他各顶点的最短路径

```
#include "MGraph.h"
void ShortestPath ( MGraph& G,int v,Weight dist[],int path[] ){
//MGraph 是一个带权有向图。算法返回两个数组：dist[j],0≤j<n，存放当前求到的从
//顶点 v 到顶点 j 的最短路径长度；path[j]，0≤j<n，存放求到的最短路径
    int i,j,k n = NumberOfVertices(G);  Weight w,min;
    int S[maxVertices];                         //最短路径顶点集
    for ( i = 0; i < n; i++ ){
        dist[i] = G.Edge[v][i];            //路径长度 dist 数组初始化
        S[i] = 0;                          //标识顶点 i 是否求得最短路径
        if(i != v && dist[i] < maxWeight)path[i] = v; //路径 path 数组初始化
        else path[i] = -1;
    }
    S[v] = 1;  dist[v] = 0;                    //顶点 v 加入集合 S
    for ( i = 0; i < n-1; i++ ){               //逐个求 v 到其他顶点最短路径
        min = maxWeight;  int u = v;  //选不在 S 中具有最短路径的顶点 u
        for ( j = 0; j < n; j++ )
            if ( !S[j] && dist[j] < min ){ u = j;  min = dist[j]; }
        S[u] = 1;                              //将顶点 u 加入集合 S
        for (k = 0; k < n; k++){           //修改经过 u 到其他顶点的路径长度
            w = G.Edge[u][k];
            if (!S[k] && w < maxWeight && dist[u]+w < dist[k] ){
                dist[k] = dist[u]+w;//顶点 k 未加入 S,且绕过 u 可缩短路径
                path[k] = u;            //修改到 k 的最短路径
            }
        }
    }
}
```

Dijkstra 算法包括了两个并列的 for 循环，第一个 for 循环做辅助数组的初始化工作，时间复杂度为 $O(n)$，其中的 n 是图中的顶点数；第二个 for 循环是二重嵌套循环，进行最短路径的求解工作，因为对图中几乎所有顶点都要做计算，每个顶点的计算又要对集合 S 内的顶点进行检测，对集合 $V-S$ 中的顶点进行修改，所以运算时间复杂度为 $O(n^2)$。算法总的时间复杂度为 $O(n^2)$。

【例 6-26】 以图 6-32 和图 6-33 为例，看如何读取源点 v_0 到终点 v_i 的最短路径。对于顶点 v_5，path[5] = 6，path[6] = 3，path[3] = 0，到达源点。反过来排列，得到路径{0, 3, 6, 5}，与图 6-33(a)所示原图中的情况相同。这就是源点 v_0 到终点 v_5 的最短路径，其长度为 dist[4] = 6。程序 6-20 给出读取路径方法的实现。

程序 6-20　从 path 数组读取用 Dijkstra 算法求出的最短路径的算法

```
void printShortestPath ( MGraph& G,int v,Weight dist[],int path[] ){
    printf ( "从顶点[%c]到其他各顶点的最短路径为：\n",G.VerticesList[v] );
    int i,j,k,n = G.numVertices;
    int d[maxVertices];
```

```
    for ( i = 0; i < n; i++ )
            if ( i != v ){
                j = i;  k = 0;
                while ( j != v ){ d[k++] = j;  j = path[j]; }
                d[k++] = v;
                printf ( "到顶点[%c]的最短路径为: ",G.VerticesList[i] );
                while ( k > 0 )printf ( "%c ",G.VerticesList[d[--k]] );
                printf ( "\n 最短路径长度为: %d\n",dist[i] );
            }
}
```

思考题 Dijkstra 算法是求解单源最短路径问题的算法，可否用它解决单目标最短路径问题？

6.5.2 扩展阅读：边上权值为任意值的单源最短路径问题

本小节讨论更一般的情况，带权有向图 *D* 的某几条边或所有边的长度可能为负值。例如，对于图 6-35(a)所示的带权有向图来说，利用 Dijkstra 算法不一定能得到正确的结果。若设源点为顶点 v_0，使用 Dijkstra 算法，v_0 到 v_2 的最短路径长度为 5，显然结果不对。

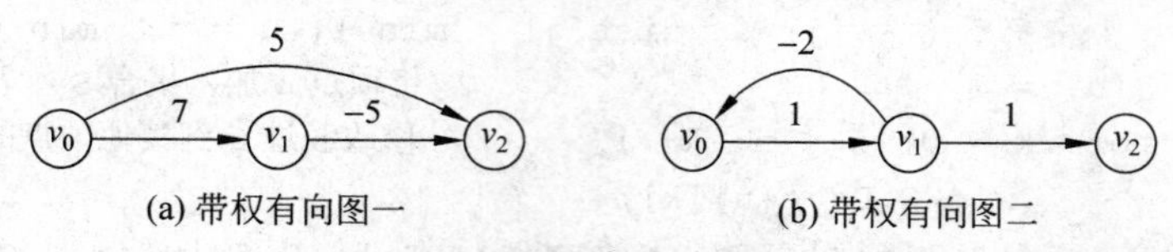

(a) 带权有向图一　　(b) 带权有向图二

图 6-35　边上带有负值的带权有向图

为了能够求解边上带有负值的单源最短路径问题，Bellman 和 Ford 提出了从源点逐次绕过其他顶点，以缩短到达终点的最短路径长度的方法。该方法有一个限制条件，即要求图中不能包含由带负权值的边组成的回路。例如，图 6-35(b)所示的图中有一个回路 0, 1, 0，它包括了一条具有负权值的边，其路径长度为-1，当路径为 0, 1, 0, 1, …, 0, 1, 2 时，路径长度会越来越小，顶点 0 到顶点 2 的最短路径长度可达-∞。为了能够用有限条边构成最短路径，必须把这种情况避开。所以 Bellman-Ford 算法不考虑这种情况。

当图中没有由带负权值的边组成的回路时，有 *n* 个顶点的图中任意两个顶点之间如果存在最短路径，此路径最多有 $n-1$ 条边。这是因为，如果路径上的边数超过了 $n-1$ 条时，必然会重复经过一个顶点，形成回路。这就违反了先前的限制。下面以此为依据考虑在带权有向图 G 中计算从源点 *v* 到其他顶点 *u* 的最短路径的长度 dist[*u*]。

Bellman-Ford 算法构造一个最短路径长度数组序列 $dist^1[u]$, $dist^2[u]$, …, $dist^{n-1}[u]$。其中，$dist^1[u]$是从源点 *v* 到终点 *u* 的只经过一条边的最短路径的长度，$dist^1[u]$ = G.Edge[*v*][*u*]；$dist^2[u]$是从源点 *v* 最多经过两条边到达终点 *u* 的最短路径的长度，$dist^3[u]$是从源点 *v* 出发最多经过不构成带负值边回路的 3 条边到达终点 *u* 的最短路径的长度……$dist^{n-1}[u]$是从源点 *v* 出发最多经过不构成带负值边回路的 $n-1$ 条边到达终点 *u* 的最短路径的长度。算法的最终目的是计算出 $dist^{n-1}[u]$。

可以用递推方式计算 $dist^k[u]$。设已经求出 $dist^{k-1}[j]$，此即从源点 *v* 最多经过不构成带负值边回路的 $k-1$ 条边到达各终点 *j* 的最短路径的长度，然后，在邻接矩阵 G.Edge[][]中取

出各顶点 j 到达顶点 u 的距离 D.Edge[j][u]，计算 min { dist^{k-1}[j]+D.Edge[j][u] }，就可以求得从源点 v 绕过各个顶点，最多经过不构成带负值边回路的 k 条边到达终点 u 的最短路径的长度，用它与 dist^{k-1}[u]比较，取小者作为 dist^k[u]的值。因此，可得递推公式：

$$\begin{cases} \text{dist}^1[u] = D.\text{Edge}[v][u] \\ \text{dist}^k[u] = \min\{\text{dist}^{k-1}[u],\ \min\{\text{dist}^{k-1}[j] + D.\text{Edge}[j][u]\}\} \end{cases}$$

【例 6-27】 图 6-36(a)是一个有 7 个顶点的带权有向图，其邻接矩阵如图 6-36(b)所示。设 v_0 是源点，使用上述递推公式计算出来的 dist^k 数组如图 6-37 所示。

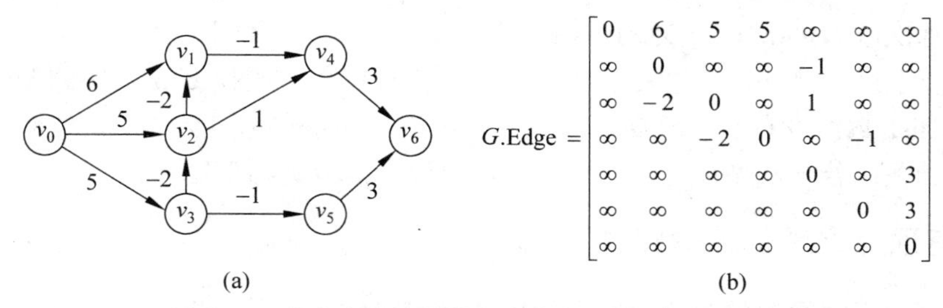

$$G.\text{Edge} = \begin{bmatrix} 0 & 6 & 5 & 5 & \infty & \infty & \infty \\ \infty & 0 & \infty & \infty & -1 & \infty & \infty \\ \infty & -2 & 0 & \infty & 1 & \infty & \infty \\ \infty & \infty & -2 & 0 & \infty & -1 & \infty \\ \infty & \infty & \infty & \infty & 0 & \infty & 3 \\ \infty & \infty & \infty & \infty & \infty & 0 & 3 \\ \infty & \infty & \infty & \infty & \infty & \infty & 0 \end{bmatrix}$$

图 6-36 带有负值边的带权有向图 G 及其邻接矩阵

	v_1		v_2		v_3		v_4		v_5		v_6	
k	dist^k	path^k	dist^k	path^k	dist^k	path^k	dist^k	path^k	dist^k	path^k	dist^k	path^k
1	6	0	5	0	5	0	∞	−1	∞	−1	∞	−1
2	**3**	**2**	**3**	**3**	5	0	2	1	4	3	5	4
3	**1**	**2**	3	3	5	0	**0**	**1**	4	3	**3**	**4**
4	1	2	3	3	5	0	0	1	4	3	3	4
5	1	2	3	3	5	0	0	1	4	3	3	4
6	1	2	3	3	5	0	0	1	4	3	3	4

图 6-37 图的最短路径长度

程序 6-21 给出计算带权有向图的最短路径长度的 Bellman-Ford 算法。算法中使用了同一个 dist[u]数组来存放一系列的 dist^k[u]，其中 $k = 1, 2, \cdots, n-1$。算法结束时 dist[u]中存放的是 dist^{n-1}[u]。

程序 6-21 Bellman-Ford 算法

```
#include "MGraph.h"
void Bellman_Ford ( MGraph& G,Weight dist[],int path[] ){
//在带权有向图中有的边具有负权值。以顶点 0 为源点求到其他所有顶点的最短路径
//dist[i]返回找到的到顶点 i 的最短路径长度
    int i,k,u,n = G.numVertices;
    for ( i = 0; i < n; i++ ){
        dist[i] = G.Edge[0][i];                        //对 dist 初始化
        if ( G.Edge[0][i] < maxWeight )path[i] = 0;
        else path[i] = -1;
    }
    for ( k = 2; k < n; k++ ){
        for ( u = 1; u < n; u++ )
```

```
            for ( i = 1; i < n; i++ )
                    if ( dist[u] > dist[i]+G.Edge[i][u] ){
                          dist[u] = dist[i]+G.Edge[i][u];
                          path[u] = i;         //绕 i 的路径长度小,修改
                    }
        }
}
```

算法中有一个三重嵌套的 for 循环，如果使用邻接矩阵作为图的存储表示，最内层 if 语句的总执行次数为 $O(n^3)$。n 为图中顶点个数，e 为边数。还可以用一些其他的方法改进算法的时间复杂度。例如，考虑在三重嵌套循环执行过程中监视 dist 数组的变化。假设在一次循环中 dist 数组没有发生改变，那么在以后的循环中它也不会改变。这时可将循环结束条件增加一条：若一次循环之后发现 dist 数组没有修改则结束循环。

6.5.3 所有顶点之间的最短路径

求解所有顶点之间的最短路径问题的提法是：已知一个各边权值均大于 0 的带权有向图，对每一对顶点 $v_i \neq v_j$，要求求出 v_i 与 v_j 之间的最短路径和最短路径长度。

解决此问题的一个办法是：轮流以每一个顶点为源点，重复执行 Dijkstra 算法 n 次，就可求得每一对顶点之间的最短路径及最短路径长度，总的执行时间是 $O(n^3)$。

如果应用动态规划的思想，求各个顶点之间绕过 v_0 的最短路径，再求各个顶点之间绕过 v_0，v_1 的最短路径……这样持续增加绕过的顶点数，直到最后求出各个顶点之间绕过 v_0, v_1, …, v_{n-1} 的最短路径，这就是本节要介绍的 Floyd 算法，它的时间复杂度也是 $O(n^3)$。

Floyd 算法仍然使用前面定义的图的邻接矩阵 Edge[n][n]来存储有向带权图。

算法的基本思想是：设置一个 $n \times n$ 的方阵 $\boldsymbol{A}^{(k)}$，其中除对角线的矩阵元素都等于 0 外，其他元素 $a^{(k)}[i][j]\ (i \neq j)$表示从顶点 v_i 到顶点 v_j 的有向路径长度，k 表示运算步骤。初始时，以任意两个顶点之间的直接有向边的权值作为路径长度：对于任意两个顶点 v_i 和 v_j，若它们之间存在有向边，则以此边上的权值作为它们之间的最短路径长度；若它们之间不存在有向边，则以 maxValue（机器可表示的在问题中不会遇到的最大数）作为它们之间的最短路径长度。因此，$\boldsymbol{A}^{(-1)}=$ Edge。

以后逐步尝试在原路径中加入其他顶点作为中间顶点。如果增加中间顶点后，得到的路径长度比原来的路径长度少，则以此新路径代替原路径，修改矩阵相应的矩阵元素，代入新的更短的路径长度。

【例 6-28】 参看图 6-38。最初从顶点 v_2 到顶点 v_1 的距离为边$<v_2, v_1>$上的权值（= 5）。当加入中间顶点 v_0 后，边$<v_2, v_0>$和$<v_0, v_1>$上的权值之和（= 4）小于原来边$<v_2, v_1>$上的权值，则以此新路径$<v_2, v_0, v_1>$的长度作为从顶点 v_2 到顶点 v_1 的距离，并修改相应的矩阵元素 $a[2][1]$。

顶点 v_0 作为中间顶点可能还会改变其他顶点之间的距离。如路径$<v_2, v_0, v_3>$的长度（= 7）小于原来有向边$<v_2, v_3>$上的权值（= 8），矩阵元素 $a[2][3]$要修改为 7。

如果在下一步又增加顶点 v_1 作为中间顶点，对于图中的每一条有向边$<v_i , v_j>$，要比较从 v_i 到 v_1 的路径长度加上从 v_1 到 v_j 的路径长度是否小于原来从 v_i 到 v_j 的路径长度，即是否

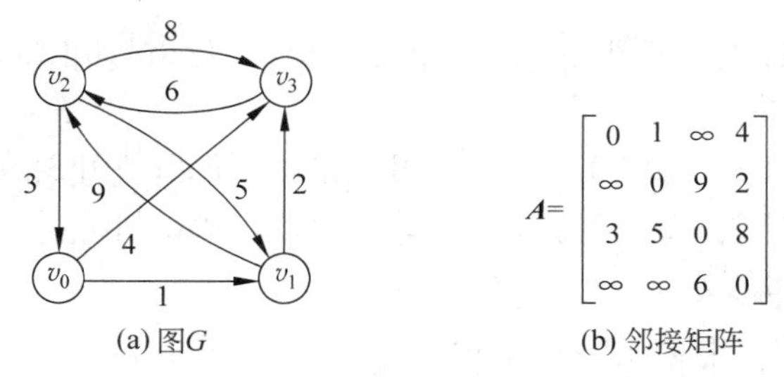

(a) 图G　　(b) 邻接矩阵

图 6-38　带权有向图 G 及其邻接矩阵

$a[i][1]+a[1][j] < a[i][j]$。如果小，又需用此新值代替原值作为元素 $a[i][j]$的值。这时，从 v_i 到 v_1 的路径长度以及从 v_1 到 v_j 的路径长度已经由于 v_0 作为中间顶点而修改过了。

所以最新的 $a[i][j]$值实际上是包含了顶点 v_i、v_0、v_1、v_j 的路径长度。当然，有时加入中间顶点后的路径较原路径更长，这时就维持原来相应的矩阵元素的值不变。依次类推，可得到 Floyd 算法。算法的简单描述如程序 6-22 所示。

程序 6-22　Floyd 算法的简单描述

```
{   定义一个 n 阶方阵序列：A(-1),A(0),…,A(n-1),其中：
        A(-1)[i][j] = Edge[i][j]
        A(k)[i][j] = min {A(k-1)[i][j], A(k-1)[i][k]+A(k-1)[k][j]}, k = 0,1,…,n-1
}
```

由上述公式可知，$A^{(0)}[i][j]$是从顶点 v_i 到 v_j，中间顶点是 v_0 的最短路径的长度，$A^{(k)}[i][j]$是从顶点 v_i 到 v_j，中间顶点的序号不大于 k 的最短路径的长度，$A^{(n-1)}[i][j]$是从顶点 v_i 到 v_j 的最短路径长度。

【例 6-29】 对图 6-39 所示的例子用 Floyd 算法进行计算，第一步所得距离矩阵 $\boldsymbol{A}^{(-1)}$ 和路径矩阵 Path$^{(-1)}$如图 6-40 所示。

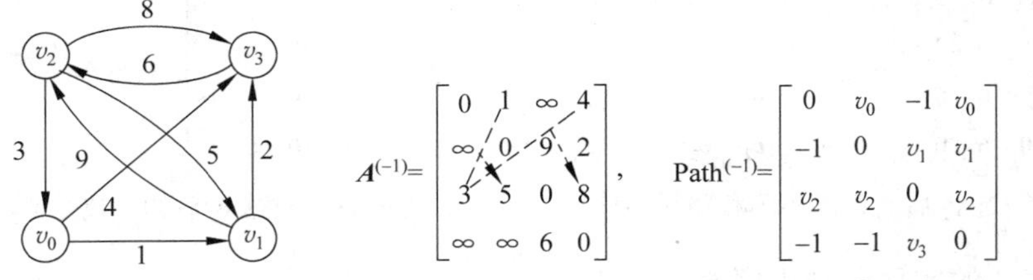

图 6-39　带权有向图及初始的距离矩阵和路径矩阵

$\boldsymbol{A}^{(-1)}\to\boldsymbol{A}^{(0)}$时：因 $A^{(-1)}[0][0] = 0$，所以 0 行 0 列不变，对角线不变，因 $A^{(-1)}[1][0] = A^{(-1)}[3][0] = \infty$，$A^{(-1)}[1][0] + A^{(-1)}[0][x]$ 都大于 $A^{(-1)}[1][x]$，$A^{(-1)}[3][0] + A^{(-1)}[0][x]$都大于 $A^{(-1)}[3][x]$，所以第 1 行与第 3 行不变，只第 2 行元素可能变化。

- $A^{(-1)}[2][0] + A^{(-1)}[0][1] < A^{(-1)}[2][1]$，$A^{(0)}[2][1]$修改，Path$^{(0)}[2][1]$改为 v_0，表示新最短路径是绕过 v_0 顶点来的。
- $A^{(-1)}[2][0] + A^{(-1)}[0][3] < A^{(-1)}[2][3]$，$A^{(0)}[2][3]$修改，Path$^{(0)}[2][3]$也改为 v_0。

修改后的 $\boldsymbol{A}^{(0)}$和 Path$^{(0)}$如图 6-40 所示。

$\boldsymbol{A}^{(0)}\to\boldsymbol{A}^{(1)}$时：1 行 1 列不变，对角线不变，因 $A^{(0)}[3][1] =\infty$，$A^{(0)}[3][1] +A^{(0)}[1][x]$ 都大于 $A^{(0)}[3][x]$，所以第 3 行不变，只第 0 行和第 2 行元素可能变化。

- $A^{(0)}[0][1]+A^{(0)}[1][2] < A^{(0)}[0][2]$，$A^{(1)}[0][2]$修改，$\text{Path}^{(1)}[0][2]$改 v_1，表示新的最短路径是绕过 v_1 来的。
- $A^{(0)}[0][1]+A^{(0)}[1][3] < A^{(0)}[0][3]$，$A^{(1)}[0][3]$修改，$\text{Path}^{(1)}[0][3]$改 v_1。
- $A^{(0)}[2][1]+A^{(0)}[1][3] < A^{(0)}[2][3]$，$A^{(1)}[2][3]$修改，$\text{Path}^{(1)}[0][3]$改 v_1。

修改后的 $\boldsymbol{A}^{(1)}$和 $\text{Path}^{(1)}$如图 6-41 所示。

$$A^{(0)}=\begin{bmatrix} 0 & 1 & \infty & 4 \\ \infty & 0 & 9 & 2 \\ 3 & \mathbf{4} & 0 & \mathbf{7} \\ \infty & \infty & 6 & 0 \end{bmatrix},\ \text{Path}^{(0)}=\begin{bmatrix} 0 & v_0 & -1 & v_0 \\ -1 & 0 & v_1 & v_1 \\ v_2 & \boldsymbol{v_0} & 0 & \boldsymbol{v_0} \\ -1 & -1 & v_3 & 0 \end{bmatrix}$$

图 6-40　绕过 v_0 后的距离矩阵和路径矩阵

$$A^{(1)}=\begin{bmatrix} 0 & 1 & \mathbf{10} & \mathbf{3} \\ \infty & 0 & 9 & 2 \\ 3 & 4 & 0 & \mathbf{6} \\ \infty & \infty & 6 & 0 \end{bmatrix},\ \text{Path}^{(1)}=\begin{bmatrix} 0 & v_0 & \boldsymbol{v_1} & \boldsymbol{v_1} \\ -1 & 0 & v_1 & v_1 \\ v_2 & v_0 & 0 & \boldsymbol{v_1} \\ -1 & -1 & v_3 & 0 \end{bmatrix}$$

图 6-41　绕过 v_1 后的距离矩阵和路径矩阵

$\boldsymbol{A}^{(1)}\rightarrow\boldsymbol{A}^{(2)}$时：2 行 2 列不变，对角线不变，第 0 行、第 1 行和第 3 行元素可能变化。

- $A^{(1)}[1][2]+A^{(1)}[2][0] < A^{(1)}[1][0]$，$A^{(2)}[1][0]$修改，$\text{Path}^{(2)}[1][0]$改 v_2，表示新的最短路径是绕过 v_2 来的。
- $A^{(1)}[3][2]+A^{(1)}[2][0] < A^{(1)}[3][0]$，$A^{(2)}[3][0]$修改，$\text{Path}^{(2)}[3][0]$改 v_2。
- $A^{(1)}[3][2]+A^{(1)}[2][1] < A^{(1)}[3][1]$，$A^{(2)}[3][1]$修改，$\text{Path}^{(2)}[3][1]$改 v_2。

修改后的 $\boldsymbol{A}^{(2)}$和 $\text{Path}^{(2)}$如图 6-42 所示。

$\boldsymbol{A}^{(2)}\rightarrow\boldsymbol{A}^{(3)}$时：3 行 3 列不变，对角线不变，第 0 行、第 1 行和第 2 行元素可能变化。

- $A^{(2)}[0][3]+A^{(2)}[3][2] < A^{(2)}[0][2]$，$A^{(3)}[0][2]$修改，$\text{Path}^{(3)}[0][2]$改 3，表示新的最短路径是绕过 v_3 来的。
- $A^{(2)}[1][3]+A^{(2)}[3][0] < A^{(2)}[1][0]$，$A^{(3)}[1][0]$修改，$\text{Path}^{(3)}[1][0]$改为 $v3$。
- $A^{(2)}[1][3]+A^{(2)}[3][2] < A^{(2)}[1][2]$，$A^{(3)}[1][2]$修改，$\text{Path}^{(3)}[1][2]$改为 $v3$。

修改后的 $\boldsymbol{A}^{(3)}$和 $\text{Path}^{(3)}$如图 6-43 所示。

$$A^{(2)}=\begin{bmatrix} 0 & 1 & 10 & 3 \\ \mathbf{12} & 0 & 9 & 2 \\ 3 & 4 & 0 & 6 \\ \mathbf{9} & \mathbf{10} & 6 & 0 \end{bmatrix},\ \text{Path}^{(2)}=\begin{bmatrix} 0 & v_0 & v_1 & v_1 \\ v_2 & 0 & v_1 & v_1 \\ \boldsymbol{v_2} & v_0 & 0 & v_1 \\ \boldsymbol{v_2} & \boldsymbol{v_2} & v_3 & 0 \end{bmatrix}$$

图 6-42　绕过 v_2 后的距离矩阵和路径矩阵

$$A^{(3)}=\begin{bmatrix} 0 & 1 & \mathbf{9} & 3 \\ \mathbf{11} & 0 & \mathbf{8} & 2 \\ 3 & 4 & 0 & 6 \\ 9 & 10 & 6 & 0 \end{bmatrix},\ \text{Path}^{(3)}=\begin{bmatrix} 0 & v_0 & \boldsymbol{v_3} & v_1 \\ \boldsymbol{v_3} & 0 & \boldsymbol{v_3} & v_1 \\ v_2 & v_0 & 0 & v_1 \\ v_2 & v_2 & v_3 & 0 \end{bmatrix}$$

图 6-43　绕过 v_3 后的距离矩阵和路径矩阵

Floyd 算法的实现参看程序 6-23。

程序 6-23　用 Floyd 算法求各顶点间最短路径

```
#include "MGraph.h"
void Floyd ( MGraph& G,Weight a[][maxVertices],int path[][maxVertices] ){
//a[i][j]是顶点 i 和 j 之间的最短路径长度。path[i][j]是相应路径上顶点 j 的前一顶点的
//顶点号。算法计算每一对顶点间最短路径及最短路径长度
    int i,j,k,n = G.numVertices;
    for ( i = 0; i < n; i++ )                              //矩阵 a 与 path 初始化
        for ( j = 0; j < n; j++ ){
           a[i][j] = G.Edge[i][j];
           if ( i != j && a[i][j] < maxWeight )path[i][j] = i;
           else path[i][j] = -1;
```

```
        }
    for ( k = 0; k < n; k++ )          //针对每个 k,产生 a(i,k)及 path(i,k)
        for ( i = 0; i < n; i++ )
            for ( j = 0; j < n; j++ )
                if ( a[i][k] + a[k][j] < a[i][j] ){
                    a[i][j] = a[i][k] + a[k][j];
                    path[i][j] = path[k][j];     //缩短路径长度,绕过 k 到 j
                }
}
```

path[i][j]存放的是从顶点 i 出发经过顶点 j 时顶点 j 的前一顶点的顶点号。程序 6-24 给出如何通过 path 数组求得从图中任一对顶点 i 到 j 的最短路径。

程序 6-24　从 path 数组读取用 Floyd 算法求出的最短路径的算法

```
void printPath ( MGraph& G,int u,int v, Weight a[][maxVertices],
                int path[] [maxVertices] ){
    Type x = G.VerticesList[u],y = G.VerticesList[v];
    if(path[u][v] == -1){ printf ("从%c 到%c 没有最短路径\n",x,y);  return; }
    printf ( "从%c 到%c 的最短路径为",x,y );
    int d[maxVertices],pre,k;
    k = 0;  d[k++] = v;  pre = path[u][v];
    while ( pre != u ){ d[k++] = pre;  pre = path[u][pre]; }
    d[k++] = u;
    while ( k > 0 )printf ( "%c",G.VerticesList[d[--k]] );
    printf ( ",最短路径长度=%d\n",a[u][v] );
}
```

Floyd 算法允许图中有带负权值的边，但不许有包含带负权值的边组成的回路。证明从略。最后说明一点，本章给出的求解最短路径的算法不仅适用于带权有向图，对带权无向图也适用。因为带权无向图可以看作是有往返二重边的有向图，只要在顶点 v_i 与 v_j 之间存在无向边(v_i, v_j)，就可以看成是在这两个顶点之间存在权值相同的两条有向边$<v_i, v_j>$ 和$<v_j, v_i>$。

思考题　用 Floyd 算法求最短路径，允许图中有带负权值的边，但为何不许有包含带负权值的边组成的回路？

6.5.4　无权值的最短路径

【例 6-30】　图 6-44(a)是一个无权值的有向图，若想以某个顶点 v 作源点，求出它到其他各个顶点的最短路径，可以使用广度优先搜索算法来实现。假设以 v_0 作为源点，求解 v_0 到各个顶点的最短路径的过程如图 6-44(b)、(c)所示。

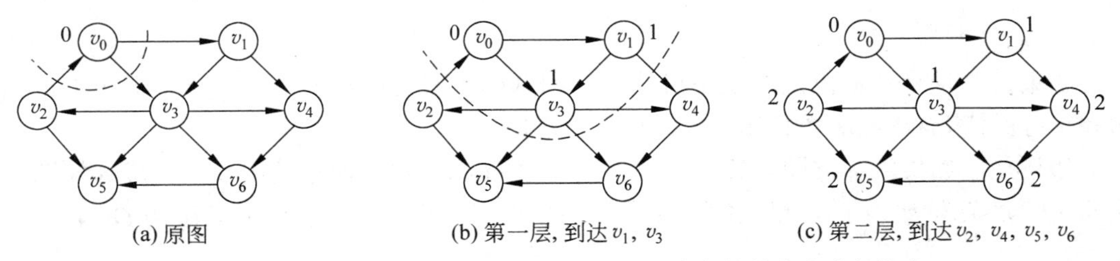

(a) 原图　(b) 第一层，到达 v_1, v_3　(c) 第二层，到达 v_2, v_4, v_5, v_6

图 6-44　使用 BFS 求无权图的最短路径（顶点旁的数字为路径长度）

算法的简单描述如程序 6-25 所示。算法中用到一个队列以实现广度优先搜索。

程序 6-25　求无权图最短路径的算法

```
#include "MGraph.h"
#include "CircQueue.h"
typedef int QElemType;
void unweighted ( MGraph& G,int v,int dist[ ],int path[ ] ){
    CircQueue Q;  InitQueue(Q);
    int i,w,n = NumberOfVertices(G);                //顶点数
    for ( i = 0; i < n; i++ ) dist[i] = maxVertices;     //距离数组全部预置
    dist[v] = 0;                                    //源点到源点的距离为 0
    EnQueue (Q,v);                                  //源点进队列
    while ( !QueueEmpty(Q) ){                       //队列不空时执行
        DeQueue(Q,v);                               //从队列退出顶点 v
        w = FirstNeighbor(G,v);                     //取 v 的第一个邻接顶点 w
        while ( w != -1 ){                          //若 w 存在
            if ( dist[w] == maxVertices ){          //且 w 未求得最短路径
                dist[w] = dist[v]+1;  path[w] = v;
                                                    //记下路径上前一顶点及长度
                EnQueue (Q,w);                      //w 进队尾
            }
            w = NextNeighbor (G,v,w);               //取 v 的下一个邻接顶点 w
        }
    }
}
void printPath ( MGraph& G,int v,int dist[ ],int path[ ] ){
//输出从顶点 v 到其他各顶点的最短路径及其路径长度
    printf ( "从顶点%c 到其他各顶点的最短路径为: \n",G.VerticesList[v] );
    int i,j,k,n = G.numVertices;
    int d[maxVertices];
    for ( i = 0; i < n; i++ )
        if ( i != v ){
            j = i;  k = 0;
            while ( j != v ){ d[k++] = j;  j = path[j]; }
            d[k++] = v;
            printf ( "到顶点%c 的最短路径为: ",G.VerticesList[i] );
            while ( k > 0 )printf ( "%c ",G.VerticesList[d[--k]] );
            printf ( "\n 最短路径长度为: %d\n",dist[i] );
        }
}
```

如果某些顶点从源点出发是不可达的，则队列可能会过早变空，在这种情况下，相应的 dist 将保持 maxValue（相当于∞），这是合理的。

如果使用邻接表存储图，算法的时间复杂度为 $O(n+e)$；如果使用邻接矩阵存储图，算法的时间复杂度为 $O(n^2)$。算法的附加空间是使用了一个队列，空间复杂度为 $O(n)$。

6.6 活动网络

6.6.1 AOV网络与拓扑排序

通常把计划、施工过程、生产流程、程序流程等都当成一个工程。除了很小的工程外，一般都把工程分为若干个叫做“活动”的子工程。完成了这些活动，这个工程就可以完成了。

【例 6-31】 计算机专业学生的学习就是一个工程，每一门课程的学习就是整个工程的一些活动。图 6-45(a)给出了若干门必修的课程，其中有些课程要求先修课程，有些则不要求。这样在有的课程之间有领先关系，有的课程可以并行地学习。可以利用如图 6-45(b)所示的有向图来表示这种先修关系。在这种有向图中，顶点表示课程学习活动，有向边表示课程学习活动之间的领先（先修）关系，它构成了计算机专业课程学习工程。一般情形下，为描述一个工程的组织情形，可以用有向图来表示。在这种有向图中，用顶点表示活动，用有向边$<V_i, V_j>$表示活动 V_i 必须先于活动 V_j 进行。这种有向图叫做顶点表示活动（Activity On Vertices）的网络，记作 AOV 网络。

课程代号	课程名称	先修课程
C_1	高等数学	
C_2	程序设计基础	
C_3	离散数学	C_1,C_2
C_4	数据结构	C_3,C_2
C_5	高级语言程序设计	C_2
C_6	编译方法	C_5,C_4
C_7	操作系统	C_4,C_9
C_8	普通物理	C_{10}
C_9	计算机原理	C_8

(a) 必修课程及先修课程

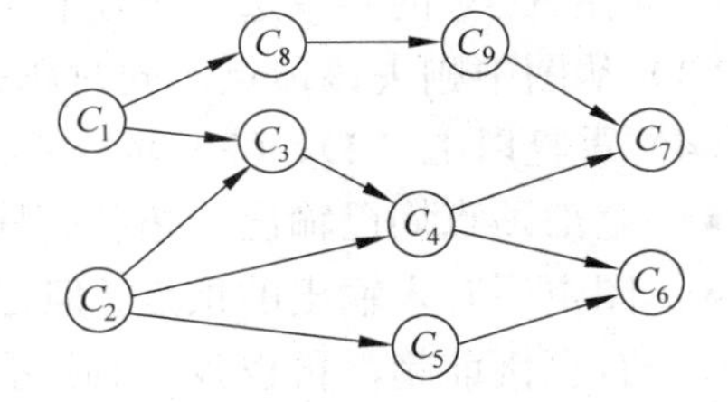

(b) 课程之间先修关系的有向图

图 6-45 学生课程学习工程图

在 AOV 网络中，如果活动 V_i 必须在活动 V_j 之前进行，则存在有向边$<V_i, V_j>$，并称 V_i 是 V_j 的直接前趋，V_j 是 V_i 的直接后继。这种前趋与后继的关系有传递性。此外，任何活动 V_i 不能以它自己作为自己的前趋或后继，这叫做反自反性。从前趋和后继的传递性和反自反性来看，AOV 网络中不能出现有向回路，即有向环。在 AOV 网络中如果出现了有向环，则意味着某项活动应以自己作为先决条件，这是不对的。如果设计出这样的工作流程图，工程将无法进行。对于程序而言，将出现死循环。因此，对给定的 AOV 网络，必须先判断它是否存在有向环。

检测有向环的方法是对 AOV 网络构造它的拓扑有序序列，即将各个顶点（代表各个活动）排列成一个线性有序的序列，使得 AOV 网络中所有应存在的前趋和后继关系都能得到满足。例如，对于图 6-46(a)给出的 AOV 网络，它的拓扑有序序列如图 6-46(c)所示。

原来图 6-46(a)中的所有前趋和后继关系在图 6-46(c)中都有保留；而且原来图 6-46(a)

中没有前趋和后继关系的顶点（如 C_2 和 C_3）之间也人为地增加了前趋和后继关系，如图 6-46(b)所示，使得全部顶点都排在一个线性有序的序列中。这种构造 AOV 网络全部顶点的拓扑有序序列的运算就叫做拓扑排序（topological sorting）。

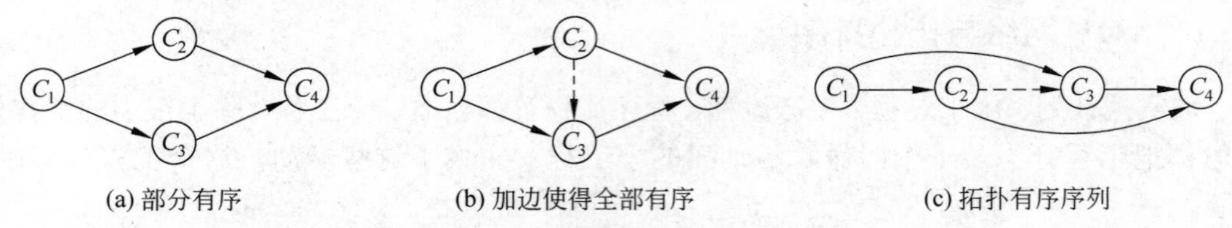

图 6-46　拓扑有序序列及拓扑排序

如果通过拓扑排序能将 AOV 网络的所有顶点都排入一个拓扑有序的序列中，则该 AOV 网络中必定不会出现有向环；相反，如果得不到满足要求的拓扑有序序列，则说明 AOV 网络中存在有向环，此 AOV 网络所代表的工程是不可行的。例如，对图 6-46(b)给出的学生选课工程图进行拓扑排序，得到的拓扑有序序列为

$$C_1, C_2, C_3, C_4, C_5, C_6, C_8, C_9, C_7 \quad 或 \quad C_1, C_8, C_9, C_2, C_5, C_3, C_4, C_7, C_6$$

学生必须按照拓扑有序的顺序选修课程，才能保证学习任一门课程时，其先修课程已经学过。从上面所举的例子可以看到，一个 AOV 网络的顶点的拓扑有序序列不唯一。

思考题　为什么拓扑排序的结果不唯一？

进行拓扑排序的步骤如下：

（1）输入 AOV 网络。令 n 为顶点个数。

（2）在 AOV 网络中选一个没有直接前趋的顶点，并输出之。

（3）从图中删去该顶点，同时删去所有它发出的有向边。

（4）重复以上（2）、（3）步，直到满足以下两个条件之一：

- 全部顶点均已输出，拓扑有序序列形成，拓扑排序完成。
- 图中还有未输出的顶点，但已跳出处理循环。这说明图中还剩下一些顶点，它们都有直接前趋，再也找不到没有前趋的顶点了。这时 AOV 网络中必定存在有向环。

思考题　反过来，如果把 AOV 网络当做软件开发计划，出现有向环又是必然的。现代软件开发的特点之一就是迭代的、螺旋上升的过程。

【例 6-32】　图 6-47(a)给出一个 AOV 网络，按上述方法一步步完成拓扑排序的过程如图 6-47(b)～(h)所示。每个顶点旁边的数字即该顶点当前的入度。入度为 0 的顶点成为可输出的候选顶点，→后的数字表示入度为该值。

最后得到的拓扑有序序列为 $C_4, C_0, C_3, C_2, C_1, C_5$。它满足图 6-44(a)中给出的所有前趋和后继关系，对于本来没有关系的顶点，如 C_4 和 C_2，也排出了先后次序关系。

这种拓扑排序不是唯一的。如果同时出现多个没有前趋的顶点，可以有不同的选择。所以可能输出的拓扑有序序列还可以是 $C_2, C_4, C_0, C_1, C_5, C_3$ 或 $C_4, C_2, C_0, C_1, C_3, C_5$。

程序 6-26 给出了实现拓扑排序的简单描述。算法增设了一个数组 inDegree[]，记录各个顶点的入度。入度为 0 的顶点即为无前趋的顶点。另外设置一个栈 S，用以组织所有入度为 0 的顶点。每当访问一个顶点 v_i 并删除与它相关联的边时，这些边的另一端顶点的入度减 1，入度减至零的顶点进入栈 S。

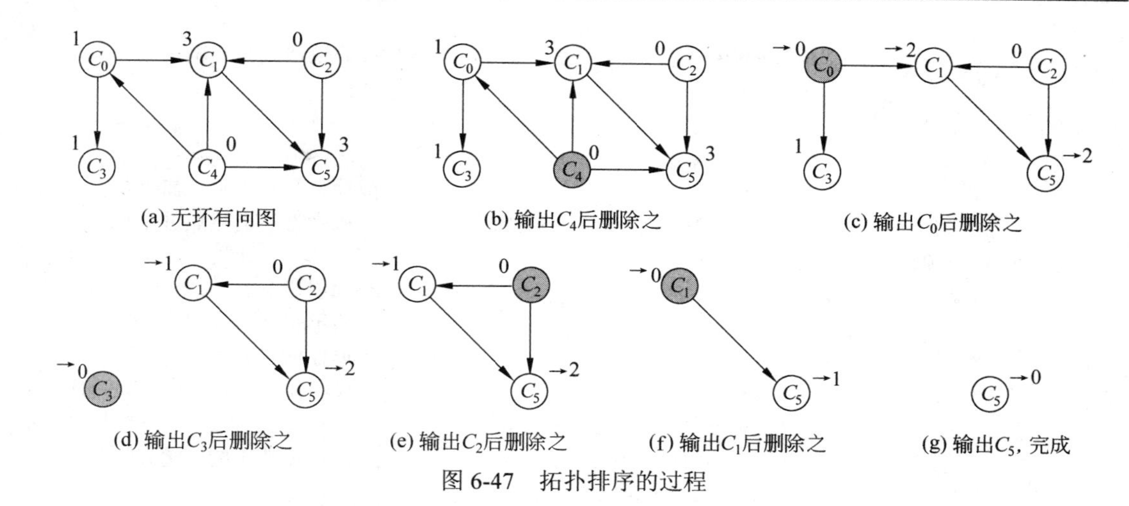

(a) 无环有向图　(b) 输出C_4后删除之　(c) 输出C_0后删除之

(d) 输出C_3后删除之　(e) 输出C_2后删除之　(f) 输出C_1后删除之　(g) 输出C_5，完成

图 6-47　拓扑排序的过程

程序 6-26　拓扑排序算法的描述

```
{    Stack S;                                      //建立入度为 0 的顶点的栈
     检查图的所有顶点 i = 0,1,…,n-1                  //所有入度为 0 的顶点进栈
        if (顶点 i 的入度为 0)顶点号 i 进栈 S;
     count = 0;                                    //设置输出顶点计数器
     while (当栈 S 不空时){
          从栈 S 退出一个顶点 v;  输出 v;             //从栈中退出一个顶点,并输出之
          count++;                                 //输出顶点计数加 1
          遍历顶点 v 的所有邻接顶点 w,将其入度减 1
          入度减至 0 的顶点 w 进栈 S
     }
     if ( 输出顶点个数 count < 网络顶点个数 n )报告网络中存在有向环
}
```

思考题　拓扑排序算法可否不用栈，改用队列存储入度为 0 的顶点？

程序 6-27 给出了拓扑排序算法的具体实现。程序的参数表用数组 topoArray 返回拓扑排序得到的拓扑有序序列（用顶点号序列表示），用引用参数 k 返回拓扑有序序列中的顶点数。

程序 6-27　拓扑排序算法

```
#include "ALGraph.h"
#define maxsize 20                                      //栈的容量
void TopologicalSort ( ALGraph& G,int topoArray[],int& k ){
//对有向图 G 进行拓扑排序,函数通过 topoArray 返回排序结果,k 返回排入顶点个数
     int i,j,w,v;  EdgeNode *p;
     int S[maxsize];  int top = -1;                     //入度为 0 顶点的栈初始化
     int n = G.numVertices;                             //有向图中顶点个数
     int *ind = (int*)malloc ( n*sizeof ( int ));  //入度数组
     for ( i = 0; i < n; i++ )ind[i] = 0;
     for ( i = 0; i < n; i++ ){                         //计算各顶点的入度
          p = G.VerticesList[i].adj;                    //扫描顶点 i 的出边表
          while ( p != NULL ){                          //取有向边<i,j>
```

```
                ind[p->dest]++;                     //邻接顶点入度加 1
                p = p->link;
            }
        }
        for ( i = 0; i < n; i++ )                   //检查有向图的所有顶点
            if ( !ind[i] )S[++top] = i;             //入度为 0 的顶点进 S 栈
        k = 0;                                      //排序元素计数
        for ( i = 0; i < n; i++ )                   //期望输出 n 个顶点
            if ( top > -1 ){                        //栈不空,继续拓扑排序
                j = S[top--];                       //退栈顶点为 j
                topoArray[k++] = j;                 //保存排入拓扑有序序列的顶点
                p = G.VerticesList[j].adj;
                while ( p != NULL ){                //扫描顶点 j 的出边表
                    w = p->dest;
                    if ( --ind[w] == 0 )S[++top] = w;
                                                    //邻接顶点入度减 1，减至 0 进栈
                    p = p->link;
                }
            }
            else{ printf ( "图中有有向环!\n" );  break; }
        free ( ind );                               //释放入度数组
    }
```

分析此拓扑排序算法可知，如果 AOV 网络有 n 个顶点、e 条边，在拓扑排序的过程中，搜索入度为 0 的顶点，建立链式栈所需要的时间是 $O(n)$。在正常的情况下，有向图有 n 个顶点，每个顶点进一次栈，出一次栈，共输出 n 次。顶点入度减 1 的运算共执行了 e 次。所以总的时间复杂度为 $O(n+e)$。

实现无环有向图的拓扑排序还有一种高效的方法，就是利用深度优先搜索（DFS）算法。在 DFS 算法退出递归之前输出顶点的顶点号，可以得到一个顶点的逆拓扑有序序列。反向读出它们就可以得到其拓扑有序序列。为此，需要改动 DFS 算法。一处改动是在向顶点 v 的邻接顶点递归访问之前判断 visited[v]是否为 1，如果是 1，说明图中有回边回到已访问的顶点，图中存在有向环；另一处改动是在递归返回前输出当前顶点 v。这样，通过一系列返回就可以得到一个顶点的输出序列，它就是图的逆拓扑有序序列。

思考题　使用 DFS 算法做拓扑排序是否必须保证图中没有有向环？

6.6.2 AOE 网络与关键路径法

与工程活动有关的另一种网络就是 AOE 网络。如果在无有向环的带权有向图中用有向边表示一个工程中的各项活动（activity），用有向边上的权值表示活动的持续时间（duration），用顶点表示事件（event），则这样的有向图叫做用边表示活动（Activity On Edges）的网络，简称 AOE 网络。

【例 6-33】 图 6-48 是一个有 11 个活动的 AOE 网络。其中有 9 个事件 $V_0, V_1, \cdots, V_8$。事件 V_0 发生表示整个工程的开始，事件 V_8 发生表示整个工程的结束。其他每一个事件 V_i 发生则表示在它之前的活动都已完成，在它之后的活动可以开始。例如，事件 V_4 发生表示

活动 a_4 和 a_5 已经完成，活动 a_7 和 a_8 可以开始。通常，这些时间只是估计值。在工程开始之后，活动 a_1、a_2 和 a_3 可以并行进行，在事件 V_4 发生后，活动 a_7 和 a_8 也可以并行进行。

由于整个工程只有一个开始点和一个完成点，所以称开始点（即入度为 0 的顶点）为源点（source），称结束点（即出度为 0 的顶点）为汇点（sink）。

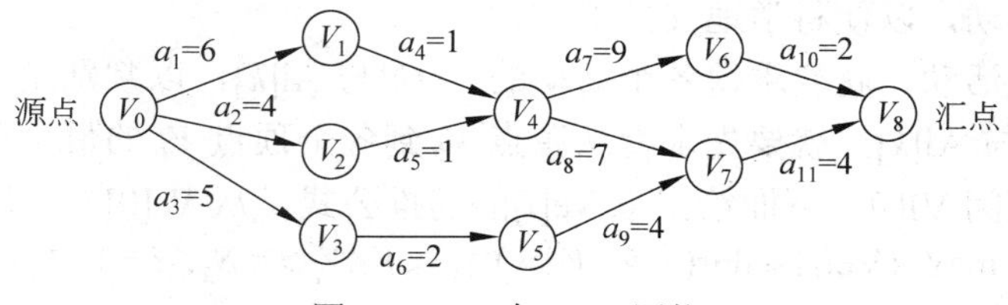

图 6-48　一个 AOE 网络

AOE 网络在某些工程估算方面非常有用。例如，通过它可以使人们了解：

（1）完成整个工程至少需要多少时间（假设网络中没有环）。

（2）为缩短完成工程所需的时间，应当加快哪些活动。

在 AOE 网络中，有些活动可以并行地进行。从源点到各个顶点，以至从源点到汇点的有向路径可能不止一条。这些路径的长度也可能不同。完成不同路径的活动所需的时间虽然不同，但只有各条路径上所有活动都完成了，整个工程才算完成。因此，完成整个工程所需的时间取决于从源点到汇点的最长路径长度，即在这条路径上所有活动的持续时间之和。这条最长路径就叫做关键路径（critical path）。

在图 6-48 所示的例子中，关键路径是 a_1, a_4, a_7, a_{10} 或 a_1, a_4, a_8, a_{11}。这条路径的所有活动的持续时间之和是 18。就是说，完成整个工程所需的时间是 18。

要找出关键路径，必须找出关键活动，即不按期完成就会影响整个工程完成的活动。关键路径上的所有活动都是关键活动。因此，只要找到了关键活动，就可以找到关键路径。

为计算关键活动，先定义几个与计算关键活动有关的量：

（1）事件 V_i 的最早可能开始时间 Ve[i]。是从源点 V_0 到顶点 V_i 的最长路径长度。例如，只有当 a_1，a_2，a_4，a_5 这些活动都完成了，事件 V_4 才能开始。虽然 a_2，a_5 这条路径的完成只需 5 天，但 a_1，a_4 这条路径还未完成，事件 V_4 还不能开始。只有当 a_1，a_4 也完成了，事件 V_4 才能开始。所以事件 V_4 的最早可能开始时间是 Ve[4] = 7 天。

（2）事件 V_i 的最迟允许开始时间 Vl[i]。是在保证汇点 V_{n-1} 在 Ve[$n-1$] 时刻完成的前提下，事件 V_i 允许的最迟开始时间。它等于 Ve[$n-1$]减去从 V_i 到 V_{n-1} 的最长路径长度。

（3）活动 a_k 的最早可能开始时间 Ae[k]。设活动 a_k 在有向边$<V_i, V_j>$上，则 Ae[k]是从源点 V_0 到顶点 V_i 的最长路径长度。因此，Ae[k] = Ve[i]。

（4）活动 a_k 的最迟允许开始时间 Al[k]。设活动 a_k 在有向边$<V_i, V_j>$上，则 Al[k]是在不会引起时间延误的前提下，该活动允许的最迟开始时间。Al[k] = Vl[j]−dur($<V_i, V_j>$)。其中，dur($<V_i, V_j>$)是完成 a_k 所需的时间。

（5）用 Al[k]−Ae[k]表示活动 a_k 的最早可能开始时间和最迟允许开始时间的时间余量，也叫做松弛时间（slack time）。Al[k] == Ae[k]表示活动 a_k 是没有时间余量的关键活动。

在图 6-48 所示的例子中，活动 a_8 的最早可能开始时间是 Ae[8] = Ve[4] = 7，最迟允许开始时间是 Al[8] = Vl[7]−dur($<V_4, V_7>$)= 14−7 = 7，所以 a_8 是关键路径上的关键活动。再看

活动 a_9，它的最早可能开始时间是 Ae[9] = Ve[5] = 7，最迟允许开始时间是 Al[9] = Vl[7]−dur(<V_5, V_7>)= 14−4 = 10，它的时间余量是 Al[9]−Ae[9] = 3。它推迟 3 天开始，或延迟 3 天完成都不会影响整个工程的完成，它不是关键活动。

因此，分析关键路径的目的，是要从源点 V_0 开始估算各个活动，辨明哪些是影响整个工程进度的关键活动，以便科学地安排工作。

为了找出关键活动，就要求得各个活动的 Ae[k]与 Al[k]，以判别是否 Al[k] == Ae[k]；而为了求得 Ae[k]与 Al[k]，就要先求得从源点 V_0 到各个顶点 V_i 的最早可能开始时间 Ve[i]和最迟允许开始时间 Vl[i]。下面给出求 Ve[i]的递推公式。从 Ve[0] = 0 开始，向前递推：

$$\mathrm{Ve}[i]=\max_{j}\ \{\mathrm{Ve}[j]+\mathrm{dur}(<V_j,V_i>)\},\ <V_j,V_i>\in S_2,\ i=1, 2, \cdots, n-1$$

其中，S_2 是所有指向顶点 V_i 的有向边<V_j, V_i>的集合。

【例 6-34】 设顶点 v_t 有 3 个前趋顶点 v_i、v_j 和 v_k，如图 6-49 所示，各前趋顶点旁边标注有各自的最早可能开始时间 Ve，各边上的权值是活动的持续时间，则 v_t 的最早可能开始时间为：Ve[v_t] = max { Ve[v_i]+a_1，Ve[v_j]+a_2，Ve[v_k]+a_3 } = max { 6+5，2+12，4+9 } = 14。

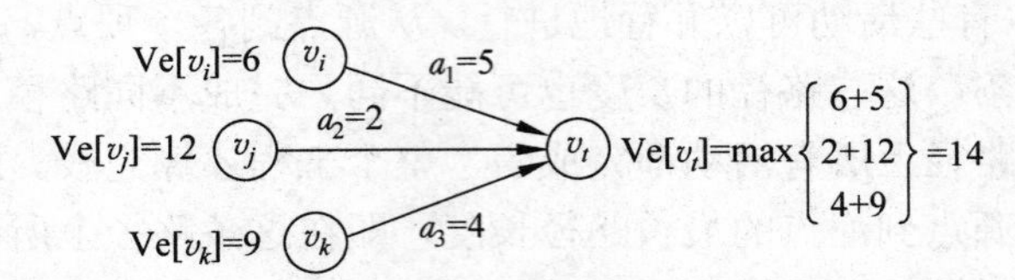

图 6-49 计算顶点 v_t 的最早可能开始时间

计算 Vl 从 Vl[n−1] = Ve[n−1]开始，反向递推：

$$\mathrm{Vl}[i]=\min_{j}\ \{\mathrm{Vl}[j]-\mathrm{dur}(<V_i,V_j>)\},\ <V_i,V_j>\in S_1,\ i=n-2, n-3, \cdots, 0$$

其中，S_1 是所有从顶点 V_i 发出的有向边<V_i, V_j>的集合。

【例 6-35】 设顶点 v_s 有 3 个后继顶点 v_i、v_j 和 v_k，如图 6-50 所示，各边上的权值是活动的持续时间，各后继顶点旁边标注的是它们的最迟允许开始时间，则 v_s 的最迟允许开始时间为 Vl[v_s] = min { Vl[v_i]−a_1, Vl[v_j]−a_2, Vl[v_k]−a_3 } = min { 19−6, 24−7, 11−5 } = 6。

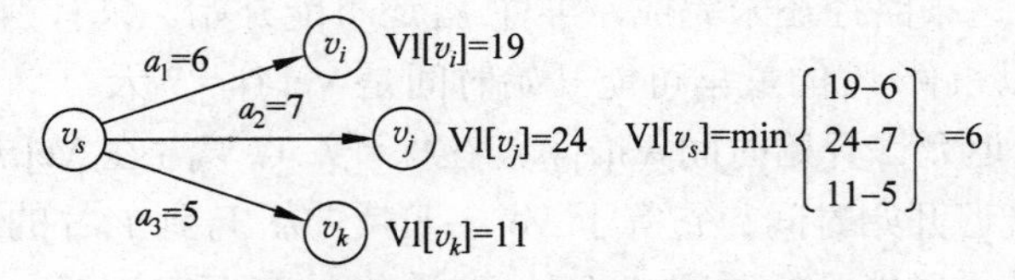

图 6-50 计算顶点 v_t 的最迟允许开始时间

求出的 Vl[v_s]实际上是距离终点 v_{n-1} 最远的路径长度，也就是在保证 Vl[v_{n-1}]不延误的情况下 v_s 最迟什么时候可以开始。

这两个递推公式的计算必须分别在拓扑有序及逆拓扑有序的前提下进行。也就是说，计算 Ve[i]时，V_i 的所有前趋顶点 V_j 的 Ve[j]都已求出。反之，在计算 Vl[i]时，也必须在 V_i 的所有后继顶点 V_j 的 Vl[j]都已求出的条件下才能进行计算。所以可以以拓扑排序的算法为基础，在把各个顶点排出拓扑有序序列的同时计算 Ve[i]，再以逆拓扑有序的顺序计算 Vl[i]。

设活动 a_k（k = 1, 2, ⋯, e）用带权有向边<V_i, V_j>表示，它的持续时间用 dur(<V_i, V_j>)

表示，则有 $\mathrm{Ae}[k] = \mathrm{Ve}[i]$；$\mathrm{Al}[k] = \mathrm{Vl}[j] - \mathrm{dur}(<V_i, V_j>)$；$k = 1, 2, \cdots, e$。

下面讨论计算关键路径的算法。

计算关键路径的步骤如下：

（1）输入 e 条带权的有向边，建立邻接表结构。

（2）从 V_0 出发，令 $\mathrm{Ve}[0] = 0$，按拓扑有序的顺序计算各顶点的 $\mathrm{Ve}[i]$，$i = 1, 2, \cdots, n-1$。若拓扑排序的循环次数小于顶点数 n，则说明网络中存在有向环，不能继续求关键路径。

（3）从 V_{n-1} 出发，令 $\mathrm{Vl}[n-1] = \mathrm{Ve}[n-1]$，按逆拓扑有序顺序求各顶点的 $\mathrm{Vl}[i]$，$i = n-2, n-3, \cdots, 0$。

（4）根据各顶点的 $\mathrm{Ve}[i]$和 $\mathrm{Vl}[i]$值，求各有向边的 $\mathrm{Ae}[k]$和 $\mathrm{Al}[k]$。

（5）关键活动就是 $\mathrm{Ae}[k] == \mathrm{Al}[k]$的活动，输出关键活动。

关键活动可用带权的有向边表示，其结构定义如程序 6-28 所示。

程序 6-28 关键活动的结构定义

```
typedef struct {                              //关键活动的结构定义
    int v1,v2;                                //两顶点的顶点编号
    Weight key;                               //边上的权值,为活动的持续时间
} Edge;
```

程序 6-29 给出求关键路径的算法。为了计算关键路径，可以如同前面给出的拓扑排序算法中那样设置一个存放入度为 0 的顶点的栈 S1，一边进行拓扑排序，一边按照拓扑排序的顺序计算各顶点的最早可能开始时间 Ve。为了按逆拓扑有序的顺序计算各顶点的最迟允许开始时间 Vl，可以另外设置一个栈 S2，把拓扑排序输出的顶点存入 S2 中，当要计算 Vl 时，从 S2 中依次退出各顶点就可以了。最后扫描一遍邻接表，计算 Ae 和 Al。

程序 6-29 计算关键路径的算法

```
#include "ALGraph.h"
void CriticalPath ( ALGraph& G,Edge cp[ ],int& n ){
//算法对带权图 G 计算关键路径。数组 cp 返回关键活动,n 为关键活动个数
    int i,j,k,m = -1,u,v,top = -1;  Weight w;
    EdgeNode *p;  Edge ed;
    int ind[maxVertices];                          //入度数组
    for ( i = 0; i < G.numVertices; i++ )ind[i] = 0;
    for ( i = 0; i < G.numVertices; i++ )
        for ( p = G.VerticesList[i].adj; p != NULL; p = p->link )
            ind[p->dest]++;                        //统计各顶点入度
    Weight Ve[maxVertices],Vl[maxVertices];        //各事件最早和最迟开始时间
    Weight Ae[maxEdges],Al[maxEdges];              //各活动最早和最迟开始时间
    for ( i = 0; i < G.numVertices; i++ )Ve[i] = 0;
    for ( i = 0; i < G.numVertices; i++)           //所有入度为 0 的顶点进栈
        if ( !ind[i] ){ ind[i] = top;  top = i; }
    while ( top != -1 ){                           //正向计算 Ve[]
        u = top;  top = ind[top];                  //退栈 u
        ind[u] = m;  m = u;                        //反向拉链

        for ( p = G.VerticesList[u].adj; p != NULL; p = p->link ){
```

```
                w = p->cost; j = p->dest;
                if ( Ve[u]+w > Ve[j] )Ve[j] = Ve[u]+w;  //计算 Ve
                if ( --ind[j] == 0 )                    //邻接顶点入度减 1
                     { ind[j] = top;  top = j;}         //顶点入度减至 0 进栈
            }
        }
        for ( i = 0; i < G.numVertices; i++ )Vl[i] = Ve[m];
        while ( m != -1 ){                              //逆向计算 Vl[]
            v = ind[m];  m = v;                         //逆拓扑排序
            if ( m == -1 )break;
            for ( p = G.VerticesList[v].adj; p != NULL; p = p->link ){
                k = p->dest;  w = p->cost;
                if ( Vl[k]-w < Vl[v] )Vl[v] = Vl[k]-w;
            }
        }
        k = 0;
        for ( i = 0; i < G.numVertices; i++ )           //求各活动的 Ae 和 Al
        for ( p = G.VerticesList[i].adj; p != NULL; p = p->link ){
            Ae[k] = Ve[i];  Al[k] = Vl[p->dest]-p->cost;
            ed.v1 = i;  ed.v2 = p->dest;  ed.key = p->cost;
            cp[k++] = ed;
        }
        n = 0;
        while ( n < k )                                 //计算并保存关键活动
        if ( Ae[n] == Al[n] )n++;
        else {
            for ( j = n+1; j < k; j++ )
                { cp[j-1] = cp[j];  Ae[j-1] = Ae[j];  Al[j-1] = Al[j]; }
            k--;
        }
    }
```

在拓扑排序求 Ve[i]和逆拓扑有序求 Vl[i]时，所需时间为 $O(n+e)$，求各个活动的 Ae[k]和 Al[k]时所需时间为 $O(e)$，总共花费时间仍然是 $O(n+e)$。

【例 6-36】 图 6-48 所给出的 AOE 网络是一个有 9 个顶点、11 项活动的无环有向图，求得的两个数组 Ve、Vl 及各边的 Ae[k]和 Al[k]如图 6-51 所示。由此可求得关键活动为 a_1，a_4，a_7，a_8，a_{10}，a_{11}。

关于活动网络，还有一点需要说明。拓扑排序算法只能检测出网络中的有向回路。网络中可能还存在其他问题。比如说，存在从开始顶点无法到达的顶点。当在这样的网络中进行关键路径计算时，将有多个顶点的 Ve[i]等于 0。因为整个网络中各活动的持续时间都应大于 0，所以只有开始顶点的 Ve[0]可以等于 0。利用关键路径法也可以检测工程中是否存在这样的问题。

思考题 *在某些 AOE 网络中各事件的最早开始时间和最迟允许开始时间都相等，是否所有活动都是关键活动？*

事件	V_0	V_1	V_2	V_3	V_4	V_5	V_6	V_7	V_8
Ve[i]	0	6	4	5	7	7	16	14	18
Vl[i]	0	6	6	8	7	10	16	14	18

边	<0,1>	<0,2>	<0,3>	<1,4>	<2,4>	<3,5>	<4, 6>	<4, 7>	<5,7>	<6, 8>	<7, 8>
活动	a_1	a_2	a_3	a_4	a_5	a_6	a_7	a_8	a_9	a_{10}	a_{11}
Ae	0	0	0	6	4	5	7	7	7	16	14
Al	0	2	3	6	6	8	7	7	10	16	14
Al–Ae	0	2	3	0	2	3	0	0	3	0	0
关键活动	是			是			是	是		是	是

图 6-51　关键路径的相关量的计算

思考题　为何加速某一关键活动不一定能缩短整个工程的工期？为何某一关键活动不能按期完成就会导致整个工程的工期延误？

小　　结

本章的知识点有 7 个：图的基本概念，图的存储结构，图的遍历，最小生成树，图的最短路径，拓扑排序和关键路径。

本章复习的要点如下：

- 图的基本概念。包括图的定义，图中各顶点的度及度的度量，无向图的连通性、连通分量、最小生成树的概念，有向图的强连通性、强连通分量，图的路径和路径长度、回路，无向连通图的最大边数和最小边数，有向强连通图的最大边数与最小边数。
- 图的存储表示。包括邻接矩阵、邻接表和邻接多重表的结构定义，在这些存储结构中顶点、边的表示及其个数的计算，在这些存储表示上的典型操作（主要包括找第一个邻接顶点，找下一个邻接顶点，求顶点的度，求有向图顶点的出度和入度），建立带权无向图的邻接表的算法。
- 图的遍历。包括图的深度优先搜索的递归算法（回溯法），使用队列的图的广度优先搜索算法，用图的深度优先搜索和广度优先搜索算法建立图的生成树或生成森林的方法，利用图的遍历算法求解连通性问题的方法，重连通图的概念和关节点的判定。
- 最小生成树。包括最小生成树的概念，构造最小生成树的 Prim 算法和 Kruskal 方法（要求构造步骤，不要求算法），求解最小生成树的 Prim 算法以及算法的复杂性分析，求解最小生成树的 Kruskal 算法以及算法的复杂性分析，在求解最小生成树算法中最小堆和并查集的使用。
- 图的最短路径。包括求解最短路径的 Dijkstra 算法的设计思想和对边上权值的限制，求解最短路径的 Dijkstra 算法以及算法复杂性分析，注意 dist 和 path 数组的变化，求解最短路径的 Floyd 算法的设计思想和复杂性估计。
- AOV 网络和拓扑排序。拓扑排序的概念，在有向图中求解拓扑排序的算法以及算法的复杂性分析，在算法中入度为 0 的顶点栈的作用，用邻接表作为图的存储表示，注意拓扑排序执行过程中入度为 0 的顶点栈的变化，利用图的深度优先搜索进行拓扑排序的算法。

- AOE 网络和关键路径。包括关键路径的概念及其工程背景，求解关键路径的方法，用递推方式计算各个顶点的最早开始时间和最迟开始时间，明确某关键活动加速不一定能使整个工程进度提前，但某关键活动延误一定导致整个工程延期。

习　题

一、问答题

1．有如图 6-52 所示的有向图。

（1）该图是强连通的吗？若不是，给出其强连通分量。

（2）请给出该图的所有简单路径及有向环。

（3）请给出每个顶点的入度和出度。

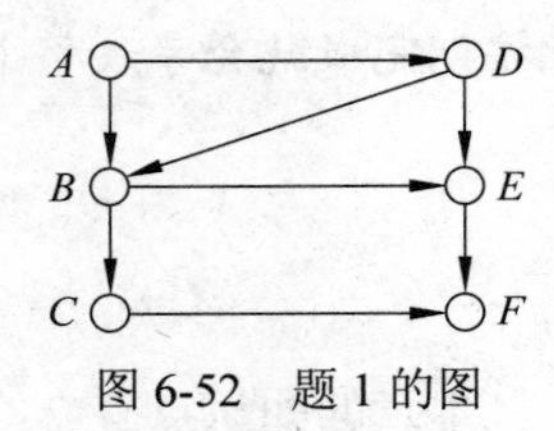

图 6-52　题 1 的图

2．设图 G 为有 n 个顶点的连通图，试证明图 G 至少有 $n-1$ 条边。

3．设图 G 是有 n 个顶点的无向图，试证明图 G 的边的数目至多等于 $n(n-1)/2$。

4．设图 G 是有 n 个顶点的连通图，试证明所有具有 n 个顶点和 $n-1$ 条边的连通图是树图。

5．设 T 是树，试证明 T 中最长路径的起点和终点的度数均为 1。

6．对 n 个顶点的无向图和有向图，采用邻接矩阵表示存储时如何判别图中有多少条边？任意两个顶点 i 和 j 是否有边相连？任意一个顶点的度是多少？如果采用邻接表表示存储图时又如何？

7．用邻接矩阵表示图时，若图中有 1000 个顶点、1000 条边，则形成的邻接矩阵有多少矩阵元素？有多少非零元素？是否稀疏矩阵？

8．画出 1 个顶点、2 个顶点、3 个顶点、4 个顶点和 5 个顶点的无向完全图。试证明在 n 个顶点的无向完全图中，边的条数为 $n(n-1)/2$。

9．对于稀疏图和稠密图，就空间性能而言，采用邻接矩阵和邻接表哪种存储方法更好一些？为什么？

10．针对如图 6-53 所示的有向图，画出该图的邻接矩阵、邻接表、逆邻接表。

11．用邻接表表示图时，顶点个数设为 n，边的条数设为 e，在邻接表上执行有关图的遍历操作时，时间代价是 $O(n\times e)$、$O(n+e)$还是 $O(\max(n, e))$？

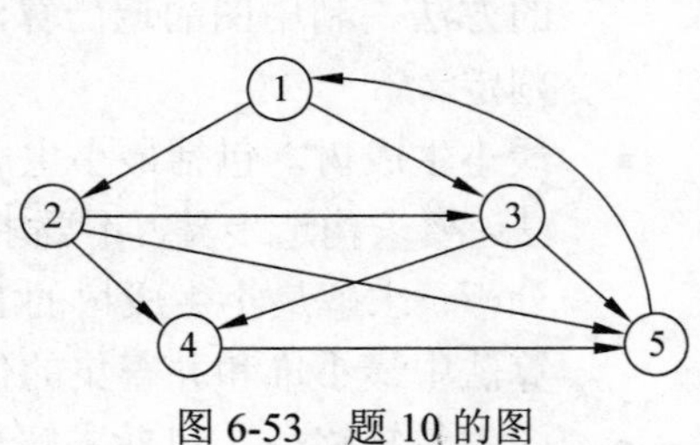

图 6-53　题 10 的图

12．DFS（深度优先搜索）和 BFS（广度优先搜索）遍历各采用什么样的辅助数据结构来暂存顶点？当要求连通图的生成树的高度最小时，应采用何种遍历？

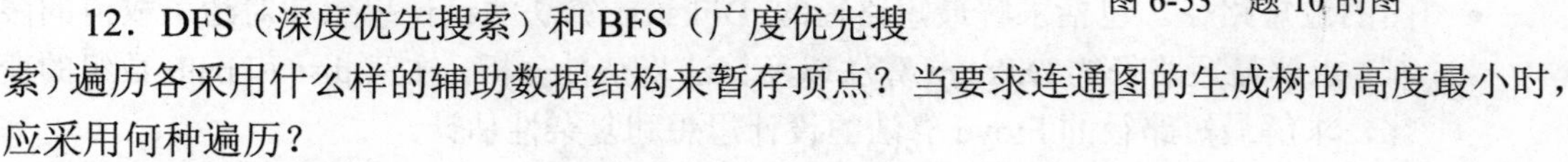

13．对于如图 6-53 所示的有向图，试写出：

（1）从顶点①出发进行深度优先搜索所得 DFS 树。

（2）从顶点②出发进行广度优先搜索所得 BFS 树。

14．图 6-54 是一个连通图。

（1）请画出以顶点①为根的 DFS 树。

（2）如果有关节点，请找出所有的关节点。

（3）如果想把该连通图变成双连通图，至少在图中加几条边？如何加？

15．图的 BFS 算法是一个非递归算法，它利用队列实现分层遍历。如果使用栈代替队列，其他做法不变，称这个算法为 D-搜索算法。分别使用 BFS 算法和 D-算法从顶点 v_0 开始遍历，画出图 6-55 所示连通图的 BFS 遍历结果和 D-搜索遍历结果。

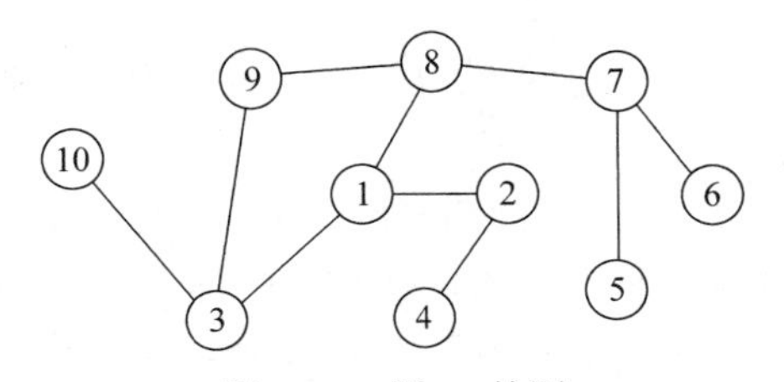

图 6-54　题 14 的图

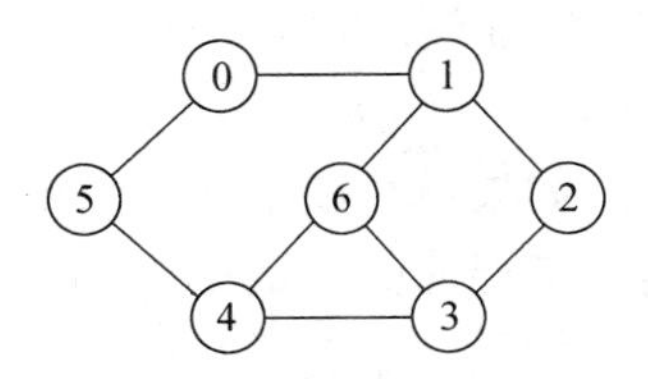

图 6-55　题 15 的图

16．一个有向图如图 6-56 所示。试问：

（1）它是强连通图吗？如果不是，画出它的强连通分量。

（2）分别给出经过深度优先搜索和广度优先搜索所得到的生成树（森林）。

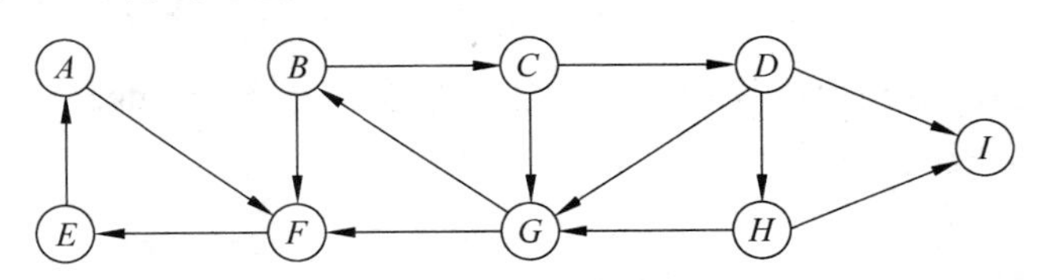

图 6-56　题 16 的图

17．另一个著名的构造最小生成树的方法是索林（Sollin）算法。此算法将求连通带权图的最小生成树的过程分为若干阶段，每一阶段选取若干条边。

算法思路：

（1）将每个顶点视为一棵树，图中所有顶点形成一个森林。

（2）为每棵树选取一条边，它是该树与其他树相连的所有边中权值最小的一条边，把该边加入生成树中。如果某棵树选取的边已经被其他树选过，该边不再选取。

（3）重复操作（2），直到整个森林变成一棵树。

以图 6-57 所示的图为例，写出执行以上算法的过程。

18．以图 6-58 为例，按 Dijkstra 算法计算得到的从顶点 A 到其他各个顶点的最短路径和最短路径长度。

19．使用 Floyd 算法计算图 6-58 的各对顶点之间的最短路径。

20．如何利用拓扑排序将一个有向无环图的邻接矩阵中的非零元素集中到对角线以上？

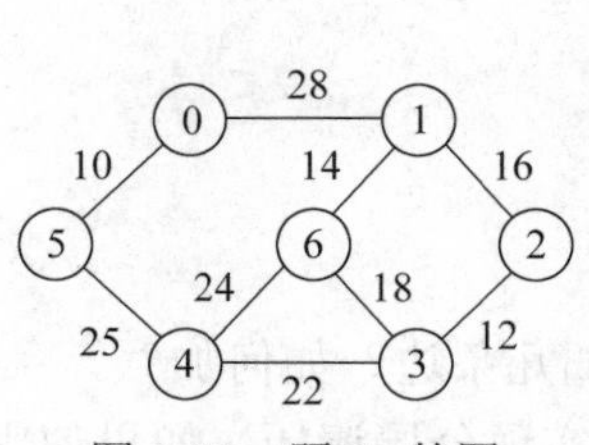

图 6-57　题 17 的图

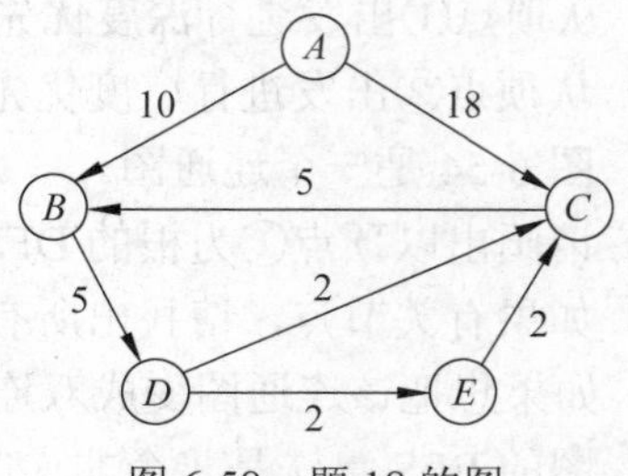

图 6-58　题 18 的图

21．什么样的有向无环图的拓扑序列是唯一的？对于一个有向图，不用拓扑排序，如何判断图中是否存在环？

22．试证明：对于一个无向图 $G=(V,E)$，若 G 中各顶点的度均大于或等于 2，则 G 中必有回路。

23．如果一个图中任意两个顶点 i、j 之间存在 i 到达 j 的路径或 j 到达 i 的路径，则称该图是单向连通的。试证明单向连通的有向无环图具有唯一的拓扑有序序列。

24．如果一个表示有向图的邻接矩阵中非零元素都集中在上三角部分，其拓扑有序序列一定存在；如果一个表示有向图的邻接矩阵中非零元素都集中在下三角部分，其逆拓扑有序序列一定存在。反之，如果一个有向图的拓扑有序序列存在，在其邻接矩阵中非零元素不一定集中在上三角部分。试说明理由并举例。

25．若 AOE 网络的每一项活动都是关键活动。令 G 是将该网络的边去掉方向和权后得到的无向图。如果图中有一条边处于从开始顶点到完成顶点的每一条路径上，则仅加速该边表示的活动就能减少整个工程的工期。这样的边称为桥（bridge）。证明若从连通图中删去桥，将把图分割成两个连通分量。

26．有图 6-59 所示的 AOE 网络。

（1）这个工程最早可能在什么时间结束?

（2）确定哪些活动是关键活动。画出由所有关键活动构成的图，指出哪些活动加速可使整个工程提前完成。

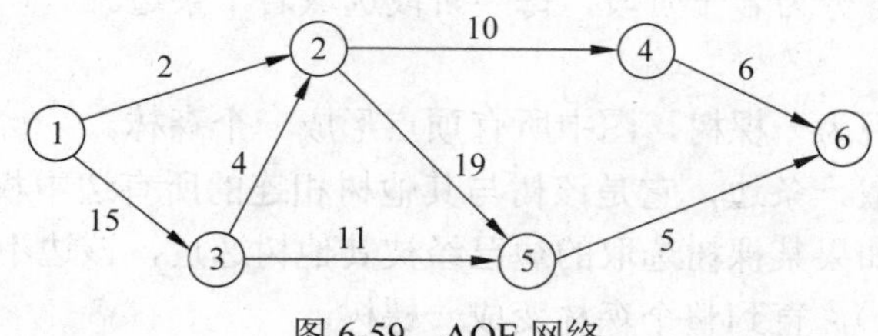

图 6-59　AOE 网络

二、算法题

1．设图的邻接矩阵表示为 G1，编写一个算法，将 G1 转换为邻接表表示 G2。

2．设图的邻接表表示为 G1，编写一个算法，将 G1 转换成邻接矩阵表示 G2。

3．设有向图的邻接表表示为 G1，编写一个算法，从 G1 求得该图的逆邻接表表示 G2。

4．已知一个有向图的邻接表，试编写一个算法，计算各顶点的入度。

5．设图 G 是已有的一个连通图，试设计一个算法，寻找给定的两个顶点 i 到 j 的所有简单路径。算法的首部为 allSimplePath(Graph& G，int i，int j)，其中，i 和 j 是图中顶点的顶点号，G 是给定的图。

6．编写一个对无向连通图 G 进行深度优先搜索的非递归算法。

7．设计一个算法，判断一个无向图 G 是否为一棵树。若是一棵树，则算法返回 1，否则返回 0。

8．设在 4 地（A, B, C, D）之间架设有 6 座桥，如图 6-60 所示。要求从某一地出发，经过每座桥恰巧一次，最后仍回到原地。

（1）试就该图形说明：此问题有解的条件什么？

（2）设图中的顶点数为 n，请定义求解此问题的数据结构并编写一个算法，找出满足要求的一条回路。

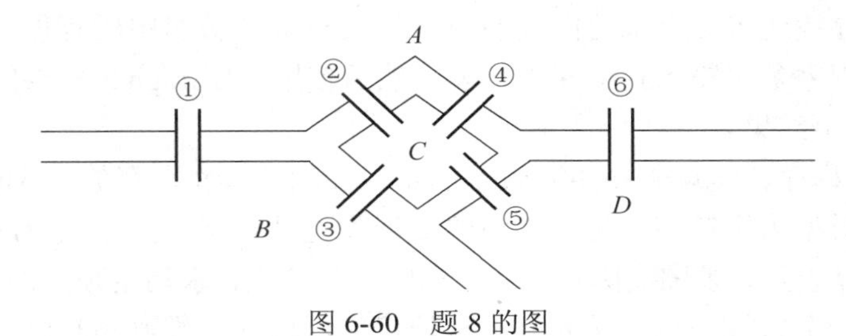

图 6-60　题 8 的图

9. 试扩充深度优先搜索算法，在遍历图的过程中建立生成森林的子女－兄弟链表。（提示：在继续按深度方向从根 v 的某一未访问过的邻接顶点 w 向下遍历之前，建立子女结点。但需要判断是作为根的第一个子女还是作为其子女的右兄弟链入生成树。）

10．计算连通网的最小生成树的 Dijkstra 算法可简述如下：将连通网所有的边以方便的次序逐条加入到初始为空的生成树的边集合 T 中。每次选择并加入一条边时，需要判断它是否会与先前加入 T 中的边构成回路。如果构成了回路，则从这个回路中将权值最大的边退选。如果以邻接矩阵作为连通网的存储结构（仅使用矩阵的上三角部分），并在邻接矩阵的下三角部分记录最小生成树的边信息。

（1）试设计一个求最小生成树的算法。要求以邻接矩阵作为连通网的存储结构。

（2）以图 6-54 给出的连通网为例，列出每次选择的边和可能去掉的边。

11．编写一个算法，求解带权有向图的单目标最短路径问题。所谓单目标最短路径问题是指在一个带权有向图 G 中求从各个顶点到某一指定顶点 v 的最短路径。

12．给定 n 个小区之间的交通图。若小区 i 与小区 j 之间有路可通，则将顶点 i 与顶点 j 之间用边连接，边上的权值 w_{ij} 表示这条道路的长度。现在打算在这 n 个小区中选定一个小区建一所医院，试问这家医院应建在哪个小区，才能使距离医院最远的小区到医院的路程最短？试设计一个算法解决上述问题。

13．给定一个连通图 G，所有边都没有附加权值。编写一个算法，求从顶点 v 能到达的最短路径长度为 k 的所有顶点。（最短路径长度以路径上的边数计算。）

14．设有一个有向图存储在邻接表中。试设计一个算法，按深度优先搜索策略对其进行拓扑排序。

15．试编写一个算法，对一个 AOE 网 G 一边拓扑排序，一边计算关键路径。算法使用图的十字链表表示，并增加一个辅助数组 Indegree[]存放各个顶点的入度。

三、实训题

1．设计一组程序，实现邻接表表示的结构和相关操作，存放于 ALGraph.h 中，设定顶点元素的数据类型为字符型，边上权值的数据类型是整型。操作至少应包括：通过输入建立邻接矩阵存储表示，求图实际顶点数，求图实际边数，求指定顶点的第一个邻接顶点，求指定顶点的下一个邻接顶点，从元素值求顶点号，按顶点号取元素值，按边的两个端点号求权值等。求解算法题 8 的欧拉回路问题（“一笔画”问题）可以采取深度优先搜索算法，把边的编号作为边的权值，但要求事先判断图中每个顶点的度必须是偶数。算法的思路是：从某个顶点 start 出发，沿某一条边前进并输出边的编号及记下该边已访问。当走到下一顶点 dest 时，看有无其他没有访问过的边。若有，从这个顶点出发继续这种访问；否则回溯，退到前一顶点，寻找还有没有未访问过的边。如果 visited 数组中所有顶点都已访问，则算法结束。要求主程序负责输入和构建邻接表，然后使用 ALGraph.h 提供的操作求解算法题 8，主程序最后输出结果。

2．设计一组程序，实现邻接矩阵表示的结构和相关操作，存放于 MGraph.h 中，设定顶点元素的数据类型为字符型，边上权值的数据类型是整型。操作至少应包括：通过输入建立邻接矩阵存储表示，求图实际顶点数，求图实际边数，求指定顶点的第一个邻接顶点，求指定顶点的下一个邻接顶点，从元素值求顶点号，按顶点号取元素值，按边的两个端点号求权值等。求解算法题 13 可以使用图的广度优先搜索输出所有围绕顶点 v 的第 k+1 层的顶点。为此，要求在做层次遍历时要记忆层次号。当遍历到指定层次时直接输出队列中的结点即可。要求主程序负责输入和构建顶点表和邻接矩阵，然后使用 MGraph.h 提供的操作求解算法题 13，主程序最后输出结果。

3. 求解算法题 12 的思路是：将 n 个小区的交通图视为带权无向图，利用邻接矩阵来存放带权无向图。算法首先应用 Floyd 算法计算每对顶点之间的最短路径，再找出从每一个顶点到其他各顶点的最短路径中最长的路径，在这 n 个顶点的最长路径中找出最短的一条，则它的出发顶点即为所求。

编写一个函数完成算法题 12。要求主程序负责输入和构建顶点表和邻接矩阵，然后使用 MGraph.h 提供的操作求解算法题 12，主程序最后输出结果。

4．求解算法题 12 的另一思路是利用图的广度优先搜索，轮流以各个顶点作为根，寻找离根最远的顶点（边上权值累加和最大的顶点），记下它的路径长度，最后在所有这些顶点的最长路径中选择长度最小者，这条路径的出发顶点即为所求。

编写一个函数完成算法题 12。要求主程序负责输入和构建邻接表，然后使用 ALGraph.h 提供的操作求解算法题 12，主程序最后输出结果。

第7章　查　　找

查找，在人们日常生活中经常遇到。本章就是要讨论有关查找的话题，从易到难，从简到繁，从静态到动态，讨论各种有效的查找算法和查找结构，使读者可以在日后的学习和工作中自行选择或设计实用的算法和相应的数据结构。

7.1　查找的概念及简单查找方法

7.1.1　查找的基本概念

1．什么是查找？

查找是数据处理最常见的一种运算。所谓查找，就是在数据集合中寻找满足某种条件的数据元素。最常见的一种方式是事先给定一个值，在集合中找出其关键码等于给定值的元素。查找的结果通常有两种可能。一种可能是查找成功，即找到满足条件的数据元素。这时，作为结果，可报告该元素在结构中的位置，还可进一步给出该元素中的具体信息，后者在数据库技术中叫做检索。另一种可能是查找不成功，或查找失败。作为结果，也应报告一些信息，如失败标志、失败位置等。

通常称用于查找的数据集合为查找表，它由同一数据类型的元素（或记录）组成。在查找表中，每一个元素（或记录）有若干属性，其中应当有一个属性，其值可唯一地标识这个对象。它称为关键码（key）。例如，在图书目录中的关键码不是书名而是馆藏号，书名可以有重复，但每一种书的馆藏号是唯一的。使用基于关键码的查找，查找结果应是唯一的。但在实际应用时，查找条件是多方面的，图书馆中应允许按书名查找，按作者查找，按出版社查找……这样，可以使用基于属性的查找方法，但查找结果可能不唯一。

查找表有两种。一种是静态查找表，另一种是动态查找表。如果对表执行插入和删除等操作后表本身的结构不发生改变，这种表就是静态查找表。这种表操作简单，存储有限，需要处理溢出问题。如果对表执行插入和删除等操作后，为保持较高的查找效率，结构本身要调整，这种查找表就是动态查找表。

对于用不同方式组织起来的查找表，相应的查找方法也不相同。反过来，为了提高查找速度，又往往采用某些特殊的组织方式来组织需要查找的信息。例如，查找电话号码时，需要先查找电话号码簿的分类目录，找到通话对方所属类别在号码簿中的开始页数，再到词类中顺序查找。这就是分块（索引顺序）查找方法，其组织方式就是索引表。又例如，查找英文词典时，因为词典是按英语字母顺序编排的，可以采用折半查找，先在书中间找一个位置，确定一个范围，再逐步缩小这个范围，最后找到需要的单词。

对于大量的数据，特别是在外存中存放的数据，一般都是按物理块进行存取。执行内外存交换过多将严重影响查找速度。为确保查找效率，需要采用散列或索引技术。

2．查找算法的性能分析

为度量一个查找算法的性能，同样需要在时间和空间方面进行权衡。衡量一个查找算法的时间效率的标准是在查找过程中关键码的平均比较次数，这个标准也称为平均查找长度（Average Search Length，ASL），通常它是查找表中元素总数 n 的函数。

设查找表中有 n 个元素，查找第 i（$1 \leqslant i \leqslant n$）个元素的概率是 p_i，找到它的关键码比较次数是 c_i，则 $p_i \times c_i$ 是成功查找第 i 个元素可能的关键码比较次数，平均查找长度等于

$$\text{ASL}_{\text{成功}} = \sum_{i=1}^{n} p_i c_i, \quad \sum_{i=1}^{n} p_i = 1$$

它是查找在表中所有元素的可能关键码比较次数的期望值，是对查找算法的整体衡量，而不是针对表中某一特定的元素。如果考虑查找在查找表中不存在的元素，还可以定义查找不成功的平均查找长度，它被定义为在查找表中已经有 n 个元素，现在要查找不在表中的第 n+1 个元素，找到其插入位置的平均比较次数，记为 $\text{ASL}_{\text{不成功}}$。

另外，衡量一个查找算法还要考虑算法所需要的附加存储量和算法的复杂性等问题。

思考题　平均查找长度描述了什么样的查找性能？

7.1.2　顺序查找法

顺序查找是最基本的查找方法之一。所谓顺序查找，又称线性查找，主要用于在线性表中进行查找。设若表中有 n 个元素，则顺序查找从表的先端开始，顺序用各元素的关键码与给定值 x 进行比较，直到找到与其值相等的对象，则查找成功，给出该对象在表中的位置。若整个表都已检测完仍未找到关键码与 x 相等的元素，则查找失败，给出失败信息。

1．在普通顺序表上的顺序查找算法

顺序查找适用于顺序表，也适用于线性链表。本节讨论在顺序表上的顺序查找算法。顺序表的结构定义参看第 2 章程序 2-1 或程序 2-2。

程序 7-1 给出了一种在一般场合下使用的顺序查找算法，算法要求数据元素在顺序表中从 0 号位置开始存放，查找指针 i 从表的前端开始，向后继方向逐个元素移动，并进行关键码比较。如果查找成功，则查找指针停留在表中某个元素位置；如果查找失败，查找指针走到第 n 个位置，函数返回−1。

程序 7-1　普通顺序表上的顺序查找算法

```
int SeqSearch ( SeqList& L, DataType x ) {
//顺序表上的顺序查找算法的实现
    for ( int i = 0; i < L.n && L.data[i].key != x.key; i++ );
                                                    //从前向后顺序查找
    return ( i >= L.n ) ? -1 : i;
};
```

while 循环中的两个条件 i < L.n 与 L.data[i].key != x.key 的先后次序不能颠倒，只有在 i<L.n 时 L.data[i]才是可取的。前一个条件控制循环结束，当 i = L.n 时查找失败；后一个条件判断是否找到，当 L.data[i].key == x.key 时查找成功。

现在分析顺序查找算法的查找性能。设顺序表中元素个数为 n，则查找到第 0 个元素需要 1 次关键码比较，查找到第 1 个元素需要 2 次关键码比较……查找到第 n−1 个元素需

要 n 次关键码比较。若设顺序表中第 i 个元素的查找概率为 p_i（$0 \leqslant i \leqslant n-1$），找到第 i 个元素的关键码比较为 c_i，则 $c_i = i+1$。顺序查找算法平均查找长度为

$$\text{ASL}_{\text{成功}} = \sum_{i=0}^{n-1} p_i(i+1), \quad \sum_{i=0}^{n-1} p_i = 1$$

在查找概率相等时 $p_i = 1/n$，则

$$\text{ASL}_{\text{成功}} = \sum_{i=0}^{n-1} \frac{1}{n}(i+1) = \frac{1}{n}\sum_{i=0}^{n-1}(i+1) = \frac{1}{n}(1+2+\cdots+n) = \frac{1}{n} \times \frac{(n+1)n}{2} = \frac{n+1}{2}$$

查找不成功的关键码比较次数为 n。

但是，在许多情形下顺序表中各个元素的查找概率不相等。由于顺序查找的 $\text{ASL}_{\text{成功}}$必须在 $p_0 \geqslant p_1 \geqslant p_2 \geqslant \cdots \geqslant p_{n-1}$ 时才能达到最小。因此，可以把元素按查找概率从高到低排个队，把查找概率高的放在前面，把查找概率低的放在后面，以提高查找效率。

思考题 某一特定查找算法的查找成功的平均查找长度 $\text{ASL}_{\text{成功}}$与查找不成功的平均查找长度 $\text{ASL}_{\text{不成功}}$是综合考虑好还是分开各自计算好？

2．在普通顺序表上使用监视哨的顺序查找算法

当在顺序表中的数据元素从 0 号位置开始存放时，可将第 n 号位置作为控制查找过程自动结束的“监视哨”使用。若找到则函数返回该元素在表中的位置 i，否则返回−1。参看程序 7-2。与不设“监视哨”的顺序查找算法相比，每次循环节省了一次控制循环结束的条件判断 $i <$ L.n，当表中元素个数 n 很大时，会节省很多时间。

程序 7-2 普通顺序表上使用监视哨的顺序查找算法

```
int SeqSearch ( SeqList& L, DataType x ) {
    L.data[L.n] = x;  int i;                           //将 x 设置为监视哨
    for ( i = 0;  L.data[i].key != x.key; i++ );     //从前向后顺序查找
    return ( i >= L.n ) ? -1 : i;
};
```

本算法的查找成功的平均查找长度 $\text{ASL}_{\text{成功}}$与程序 7-1 所给算法相同，查找不成功的平均查找长度 $\text{ASL}_{\text{不成功}} = n+1$，与最后的“监视哨”多比较了一次。算法增加了一个用于设立“监视哨”的附加工作单元，以空间换得了时间。

思考题 如果一个长度为 n 的顺序表分成每段长度为 k 的 $\lceil n/k \rceil$ 个子表，对每个子表做顺序查找，可否设“监视哨”？

3．在有序顺序表上的顺序查找算法

前面所讨论的顺序查找算法是基于普通顺序表的，它对表中元素的排列没有限制。有序顺序表的情形有所不同，所有元素按其关键码值有序排列。若设有序顺序表为 L，要查找的元素为 x，那么当满足 L.data[i−1].key＜x.key≤L.data[i].key 时就可以停止查找。此时若有 x.key = L.data[i].key，则查找成功，否则查找失败。因为在查找不成功时不需要遍历表中所有元素，时间花费会少得多。参看程序 7-3。算法中在表尾（L.n 处）设置了监视哨。参数表中的引用参数 is 给出查找到的元素地址（查找成功）或 x 应插入的地址（查找不成功）。

程序 7-3 有序顺序表上的顺序查找算法

```
int OrderSeqSearch ( OrderedList& L, DataType x, int& is ) {
    L.data[L.n] = x;  int i;                         //在表尾设置监视哨
    for (i = 0; L.data[i].key < x.key; i++);   //顺序比较
    is = i;
    if (i < L.n && L.data[i].key == x.key ) return i;
                                                     //查找成功，返回 x 所在位置
    else return -1;                                  //查找不成功，返回-1
}
```

因为第 i（$i = 0, 1,\cdots, n-1$）个元素查找成功的元素比较次数为 $i+1$，则查找成功的平均查找长度在相等查找概率的情形下为

$$\text{ASL}_{\text{成功}} = \sum_{i=0}^{n-1} p_i c_i = \frac{1}{n}\sum_{i=0}^{n-1}(i+1) = \frac{1}{n}(1+2+\cdots+n) = \frac{1}{n}\times\frac{n(n+1)}{2} = \frac{n+1}{2}$$

查找不成功时，查找停止于表中某个元素间隔。元素间隔代表有序顺序表中没有的元素的取值范围，这样的间隔有 n+1 个，若设 q_j 为查找停止于第 j 个元素间隔的概率，c_j 代表停止于该间隔时元素的比较次数，则查找不成功时的平均查找长度为

$$\text{ASL}_{\text{不成功}} = \sum_{j=0}^{n} q_j c_j = \frac{1}{n+1}(1+2+\cdots+n+n) = \frac{n}{2}+\frac{n}{n+1}, \qquad \sum_{j=0}^{n} q_j = 1$$

其中 q_j 在相等查找概率情形下等于 $1/(n+1)$。c_j 是查找失败时的元素比较次数。

【**例 7-1**】 设有序顺序表为{10, 20, 30, 40, 50, 60}，表长度为 $n = 6$。在相等查找概率情况下，查找成功的平均查找长度为$(n+1)/2 = 3.5$，与同样长度的普通顺序表相同。但查找不成功的平均查找长度为 $n/2+n/(n+1) = 3+6/7 \approx 3.86$，同样长度的普通顺序表的查找不成功的平均查找长度则为 6（不考虑监视哨）。

思考题 在线性链表上如何实行顺序查找算法？

7.1.3 折半查找法

折半查找又称为二分法查找、对分查找，算法的思路可描述如下。

若设有 n 个元素存放在一个有序的顺序表中，采用折半查找时，先求出位于查找区间正中的元素的下标 mid，用其关键码 L.data[mid].key 与给定值 x 进行比较：

- 若 L.data[mid] = x，查找成功，报告成功信息并返回其下标；
- 若 x < L.data[mid]，把查找区间缩小到表的前半部分，再继续进行折半查找；
- 若 x > L.data[mid]，把查找区间缩小到表的后半部分，再继续进行折半查找。

每比较一次，查找区间缩小一半。因此在最坏情况下查找成功所需的关键码比较次数约为 $O(\log_2 n)$。对于较大的 n，显然比顺序查找快得多。如果查找区间已经缩小到一个元素，经与给定值比较仍未找到想要查找的元素，则查找失败。

【**例 7-2**】 设有序顺序表为 {10, 20, 30, 40, 50, 60}，图 7-1(a)给出了查找关键码为 40 的元素时的查找过程。找到所需元素一共做了 3 次关键码比较。

图 7-1(b)给出了查找关键码为 25 的元素时的查找过程。直到确认查找失败也执行了 3 次关键码比较。

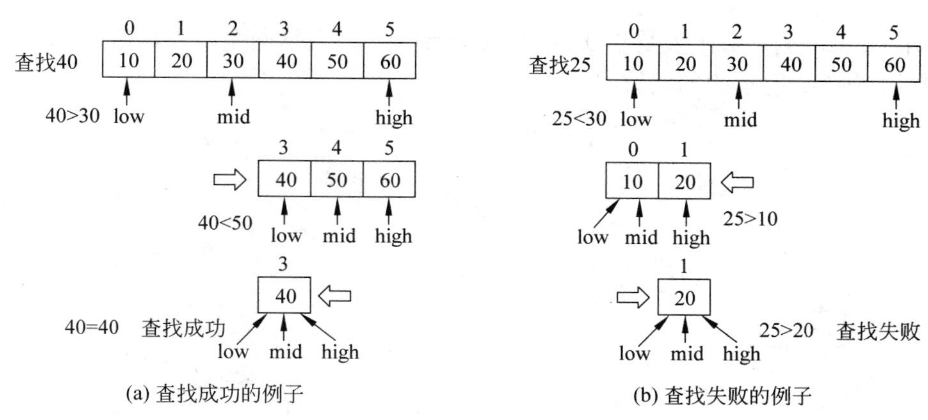

图 7-1　折半查找的过程

程序 7-4 给出折半查找的非递归算法，该算法通过循环不断缩小查找区间，直到位于中间位置的元素的关键码等于给定值 *x*，则查找成功，函数返回中点位置；如果查找区间缩小到只有一个元素，其关键码仍然不等于给定值，则查找失败。is 的含义与程序 7-3 相同。

程序 7-4　有序顺序表上折半查找的非递归算法

```
int BinSearch ( OrderedList& L, DataType x, int& is ) {
      int left = 0, right = L.n-1, mid;
      while ( left <= right ) {
            mid = ( left + right ) / 2;  is = mid;
            if ( x.key == L.data[mid].key ) return mid;      //查找成功
            else {
                  if ( x.key > L.data[mid].key)                //右缩查找区间
                       left = mid+1;
                  else right = mid-1;                          //左缩查找区间
            }
      }
      is = left;  return -1;                                   //查找失败
}
```

折半查找的查找性能可借用二叉判定树来分析。在二叉判定树上，每个内结点表示查找表中的一个元素。若设有序顺序表有 n 个元素，可用如下方法来构造一棵二叉判定树。

- 当 $n = 0$ 时，二叉判定树为空树。
- 当 $n \neq 0$ 时，若设有序顺序表的查找区间的左端点为 low，右端点为 high，则二叉判定树的根结点是有序顺序表中序号为 $mid = \lfloor(low+high)/2\rfloor$ 的元素，根结点的左子树是与有序顺序表中序号为 low～mid−1 的子查找区间相对应的二叉判定树，根结点的右子树是与有序顺序表中序号为 mid+1～high 的子查找区间相对应的二叉判定树。

这是一个递归的构造方法。

【例 7-3】 对于图 7-1 所示的例子，有序顺序表中有 6 个元素，low = 0，high = 5。第一次取 $mid = \lfloor(0+5)/2\rfloor = 2$，用 L.data[2] = 30 作为整个二叉判定树的根结点。其左子表是

L.data[0]～L.data[1]，右子表是 L.data[3]～L.data[5]。再对这两个子表构造二叉判定树，最后就得到如图 7-2 所示的判定树。

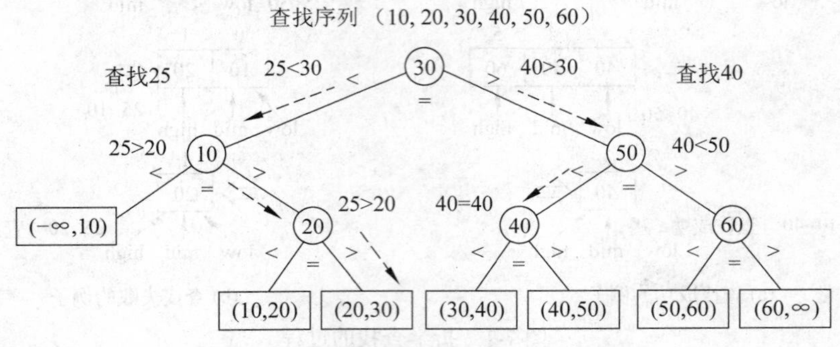

图 7-2　从有序表构造出的二叉判定树

从图 7-2 可知，在查找 40 时，正好走了一条从根结点到与该值相应的内结点的路径，所用的关键码与给定值进行比较的次数正好等于该结点所在层次编号。因此，用折半查找查找到要求元素所需与给定值的比较次数最多不超过这棵树的高度。在本例中，二叉判定树的高度为 $\lceil \log_2(6+1) \rceil = 3$（失败结点，即外部结点的高度为 0）。

在二叉判定树上查找不成功时，查找指针最后停止于某个失败结点，而与给定值进行比较的次数等于从根到该外部结点的路径上内部结点的个数之和。二叉判定树中的失败结点又称为外结点，代表表中没有的值，它实际上是空结点，指向它的指针为 NULL。

思考题　*折半查找对应的二叉判定树每一个内部结点的左右子树高度的差是多少？*

一般地，对于有 n 个关键码的有序顺序表，使用折半查找所需的与给定值进行的关键码比较最多为 $\lceil \log_2(n+1) \rceil$。那么，折半查找的平均查找长度是多少？

若设 $n = 2^h-1$，则描述折半查找的判定树是高度为 h 的满二叉树。$h = \log_2(n+1)$。第 1 层结点有 1 个，查找第 1 层结点要比较 1 次；第 2 层结点有 2 个，查找第 2 层结点要比较 2 次……，第 i ($1 \leqslant i \leqslant h$)层结点有 2^{i-1} 个，查找第 i 层结点要比较 i 次……。假定每个结点的查找概率相等，即 $p_i = 1/n$，则查找成功的平均查找长度为

$$\text{ASL}_{\text{成功}} = \sum_{i=1}^{n} p_i c_i = \frac{1}{n}\sum_{i=1}^{n} c_i = \frac{1}{n}(1\times 1 + 2\times 2^1 + 3\times 2^2 + \cdots + (h-1)\times 2^{h-2} + h\times 2^{h-1})$$

可以用归纳法证明 $1\times 1 + 2\times 2^1 + 3\times 2^2 + \cdots + (h-1)\times 2^{h-2} + h\times 2^{h-1} = (h-1)\times 2^h + 1$。这样

$$\text{ASL}_{\text{成功}} = \frac{1}{n}((h-1)\times 2^h + 1) = \frac{1}{n}(h\times 2^h - 2^h + 1) = \frac{1}{n}((n+1)\log_2(n+1) - n)$$

$$= \frac{n+1}{n}\log_2(n+1) - 1 \approx \log_2(n+1) - 1$$

从以上分析可知，对于有 n 个关键码的有序顺序表，使用折半查找所需的与给定值进行的关键码比较最多为 $\lceil \log_2(n+1) \rceil$，而查找成功时的平均查找长度为 $O(\log_2 n)$。

在二叉判定树上查找不成功的过程恰好是走了一条从根结点到某个失败结点的路径，而与给定值进行比较的次数则等于该路径上内结点的个数。若设第 j 个失败结点所在层次编号为 l'_j，到达该失败结点的关键码比较次数为 l'_j-1，则在相等查找概率的情形下查找不成功的平均查找概率为

$$\text{ASL}_{\text{不成功}} = \sum_{j=0}^{n} q_j(l'_j - 1) = \frac{1}{n+1}\sum_{j=0}^{n}(l'_j - 1)$$

思考题 折半查找仅适用于有序顺序表。在相等查找概率情形，折半查找具有很好的查找性能，但在不相等查找概率情形，如何构造二叉判定树才能得到较好的查找性能？

7.1.4 扩展阅读：次优查找树

如果有序顺序表中各元素查找概率不等，则折半查找的查找性能就不一定最优了。

【例 7-4】 有序顺序表中有 $n = 9$ 个元素{10, 15, 25, 40, 65, 70, 80, 85, 90}，它们的查找概率分别为{0.1, 0.2, 0.25, 0.1, 0.1, 0.1, 0.05, 0.05, 0.05}，图 7-3 中，左侧是与折半查找对应的二叉判定树，右侧的二叉判定树不一定与折半查找相对应。

前者的成功查找的平均查找长度为

$$\text{ASL}_{\text{成功}} = 0.1\times1+(0.2+0.05)\times2+(0.1+0.25+0.1+0.05)\times3+(0.1+0.05)\times4 = 2.7$$

后者的成功查找的平均查找长度为

$$\text{ASL}_{\text{成功}} = 0.25\times1+(0.2+0.1)\times2+(0.1+0.1+0.05)\times3+(0.1+0.05+0.05)\times4 = 2.4$$

此例表明，在各元素查找概率不相等的情形下，折半查找法的平均查找长度不是最优。如果一个有序顺序表中各个元素的查找概率不等，如何组织查找序列，使得平均查找长度达到最小？这就要借助二叉判定树了。

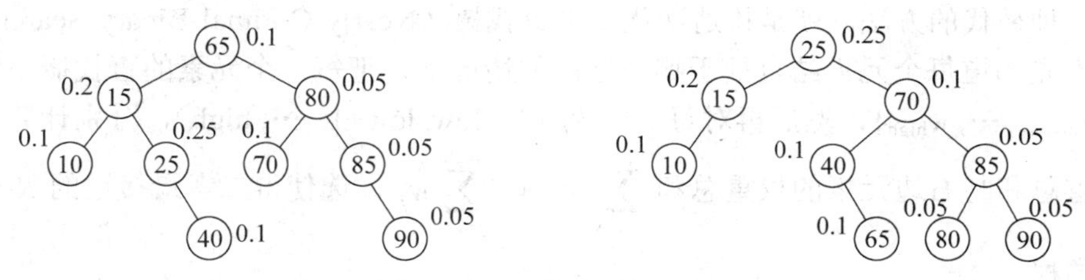

图 7-3 二叉判定树的比较

如果用类似于折半查找的二叉判定树的形式来组织查找序列，并让查找概率大的元素离根最近，查找概率小的元素离根最远，可以使得查找的平均查找长度达到最小。平均查找长度达到最小的用于查找的二叉判定树称为最优二叉查找树。下一个问题是如何组织最优二叉查找树？

1. 自下向上构造最优二叉查找树

可根据动态规划的思想，自下向上组织最优二叉查找树。

【例 7-5】 假设关键码序列为{10, 20, 30, 40}，查找概率分别为{0.25, 0.40, 0.25, 0.10}，第一步先构造只有一个结点的最优二叉查找树，如图 7-4(a)所示。在此基础上，第二步构造有两个结点的最优二叉查找树，如图 7-4(b)所示；然后执行第三步、第四步，直到构造 4 个结点的最优二叉查找树，如图 7-4(c)和图 7-4(d)所示，从而构造出一棵最优二叉查找树。

虽然用这种自底向上的方式可以构造出最优二叉查找树，但算法的时间复杂度达到 $O(n^3)$，还要使用权重累加矩阵 $\boldsymbol{W}$、平均查找长度矩阵 $\boldsymbol{C}$ 和树根矩阵 $\boldsymbol{R}$，附加空间的空间复杂度达到 $O(n^2)$，算法效率较低。为了提高算法的性能，可以换一个思路，用自上向下的方式构造最优二叉查找树。

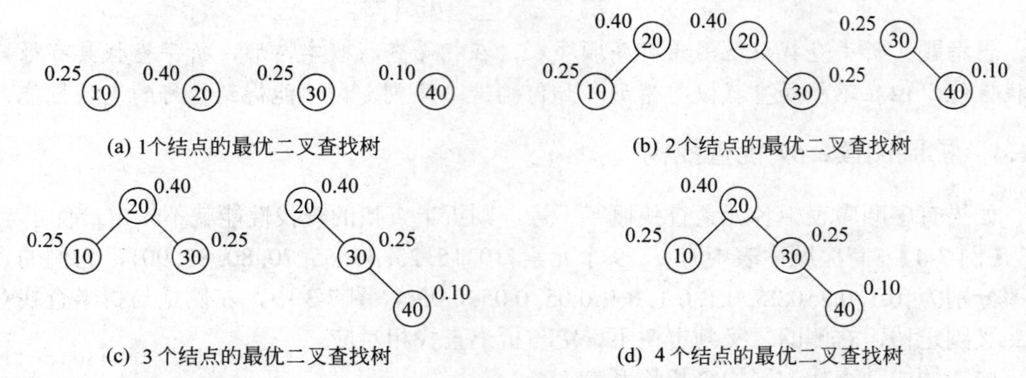

(a) 1个结点的最优二叉查找树　　(b) 2个结点的最优二叉查找树

(c) 3 个结点的最优二叉查找树　　(d) 4 个结点的最优二叉查找树

图 7-4　构造最优二叉查找树的过程

2．自上向下构造最优二叉查找树

设有一个元素序列$\{R_{\text{low}}, R_{\text{low+1}}, \cdots, R_{\text{high}}\}$，其关键码序列为$\{K_{\text{low}}, K_{\text{low+1}}, \cdots, K_{\text{high}}\}$。轮流以 R_i（i = low, low+1, ⋯, high）为根，构造二叉查找树，计算其平均查找长度 ASL。若以 R_k 为根构造出的二叉查找树平均查找长度最小，则可选定以 R_k 作为最终的最优二叉查找树的根。然后以同样方式递归地对左子序列$\{R_{\text{low}}, \cdots, R_{k-1}\}$和右子序列$\{R_{k+1}, \cdots, R_{\text{high}}\}$构造 R_k 的左子树和右子树。递归结束于子序列为空，或只剩下一个元素。

然而困难在于如何计算以 R_i 为根构造的二叉查找树的平均查找长度 ASL？

有一种替代的方法，就是构造次优二叉查找树（Nearly Optimal Binary Search Tree），在无法事先知道每个元素结点处于哪个层次的情况下，把每一个元素的查找概率视为权重$\{w_{\text{low}}, w_{\text{low+1}}, \cdots, w_{\text{high}}\}$，然后再对每一个 R_i（i = low, low+1, ⋯, high），分别计算它左边元素的权重总和与右边元素的权重总和 $\sum_{j=\text{low}}^{i-1} w_j$ 和 $\sum_{j=i+1}^{\text{high}} w_j$，选使得二者最接近的 R_i 作为二叉查找树的根。

这种二叉查找树亦称为重量平衡的二叉查找树，其构造步骤如下：

（1）设整个序列有 n 个元素 $R_0, R_1, \cdots, R_{n-1}$，建立累加权重数组 SW[$n$+1]，并计算

$$\begin{cases} \text{SW}[0] = 0 \\ \text{SW}[i] = \text{SW}[i-1] + w_{i-1}, \quad i = 1, 2, \cdots, n \end{cases}$$

其中 SW[i]是到 R_{i-1} 的累加权重（summary weight）。

（2）针对每一个 R_i（i = low, low+1, ⋯, high），计算

$$\Delta P_i = \left| \sum_{j=i+1}^{\text{high}} w_j - \sum_{j=\text{low}}^{i-1} w_j \right|$$

在所有ΔP_i中选择最小者，若ΔP_k最小，则 R_k 成为序列$\{R_{\text{low}}, \cdots, R_{\text{high}}\}$的根。

（3）对子序列$\{R_{\text{low}}, \cdots, R_{k-1}\}$和$\{R_{k+1}, \cdots, R_{\text{high}}\}$分别递归处理，建立 R_k 的左子树和右子树。

因为 $\sum_{j=0}^{\text{high}} w_j = \text{SW}[\text{high}+1]$，$\sum_{j=0}^{i} w_j = \text{SW}[i+1]$，$\sum_{j=0}^{i-1} w_j = \text{SW}[i]$，$\sum_{j=0}^{\text{low}-1} w_j = \text{SW}[\text{low}]$

则
$$\left|\sum_{j=i+1}^{\text{high}} w_j - \sum_{j=\text{low}}^{i-1} w_j\right| = \left|\left(\sum_{j=0}^{\text{high}} w_j - \sum_{j=0}^{i} w_j\right) - \left(\sum_{j=0}^{i-1} w_j - \sum_{j=0}^{\text{low}-1} w_j\right)\right|$$
$$= \left|\left(\text{SW}[\text{high}+1] - \text{SW}[i+1]\right) - \left(\text{SW}[i] - \text{SW}[\text{low}]\right)\right|$$
$$= \left|\left(\text{SW}[\text{high}+1] + \text{SW}[\text{low}]\right) - \text{SW}[i+1] - \text{SW}[i]\right|$$

设
$$\Delta \text{W} = \text{SW}[\text{high}+1] + \text{SW}[\text{low}]$$

有
$$\Delta P_i = \left|\sum_{j=i+1}^{\text{high}} w_j - \sum_{j=\text{low}}^{i-1} w_j\right| = \left|\Delta\text{W} - \text{SW}[i] - \text{SW}[i+1]\right|$$

【例 7-6】 看图 7-4 所示的例子。各元素权值 w_i = 查找概率 p_i ×100：

	0	1	2	3	4	5	6	7	8		
关键码序列	10	15	25	40	65	70	80	85	90		
权值 w_i	10	20	25	10	10	10	5	5	5		
累计权值 SW	0	10	30	55	65	75	85	90	95	100	ΔW=100

第一趟（0≤i≤8）：

$\Delta\text{W} = \text{SW}[9]+\text{SW}[0] = 100 + 0 = 100$

$\Delta P_0 = |\Delta\text{W}-\text{SW}[0]-\text{SW}[1]| = 90$，$\Delta P_1 = |\Delta\text{W}-\text{SW}[1]-\text{SW}[2]| = 60$，

$\Delta P_2 = |\Delta\text{W}-\text{SW}[2]-\text{SW}[3]| = 15$，$\Delta P_3 = |\Delta\text{W}-\text{SW}[3]-\text{SW}[4]| = 20$，

$\Delta P_4 = |\Delta\text{W}-\text{SW}[4]-\text{SW}[5]| = 40$，$\Delta P_5 = |\Delta\text{W}-\text{SW}[5]-\text{SW}[6]| = 60$，

$\Delta P_6 = |\Delta\text{W}-\text{SW}[6]-\text{SW}[7]| = 75$，$\Delta P_7 = |\Delta\text{W}-\text{SW}[7]-\text{SW}[8]| = 85$，

$\Delta P_8 = |\Delta\text{W}-\text{SW}[8]-\text{SW}[9]| = 95$

最小者为ΔP_2，选 2 号元素为整棵树的根。

第二趟（针对整棵树）：

左子序列（0≤i≤1）$\Delta\text{W} = \text{SW}[2] + \text{SW}[0] = 30 + 0 = 30$

$\Delta P_0 = |\Delta\text{W}-\text{SW}[0]-\text{SW}[1]| = 20$，$\Delta P_1 = |\Delta\text{W}-\text{SW}[1]-\text{SW}[2]| = 10$

最小者为ΔP_1，选 1 号元素为结点 2 的左子树的根。

右子序列（3≤i≤8）$\Delta\text{W} = \text{SW}[9] + \text{SW}[3] = 100 + 55 = 155$

$\Delta P_3 = |\Delta\text{W}-\text{SW}[3]-\text{SW}[4]| = 35$，$\Delta P_4 = |\Delta\text{W}-\text{SW}[4]-\text{SW}[5]| = 15$，

$\Delta P_5 = |\Delta\text{W}-\text{SW}[5]-\text{SW}[6]| = 5$，$\Delta P_6 = |\Delta\text{W}-\text{SW}[6]-\text{SW}[7]| = 20$，

$\Delta P_7 = |\Delta\text{W}-\text{SW}[7]-\text{SW}[8]| = 30$，$\Delta P_8 = |\Delta\text{W}-\text{SW}[8]-\text{SW}[9]| = 40$

最小者为ΔP_5，选 5 号元素为结点 2 的右子树的根。

第三趟（针对结点 2 的右子树）：

左子序列（3≤i≤4）$\Delta\text{W} = \text{SW}[5] + \text{SW}[3] = 75 + 55 = 130$

$\Delta P_3 = |\Delta\text{W}-\text{SW}[3]-\text{SW}[4]| = 10$，$\Delta P_4 = |\Delta\text{W}-\text{SW}[4]-\text{SW}[5]| = 10$

两者相等，取前一个ΔP_3，选 3 号元素为结点 5 的左子树的根。

右子序列（6≤i≤8）$\Delta\text{W}=\text{SW}[9]+\text{SW}[6] = 100+85 = 185$

$\Delta P_6 = |\Delta\text{W}-\text{SW}[6]-\text{SW}[7]| = 10$，$\Delta P_7 = |\Delta\text{W}-\text{SW}[7]-\text{SW}[8]| = 0$，

$\Delta P_8 = |\Delta\text{W}-\text{SW}[8]-\text{SW}[9]| = 10$

最小者为ΔP_7，选 7 号元素为结点 5 的右子树的根。

最后得到的次优查找树如图 7-4(d)所示。

次优查找树的查找类似于折半查找：查找过程从根结点开始，若查找成功，查找指针停留在某个内结点；若查找不成功，查找指针将走到某个失败结点，关键码比较次数不超过树的高度，性能达到 $O(\log_2 n)$。由于次优查找树在构造过程中未特意考虑让查找概率高的元素靠近根，所以，在某些特定情况下，查找概率高的元素可能会在距离根较远的层次出现。如果出现此种情况，可局部调优，使用类似于平衡二叉树单旋转的方法把查找概率高的元素旋转到距离根较近的位置。

大量实验证明，次优查找树与最优查找树的查找性能差别一般为 1%～2%，最大不超过 3%。因此完全可以使用次优查找树来完成不相等查找概率下的查找工作。况且，构造次优查找树的时间复杂度为 $O(\log_2 n)$，比构造最优查找树所花费的时间少得多。

7.1.5 扩展阅读：斐波那契查找和插值查找

1．斐波那契查找

斐波那契查找也是基于有序顺序表的逐步缩减查找区间的查找方法。该方法的查找区间端点和中间点都与斐波那契数列有关。斐波那契数列的定义为

$$\mathrm{F}(n)=\begin{cases} n, & n=0,\ 1 \\ \mathrm{F}(n-1)+\mathrm{F}(n-2), & n>1 \end{cases}$$

$n = 10$ 以内的斐波那契数如下：

n	0	1	2	3	4	5	6	7	8	9	10
Fib(n)	0	1	1	2	3	5	8	13	21	34	55

若有一个具有 n 个元素的有序顺序表，$n = F(k)-1$，首先计算它的中点 mid = $F(k-1)$，然后比较给定值 x 与 L.data[mid].key，有 3 种可能性：

（1）若 x = L.data[mid].key，则查找成功。

（2）若 x < L.data[mid].key，则给定值 x 可能落在查找区间的前半部分。令 high = mid −1，向左缩小查找区间，对它再进行斐波那契查找。

（3）若 x > L.data[mid].key，则给定值 x 可能落在查找区间的后半部分。令 low = mid +1，向右缩小查找区间，对它再进行斐波那契查找。

【例 7-7】 设一个有序顺序表的长度 $n = F(7)-1 = 12$，可取查找区间左端为 low = 1，右端为 high = n = 12，mid = $F(6)$ = 8，如图 7-5(a)所示。

如果给定值 x < L.data[8].key（= 45），左缩查找区间，所得子区间的长度是 $F(6)-1 = 7$，新的中点 mid = $F(5)$ = 5，如图 7-5(b)所示。如果给定值 x > L.data[8].key（= 45），右缩查找区间，所得子区间的长度是 $F(7)-1-F(6) = F(5)-1 = 4$，新的中点 mid = $F(6) + F(4)$ = 11，如图 7-5(c)所示。一般情况下，分割区间的原则是：若表的长度为 $n = F(k)-1$，则选其中间点为 $F(k-1)$。它将整个表分成两个子表，前一个子表的长度为 $F(k-1)-1$，后一个子表的长度为 $F(k-2)-1$。对子表的分割依此类推。

查找成功与不成功的判断条件与折半查找相同。

思考题 如果表的长度 $F(k-1) \leqslant n < F(k)-1$，要求把 n 补足到 $F(k)-1$，如何补足？

当 n 很大（>10）时，这种查找方法叫做黄金分割法，其平均性能比折半查找好。但最坏情况时，性能比折半查找差。查找成功的平均查找次数也是 $O(\log_2 n)$。

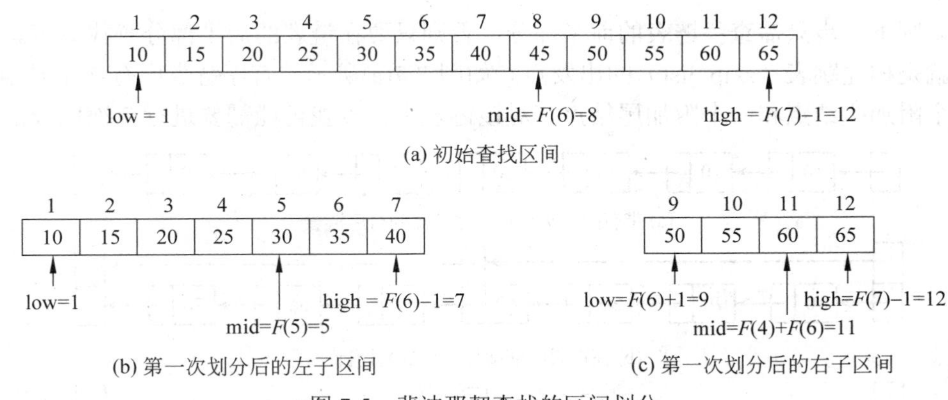

图 7-5　斐波那契查找的区间划分

2．插值查找

在日常生活中常常遇到这种情况：当我们想到按单位名称拼音排序的电话号码簿中查找北京大学的电话时，很自然地会翻到号码簿的前面开始查找，绝不会从号码簿的中间开始查找。因此，为了一开始就根据给定值直接逼近到要查找的位置，可以采用插值查找。

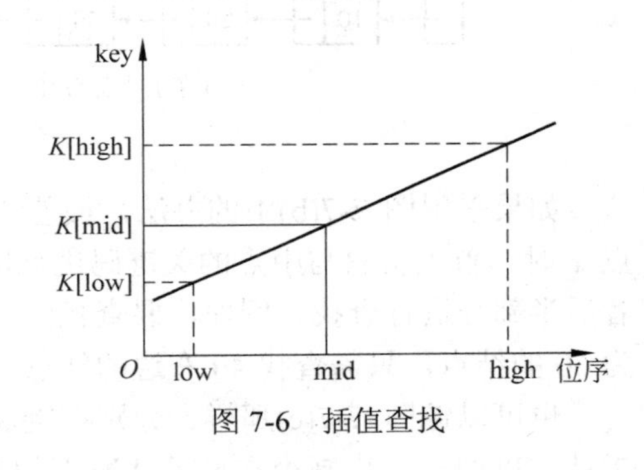

图 7-6　插值查找

插值查找的思路是：在待查区间[low..high]中，假设元素值是线性增长的，如图 7-6 所示。mid 是区间内的一个位置（low≤mid≤high），又假设 $K[x]$ 是某位置 x 的函数值，根据比例关系：

$$\frac{K[\text{high}]-K[\text{low}]}{\text{high}-\text{low}}=\frac{K[\text{mid}]-K[\text{low}]}{\text{mid}-\text{low}}$$

做一下移位，得到插值查找的公式

$$\text{mid}=\text{low}+\frac{K[\text{mid}]-K[\text{low}]}{K[\text{high}]-K[\text{low}]}(\text{high}-\text{low})$$

只要给定待查值 $y=K[x]$，就能求出它的位置 x。

插值查找的查找方法类似于折半查找，它的查找性能在关键码分布比较均匀的情况下优于折半查找。

一般地，若设待查序列有 n 个元素，插值查找的关键码比较次数要小于 $\log_2\log_2 n+1$ 次。这个函数增长速度很慢，对于所有可能的实际输入，其关键码比较次数都很小，但最坏情况下，插值查找的效率将达 $O(n)$。R.Sedgewick 认为：对于较小的表，折半查找比较好；但对于很大的表，以及那些比较开销很大或访问成本很高的应用，插值查找会更好些。

7.1.6　扩展阅读：跳表

在一个有序顺序表中进行折半查找，算法效率可达 $O(\log_2 n)$。但是在有序链表中只能进行顺序查找，算法效率达 $O(n)$。如果在链表中部结点中增加一个指针，则比较次数可以减少到 $n/2+1$。在查找时，首先用给定值 x 与中点的关键码进行比较，如果 x 小于中点的关键码，则下一步只需查找链表的前半部分，否则只要在链表的后半部分查找即可。

这就是构建跳表（skip list）的出发点。如图 7-7(a)所示，有序链表中有 7 个结点，另外有一个附加头结点和一个附加尾结点。对该链表进行查找可能需要进行 7 次比较。

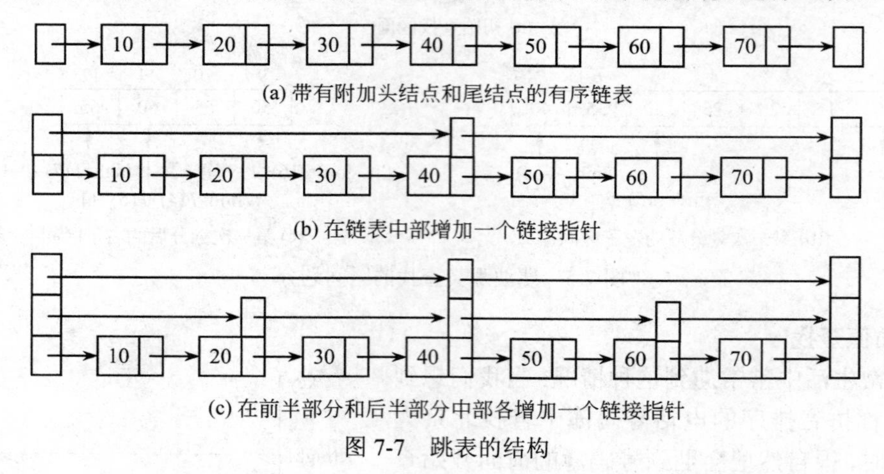

(a) 带有附加头结点和尾结点的有序链表

(b) 在链表中部增加一个链接指针

(c) 在前半部分和后半部分中部各增加一个链接指针

图 7-7　跳表的结构

如果采用图 7-7(b)中的办法，最差情况下的关键码比较次数减少到 4 次。查找一个结点 x 时，首先将它与中点的关键码进行比较，然后根据得到的结果，到链表的前半部分或者后半部分进行查找。例如，要查找值为 20 的结点，只需查找 40 左边的结点；要查找值为 60 的结点，只需查找 40 右边的结点。

也可以像图 7-7(c)那样，分别在链表前半部分和后半部分的中间结点再增加一个链接指针，以便进一步减少在最差情况下的查找比较次数。在该图中有 3 条链，0 级链就是图 7-7(a)中的初始链表，包括了所有 7 个结点。1 级链包括第 2、第 4、第 6 个结点。2 级链只包括第 4 个结点。为了查找值为 30 的结点，首先与中间结点 40 进行比较，在 2 级链中只需比较 1 次。由于 $30 < 40$，下一步将查找链表前半部分的中间结点，在 1 级链也仅需比较 1 次。由于 $30 > 20$，可到 0 级链继续查找，与链表中下一结点进行比较。

采用如图 7-7(c)所示的 3 级链结构，对所有的查找至多需要 3 次比较。3 级链结构可以实现在有序链表中进行折半查找。

通常，在跳表中 0 级链包括 n 个结点，1 级链包括 $n/2$ 个结点，2 级链包括 $n/4$ 个结点。每 2^i 个结点就有一个 i 级链指针。理想情况下，0 级链的第 2^1，2×2^1，3×2^1，…个结点链接起来形成 1 级链，故 1 级链是 0 级链的一个子集；2^2，2×2^2，3×2^2，…个结点链接起来形成 2 级链，以此类推，i 级链所包含的结点是 $i-1$ 级链的子集。链的级数为 $\lceil \log_2 n \rceil$，即跳表的最高级数为 $\lceil \log_2 n \rceil - 1$，在跳表中进行查找，时间复杂度为 $O(\log_2 n)$。

7.2　二叉查找树

二叉查找树是一种基于二叉树的动态查找结构，用于组织小型目录或索引。二叉查找树的形态随输入的元素关键码的不同而不同。下面将讨论它的数据结构。

7.2.1　二叉查找树的概念

二叉查找树又称二叉排序树[①]，它或者是一棵空树，或者是具有下列性质的二叉树：

（1）每个结点都有一个作为查找依据的关键码（key），所有结点的关键码互不相同。

（2）左子树（如果非空）上所有结点的关键码都小于根结点的关键码。

（3）右子树（如果非空）上所有结点的关键码都大于根结点的关键码。

（4）左子树和右子树也是二叉查找树。

如果对一棵二叉查找树进行中序遍历，可以将各结点的关键码按从小到大的顺序排列起来，这是它的一个重要性质，在插入和删除时必须注意保持这个性质。

【例 7-8】 图 7-8 给出几棵二叉查找树的例子。从这些树中可以看到，任一结点上的关键码大于它的左子树上所有结点的关键码，同时小于它的右子树上所有结点的关键码。

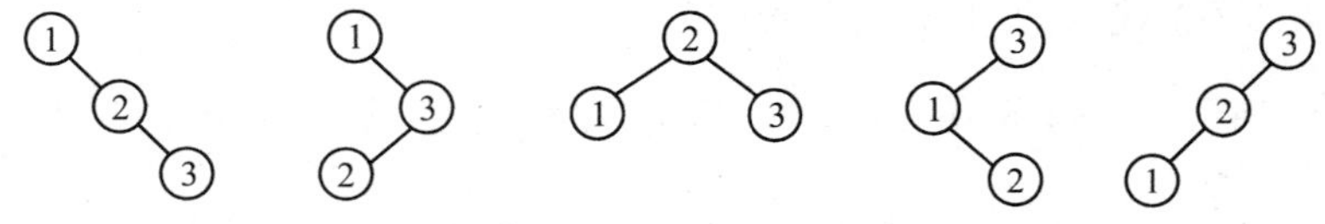

图 7-8　几棵二叉查找树的例子

二叉查找树的结构定义与一般二叉树相同，只不过在语义上做了限制。程序 7-5 给出的结构定义换用了不同的名字，是为了提高可读性，防止误读。

程序 7-5　二叉查找树的结构定义（存放于头文件 BSTree.h 中）

```
#include <stdio.h>
#include <stdlib.h>
typedef int TElemType;                //结点关键码的数据类型
typedef struct tnode {
     TElemType data;                  //结点值，为简化算法描述，不特别设关键码项
     struct tnode *lchild, *rchild; //指向左、右子女结点的指针
} BSTNode, *BSTree;
```

从二叉查找树的结构定义可知，它是用二叉链表作为其存储表示的，因此，许多操作的实现与二叉树类似。为简化算法描述，在结点中没有特别设置关键码，算法直接用 data 值进行比较。如果实际使用需要特别设置关键码项，可修改这个定义。

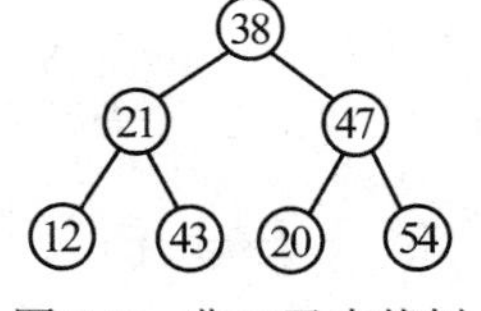

图 7-9　非二叉查找树

思考题　如果一棵二叉树中每一结点的关键码都大于其左子女（若存在）的关键码，小于其右子女（若存在）的关键码，这棵二叉树是二叉查找树吗？如图 7-9 所示的二叉树是二叉查找树吗？

7.2.2　二叉查找树的查找

在二叉查找树上查找，是一个从根开始，沿某一个分支逐层向下进行比较判等的过程。

① 国外从 20 世纪 80 年代末期已经不使用二叉排序树这一术语，都改称二叉查找树或二叉搜索树了。

它可以是一个递归的过程。

如果想在二叉查找树中查找关键码为 x 的元素，递归的查找过程从根结点开始。如果指向根的指针为 NULL，则查找不成功。否则用给定值 x 与根结点的关键码进行比较：如果给定值等于根结点的关键码，则查找成功，返回查找成功信息；如果给定值小于根结点的关键码，则继续递归查找根结点的左子树；如果给定值大于根结点的关键码，递归查找根结点的右子树。

【例 7-9】 图 7-10 给出了查找给定值 23 和 88 的过程。查找 23 成功，查找结果指针停留在包含关键码 23 的结点；查找 88 不成功，查找结果指针为 NULL，从它最后停留的结点 94 的一个空子女指针走出去了。递归查找算法的实现如程序 7-6 所示。

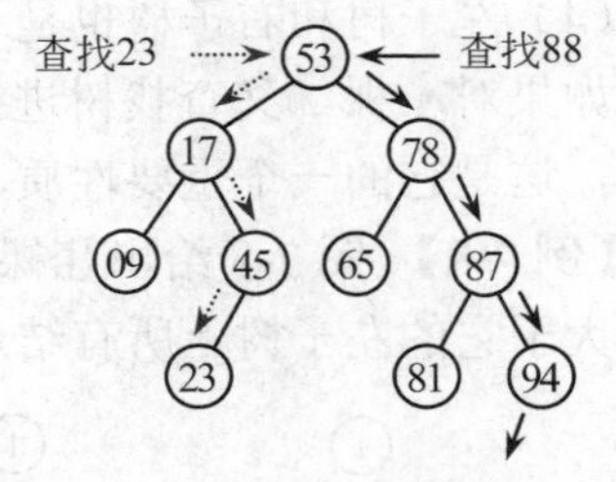

图 7-10 二叉查找树的查找过程

程序 7-6 二叉查找树的递归查找算法

```
BSTNode *Search ( BSTNode *p, BSTElemType x )
{
    if ( p == NULL ) return NULL;
    else if ( x < p->data ) return Search ( p->lchild, x );
    else if ( x > p->data ) return Search ( p->rchild, x );
    else return p;
};
```

由于递归算法执行效率较低，可以改用非递归算法实现查找，但在算法的参数表中需要增加一个引用指针参数 father。当查找成功时，函数返回 x 所在结点地址，father 返回该结点的双亲结点的地址；当查找不成功时，函数返回 NULL，father 返回新结点应插入的结点地址，此时新结点应作为叶结点插入到 father 之下。算法的实现参看程序 7-7。

程序 7-7 二叉查找树的非递归查找算法

```
BSTNode *Search ( BSTree BT, TElemType x, BSTNode *& father ) {
    BSTNode *p = BT;  father = NULL;
    while ( p != NULL && p->data != x ) {          //寻找包含 x 的结点
            father = p;                            //向下层继续查找
            if ( x < p->data ) p = p->lchild;
            else p = p->rchild;
    }
    return p;
};
```

若查找成功，查找指针停留在满足要求的结点；若查找不成功，查找指针一定从某个结点走到悬空。若设二叉查找树的高度为 h，则比较次数不超过 h。

7.2.3 二叉查找树的插入

为了向二叉查找树中插入一个新元素，必须先使用查找算法检查该元素是否在树中已经存在。如果查找成功，说明树中已经有这个元素，不再插入；如果查找不成功，说明树中原来没有关键码等于给定值的结点，把新元素加到查找操作停止的地方。

【例 7-10】 向图 7-11(a)所示的二叉查找树中插入新元素 88 时，首先从根开始查找 88。查找返回的结果是 p = NULL，说明可以插入。插入位置是在 p 的双亲指针 father 停留的结点 94 下面，且 88 比 father 所指结点的关键码 94 小，因此把 88 作为 94 的左子女插入到二叉查找树中，如图 7-11(b)所示。

思考题 为什么每次插入都必须从根开始找插入位置？可否插入到 87 和 94 之间，即让新结点 88 成为 87 的右子女，94 成为新结点 88 的右子女？如图 7-11(c)所示。

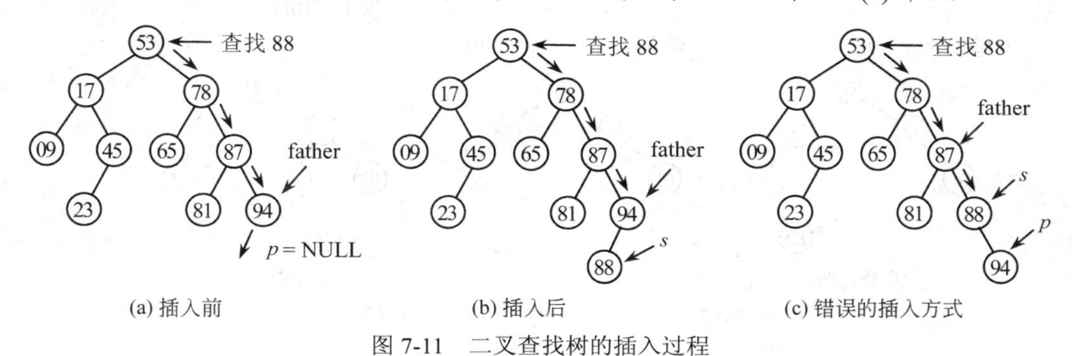

图 7-11　二叉查找树的插入过程

程序 7-8 给出了二叉查找树的插入算法，其中调用了非递归的查找算法。只有当查找函数返回 NULL 时才可插入，插入到 f 所指示的结点下面。

程序 7-8　二叉查找树的插入算法

```
int Insert ( BSTree& BT, TElemType x ) {
//向根为 BT 的二叉查找树插入一个关键码为 x 的结点，插入成功函数返回 1，否则返回 0
    BSTNode *s, *p, *f;
    p = Search ( BT, x, f );                        //寻找插入位置
    if ( p != NULL ) return 0;                      //查找成功，不插入
    s = ( BSTNode *) malloc ( sizeof (BSTNode));    //否则创建新结点
    if ( ! s ) { printf ( "存储分配失败! \n" );  exit(1); }
    s->data = x;  s->lchild = NULL;  s->rchild = NULL;
    if ( f == NULL ) BT = s;                      //原为空树，结点为根结点
    else if ( x < f->data ) f->lchild = s;        //非空树，结点作为左子女插入
    else f->rchild = s;                           //结点作为右子女插入
    return 1;
};
```

思考题 如果想利用二叉查找树对一组数据元素排序，有可能其中的某些元素的关键码相等。如果二叉查找树容忍相等的关键码，那么，后插入的关键码应插入到何处？

【例 7-11】 有一个结点关键码的输入序列{53, 78, 12, 85, 01, 80, 23, 18}，从空的二叉查找树开始，逐个结点插入，从而建立起最终的二叉查找树。插入过程如图 7-12 所示。

为了建立一棵二叉查找树，需要从空树起，输入一系列元素。每输入一个元素，都要调用一次插入算法，依据元素的关键码把新输入的元素插入到二叉查找树中。如果初始为空树，新插入的元素成为树的根结点；如果是非空树，新插入的元素作为叶结点插入到树

中。在插入过程中，不需移动结点，只需修改某个已有树中结点的一个空指针即可。

建立一棵二叉查找树的算法如程序 7-9 所示。它要求从空树开始建树，输入序列以输入一个结束标志 finish 结束。这个值应当取不可能在输入序列中出现的值，例如输入序列的值都是正整数时，取 finish 为 0 或负数。

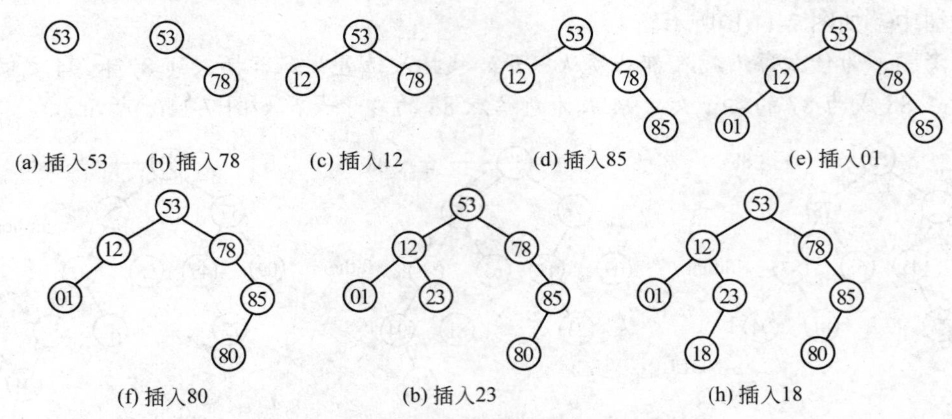

(a) 插入53　(b) 插入78　(c) 插入12　(d) 插入85　(e) 插入01

(f) 插入80　(b) 插入23　(h) 插入18

图 7-12　输入数据，建立二叉查找树的过程

程序 7-9　输入一系列数据建立二叉查找树的算法

```
void createBST ( BSTree& BT, TElemType finish ) {
//输入一个元素序列，建立一棵根为 BT 的二叉查找树，输入以 finish 结束
     TElemType x;  BT = NULL;                          //置空树
     scanf ( "%d ", &x );                              //输入数据
     while ( x != finish ) {                           //finish 是输入结束标志
          Insert (BT, x);  scanf ( "%d ", &x ); //插入，再输入数据
     }
};
```

从图 7-8 可知，同样 3 个数据{1, 2, 3}，输入顺序不同，建立起来的二叉查找树的形态也不同。这直接影响到二叉查找树的查找性能。如果输入序列选得不好，会建立起一棵单枝树，即树的每个结点最多 1 个子女，使二叉查找树的高度达到最大，这样必然导致查找性能变得最坏。

7.2.4　二叉查找树的删除

在二叉查找树中删除一个结点时，必须将因删除结点而断开的二叉链表重新链接起来，同时确保二叉查找树的性质不会失去。此外，为了保证在删除后树的查找性能不至于降低，还需要防止重新链接后树的高度增加。在删除算法中所有这些因素都应当体现。

删除算法分为两种情况分别处理：

（1）被删结点有一棵子树为空或两棵子树都为空。

如果被删结点*p 左子树为空，用指针 s 记下它的右子女结点地址（有可能为 NULL）；如果*p 的左子树不为空，用 s 记下它的左子女结点地址。然后让其双亲结点中原来指向*p 的指针指向 s 所指示结点，再释放*p 结点。如果原来*p 是根结点，则*s 成为新的根结点。

（2）被删结点左、右子树都不空。

在这种情况下，可以在被删结点*p的右子树中寻找中序下的第一个结点*s（其元素关键码在其右子树中最小），用它的值填补到*s结点中，再让$p = s$，处理新的*p结点的删除，这是一个递归处理。

【例 7-12】 在图 7-13 中想要删除关键码为 78 的结点，它的左、右子树都不空。在它的右子树中找中序下的第一个结点，其关键码为 81。把它的值填补到被删结点中去，下面的问题就是删除关键码为 81 的结点了。这个结点左子树为空，用它的右子女（关键码为 88）代替它的位置就可以了。

算法的实现参看程序 7-10。当然，也可以在被删结点的左子树中找中序下的最后一个结点（在左子树中关键码最大），用它来填补被删结点。

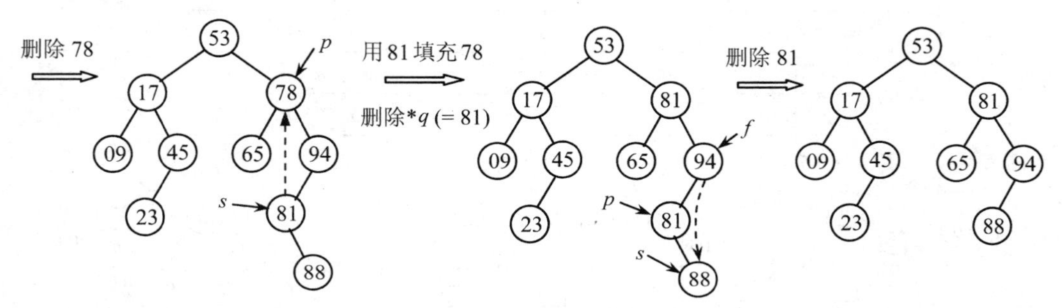

图 7-13　二叉查找树的删除过程

程序 7-10　二叉查找树的删除算法

```
int Remove ( BSTree& BT, TElemType x ) {
//在 BT 为根的二叉查找树中删除关键码为 x 的结点，删除成功返回 1，否则返回 0
    BSTNode *s, *p, *f;
    p = Search ( BT, x, f );                              //寻找删除结点
    if ( p == NULL ) return 0;                            //查找失败，不作删除
    if ( p->lchild != NULL && p->rchild != NULL ) {      //被删结点*p 有两个子女
        s = p->rchild;    f = p;                          //找*p 的中序后继*s
        while ( s->lchild != NULL ) { f = s;  s = s->lchild; }
        p->data = s->data;  p = s;                        //将*s 的数据传给*p
    }                                                     //该结点成为被删结点
    if ( p->lchild != NULL ) s = p->lchild;               //单子女，记录非空子女
    else s = p->rchild;
    if ( p == BT ) BT = s;                                //被删结点为根结点
    else if ( s && s->data < f->data ) f->lchild = s;
    else f->rchild = s;
    free (p);  return 1;                                  //释放被删结点
};
```

7.2.5　二叉查找树的性能分析

对于同一个关键码集合，因为关键码插入的顺序不同，可得到不同的二叉查找树。对于有 n 个关键码的集合，其关键码有 $n!$种不同的排列，但固定中序序列后，变动不同的输

入序列可构成的不同二叉查找树有 $\frac{1}{n+1}C_{2n}^{n}$ 棵。为评价这些二叉查找树，可以用树的平均查找长度来衡量。若设树的每个结点为内结点，即已有的结点，并假定每个内结点的空子女指针指示一个虚拟的外结点（这个结点实际不存在，只是为了分析性能而设），它们代表查找树中没有的关键码。这种加入了外结点的二叉查找树称为扩充二叉树。

【例 7-13】 二叉查找树中有 $n = 3$ 个内结点，它们的关键码为整数{27, 38, 54}，对应查找概率为{ $p_1 = 0.5, p_2 = 0.1, p_3 = 0.05$}，此即查找成功的概率，则该树一定有 $n+1 = 4$ 个外结点，代表 4 个关键码间隔，即树中没有的但可能查找的整数范围(1, 27), (27, 38), (38, 54), (54, ∞)，它们对应的查找概率分别为{ $q_0 = 0.15, q_1 = 0.1, q_2 = 0.05, q_3 = 0.05$}，此即查找不成功的概率。则可能的扩充二叉树如图 7-14 所示。

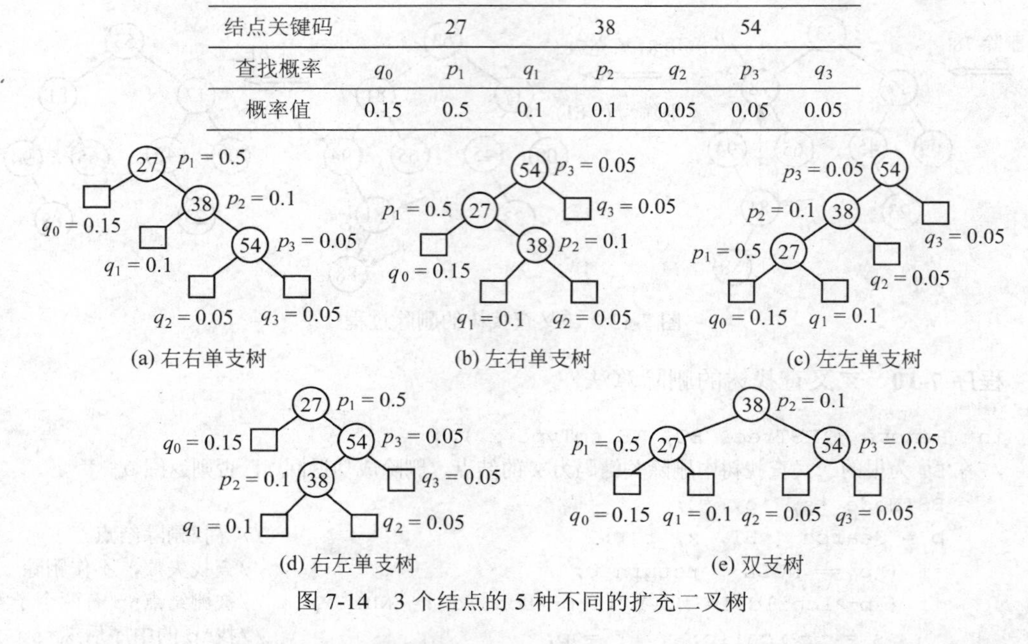

结点关键码		27		38		54	
查找概率	q_0	p_1	q_1	p_2	q_2	p_3	q_3
概率值	0.15	0.5	0.1	0.1	0.05	0.05	0.05

(a) 右右单支树　(b) 左右单支树　(c) 左左单支树

(d) 右左单支树　(e) 双支树

图 7-14　3 个结点的 5 种不同的扩充二叉树

在扩充二叉树中，圆形结点表示内结点，它们都是度为 2 的结点，包含了二叉查找树中已有的关键码；方形结点表示外结点，它们都是度为 0 的结点，代表了造成查找失败的各关键码间隔中的那些不在二叉查找树中的关键码。

在每两个外结点之间必然存在一个内结点。若设扩充二叉树的内结点有 n 个，根据扩充二叉树的性质，外结点的个数有 $n+1$ 个。如果定义每个结点的路径长度为该结点的层次号减 1（即从根到它的路径上的分支条数），并用 I 表示所有 n 个内结点的路径长度之和，用 E 表示 $n+1$ 个外结点的路径长度之和，即可以用归纳法证明，$E = I+2n$。

如果对这种扩充二叉树进行中序遍历，得到的中序序列正好将内、外结点交替排列。就是说，在这种序列中，第 i 个内结点正好位于第 $i-1$ 个外结点和第 i 个外结点之间。

为利用扩充二叉树分析二叉查找树的查找性能，定义树的查找成功的平均查找长度 ASL$_{成功}$和查找不成功的平均查找长度 ASL$_{不成功}$。

查找成功的平均查找长度 ASL$_{成功}$可定义为扩充二叉树上所有内结点的查找概率 $p[i]$与查找该结点时所需的关键码比较次数 $c[i]$ $(=l[i])$ 乘积之和：

$$\text{ASL}_{成功}=\sum_{i=1}^{n}p[i]\times l[i]$$

其中，$l[i]$是第 i 个内结点的层次号，$p[i]$是该结点的查找概率。

查找不成功的平均查找长度 $\text{ASL}_{不成功}$为扩充二叉树上所有外结点的查找概率 $q[j]$与到达该外结点所需关键码比较次数 $c'[j]\ (=l'[j]-1)$ 乘积之和：

$$\text{ASL}_{不成功}=\sum_{j=0}^{n}q[j]*(l'[j]-1)$$

式中，$l'[j]$是第 j 个外结点的层次号。

所有内部、外结点查找概率之和应等于 1：

$$\sum_{i=1}^{n}p[i]+\sum_{j=0}^{n}q[j]=1$$

对应二叉查找树的总的平均查找长度 ASL 即为二者之和：$\text{ASL} = \text{ASL}_{成功}+\text{ASL}_{不成功}$。考虑图 7-14 所示的例子，计算例 7-14 中各扩充二叉树的平均查找长度。

1．不相等查找概率的情形

对于如图 7-14 所示的二叉查找树的 5 种扩充二叉树，它们的 $\text{ASL}_{成功}$和 $\text{ASL}_{不成功}$分别为

（a）$\text{ASL}_{成功} = 0.5\times1+0.1\times2+0.05\times3 = 0.85$，$\text{ASL}_{不成功} = 0.15\times1+0.1\times2+0.05\times(3+3) = 0.65$

（b）$\text{ASL}_{成功} = 0.05\times1+0.5\times2+0.1\times3 = 1.35$，$\text{ASL}_{不成功} = 0.05\times1+0.15\times2+(0.1+0.05)\times3 = 0.8$

（c）$\text{ASL}_{成功} = 0.05\times1+0.1\times2+0.5\times3 = 1.75$，$\text{ASL}_{不成功} = 0.05\times1+0.05\times2+(0.15+0.1)\times3 = 0.9$

（d）$\text{ASL}_{成功} = 0.5\times1+0.05\times2+0.1\times3 = 0.9$，$\text{ASL}_{不成功} = 0.15\times1+0.05\times2+(0.1+0.05)\times3 = 0.7$

（e）$\text{ASL}_{成功} = 0.1\times1+(0.05+0.5)\times2 = 1.2$，$\text{ASL}_{不成功} = (0.15+0.1+0.05+0.05)\times2 = 0.7$

由于 $\text{ASL} = \text{ASL}_{成功}+\text{ASL}_{不成功}$，则图 7-14(a) 的 ASL = 1.5，图 7-14(b) 的 ASL = 2.15，图 7-14(c) 的 ASL = 2.65，图 7-14(d)的 ASL = 1.6，图 7-14(e) 的 ASL = 1.9。由此可知，图 7-14(a) 的情形下树的平均查找长度达到最小。称平均查找长度达到最小的二叉查找树为最优二叉查找树。在最优二叉查找树中，查找概率高的结点离根近（可能就是根）。

思考题 在各结点的查找概率不相等的情形下，图 7-14(e)所示的扩充二叉树的高度最小，但它为什么不是最优二叉查找树？

2．相等查找概率的情形

若设二叉查找树中所有内、外结点的查找概率都相等，则有

$$p[1]=p[2]=p[3]=q[0]=q[1]=q[2]=q[3]=\frac{1}{2\times3+1}=\frac{1}{7}$$

图 7-14(a)～(d)都是单支树情形，有

$$\text{ASL}_{成功}=\frac{1}{7}\times(1+2+3)=\frac{6}{7},\quad \text{ASL}_{不成功}=\frac{1}{7}\times(1+2+3+3)=\frac{9}{7}$$

总的平均查找长度

$$\text{ASL}=\frac{6}{7}+\frac{9}{7}=\frac{15}{7}$$

图 7-14(e)是双支树情形，有

$$\text{ASL}_{\text{成功}} = \frac{1}{7}\times(1+2+2) = \frac{5}{7}，\quad \text{ASL}_{\text{不成功}} = \frac{1}{7}\times(2+2+2+2) = \frac{8}{7}$$

总的平均查找长度

$$\text{ASL} = \frac{5}{7}+\frac{8}{7} = \frac{13}{7}$$

显然，图 7-14(e)的情形下所得的平均查找长度最小，它是最优二叉查找树。显然，在各结点查找概率相等的情形，高度最小的二叉查找树具有最小的平均查找长度。

在许多习题中常要求分开考虑所有内、外结点的查找概率。此时，有 n 个内结点的扩充二叉树的内部路径长度 I 至少等于序列 0, 1, 1, 2, 2, 2, 2, 3, 3, 3, 3, 3, 3, 3, 3, 4, 4, …的前 n 项的和。最优二叉查找树的查找成功的平均查找长度和查找不成功的平均查找长度分别为

$$\text{ASL}_{\text{成功}} = \sum_{i=1}^{n}\left(\lfloor \log_2 i \rfloor + 1\right) \quad \text{ASL}_{\text{不成功}} = \sum_{i=n+1}^{2n+1}\lfloor \log_2 i \rfloor$$

设一棵二叉查找树有 n 个结点，高度为 h，则该树的查找、插入和删除需要检测的结点数最多不超过树的高度。二叉查找树的高度最大为 n，最小为$\lceil \log_2(n+1) \rceil$（类似完全二叉树的情形）。在随机情况下，二叉查找树的查找、插入、删除操作的平均时间复杂度为 $O(\log_2 n)$。

7.3 AVL 树

AVL 树[①]是高度平衡的二叉查找树，是 1962 年由俄罗斯数学家 G.M.Adelson-Velsky 和 E.M.Landis 提出的，故取他们名字的头字母来命名这种树。引入 AVL 树的目的是提高二叉查找树的效率。为此，就必须在每次向二叉查找树插入一个新结点时调整树的结构，使得二叉查找树保持平衡，从而尽可能降低树的高度，减少树的平均查找长度。

7.3.1 AVL 树的概念

一棵 AVL 树或者是空树，或者是具有下列性质的二叉查找树：它的左子树和右子树都是 AVL 树，且左子树和右子树的高度之差的绝对值不超过 1。

【例 7-14】 图 7-15(a)给出的二叉查找树不是 AVL 树，根的右子树的高度为 2，而左子树的高度为 5。图 7-15(b)给出的二叉查找树是 AVL 树。在图中每个结点旁所注的数字给出该结点右子树高度减去左子树高度所得到的高度差，称此数字为结点的平衡因子 bf（balance factor）。根据 AVL 树的定义，任一结点的平衡因子只能取-1、0 和 1。如果一个结点的平衡因子的绝对值大于 1，则这棵二叉查找树就失去了平衡，不再是 AVL 树了。

如果一棵二叉查找树是高度平衡的，它就成为 AVL 树。如果它有 n 个结点，其高度可保持在 $O(\log_2 n)$，平均查找长度也可保持在 $O(\log_2 n)$。

---

① AVL 树在某些书中被称为平衡二叉树。因这个名称未体现二叉查找树的特性，所以本书直呼 AVL 树。

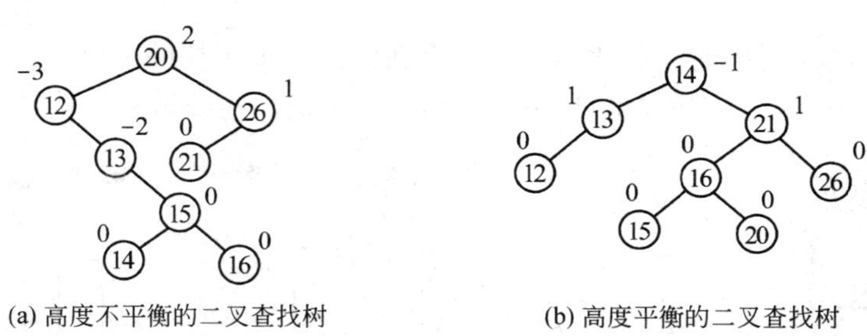

(a) 高度不平衡的二叉查找树　　(b) 高度平衡的二叉查找树

图 7-15　高度不平衡和平衡的二叉查找树

7.3.2　平衡化旋转

如果在一棵原本是平衡的二叉查找树中插入新结点，需要从插入位置沿通向根的路径回溯，检查各结点左、右子树的高度差。如果在某一结点发现不平衡，停止回溯。从发生不平衡的结点起，沿刚才回溯的路径取直接下两层的结点。如果这 3 个结点处于一条直线上，则采用单旋转进行平衡化；如果这 3 个结点处于一条折线上，则采用双旋转进行平衡化。

单旋转可按其方向分为左单旋转和右单旋转，它们是互相左右对称的，其方向与不平衡的形状相关。而双旋转分为先左后右和先右后左两类。

1．左单旋转（RotationLchild）

左单旋转又称为 RR 旋转，顾名思义，是在结点的右子树的右子树上插入新结点导致不平衡，将结点来一个左单旋转，使之平衡化。例如，若在插入新结点前 AVL 树的形状如图 7-16(a)所示。图中的圆形框表示结点，旁边附注的数字为该结点的平衡因子；矩形框表示结点的子树，也称该结点的负载，字母 *h* 给出子树的高度。

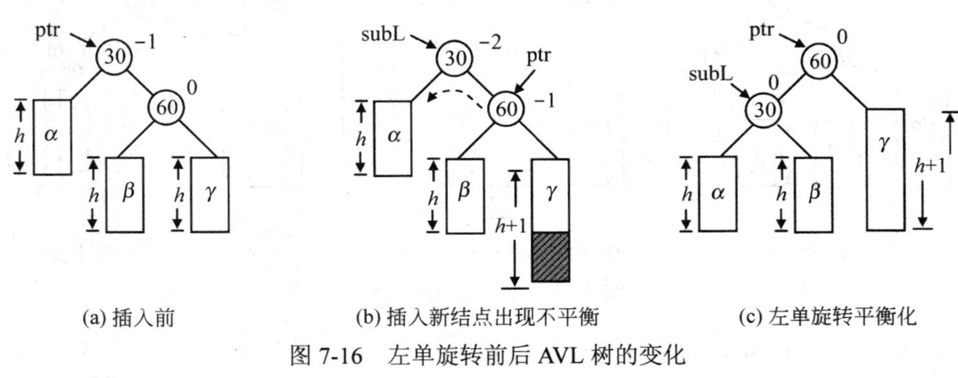

(a) 插入前　　(b) 插入新结点出现不平衡　　(c) 左单旋转平衡化

图 7-16　左单旋转前后 AVL 树的变化

ptr 结点的平衡因子等于−1，表明其右子树高，现在在 ptr 结点的右子树的右子树上插入一个新结点，该子树的高度增加 1，导致根结点的平衡因子变成−2，如图 7-16(b)所示，出现不平衡。这种情况需要做左单旋转，旋转方法是以 ptr 所指结点 60 为旋转轴，让结点 30 反时针旋转成为 60 的左子女，60 代替原来 30 的位置，原来 60 的左子树 β（该子树所有结点的关键码在 30 到 60 之间）转为 30 的右子树。平衡旋转后的形状如图 7-16(c)所示。

通过检查各个结点的平衡因子可知，树又恢复平衡并且保持了二叉查找树的特性。

2．右单旋转（RotationRchild）

右单旋转又称为 LL 旋转。如果一棵 AVL 树如图 7-17(a)所示，在 ptr 所指示结点 60 的两棵子树中较高的左子树的左子树上插入一个新结点，该子树的高度增加 1，导致根结点的平衡因子从 1 变成 2，如图 7-17(b)所示，出现不平衡，需要做右单旋转。

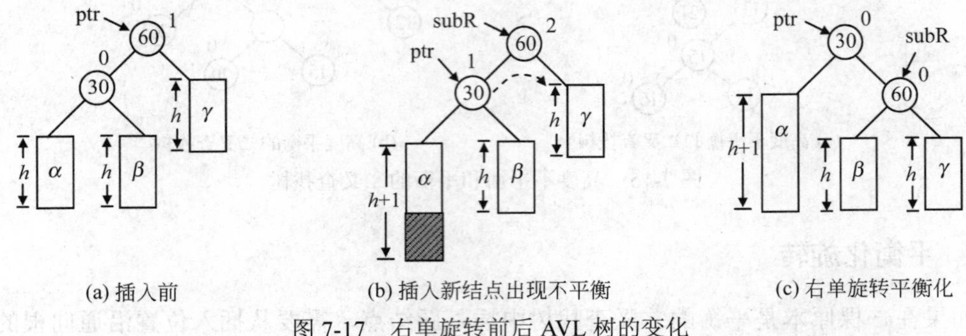

图 7-17　右单旋转前后 AVL 树的变化

旋转方法是从不平衡结点 60 沿插入路径找到它的左子女 30（改用 ptr 指示），以结点 30 为旋转轴，让结点 60 顺时针旋转成为 30 的右子女，30 代替原来 60 的位置，原来 30 的右子树 β 转为 60 的左子女。平衡旋转后的形状如图 7-17(c)所示。

3．先左后右双旋转（RotationLchildRchild）

先左后右双旋转（LR 旋转）总是考虑 3 个结点。设给出一棵 AVL 树，如图 7-18(a)所示。ptr 结点的平衡因子为 1，表明该结点的左子树比右子树高。现在在 ptr 结点的较高的左子树的右子树 β 或 γ 中插入一个新结点，则该子树的高度增加 1，如图 7-18(b)所示，导致 ptr 结点的平衡因子从 1 变为 2，发生了不平衡，需要做两次平衡化单旋转以消除不平衡。

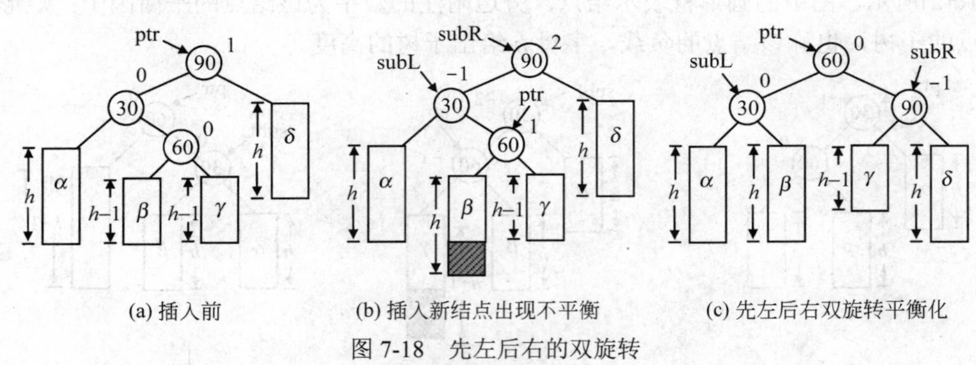

图 7-18　先左后右的双旋转

旋转方法是从 ptr 结点起沿插入路径选取 3 个结点：90、30 和 60，其中 60 的值居中，它将成为旋转后的新根。首先以结点 60 为旋转轴，将结点 30 反时针旋转下去，再以结点 60 为旋转轴，将结点 90 顺时针旋转下去，使得 30 成为 60 的左子女，90 成为 60 的右子女，原来 60 的左子树 β 成为 30 的右子树，60 的右子树 γ 成为 90 的左子树。这样又恢复了树的平衡，如图 7-18(c)所示。

4．先右后左双旋转（RotationRchildLchild）

先右后左双旋转（RL 旋转）是先左后右双旋转的镜像。设给出一棵 AVL 树，如图 7-19(a)所示。结点 30 的平衡因子为−1，表明结点 30 的右子树比其左子树高。现在在较高的右子树的下层的左子树 β 或 γ 中插入一个新结点，使得该子树的高度增加 1，导致结点 30 的平衡因子从-1变为-2，发生了不平衡，需要做两次单平衡化旋转以消除不平衡。

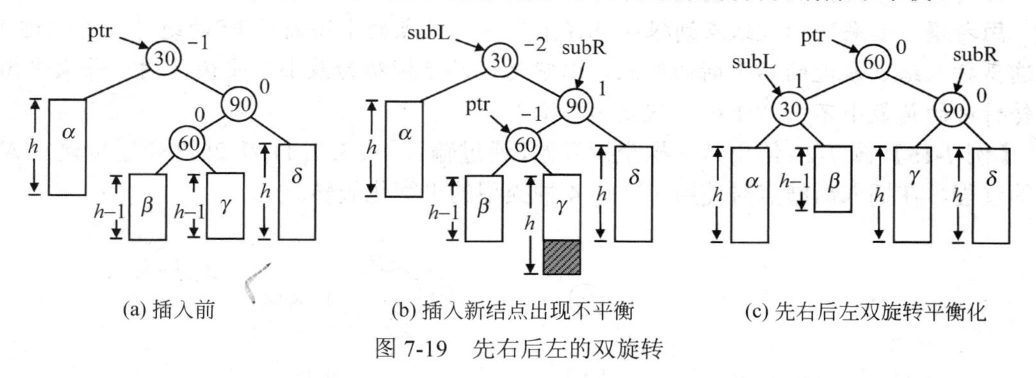

(a) 插入前　　(b) 插入新结点出现不平衡　　(c) 先右后左双旋转平衡化

图 7-19　先右后左的双旋转

旋转方法是从结点 30 起沿插入路径选取 3 个结点 30、90 和 60。首先做右单旋转：以结点 60（改用 ptr 指示）为旋转轴，将结点 90 顺时针旋转下去，使得 90 成为 60 的右子女，原来 60 的右子树 γ 转为 90 的左子树。接下来做左单旋转：以结点 60 为旋转轴，将结点 30 反时针旋转，使得 30 成为 60 的左子女，原来 60 的左子树 β 转为 30 的右子女。这样又恢复了树的平衡，如图 7-19(c)所示。

思考题　平衡化旋转的目的是什么？AVL 树的形状是理想平衡树吗？

7.3.3 AVL 树的插入

在向一棵本来是高度平衡的 AVL 树中插入一个新结点时，插入过程与二叉查找树相同，但是在插入过程中必须记下从根到插入结点的查找路径。若设新插入的结点为*p，在每执行一次二叉查找树的插入运算后，都需从新插入的结点*p 开始，沿该结点的插入路径向根结点方向回溯，修改各结点的平衡因子，调整子树的高度，恢复被破坏的平衡性质。

新结点*p 的平衡因子为 0。现在来考查它的双亲*f。若*p 是*f 的左子女，则*f 的平衡因子增 1，否则*f 的平衡因子减 1。修改后*f 的平衡因子值有 3 种情况：

（1）修改后结点*f 的平衡因子 bf 等于 0。说明刚才是在*f 的较矮的子树上插入了新结点，结点*f 已处于平衡，且其高度没有增加。此时从*f 到根的路径上各结点为根的子树高度不变，从而各结点的平衡因子不变，可以结束重新平衡化的处理，返回主程序。

（2）修改后结点*f 的平衡因子 bf 等于 1 或-1。说明插入前*f 的平衡因子是 0，插入新结点后，以*f 为根的子树没有失去平衡，不需平衡化旋转。但该子树的高度增加，还需从结点*f 向根的方向回溯，继续考查结点*f 的双亲的平衡状态。

（3）修改后结点*f 的平衡因子 bf 等于 2 或-2。说明新结点在较高的子树上插入，造成了不平衡，需要做平衡化旋转。此时可进一步分两种情况讨论：

- 若修改后结点*f 的 bf = 2，说明插入前左子树高，插入后左子树更高，可结合其左子女*q 的 bf 分别处理：若*q 的 bf 与*f 的 bf 的同为正号，执行 LL（单）旋转；若*q 的 bf 与*f 的 bf 的正负号相反，执行 LR（双）旋转。
- 若修改后结点*f 的 bf = −2，说明插入前右子树高，插入后右子树更高，可结合其右子女*q 的 bf 分别处理：若*q 的 bf 与*f 的 bf 的同为负号，执行 RR（单）旋转；若*q 的 bf 与*f 的 bf 的正负号相反，执行 RL（双）旋转。

旋转后以*f*为根的子树高度降低，因此无须继续向上层回溯。

思考题　*如果从插入结点到根的路径上有多个结点的平衡因子 bf 的绝对值都超过 1，应选离插入结点最近的不平衡的结点，以它为根的子树称为最小不平衡子树。每次平衡化旋转针对的是最小不平衡子树。这是为什么？*

【例 7-15】图 7-20 给出从一棵空树开始，通过输入 16, 3, 7, 11, 9, 26, 18，逐步建立 AVL 树的过程。在插入新结点时使用了上述 4 种类型的平衡化旋转。

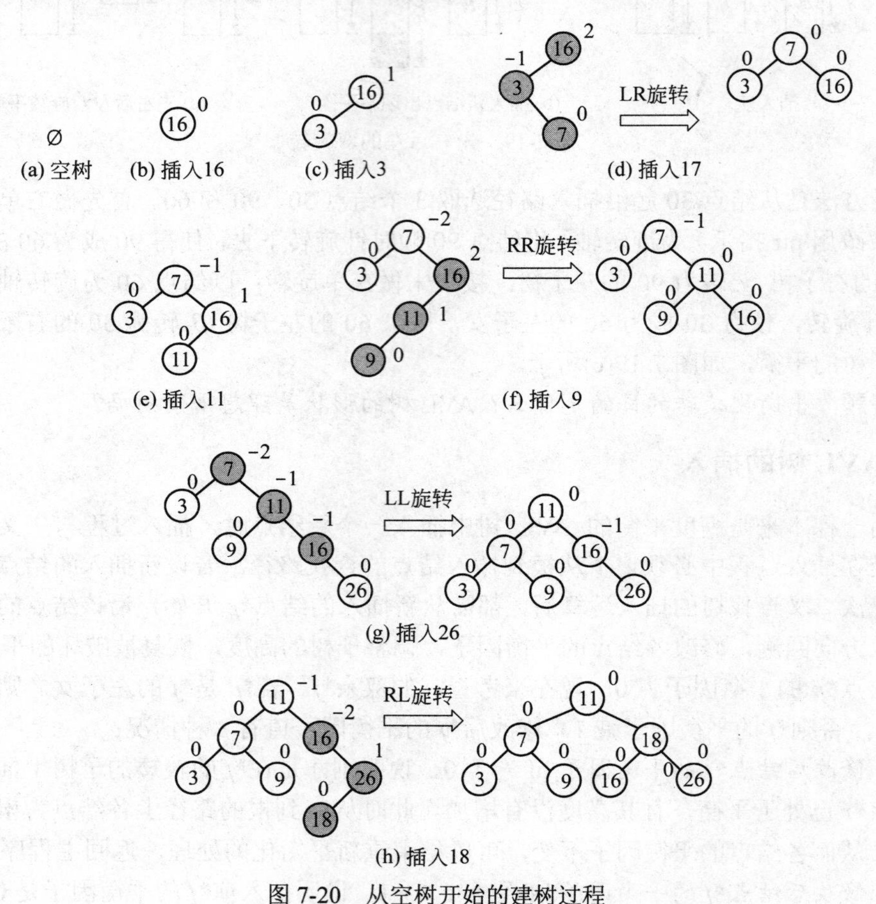

图 7-20　从空树开始的建树过程

7.3.4　AVL 树的删除

AVL 树的删除算法与二叉查找树类似。不同之处在于：若删除后破坏了 AVL 树的高度平衡性质，还需要做平衡化旋转。

（1）*如果被删结点*p 有两个子女*。首先查找*p 在中序次序下的直接前趋*q（同样可以找直接后继）。再把*q 的内容传送给*p，现在问题转移到删除结点*q。把结点*q 当作被删结点*p，它是最多只有一个子女的结点。

（2）*如果被删结点*p 最多只有一个子女*q*。可以简单地把*p 的双亲*f 中原来指向*p 的指针改指到*q；如果结点*p 无子女，双亲*f 的相应指针置为 NULL。再将原来以结点*f 为根的子树的高度减 1，并沿*f 通向根的路径反向追踪高度变化对路径上各结点的影响。

考查删除结点*p 后它原来的双亲*f。若*p 原是*f 的左子女，则*f 的平衡因子减 1（左子树高度降低），否则增 1（右子树高度降低）。根据修改后*f 的平衡因子值，按 3 种情况分别进行处理：

（1）*f 的平衡因子原来为 0，在它的左子树或右子树被缩短后，则它的平衡因子改为 −1 或 1。由于以*f 为根的子树高度没有改变，从*f 到根结点的路径上所有结点都不需要调整。此时可结束本次删除的重新平衡过程，参看图 7-21。

（2）结点*f 的平衡因子原不为 0，且较高的子树被缩短，则*f 的平衡因子改为 0。此时以*f 为根的子树平衡，但其高度减 1，参看图 7-22。然后，让 $q = f$，$f = \text{Parent}(f)$，继续考查结点*f 的双亲的平衡状态。

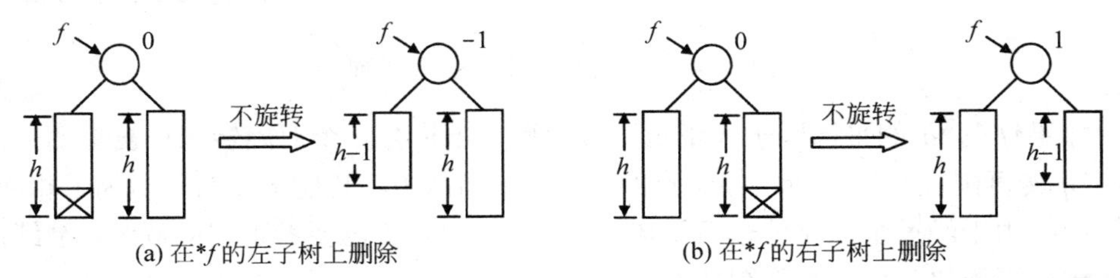

图 7-21 不旋转且无须平衡化旋转的情形

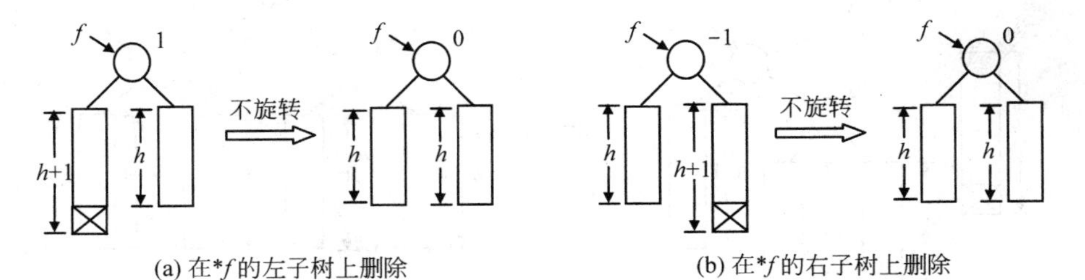

图 7-22 不平衡但需继续向上做平衡化处理

（3）结点*f 的平衡因子原不为 0，且较矮的子树又被缩短，则在结点*f 发生不平衡。为此需进行平衡化旋转来恢复平衡。令*f 的较高的子树的根为*q（该子树未被缩短），根据*q 的平衡因子，有如下 3 种平衡化操作。

- 如果*q 的平衡因子为 0，执行一个单旋转来恢复结点*f 的平衡，如图 7-23 所示。这是左单旋转的例子，右单旋转的情形可以对称地处理。由于平衡旋转后以*q 为根的子树的高度没有发生改变，从*q 到根的路径上所有结点平衡因子不变。可以结束重新平衡过程。

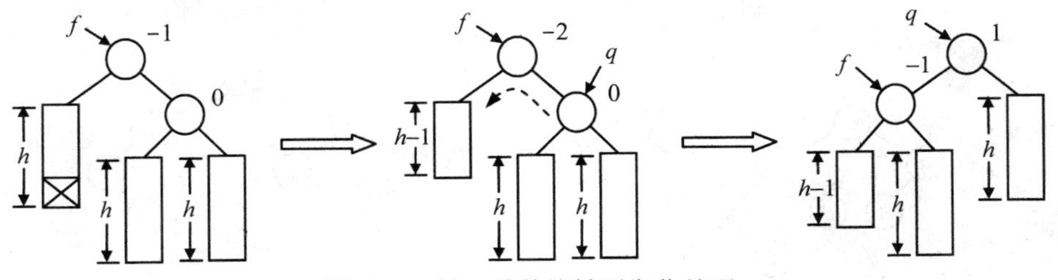

图 7-23 第一种单旋转平衡化处理

- 如果*q 的平衡因子与*f 的平衡因子正负号相同，则执行一个单旋转来恢复平衡，结点*f和*q 的平衡因子均改为 0。如图 7-24 所示。图中是左单旋转的例子，右单旋转的情形可以对称地处理。由于经过平衡旋转后结点*q 的子树高度降低 1，故需要继续沿插入路径向上考查结点*q 的双亲的平衡状态，即将当前考查结点向根结点方向上移。

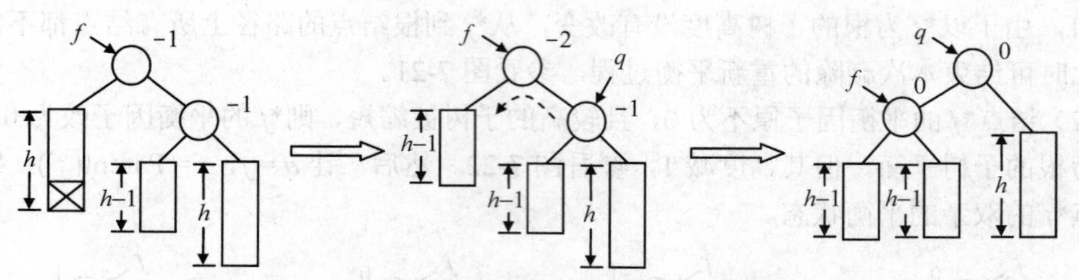

图 7-24　第二种单旋转平衡化处理

- 如果*f 与*q 的平衡因子（正负）号相反，则执行一个双旋转来恢复平衡，先围绕*q 转再围绕*f 转。新的根结点的平衡因子置为 0，其他结点的平衡因子相应处理，同时由于经过平衡化处理后子树的高度降低 1，还需要考查它的双亲，继续向上层进行平衡化工作。参看图 7-25。

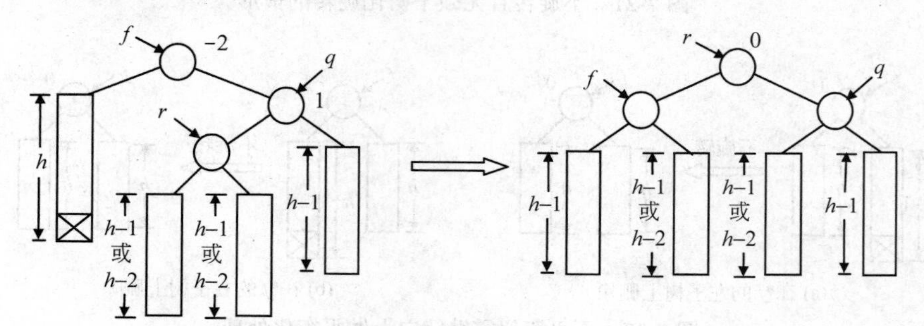

图 7-25　双旋转平衡化处理

【例 7-16】 图 7-26 给出删除结点时做平衡化旋转的示例。图 7-26(a)是删除 j 前 AVL

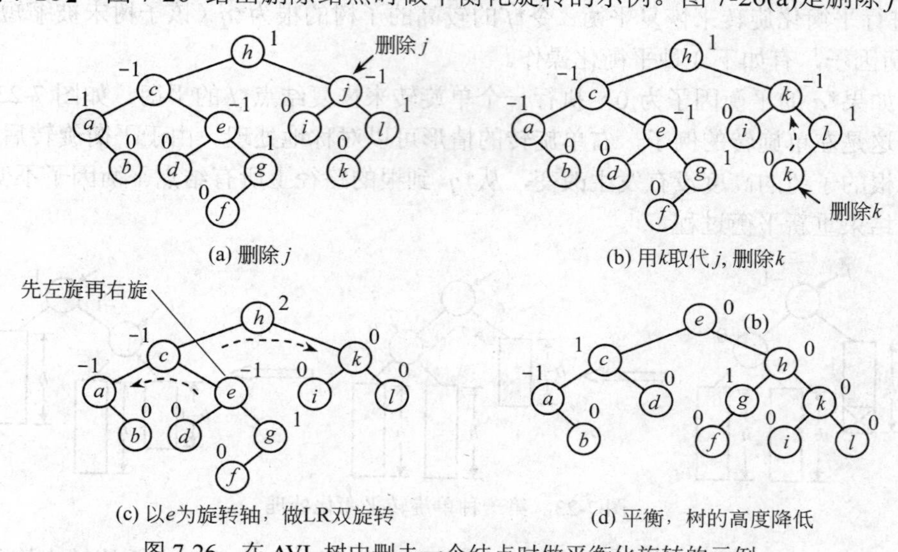

(a) 删除 j

(b) 用k取代 j, 删除k

(c) 以e为旋转轴，做LR双旋转

(d) 平衡，树的高度降低

图 7-26　在 AVL 树中删去一个结点时做平衡化旋转的示例

树的初始状态。图 7-26(b)是删除 j 后，在 j 的右子树中寻找 j 的中序后继，用其值 k 填补 j，再删除 k 的状态；图 7-26(c)是删除 j 后以 j 为根的子树高度降低，AVL 树失去平衡，因较高子树的根 c 的平衡因子的值与其双亲正负号相反，做先左后右的双旋转。图 7-26(d)是最后平衡化旋转的结果。

7.3.5 AVL 树的性能分析

AVL 树的查找与二叉查找树相同，其查找时间代价最大不超过树的高度。

若设在新结点插入前 AVL 树的高度为 h，结点个数为 n，则插入一个新结点的时间是 $O(h)$。这与一般的二叉查找树相同。对于 AVL 树来说，h 应当是多大呢？

若设 N_h 是高度为 h 的 AVL 树的最小结点数。根据平衡性要求，在最差情况下，根的一棵子树的高度为 $h-1$，另一棵子树的高度为 $h-2$，这两棵子树也是高度平衡的。因此有

$$N_0 = 0\ (\text{空树}),\ N_1 = 1(\text{仅有根结点}),\ N_h = N_{h-1}+N_{h-2}+1,\ h>1$$

请注意，N_h 的这个递归定义与斐波那契数列 $F_0 = 0, F_1 = 1, F_n = F_{n-1}+F_{n-2}$ 有类似性。事实上，可以证明，对于 $h\geqslant 1$，有 $N_h = F_{h+2}-1$ 成立。另外，斐波那契数满足公式

$$F_{h+2} = \frac{1}{\sqrt{5}}\left(\left(\frac{1+\sqrt{5}}{2}\right)^{h+2} - \left(\frac{1-\sqrt{5}}{2}\right)^{h+2}\right) > \frac{1}{\sqrt{5}}\left(\frac{1+\sqrt{5}}{2}\right)^{h+2} - 1$$

由此可得

$$\mathrm{N}_h > \frac{1}{\sqrt{5}}\left(\frac{1+\sqrt{5}}{2}\right)^{h+2} - 2$$

整理得

$$\varPhi^{h+2} < \sqrt{5}(N_h+2),\quad \varPhi = \frac{1+\sqrt{5}}{2}$$

两边取对数

$$h+2 < \log_{\varPhi}\sqrt{5} + \log_{\varPhi}(N_h+2)$$

由换底公式

$$\log_{\varPhi}X = \log_2 X/\log_2\varPhi \quad 及 \quad \log_2\varPhi = 0.694$$

可得

$$h+2 < \frac{\log_2\sqrt{5}}{\log_2\varPhi} + \frac{\log_2(N_h+2)}{\log_2\varPhi} = 1.6723 + 1.4404\times\log_2(N_h+2)$$

思考题 AVL 树的最少结点不要误解为 $N_h = 2^{h-1}$（h 为树高度），它不是完全二叉树或丰满树。AVL 树中距离根最近的叶结点不一定在第 $h-1$ 层，若树非空，它们应位于第 $\lceil (h+1)/2\rceil$ 层。

【例 7-17】 当 $n = 20$ 时，$h_{\max} = \lceil 1.44\log_2(n+1)-0.327\rceil = \lceil 1.44\times 4.392-0.327\rceil = 6$；$h_{\min} = \lceil \log_2(n+1)\rceil = \lceil 4.392\rceil = 5$，AVL 树的最小高度相当于完全二叉树情形，最大高度要高一点，如图 7-27 所示。

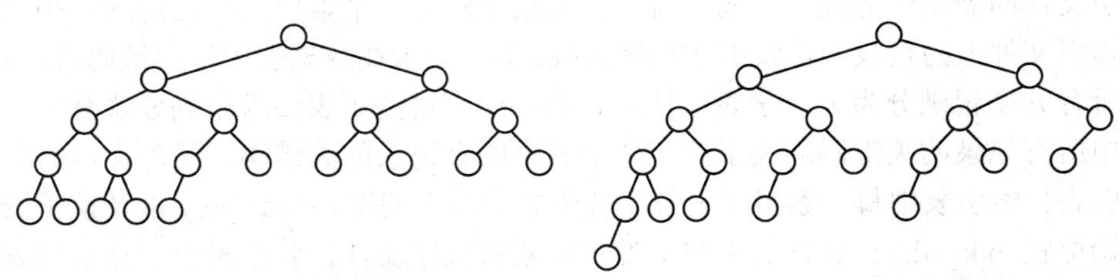

(a) 完全二叉树，高度最小　　(b) AVL树，高度最大

图 7-27 当 $n = 20$ 时 AVL 树的最小高度和最大高度

有 n 个结点的 AVL 树的高度不超过 h。在 AVL 树删除一个结点并做平衡化旋转所需时间亦为 $O(\log_2 n)$。

7.4 B 树

7.4.1 索引顺序表与分块查找

当记录个数 n 很大时，可以采用索引（index）结构来实现存储和查找。索引结构由索引表和数据表组成。数据表存放文件中所有的数据记录，索引表由索引项组成，每个索引项保存有某个数据记录的关键码 key 和它在数据表中的开始地址 address，如图 7-28 所示。

key	address

图 7-28　索引项

如果一个索引项用于查找一个数据记录，这种索引表叫做稠密索引，如果整个数据表有 n 个记录，索引项也有 n 个。这是一对一的关系。

【例 7-18】 讨论图 7-29 给出的示例。对于数据表中每一个职工记录，在索引表中都有一个索引项与之对应。索引项中用职工号作为关键码（因为它能唯一地标识一个职工记录）。只要在索引表中用关键码找到相应的索引项，就可以用该索引项中的地址指针找到职工记录在数据表中的存放位置。

索引表

关键码	首地址
03	2k
08	1k
17	6k
24	4k
47	5k
51	7k
83	0
95	3k

数据表

	职工号	姓名	性别	职务	婚否	…
0	83	张珊	女	教师	已婚	…
1k	08	李斯	男	教师	已婚	…
2k	03	王鲁	女	行政助理	已婚	…
3k	95	刘琪	女	实验员	未婚	…
4k	24	岳跋	男	教师	已婚	…
5k	47	周惠	男	教师	已婚	…
6k	17	胡江	男	实验员	未婚	…
7k	51	林青	女	教师	未婚	…

图 7-29　对职工数据表加索引的索引结构

当记录在数据表中按加入顺序存放而不是按关键码有序存放时必须采用稠密索引，这时的索引文件叫做索引非顺序结构，每一个数据记录有一个索引项与之对应。相应地，在这样的索引文件上的查找叫做索引非顺序查找。但当记录在数据表中按关键码有序存放时，可以把所有 n 个记录分为 b 个子表（块）存放。所有这些子表要求做到分块有序，即后一个子表中所有记录的关键码均大于前一个子表中所有记录的关键码。另外，再为它们建立一个索引表。索引表中每一索引项记录了各子表中最大关键码 max_key 以及该子表在文件中的起始位置 blk_addr。这样的索引文件叫做索引顺序文件，各个索引项在索引表中的序号与各个子表的块号有一一对应的关系，即第 i 个索引项是第 i 个子表的索引项，$i = 0, 1, \cdots, n$。在这种索引文件上的查找叫做索引顺序查找或分块查找。

在各个子表中，所有记录可能是按关键码有序地存放，也可能是无序地存放。对于前者，可在子表内采用折半查找；对于后者，在子表内只能顺序查找。在对索引顺序结构进行分块查找时，一般分为两级查找：

（1）先在索引表 ID 中查找给定值 K，确定满足 ID[i−1].max_key＜K≤ID[i].max_key 的 i 值，即待查记录若存在时可能在的子表的序号。

（2）再在第 i 个子表中按给定值查找要求的记录。

索引表的索引项是按 max_key 有序排列的，且长度也不大，可以折半查找，也可以顺序查找。各子表内各个记录如果也是按记录关键码有序的，也可以采用折半查找或顺序查找；如果不是按记录关键码有序，则只能顺序查找。

【例 7-19】 以图 7-30 为例，如果想要查找关键码等于 56 的记录，先查索引表 ID，找到 ID[2].max_key (= 48)＜56≤ID[3].max_key (= 80)。

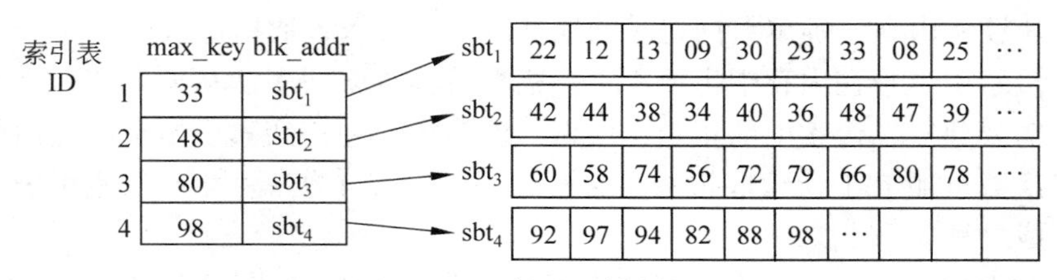

图 7-30　索引顺序结构

如果待查记录存在，则一定在第 3 个子表中。通过 ID[3].blk_addr 找到该子表的开始位置，再到子表中查找即可。

分块查找的查找成功时的平均查找长度 $ASL_{IndexSeq} = ASL_{Index} + ASL_{SubList}$，其中，$ASL_{Index}$ 是在索引表中查找子表位置的查找成功的平均查找长度，$ASL_{SubList}$ 是在子表内查找记录位置的查找成功的平均查找长度。

设把长度为 n 的表分成均等的 b 个子表，每个子表 s 个记录，则 $b = \lceil n / s \rceil$。又设表中每个记录的查找概率相等，则每个子表的查找概率为 $1/b$，子表内各记录的查找概率为 $1/s$。若用顺序查找确定记录所在的子表，则分块查找的查找成功时的平均查找长度为

$$ASL_{IndexSeq} = (b+1)/2 + (s+1)/2 = (b+s)/2 + 1, \quad b = \lceil n / s \rceil$$

由此可知，分块查找的平均查找长度不仅与表中的记录个数 n 有关，而且与每个子表中的记录个数 s 有关。在给定 n 的情况下，s 应选择多大呢？利用数学求极值的方法可以导出，当 $s = \sqrt{n}$ 时，$ASL_{IndexSeq}$ 取极小值 $\sqrt{n}+1$。这个值比顺序查找强，但比折半查找差。但如果子表存放在外存时，还要受到块大小的制约。

若采用折半查找确定记录所在的子表，则查找成功时的平均查找长度为

$$ASL_{IndexSeq} = ASL_{Index} + ASL_{SubList} \approx \log_2(b+1) - 1 + (s+1)/2 \approx \log_2(1+n/s) + s/2$$

图 7-30 所示的用一个索引项对应数据表中一组记录的方式叫做稀疏索引。无论稠密索引还是稀疏索引，它们都属于线性索引。

7.4.2　多级索引结构与 *m* 叉查找树

当数据记录数目特别大时，索引表本身也很大，在内存中放不下，需要分批多次读取外存才能把索引表查找一遍。在此情况下可建立索引的索引，称为二级索引，如图 7-31

所示。

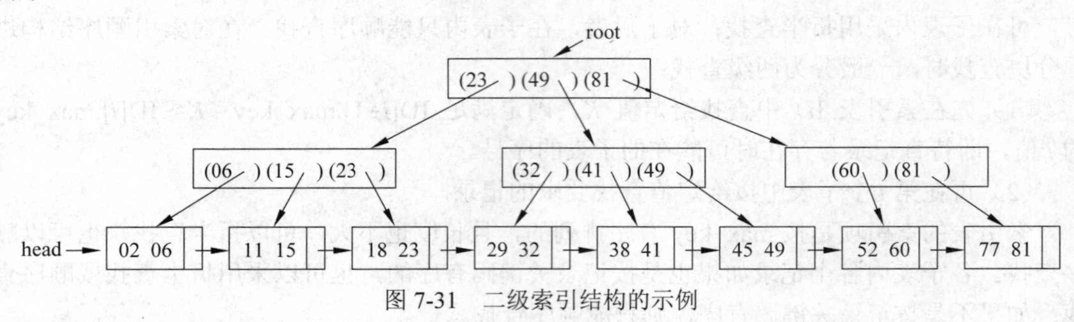

图 7-31 二级索引结构的示例

二级索引可以常驻内存，二级索引中一个索引项对应一个索引块，登记该索引块的最大关键码及该索引块的存储地址。在查找时，先在二级索引中查找，确定下级索引块地址；再把该索引块读入内存，确定数据记录的地址；最后读入该数据记录。

如果二级索引本身在内存中也放不下，需要分为许多块多次从外存读入。为了减少查找时间，还需要建立二级索引的索引，叫做三级索引。在三级索引情形，访问外存次数等于读入索引次数再加上 1 次读取记录。必要时还可以有 4 级索引、5 级索引……这种多级索引结构形成一种 *m* 叉树。

如图 7-32 所示。树中每一个分支结点表示一个索引块，它最多存放 *m* 个索引项，每个索引项给出一个子树结点（即低一级索引块）的最大关键码和结点地址。每个结点（索引块）的构造如图 7-33 所示。树的叶结点中各索引项给出在数据表中存放的记录的关键码和存放地址。这种 *m* 叉树用来作为多级索引，就是 *m* 叉查找树。

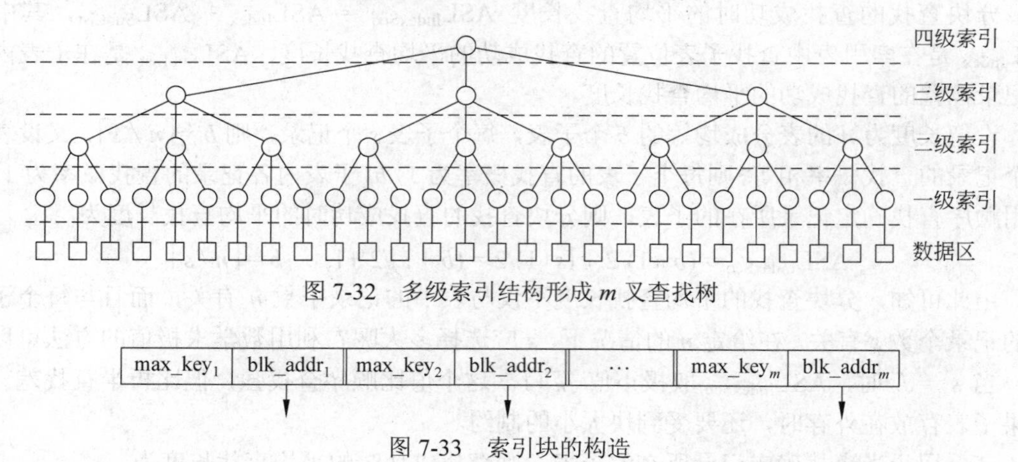

图 7-32 多级索引结构形成 *m* 叉查找树

max_key_1	blk_addr_1	max_key_2	blk_addr_2	…	max_key_m	blk_addr_m

图 7-33 索引块的构造

通常，*m* 叉查找树的非叶结点都是稀疏索引，一个索引项对应下一层一个索引块；叶结点可以是稀疏索引（对应索引顺序结构，一个索引项对应数据区一个子表），也可以是稠密索引（对应索引非顺序结构，一个索引项对应数据区一个数据记录）。

7.4.3 B 树的概念

一棵 *m* 阶 B 树（Balanced Tree of order m）是一棵高度平衡的 *m* 叉查找树，它或者是空树，或者是满足下列性质的树：

- 每个结点最多有 m 棵子树，并具有如下结构：

$$n, P_0, K_1, P_1, K_2, P_2, \cdots, K_n, P_n$$

其中，n 是结点内关键码的实际个数，P_i 是指向子树的指针，$0 \leqslant i \leqslant n < m$；$K_i$ 是关键码，$1 \leqslant i \leqslant n < m$，$K_i < K_{i+1}$，$1 \leqslant i <$ n。

- 根结点至少有两个子女；除根结点以外的所有结点至少有 $\lceil m/2 \rceil$ 个子女。
- 在子树 P_i 中所有的关键码都小于 K_{i+1}，且大于 K_i，$0 < i < n$；在子树 P_n 中所有的关键码都大于 K_n。
- 所有的失败结点都位于同一层，它们都是查找失败时查找指针到达的结点。所有失败结点都是空结点，指向它们的指针都为空。

【例 7-20】 图 7-34 给出了 3 阶 B 树的示例。每个结点最多 3 棵子树，最少 2 棵子树；结点内最多 2 个关键码，最少 1 个关键码；结点之间的关系满足 3 阶 B 树的定义。

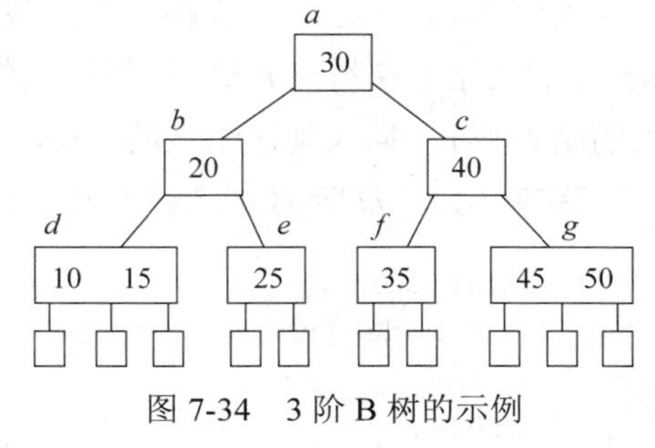

图 7-34　3 阶 B 树的示例

思考题　一棵 m 阶 B 树是高度平衡的 m 叉查找树，那么，高度平衡的 m 叉查找树是否一定是 m 阶 B 树？如高度平衡的二叉查找树即为 AVL 树，它是 2 阶 B 树吗？

当 $m = 3$ 时，B 树中所有结点（除失败结点外）的度可以为 2 或 3；当 $m = 4$ 时，可以是 2、3 或 4。因此，3 阶 B 树又称为 2-3 树，4 阶 B 树又称为 2-3-4 树。然而，5 阶 B 树不能称为 2-3-4-5 树，因为除根结点外，根据定义，5 阶 B 树中没有度为 2 的结点。

对于任意的 $n \geqslant 0$ 和 $m > 2$，必然存在包含有 n 个关键码的 m 阶 B 树。

B 树的结构定义如程序 7-11 所示。

程序 7-11　B 树和 B 树结点的结构定义（存放于头文件 BTree.h 中）

```
#include <stdio.h>
#include <stdlib.h>
#define maxValue 32767                  //关键码集合中不可能有的最大值
#define m 3                             //B 树的阶数
typedef int KeyType;
typedef struct node {                   //B 树结点定义
    int n;                              //结点内关键码个数
    struct node *parent;                //双亲结点指针
    KeyType key[m+1];                   //key[m]为监视哨兼工作单元, key[0]未用
    struct node *ptr[m+1];              //子树结点指针数组, ptr[m]在插入溢出时用
//  int *recptr[m+1];                   //每个索引项中指向数据区记录地址的指针
} BTNode, *BTree;
```

在 B 树的每个结点中包含有一组指针 recptr[m]，指向实际记录的存放地址。key[i]与 recptr[i]（$1 \leqslant i \leqslant n < m$=形成一个索引项（key[$i$], recptr[$i$]），通过 key[$i$] 可找到某个记录的存储地址 recptr[$i$]。不过在讨论 B 树的一般算法时不用它，所以在操作的实现中没有出现。

思考题　对于任意的 $n \geqslant 0$ 和 $m > 2$，B 树的失败结点个数是否一定是 $n+1$？每个失败结点代表树上某两个数据之间的间隔（B 树中不存在的数据）。

7.4.4 B 树上的查找

在 B 树上的查找过程是一个在结点内查找和循某一条路径向下一层查找交替进行的过程。例如，想在图 7-33 所示的 B 树中查找关键码 35，首先通过根指针找到根结点 a，比较关键码，35 > 30，循 30 的右侧指针找到下一层结点 c；在结点 c 中比较关键码，35 < 40，沿 40 的左侧指针找到下一层结点 f；最后在结点 f 中比较关键码，35 = 35，查找成功，报告结点地址及在结点中的关键码序号。但如果想查找的是 37，那么在结点 f 中做关键码比较，37 > 35，沿 35 的右侧指针向下一层查找，结果到达失败结点，查找失败。

程序 7-12 是在 m 阶 B 树上的查找算法。函数返回一个类型为 Triple (r, i, tag) 的记录。tag = 0, 表示 x 在结点 r 找到, 该结点的 $k[i]$等于 x；tag = 1，表示没有找到 x，这时可以插入的结点是 r，插入到该结点的 $k[i]$与 $k[i+1]$之间。

程序 7-12 *m* 阶 B 树上的查找算法

```
typedef struct {                              //查找结果记录定义
    BTNode *r;                                //结点地址指针
    int i, tag;                               //结点中关键码序号 i
} Triple;                                     //tag = 0, 查找成功; tag = 1, 查找不成功
Triple Search ( BTree& T, KeyType x ) {
//用给定值 x 查找以 T 为根结点的 m 阶 B 树。各结点格式为 n, ptr[0], key[1], ptr[1], …
//key[n], ptr[n], n < m。函数返回一个类型为 Triple( r, i, tag )的记录
    int i;  Triple rst;                                    //记录查找结果三元组
    GetNode (T);                                           //从磁盘上读取位于根 T 的结点
    BTNode *p = T, *q = NULL;                        //p 是扫描指针, q 是 p 的双亲指针
    while ( p != NULL ) {                                  //从根开始检测
        p->key[(p->keynum)+1] = maxValue;                  //设监视哨
        for ( i = 0; p->key[i+1] < x; i++ );               //在结点内顺序查找
        if ( p->key[i+1] == x )                            //查找成功, 本结点有 x
            { rst.r = p;  rst.i = i+1;  rst.tag = 0;  return rst; }
        q = p;  p = p->ptr[i];                             //本结点无 x, p 下降到子树
        GetNode(p);                                        //从磁盘上读取*p 结点
    }
    rst.r = q;  rst.i = i;  rst.tag = 1;                   //x 可能落入的区间[ki, ki+1]
    return rst;                                            //查找失败, 返回插入位置
};
```

如果查找成功，则查找指针停留在树中某一个结点上，读结点次数等于该结点在 B 树上的层次号；如果查找不成功，则查找指针走到失败结点，读结点次数等于 B 树的高度。因此，提高查找树的路数 m，可以改善 B 树的查找性能。

思考题 B 树允许关键码相等吗？

在 B 树上进行查找，查找成功所需的时间取决于关键码所在的层次，查找不成功所需的时间取决于树的高度。那么高度 h 与树中的关键码个数 N 有什么关系呢？

若设 m 阶 B 树的高度①为 h，最大结点个数为 n，则根据 m 叉树的性质有

$$n \leqslant \sum_{i=1}^{h} m^{i-1} = m^0 + m^1 + \cdots + m^{h-1} = \frac{1}{m-1}\left(m^h - 1\right)$$

因为 B 树每个结点中最多有 $m-1$ 个关键码，所以在一棵高度为 h 的 m 阶 B 树中关键码的个数 $N \leqslant m^h-1$，因此有 $h \geqslant \log_m(N+1)$。

反之，若让每个结点中关键码个数达到最少，则容纳同样多关键码的情况下 B 树的高度可达到最大。

设在 m 阶 B 树中，失败结点位于第 $h+1$ 层。在这棵 B 树中关键码个数 N 最小能达到多少呢？从 B 树的定义知，如果 $h > 1$，根结点至少有 2 个子女，因此，在第 2 层上至少有 2 个结点。在这一层中每个结点至少必须有 $\lceil m/2 \rceil$ 个子女，因此，在第 3 层上至少有 $2\lceil m/2 \rceil$ 个结点，而在第 4 层上至少有 $2\lceil m/2 \rceil^2$ 个结点。以此类推，在第 h 层上至少有 $2\lceil m/2 \rceil^{h-2}$ 个结点。所有这些结点都不是失败结点。位于第 $h+1$ 层的失败结点至少有 $2\lceil m/2 \rceil^{h-1}$ 个结点。另一方面，若树中关键码有 N 个，则失败结点个数应为 $N+1$。这是因为失败一般发生在 $K_i < x < K_{i+1}, 0 \leqslant i \leqslant N$，设 $K_0 = -\infty$，$K_{N+1} = +\infty$。因此，有

$$N+1 = \text{失败结点数} = \text{位于第 } h+1 \text{ 层的结点数} \geqslant 2\lceil m/2 \rceil^{h-1}$$

则

$$h-1 \leqslant \log_{\lceil m/2 \rceil}((N+1)/2)$$

即 B 树的高度 $h \leqslant \log_{\lceil m/2 \rceil}((N+1)/2)+1$。注意，这里不包括失败结点所在的那一层。

若 B 树的阶数 $m = 3$，关键码个数 $N = 8$，则有 $h \geqslant \log_3(8+1) = 2$，又因为 $\lceil m/2 \rceil = 2$，$h \leqslant \log_2((8+1)/2)+1 = 3.17$。

7.4.5　B 树上的插入

B 树是从空树起逐个插入关键码而生成的。在 B 树，每个非失败结点的关键码个数都在 $\lceil m/2 \rceil-1 \sim m-1$ 之间。插入是在某个叶结点（即第 h 层的结点）开始的。如果在关键码插入后结点中的关键码个数超出了上界 $m-1$，则结点需要“分裂”，否则可以直接插入。实现结点“分裂”的原则如下：

设结点 p 中已经有 $m-1$ 个关键码，当再插入一个关键码后结点中的状态为

$$m, P_0, K_1, P_1, K_2, P_2, \cdots, K_m, P_m，\text{其中 } K_i < K_{i+1}, 1 \leqslant i < m$$

这时必须把结点 p 分裂成两个结点 p 和 q，它们包含的信息分别为

结点 p：$\lceil m/2 \rceil-1, P_0, K_1, P_1, \cdots, K_{\lceil m/2 \rceil-1}, P_{\lceil m/2 \rceil-1}$

结点 q：$m-\lceil m/2 \rceil, P_{\lceil m/2 \rceil}, K_{\lceil m/2 \rceil+1}, P_{\lceil m/2 \rceil+1}, \cdots, K_m, P_m)$

位于中间的关键码 $K_{\lceil m/2 \rceil}$ 与指向新结点 q 的指针形成一个二元组$(K_{\lceil m/2 \rceil}, q)$，插入到这两个结点的双亲中去。

【例 7-21】 当 $m = 3$ 时，所有结点最多有 $m-1 = 2$ 个关键码。若当结点中已经有 2 个关键码时，结点已满。如图 7-35(a)所示。如果再插入一个关键码 139，则结点中的关键码个数超出了 $m-1$，如图 7-35(b)所示，此时必须进行结点分裂。分裂的结果如图 7-35(c)所示。

---

① 老教材对 B 树高度的定义包括失败结点，导致与其他查找树的高度定义不一致。笔者查阅了国外 1990 年以来 M. A. Weiss、E. Horowitz、S. Sahni 等著名数据结构教材，确定 B 树的高度 h 不包括失败结点，并确认最底层的结点为叶结点。

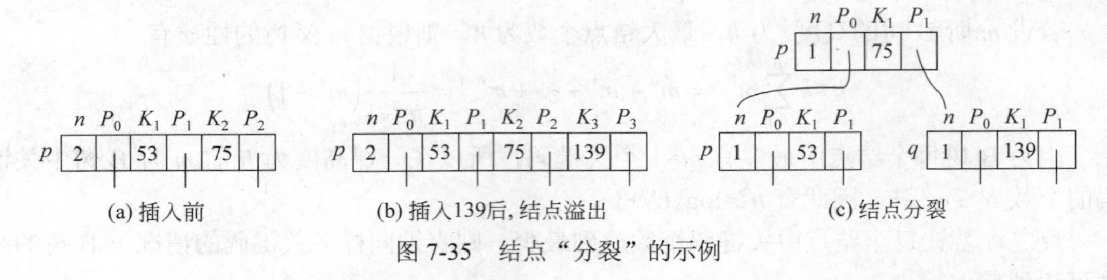

图 7-35　结点“分裂”的示例

【例 7-22】 图 7-36 给出 3 阶 B 树的从空树开始通过逐个加入关键码建立 B 树的示例。从例子中可以看到，当 $n=1$ 时，树的高度为 1。再加入关键码 75，因结点中关键码个数没有超出 $m-1=2$，75 可直接插入，树的高度不变。当 $n=3$ 时，结点中插入 139 后关键码个数超出 2，必须按结点“分裂”的原则进行处理，树的高度加到 2。

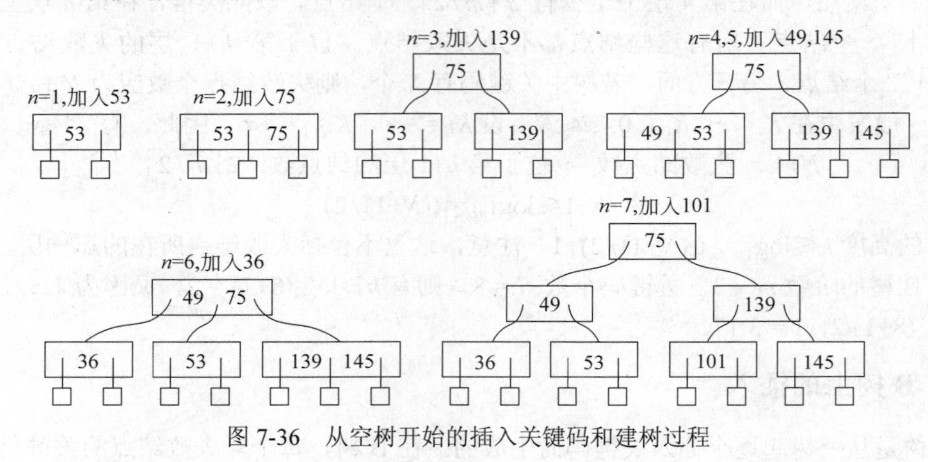

图 7-36　从空树开始的插入关键码和建树过程

若设 B 树的高度为 h，那么在自顶向下查找叶结点的过程中需要进行 h 次读盘。在最坏情况下需要自底向上分裂结点，从被插关键码所在叶结点到根的路径上的所有结点都要分裂。当分裂一个非根的结点时需要向磁盘写出 2 个结点（原结点和新生的兄弟结点），当分裂根结点时需要写出 3 个结点。如果在向下查找时读入的结点在插入后向上分裂时不必再从磁盘读入，那么，在完成一次插入操作时，需要读写磁盘的次数 = 找插入结点向下读盘次数+分裂非根结点时写盘次数+分裂根结点时写盘次数 $=h+2(h-1)+3=3h+1$。

7.4.6　B 树上的删除

如果想要在 B 树上删除一个关键码，首先需要找到这个关键码所在的结点 P_i，从中删去这个关键码。若该结点不是叶结点，且被删关键码为 K_i，$1\leqslant i\leqslant P_i\text{->}n$，则在删去该关键码之后，应以该结点 P_i 所指示子树中的最小关键码 x 来代替被删关键码 K_i 所在的位置，然后在 x 所在的叶结点中删除 x。现在问题归于在叶结点中删除关键码了。

在叶结点上的删除有 4 种情况，下面分别加以说明。

（1）若被删关键码所在叶结点 P_i 同时又是根结点，且删除前该结点中关键码个数 $P_i\text{->}n\geqslant 2$，则直接删去该关键码并将修改后的结点写回磁盘，删除结束，参看图 7-37。

（2）若被删关键码所在叶结点 P_i 不是根结点，且删除前该结点中关键码个数 $P_i\text{->}n\geqslant\lceil m/2\rceil$，则直接删去该关键码并将修改后的结点写回磁盘，删除结束，参看图 7-38。

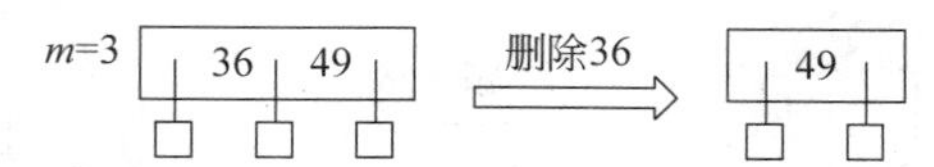

图 7-37 删除关键码所在结点既是根结点也是叶结点

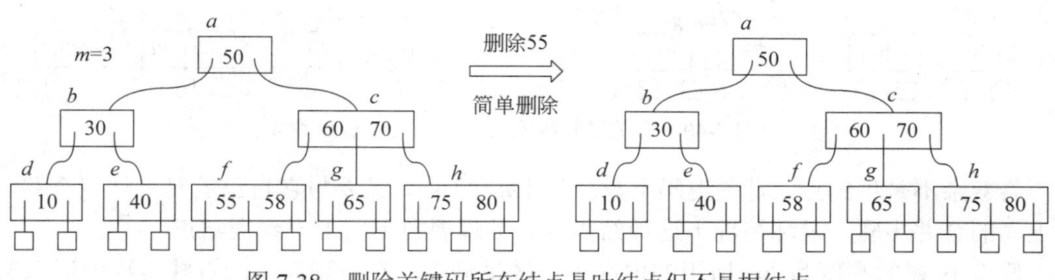

图 7-38 删除关键码所在结点是叶结点但不是根结点

（3）被删关键码所在叶结点 P_i 删除前关键码个数 $P_i\text{->}n=\lceil m/2\rceil-1$，若这时与该结点相邻的右兄弟结点的关键码个数 $q\text{->}n\geqslant\lceil m/2\rceil$，则按以下步骤调整该结点、右兄弟结点以及其双亲，以达到新的平衡，参看图 7-39。

① 将双亲 f 中的关键码 K_i（$1\leqslant i\leqslant n$）下移到被删关键码所在结点 P_i 中。

② 将右兄弟结点 q 中的最小关键码上移到双亲 f 的 K_i 位置。

③ 将右兄弟结点 q 中的最左子树指针平移到被删关键码所在结点 P_i 中最后位置。

④ 在右兄弟结点 q 中，将被移走的关键码和指针位置用剩余的关键码和指针填补、调整，再将结点 q 中的关键码个数减 1。

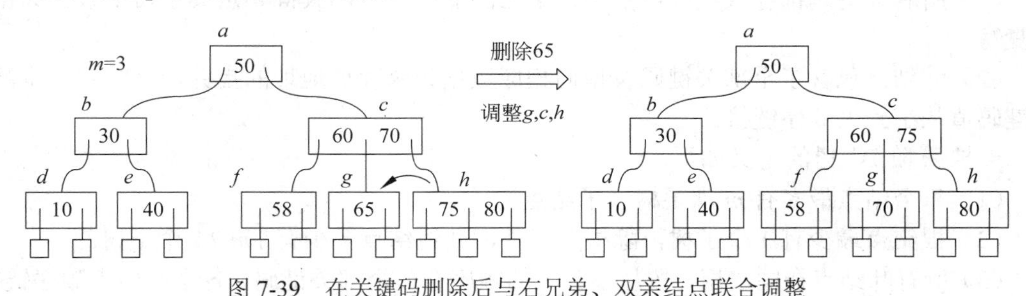

图 7-39 在关键码删除后与右兄弟、双亲结点联合调整

（4）被删关键码所在叶结点删除前关键码个数 $P_i\text{->}n=\lceil m/2\rceil-1$，若这时与该结点相邻的右兄弟结点 q 的关键码个数 $q\text{->}n=\lceil m/2\rceil-1$，则按以下步骤合并这两个结点。

① 若要合并双亲 f 中的子树指针 P_i 与 P_{i+1} 所指的结点，且保留 P_i 所指结点，则把 f 中的关键码 K_{i+1} 下移到 P_i 所指的结点中。

② 把 f 中子树指针 P_{i+1} 所指结点中的全部指针和关键码都照搬到 P_i 所指结点的后面。删去 P_{i+1} 所指的结点。

③ 在双亲 f 中用后面剩余的关键码和指针填补关键码 K_{i+1} 和指针 P_{i+1}。

④ 修改双亲 f 和选定保留结点的关键码个数。参看图 7-40。

在合并结点的过程中，双亲中的关键码个数减少了。若双亲是根且结点关键码个数减到 0，则该双亲从树上删去，合并后保留的结点成为新的根结点；否则将双亲与合并后保留的结点都写回磁盘，删除处理结束。

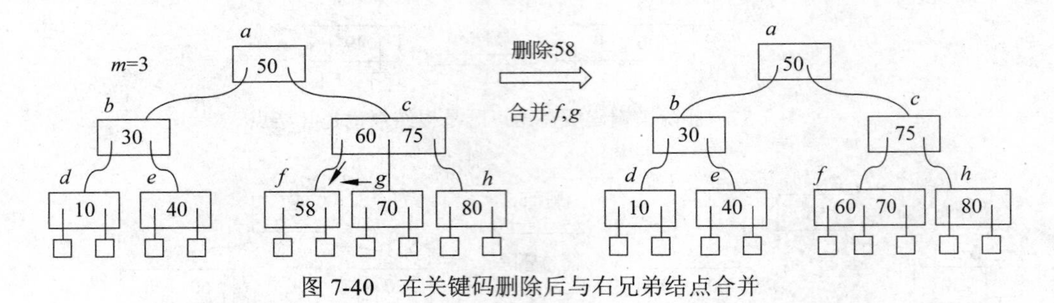

图 7-40　在关键码删除后与右兄弟结点合并

若双亲不是根结点，且关键码个数减到 $\lceil m/2\rceil-2$，又要与它自己的兄弟结点合并，重复上面的合并步骤。最坏情况下这种结点合并处理要自下向上直到根结点。

假设 B 树的高度为 h，所用的内存工作区足够大，在自顶向下的查找过程中读入的结点都可以放在内存中，为找到被删关键码并到叶结点中寻找填补关键码，需要读入 h 个结点。最坏情况下，在自底向上的重构过程中对从叶结点到根结点的路径上的所有 h 个结点要做合并操作。在合并过程中需要读入 $h-1$ 个兄弟结点，最后把合并成的 $h-1$ 个结点写回磁盘，释放 1 个根结点和 $h-1$ 个兄弟结点。因此，总共需要读写磁盘 $3h-2$ 次，释放 h 个结点。

7.4.7　B^+ 树

一棵 m 阶 B^+ 树是 B 树的特殊情形，它与 B 树的不同之处在于：

（1）所有关键码都存放在叶结点中，上层的非叶结点的关键码是其子树中最大关键码的复写。

（2）叶结点包含了全部关键码及指向相应数据记录存放地址的指针，且叶结点本身按关键码值从小到大顺序链接。

一棵 m 阶 B^+ 树的定义如下：

（1）每个结点最多有 m 棵子树（子结点）。

（2）根结点最少有 1 个子树，除根结点外，其他结点至少有 $\lceil m/2\rceil$ 个子树。

（3）所有叶结点在同一层，按从小到大的顺序存放全部关键码，各个叶结点顺序链接。

（4）有 n 个子树的结点有 n 个关键码。

（5）所有非叶结点可以看成是叶结点的索引，结点中关键码 K_i 与指向子树的指针 P_i 构成对子树（即下一层索引块）的索引项（K_i, P_i），K_i 是子树中最大的关键码。

叶结点中存放的是对实际数据记录的索引，每个索引项（K_i, P_i）给出数据记录的关键码及实际存储地址。

思考题　B^+树的叶结点和非叶结点的关系是什么？

【例 7-23】　图 7-41 给出一棵 4 阶 B^+ 树的示例。所有的关键码都出现在叶结点中，且在叶结点中关键码有序地排列。上面各层结点中的关键码都是其子树上最大关键码的副本。由此可知，B^+ 树的构造是自下而上的，m 限定了结点的大小，从下向上地把每个结点的最大关键码复写到上一层结点中。

在 B^+ 树中有两个头指针：一个指向 B^+ 树的根结点，另一个指向关键码最小的叶结点。因此，可以对 B^+ 树进行两种查找运算：一种是循叶结点自己拉起的链表顺序查找，另一种是从根结点开始，进行自顶向下，直至叶结点的随机查找。

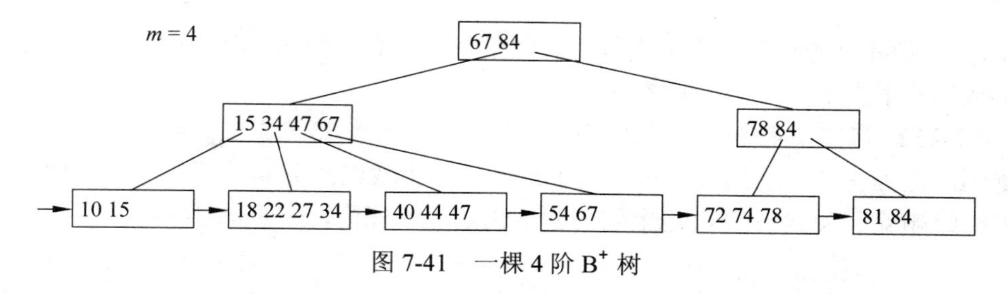

图 7-41　一棵 4 阶 B⁺ 树

在 B^+ 树上进行随机查找、插入和删除的过程基本上与 B 树类似。只是在查找过程中，如果非叶结点上的关键码等于给定值，查找并不停止，而是继续沿右指针向下，一直查到叶结点上的这个关键码。因此，在 B^+ 树中，不论查找成功与否，每次查找都是走了一条从根到叶结点的路径。

B^+ 树的插入首先在叶结点上进行。每插入一个关键码后都要判断该叶结点中的关键码个数 n 是否超出范围 m。若 n 没有超过 m，插入结束；若 n 大于 m，可将叶结点分裂为两个，它们所包含的关键码分别为 $\lceil(m+1)/2\rceil$ 和 $\lfloor(m+1)/2\rfloor$。并且把这两个结点的最大关键码和结点地址插入到它们的双亲中。此后，问题归于在非叶结点中的插入了。

在非叶结点中关键码的插入与叶结点的插入类似，非叶结点中的子树棵数的上限为 m，超出这个范围就需要进行结点分裂。如果需要做根结点分裂，必须创建新的双亲，作为树的新根，这样树的高度就增加一层了。

【例 7-24】 图 7-42 描述在一棵 4 阶 B^+树上连续插入 13 个关键码时 B^+树的变化。

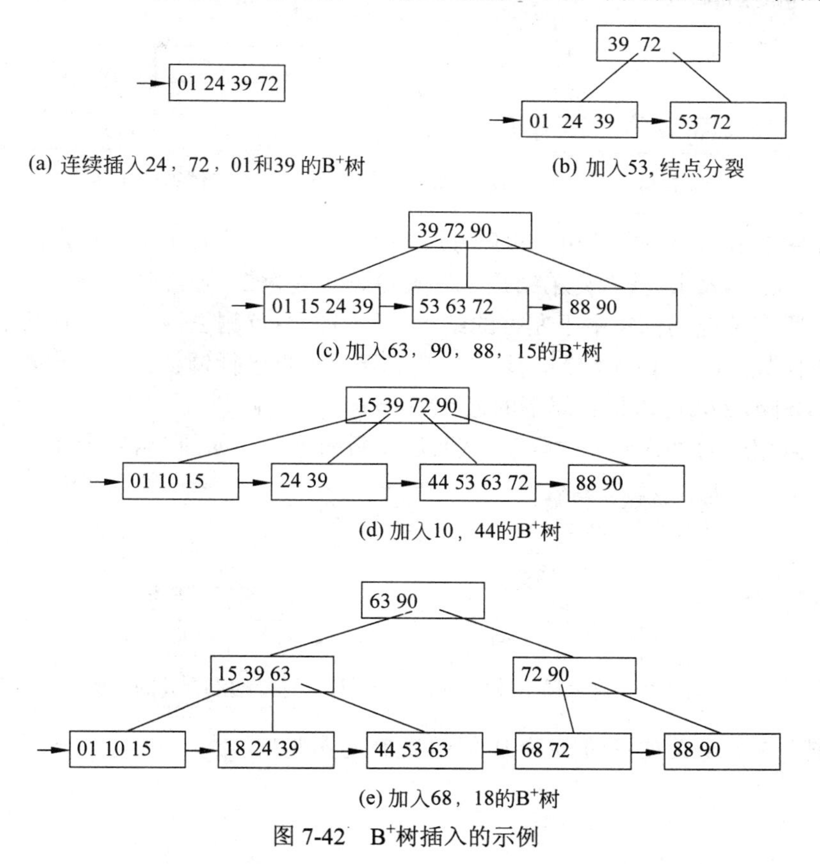

图 7-42　B⁺树插入的示例

B^+ 树的删除首先在叶结点上进行。如果在该叶结点上删除一个关键码后，结点中的关键码个数仍然不少于$\lceil m/2\rceil$，删除结束。

【例 7-25】 在图 7-42 所示的 4 阶 B^+ 树中删除关键码 15 时，虽然删除的是该结点的最大关键码，但因在其上层的副本只是起了一个引导查找的“分界关键码”的作用，所以即使树中已经删除了关键码 15，但上层的副本仍然可以保留，参看图 7-43。

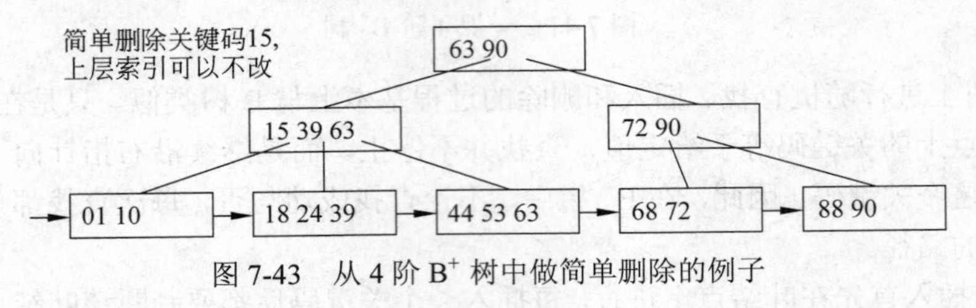

图 7-43　从 4 阶 B^+ 树中做简单删除的例子

如果在叶结点中删除一个关键码后，该结点的关键码个数 n 小于$\lceil m/2\rceil$，必须做结点的调整或合并工作。例如，在图 7-43 所示的 4 阶 B^+树中从叶结点中删除关键码 10 后，该结点的关键码个数 $n = 1 < \lceil 4/2\rceil = 2$，这时看它的右兄弟结点，发现右兄弟结点的关键码个数 $n = 3 > 2$，因此可从右兄弟结点中移最左关键码到这个被删关键码所在的结点中，使得两个结点中子树棵数都在允许范围之内，参看图 7-44。此时，必须把新的“分界关键码”18 送到上层非叶结点中去。

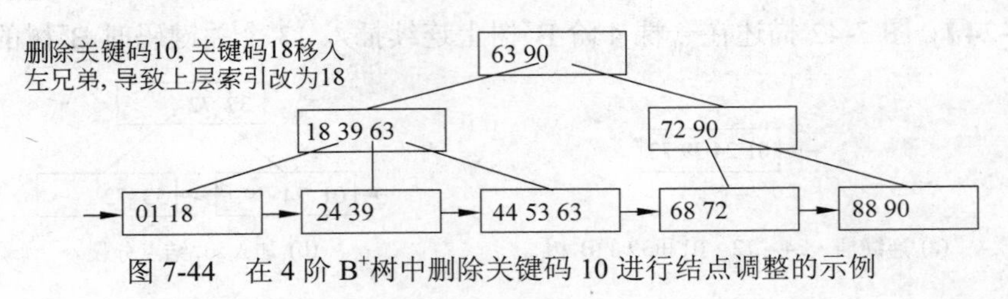

图 7-44　在 4 阶 B^+树中删除关键码 10 进行结点调整的示例

如果在图 7-44 所示的 B^+ 树上再删除叶结点中的关键码 72 后，该结点的关键码个数减为 1，小于下限$\lceil 4/2\rceil$，其右兄弟结点中的关键码个数为 2，已经达到下限，因此必须进行结点合并。所有关键码都集中于左方的结点，将右方结点删去。这样导致其上层的非叶结点中的子树棵数 $n\ (= 1) < \lceil 4/2\rceil$，必须与其左兄弟结点进行调整。其左兄弟结点中的子树棵数 $n\ (= 3) > \lceil 4/2\rceil$，可以将它属下的最右的一个叶结点移到右边的非叶结点下面，同时修改各非叶结点相应的“分界关键码”，从而达到新的平衡，如图 7-45 所示。

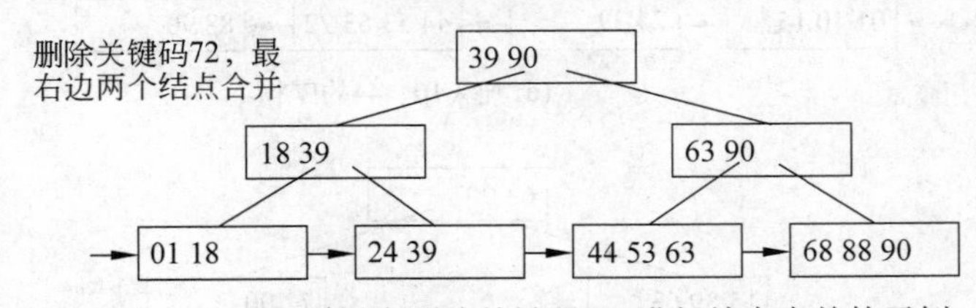

图 7-45　在 4 阶 B^+树中删除关键码 72 进行结点合并的示例

思考题　有 n 个关键字的 m 阶 B^+树的高度是多少？

7.5　扩展阅读：其他查找树

7.5.1　红黑树

红黑树是从4阶B树（即2-3-4查找树）发展来的。2-3-4查找树在结构上是完全平衡的，每一个结点的子树的高度都相等。虽然它的查找性能很好，但插入和删除操作的实现比较麻烦，因此，本书将2-3-4树的特性映射到等价的红黑树中。

1．红黑树的定义和性质

红黑树是一种在结点上涂有红色或黑色的二叉查找树，其着色方式应满足以下性质：

性质1　每个结点或者是红色的，或者是黑色的。

性质2　根结点一定是黑色的。

性质3　所有扩充的外结点都是黑色的。

性质4　如果一个内结点是红色的，那么它的两个子女结点都是黑色的。

性质5　所有结点到它的各子孙外结点的路径都包含相同数目的黑色结点。

在红黑树上，内结点是包含关键码的结点，外结点是NULL结点，是查找失败可能到达的结点，或称为失败结点。从红黑树中任一结点 x 出发（不包括结点 x），到达一个外结点的任一路径上的黑结点个数叫做结点 x 的黑高度，亦称为结点的阶（rank），记作bh(x)。红黑树的黑高度定义为其根结点的黑高度。

图7-46所示的二叉查找树就是一棵红黑树。结点旁边的数字为该结点的黑高度。

观察图7-46，从根到外结点的每条路径上都有3个黑色结点（含根与外结点），不存在含有两个连续红色结点的路径。

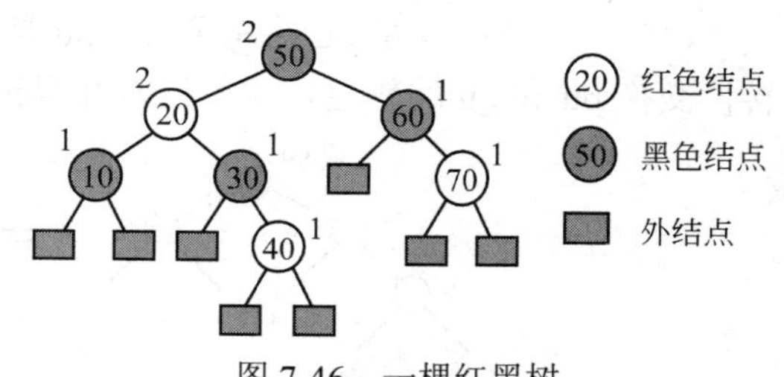

图7-46　一棵红黑树

结论1　设从根到外结点的路径长度PL（Path Length）为该路径上的分支数，如果 P 与 Q 是红黑树中的两条从根到外结点的路径，则有 $PL(P) \leqslant 2PL(Q)$。

证明略（提示：用到红黑树的性质2和性质3）。

结论2　设 h 是一棵红黑树的高度（不包括外结点），n 是树中内结点的个数，r 是根结点的黑高度，则以下关系式成立：

（1）$h \leqslant 2r$（即红黑树的高度不超过黑高度的2倍）。

（2）$n \geqslant 2^r-1$（即红黑树的内结点的总数至少为 2^r-1）。

（3）$h \leqslant 2\log_2(n+1)$（由（1）和（2）可得）。

由于红黑树的高度最大为 $2\log_2(n+1)$，所以，查找、插入、删除操作的时间复杂度为 $O(\log_2 n)$。

2．红黑树的查找

由于每一棵红黑树都是二叉查找树，可以使用二叉查找树的查找算法进行查找。在查找过程中不须使用颜色信息。

3．红黑树的插入

首先使用二叉查找树的插入算法将一个元素插入到红黑树中，该元素将作为新的叶结点插入到某一外结点位置。在插入过程中需要为新元素染色。

如果插入前是空树，那么新结点将成为根结点，根据性质2，根结点必须染成黑色。

如果插入前树非空，若新结点被染成黑色，将违反红黑树的性质 5，所有从根到外结点的路径上的黑色结点个数不等。因此，新插入的结点将染成红色，但这又可能违反红黑树的性质4，出现连续两个红色结点，因此需要重新平衡。

设新插入的结点为 *u*，它的双亲和祖父分别是pu和gu，现在来考查不平衡的类型。

若pu是黑色结点，则性质4没有破坏，结束重新平衡的过程。

若pu是红色结点，则出现连续两个红色结点的情形，这时还要考查pu的兄弟结点。

情况1：如果pu的兄弟结点gr是红色结点，此时结点pu的双亲gu是黑色结点，它有两个红色子女结点。交换结点gu和它的子女结点的颜色，将可能破坏红黑树性质4的红色结点上移，如图7-47所示，其中黑色结点用深色阴影表示。

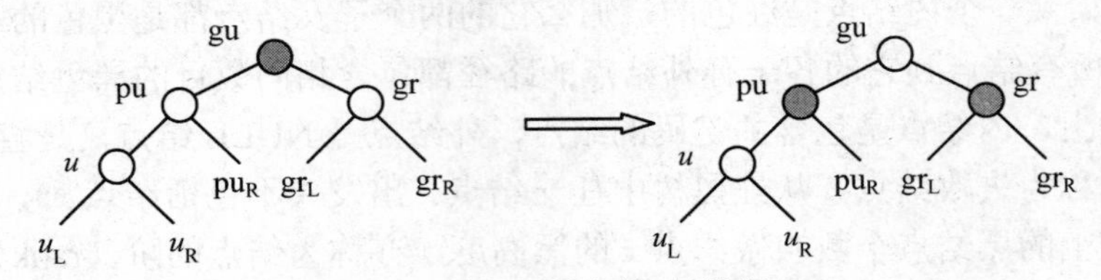

图7-47　插入重新平衡的情况1

情况2：如果pu的兄弟结点gr是黑色结点，此时又有两种情况。

（1）情况2a：*u* 是pu的左子女，pu是gu的左子女。在这种情况下只要做一次右单旋转，交换pu和gu的颜色，就可恢复红黑树的特性，并结束重新平衡过程，参看图7-48。

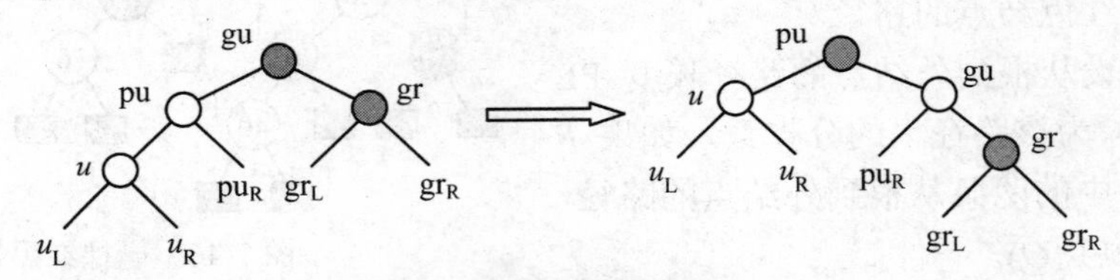

图7-48　插入重新平衡的情况2a

（2）情况2b：*u* 是pu的右子女，pu是gu的左子女。在这种情况下做一次先左后右的双旋转，再交换一下 *u* 与 gu 的颜色，就可恢复红黑树的特性，结束重新平衡过程，参看图7-49。

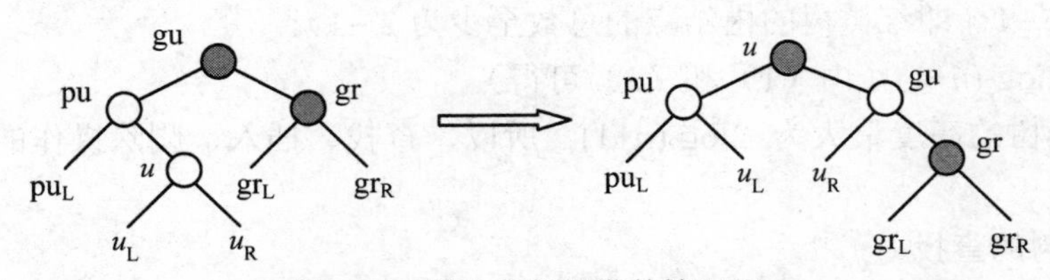

图7-49　插入重新平衡的情况2b

在情况2中，结点 *u* 是pu的右子女的情形与 *u* 是pu的左子女的情形是对称的，只要左右指针互换即可。

红黑树的删除算法与二叉查找树的删除算法类似，不同之处在于，在红黑树中执行一次二叉查找树的删除运算，可能会破坏红黑树的性质，需要重新平衡。因篇幅关系不再详述。

7.5.2 伸展树

还有一种与 AVL 树类似的改进的二叉查找树，称为伸展树（splaying tree）。它与 AVL 树一样，同属于自调整数据结构（self-adjusting data structure）。

在讨论 AVL 树时，主要关注点在于保持树的高度平衡，理想情况下使叶结点只出现在最低的一层或两层上。因此，如果一个新插入的结点破坏了树的平衡，就需要通过平衡旋转来加以调整。然而，这种重新调整并不总是必要的。实际上，对于二叉查找树，我们主要关注的是快速插入、查找、删除，而不是树的形状。通过平衡树提高效率不是唯一的方法。

伸展树就是另一种提高查找效率的方法。它参照了以下两种想法：

（1）*单一旋转*。其目的是将经常访问的结点最终上移到靠近根的地方，使得以后的访问比以前更快。为此，除根结点外，只要访问子女结点，就将它围绕它的双亲进行旋转。

（2）*移动到根部*。假设正在访问的结点将以很高的概率再次被访问，因此，对它反复进行子女-双亲旋转，直到被访问的结点位于根部为止。这样，即使下一次没有访问此结点，它仍然还在靠近根部的地方。

伸展树发展了上述想法，它提出了一组改进二叉查找树性能的规则，每当执行查找、插入、删除等操作时，就要依据这些规则调整二叉查找树，从而保证操作的时间代价。

每当访问（包括查找、插入或删除）一个结点 s 时，伸展树就执行一次叫做“展开（splaying）”的过程。“展开”将结点 s 移到二叉查找树的根部。当删除结点 s 时，“展开”把结点 s 的双亲上移到根结点。就像 AVL 树，一次“展开”由一组旋转组成。旋转有 3 种类型：单旋转、一字形旋转和之字形旋转。一次旋转的目的是通过调整结点 s 与它的双亲 p 和祖双亲 g 之间位置，把它上移到树的更高层。下面分情况讨论。

情况 1：被访问结点 s 的双亲是根结点。此时执行单旋转，如图 7-50 所示。在保持二叉查找树特性的情况下，结点 s 成为新的根，原来的根 p 成为它的子女结点。

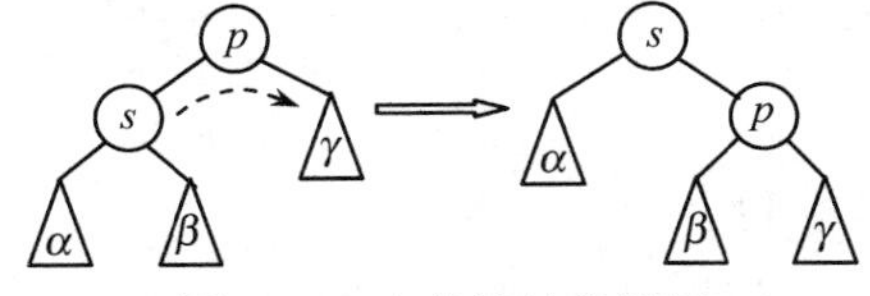

图 7-50 右单旋转的例子

情况 2：同构的形状（homogeneous configuration）。结点 s 是其双亲 p 的左子女，结点 p 又是其双亲 g 的左子女（／）；或者结点 s 是其双亲 p 的右子女，结点 p 又是其双亲 g 的右子女（＼）。此时执行一字形旋转（zigzig rotation），如图 7-51 所示。这是一个双旋转：首先围绕 p 旋转 g，再围绕 s 旋转 p。旋转发生后，当前刚访问的结点 s 调整到祖父的位置，同时仍保持了二叉查找树的特性。

情况 3：异构的形状（heterogeneous configuration）。结点 s 是其双亲 p 的左子女，结点 p 又是其双亲 g 的右子女（>）；或者结点 s 是其双亲 p 的右子女，结点 p 又是其双亲 g 的左子女（<）。此时执行之字形旋转（zigzag rotation），如图 7-52 所示。因为刚访问的结点 s 与其双亲 p 和祖父 g 形成折线，需要做与 AVL 树一样的双旋转，首先围绕 s 旋转 p，再

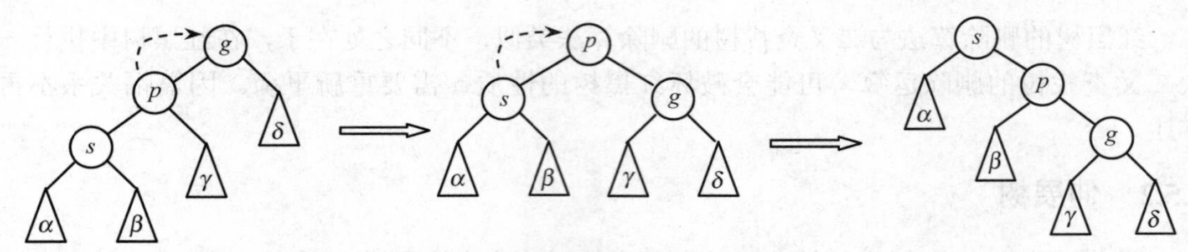

图 7-51　同构形状下的一字形旋转

围绕 s 旋转 g，把结点 s 上升到祖父的位置，并保持二叉查找树的特性。

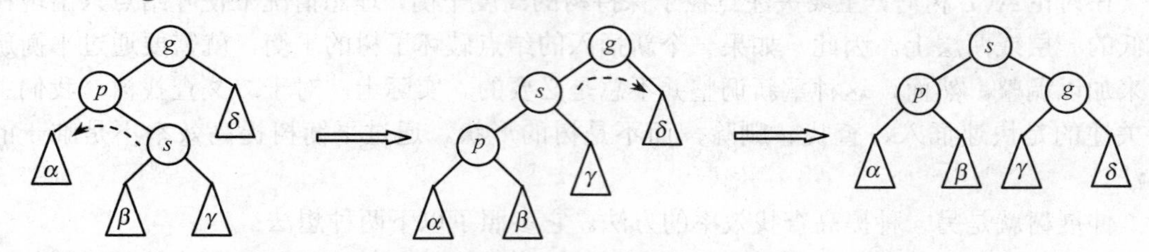

图 7-52　异构形状下的之字形旋转

之字形旋转使得树结构趋向于平衡化，它将子树 β 和 γ 上升一层，并把子树 δ 下降一层，结果常常使树结构的高度减少 1。而一字形旋转一般不会降低树结构的高度，它只是把刚访问的结点向根结点上移。

被访问结点 s“展开”过程的算法描述如程序 7-13 所示，它包括了一系列双旋转，提升结点 s 直到它到达根结点或根结点的一个子女结点。必要时再执行一次单旋转将 s 上升到根结点位置。“展开”的结果使得访问最频繁的结点靠近树结构的根部，从而减少访问代价。

程序 7-13　将刚访问的结点 s 上移到树的根部的算法

```
splaying ( g, p, s ) {
//g 是 p 的双亲，p 是 s 的双亲。算法将 s 移到根结点位置
        while ( s 不是树的根结点 )
                if ( s 的双亲是根结点 ) 进行单旋转，将 s 调整为根结点
                else if ( s 与它的祖先 p、g 是同构形状 ) 进行一字形双旋转，将 s 上移
                          else 进行之字形双旋转，将 s 上移        //s 与它的祖先 p、g 是异构形状
};
```

伸展树并不要求每一个操作都是高效的，但是对于一个有 n 个结点的树结构，并执行 m 次操作的情形，可能一次插入或查找操作需要花费 $O(n)$时间，当 $m \geqslant n$ 时，所有 m 个操作总共需要 $O(m\log_2 n)$时间，从而使每次访问操作的所花费的平均时间达到 $O(\log_2 n)$，从整体上保持较高的时间性能。证明略。

【例 7-26】 图 7-53 描述了伸展树是如何通过“展开”实现自调整的。首先在伸展树中查找 70，查找过程与二叉查找树完全一样，一旦查找成功，就执行“展开”过程将该结点上移到根结点位置。

伸展树的插入操作与二叉查找树相同，但结点一经插入之后立即展开到根结点。同样，从伸展树中删除一个结点的操作也与二叉查找树相同，但需要把被删结点的双亲展开到根结点。伸展树与 AVL 树在操作上稍有不同。伸展树的调整与结点被访问（包括查找、插入、删除）的频率有关，能够进行更合理的调整。而 AVL 树的结构调整只与插入、删除的顺序

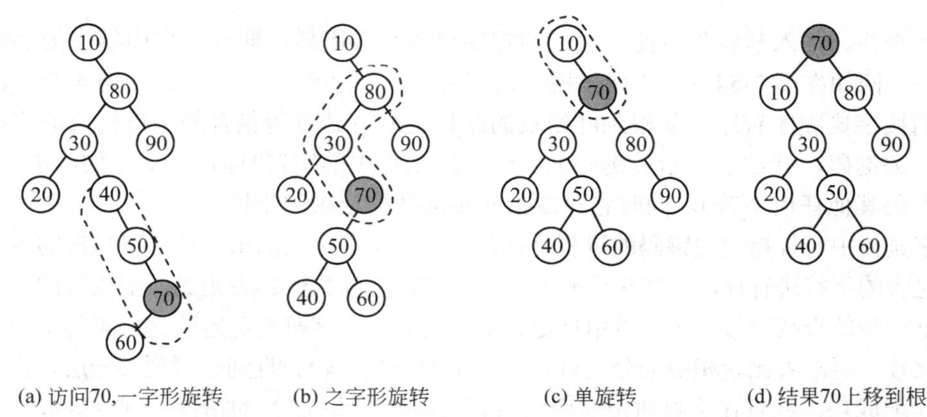

图 7-53 在伸展树中查找 70 之后再展开的例子

有关，与访问的频率无关。

7.5.3 字典树

字典树又称键树，它不再以数字作为关键码，而是以字符串作为关键码。字典树是另一种多叉查找树，每个结点仅表示关键码中的一个字符。在字典树中，把从根出发的每条路径上所对应的字符连接起来，就得到一个字符串。如果关键码是数字串，则每个结点中只包含一个数位，此时的字典树又称为数字查找树；如果关键码是单词，则每个结点中只包含一个字母或其他字符，此时的字典树又称为字符树。

这种树适用于关键码长度大小不一的情况以及多个关键码有相同的前缀的情况。

【例 7-27】 设关键码集合有 10 个关键码，即{ cai, cao, li, chang, chu, lan, wu, wang, lin, zhao }。现在对它们做如下逐层划分：

第一步，先把它们按第一个字母分成 4 个子集：

{{cai, cao, chang, chu}, {li, lan, lin}, {wu, wang}, {zhao}}

第二步，对其中关键码字符个数大于 1 的子集，按第二个字母进一步分割：

{{{cai, cao}, {chang, chu}}, {{lan}, {li, lin}}, {{wang}, {wu}}, {zhao}}

若所得子集中关键码个数仍大于 1，再按第三个字母进一步分割：

{{{{cai}, {cao}}, {{chang}, {chu}}}, {{lan}, {{li}, {lin}}}, {{wang}, {wu}}, {zhao}}

这种层次关系可以用字典树表示，如图 7-54 所示。

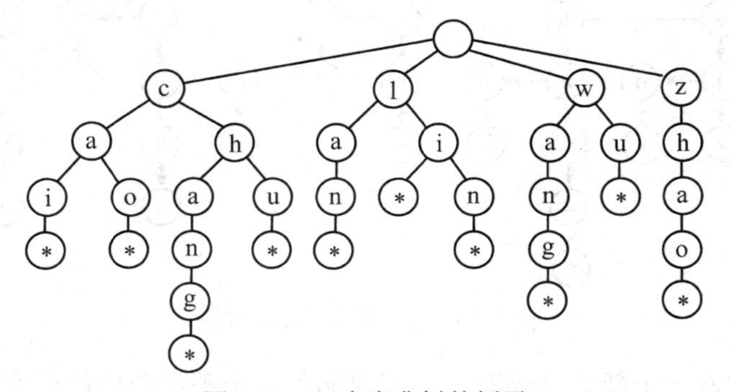

图 7-54 一个字典树的例子

为了查找、插入与删除方便，我们约定字典树是有序树，即同一层中结点的字符自左向右有序。例如在图 7-54 中，4 棵子树分别代表第一个字母为 c、l、w、z 的 4 个关键码子集，它们按字典顺序有序。从根到叶结点的路径上所有结点所包含的字母构成的字符串就表示一个关键码，叶结点标示关键码的终结，叶结点中的字符*标示关键码的结束（约定*小于关键码其他任何字符），同时它存放指向实际数据记录的指针。

在字典树中查找指定关键码的过程是：首先用指定关键码的第一个字符与根的各个子树的根所包含的字符进行比较，如果没有匹配的字符则查找失败；否则到匹配相等的那棵子树上继续下一步的查找比较。然后再用指定关键码的第二个字符与选定的这棵树的根的各个子女进行比较，再沿着比较相等的分支进行下一步的查找比较。直到进行到某一层，指定关键码完全匹配成功，并且在字典树中对应结点有指向叶结点（*）的指针，则查找成功，再通过该叶结点就可检索到所要查找的数据记录。如果查找到某一层，树中结点所包含的字符与待查关键码相应位置的字符不同，则查找失败，说明此关键码在字典树中没有出现。

常见的存储字典树的方法有两种：双链树表示和多链表示。下面分别介绍。

1．双链树表示

以树的子女-兄弟链表方式来表示字典树，就叫做双链树表示。每个非叶结点包括 3 个域（symbol, first, next），其中 symbol 域存储关键码的一个字符，first 域存储指向第一棵子树的指针，next 域存储指向其右兄弟（下一棵子树根结点）的指针。叶结点有 3 个域（symbol, infoptr, next），其中，symbol 存放关键码结束符*，infoptr 域存放指向该关键码所标识的数据记录的指针，next 域存储指向其右兄弟（下一棵子树根结点）的指针，可以为 NULL。例如，由图 7-54 所示的字典树转换成的双链树表示如图 7-55 所示。

双链树中每个结点的最大的度数 d 与关键码字符的“基”有关。所谓“基”是指关键码中每一位的可能取值个数，若关键码是单词，则基为 26，$d = 27$；若关键码是数字，则基等于 10，$d = 11$。双链树的深度取决于关键码中的字符或数位的个数。

假设关键码中每一位取基内任何值的概率相等，则在双链树中查找每一位的平均查找长度，在顺序查找时为$(d+1)/2$。又假设关键码中字母（或数位）的个数都相等（$= h$），则在双链树中查找成功的平均查找长度为 $h(d+1)/2$。

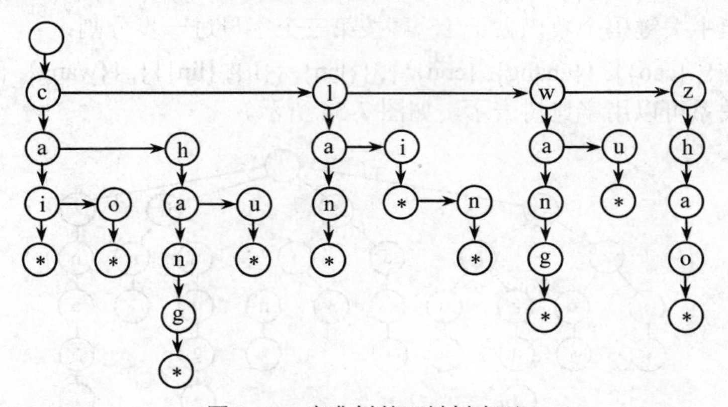

图 7-55　字典树的双链树表示

在双链树中插入一个新关键码时，不需要插入这个关键码中的所有字符，值需要插入那些与双链树中结点不能匹配的字符。因此，插入时需要先进行查找，以确定从关键码的哪一个字符开始插入，插入到双链树的什么位置。

2．多链表示

字典树的多链表示又称为 trie 树，是一种查找效率比较高的字典树，trie 是 retrieval（检索）的中间几个字母。在 trie 树中，若从某个结点到叶结点的路径上每个结点的子女只有一个，则可将该路径上的所有结点压缩成一个叶结点，且在该叶结点中存储关键码及指向对应数据记录的指针等信息。因此，在 trie 树上只有两种结点：分支（branch）结点和叶（leaf）结点。分支结点中不设置数据域，只设置 d 个指针域和一个指示该结点中非空指针个数的整数。其中，d 与“基”相关，若关键码由字母组成，加上*，则 $d = 27$；若关键码由数字组成，加上*，则 $d = 11$。叶结点只有数据域和指向对应数据记录的指针。

图 7-56 是从图 7-54 所示的字典树转换成的 trie 树。在 trie 树上的查找过程是：从根结点出发，沿与指定关键码相应的指针逐层向下，直到叶结点。若该叶结点中的关键码与给定关键码相等，则查找成功，否则查找不成功。

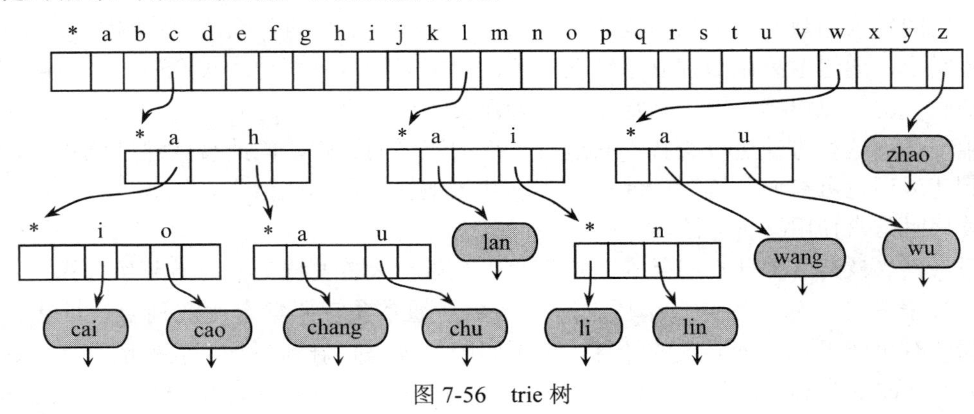

图 7-56 trie 树

在 trie 树上进行插入时，先用待插入关键码 x 在 trie 树上进行查找。若查找成功，则无须插入；若查找不成功，有两种可能：

- 例如，若想插入 lian，但没有查到，在相应分支结点中，a 对应指针为 NULL。此时可创建一个包含关键码 lian 的新叶结点，让刚才 a 对应的空指针指向这个新叶结点。
- 例如，若想插入 ling，也没有查到，但已经查到包含 lin 的叶结点，叶结点保存的关键码与待插关键码不符。此时需在这个位置创建一个新的下一层的分支结点，让 lin 和 ling 成为这个新分支结点的叶结点。

trie 树的查找效率比双链树高，但它的分支结点中许多指针是空的，占用了较多的存储。一个既节省存储又有较高查找效率的方案是把双链树和 trie 树结合起来，在靠近根的地方，兄弟较多，采用 trie 树的分支结点组织，树在下面几层兄弟较少，采用双链树组织，叶结点还是采用 trie 树的结构。

7.6 散列表及其查找

在前面所讨论的用于查找的数据结构中，元素在存储结构中的位置与元素的关键码之间不存在直接的对应关系。在数据结构中查找一个元素需要进行一系列的关键码比较。查找的效率取决于查找过程进行的关键码比较次数。散列表（hash table）[①]是表示查找结构的另一种有效方法，它提供了一种完全不同的存储和查找方式，通过将关键码映射到表中某个位置上来存储元素，然后根据关键码用同样的方式直接访问。

7.6.1　散列的概念

理想的查找方法是可以不经过任何比较，一次直接从表中得到要查找的元素。如果在元素的存储位置与它的关键码之间建立一个确定的对应函数关系 hash( )，使得每个关键码与表中的一个唯一的存储位置相对应：

$$\text{Address} = \text{hash(key)}$$

在插入时，依此函数计算存储位置并按此位置存放。在查找时，对元素的关键码进行同样的函数计算，把求得的函数值当做元素的存储位置，在表中按此位置取元素比较，若关键码相等，则查找成功。这种方法就是散列法，散列法又称哈希法或杂凑法。在散列方法中使用的转换函数叫做散列函数。而按此种想法构造出来的表或结构就叫做散列表。

事实上，通过散列函数建立了从元素关键码集合到散列表地址集合的一个映射。有了散列函数，就可以根据关键码确定元素在散列表中唯一的存放地址。

由于使用这种方法进行查找不必进行多次关键码的比较，因此查找速度比较快，可以直接到达或逼近具有此关键码的元素的实际存放地址。在某些操作系统或大型软件中进行文件管理时常常使用这种方法。

思考题　*散列法为什么叫做直接存取方法？为什么不支持元素间的顺序查找？*

一般来说，散列函数是一个压缩映像函数。通常关键码集合比散列表地址集合大得多。因此有可能经过散列函数的计算，把不同的关键码映射到同一个散列地址上，这就产生了冲突（collision）。例如，有一组元素，其关键码分别是 12361, 07251, 03309, 30976。采用的散列函数是 $\text{hash}(x) = x \% 73$，其中，“%”是除法取余操作。则有：hash(12361) = hash(07250) = hash(03309) = hash(30976) = 24。就是说，对不同的关键码，通过散列函数的计算，得到了同一散列地址。称这些散列地址相同的不同关键码为同义词。

如果元素按计算出的地址加入散列表时产生了冲突，就必须考虑如何解决冲突。冲突太多会降低查找效率。如果能够构造一个地址分布比较均匀的散列函数，使得关键码集合中的任何一个关键码经过这个散列函数的计算，映射到地址集合中所有地址的概率相等，就可以有效减少冲突。但实际上，由于关键码集合比地址集合大得多，冲突很难避免。所以对于散列方法，需要讨论以下两个问题：

（1）对于给定的一个关键码集合，选择一个计算简单且地址分布比较均匀的散列函数，避免或尽量减少冲突。

（2）拟订解决冲突的方案。

7.6.2　常见的散列函数

在构造散列函数时有几点要求：

（1）散列函数的定义域必须包括需要存储的全部关键码，而如果散列表允许有 m 个地

① 散列表又称哈希表、杂凑表，1989 年中国计算机学会主编的《英汉计算机词汇》将 hash 正式定名为散列。

址时，其值域必须在 $0 \sim m-1$ 之间。

（2）散列函数计算出来的地址应能均匀分布在整个地址空间中：若 key 是从关键码集合中随机抽取的一个关键码，散列函数应能以同等概率取 $0 \sim m-1$ 中的每一个值。

（3）散列函数应是简单的，能在较短的时间内计算出结果。

下面列出几个常用的散列函数。

1．直接定址法

函数对记录的关键码做一个线性计算，把计算结果当做记录的散列地址。用作计算的线性函数为

$$\text{hash(key)} = a \times \text{key} + b$$

其中，a 和 b 是常数。这种方法计算最简单，并且没有冲突发生。它适合于关键码的分布基本连续的情况，若关键码分布不连续，空位较多，将造成存储空间的浪费。

【例 7-28】 有一组关键码：942148, 941269, 940527, 941630, 941805, 941558, 942047, 940001。散列函数为

$$\text{hash (key)} = \text{key} - 940000$$

用这个散列函数计算所得的关键码－散列地址对照表如表 7-1 所示。

表 7-1　例 7-28 的散列函数的关键码-散列地址对照

序　号	0	1	2	3	4	5	6	7
关 键 码	942148	941269	940527	941630	941805	941558	942047	940001
散列地址	2148	1269	527	1630	1805	1558	2047	1

可以按计算出的地址存取记录。

2．除留余数法

设散列表中允许的地址范围为 $0 \sim m-1$，取一个不大于 m，但最接近于或等于 m 的素数 p 作为除数，利用以下散列函数把关键码转换成散列地址：

$$\text{hash(key)} = \text{key} \ \% \ p, \quad p \leqslant m$$

其中，“%”是整数除法取余的运算，要求这时的素数 p 不是接近 2 的幂。

如果选 p 为 2 的幂，就有 $p = 2^i$。那么散列函数 hash(key)计算出来的地址就是 key 的最低的 i 位二进位数字。如果 key 是十进制数字，那么 p 也应避免取 10 的幂。例如，选 10^k，因为这样会使得计算出来的散列函数值仅是关键码的最低 k 位数的值。以至得到的地址分布太集中，导致冲突增多。

【例 7-29】 有一个关键码 key = 962148，散列表的地址数 $m = 25$，即 HT[25]，取素数 $p = 23$，散列函数为 hash(key) = key % 23，则 hash(962148) = 962148 % 23 = 12。

可以按计算出的地址存放记录。需要注意的是，使用上面的散列函数计算出来的地址范围是 $0 \sim 22$，因此，23 和 24 这两个散列地址实际上在一开始是不可能用散列函数计算出来的，只可能在处理冲突时达到这些地址。

这种方法的关键是选好 p，使得每一个关键码通过该函数转换后映射到散列空间上任一地址的概率都相等，从而尽可能减少发生冲突的可能性。

3．数字分析法

设有 n 个 d 位数，每一位可能有 r 种不同的符号，例如，十进制数字的 $r = 10$。这 r

种不同的符号在各位上出现的频率不一定相同，可能在某些位上分布均匀些，每种符号出现的机会均等；在某些位上分布不均匀，只有某几种符号经常出现。若散列表的地址范围为 0～$m-1$，占 d 位数，可选取其中各种符号分布最均匀的 d 位，并乘以一个比例因子（$=m/r^d$），把得到的 d 位数压缩到 0～$m-1$，从而得到记录的散列地址。

计算各位数字中符号分布的均匀度 λ_k 的公式为

$$\lambda_k = \sum_{i=1}^{r} (\alpha_i^k - n/r)^2$$

其中，α_i^k 表示第 i 个符号在第 k 位上出现的次数，n/r 表示 r 种符号在 n 个数中均匀出现的期望值。计算出的 λ_k 值越小，表明在该位（第 k 位）各种符号分布得越均匀。

【例 7-30】 有一组关键码，对其各位从低位到高位对齐。再对它们按位编号，如下所示。其中，8/10 表示 8 个数字在 10 种（0～9）取值内分布的期望值。

关键码	计算分布均匀度
9 4 2 1 4 8	①、②位，1 个数字（分别是 9、4）出现 8 次，其他数字未见
9 4 1 2 6 9	$\lambda_1=\lambda_2=(8-8/10)^2\times1+(0-8/10)^2\times9=57.60$
9 4 0 5 2 7	③位，2 个数字(0, 2)各出现 2 次，1 个数字（1）出现 4 次，其他数字未见
9 4 1 6 3 0	$\lambda_3=(2-8/10)^2\times2+(4-8/10)^2\times1+(0-8/10)^2\times7=17.60$
9 4 1 8 0 5	④位，2 个数字(0, 5)各出现 2 次，4 个数字(1, 2, 6, 8)各出现 1 次，其他数字未见
9 4 1 5 5 8	⑤位，2 个数字(0, 4)各出现 2 次，4 个数字(2, 3, 5, 6)各出现 1 次，其他数字未见
9 4 2 0 4 7	⑥位，2 个数字(7, 8)各出现 2 次，4 个数字(0, 1, 5, 9)各出现 1 次，其他数字未见
9 4 0 0 0 1	$\lambda_4=\lambda_5=\lambda_6=(2-8/10)^2\times2+(1-8/10)^2\times4+(0-8/10)^2\times4=5.60$
① ② ③ ④ ⑤ ⑥	若地址范围为 3 位数字，取各关键码的④⑤⑥位做散列地址

显然，数字分析法仅适用于事先明确知道表中所有关键码每一位数值的分布情况，它完全依赖于关键码集合。如果换一个关键码集合，选择哪几位需要重新分析，寻找分布均匀的若干位作为散列地址。

思考题 用此方法得到的地址范围可能是 000～999，如果表的大小只有 $m=400$，如何把 000～999 压缩到 000～399？

4．平方取中法

此方法在字典处理中使用十分广泛。它首先计算关键码的平方值，然后按照散列表的大小取中间的若干位作为散列地址。

若关键码是数字，可直接计算，若关键码是单词，可对组成单词的各个字符取其内码，再计算平方值。因为平方值的中间几位一般是由关键码中各个位的值决定的，所以对不同关键码计算出的散列地址大多不相同。

【例 7-31】 若一组关键码由字母数字字符组成，约定每个字符的内码等于它的 ASCII 码减去 48 所得结果。表 7-2 列出部分关键码的内码及其平方值。若散列地址总数取为 $m=10^3$，则对内码的平方值取中间的 3 位。所取得的散列地址参看表 7-2 最右一列。

由于这种方法得到的散列地址与关键码值的每一位都有关，使得散列地址的分布比较均匀。它适用于关键码中的每一位取值的分布都不够均匀或者分布较均匀的位数小于散列地址所需要的位数的情况。

表 7-2 标识符的十进制内码表示及其平方值

标识符	内码	内码的平方	散列地址（3 位）
A	17	289	289
C1	1901	3613801	138
imax	57614972	3319484998560784	499
imin	57615762	3319576030840644	603

5．折叠法

此方法把关键码自左到右分成位数相等的几部分，每一部分的位数应与散列表地址位数相同，只有最后一部分的位数可以短一些。把这些部分的数据叠加起来，就可以得到具有该关键码的记录的散列地址。有两种叠加方法：

（1）移位法。把各部分的最后一位对齐相加。

（2）分界法。各部分不折断，沿各部分的分界来回折叠，然后对齐相加，将相加的结果当做散列地址。

【例 7-32】 设给定的关键码为 key = 23938587841，若存储空间限定 m = 400，则划分结果为每段 3 位，上述关键码可划分为 4 段：

239　385　878　41

用上述方法计算出的结果如图 7-57 所示。把超出地址位数的最高位删去，仅保留最低的 3 位，然后再乘以 0.4，把得到的结果压缩到 m 的范围内。一般地，若计算出的地址是 r 位，可能的地址范围是 $0\sim10^r-1$，必须乘以一个压缩因子 $f=m/10^r$，将地址压缩到 $0\sim m-1$ 范围内。

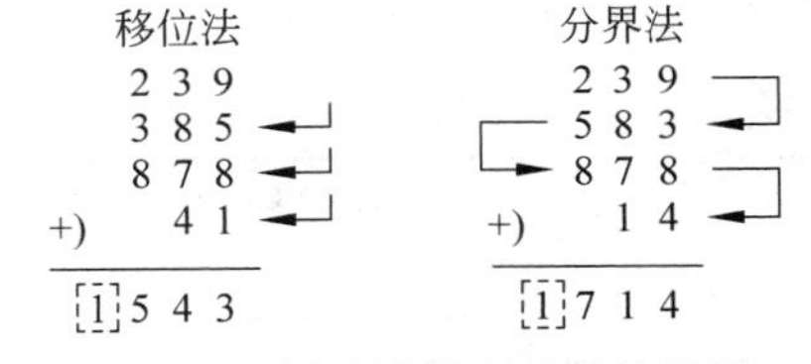

图 7-57 折叠法散列函数的示例

当关键码的位数很多，而所需的散列地址的位数又较少，而且关键码每一位上数字的分布大致比较均匀时，可用这种方法得到散列地址。

因为任一种散列函数也不能避免产生冲突，因此选择好的解决冲突的方法十分重要。

7.6.3 解决冲突的开地址法

所谓开地址法，又称闭散列法，指的是当新元素与表中原有元素发生冲突时可将新元素插入到表中其他空闲位置，但无论怎样都只能在表内寻找下一个空闲位置。

若设散列表的编址为 $0\sim m-1$，当要加入一个元素 R_2 时，用它的关键码 R_2.key，通过散列函数 hash(R_2.key)的计算，得到它的存放地址 H_0，但是在存放时发现这个地址已经被另一个元素 R_1 占据了。这时不但发生了冲突，还必须处理冲突。为此，必须把 R_2 存放到表中“下一个”空闲的地址中。如果表未被装满，则在允许的范围内必定还有空闲的地址。

找“下一个”空闲地址的方法很多，下面讨论其中的 3 种。

1．线性探查法

使用某一种散列函数计算出初始散列地址 H_0，一旦发生冲突，在表中顺次向后寻找“下一个”空闲位置 H_i 的公式为

$$H_i = (H_{i-1}+1)\ \%\ m，或\ H_i = (H_0+i)\ \%\ m，\ i=1, 2, \cdots, m-1$$

即用线性探查序列 $H_0+1, H_0+2, \cdots, m-1, 0, 1, 2, \cdots, H_0-1$ 在表中寻找“下一个”空闲位置的地址。它等于把散列表中的地址构成一个环。

每当发生冲突后，就探查下一个位置。当探查 $m-1$ 次后就会回到开始探查时的位置，说明待查关键码不在表内，而且表已满，不能再插入新关键码。

【例 7-33】 给出一组元素，它们的关键码为 37, 25, 14, 36, 49, 68, 57, 11，散列表为 HT[12]，表的大小 $m = 12$。采用的散列函数是

$$hash(x) = x \% 11$$

11 是不大于 m 且最接近于 m 的素数。

依次计算各关键码的散列地址，可得

hash(37) = 37 % 11 = 4　　hash(25) = 25 % 11 = 3　　hash(14) = 14 % 11 = 3
hash(36) = 36 % 11 = 3　　hash(49) = 49 % 11 = 5　　hash(68) = 68 % 11 = 2
hash(57) = 57 % 11 = 2　　hash(11) = 11 % 11 = 0

然后把它们按原有的顺序逐个加入。如果关键码在表中已有，不再加入；否则，如果在当前散列地址没有存放元素，则把元素插入其中；如果当前散列地址已有元素，则发生冲突，必须查看紧随其后的下一个散列地址，如果是空闲的，则查找失败，新元素即可插入其中，否则继续向后查看。

表 7-3 给出各个关键码散列的情况。在把这些关键码放入表中之后，若想查找表中的元素，可按同样方式进行查找。找到一个元素的比较次数与当初将它存入时的探查次数相等。

表 7-3　散列情况统计

要散列关键码	37	25	14	36	49	68	57	11
初始散列地址	4	3	3	3	5	2	2	0
冲突散列地址	无	无	3, 4	3, 4, 5	5, 6	无	2, 3, 4, 5, 6, 7	无
最后存入地址	4	3	5	6	7	2	8	0
探 查 次 数	1	1	3	4	3	1	7	1

得到的散列结果如图 7-58 所示。

0	1	2	3	4	5	6	7	8	9	10	11
11		68	25	37	14	36	49	57			

图 7-58　线性探查法处理冲突

程序 7-14 给出用线性探查法处理冲突时散列表的结构定义。定义中涉及的每一个表元素的数据类型 HElemType，关键码 key 的数据类型 KeyType 在主调用程序中声明。

程序 7-14　用开地址法组织的散列表的结构定义（保存于头文件 HashTable.h 中）

```
#include <stdio.h>
#include <stdlib.h>
#define defaultSize 11
enum KindOfState { Active, Blank, Deleted };     //元素分类（活动/空闲/删除）
typedef int KeyType;
typedef struct {                                 //元素结构定义
```

```
    KeyType key;                                //关键码
} HElemType;
typedef struct {                                //散列表结构定义
    int divisor;                                //散列函数的除数
    int n, m;                                   //当前已用地址数及最大地址数
    HElemType *data;                            //散列表存储数组
    KindOfState *state;                         //状态数组
    int *count;                                 //探查次数数组
} HashTable;
void InitHashTable ( HashTable& HT, int d ) {
//初始化函数：要求d是不大于m但最接近m的素数
    HT.divisor = d;
    printf ( "divisor=%d\n", HT.divisor );
    HT.m = defaultSize;  HT.n = 0;
    HT.data = ( HElemType* ) malloc ( HT.m*sizeof ( HElemType ));
                                                //创建表存储数组
    HT.state = ( KindOfState* ) malloc ( HT.m*sizeof ( KindOfState ));
                                                //创建表状态数组
    HT.count = ( int* ) malloc ( HT.m*sizeof ( int )); //创建探查次数数组
    for ( int i = 0; i < HT.m; i++ )                   //初始化
        { HT.state[i] = Blank;  HT.count[i] = 0; }
}
```

为了衡量该方法的查找性能，引入查找成功的平均查找长度 S_n 和查找不成功的平均查找长度 U_n。查找成功的平均查找长度 S_n 是指查找到表中已有元素的平均探查次数，它是找到表中各个已有元素的探查次数的平均值。而查找不成功的平均查找长度 U_n 是指在表中查找不到待查的元素，但找到插入位置的平均探查次数，它是要插入新元素时为找到空闲地址的探查次数的平均值，其涉及范围包括散列函数可计算出的地址。

在使用线性探查法对例 7-32 所示的例子进行查找时，查找成功的平均查找长度为

$$S_n = \frac{1}{8}\sum_{i=1}^{8} c_i = \frac{1}{8}(1+1+3+4+3+1+7+1) = \frac{21}{8}$$

因为表中有 8 个表项，所以把找到每个表项的比较次数加起来除以 8 即得 s_n。

查找不成功的平均查找长度为

$$U_n = \frac{1}{11}\sum_{j=0}^{11} c'_j = \frac{2+1+8+7+6+5+4+3+2+1+1}{11} = \frac{40}{11}$$

在查找不成功的情况，因为散列函数 hash(x) = x % 11 的除数为 11，所以它能够计算出的散列地址从 0 到 10，共 11 个地址。计算 U_n 时，只累加在 0～10 号地址中插入新元素的探查次数，最后对累加和除以 11，即可得到查找不成功的平均查找长度 U_n。

思考题　为什么用除留余数法选择的除数是 11，而不是散列表的大小 m = 12？计算 U_n 时，为什么分母用的是 11，而不是表的大小 m = 12？

程序 7-15 给出用线性探查法在散列表 data 中查找给定值 x 的算法，函数 FindPos 利用线性探查法查找满足要求的元素，返回散列地址 i。查找结果有 3 种：

（1）HT.state [i] == Active 且 HT.data[i].key == x，查找成功，所求元素在 i 号地址。

（2）HT.state [i] != Active，表明表中没有要查找的元素，插入元素到 i 号地址。

（3）HT.state [i] == Active 且 HT.data[i].key != x，该地址发生冲突。

函数 Search 调用了散列函数 FindPos，得到一个散列地址 i。如果查找成功，函数返回 1，同时引用参数 i 返回查到的元素地址；如果查找失败，函数返回 0，同时 i 返回插入位置；如果表满溢出，函数返回-1。

程序 7-15 用线性探查法查找元素的算法

```
int FindPos ( HashTable& HT, KeyType x, int& i ) {
//用线性探查法查找在散列表 HT 中关键码与 x 匹配的元素
//查找成功，函数返回 1，否则返回 0。如果表已满则返回-1
    i = x % HT.divisor;                                    //计算初始散列地址
    if (HT.state[i] == Active && HT.data[i].key == x) return 1;//找到，返回
    else {                                                 //发生冲突
        int j = i;                                         //寻找下一个空位
        do {
            if ( HT.state[i] == Active && HT.data[i].key == x ) return 1;
            else if ( HT.state[i] != Active ) return 0;  //找到空位，返回
            i = (i+1) % HT.m;
        } while ( j != i );
        return -1;                                         //转一圈，表已满，失败
    }
}
```

如果想将散列表中原有的内容清掉，可以将表中 state 数组全部置为 Blank。因为散列表存放的是元素集合，不应有重复的关键码，所以在插入新元素时，如果发现表中已经有关键码相同的元素，则不再插入。

特别要注意，在用开地址法解决冲突的情形下，不能随便物理删除表中已有的元素。因为若删除元素会影响其他元素的查找。如在图 7-58 所示的例子中，若把关键码为 37 的元素真正删除，把它所在 4 号散列地址的 HT.state[4]置为 Blank，那么以后在查找关键码为 14、36 和 57 的元素时就查不下去，从而会错误地判断表中没有关键码为 14、36 或 57 的元素。所以若想删除一个元素时，只能给它做一个删除标记 Deleted，进行逻辑删除。但这样做的副作用是：在执行多次删除后，表面上看起来散列表很满，实际上有许多位置没有利用。因此，当散列表经常变动时，最好不用开地址法处理冲突，可改用链地址法来处理冲突。

线性探查方法容易产生“堆积（又称为聚集）”的问题，即不同探查序列的关键码占据了可利用的空闲地址，使得为寻找某一关键码不但需要经历同义词的探查序列，还要经历其他非同义词元素的探查序列，导致查找时间增加。图 7-58 中为寻找 57 比较了 7 次，不但经历了自身的同义词探查序列（68），还经历了散列地址为 3 的探查序列（25, 14, 36）、散列地址为 4 的探查序列（37）、散列地址为 5 的探查序列（49），降低了查找效率。

为此，需要加大探查“下一个”空闲位置的距离，以改善上述的“堆积”问题，这样就有下面两种探查再散列的方法。

2．二次探查法

使用二次探查法，在表中寻找“下一个”空闲位置的公式为

$$H_i = (H_0 \pm i^2)\ \%\ m, \qquad i = 1, 2, \cdots, \quad (m-1)/2$$

式中的 H_0 = hash(x)是通过散列函数 hash()对元素的关键码 x 进行计算得到的散列地址，它是一个非负整数。m 是表的大小，它应是一个值为 $4k+3$ 的素数，其中 k 是一个整数。这样的素数如 3, 7, 11, 19, 23, 31, 43, 59, 127, 251, 509, 1019, …。

二次探查法的探查序列形如 $H_0, (H_0 \pm 1)\ \%\ m, (H_0 \pm 4)\ \%\ m, (H_0 \pm 9)\ \%\ m, \cdots$。

在做 $(H_0 - i^2)\ \%\ m$ 的运算时，当 $H_0 - i^2 < 0$ 时，运算结果也是负数。实际算式可改为

$$\text{if}\ (\ (j = (H_0 - i^2)\ \%\ m\ ) < 0\ )\ j = j + m$$

【例 7-34】 设给出一组元素的关键码为 37, 25, 14, 36, 49, 68, 57, 11，采用二次探查法解决冲突，因为散列表的大小必须是满足 $4k+3$ 的素数，可取 $m = 19$，采用的散列函数是

$$\text{Hash}(x) = x\ \%\ 19$$

则各关键码计算出的地址为

hash(37) = 37 % 19 = 18　　hash(25) = 25 % 19 = 6　　hash(14) = 14 % 19 = 14
hash(36) = 36 % 19 = 17　　hash(49) = 49 % 19 = 11　　hash(68) = 68 % 19 = 11
hash(57) = 57 % 19 = 0　　hash(11) = 11 % 19 = 11

思考题　为什么不取表的大小 $m = 11$？它也是满足 $4k+3$ 的素数。

表 7-4 是使用二次探查法时散列情况的统计。

表 7-4　散列情况统计

要散列关键码	37	25	14	36	49	68	57	11
初始散列地址	18	6	14	17	11	11	0	11
冲突散列地址	无	无	无	无	无	11	无	11, 12
最后存入位置	18	6	14	17	11	12	0	10
探 查 次 数	1	1	1	1	1	2	1	3

各元素关键码在散列表中的散列位置如图 7-59 所示。

0	1	2	3	4	5	6	7	8	9	10
57						25				11

11	12	13	14	15	16	17	18
49	68		14			36	37

图 7-59　使用二次探查法得到的散列表

它的查找性能也可利用平均查找长度 S_n 和 U_n 来衡量，不过在计算探查次数时与线性探查法相比，计算思路相似但寻找下一个空闲位置的方法不同。

$$S_n = \frac{1}{n}\sum_{i=1}^{n} c_i = \frac{1}{8}(1+1+3+1+2+1+1+1) = \frac{11}{8}$$

$$U_n = \frac{1}{19}\sum_{j=0}^{18} c'_j = \frac{1}{19}(2+1+1+1+1+1+2+1+1+1+3+4+2+1+2+1+1+3+4) = \frac{33}{19}$$

思考题　计算 U_n 时为什么使用的除数是 19？

可以证明，当表的长度 m 为素数且表的装满程度不超过 0.5 时，新的元素一定能够插入，而且任何一个位置不会被探查两次。因此，只要表中至少有一半是空的，就不会有表满问题。在这种情况下执行查找时可以不考虑表装满的情况，但在插入时必须确保表的装填因子α（α的定义参看 7.6.5 节）不超过 0.5，如果超出，必须将表长度扩充一倍，进行表的分裂。

思考题 按照二次探查法和指定的平均查找长度，是否可以计算出表的长度？为什么要求表的大小是满足 $4k+3$ 的素数且装填因子$\alpha \leqslant 0.5$？

在删除一个元素时，为确保查找链不致中断，也只能做元素的逻辑删除，即将被删元素的状态改为 Deleted。

3．双散列法

双散列法是一种使用伪随机数发生器进行再散列的方法，它需要两个散列函数：第一个散列函数 hash(R.key)：按元素 R 的关键码 key 计算元素 R 的初始散列地址 H_0 = hash(R.key)；第二个散列函数 $hash_2$(R.key)即伪随机数发生器。一旦发生地址冲突，利用第二个散列函数 $hash_2$(R.key)计算该元素到达“下一个”空闲位置的地址间隔，它的取值与 key 的值有关。要求第二个散列函数的计算结果 j 应是 $1 \leqslant j < m$ 且与 m 互素的正整数，m 是表的大小。$j=1$ 相当于线性探查。

若设表的长度为 m，则在表中寻找“下一个”空闲位置的公式为

$$H_0 = hash(key),\ p = hash_2(key)$$

其中 p 是小于 m 且与 m 互质的整数。

双散列法的探查序列可写成

$$H_i = (H_0 + i \times p) \% m，或 H_i = (H_{i-1} + p) \% m，i = 1, 2, \cdots, m-1$$

最多经过 $m-1$ 次探查，它会遍历表中所有位置，回到 H_0 位置。

【例 7-35】 给出一组关键码 22, 41, 53, 46, 30, 13, 01, 67。散列表为 HT[11]，$m = 11$。散列函数为 $hash(x) = (3x) \% 11$，再散列函数为 $hash_2(x) = (7x) \% 10 + 1$。探查序列为

$$H_i = (H_{i-1} + hash_2(x)) \% 11,\quad i = 1, 2, 3, \cdots$$

对各个关键码计算可得

hash(22) = (3×22) % 11 = 0　　hash(41) = (3×41) % 11 = 2
hash(53) = (3×53) % 11 = 5　　hash(46) = (3×46) % 11 = 6
hash(30) = (3×30) % 11 = 2　　hash(13) = (3×13) % 11 = 6
hash(01) = (3×01) % 11 = 3　　hash(67) = (3×67) % 11 = 3

表 7-5 给出各个元素根据双散列法进行散列的结果。

表 7-5　用双散列法散列的情况

要散列关键码	22	41	53	46	30	13	01	67
初始散列地址	0	2	5	6	2	6	3	3
再散列函数值	5	8	2	3	1	2	8	10
冲突散列地址	无	无	无	无	2	6	3, 0, 8, 5, 2	3, 2
最后存入地址	0	2	5	6	3	8	10	1
探 查 次 数	1	1	1	1	2	2	6	3

图 7-60 是散列后的情况。

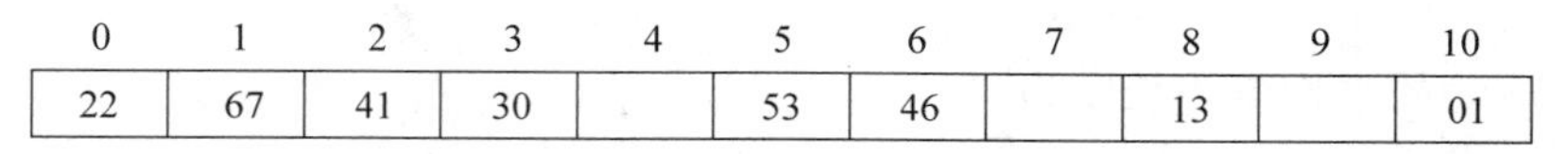

0	1	2	3	4	5	6	7	8	9	10
22	67	41	30		53	46		13		01

图 7-60　使用双散列法得到的散列表

因为 22、41、53、46 都未出现冲突，不必计算 $hash_2(x)$，对于后 4 个元素，计算出来的再散列函数值 $hash_2(x)$为

$hash_2(30) = (7\times30)\ \%\ 10+1 = 1$　　$hash_2(13) = (7\times13)\ \%\ 10+1 = 2$

$hash_2(01) = (7\times01)\ \%\ 10+1 = 8$　　$hash_2(67) = (7\times67)\ \%\ 10+1 = 10$

此方法根据元素的关键码，计算出一个向后寻找"下一个"候选散列地址的地址间隔，以便可以向后按此地址间隔"跳到"下一个候选地址。因为它不是逐个地址向后寻找"下一个"空闲位置，有利于避开"堆积"的产生，从而提高查找的效率。在图 7-60 所示的例子中，查找成功的平均查找长度为

$$S_n = \frac{1}{8}(1+1+1+1+2+2+6+3) = \frac{17}{8}$$

查找不成功的平均查找长度比较难计算，要考虑所有可能散列位置（散列函数计算到的位置）。每一散列位置的移位量有 10 种：1, 2, …, 10。先计算每一散列位置各种移位量情形下找到下一空位的比较次数，求出平均值；再计算各个位置的平均比较次数的总平均值。

$hash_2()$的取法很多。例如，当 m 是素数时，可定义

$$hash_2(key) = key\ \%\ (m-1)+1$$

或

$$hash_2(key) = \lfloor key/m \rfloor \%(m-2)+1$$

$$\vdots$$

当 m 是 2 的方幂时，$hash_2(key)$可取从 0 到 $m-1$ 中的任意一个奇数。

思考题　可以使用计算机语言提供的随机数发生器函数计算元素的散列地址吗？

7.6.4　解决冲突的链地址法

链地址法又称为分离的同义词子表法，它首先对关键码集合用某一个散列函数计算它们的存放位置。若设散列表地址空间的范围是 0～$m-1$，则关键码集合中的所有关键码被划分为 m 个子集合，把用散列函数计算出来的具有相同地址的关键码归于同一子集合。称同一子集合中的关键码互为同义词。每一个子集合中的元素通过一个单链表链接起来，亦称之为同义词子表。所有散列地址相同的元素都链接在同一个同义词子表中，各链表的头结点组成一个向量，散列地址为 i 的同义词子表的头结点是向量中的第 i 个元素。

【例 7-36】 设给出一组元素的关键码为 37, 25, 14, 36, 49, 68, 57, 11，取 $m = 11$，采用链地址法解决冲突，散列函数为 $hash(x) = x\ \%\ 11$，则各关键码计算出的地址为

$hash(37) = 37\ \%\ 11 = 4$　　$hash(25) = 25\ \%\ 11 = 3$　　$hash(14) = 14\ \%\ 11 = 3$

$hash(36) = 36\ \%\ 11 = 3$　　$hash(49) = 49\ \%\ 11 = 5$　　$hash(68) = 68\ \%\ 11 = 2$

$hash(57) = 57\ \%\ 11 = 2$　　$hash(11) = 11\ \%\ 11 = 0$

得到的散列结果如图 7-61 所示。此例的查找成功的平均查找长度为

$$S_n=\frac{1}{8}(1+1+2+1+2+3+1+1)=\frac{12}{8}$$

查找不成功的平均查找长度为

$$U_n=\frac{1}{11}(2+1+3+4+2+2+1+1+1+1+1)=\frac{19}{11}$$

在此计算中，根据散列函数，散列位置为 0～10，共 11 个位置。

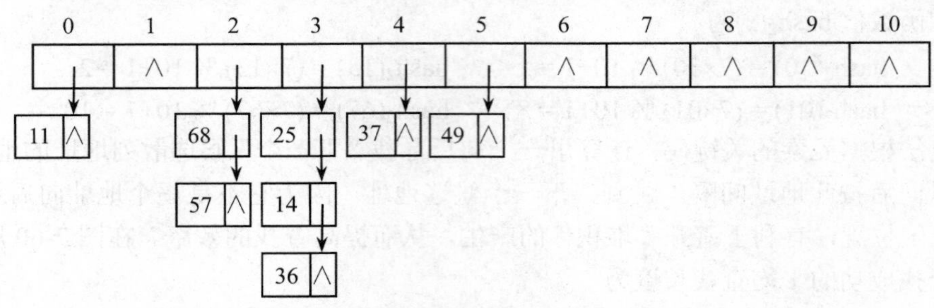

图 7-61　用链地址法解决冲突得到的散列表

适用于链地址法的散列表结构的定义如程序 7-16 所示。程序 7-17 给出用链地址法解决冲突的散列表的查找算法。

程序 7-16　使用链地址法的散列表结构定义（保存于头文件 ChainHashTable.h 中）

```
#include <stdio.h>
#include <stdlib.h>
#define defaultSize 12
typedef int KeyType;                                        //关键码类型定义
typedef struct  {                                           //元素类型定义
    KeyType key;
} HElemType;
typedef struct node {                                       //各同义词子表的链结点定义
    HElemType data;                                         //元素
    struct node *link;                                      //链指针
} ChainNode;
typedef struct {                                            //散列表类型定义
    int divisor;                                            //除数（必须是素数）
    int m;                                                  //容量
    ChainNode *elem[defaultSize];                           //散列表头指针向量
} HashTable;
void InitHashTable ( HashTable& LT, int d ) {               //初始化函数
    LT.divisor = d;
    LT.m = defaultSize;
    for ( int i = 0; i < LT.m; i++ ) LT.elem[i] = NULL;
}
```

程序 7-17　采用链地址法解决冲突场合下散列表的查找算法

```
ChainNode *FindPos ( HashTable& HT, KeyType k ) {
//在散列表 HT 中查找关键码为 k 的元素。函数返回一个指向散列表中某位置的指针
//若元素不存在，则返回 NULL
    int j = k % HT.divisor;                                 //计算散列地址
```

```
    ChainNode *p = HT.elem[j];                    //扫描第 j 链的同义词子表
    while ( p != NULL && p->data.key != k ) p = p->link;
    return p;                                     //返回
};
```

其他的操作，如插入、删除等，可参照单链表的插入、删除等算法来实现。使用链地址法处理冲突需要增设链接指针，似乎增加了存储开销。事实上，由于开地址法必须保持大量的空闲空间以确保查找效率，如二次探查法要求装填因子$\alpha \leqslant 0.5$，而元素所占空间又比指针大得多，所以使用链地址法反而比开地址法节省存储空间。

7.6.5 散列法分析

散列表是一种直接计算元素存放地址的方法，它在关键码与存储位置之间直接建立了映像。当选择的散列函数能够得到均匀的地址分布时，在查找过程中可以不做多次探查，查找效率较高。但是由于很难避免冲突，这就增加了查找时间。

而冲突的出现与散列函数的选取（地址分布是否均匀）和处理冲突的方法（是否产生堆积）有关。不同的散列函数往往导致散列表具有不同的查找性能。实验证明，链地址法优于开地址法；在散列函数中，除留余数法优于其他类型的散列函数，最差的是折叠法。当装填因子 α 较高时，因选择的散列函数不同，散列表的查找性能差别很大。因此，在一般情况下多选用除留余数法。

Knuth 在他的 *The Art of Computer Programming : Sorting and Searching* 中对不同的冲突处理方法进行了概率分析，其分析结果如下：

若设 α 是散列表的装填因子：

$$\alpha = \frac{\text{表中已装有的记录数}n}{\text{表中预设的最大记录数}m}$$

并采用地址分布均匀的散列函数 hash()计算桶号。又设 S_n 是查找一个随机选择的关键码 $x_i\,(1 \leqslant i \leqslant n)$所需的关键码比较次数的期望值，$U_n$ 是在长度为 m 的散列表中 n 个桶已装入元素的情况下，装入第 n+1 项所需执行的关键码比较次数期望值。前者称为在 $\alpha = n/m$ 时的查找成功的平均查找长度，后者称为在 $\alpha = n/m$ 时的查找不成功的平均查找长度。那么，用不同的方法处理冲突时散列表的平均查找长度如表 7-6 所示。

表 7-6 各种方法处理冲突时的平均查找长度

处理冲突的方法		平均查找长度	
		成功查找 S_n	不成功查找（加入新记录）U_n
开地址法	线性探查法	$\frac{1}{2}\left(1+\frac{1}{1-\alpha}\right)$	$\frac{1}{2}\left(1+\frac{1}{(1-\alpha)^2}\right)$
	二次探查法 伪随机探查（双散列）法	$-\frac{1}{\alpha}\log_e(1-\alpha)$	$\frac{1}{1-\alpha}$
链地址法	分离的同义词子表	$1+\frac{\alpha}{2}$	$\alpha + e^{-\alpha} \approx \alpha$

一般情形下，散列表的装填因子 α 表明了一个表中的装满程度。它越大，说明表越满，

再插入新元素时发生冲突的可能性就越大。而散列表的查找性能，即平均查找长度依赖于散列表的装填因子，不直接依赖于 n 或 m。不论表的长度有多大，总能选择一个合适的装填因子，以把平均查找长度限制在一定范围内。

小 结

本章的知识点有7个，包括查找的概念、顺序查找法、折半查找法、平衡 m 叉查找树、B树、B^+树和散列法。

本章的复习要点如下：

- 顺序查找法。包括一般顺序表的简单顺序查找法，设置"监视哨"的顺序查找法，递归的顺序查找法，有序顺序表的顺序查找法，线性链表的顺序查找法，查找成功的平均查找长度和查找不成功的平均查找长度的计算。
- 折半查找法。包括在有序顺序表上的折半查找，等查找概率情况下查找成功的平均查找长度和查找不成功的平均查找长度的计算，不等查找概率情况下静态次优查找树的构造，作为折半查找方法的扩展，插值查找和斐波那契查找方法及其示例。
- B树。包括最简单的索引顺序查找（即分块查找），多级索引树（查找树），B树的定义，B树与平衡多路查找树的关系，B树的插入和删除方法，B树中结点个数与高度的关系，B树的插入和删除性能。
- B^+树。包括B^+树的定义，查找、插入与删除的方法。
- 散列法。包括关键码地址映射的概念、同义词的概念，几种散列函数特别是除留余数法的计算，解决冲突的开地址法（线性探查、二次探查、双散列）的表长度的选取、探查方法、S_n和 U_n的计算、删除和堆积问题，解决冲突的链地址法的探查方法，S_n和 U_n的计算，装填因子。

此外，还介绍了几种查找树的扩展，如红黑树、伸展树、字典树等。

习 题

一、问答题

1. 若对有 n 个元素的有序顺序表和无序顺序表进行顺序查找试就下列3种情况分别讨论两者在相等查找概率时的平均查找长度是否相同。

（1）查找失败。

（2）查找成功，且表中只有一个关键字等于给定值 k 的元素。

（3）查找成功，且表中有若干个关键字等于给定值 k 的元素，要求一次查找能找出所有元素。

2. 设有序顺序表中的元素依次为017, 094, 154, 170, 275, 503, 509, 512, 553, 612。画出对其进行顺序查找的二叉判定树，并计算查找成功的平均查找长度和查找不成功的平均查找长度。

3. 设有序顺序表中的元素依次为017, 094, 154, 170, 275, 503, 509, 512, 553, 612, 677,

765, 897, 908。试画出对其进行折半查找的二叉判定树，并计算查找成功的平均查找长度和查找不成功的平均查找长度。

4．将 { for, case, while, class, protected, virtual } 中的关键码依次插入初始为空的二叉查找树中，请画出所得到的树 T。然后画出删除 for 之后的二叉查找树 T'，以及再将 for 插入 T' 中所得到的二叉查找树 T''，试问 T''是否与 T 相同？

5．设二叉查找树中的关键码互不相同，则其中的最小元素必无左子女，最大元素必无右子女。此命题是否正确？最小元素和最大元素一定是叶结点吗？一个新元素总是作为叶结点插入二叉查找树吗？

6．设二叉查找树中的关键码由 1～1000 的整数构成。现要查找关键码为 363 的结点，下述关键码序列哪一个不可能是在二叉查找树中查找到的序列？

（1）2, 252, 401, 398, 330, 344, 397, 363　　（2）924, 220, 911, 244, 898, 258, 362, 363

（3）925, 202, 911, 240, 912, 245, 363　　（4）2, 399, 387, 219, 266, 382, 381, 278, 363

7．有一个关键码输入序列 55, 31, 11, 37, 46, 73, 63, 02, 07。

（1）从空树开始构造 AVL 树，画出每加入一个新结点时二叉树的形态。若发生不平衡，指明需做的平衡旋转的类型及平衡旋转的结果。

（2）计算该 AVL 树在等概率下的查找成功的平均查找长度和查找不成功的平均查找长度。

8．图 7-62 是一棵 AVL 树，画出从树中删除 22，删除 3，删除 10 与 9 后树的形态和旋转的类型。要求以被删关键码的中序下的直接前趋替补该被删关键码。

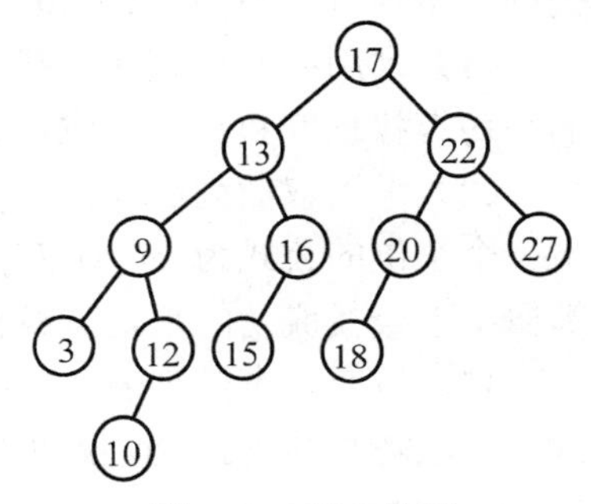

图 7-62　题 8 的图

9．画出一个二叉树，使得它既满足大根堆的要求又满足二叉查找树的要求。

10．图 7-63 是一棵 3 阶 B 树。试分别画出在插入新关键字 65、15、40、30 后 B 树的变化，并计算最终形成的 B 树中关键字个数与高度的关系。

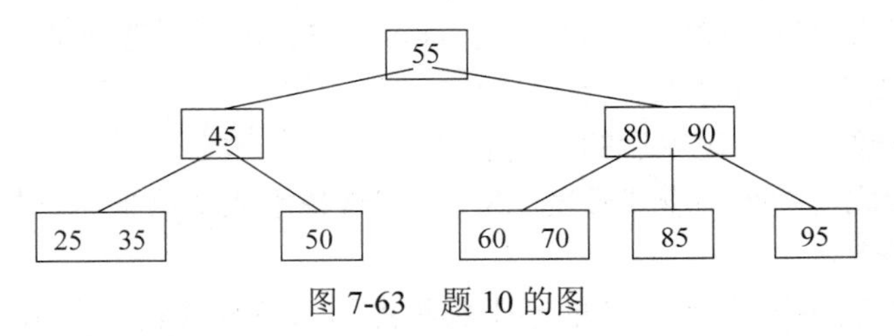

图 7-63　题 10 的图

11．图 7-64 是一棵 3 阶 B 树。试分别画出在删除 50、40 之后 B 树的变化，并计算最终形成的 B 树中关键字个数与高度的关系。

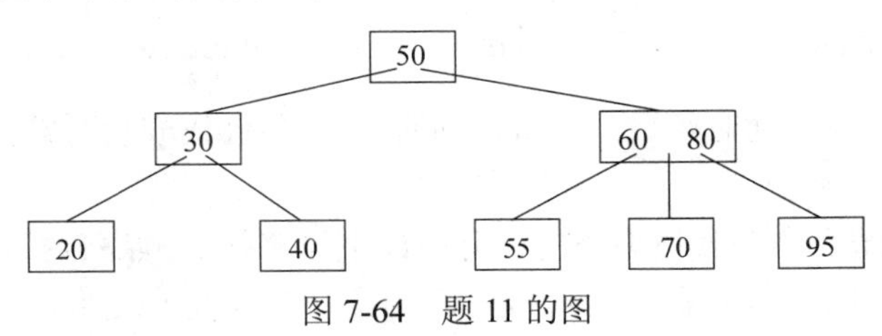

图 7-64　题 11 的图

12．给定一组记录，其关键字为字符。各关键字插入顺序为 C, S, M, T, A, E, P, U, X, K, G, B，

（1）给出从空树开始顺序插入这些关键字后的 3 阶 B^+树。

（2）分别给出在（1）建立的 B^+树上删除 E、P、T 后的 3 阶 B^+树。

13．假定把关键字 key 散列到有 n 个元素（从 0 到 $n-1$ 编址）的散列表中。对于下面的每一个函数 H(key)（key 为整数），这些函数能够当作散列函数吗（即对于插入和查找，散列程序能正常工作吗）?如果能够，它是一个好的散列函数吗？请说明理由。设函数 random(n)返回一个 0～$n-1$ 的随机整数（包括 0 与 $n-1$ 在内）。

（1）$H(\text{key}) = \text{key} / n$

（2）$H(\text{key}) = 1$

（3）$H(\text{key}) = (\text{key} + \text{random}(n)) \% n$

（4）$H(\text{key}) = \text{key} \% p(n)$，其中 $p(n)$ 是不大于 n 的最大素数

14．设散列表为 HT[15]，散列函数为 H (key) = key % 13。用开地址法解决冲突，对关键字序列 12, 23, 45, 57, 20, 03, 78, 31, 15, 36 造表。

（1）采用线性探查法寻找下一个空位，画出相应的散列表，并计算等概率下查找成功的平均查找长度和查找不成功的平均查找长度。

（2）采用双散列法寻找下一个空位，再散列函数为 RH(key) = (7×key) % 10+1，寻找下一个空位的公式为 $H_i = (H_{i-1}+\text{RH(key)}) \% 13$，$H_1 = \text{H (key)}$。画出相应的散列表，并计算等概率下查找成功的平均查找长度。

15．设有一个散列表，要存放的数据有 8 个，采用除留余数法计算散列地址，并用二次探查法解决冲突，不过仅用 $H_i = (H_0 + i^2) \% m$ 计算下一个散列地址，m 是表的长度，$i = 1, 2, \cdots, m-1$。

（1）如果要求平均探查 2 次就能找到新元素的散列地址，确定表长度 m 和散列函数。

（2）设存放的数据为{25, 40, 11, 97, 59, 30, 87, 73}，依次计算并存放这些数据到散列表中，并计算存放后表的查找成功的平均查找长度 $ASL_{成功}$。

16．设散列表为 HT[0..12]，即表的大小为 $m = 13$。现采用链地址法解决冲突。若插入的关键字序列为{ 2, 8, 31, 20, 19, 18, 53, 27 }。

（1）画出插入这 8 个关键字后的散列表。

（2）计算查找成功的平均查找长度 $ASL_{成功}$和查找不成功的平均查找长度 $ASL_{不成功}$。

二、算法题

1．假定用一个表头指针为 head 的不带头结点的循环单链表来实现一个有序表。指针 p 指向当前查找成功的结点，下一次如果给定值 x 大于 p->data，可以从 p 开始查找，否则从 head 开始查找。试编写一个算法

```
int search ( CircList head, CircNode *& p, DataType x )
```

实现这种查找。当查找成功时函数返回 1，同时 p 保存查找成功时结点的地址，若查找不成功则函数返回 0，p 不变。

2．线性表中各结点的查找概率不等，可用如下策略提高顺序查找的效率：若找到与给定值相匹配的元素，则将该元素与其直接前趋元素（若存在）交换，使得经常被查找的元

素尽量位于表的前端。试设计算法，在顺序表和单链表的基础上实现顺序查找。

3．假设二叉树存放于二叉链表中，树中结点的关键码值互不相同。试编写一个算法，判别给定的二叉树是否是二叉查找树。

4．二叉查找树可用来对 n 个元素进行排序。

（1）编写算法，首先将 n 个值不同的元素 $a[n]$插入到一个空的二叉查找树中。

（2）编写算法，对（1）所得的树进行中序遍历，并将元素按序放入数组 a 中。

（2）编写算法，从一棵二叉查找树中删除最大元素。要求算法的时间复杂度必须是 $O(h)$，其中 h 是二叉查找树的高度。

5．编写一个算法，判定给定的关键码序列（假定关键码互不相同）是否是二叉查找树的查找序列。若是则函数返回 1，否则返回 0。

6．编写一个递归算法，在一棵有 n 个结点的随机建立起来的二叉查找树上查找第 k（$1\leqslant k\leqslant n$）小的元素，并返回指向该结点的指针。要求算法的平均时间复杂度为 $O(\log_2 n)$。二叉查找树的每个结点中除 data、lchild、rchild 等数据成员外，增加一个 count 成员，保存以该结点为根的子树上的结点个数。

7．编写一个递归算法，从大到小输出二叉查找树中所有值不小于 x 的关键码。要求算法的时间复杂度为 $O(\log_2 n+m)$，n 为树中结点数，m 为输出的关键码个数。

8．利用二叉树遍历的思想写一个判断二叉树是否为 AVL 树的算法。

9．设有 1000 个值为 1～10 000 的整数，试设计一个利用散列方法的算法，以最少的数据比较次数和移动次数对它们进行排序。

三、实训题

1．设计一组程序，实现用于查找和排序的数据表的结构和相关操作，存放于 DataList.h 中。至少应包括表初始化、建普通表、建有序表、定位、插入和删除操作等。元素的数据类型约定为整型。编写函数实现：

（1）对有序数据表的顺序查找。

（2）对有序数据表的折半查找。

（3）对有序数据表的斐波那契查找。

（4）对有序数据表的插值查找。

要求在查找算法中插入 counter 计数器，记录关键码比较次数。设计一个主函数，首先输入一组数据，建立有序数据表，然后分别调用以上 4 个函数，查找指定整数，最后由主程序输出查找结果和比较次数。指定整数要区分 4 种情况：靠近表前端、靠近表尾端、中间任意值、表中没有的值。

2．设计一组程序，实现用于查找的静态二叉链表的结构和相关操作，存放于 StaticBList.h 中。链表每个结点的结构应包括 data、weight、lchild、rchild 4 个域，元素的数据类型约定为整型，且各元素按其值在链表中有序存放。0 号结点作为头结点，其 lchild 中存放根结点的下标，其他元素结点从 1 号位置开始存放。包括的操作应有链表初始化，把数据和相应权重存入链表的建表等。编写函数在此静态二叉链表上实现：

（1）按照各结点的权重 weight 构建一棵次优查找树。

（2）根据给定值查找。要求在查找算法中插入 counter 计数器，记录关键码比较次数。

设计一个主函数，首先输入一组数据，建立有序二叉链表（各指针为空），然后调用函数（1），构建次优查找树，再调用函数（2），查找指定整数，最后由主程序输出查找结果和比较次数。指定整数要区分4种情况：靠近表前端、靠近表尾端、中间任意值、表中没有的值。

3．设计一组程序，实现一个散列表的结构和相关操作。表元素的数据类型约定为整型。该散列表用除留余数法作为散列函数，用线性探查法解决冲突，最多可容纳20个元素，查找成功的平均查找长度应不超过1.5，即$S_n \leqslant 1.5$。要求在该散列表实现以下操作：

（1）根据可容纳元素数n和平均查找长度S_n的要求，计算装填因子 α 和表的大小m，确定除留余数法的除数p，分配存储数组的空间，置空表，完成散列表的初始化。

（2）按照元素的关键码，使用线性探查法查找，若查到则报告元素位置及成功信息，否则报告失败信息和找到的空闲位置。

（3）如果表的装填因子α 小于或等于0.8则插入新元素，否则报告失败信息。

（4）如果表的装填因子α 大于或等于 0.4 则删除具有给定关键码的元素（仅做删除标记），否则报告失败信息。

（5） 若装填因子α 大于0.8则扩充表空间（按10%），若装填因子α 小于0.4则缩小表空间（按10%），装填因子按$S_n = (1+1/(1+\alpha))/2$计算。

（6）对既不是空也不是逻辑删除状态的元素重新散列，真正删除已做逻辑删除的元素。

设计一个主函数，进行如下操作：

（1）调用函数（1）进行表的初始化。

（2）输入一连串整数，每输入一个整数就调用一次函数（2）和函数（3），查找并插入，一直持续，直到α 大于0.8，再调用函数（5）调整表的大小。

（3）输入整数（表中有的和表中没有的），每输入一个整数就调用函数（2）和函数（4），查找并删除，一直持续，直到α 小于0.5，再调用函数（6）做物理删除。

（4）输入整数（表中有的），调用函数（2）和函数（4），查找并删除，到 α 小于0.4，再调用函数（5）调整表的大小。

第 8 章　排　　序

当学生就要面临考试，中考、高考、考研，就业，甚至出国，一场一场考下来，直面的问题就是考了多少分，排在第几名，属于哪个档次。其中，少不了排序：按报考号排序，按考试成绩排序，按录取名次排序……那么，到底如何排的？有哪些可选的排序方法？这些排序方法性能如何？就是本章要讨论的问题。

8.1　排序的概念

8.1.1　排序的相关概念

排序在计算机数据处理中经常遇到，特别是在事务处理中，排序占了很大的比重。在日常的数据处理中，一般认为有 1/4 的时间用在排序上，而对于安装程序，多达 50%的时间花费在对表的排序上。那么，什么是排序呢？简单地说，排序就是将一组杂乱无章的数据按一定的规律顺次排列起来。

在进一步讨论各种排序方法之前，先引入几个概念。

（1）*数据表*。它是待排序元素的有限集合。通常，数据表组织为顺序表、静态链表、动态链表等几种形式，也可以用完全二叉树的顺序存储表示组织。

（2）*排序码*。通常定义排序码为元素中用来标识元素，作为排序依据的属性①。每个数据表用哪个属性域作为排序码，要视具体的应用需要而定。即使是同一个表，在解决不同问题的场合也可能取不同的属性域做排序码。如果在数据表中各个元素的排序码互不相同，不论用什么排序方法，排序结果都是唯一的；如果数据表中有些元素的排序码相同，排序结果可能是不唯一的。

（3）*排序的确切定义*。设含有 n 个元素的序列为 $R_0, R_1, \cdots, R_{n-1}$，其相应的排序码序列为 $K_0, K_1, \cdots, K_{n-1}$。所谓排序，就是确定 $0, 1, \cdots, n-1$ 的一种排列 $p_0, p_1, \cdots, p_{n-1}$，使各排序码满足如下的非递减（或非递增）关系：

$$K_{p_0} \leqslant K_{p_1} \leqslant \cdots \leqslant K_{p_{n-1}} \quad \text{或} \quad K_{p_0} \geqslant K_{p_1} \geqslant \cdots \geqslant K_{p_{n-1}}$$

就是说，所谓排序，就是根据排序码非递减（或非递增）的顺序，把数据元素依次排列起来，使一组任意排列的元素变成一组按其排序码线性有序的元素。

（4）*原地排序*。排序过程中只使用了规模为 O（1）的额外存储空间，排序结果仍然保留在原来的数据表内，就叫做原地排序。原地排序必然涉及数据元素的移动，使得所有数据元素被安放在它们最终的物理位置上。

（5）*排序算法的稳定性*。如果在元素序列中有两个元素 R_i 和 R_j，它们的排序码 $K_i = K_j$，

---

① 虽然此处与第 7 章的关键码是同一个英文词汇（key），但在第 7 章规定，关键码是唯一标识元素的属性，但本章所说的排序码则不受此限制，排序码是不唯一标识元素的属性，不同元素的排序码可以相同。

在排序之前，元素 R_i 排在 R_j 前面。如果在排序之后，元素 R_i 仍在元素 R_j 的前面，则称这个排序方法是稳定的，否则称这个排序方法是不稳定的。虽然稳定的排序方法和不稳定的排序方法排序结果有差别，但不能说不稳定的排序方法就不好，各有各的适应场合。

（6）排序方法分类。排序方法分为两大类：

① 有序区增长。将数据表分成有序区和无序区，在排序过程中逐步扩大有序区，缩小无序区，直到有序区扩大到整个数据表为止。

② 有序程度增长。数据表不能明确区分有序区和无序区，随着排序过程的执行，逐步调整表中元素的排列，使得表中的有序程度不断提高，直到完全有序。

（7）内排序与外排序。排序方法根据在排序过程中数据元素是否完全在内存分为两大类：内排序和外排序。内排序是指在排序期间数据元素全部存放在内存的排序；外排序是指在排序期间全部元素个数太多，不能同时存放在内存，必须根据排序过程的要求，不断在内存和外存之间移动的排序。适用于内排序的排序方法叫做内排序方法，适用于外排序的排序方法叫做外排序方法。

（8）静态排序和动态排序。静态排序有两类：一类是采用顺序表存储待排序元素，在排序过程中重排数据元素的顺序，经过比较和判断，将元素移到合适的位置；另一类是采用静态链表存储，给每个元素增加一个链接指针或位置信息，在排序的过程中不移动元素或传送数据，仅通过修改链接指针或位置信息来改变元素之间的逻辑顺序，从而达到排序的目的。动态排序采用动态链表存储待排序元素，在排序的过程中也是通过修改链接指针来改变元素之间的逻辑顺序，从而达到排序的目的。但表的结构在排序过程中不断改变。

本章讨论排序方法时，如果涉及链表，仅讨论静态链表。动态链表留作习题。

8.1.2 排序算法的性能分析

排序算法的执行时间是衡量算法好坏的最重要的参数。排序的运行时间代价可用算法执行中的排序码比较次数与元素移动次数来衡量。对于那些受元素排序码序列初始排列影响较大的，算法运行时间代价的大略估算一般按最好情况和最坏情况进行，否则按平均情况进行。在本章介绍的排序算法中，基本的排序算法，如直接插入排序、起泡排序和选择排序在对有 n 个元素的序列进行排序时，时间代价为 $O(n^2)$。而更高效的排序方法，如快速排序、归并排序和堆排序算法，时间代价则为 $O(n\log_2 n)$。

排序算法所需要的额外内存空间是衡量排序算法性能另一重要特征。从额外空间开销的角度来分类，有 3 种类型的排序算法：

（1）除使用有限的几个负责元素交换的工作单元外，不需要使用其他额外内存空间。

（2）使用链表指针或数组下标表明元素的逻辑顺序，指针或下标需要额外的内存空间。

（3）需要额外的空间来存储待排序元素序列的副本或排序的中间结果。

简言之，排序算法很多，简单地断言哪种算法最好是困难的。评价排序算法效率的标准主要有两条：第一是算法执行所需要的时间开销；第二是算法执行时所需的额外存储。其他如排序算法的稳定性等也是算法的重要特性，对于某些应用来说这些特性是非常关键的。

8.1.3　数据表的结构定义

1．数据表的结构定义

在排序过程中待排序的元素序列顺序存放在一个数据表中，为此需要定义排序所用到的数据表的结构。为简化程序的描述，每个元素的排序码没有直接写出，用 DataType 类型元素直接比较。程序 8-1 定义了用顺序表组织的存放待排序元素的数据表。

程序 8-1　存放待排序元素的数据表的结构定义（存放于头文件 DataList.h 中）

```
#include <stdio.h>
#include <stdlib.h>
#define maxSize 20
typedef int DataType;                        //元素数据类型
typedef struct {                             //数据表的类型定义
     DataType data[maxSize];                 //排序元素数组
     int n;                                  //排序元素个数
} DataList;
void Swap( DataList& L, int i, int j ) {//交换 L.data[i]和 L.data[j]中的内容
     if ( i >= 0 && i < L.n && j >= 0 && j < L.n ) {
          DataType tmp = L.data[a];  L.data[a] = L.data[b];  L.data[b] = tmp;
     }
}
```

2．静态链表的结构定义

程序 8-2 定义了存放待排序元素的静态链表。约定数据存放于表的 elem[1]～elem[n]，把 elem[0]当做链表的头结点使用。

程序 8-2　静态链表的结构定义（存放于头文件 StaticLinkList.h 中）

```
#include <stdio.h>
#include <stdlib.h>
#define maxSize 100                                  //默认静态链表最大容量
#define maxValue 32767                               //假定的最大值
typedef int DataType;                                //假定关键码类型为 int
typedef struct {                                     //静态链表结点的类型定义
      DataType data;                                 //元素
      int link;                                      //结点的链接指针
} SLNode;
typedef struct {                                     //静态链表的类型定义
      SLNode elem[maxSize];                          //存储待排序元素的向量
      int n;                                         //当前元素个数
} StaticLinkList;
void CreateSList ( StaticLinkList& SL, DataType a[ ], int n ) {
//从输入数组 a 创建带头结点的静态链表 SL，头结点在 SL.elem[0]，n 是表长度
     for ( int i = 0; i < n; i++ ) {                 //构建链表
          SL.elem[i+1].data = a[i];  SL.elem[i+1].link = i+2;
     }
     SL.elem[0].data = maxValue;                     //头结点存入最大值
```

```
    SL.elem[0].link = 1;  SL.elem[n].link = 0;       //构成循环单链表
    SL.n = n;
}
void OutputSList ( StaticLinkList& SL ) {              //输出
    for ( int i = SL.elem[0].link; i != 0; i = SL.elem[i].link )
        printf ( "%d ", SL.elem[i].data );
    printf ( "\n" );
}
```

8.2 插 入 排 序

插入排序的基本方法是：每步将一个待排序的元素按其排序码大小插入到前面已经排好序的一组元素的适当位置上，直到元素全部插入为止。

可以选择不同的方法在已经排好序的有序数据表中寻找插入位置。依据查找方法的不同，有多种插入排序方法。下面将介绍 4 种。

8.2.1 直接插入排序

直接插入排序是原地排序。其基本设计思路是：把数组 $a[n]$中待排序的 n 个元素看成一个有序表和一个无序表，开始时有序表中只包含一个元素 $a[0]$，无序表中包含有 $n-1$ 个元素 $a[1]$～$a[n-1]$，排序过程中每次从无序表中退出第一个元素，把它插入到有序表中的适当位置，使之成为新的有序表，其元素个数增 1。这样经过 $n-1$ 次插入后，无序表就变为空表，有序表中就包含了全部 n 个元素，至此排序完毕。

当向有序表插入无序表的第 i ($i \geqslant 1$) 个元素时，前面的 $a[0], a[1], \cdots, a[i-1]$已经排好序。这时，元素 $a[i]$暂存到临时单元 tmp 中，再用 tmp 的排序码反向与有序表的 $a[i-1]$, $a[i-2]$, …的排序码顺序进行比较，找到插入位置即将 $a[i]$插入，原来位置上的元素向后顺移。

【例 8-1】 图 8-1(a)给出直接插入排序的过程。设在数据表中有 $n = 6$ 个元素 $a[0], a[1], \cdots, a[5]$。为使描述简洁直观，在图中只画出各元素的排序码。为区别两个排序码相同的元素，前一个写为 25，后一个写为 25*。假定其中 $a[0], \cdots, a[i-1]$已经是一组有序的元素，$a[i], a[i+1], \cdots, a[5]$是待插入的元素。排序过程从 $i = 1$ 起，每一趟执行完后 i 增加 1，把第 i 个元素插入到前面有序的元素序列中去，使插入后元素序列 $a[0], a[1], \cdots, a[i]$仍保持有序。

i	(0)	(1)	(2)	(3)	(4)	(5)	temp
初始序列	21	25	49	25*	16	08	—
1	21	25	49	25*	16	08	—
2	21	25	49	25*	16	08	25*
3	21	25	25*	49	16	08	16
4	16	21	25	25*	49	08	08
5	08	16	21	25	25*	49	

(a) 各趟排序后的结果

(0)	(1)	(2)	(3)	(4)	(5)	
21	25	25	49	16	08	暂存16
21	25	25	49	□	08	后移49
21	25	25	□	49	08	后移25
21	25	□	25	49	08	后移25
21	□	25	25	49	08	后移21
□	21	25	25	49	08	回放16
16	21	25	25	49	08	一趟结束

(b) $i = 4$ 时插入16的排序过程

图 8-1　直接插入排序的过程

图 8-1(b)是一趟排序过程（$i = 4$）的示例。此时，从 $a[0]$到 $a[3]$已经排好序，下面想要把 $a[4]$插入到它前面的有序表中。算法比较 $a[4]$与 $a[3]$，因为 $a[4] < a[3]$，先将 $a[4]$移到一个临时单元 tmp 中暂存，以防前面元素后移时把它覆盖掉；然后从后向前依次比较，寻找插入位置，循环变量为 j。如果 $a[j]$>tmp，就将 $a[j]$后移，直到到达表的最前端，或者某一个 $a[j]$≤tmp 为止，最后把暂存于 tmp 中的元素，即原来的 $a[4]$反填到第 j+1 位置，一趟排序就结束了。在图 8-1 中，深色部分表示已经排好序的部分，无色部分表明还未排好序的部分。

程序 8-3 给出了直接插入排序的算法。

程序 8-3　直接插入排序的算法

```
#include "DataList.h"
void InsertSort ( DataList& L ) {
//依次将元素L.data[i]按其排序码插入到有序表L.data[0], L.data[1], …, L.data[i-1]中
//使得L.data[0]到L.data[i]有序。让i = 1到i = L.n-1重复插入，最终完成排序
     DataType tmp;  int i, j;
     for ( i = 1; i <= L.n-1; i++ )
          if ( L.data[i] < L.data[i-1] ) {  //逆序寻找插入位置，否则留置原位
               tmp = L.data[i];                    //暂存待插入元素
               for ( j = i-1; j >= 0 && tmp < L.data[j]; j-- )
                     L.data[j+1] = L.data[j];      //逆向寻找tmp插入位置
          L.data[j+1] = tmp;                       //插入
     }
};
```

若设待排序的元素个数为 n，则该算法的主程序执行 $n-1$ 趟。

因为排序码比较次数和元素移动次数与元素排序码的初始排列有关，所以在最好情况下，即在排序前元素已经按排序码从小到大排好序，每趟只需与前面的有序表的最后一个元素的排序码比较 1 次，总的排序码比较次数为 $n-1$，元素移动次数为 0。在最差情况下，即第 i 趟时第 i 个元素必须与前面 i 个元素都做排序码比较，并且每做 1 次比较就要做 1 次元素移动，则总的排序码比较次数 KCN 和元素移动次数 RMN 分别为

$$\mathrm{KCN} = \sum_{i=1}^{n-1} i = n(n-1)/2 \approx n^2/2, \quad \mathrm{RMN} = \sum_{i=1}^{n-1}(i+2) = (n+4)(n-1)/2 \approx n^2/2$$

从以上讨论可知，直接插入排序的运行时间和待排序元素的原始排列顺序密切相关。若待排序元素序列中出现各种可能排列的概率相同，则可取上述最好情况和最差情况的平均情况。在平均情况下的排序码比较次数和元素移动次数约为 $n^2/4$。因此，直接插入排序的时间复杂度为 $O(n^2)$。直接插入排序是一种稳定的排序方法。

思考题　*若把排序码小于比较“<”改为小于等于比较“<=”，方法的稳定性将如何？*

8.2.2　基于静态链表的直接插入排序

基于链表的插入排序的基本思想是：对于存放于静态链表数组中的一组元素结点 Lelem[1], L.elem[2], …, L.elem[n]，如果它们已经通过链接指针 link 按其排序码的大小从小到大链接起来，现在要插入 L.elem[i], i = 2, 3, …, n，则必须在前面 $i-1$ 个元素的有序链表

中顺序查找，找到 L.elem[i]应链入的位置，把 L.elem[i]链入，并修改相应的链接指针，这样就可形成包括 L.elem[1], L.elem[2], …, L.elem[i]的有序链表。如此重复执行，直到把 L.elem[n]也插入到链表中排好序为止。

在静态链表 L.elem[]中，利用 L.elem[0].link 存放当前链接成功的有序链表的表头指针，且在 L.elem[0].data 中存放排序中不可能遇到的最大排序码 maxValue。这样，把 L.elem[0]当作当前已链接好的有序循环链表的头结点。在排序开始时，先让 L.elem[0]和 L.elem[1]形成一个有序的循环单链表，认定链表第一个元素已经插入有序链表中了。然后从 $i = 2$ 开始，依次将第 i 个元素结点插入到有序链表中，形成比上一次多一个元素的有序链表。

【例 8-2】 图 8-2 给出链表插入排序的示例。

	index	(0)	(1)	(2)	(3)	(4)	(5)	(6)
初始状态	key	maxValue	21	25	49	25*	16	08
	link	1	0	0	0	0	0	0
$i=2$	key	maxValue	21	25	49	25*	16	08
	link	1	2	0	0	0	0	0
$i=3$	key	maxValue	21	25	49	25*	16	08
	link	1	2	3	0	0	0	0
$i=4$	key	maxValue	21	25	49	25*	16	08
	link	1	2	4	0	3	0	0
$i=5$	key	maxValue	21	25	49	25*	16	08
	link	5	2	4	0	3	1	0
$i=6$	key	maxValue	21	25	49	25*	16	08
	link	6	2	4	0	3	1	5

图 8-2 链表插入排序示例

程序 8-4 基于静态链表的直接插入排序算法

```
#include "StaticLinkList.h"
void SLinkInsertSort( StaticLinkList& L ) {
//对 L.elem[1],…,L.elem[n]按其排序码 key 排序，这个表是一个静态链表
//L.elem[0]作为排序后各个元素所构成的有序循环链表的头结点使用
      int i, p, pr;
      L.elem[0].data = maxValue;
      L.elem[0].link = 1;  L.elem[1].link = 0;  //形成有一个元素的有序循环链表
      for ( i = 2; i <= L.n; i++ ) {              //向有序链表中逐个插入结点
          p = L.elem[0].link;  pr = 0;         //p 是扫描指针，pr 指向*p 的前趋
          while ( L.elem[p].data <= L.elem[i].data )    //沿着链找插入位置
               { pr = p;  p = L.elem[p].link;} //pr 跟上，p 循链检测下一结点
         L.elem[i].link = p;  L.elem[pr].link = i; //结点 i 链入*pr 与*p 之间
      }
}
```

使用链表插入排序，每插入一个元素，最大排序码比较次数等于链表中已排好序的元素个数，最小排序码比较次数为 1。故总排序码比较次数最小为 $n-1$，最大为

$$\sum_{i=2}^{n}(i-1)=\frac{n(n-1)}{2}$$

用链表插入排序时，元素移动次数为 0。但为了实现链表插入，在每个元素中增加了一个链域 link，并使用了 L.elem[0]作为链表的表头结点，总共用了 n 个附加指针和一个附加元素。算法从 $i = 2$ 开始，从前向后插入。并且在 L.elem[p].key > L.elem[i].key 时，将 L.elem[i]插在 L.elem[pre]的后面，所以，链表插入排序方法是稳定的。

思考题　若把算法中的排序码小于等于比较“<=”改为小于比较“<”，方法的稳定性是否有变化？

8.2.3　折半插入排序

折半插入排序又称为二分法排序，是原地排序，其基本设计思路是：设在数据表中有一个元素序列 $a[0], a[1], \cdots, a[n-1]$。其中，$a[0], a[1], \cdots, a[i-1]$已经排好序。在插入 $a[i]$ 时，利用折半查找法寻找在有序表 $a[0]\sim a[i-1]$内插入 $a[i]$的位置。参看程序 8-5。

程序 8-5　折半插入排序的算法

```
#include "DataList.h"
void BinaryInsertSort ( DataList& L ) {
     DataType tmp;  int i, j, low, high, mid;
     for ( i = 1; i <= L.n-1; i++ ) {                //逐步扩大有序表
          tmp = L.data[i];  low = 0;  high = i-1;
          while ( low <= high ) {                    //利用折半查找寻找插入位置
               mid = (low+high)/2;                   //取中点
               if ( tmp < L.data[mid] ) high = mid-1;         //左缩区间
               else low = mid+1;                     //否则，右缩区间
          }
          for ( j = i-1; j >= low; j-- ) L.data[j+1] = L.data[j];
          L.data[low] = tmp;                         //插入
     }
};
```

折半查找比顺序查找快，所以折半插入排序就平均性能来说比直接插入排序要快。它的排序码比较次数与待排序元素序列的初始排列无关。在插入第 i 个元素时，需要经过 $\lfloor \log_2 i \rfloor +1$ 次排序码比较（$1\leqslant i\leqslant n-1$），才能确定它应插入的位置。因此，对 n 个元素（为推导方便，设为 $n = 2^k-1$，$k = \log_2(n+1)$），折半插入排序的排序码比较次数为

$$\begin{aligned}\sum_{i=1}^{n-1}(\lfloor \log_2 i \rfloor+1) &= \underbrace{1}_{2^0}+\underbrace{2+2}_{2^1}+\underbrace{3+\cdots+3}_{2^2}+\underbrace{4+\cdots+4}_{2^3}+\cdots+\underbrace{k+k+\cdots+k}_{2^{k-1}}\\
&=(2^0+2^1+\cdots+2^{k-1})+(2^1+2^2+\cdots+2^{k-1})+(2^2+2^3+\cdots+2^{k-1})+\cdots+2^{k-1}\\
&=(2^k-1)+((2^k-1)-1)+((2^k-1)-(2^2-1))+\cdots+((2^k-1)-(2^{k-1}-1))\\
&=k\times(2^k-1)-(2^1-1)-(2^2-1)-\cdots-(2^{k-1}-1)\\
&=k\times(2^k-1)-(2^k-1)+k\\
&=n\log_2(n+1)-n+\log_2(n+1)\\
&=O(n\log_2 n)\end{aligned}$$

其元素移动次数与待排序元素序列的初始排列有关，最好情况下元素移动次数为 0，最坏情况下元素移动次数为 $n(n-1)/2$，与直接插入排序相同。

折半插入排序是一个稳定的排序方法。

思考题 若循环内 tmp < L.elem[mid]的排序码小于比较“<”改为小于等于比较“<=”，方法的稳定性是否有变化？为什么？

8.2.4 希尔排序

希尔排序又称为缩小增量排序，是 1959 年由 D.L.Shell 提出来的。希尔排序的设计思想是：设待排序元素序列有 n 个元素，首先取一个整数 gap < n 作为间隔，将全部元素分为 gap 个子序列，所有距离为 gap 的元素放在同一个子序列中，对每一个子序列中分别施行直接插入排序。然后缩小间隔 gap，例如取 gap = ⌈gap/2⌉，重复上述的子序列划分和排序工作。直到最后取 gap = 1，将所有元素放在同一个序列中排序为止。

【例 8-3】 下面举例说明。图 8-3 给出对一个有 n = 8 个元素的元素序列 21, 25, 49, 25*, 16, 08, 62, 38 进行希尔排序的过程。

趟数	(0)	(1)	(2)	(3)	(4)	(5)	(6)	(7)	gap	数据比较次数	元素移动次数
初始	21	25	49	25*	16	08	62	38			
1	21				16				4	1	3
		25				08				1	3
			49				62			1	0
				25*				38		1	0
结果	16	08	49	25*	21	25	62	38			
2	16		49		21		62		2	4	3
		08		25*		25		38		3	0
结果	16	08	21	25*	49	25	62	38			
3	08	16	21	25*	25	38	49	62	1	9	10
结果	08	16	21	25*	25	38	49	62			

图 8-3 希尔排序的过程

希尔排序的算法参看程序 8-6。由于开始时 gap 的取值较大，每个子序列中的元素较少，排序速度较快；待到排序的后期，gap 取值逐渐变小，子序列中元素个数逐渐变多，但由于前面工作的基础，大多数元素已基本有序，所以排序速度仍然很快。第 1 趟取间隔 gap = ⌈n/2⌉ = 4，将整个待排序元素序列划分为间隔为 4 的 4 个子序列，分别对其进行直接插入排序；第 2 趟将间隔缩小为 gap = ⌈gap/2⌉ = 2，将整个元素序列划分为 2 个间隔为 2 的子序列，分别对其进行直接插入排序；第 3 趟把间隔缩小为 gap = ⌈gap/2⌉ = 1，对整个序列做直接插入排序，因为此时整个元素序列已经达到基本有序，所以排序速度很快。整个排序的排序码比较次数和元素移动次数少于直接插入排序。

程序 8-6 希尔排序的算法

```
#include "DataList.h"
void insertSort_gap ( DataList& L, int start, int gap ) {
//直接插入排序算法的变形：对从 start 开始的间隔为 gap 的子序列进行直接插入排序
```

```
    DataType tmp;  int i, j;
    for ( i = start+gap; i <= L.n-1; i = i+gap )
    if ( L.data[i-gap] > L.data[i] ) {            //发现逆序
        tmp = L.data[i];  j = i;                  //在前面有序表中寻找插入位置
        do {
            L.data[j] = L.data[j-gap];            //间隔为 gap 反向做排序码比较
            j = j-gap;
        } while ( j-gap > 0 && L.data[j-gap] > tmp );
        L.data[j] = tmp;                          //插入
    }
}
void ShellSort ( DataList& L, int d[ ], int m ) {
//对 L 中元素进行希尔排序，d[m]中存放增量序列，d[0] = 1
    int i, start, gap;
    for ( i = m-1; i >= 0; i-- ) {
        gap = d[i];
        for ( start = 0; start < gap; start++ )
            insertSort_gap ( L, start, gap );
    }                                             //直到 d[0] =1 停止迭代
};
```

算法的性能依赖于增量 gap 的选择。最初 Shell 提出取 $gap=\lfloor n/2\rfloor$，$gap=\lfloor gap/2\rfloor$，直到 gap = 1。但由于直到最后一步，在奇数位置的元素才会与偶数位置的元素进行比较，这样使用这个序列的效率将很低，最坏情形的运行时间将达到 $O(n^2)$。

后来 Hibbard 提出一个稍微不同的增量序列，让 $gap = 2^k-1, 2^{k-1}-1, \cdots, 7, 3, 1$，由于相邻的增量没有公因子，最坏情况下结果更好，运行时间在理论上证明可达到 $O(n^{3/2})$，但实际模拟结果可达到 $O(n^{5/4})$。

Sedgewick 还提出增量序列可以是{1, 5, 19, 41, 109, …}，交替地取 $9\times4^i-9\times2^i+1$ 和 $4^i-3\times2^i+1$，最坏情况下的运行时间可达到 $O(n^{4/3})$，估计最好可达到 $O(n^{7/6})$。

Knuth 提出取 $gap=\lfloor gap/3\rfloor+1$。在 Knuth 所著的《计算机程序设计艺术》第 3 卷中，利用大量的实验统计资料得出，当 n 很大时，排序码平均比较次数和元素平均移动次数大约在 $n^{1.25}$～$1.6\,n^{1.25}$ 的范围内。这是在利用直接插入排序作为子序列排序方法的情况下得到的。

由于即使对于规模较大的序列（$n\leqslant1000$），希尔排序都具有很高的效率。并且希尔排序算法的代码简单，容易执行，所以很多排序应用程序都选用了希尔排序算法。

希尔排序是一种不稳定的排序算法。

8.3 交换排序

交换排序的基本思想是：两两比较待排序对象的排序码，如果发生逆序（即排列顺序与排序后的次序正好相反），则交换之，直到所有对象都排好序为止。本节介绍两种交换排序的方法：起泡排序和快速排序。

8.3.1 起泡排序

起泡排序又称为冒泡排序，是一种原地排序，其设计思路是：设待排序元素序列中的元素个数为 n，首先反向比较第 $n-2$ 个元素和第 $n-1$ 个元素，如果发生逆序（即前一个大于后一个），则将这两个元素交换；然后对第 $n-3$ 个和第 $n-2$ 个元素（可能是刚交换过来的）做同样处理；重复此过程直到处理完第 0 个和第 1 个元素，称为一趟起泡，结果将最小的元素交换到待排序元素序列的第一个位置（称为上浮），其他元素也都向排序的最终位置移动。下一趟起泡时前一趟确定的最小元素排除到序列之外不再参加比较，待排序序列减少一个元素，一趟起泡的结果又把序列中最小的元素上浮到序列的第一个位置……这样最多做 $n-1$ 趟起泡就能把所有元素排好序。

【例 8-4】 图 8-4(a)是使用起泡排序对 $n = 6$ 的一组元素进行起泡排序的过程，它们排序码的初始排列为 21, 25, 49, 25*, 16, 08。排序码为 25 的元素有两个，对后一个排序码为 25 的元素用 25*加以标识。第一趟起泡的结果将排序码最小的元素 08 交换到待排序元素序列的第一个位置，其他元素也都向排序的最终位置移动。

在图 8-4 中，深色部分表明已经排好序的部分，无色部分表示还未排好序的部分。Exch 为 1 表示发生一次交换。

i	(0)	(1)	(2)	(3)	(4)	(5)	Exch
初始序列	21	25	49	25*	16	08	1
1	08	21	25	49	25*	16	1
2	08	16	21	25	49	25*	1
3	08	16	21	25	25*	49	1
4	08	16	21	25	25*	49	0

(a) 从后向前各趟排序后的结果

(0)	(1)	(2)	(3)	(4)	(5)	Exch
21	25	49	25*	16	08	0
21	25	25*	16	08	49	1
21	25	16	08	25*	49	1
21	16	08	25	25*	49	1
16	08	21	25	25*	49	1
08	16	21	25	25*	49	1

(b) 从前向后各趟排序后的结果

图 8-4 起泡排序的过程

当然在个别情形下，元素有可能在排序中途向与其最终位置相反的方向移动，如图 8-4(a)所示的第 1 趟起泡过程中的 16。但元素移动的总趋势是向最终位置移动。正因为每一趟起泡就把一个排序码小的元素前移到它最后应在的位置，所以叫做起泡排序。这样最多做 $n-1$ 趟起泡就能把所有元素排好序。算法的实现如程序 8-7 所示。

程序 8-7 起泡排序的算法

```
#include "DataList.h"
void BubbleSort ( DataList& L ) {
//对 L 中元素进行起泡排序，执行 n-1 趟，第 i 趟对 L.data[L.n-1]～L.data[i]起泡
     int exchange;  int i, j;  DataType tmp;  //exchange 为是否发生交换标志
     for ( i = 0; i <= L.n-2; i++ ) {
          exchange = 0;                              //检查前假设没有发生交换
          for ( j = L.n-1; j >= i+1; j-- )           //从后向前检查是否发生逆序
               if ( L.data[j-1] > L.data[j]){//发生逆序，交换元素的值
                    Swap ( L, j-1, j );
                    exchange = 1;
```

```
                }
            if ( !exchange ) return;                //本趟无逆序，停止处理
        }
    }
```

从排序的执行过程中可以看到，起泡排序的排序码比较次数与输入序列中各待排序元素的初始排列无关，第 i 趟起泡中需要执行 $n-i$ 次排序码比较。但元素交换次数与各待排序元素的初始排列有关，它与逆序的发生有关，最好情况下可能一次也不交换，最差情况下每一次比较都需要交换。

为了控制起泡排序的趟数，算法中使用了一个控制变量 Exchange，如果一趟下来没有元素交换，Exchange 将控制排序结束。因此，如果待排序元素序列已经有序，那么只需要一趟起泡，算法就可结束。最好情况下需要 n 次排序码比较和 0 次数据交换。反之，如果待排序元素为逆序，则需进行 $n-1$ 趟排序，其排序码比较次数 KCN 和元素移动次数 RMN 为

$$\text{KCN}=\sum_{i=1}^{n-1}(n-i)=\frac{n(n-1)}{2},\quad \text{RMN}=\sum_{i=1}^{n-1}3(n-i)=\frac{3n(n-1)}{2}$$

在平均情况下，比较和移动记录的总次数大约为最坏情况下的一半。因此，起泡排序算法的时间复杂度为 $O(n^2)$。由于起泡排序通常比直接插入排序和简单选择排序需要移动更多次数的记录，所以它是简单排序方法中速度最慢的一个。

如果一趟起泡是正向比较的，如图 8-4(b)所示。例如，在第一趟起泡时，首先比较第 0 个元素和第 1 个元素的排序码，若前一个大于后一个，则发生了逆序，交换它们；然后再比较第 1 个元素和第 2 个元素，做同样处理……一趟下来，排序码最大的元素 49 被交换到待排序序列的最后位置（称为下沉），这也是起泡排序。

起泡排序是一个稳定的排序方法，因为不出现逆序则不交换。

思考题　Mark Allen Weiss 指出，通过交换相邻元素进行排序的任何算法平均都需要 $O(n^2)$时间。为什么？

8.3.2　快速排序

快速排序算法也叫做分区排序，它采用分治法进行排序。其基本思想是：任取待排序元素序列中的某个元素（例如取第一个元素）作为基准（或轴点、枢轴），按照该元素的排序码大小，将整个元素序列划分为左右两个子序列：左子序列中所有元素的排序码都小于基准元素的排序码，右子序列中所有元素的排序码都大于或等于基准元素的排序码，基准元素则排在这两个子序列中间（这也是该元素最终应安放的位置）。然后分别对这两个子序列重复施行上述方法，再把这两个子序列各自划分为两个更小的子序列，基准元素就位……直到最后划分出来的子序列仅有一个元素或没有元素为止，最后，所有的元素都会排在相应位置上。算法的描述参看程序 8-8。

程序 8-8　快速排序的算法描述

```
QuickSort(List) {
    if ( List 的长度大于 1 ) {
            将序列 List 划分为两个子序列 LeftList 和 RightList
```

```
            QuickSort(LeftList);                    //分别对两个子序列施行排序
            QuickSort(RightList);
            将两个子序列 LeftList 和 RightList 合并为一个序列 List
        }
    }
```

【例 8-5】 在数组{42, 55, 12, 44, 94, 06, 18, 67}中，取第一个元素 42 作为比较基准 x，进行序列的划分。划分算法有两种：

（1）C. A. R. Hoare 给出的划分算法，如图 8-5(a)所示。其思路是：取待排序数组第一个元素 42 作为比较基准，第一步，将基准元素存入临时单元 pivot，并设置左端和右端检测指针 i 和 j；第二步，反复做下列事情，直到 $i \geqslant j$ 为止：第一趟先从右向左扫描，发现小于基准的元素即停（如 18＜42），把 18 传送到原 42 所在位置，然后让 i+1，从左向右扫描，发现大于基准的元素即停（如 55＞42），把 55 传送到原 18 的位置；第二趟先让 j–1，再从右向左扫描，发现小于基准的元素即停（如 06＜42），把 06 传送到原 55 的位置，然后让 i+1，从左向右扫描，发现大于基准的元素即停（如 44＞42），把 44 传送到原 06 的位置；第三趟先让 j–1，再从右向左扫描，j 和 i 相遇，跳出循环，最后把临时单元 pivot 中的元素传送到 j 所指位置。结果是数组被分为两段，左边的排序码都小于 42，右边的都大于 42。

（2）Glenn W. Rowe 给出的划分算法，如图 8-5(b)所示。还是以第一个元素 42 作为比较基准，然后从左向右用检测指针 i 一趟扫描过去，凡是比基准小的都交换到左边，最后对基准再做一次交换，得到划分结果。用这种划分算法。首先 $i = 0$ 对准基准，向右检测，找到 12＜42，指针 $i = i$+1 指向 55，交换 55 和 12，然后继续向右检测，找到 06＜42，指针 $i = i$+1 指向 55，交换 55 和 06，接着继续向右检测，找到 18＜42，指针 $i = i$+1 指向 44，交换 44 和 18，一趟扫描结束后再执行一次基准 42 和 18 的交换，同样实现划分。

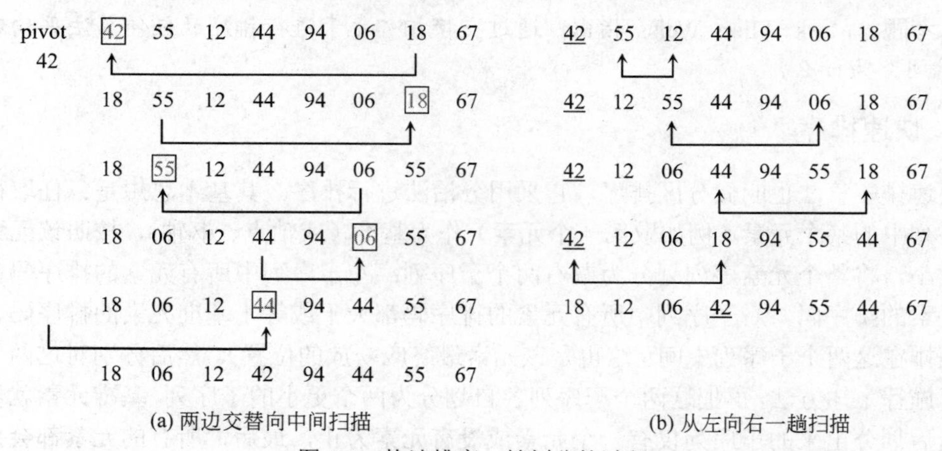

(a) 两边交替向中间扫描　　(b) 从左向右一趟扫描

图 8-5　快速排序一趟划分的过程

这两种一趟划分算法的时间代价都是 $O(n)$，n 是元素个数。

思考题　以上两种一趟划分算法哪个效率高些？一趟划分后是否导致算法不稳定？举例说明。

下面讨论快速排序算法。先看一个例子。

【例 8-6】 图 8-6 给出一个有 8 个元素的待排序序列{63, 69, 54. 01, 69^*, 21, 12, 47}，其中有两个元素都是 69，在后一个 69 肩上加“*”以区分它们。现以第一个元素 63 作为基准，采用 Rowe 算法对整个元素序列进行划分，一趟下来得到 63 的左子序列{47, 54, 01, 21, 12}和右子序列{69^*, 69}，左子序列所有元素的排序码均小于 63，右子序列所有元素的排序码均大于 63。对左子序列以 47 为基准，对右子序列以 69^*为基准进行同样的划分，得到最终排序的结果。图 8-6 中深色部分表示已经到位的基准元素。

i	(0)	(1)	(2)	(3)	(4)	(5)	(6)	(7)	pivot (基准)	
初始序列	63	69	54	01	69^*	21	12	47	(左) 63	
1	47	54	01	21	12	63	69^*	69	(左) 47	
2	12	01	21	47	54	63			(左) 12	
3	01	12	21	47	54	63				
4						63	69^*	69		(右) 69^*
							69^*	69		

图 8-6　快速排序各趟排序的结果

程序 8-9 给出快速排序的算法。算法 quickSort 是一个递归的算法。一趟划分 Partition 采用如图 8-5(b)所示的 Rowe 算法。

程序 8-9　快速排序的递归算法

```
#include "DataList.h"
int Partition ( DataList& L, int low, int high ) {
//自左向右一趟，每遇到比基准小的交换到左边，函数返回基准移动到的位置
    int i, k = low;  DataType pivot = L.data[low];     //基准元素
    for ( i = low+1; i <= high; i++ )          //一趟扫描整个序列进行划分
        if ( L.data[i] < pivot ) {             //检测到排序码小于基准的元素
            k++;
            if (k != i) Swap (L, i, k);//把小于基准的元素交换到左边去
    }
    L.data[low] = L.data[k];  L.data[k] = pivot;     //将基准元素就位
    return k;                                  //返回基准元素位置
};
void QuickSort ( DataList& L, int left, int right ) {
//对元素 L.data[left], …,L.data[right]进行排序，使各元素按排序码非递减有序
//pivotpos 是划分结果，把待排序数组分成两部分，它左边的元素排序码都小于它
//而右边的都大于或等于它
    if ( left < right ) {                         //序列长度小于或等于 1 不处理
        int pivotpos = Partition ( L, left, right );    //一趟划分
        QuickSort ( L, left, pivotpos-1 );  //对左侧子序列施行同样处理
        QuickSort ( L, pivotpos+1, right ); //对右侧子序列施行同样处理
    }
}
```

在主调用程序中调用递归的快速排序算法时，调用形式是 QuickSort (L, 0, $L.n-1$)。其中，L 是待排序数据表，待排序元素个数信息存放在 $L.n$ 中。

下面分析程序 8-9 所示快速排序算法的时间和空间代价。

图 8-7 给出例 8-6 所示快速排序过程的递归树。从图中可知，快速排序的趟数取决于递归树的深度。

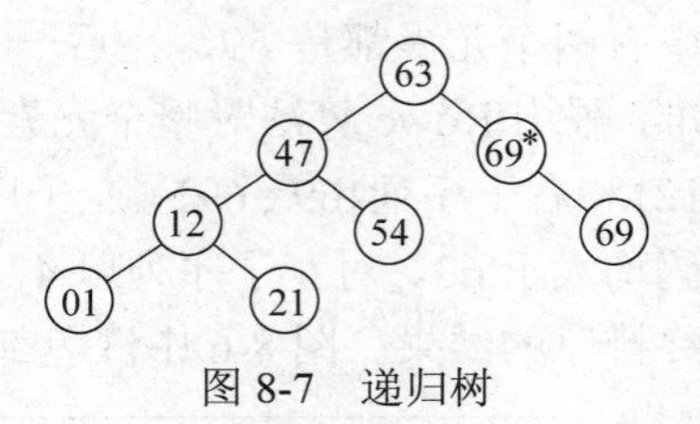

图 8-7　递归树

如果每次划分对一个元素定位后，该元素的左侧子序列与右侧子序列的长度相同，则下一步将是对两个长度减半的子序列进行排序，这是最理想的情况。在 n 个元素的序列中，对一个元素定位所需时间为 $O(n)$。若设 $T(n)$是对 n 个元素的序列进行排序所需的时间，而且每次对一个元素正确定位后，正好把序列划分为长度相等的两个子序列，此时，总的计算时间为

$$\begin{aligned} T(n) &\leqslant cn + 2\,T(n/2) \qquad // c \text{ 是一个常数} \\ &\leqslant cn + 2(cn/2 + 2\,T(n/4)) = 2cn + 4T(n/4) \\ &\leqslant 2cn + 4(cn/4 + 2\,T(n/8)) = 3cn + 8T(n/8) \\ &\quad \vdots \\ &\leqslant cn\log_2 n + nT(1) = O(n\log_2 n) \end{aligned}$$

可以证明，函数 QuickSort 的平均计算时间也是 $O(n\log_2 n)$。此外，实验结果也表明：就平均计算时间而言，快速排序是我们所讨论的所有内部排序方法中最好的一个。由于快速排序是递归的，需要有一个栈存放每层递归调用时的指针和参数，最大递归调用层次数与递归树的深度一致，理想情况为 $\lceil \log_2(n+1) \rceil$。因此，要求存储开销为 $O(\log_2 n)$。

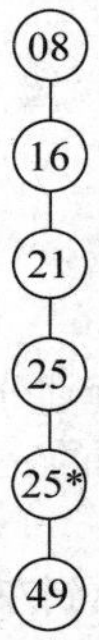

图 8-8　单支树

但是，每次都选用序列的第一个元素作为比较基准。这样的选择简单但不理想。在最坏情况，即待排序元素序列已经按其排序码从小到大排好序的情况下，其递归树成为单支树，如图 8-8 所示。每次划分只得到一个比上一次少一个元素的子序列。这样，必须经过 $n-1$ 趟才能把所有元素定位，而且第 1 趟需要经过 $n-1$ 次个比较才能找到第 1 个元素的安放位置，第 2 趟需要经过 $n-2$ 次排序码比较才能找到第 2 个元素的安放位置……总的排序码比较次数将达到

$$\sum_{i=1}^{n-1}(n-i) = \frac{1}{2}n(n-1) \approx \frac{n^2}{2}$$

其排序速度退化到简单排序的水平，比直接插入排序还慢。占用附加存储（即栈）将达到 $O(n)$。

8.3.3　快速排序的改进算法

1．快速-直接插入混合算法

快速排序是一个效率很高的排序算法，对于 n 较大的平均情况而言，快速排序是“快速”的，但是当 n 很小时，这种排序方法往往比其他简单排序方法还要慢。研究表明，序列长度 M 取值为 5～25 时，采用直接插入排序要比快速排序至少快 10%。因此对快速排序算法进行改进的一个简单方法是：在递归调用过程中，当待排序的子序列规模小于预先确定的 M 时，程序调用直接插入排序算法对此子序列进行排序，参看程序 8-10。

程序 8-10　快速-直接插入排序的算法

```
#include "DataList.h"
#include "InsertSort.cpp"
void QuickSort_insert ( DataList& L, int M ) {
//快速-直接插入混合算法：对小规模的子序列调用插入排序算法进行排序
      if ( L.n <= M ) InsertSort ( L );              //元素序列长度小于 M 时
      else {
              int pivotpos = Partition ( L, 0, L.n-1 );    //划分
              QuickSort ( L, 0, pivotpos-1);         //对左侧子序列施行快速排序
              QuickSort ( L, pivotpos+1, L.n-1);     //对右侧子序列施行快速排序
      }
};
```

2．选基准记录的三者取中快速算法

在快速排序算法中，若能更合理地选择基准元素，使得每次划分所得的两个子序列中的元素个数尽可能地接近，就可以加速排序速度。一种简单的改进方法是在取基准元素 pivot 时采用在序列左端点 left、右端点 right 和中点位置 mid = $\lfloor$(left+right)/2$\rfloor$ 中取中间值，并交换到 left 位置的办法，然后再对整个序列进行划分。程序 8-11 给出一个三者取中的算法。算法在 left、mid、right 三个位置选到次小元素，交换到 left 位置即可。选择次小的方法可仿照 Huffman 树的构造算法来做。

程序 8-11　在序列中三者取中并交换到左端的算法

```
DataType median3 ( DataList& L, int left, int right ) {
//此函数在表左端、右端和中间点三者取中值，交换到左端
      int mid = ( left+right )/2;  int k1, k2;
      if ( L.data[left] <= L.data[mid] ) { k1 = left;  k2 = mid; }
      else { k1 = mid;  k2 = left; }                //先在左端和中点选最小和次小
      if ( L.data[right] < L.data[k1] ) { k2 = k1;  k1 = right; }
      else if ( L.data[right] < L.data[k2] ) k2 = right;
                                                     //再用右端与最小、次小比较
      if ( k2 != left ) Swap ( L, k2, left );       //次小者交换到 left
};
```

程序 8-12 给出 Hoare 划分算法的实现。这个算法在排序码比较次数上与其他划分算法相同，但元素移动次数会少一些，因为它以传送代替了交换。

程序 8-12　Hoare 一趟划分算法的实现

```
int Partition ( DataList& L, int left, int right ) {
      if ( left < right ) {                          //区间仅 0 个或 1 个元素不划分
            median3( L, left, right );               //三者取中子程序，基准在 left
            int i = left, j = right;  DataType pivot = L.data[left];
                                                     //参加划分的区间
            do {
                  while ( i < j && pivot < L.data[j] ) j--;
                                                     //小于或等于 pivot 停步
                  if ( i < j ) {
```

```
                L.data[i++] = L.data[j];
                while ( i < j && L.data[i] < pivot ) i++;
                                                //大于或等于 pivot 停步
                if ( i < j ) L.data[j--] = L.data[i];
            }
        } while ( i < j );
        L.data[i] = pivot;  return i;
    }
    return left;
};
```

8.4 选 择 排 序

选择排序的基本思想是：每一趟（例如第 i 趟，$i = 0, 1, \cdots, n-2$）在后面 $n-i$ 个待排序元素中选出排序码最小的元素，作为有序元素序列的第 i 个元素。本节在介绍简单选择排序的基础上，进一步介绍了它的改进算法，即堆排序和锦标赛排序。

8.4.1 简单选择排序

简单选择排序又称直接选择排序，是一种原地排序。其基本设计思路是：设待排序的元素序列中有 n 个元素，排序将执行 $n-1$ 趟（$i = 0, 1, \cdots, n-2$）。第 i 趟在由 L.data[i]到最后的 L.data[$n-1$]所组成的待排序序列当中选出排序码最小的元素，把它交换到该序列的最前端 L.data[i]的位置，使之成为已排好序的元素序列的第 i 个元素。下一趟 $i+1$，重新执行刚才的工作。直到第 $n-2$ 趟作完，待排序元素序列只剩下 1 个元素，就不用再选了。

简单选择排序的基本步骤如下：

（1）在一组元素 L.data[i]～L.data[$n-1$]中选择具有最小排序码的元素。

（2）若它不是这组元素中的第一个元素，则将它与这组元素中的第一个元素对调。

（3）在这组元素中剔除这个具有最小排序码的元素，在剩下的元素 L.data[$i+1$]～L.data[$n-1$]中重复执行第（1）、（2）步，直到剩余元素只有一个为止。

【例 8-7】 图 8-9 给出一个简单选择排序的例子。图 8-9(a)是对有 6 个元素的序列进行简单选择排序时，各趟选择和对调的结果。图 8-9(b)是 $i = 1$ 时选出具有最小排序码元素的过程，其思想是：先假定第 i 个排序码最小，用 k 记下此位置；然后逐个检查后续的排序码，一旦发现有比先前记下的排序码更小，就让 k 记下这个新位置，如此继续，直到序列

i	(0)	(1)	(2)	(3)	(4)	(5)	k
初始序列	21	25	49	25*	16	**08**	5
0	08	25	49	25*	**16**	21	4
1	08	16	49	25*	25	**21**	5
2	08	16	21	**25***	25	49	3
3	08	16	21	25*	**25**	49	4
4	08	16	21	25*	25	49	

(a) 各趟排序后的结果

(0)	(1)	(2)	(3)	(4)	(5)	j	k
08	25	49	25*	16	21	1	1
08	25	49	25*	16	21	2	1
08	25	49	25*	16	21	3	1
08	25	49	25*	**16**	21	4	4
08	25	49	25*	**16**	21	5	4

(b) i=1时选择排序的过程

图 8-9　简单选择排序的过程

检测完为止。算法的实现如程序 8-13 所示。

图 8-9 中深色部分是已经排好序的元素，无色部分是还未排好序的元素，加下画线的是当前待排序元素序列中排序码最小的元素。

程序 8-13 简单选择排序的算法

```
#include "DataList.h"
void SelectSort ( DataList& L ) {
     int i, j, k;  DataType tmp;
     for ( i = 0; i < L.n-1; i++ ) {
          k = i;                              //在 L[i..n-1]中找排序码最小的元素
          for ( j = i+1; j <= L.n-1; j++ )      //记下当前具最小排序码的元素
               if ( L.data[j] < L.data[k] ) k = j;
          if ( k != i ) Swap ( L, i, k );       //交换
     }
}
```

简单选择排序的排序码比较次数 KCN 与元素的初始排列无关。如果 left = 0, right = n−1，则 i 从 0 开始。第 i 趟选择具有最小排序码元素所需的比较次数总是 $n-i-1$ 次，此处假定整个待排序元素序列有 n 个元素。因此，总的排序码比较次数为

$$\text{KCN}=\sum_{i=0}^{n-2}(n-i-1)=\frac{n(n-1)}{2}$$

元素的移动次数与元素序列的初始排列有关。当这组元素的初始状态是按其排序码从小到大有序的时候，每趟选出的排序码最小者都是待排序序列的第一个（$i=k$），元素的移动次数 RMN = 0，达到最少；而最坏情况是每一趟都要进行交换，总的元素移动次数为 RMN = 3(n−1)。简单选择排序适用于元素体积很大，而排序码比较简单的一类待排序元素序列。因为对这种序列进行排序，元素移动所花费时间代价要比排序码比较所花费时间大得多。

简单选择排序一种不稳定的排序方法。

思考题 *如果把循环内的 L.elem[j]与 L.elem[k]的排序码小于比较“<”改为小于等于比较“<=”，在二者排序码相等时，k 记下后一个元素的位置 k = j，将来是后一个调换到前面，这样是否会导致算法不稳定？*

8.4.2 锦标赛排序

简单选择排序之所以时间代价较高，是因为每次选出排序码最小的元素都需要从第 i 个到最后进行比较，没有利用上次比较的结果。若想要降低排序码的比较次数，即需要保存比较过程中所得到的中间结果。锦标赛排序就是可以保存比较中间结果的排序方法。

锦标赛排序是一种树形选择排序，其基本思想与体育比赛类似。首先取得 n 个元素的排序码，进行两两比较，得到 $\lceil n/2\rceil$ 个比较的优胜者（排序码小者），作为第一步比较的结果保留下来。然后对这 $\lceil n/2\rceil$ 个元素再进行排序码的两两比较……如此重复，直到选出一个排序码最小的元素为止。

【例 8-8】 图 8-10 是利用胜者树对 5 个参选数据 {25, 10, 50, 60, 35} 执行锦标赛排序的过程。底层相当于一棵完全二叉树的叶结点，也叫外结点，它们存放的是所有参加排序元素的排序码。叶结点上面的非叶结点，也叫内结点，是叶结点排序码两两比较胜者（排

序码小者）的叶结点编号（从 1 开始）。最顶层是树的根，记录的是最后选出的具有最小排序码的元素所在叶结点的编号。由于每次两两比较的结果是把排序码小者作为优胜者上升到父结点，所以称这种比赛树为胜者树（winner tree）。

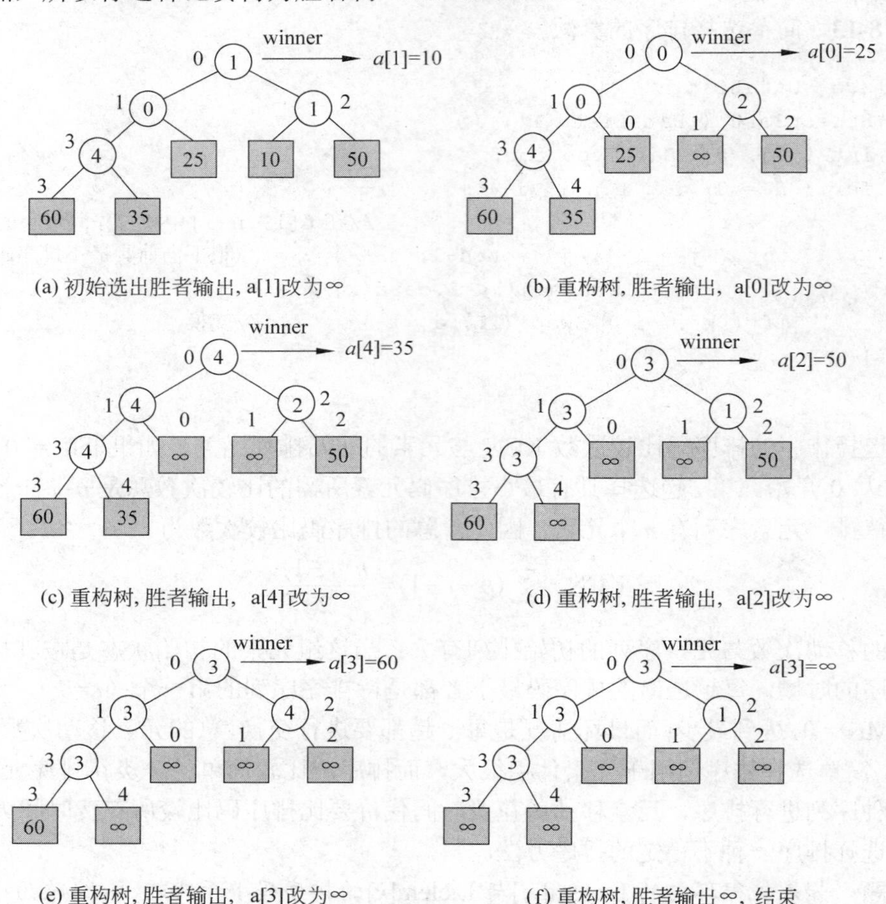

(a) 初始选出胜者输出，a[1]改为∞　　(b) 重构树，胜者输出，a[0]改为∞

(c) 重构树，胜者输出，a[4]改为∞　　(d) 重构树，胜者输出，a[2]改为∞

(e) 重构树，胜者输出，a[3]改为∞　　(f) 重构树，胜者输出∞，结束

图 8-10　利用胜者树进行排序

有 n 个参选选手的胜者树，比赛场次为 $\lceil \log_2 n \rceil$。在利用胜者树对 n 个元素排序时，首先为 n 个外结点中的元素赋初始值，这步工作的时间代价为 $O(n)$。然后它们开始比赛，两两比较，胜者上升到双亲（内结点），最后的胜者是具有最小排序码的元素。一旦选择出这个元素，就需要在下次选择最小排序码之前把该元素的值改为最大值（如∞），使它再也不能战胜其他任何选手。在此基础上，重构该胜者树，所得到的最终胜者是该排序序列中的下一个元素。每次重构胜者树的时间代价为 $O(\log_2 n)$。依此继续选择，就可以完成 n 个元素的排序。这种重构过程需要执行 $n-1$ 次，故整个排序过程需要时间代价为 $O(n \log_2 n)$。

这种方法需要附加存储空间较多，有 n 个元素，则胜者树的外结点有 n 个，需要增加 $n-1$ 个内结点，以保存子女两两比较的胜者。空间复杂度达 $O(n)$。

8.4.3　堆排序

为减少锦标赛排序需要附加空间较多的缺陷，可以考虑另一种树形选择排序，即堆排序。堆排序是 1964 年由 J. Williams 提出来的，它分两步走：第一步，利用堆的筛选算法 siftDown()对输入数据进行调整，形成初始堆，第二步，通过一系列元素交换和重新筛选进行排序。

为了实现元素按排序码从小到大排序，要求建立大根堆。建立方法与小根堆的情况相同，只不过在堆的筛选算法 siftDown()中稍加改变。大根堆结点的结构定义如程序 8-14 所示，每个结点的数据类型为 HElemType，为算法描述简单清晰，暂定为 int。

程序 8-14 大根堆的结构定义（保存在头文件 maxHeap.h 中）

```
#include<stdio.h>
#define HeapSize 128                          //堆的容量
typedef int HElemType;
typedef struct {                              //大根堆定义
    HElemType data[HeapSize];                 //存放大根堆中元素的数组
    int n;                                    //大根堆中当前元素个数
} maxHeap;
```

在堆的筛选算法 siftDown 中，每次两个子女做排序码比较，选大者再与其双亲做比较，如果双亲的排序码小，则大的子女上升到双亲位置，原来的双亲下落到大子女空出的位置，接着做下一层的比较。参看程序 8-15。

程序 8-15 大根堆的自顶向下“筛选”算法

```
#include "maxheap.h"
void siftDown ( maxHeap& H, int start, int m ) {
//从结点 start 开始到 m 为止，自上向下比较，如果子女的值大于双亲，则大子女上升
//原来的双亲下落到大子女位置，这样逐层处理，将一个集合局部调整为大根堆
    int i = start;  int j = 2*i+1;            //j 是 i 的左子女
    HElemType tmp = H.data[i];                //暂存子树根结点
    while ( j <= m ) {                        //检查子女结点号是否到最后位置
        if ( j < m && H.data[j] < H.data[j+1] )
            j++;                              //让 j 指向两子女中的大者
        if ( tmp >= H.data[j] ) break;        //纵向比较：tmp 排序码大则不调整
        else {                                //否则
            H.data[i] = H.data[j];            //子女中的大者上移
            i = j;  j = 2*j+1;                //i 下降到大子女 j 位置
        }
    }
    H.data[i] = tmp;                          //tmp 中暂存元素放到合适位置
};
```

如果建立的堆满足大根堆的条件，则堆的第一个元素 H.data[0]具有最大的排序码，将 H.data[0]与 H.data[$L.n-1$]对调，把具有最大排序码的元素交换到最后，再对前面的 $n-1$ 个元素，使用堆的筛选算法 siftDown (L, 0, $L.n-2$)，重新建立大根堆。结果具有次最大排序码的元素又上浮到堆顶，即 H.data[0]位置，再对调 H.data[0]和 H.data[$L.n-2$]，并调用 siftDown(L, 0, $L.n-3$)，对前 $n-2$ 个元素重新调整……如此反复执行，最后得到全部排序好的元素序列。这个算法即堆排序算法。

【例 8-9】 图 8-11 是堆排序的一个例子。在图中，上边是大根堆的树形表示，下边是对应的顺序存储表示。

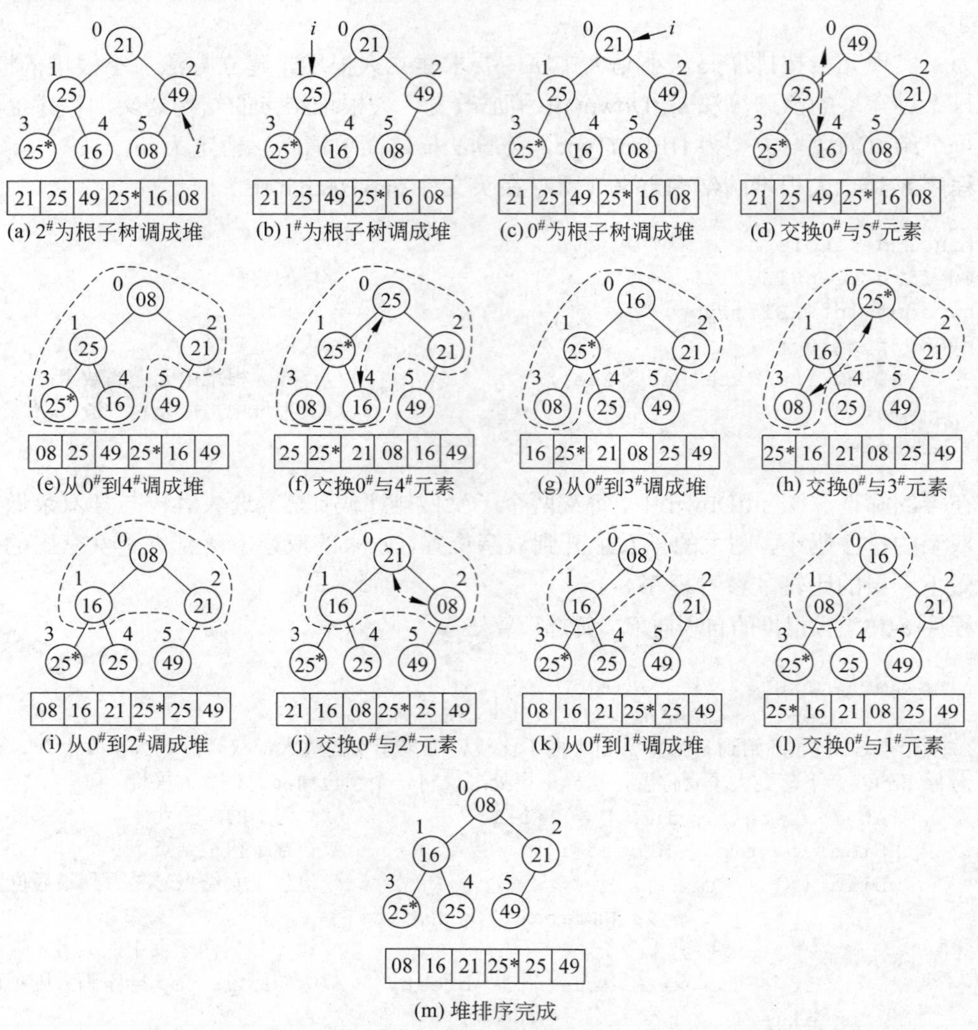

图 8-11 一个堆排序的例子

思考题 在 0 号元素与 1 号元素交换后，如何使用 siftDown 算法从 0 号元素到 0 号元素调整成大根堆？

堆排序的算法如程序 8-16 所示，按照设计思路，它主要由两步组成：一是形成初始的大根堆；二是通过一系列交换和重新形成堆，最后把所有元素按排序码在数组中排好序。

程序 8-16 堆排序算法

```
void HeapSort ( maxHeap& H ) {
//对表 H.data[0]到 H.data[L.n-1]进行排序，使得表中各个元素按其排序码非递减有序
    int i;
    for ( i = (H.n-2)/2; i >= 0; i-- )               //将表转换为大根堆
        siftDown ( H, i, H.n-1 );
```

```
    for ( i = H.n-1; i > 0; i-- ) {                         //对大根堆排序
         HElemType tmp = H.data[0]; H.data[0] = H.data[i]; H.data[i] = tmp;
         siftDown ( H, 0, i-1 );                            //交换，重建大根堆
    }
};
```

若设堆中有 n 个结点，且 $2^{h-1} \leqslant n < 2^h$，则对应的完全二叉树有 h 层。在第 i 层上的结点数 $\leqslant 2^{i-1}$ $(i = 1, 2, \cdots, h)$。在第一个形成初始堆的 for 循环中对每一个非叶结点调用了一次堆调整算法 siftDown()，因此该循环所需要的排序码比较次数 KCN 和元素移动次数 DMN 为：

$$\mathrm{KCN} = 2 \times \sum_{i=1}^{h-1} 2^{i-1}(h-i), \quad \mathrm{DMN} = \sum_{i=1}^{h-1} 2^{i-1}(h-i+2)$$

其中，i 是层次号，2^{i-1} 是第 i 层的最大结点数，$(h-i)$是第 i 层结点能够移动的最大距离。

设 $n = 2^h-1$，则有

$$\mathrm{KCN} = 2 \times \sum_{i=1}^{h-1} 2^{i-1}(h-i) \leqslant 2n - 2\log_2(n+1) < 2n$$

$$\mathrm{DMN} = \sum_{i=1}^{h-1} 2^{i-1}(h-i+2) = \sum_{i=1}^{h-1} 2^{i-1}(h-i) + 2 \times \sum_{i=1}^{h-1} 2^{i-1} \leqslant n + 2 \times (2^{h-1}-1) = 2n-1$$

在第二个 for 循环中，调用了 $n-1$ 次 siftDown()算法，若设 $n = 2^h-1$，则 h 是完全二叉树的高度，$h = \log_2(n+1)$。第 h 层有 2^{h-1} 个结点，从根到第 h 层的路径长度为 $h-1$；第 $h-1$ 层有 2^{h-2} 个结点，从根到第 $h-1$ 层的路径长度为 $h-2$……第 2 层有 2^1 个结点，从根到第 2 层结点的路径长度为 1。则堆排序交换 $n-1$ 个结点需要移动 $3(n-1)$次元素，重新调整为大根堆的总排序码比较次数 KCN 为

$$\begin{aligned}
\mathrm{KCN} &= 2\times(1\times2^1 + 2\times2^2 + \cdots + (h-2)\times2^{h-2} + (h-1)\times2^{h-1}) \\
&= 4\times(1\times2^0+2\times2^1+3\times2^2+\cdots+(h-1)\times2^{h-2}+h\times2^{h-1}-h\times2^{h-1}) \\
&= 4\times((h-1)\times2^h+1-h\times2^{h-1}) = 4\times(h-2)\times2^{h-1}+4 \\
&= 2\times(n+1)(\log_2(n+1)-2)+4 = 2\times(n+1)\log_2(n+1)-4n \\
&= O(n\log_2 n)
\end{aligned}$$

（可以用归纳法证明 $1\times2^0+2\times2^1+3\times2^2+\cdots+(h-1)\times2^{h-2}+h\times2^{h-1}=(h-1)\times2^h+1$。）

从根落到第 i 层（$i = 1, 2, \cdots, h$），路径长度为 $i-1$，元素移动次数为 $i-1+2 = i+1$ 次，则重新调整为大根堆的总元素移动次数 DMN 为

$$\begin{aligned}
\mathrm{DMN} &= 2\times2^0 + 3\times2^1 + 4\times2^2 + \cdots + h\times2^{h-2} + (h+1)\times2^{h-1} \\
&= (1\times2^0+2\times2^1+3\times2^2+\cdots+(h-1)\times2^{h-2}+h\times2^{h-1})+(2^0+2^1+2^2+\cdots+2^{h-2}+2^{h-1}) \\
&= (h-1)\times2^h+1+2^h-1 = h\times2^h = (n+1)\log_2(n+1) = O(n\log_2 n)
\end{aligned}$$

因此，堆排序的时间复杂度为 $O(n\log_2 n)$。该算法的附加存储主要是在第二个 for 循环中用来执行元素交换时所用的一个临时元素。因此，该算法的空间复杂度为 O（1）。

堆排序是一个不稳定的排序方法。

8.5 归 并 排 序

8.5.1 二路归并排序的设计思路

归并排序是一种概念上最为简单的排序算法。与快速排序算法一样，归并排序也是基于分治法的。归并排序将待排序的元素序列分成两个长度相等的子序列，为每一个子序列排序，然后再将它们合并成一个序列。合并两个子序列的过程称为二路归并。算法的基本思想描述如程序 8-17 所示。

程序 8-17 二路归并排序的算法描述

```
DataList mergeSort ( DataList& L ) {
    if ( Length(L) <= 1 ) return L;
    L1 = mergeSort (L 表中的左半侧子序列);
    L2 = mergeSort (L 表中的右半侧子序列);
    return merge ( L1, L2 );
};
```

【例 8-10】 图 8-12 给出归并排序过程的示例。归并排序的运行时间不依赖于待排序元素序列的初始排列，这样它就避免了快速排序的最差情况。

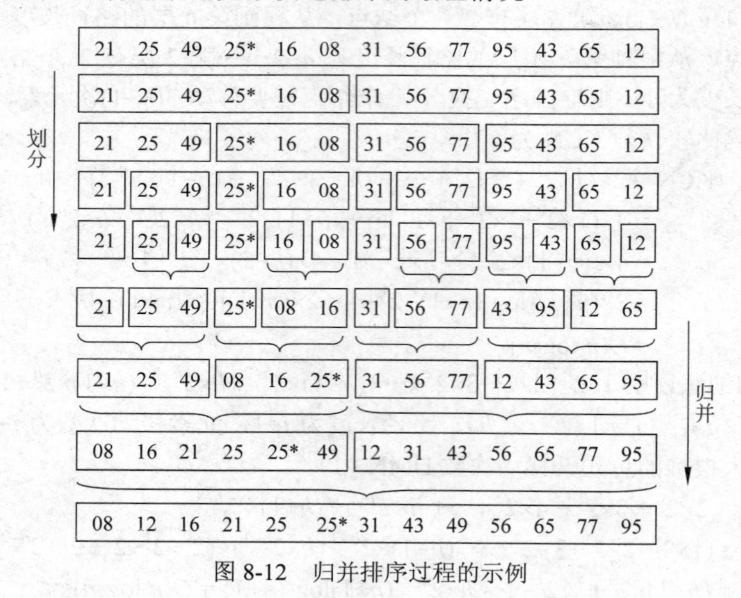

图 8-12 归并排序过程的示例

思考题 如果元素个数 n 是奇数，划分为近似等长的两个子序列，应该是前一个短，还是后一个短？

8.5.2 二路归并排序的递归算法

首先讨论二路归并。所谓二路归并，就是将两个有序表合并成一个新的有序表。例如，在表 L 中有两个相邻的有序表，其下标范围分别是 left～m 和 m+1～right，把它们合并成一个有序表，存放于另一个表 *L*2 中，再复制回 *L* 的 left 到 right 位置，如程序 8-18 所示。

在执行二路归并算法时，用变量 *i* 和 *j* 分别做 *L* 中两个表的检测指针，用变量 *k* 做归并后在 L2 中的存放指针。则归并的要诀是：

- 当 *i* 和 *j* 都在 *L* 的两个表的表长内变化时，把排序码小的元素排放到新表 *L*2 中。
- 当 *i* 或 *j* 中有一个已经超出表长时，将另一个表中的剩余部分照抄到新表 L2 中。

程序 8-18　二路归并的算法

```
#include "DataList.h"
void Merge ( DataList& L, int left, int mid, int right ) {
//将有序表 L.data[left..mid]与 L.data[mid+1..right]归并成一个有序表 L
     int i = left, j = mid+1, k = 0, s = right-left+1;
                                                    //i、j 用于检测, k 用于存放
     DataType *L2 = (DataType*)malloc(s*sizeof(DataType));
     while ( i <= mid && j <= right )               //两个表对应元素两两比较
          if ( L.data[i] <= L.data[j] ) L2[k++] = L.data[i++];
          else L2[k++] = L.data[j++];               //小者存入 L2
     while (i <= mid) L2[k++] = L.data[i++];        //若第一个表未检测完, 复制
     while (j <= right) L2[k++] = L.data[j++];      //若第二个表未检测完, 复制
     for ( i = 0; i < s; i++ ) L.data[left+i] = L2[i];   //归并结果传送回 L
     free (L2);
}
```

二路归并有 3 个循环，算法排序码比较次数为(mid−left+1)+(right−mid) = right−left+1，元素移动次数为 right−left+1。算法所需的额外存储空间为 *L*2，其规模为 right−left+1。

另外，后两个循环是先判断型循环，当 while 中的循环条件不满足时不执行循环。因此，后两个循环实际上只有其中一个循环能转得起来。

利用二路归并实现排序算法时，首先划分序列为两个接近等长的子序列，然后分别递归地对每个子序列执行归并排序，再对每一个子序列分别划分为两个接近等长的小子序列……如此划分下去，直到子序列为空或只有一个元素为止。接下来算法执行归并过程。在归并过程中首先把长度为 1 的子序列归并成长度为 2 的子序列，再把长度为 2 的子序列归并成长度为 4 的子序列……如此归并下去，直到归并成一个序列为止，如程序 8-19 所示。

程序 8-19　二路归并排序的递归算法

```
void MergeSort_recur ( DataList& L, int left, int right ) {
//left 和 right 是当前参加归并区间的左、右端点的下标
       if (left < right) {
             int mid = (left+right)/2;                //从中间划分为两个子序列
             MergeSort_recur ( L, left, mid );        //对左子序列做递归归并排序
             MergeSort_recur ( L, mid+1, right);      //对右子序列做递归归并排序
             Merge ( L, left, mid, right );           //二路合并
       }
}
```

在算法的主调用程序中，使用递归的归并排序算法的形式为 MergeSort (L, 0, L.n−1)。

二路归并排序所需时间主要包括划分两个子序列的时间、两个子序列分别排序的时间

和归并的时间。划分子序列的时间是一个常数，设为 c，最后的归并所需时间与元素个数 n 线性相关，因此，对于一个长度为 n 的元素序列进行归并排序的时间代价为

$$T(n) = cn+2T(n/2)$$

当序列元素个数为 1 时，函数直接返回，因此 $T(1)= 1$。与在 8.3.2 节分析快速排序的时间复杂度类似，二路归并排序的时间复杂度也为 $O(n \log_2 n)$。由于归并排序不依赖于原待排序元素序列的初始输入排列，每次划分时两个子序列的长度基本一样，所以归并排序的最好、最差和平均时间复杂度都是 $O(n \log_2 n)$。

归并排序的主要问题在于它需要一个长度为 n 的辅助数组空间。而且每次做二路归并时需要把 L 中的元素传送到 L2 中，再从 L2 中传送回来，元素移动次数达 $2n \log_2 n$。

归并排序方法是一种稳定的排序方法。

8.5.3 扩展阅读：基于链表的归并排序算法

从 8.5.2 节的算法分析可知，归并排序算法空间复杂度达到 $O(n)$，元素移动次数更多。当元素的体积比较大时，元素移动时间比排序码比较时间要多得多，这无疑会降低排序算法的效率。为了节省时间，可以把二路归并排序移植到静态链表上实现。同样是基于分治法划分子序列，把整个元素序列划分为两个长度大致相等的部分，分别称之为左子序列和右子序列。对这些子序列分别递归地进行排序，然后再把排好序的两个子序列进行归并。

【例 8-11】 图 8-13 给出基于链表的归并排序的例子。待排序元素序列的排序码为{21, 25, 49, 25*, 16, 08}，图的左侧是进行子序列递归划分的过程，一分二，二分四，直到子序列中只有一个元素时递归到底，再反向实施归并。图的右侧是实施归并（有序链接），逐步退出递归调用的过程。

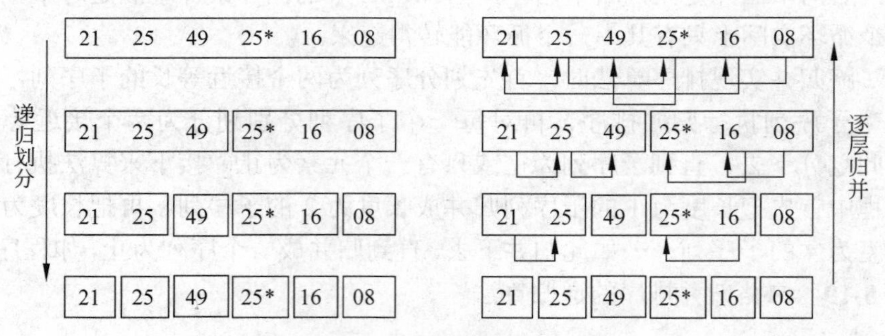

图 8-13　递归的归并排序过程

如果对待排序的元素数组采用静态链表的存储表示，在做二路归并时不进行数组元素的传递，能够有效提高归并的时间效率。

设待排序的元素存放在类型为 staticLinkList 的静态链表 L 中。$s1$ 和 $s2$ 分别是参加归并的两个单链表的头指针，$p1$ 和 $p2$ 是两个表的检测指针，r 是合并后链表的链尾指针，初始时 $r = 0$，指示合并后链表的表头结点。二路归并的要诀是：

- 当 $p1$ 和 $p2$ 都指向两个链表的结点时，把排序码小的元素结点链接到 r 的后面。
- 当 $p1$ 或 $p2$ 中有一个已经超出链表的表尾时，将另一个链表链接到 r 的后面。

算法的实现如程序 8-20 所示。

程序 8-20 基于静态链表的二路归并算法

```
int SListMerge ( StaticLinkList& L, int s1, int s2 ) {
//两个有序链表中第一个结点的下标分别为s1和s2。将它们进行归并，得到一个
//有序链表，并通过L.elem[0].link返回归并后第一个结点的下标
    int r = 0, p1 = s1, p2 = s2;          //p1、p2是链表检测指针，r是结果链指针
    while ( p1 != -1 && p2 != -1 )
        if ( L.elem[p1].data <= L.elem[p2].data ) {
            L.elem[r].link = p1;  r = p1;     //p1所指示结点链入结果链
            p1 = L.elem[p1].link;
        }
        else {
            L.elem[r].link = p2;  r = p2;     //p2所指示结点链入结果链
            p2 = L.elem[p2].link;
        }
    if ( p1 == -1 ) L.elem[r].link = p2;          //p1链检测完，p2链接上
    else L.elem[r].link = p1;                   //否则，p2链检测完，p1链接上
    return L.elem[0].link;                      //返回结果链头指针
}
```

所有待排序的元素在静态链表中从下标1开始存放到 n，这些元素的链接指针 link 初始时都置为-1。基于分治法，算法 MergeSort 采用递归方式实现，如程序 8-21 所示，参数 left 和 right 分别是待归并元素序列的下界和上界，或排序区间的左边界和右边界。在主程序中对算法的调用方式为 SLinkMergeSort (head, 1, head.n)，head 是待排序静态链表。

程序 8-21 基于静态链表的二路归并排序的算法

```
int SLinkMergeSort ( StaticLinkList& L, int left, int right ) {
//将链表L中从left到right区间的结点按排序码data进行排序。函数返回排序后
//链表第一个结点的下标。L.elem[0].link中存放每次二路归并后结果链的头指针
    if ( left >= right ) return left;
    int s1, s2, mid = (left+right)/2;              //取排序区间中点
    L.elem[mid].link = -1;  L.elem[right].link = -1;
    s1 = SLinkMergeSort ( L, left, mid );          //递归归并左侧子链表
    s2 = SLinkMergeSort ( L, mid+1, right );       //递归归并右侧子链表
    return SListMerge ( L, s1, s2 );               //合并
}
```

基于链表的归并排序算法的时间分析主要涉及排序码比较次数。分析方法与数据表相同。归并趟数为 $\log_2 n$，每一趟对 n 个元素做排序码比较和元素的链接工作，总的时间代价是 $O(n \log_2 n)$。算法不涉及元素移动，但额外存储需要较多，包括为每个元素附加一个链接指针，以及需要一个表头结点，空间复杂度为 $O(n)$。

基于链表的归并排序算法也是稳定的排序方法。

8.5.4 扩展阅读：迭代的归并排序算法

【例 8-12】 有 11 个元素，初始排序码排列为{ 21, 25, 49, 25*, 93, 62, 72, 08, 37, 16, 54 }。

先把每一个元素看成是长度为 1 的归并项，整个归并过程如图 8-14 所示。

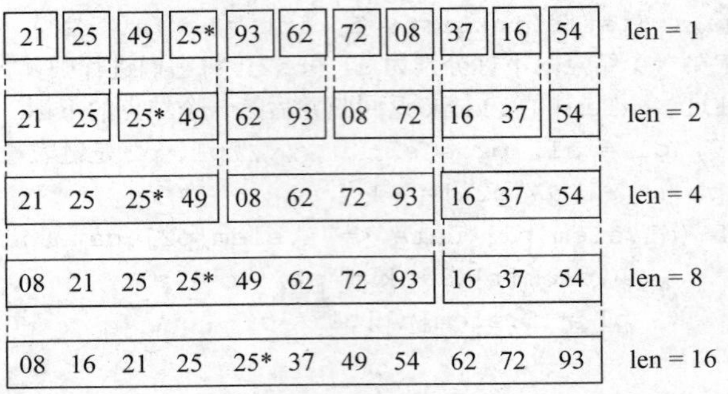

```
[21] [25] [49] [25*] [93] [62] [72] [08] [37] [16] [54]     len = 1
[21 25] [25* 49] [62 93] [08 72] [16 37] [54]                len = 2
[21 25 25* 49] [08 62 72 93] [16 37 54]                      len = 4
[08 21 25 25* 49 62 72 93] [16 37 54]                        len = 8
[08 16 21 25 25* 37 49 54 62 72 93]                          len = 16
```

图 8-14　自底向上归并排序的过程

设初始待排序元素序列有 n 个元素，首先把它看成是 n 个长度为 1 的有序子序列（称为归并项），先做两两归并，得到 $\lceil n/2 \rceil$ 个长度为 2 的归并项（如果 n 为奇数，则最后一个有序子序列的长度为 1）；再做两两归并……如此重复，最后得到一个长度为 n 的有序序列，一趟归并完成。

从例 8-12 可知，归并排序过程分成若干趟，每一趟要做一次或多次二路归并。所以先讨论二路归并算法，再讨论一趟归并算法，最后讨论主算法。

迭代的归并排序算法是利用如程序 8-22 所示的二路归并过程自底向上进行排序的。假设待排序序列有 n 个元素，迭代归并排序需要一个与原序列同样长度的辅助数组。

程序 8-22　迭代二路归并排序中的二路归并算法

```
#include "dataList.h"
void Merge_2 ( DataList& L, DataList& L2, int left, int mid, int right ) {
//将相邻的有序表 L.data[left..mid]与 L.data[mid+1..right]归并成一个有序表 L2
    int i = left, j = mid+1, k = left;          //i、j 是检测指针, k 是存放指针
    while ( i <= mid && j <= right )            //两个表都未检测完, 做两两比较
        if ( L.data[i] <= L.data[j] ) L2.data[k++] = L.data[i++];
        else L2.data[k++] = L.data[j++];                //小者存入 L2
    while (i <= mid) L2.data[k++] = L.data[i++]; //若第一个表未检测完,复制
    while (j <= right) L2.data[k++] = L.data[j++];//若第二个表未检测完,复制
}
```

下面考察一趟归并排序的情形。设数组 L.data[0]到 L.data[L.n−1]中的 n 个元素已经分为一些长度为 len 的归并项，要求将这些归并项两两归并，归并成一些长度为 2×len 的归并项，并把结果放置到辅助数组 L2 中。如果 n 不是 2×len 的整数倍，则一趟归并到最后，可能遇到两种情形：

（1）剩下一个长度为 len 的归并项和另一个长度不足 len 的归并项，这时可以再用一次 Merge-2 算法，将它们归并成一个长度小于 2×len 的归并项。

（2）只剩下一个归并项，其长度小于或等于 len，由于没有另一个归并项可以与它归并，可将它直接照抄到辅助数组 L2 中，准备参加下一趟归并。

一趟归并的算法参看程序 8-23。算法分为两大部分：第一部分先对长度等于 len 的归并项做两两归并，直到上面所述（1）和（2）两种特殊情况出现为止；第二部分处理上述

（1）和（2）两种特殊情况。算法中用 i 指示每次调用 MergePass 函数时前一个归并项的开始地址。

程序 8-23 迭代二路归并排序中一趟归并的算法

```
void MergePass ( DataList& L, DataList& L2, int len ) {
//对 L 中两个长度为 len 的归并项执行一趟二路归并，结果放在 L2 的相同位置
    int i = 0;                                      //两两归并长度为 len 的归并项
    while ( i+2*len <= L.n-1 ) {
        Merge_2 ( L, L2, i, i+len-1, i+2*len-1 );   //归并
        i = i+2*len;                                //i 进到下一次两两归并位置
    }
    if ( i+len <= L.n-1 )                           //特殊情况，第二归并项不足 len
        Merge_2 ( L, L2, i, i+len-1, L.n-1 );
    else {                                          //特殊情况，只剩一个归并项
        for ( int j = i; j <= L.n-1; j++ ) L2.data[j] = L.data[j];
    }
    L2.n = L.n;                                     //传送表长信息
}
```

利用一趟归并的算法，可以实现二路归并排序。算法的思路是：第一趟令归并项的长度为 len = 1，以后每执行一趟后将 len 加倍。原始元素序列放在数据表 L 中，利用辅助数据表 L2 存放第一趟归并的结果。第二趟将 L2 中的归并项两两归并，归并结果放回原数据表 L 中。如此反复进行。为了将最后归并结果仍放在数据表 L 中。参看程序 8-24。

程序 8-24 迭代二路归并排序的主算法

```
void MergeSort_iter ( DataList& L ) {
    DataList L2;                                         //建立辅助表
    int i, len = 1;                                      //从长度为 1 的归并项开始
    while ( len < L.n ) {                                //归并排序
        MergePass ( L, L2, len );  len *= 2;             //一趟归并后归并项长度加倍
        MergePass ( L2, L, len );  len *= 2;
    }
}
```

在迭代的归并排序算法中，函数 MergePass 做一趟二路归并排序，要调用 Merge_2 函数 $\lceil n/(2\times\text{len})\rceil \approx O(n/\text{len})$ 次，而函数 MergeSort_item 调用 MergePass 正好 $\lceil \log_2 n\rceil$ 次，而每次 merge_2 要执行比较 $O(\text{len})$次，所以算法总的时间复杂度为 $O(n\log_2 n)$。此外，归并排序算法需要一个与原待排序元素数组同样大小的辅助数组，但不需要递归工作栈了。

8.6 基数排序

基数排序与前面几种排序方法都不同，前面所介绍的排序方法都是建立在对元素排序码进行比较的基础上，而分配排序是采用“分配”与“收集”的办法。

8.6.1 基数排序

首先从多排序码排序开始介绍基数排序。以扑克牌排序为例。每张扑克牌有两个“排序码”：花色和面值。其有序关系为

- 花色：♣ < ♦ < ♥ < ♠
- 面值：2 < 3 < 4 < 5 < 6 < 7 < 8 < 9 < 10 < J < Q < K < A

如果把所有扑克牌排成以下次序：

♣ 2, ⋯, ♣ A, ♦ 2, ⋯, ♦ A, ♥ 2, ⋯, ♥ A, ♠ 2, ⋯, ♠ A

这就是多排序码排序。排序后形成的有序序列叫做字典有序序列。

对于上例两排序码的排序，可以先按花色排序，之后再按面值排序；也可以先按面值排序，再按花色排序。

一般情况下，假定有一个 n 个元素的序列 $\{V_0, V_1, \cdots, V_{n-1}\}$，且每个元素 V_i 中含有 d 个排序码 $(K_i^1, K_i^2, \cdots, K_i^d)$。如果对于序列中任意两个元素 V_i 和 V_j $(0 \leqslant i < j \leqslant n-1)$ 都满足

$$(K_i^1, K_i^2, \cdots, K_i^d) < (K_j^1, K_j^2, \cdots, K_j^d)$$

则称序列对排序码 $(K^1, K^2, \cdots, K^d)$ 有序。其中，K^1 称为最高位排序码，K^d 称为最低位排序码。

如果每个元素的排序码都是由多个数据项组成的组项，则依据它进行排序时就需要利用多排序码排序。实现多排序码排序有两种常用的方法：最高位（Most Significant Digit, MSD）优先和最低位（Least Significant Digit，LSD）优先。

最高位优先法通常是一个递归的过程：首先根据最高位排序码 K^1 进行排序，得到若干个元素组（或称为桶），元素组中的每个元素都有相同的排序码 K^1。然后分别对每组中的元素根据排序码 K^2 进行排序，按 K^2 值的不同，再分成若干个更小的子组，每个子组中的元素具有相同的 K^1 和 K^2 值。依此重复，直到对排序码 K^d 完成排序为止。最后，把所有子组中的元素依次连接起来，就得到一个有序的元素序列。

最低位优先法是首先依据最低位排序码 K^d 对所有元素进行一趟排序，然后依据次低位排序码 K^{d-1} 对上一趟排序的结果再排序，依此重复，直到依据排序码 K^1 最后一趟排序完成，就可以得到一个有序的序列。使用这种排序方法对每一个排序码进行排序时，不需要再分组，而是整个元素组都参加排序。

术语 MSD 和 LSD 只是表明了对多个排序码排序的先后次序，并未说明根据每个排序码应怎样排序。利用多排序码排序实现对单个排序码排序的算法就称为基数排序。下一步将具体介绍采用 MSD 和 LSD 实现的基数排序方法。

8.6.2 MSD 基数排序

在基数排序中，将单排序码 K_i 看作是一个子排序码组：

$$(K_i^1, K_i^2, \cdots, K_i^d)$$

【例 8-13】 有一组元素，它们的排序码取值范围为 0～999，可以把这些排序码看作是 (K^1, K^2, K^3) 的组合，K^1 是数字的百位，K^2 是数字的十位，K^3 是数字的个位。可以基于 MSD 方法实现基数排序，按 K^1, K^2, K^3 的顺序对所有元素进行排序。例如，对于有 12 个元素的

待排序序列，它们的排序码为{332, 633, 059, 598, 232, 664, 179, 457, 825, 714, 405, 361}，对它们实施自顶向下的高位优先（MSD）基数排序的过程如图 8-15 所示。

图 8-15 显示了对最多 3 位的数据序列采用 MSD 基数排序算法进行升序排序的例子。在这个例子中，每个数据在各位上可取的值是一个十进制数字，可取的值为 0～9，总共可能的取值有 10 种，称每位数字可能的取值数为基数 radix。例如，十进制数字的 radix = 10，英文字母的 radix = 26。在排序过程中，首先根据百位上的数字（K^1）进行排序，按各元素在百位上的取值，分配到各个子序列（即桶）中，然后再按桶的编号，逐桶进行递归的基数排序。在每个桶中，子序列的规模已经大大减少，同时在桶中所有元素在百位上的数字取值相同，此时，按各元素的十位上的数字（K^2）取值继续进行桶式分配，之后还对各个子桶中的元素按个位（K^3）进行分配，从而使得待排序序列所有元素排好序。

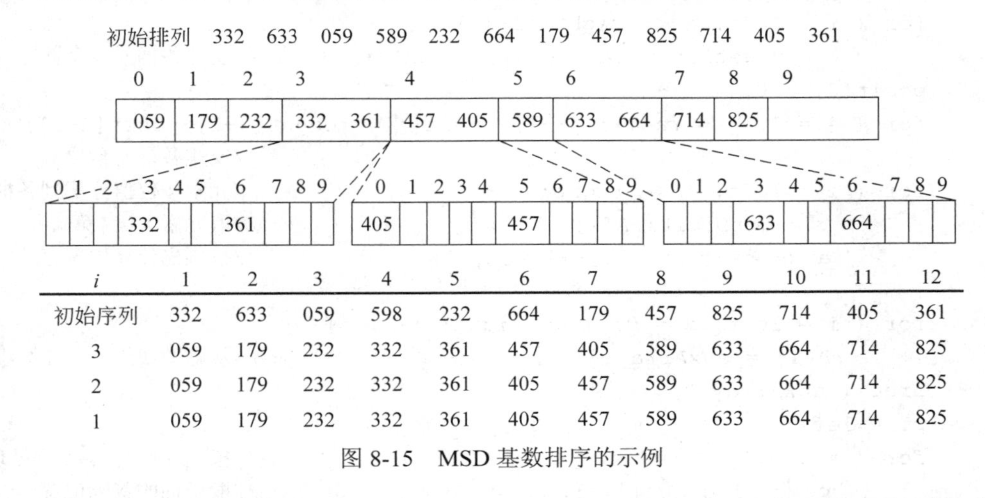

i	1	2	3	4	5	6	7	8	9	10	11	12
初始序列	332	633	059	598	232	664	179	457	825	714	405	361
3	059	179	232	332	361	457	405	589	633	664	714	825
2	059	179	232	332	361	405	457	589	633	664	714	825
1	059	179	232	332	361	405	457	589	633	664	714	825

图 8-15　MSD 基数排序的示例

程序 8-25 给出具体的程序实现。这种实现是基于桶的。为了事先知道每个桶中会有多少个元素，在程序中设置了一个辅助数组 count，用 count[*k*]记录当处理第 *i* 位时各个元素的第 *i* 位取值为 *k* 的有多少个。*k* 属于基数 radix 的范围。例如，图 8-16 给出在图 8-15 中当 *i* = 1，即第 1 位的情形时各个元素的 count[*k*]值。

	0	1	2	3	4	5	6	7	8	9
count	1	1	1	2	2	1	2	1	1	0

图 8-16　各个元素第 1 位取 0～9 的统计值

在程序中还使用一个辅助数组 auxArray[ ]存放按桶分配的结果，根据 count[ ]预先算定各桶元素的位置（在 posit 中）。在每一趟向各桶分配结束时，元素都被复制回原表中。

程序 8-25　MSD 基数排序的算法

```
#include <stdlib.h>
#include <stdio.h>
#define radix 10                                    //基数（桶数）：十进制整数
#define d 3                                         //排序码位数
#define maxSize 20
int getDigit ( int x, int k ) {
//从整数 x 中提取第 k 位数字，最高位算 1，次高位算 2……最低位算 k
```

```
    if ( k < 1 || k > d ) return -1;                    //整数位数不超过 d
    for ( int i = 1; i <= d-k; i++ ) x = x/10;
    return x % 10;                                      //提取 x 的第 k 位数字
}
void RadixSort ( int A[ ], int left, int right, int k ) {
//MSD 桶排序算法从高位到低位对序列进行分配，实现排序。k 是第几位，n 是待
//排序元素个数。因为是递归算法，left 和 right 是待排序元素子序列的首尾位置
    if ( left >= right || k > d ) return;
    int i, j, v, p1, p2, count[radix], posit[radix];
    int *auxArray = ( int* ) malloc (( right-left+1 ) *sizeof ( int ));
                                                            //暂存数组
    for ( j = 0; j < radix; j++ ) count[j] = 0;
    for ( i = left; i <= right; i++ )
        { v = getDigit (A[i], k);  count[v]++; } //统计各桶元素个数
    posit[0] = 0;
    for ( j = 1; j < radix; j++ ) posit[j] = count[j-1]+posit[j-1];
                                                        //安排各桶元素位置
    for ( i = left; i <= right; i++ ) {                 //元素按位值分配到各桶
        v = getDigit( A[i], k );                        //取元素 A[i]第 k 位的值
        auxArray[posit[v]++] = A[i];                    //按预先计算位置存放
    }
    for ( i = left, j = 0; i <= right; i++, j++ )
        A[i] = auxArray[j];                             //从辅助数组写入原数组
    free ( auxArray );
    p1 = left;
    for ( j = 0; j < radix; j++ ) {                     //按桶递归对 k-1 位处理
        p2 = p1+count[j]-1;                             //取子桶的首末位置
        RadixSort ( A, p1, p2, k+1 );                   //对子桶内元素做桶排序
        p1 = p2+1;
    }
}
```

当子序列规模很小的时候，中断基数排序，采用了直接插入排序来提高排序效率。这样的改进方法在前面讨论改进快速排序算法时已经介绍过了。

在上面的程序中调用了一个函数 getDigit 按位获取用来排序的元素排序码。在图 8-15 的例子中，从高到低位依次取待排序元素的各位作为排序码，并设定排序的基数 radix 为 10。这样就相当于定义了 10 个接收器，分别接收不同排序码对应的待排序元素。如果待排序元素序列的规模为 n，则每个接收器中接收到的待排序元素平均为 n / radix。如果增大 n 或减小 radix，都会导致每个接收器内待排序元素个数增多，递归层次增加，降低排序效率，所以，在基数排序算法中 radix 的选择不要太小。但实际上，由于各个接收器中接收到的元素个数不可能是平均分配的，如果采用较大的 radix，就有可能出现很多空接收器，也会影响基数排序的效率。

8.6.3 LSD 基数排序

LSD 基数排序是一种自底向上的基数排序方法，它抽取排序码的顺序和 MSD 相反。

使用这种方法，把单排序码 k_i 看成是一个 d 元组 $(K_i^1, K_i^2, \cdots, K_i^d)$，利用分配和收集两种运算对单排序码进行排序。

d 元祖的每一个分量也可以看成是一个排序码，分量 K_i^j（$1 \leqslant j \leqslant d$）有 radix 种取值，radix 为基数。针对 d 元组中的每一位分量 K_i^j，把待排序元素序列中的所有对象，按 K_i^j 的取值，先分配到 radix 个桶中去。然后再按各个桶的编号，依次把元素从桶中收集起来，这样所有元素按 K_i^j 取值排序完成。

如果对于所有元素的排序码 $K_0, K_1, \cdots, K_{n-1}$，依次对各位的分量 K_i^j，让 $j = d, d-1, \cdots, 1$，分别用这种分配、收集的运算逐趟进行排序，在最后一趟分配、收集完成后，所有元素就按其排序码的值从小到大排好序了。

各个桶都采用链式队列结构，分配到同一桶的排序码用链接指针链接起来。每一个桶设置两个队列指针：一个指示队头（第一个进入此队列的排序码），记为 int fr[radix]；另一个指示队尾（最后一个进入此队列的排序码），记为 int re[radix]。

为了有效地存储和重排 n 个待排序元素，以静态链表作为它们的存储结构。在元素重排时不必移动元素，只需修改各元素的链接指针即可。这样需要给每个元素增加一个附加链接指针，并为 radix 个队列设置 2×radix 个队列指针，共需要 n+2×radix 个指针。

【例 8-14】 有 10 个元素的待排序元素的序列，它们的排序码为{332, 633, 598, 232, 664, 179, 457, 825, 405, 361}。其排序码是 3 位十进制数，radix = 10，各排序码取值范围为 0～9，故各队列的编号为 0～9，按 K_i^j 值分配到相应队列中。基数排序的过程如图 8-17 所示，共进行了 3 趟分配与收集。

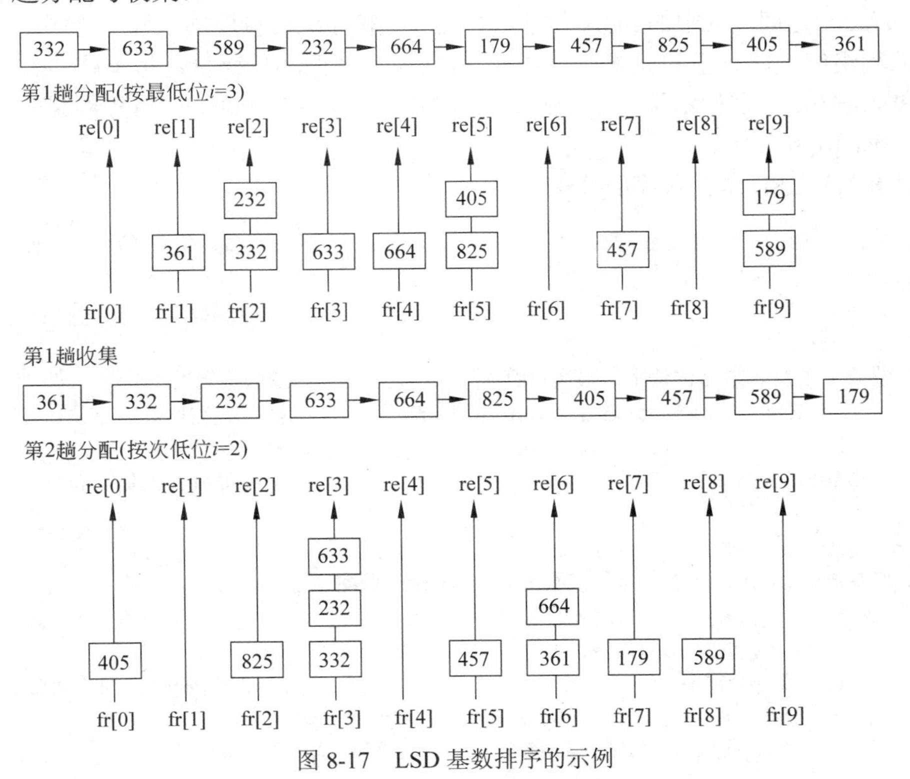

图 8-17　LSD 基数排序的示例

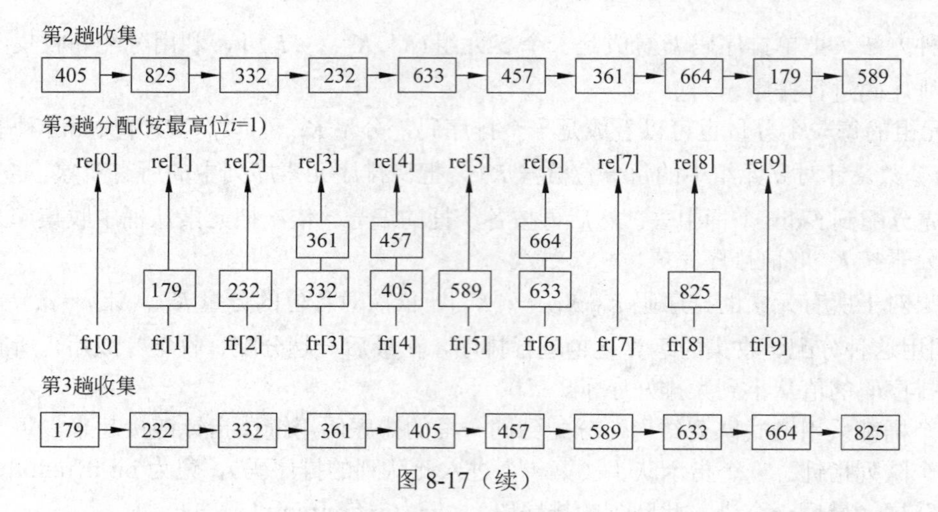

图 8-17（续）

第一趟按 K_i^3 取值分配与收集，该趟完成后，所有对象按 K_i^3 值的非递减顺序链接起来。第二趟按 K_i^2 取值分配与收集，该趟完成后，所有对象按 K_i^2 值的非递减顺序链接起来，在值相同时按 K_i^1 有序。第三趟按 K_i^1 取值分配与收集，该趟完成后，基数排序完成。

思考题 为了保证得到预想的结果，每一趟排序的结果是否要求一定是稳定的？

程序 8-26 给出 LSD 基数排序的算法。设待排序的元素序列放在 L.data[1]到 L.data[L.n]中，从个位（K^3）、十位（K^2）、百位（K^1）逐趟分配与收集。待排序的表是一个静态链表，每个元素有一个 link 域，表的长度为 *L.n*，每个元素的子排序码用一个函数 getDigit 取出，范围在[0, radix)之间，其中的 radix 是基数。对各子排序码的排序采用桶式排序，每个桶采用链式队列组织，队列里的元素通过 link 链接成一个循环单链表，每个队列有两个指针 front[*i*]和 rear[*i*]，分别指示第 *i* 个队列的队头和队尾（$0 \leqslant i < radix$）。排序结果的元素链的链头在 *L*.data[0].link 中。

程序 8-26 LSD 基数排序的算法

```
#include "StaticLinkList.h"                          //静态链表的定义文件
#define rd 10
#define d 3                                          //基数
int getDigit ( int x, int k ) {
//从整数 x 中提取第 k 位数字，最高位算 1，次高位算 2……最低位算 k
     if ( k < 1 || k > d ) return -1;                //整数位数不超过 d
     for ( int i = 1; i <= d-k; i++ ) x = x/10;
     return x % 10;                                  //提取 x 的第 k 位数字
}
void SLinkRadixSort ( StaticLinkList& SL ) {
//对静态链表 SL 中的数据，按其基数 rd 进行分配与收集，实现基数排序。
     int rear[rd], front[rd];                        //rd 个队列尾指针与头指针
     int i, j, k, last, s, t;
     for ( i = d; i >= 1; i-- ) {                    //按 key[i]的位从低向高分配
          for ( j = 0; j < rd; j++ ) front[j] = 0;
          for ( s = SL.elem[0].link; s != 0; s = SL.elem[s].link ) {
                                                     //分配
```

```
                k = getDigit ( SL.elem[s].data, i );
                                                    //取 key[s]的第 i 位数字
                if ( front[k] == 0 ) front[k] = s;
                                                //第 k 个队列空，该元素为队头
                else SL.elem[rear[k]].link = s;     //不空，尾链接
                rear[k] = s;                        //该元素成为新的队尾
            }
            for ( j = 0; front[j] == 0; j++ );      //收集，跳过空队列
            SL.elem[0].link = front[j];             //新链表的链头
            last = rear[j];                         //新链表的链尾
            for ( t = j+1; t < rd; t++ ) {          //连接其余的队列
                 if ( front[t] != 0 ) {             //队列非空
                     SL.elem[last].link = front[t];
                     last = rear[t];                //尾链接
                 }
            }
            SL.elem[last].link = 0;                 //新链表表尾
        }
    }
```

在此算法中，对于有 n 个元素的链表，每趟进行“分配”的 while 循环需要执行 n 次，把 n 个元素分配到 radix 个队列中去。进行“收集”的 for 循环需要执行 radix 次，从各个队列中把元素收集起来按顺序链接。若每个排序码有 d 位，需要重复执行 d 趟“分配”与“收集”，所以总的时间复杂度为 $O(d(n + \text{radix}))$。若基数 radix 相同，对于元素个数较多而排序码位数较少的情况，使用链式基数排序较好。它是稳定的排序方法。

8.7 内排序算法的分析和比较

8.7.1 排序方法的下界

前面几节已经介绍了很多种排序方法，面对同样的输入元素序列，它们的性能表现有很大差异。例如直接插入排序、起泡排序和简单选择排序，它们平均情况下的时间开销为 $O(n^2)$；而快速排序、归并排序和堆排序在平均情况下的时间开销为 $O(n\log_2 n)$。显而易见，后几种排序算法的效率要高于前几种。于是人们很自然地会想：什么样的算法是高效的？有没有可能发现效率更高的排序算法？现在就将量化地讨论排序方法的下界。

在做算法分析时，经常考虑的是排序码的比较次数。那么，对于一个有 n 个待排序元素的序列，至少需要多少次比较才能完成排序？下面借助判定树来描述和分析排序算法的实现及其比较次数。判定树的每个非叶结点表示排序码比较，非叶结点的两个分支是比较的两种结果，而叶结点就是元素序列的一种排序结果。

对于不同规模的元素序列，判定树的深度也不同。待排序的元素序列的初始顺序决定了算法在这棵判定树上经过的路径，同时也决定了各个排序元素之间的实际比较次序。

【例 8-15】 图 8-18 是对序列$\{a, b, c\}$分别采用插入排序和起泡排序所对应的判定树。

一个 n 个元素的序列总共有 $n!$ 种排列方式，对应于 n 个元素的序列的判定树应该有 $n!$ 个叶结点。因此对应于序列$\{a, b, c\}$的排序算法的判定树应该有 $3! = 6$ 个叶结点。插入排序的判定树有 6 个叶结点；而起泡排序的判定树虽然有 8 个叶结点，但其中有效结点为 6 个，其余是无效结点或重复结点。所以，判定树对应的叶结点总数至少为 $n!$ 个，如果叶结点大于 $n!$ 个，那就一定存在无效结点或者重复结点。

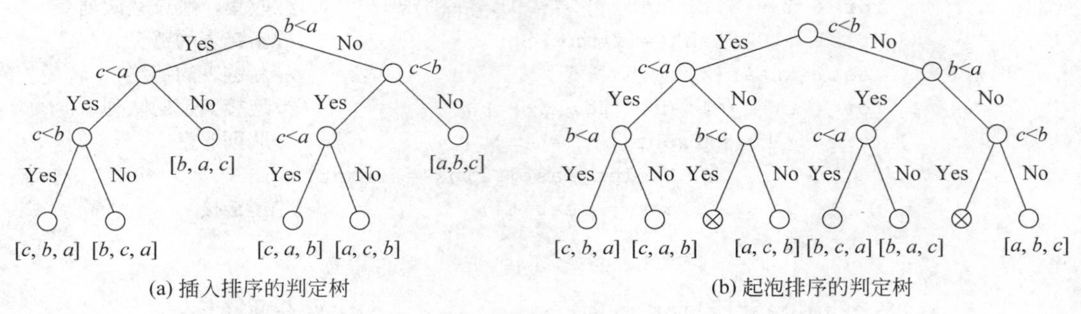

图 8-18　对序列$[a, b, c]$排序的判定树

如果用判定树来描述一个 n 个元素序列的排序问题，且假设这棵判定树共有 h 层，则最多可能有 2^{h-1} 的叶结点。由于判定树至少有 $n!$ 的叶结点，因此可知，$2^{h-1} \geqslant n!$。对此不等式两边取对数，有 $h-1 \geqslant \log_2(n!)$。

下面证明 $\log_2(n!)$是 $O(n \log_2 n)$的：

$$
\begin{aligned}
\log_2(n!) &= \log_2(n\times(n-1)\times(n-2)\times \cdots \times 2\times 1) \\
&= \log_2 n+\log_2(n-1)+\log_2(n-2)+ \cdots +\log_2 2+\log_2 1 \\
&\geqslant \log_2 n+\log_2(n-1)+\log_2(n-2)+ \cdots +\log_2(n/2) \\
&\geqslant \log_2(n/2)+\log_2(n/2)+\log_2(n/2)+ \cdots +\log_2(n/2) \\
&= (n/2)\log_2(n/2) \\
&= (n/2)\times(\log_2 n-1)
\end{aligned}
$$

所以，$\log_2(n!)$是 $O(n \log_2 n)$的。由于判定树的层数 h 其实是排序过程需要进行的比较次数。因此，一个有 n 个元素的待排序序列在排序时所需要的排序码比较次数是 $O(n \log_2 n)$的，这也是一般情况下排序算法可期待的最好的时间复杂度。

8.7.2　各种内排序方法的比较

由于排序在计算机应用系统中所处的重要地位，在实际应用中应选择哪种排序方法，须视具体情况而定。为此，有必要了解各种排序方法的性能，作为选择的参考。一般地，应从以下 7 个方面综合考虑：时间复杂度，空间复杂度，算法稳定性，算法简单性，待排序元素个数 n 的大小，待排序元素本身信息量的大小，待排序元素排序码的分布情况。

本章所讨论各种内排序的时间和空间性能的比较结果如表 8-1 所示。

1．时间复杂度

从表 8-1 知，按时间复杂度分类，则有以下 3 类排序方法：

（1）时间复杂度为 $O(n^2)$。直接插入排序、折半插入排序、简单选择排序和起泡排序属于这一类。虽然折半插入排序的排序码比较次数是 $O(n \log_2 n)$，但元素移动次数是 $O(n^2)$。

表8-1 各种排序方法性能比较

排序方法	排序码比较次数		元素移动次数		辅助空间	稳定性
	最好情况	最坏情况	最好情况	最坏情况		
直接插入排序	$O(n)$	$O(n^2)$	0	$O(n^2)$	O（1）	是
折半插入排序	$O(n\log_2 n)$		0	$O(n^2)$	O（1）	是
起泡排序	$O(n)$	$O(n^2)$	0	$O(n^2)$	O（1）	是
简单选择排序	$O(n^2)$		0	$O(n^2)$	O（1）	否
希尔排序	$O(n^{1.25})$	$O(n^2)$	$O(n^{1.25})$	$O(n^2)$	O（1）	否
快速排序	$O(n\log_2 n)$	$O(n^2)$	$O(n)$	$O(n^2)$	$O(\log_2 n)\sim O(n)$	否
堆排序	$O(n\log_2 n)$		$O(n\log_2 n)$		O（1）	否
归并排序	$O(n\log_2 n)$		$O(n\log_2 n)$		$O(n)$	是
基数排序	$O(dn)$	$O(dn)$	$O(dn)$		$O(n)$	是

其中以直接插入排序方法最常用，特别是对于已按排序码基本有序的元素序列。

（2）时间复杂度为 $O(n\log_2 n)$。堆排序、快速排序和归并排序属于这一类。其中快速排序被认为是目前最快的一种排序方法。在待排序元素个数较多的情况下，归并排序比堆排序更快。

（3）时间复杂度介于 $O(n^2)$和 $O(n)$之间。希尔排序属于这一类。

从最好情况看，直接插入排序和起泡排序的时间复杂度最好，为 $O(n)$，其他排序算法的最好情况与平均情况相同。

从最坏情况看，快速排序的时间复杂度为 $O(n^2)$。直接插入排序和起泡排序虽然与平均情况相同，但系数大约增加一倍，所以运行速度将降低一半。最坏情况对直接选择排序、堆排序和归并排序影响不大。

由此可知，在最好情况下，直接插入排序和起泡排序最快；在平均情况下，快速排序最快；在最坏情况下，堆排序和归并排序最快。

2．空间复杂度

按空间复杂度分类，有以下3类排序方法：

（1）空间复杂度为 $O(n)$。归并排序、基数排序属于这一类。

（2）空间复杂度为 $O(\log_2 n)\sim O(n)$。快速排序属于这一类。

（3）空间复杂度为 O（1）。直接插入排序、折半插入排序、起泡排序、简单选择排序、希尔排序、堆排序属于这一类。

3．算法稳定性

按算法稳定性分类，有以下两类排序方法：

（1）算法是稳定的，包括直接插入排序、折半插入排序、起泡排序、归并排序和基数排序。

（2）算法是不稳定的，包括简单选择排序、希尔排序、快速排序和堆排序。

4．算法简单性

按算法简单性分类，有以下两类排序方法：

（1）简单排序算法，包括直接插入排序、折半插入排序、简单选择排序和起泡排序。

（2）改进排序算法，包括希尔排序、堆排序、快速排序、归并排序和基数排序，这些算法都很复杂。

5．待排序元素数 *n* 的大小

从待排序元素数 n 的大小看：当元素个数 n 不是很大（<10×1024）时，采用简单排序方法比较合适；当 n 比较大时，采用改进的排序方法比较合适。因为 n 越小，$O(n^2)$同$O(n\log_2 n)$的差距越小。

6．待排序元素本身信息量的大小

从待排序元素本身信息量的大小看：元素本身信息量越大，占用的存储空间就越多，移动元素所花费的时间就越多，所以必须考虑可以降低元素移动次数的算法。从表 8-1 可以看到，当待排序元素序列基本按排序码有序排列时，可采用 4 种简单排序；当待排序元素序列中元素按排序码随机排列时，可采用改进的排序算法，元素本身信息量的大小对它们影响不大。

7．待排序元素排序码的分布情况

当待排序元素序列为正序时，直接插入排序和起泡排序能达到$O(n)$的时间复杂度；而对于快速排序而言，这是最坏的情况，它将退化为起泡排序，时间复杂度蜕化为$O(n^2)$；堆排序和归并排序的时间性能不随元素序列中排序码的分布而改变；折半插入排序和简单选择排序的排序码比较次数不随元素序列中排序码的分布而改变，但元素移动次数受到元素序列中排序码的分布影响。

（1）当待排序元素个数 n 较大，排序码分布较随机，且对稳定性不作要求时，采用快速排序为宜。

（2）当待排序元素个数 n 较大，内存空间允许，且要求排序稳定时，采用归并排序为宜。

（3）当待排序元素个数 n 较大，排序码分布可能出现正序或逆序的情况，且对稳定性不作要求时，采用堆排序或归并排序为宜。

（4）当待排序元素个数 n 较大，而只要找出最小的前几个元素，采用堆排序或简单选择排序为宜。

（5）当待排序元素个数 n 较小时，元素已基本有序，且要求稳定时，采用直接插入排序为宜。

（6）当待排序元素个数 n 较小，且元素所含数据项较多，所占存储空间较大时，采用简单选择排序为宜。

（7）快速排序和归并排序在待排序元素个数 n 值较小时的性能不如直接插入排序，因此在实际应用时，可以将它们和直接插入排序“混合”使用。比如在快速排序中划分的子序列的长度小于某个值时，转而调用直接插入排序；或者对待排序元素序列先逐段进行直接插入排序，然后再利用“归并”操作进行两两归并直至整个序列有序。

在如此众多的内排序算法中，无论面对什么样的运行环境和实际应用，都有一两种排序算法能够表现出更好的性能，每种算法都有自己的价值，即使是效率不高的简单排序算法，在很多情况下也会成为更好的选择。有时还可以把不同的排序算法混合使用，这也是得到普遍应用的一种算法改进方法。例如前面介绍过的一种改进快速排序算法，就是将直接插入排序集成到快速排序的算法中。这种混合算法能够充分发挥不同算法各自的优势，从而在整体上得到更好的性能。

8.8 外　排　序

外排序是对存储在外存储器上的大量数据进行的排序。在排序过程中需要一块一块读入内存，在排序结束后写到外存储器上。由于访问外存储器上的数据比访问内存要慢 5～6 个数量级。这就要求我们在开发系统时必须考虑如何使外存访问次数达到最少。

8.8.1　常用的外存储器与缓冲区

1．磁带存储器

磁带是一种顺序存取设备。它的主要优点是使用方便，容量大，所存储的数据比磁盘更持久。但它速度较慢，只能进行顺序存取。

磁带卷在一个卷盘上，运行时由读写磁头把磁带上的信息读入计算机，或者把计算机中的信息写到磁带上去。

通常在应用程序中使用文件进行数据处理的基本单位叫做逻辑记录，或称为记录。例如，一个商店业务系统中的交易文件有多个交易记录，这些交易记录就是逻辑记录。而在磁带上物理地存储的记录叫做物理记录，它是操作系统一次读写的单位。在使用磁带或磁盘存放逻辑记录时，常常把若干个逻辑记录打包存放到一个物理记录中，把这个过程叫做“块化”（blocking）。这种块化处理可以提高磁带存储利用率，按块读写还可以减少访外次数。因为一次 I/O 操作就可以把整个块读到内存中，其中包括若干个逻辑记录（以下简称记录）。这样，处理这些记录时可以不重复访外。

在磁带设备上读写一块信息所用时间 $t_{IO} = t_a + t_b$。其中，t_a 是延迟时间，即读写磁头到达待读写块开始位置所需花费的时间，它与当前读写磁头所在位置有关。t_b 是对一个块进行读写所用时间。

磁带设备只能用于处理变化少，只进行顺序存取的大量数据。

思考题　磁带为什么只能顺序存取？如果需要反向存取，应如何做？

2．磁盘存储器

磁盘存储器通常称为直接存取设备，也有人称它为随机存取设备，这表示访问外存上文件的任一记录的时间几乎相同。与磁带存储器相比，磁盘存储器的优点是存取速度快，既适用于顺序存取，又适用于随机存取。目前使用较多的是活动臂硬盘组，如图 8-19 所示。在图中，若干盘片构成磁盘组，它们安装在主轴上，在驱动装置的控制下高速旋转。除了最上面一个盘片和最下面一个盘片的外侧盘面不用以外，其他每个盘片上下两面都可存放数据。将这些可存放数据的盘面称为记录盘面。如果一个磁盘组有 6 个盘片，则有 10 个记录盘面。每个记录盘面上有很多磁道，数据就存放在这些磁道上。它们在记录盘面上形成一个个同心圆。

对于活动臂硬盘来说，每个记录盘面都有一个读写磁头。所有记录盘面的读写磁头都安装在同一个动臂上，随动臂向内或向外做径向移动，从一个磁道移到另一个磁道。任一时刻，所有记录盘面的读写磁头停留在各个记录盘面的半径相同的磁道上。运行时，由于盘面做高速旋转，磁头所在的磁道上的数据相继转到磁头下面，从而可以把数据从磁道中

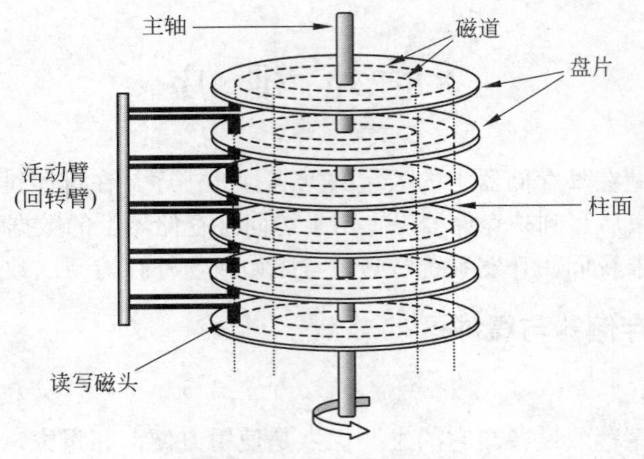

图 8-19　磁盘组示意图

读入内存或把数据写出到磁道上。

各个记录盘面上半径相同的磁道合在一起称为柱面。一个柱面就是当动臂在一个特定位置时可以读到的所有数据。动臂的移动实际上是将磁头从一个柱面移动到另一个柱面上。一个磁道可以划分为若干段，称为扇区，一个扇区就是一次读写的最小数据量。这样，对磁盘存储器来说，从大到小的存储单位是盘片组、柱面、磁道和扇区。

在磁盘组上一次读写的时间主要为 $t_{io}=t_{seek}+t_{latency}+t_{rw}$。其中，$t_{seek}$ 是平均寻查时间，是把磁头定位到要求柱面所需时间，这个时间的长短取决于磁头移过的柱面数。$t_{latency}$ 是平均等待时间，是将磁头定位到指定块所需时间。t_{rw} 是传送一个扇区数据所需的时间。由于 t_{seek} 时间影响太大，所以在存放信息时应尽量把相关信息放在同一柱面上或相邻柱面上，以减少动臂移动，缩短 t_{seek} 时间。

3．缓冲区

为了实施磁盘读写操作，在内存中需要开辟一些区域，用以存放需要从磁盘读入的信息，或存放需要写出的信息。这些内存区域称为缓冲区，存入缓冲区的信息称为缓冲信息。例如，在从磁盘向内存读入一个扇区的数据时，数据被存放到叫做“输入缓冲区”的内存区域中，如果下次需要读入同一个扇区的数据，就可以直接从缓冲区中读取数据，不需要重新读盘了。大多数操作系统至少设置两个缓冲区：一个用于输入，称为输入缓冲区；另一个用于输出，称为输出缓冲区。

一个缓冲区的大小应与操作系统一次读写的块的大小相适应，这样可以通过操作系统一次读写把信息全部存入缓冲区中，或把缓冲区中的信息全部写出到磁盘。如果缓冲区大小与磁盘上的块大小不适配，就会造成内存空间的浪费。

每个缓冲区的构造可以看作一个先进先出的队列。对于输入缓冲区，如果队满就需要停止输入，处理存放于缓冲区中的数据，待数据处理完之后清空缓冲区，重新开始向该缓冲区存入数据。

8.8.2　基于磁盘的外排序过程

对以文件形式存放于磁盘存储器上的数据进行外排序时，一般使用归并排序的方法，它的特点是对所有待排序的数据元素顺序存取，顺序比较，其他排序方法没有这个特点。

基于磁盘进行外排序，最简单的是使用二路归并排序，排序过程主要分为两个阶段：

第一个阶段建立为外排序所用的内存缓冲区。根据它们的大小将输入文件划分为若干段，用某种内排序方法，如堆排序，对各段进行排序。这些经过排序的段叫做初始归并段或初始顺串（run）。当它们生成后就被写到磁盘中去。

第二阶段按照二路归并排序方式，把第一阶段生成的初始归并段加以归并，一趟趟地扩大归并段和减少归并段个数，直到最后归并成一个大归并段(有序文件)为止。

【例 8-16】 设有一个包含 4500 个记录的输入文件。用一台其内存可容纳 750 个待排序记录的计算机对该文件进行排序。输入文件放在磁盘上，磁盘的每个块可容纳 250 个记录，这样全部记录可存储在 4500/250 = 18 个块中。输出文件也放在磁盘上，用以存放归并结果。由于可用于排序的内存区域能够容纳 750 个记录，因此内存中恰好能存放 3 个块的记录。

排序开始时，把 18 块记录按每 3 块一组读入内存。经过内排序形成初始归并段，再写回外存。总共可得到 6 个初始归并段。然后如图 8-20 那样，一趟一趟进行归并排序。

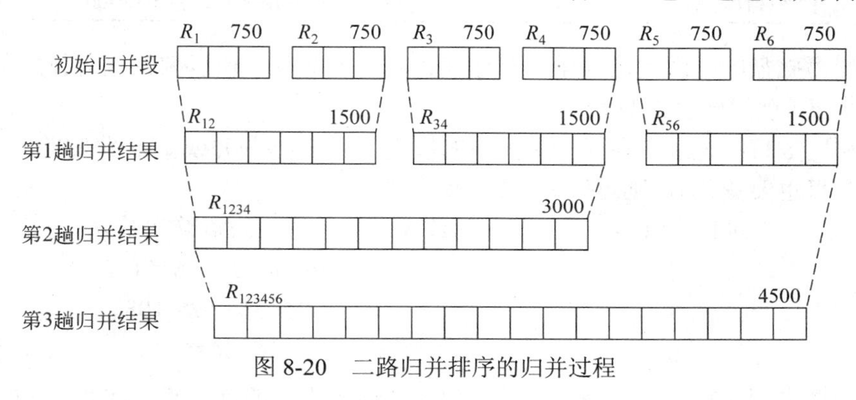

图 8-20　二路归并排序的归并过程

若把内存区域等份地分为 3 个缓冲区，如图 8-21 所示。其中的两个为输入缓冲区，一个为输出缓冲区，可以在内存中利用简单二路归并函数 merge 实现二路归并。

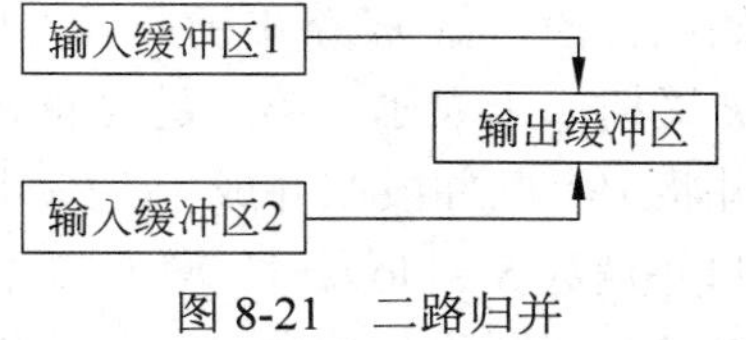

图 8-21　二路归并

首先 从参加归并排序的两个输入归并段 R_1 和 R_2 中分别读入一块，放在输入缓冲区 1 和输入缓冲区 2 中。然后，在内存中进行二路归并，归并出来的记录顺序存放到输出缓冲区中。若输出缓冲区中记录存满，则将其内的记录顺序写到输出归并段（标识为 R_{12}）中，再将该输出缓冲区清空，继续存放归并后的记录。若某一个输入缓冲区中的记录取空，则从对应的输入归并段中再读取下一块，继续参加归并。如此继续，直到两个输入归并段中的记录全部读入内存并都归并完成为止。当 R_1 和 R_2 归并完之后，再归并 R_3 和 R_4，最后归并 R_5 和 R_6。这算做一趟归并。作为结果，生成了 3 个归并段 R_{12}、R_{34} 和 R_{56}，每个归并段有 6 块，1500 个记录。再利用原来的输入缓冲区和输出缓冲区把其中的两个归并段归并，结果得到有 12 块，3000 个记录的归并段 R_{1234}，这又是一趟归并。最后再做一趟二路归并，就得到所要求的有序文件，这是第 3 趟归并。

一般地，若总记录数为 n，磁盘上每个块可容纳 b 个记录，每个内存缓冲区可容纳 i 个块，则每个初始归并段长度为 $len = i \times b$，可生成 $r = \lceil n / len \rceil$ 个等长的初始归并段。在做二路归并排序时，第一趟从 r 个初始归并段得到 $r' = \lceil r / 2 \rceil$ 个归并段，以后各趟将从 r'

（$r'>1$）个归并段得到 $r'=\lceil r'/2\rceil$ 个归并段。总归并趟数等于 $\lceil \log_2 r\rceil$。

根据例 8-16 给出的二路归并的过程，可得二路归并排序的时间估计 t_{ES} 的上界为

$$t_{ES}=r\times t_{IS}+d\times t_{IO}+S\times n\times t_{mg}$$

其中，r 是初始归并段个数；t_{IS} 是对每一个初始归并段进行内排序的时间；d 是访问外存块的次数；t_{IO} 是对每一个块的存取时间；S 是归并趟数；n 是每趟参加二路归并的记录个数；t_{mg} 是每做一次内部归并，取得一个记录的时间。

对于图 8-20 所示的对 4500 个记录进行排序的例子，各种操作的计算时间如下：

读 18 个输入块，内部排序 6 段，写 18 个输出块	$6\ t_{IS}+36t_{IO}$
成对地归并初始归并段 R_1～R_6	$36\ t_{IO}+4500\ t_{mg}$
归并两个具有 1500 个记录的归并段 R_{12} 和 R_{34}	$24\ t_{IO}+3000\ t_{mg}$
最后将 R_{1234} 和 R_{56} 归并成一个归并段	$36\ t_{IO}+4500\ t_{mg}$
合计 t_{ES}	$6\ t_{IS}+132\ t_{IO}+12000\ t_{mg}$

因为读写磁盘的时间远远大于内排序和内归并的时间，所以要提高外排序的速度，应着眼于减少 d（读写磁盘次数）。

若对相同数目的记录，在同样块大小的情况下做 3 路归并或做 6 路归并（当然，内存缓冲区的数目也要变化），则可做大致比较：

归并路数 k	归并趟数 S	总读写磁盘的次数 d
2	3	36+36+24+36＝132
3	2	36+36+36＝108
6	1	36+36＝72

因此，增大归并路数，可减少归并趟数，从而减少总的读写磁盘次数 d。如在图 8-20 的例子中，采用 6 路归并比二路归并可减少几乎一半的读写磁盘次数。一般地，对 r 个初始归并段，做 m 路平衡归并，归并树可用严格 m 叉树（即只有度为 m 与度为 0 的结点的 m 叉树）来表示。第一趟可将 r 个初始归并段归并为 $r'=\lceil r/m\rceil$ 个归并段，以后每一趟归并将 r' 个归并段归并成 $\lceil r'/m\rceil$ 个归并段，直到最后形成一个大的归并段为止，此时 $r'=1$。归并趟数 $S=\lceil \log_m r\rceil$。增大归并路数 m，或减少初始归并段个数 r，都能减少归并趟数 S，以减少读写磁盘次数 d，达到提高外排序速度的目的。

8.8.3 *m* 路平衡归并的过程

做 m 路平衡归并时，如果有 r 个初始归并段，则需要的归并趟数为 $\lceil \log_m r\rceil$。

【例 8-17】 对有 36 个初始归并段的文件做 6 路平衡归并时的归并过程如图 8-22 所示。

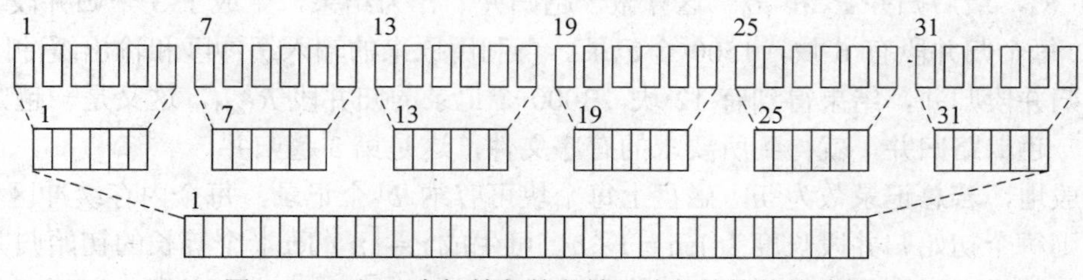

图 8-22 对 36 个初始归并段做 6 路归并的归并过程

做内归并时，在 m 个记录中选择最小者，需要顺序比较 $m-1$ 次。每趟归并 n 个记录需要做$(n-1)\times(m-1)$次比较，S 趟归并总共需要的比较次数为

$$S\times(n-1)\times(m-1)=\lceil \log_m r\rceil\times(n-1)\times(m-1)$$

利用换底公式 $\log_m r = \log_2 r / \log_2 m$，可得 S 趟归并总共需要的比较次数大约为

$$\log_2 r\times(n-1)\times(m-1)/(\log_2 m)$$

其中的 $\log_2 r\times(n-1)$在初始归并段个数 r 与记录个数 n 一定时是一个常数，而$(m-1)/\log_2 m$ 在 m 增大时趋于无穷大。因此，增大归并路数 m，会使得内部归并的时间增大，当 m 增大到一定程度，就可能会抵消由于读写磁盘次数减少而带来的好处。

下面介绍一种使用败者树从 m 个归并段中选最小者的方法。对于较大的 k（$k\geqslant 6$），可大大减少查找下一个排序码最小的记录时的比较次数。

利用败者树，在 m 个记录中选择最小者，只需要 $O(\log_2 m)$次排序码比较，这时有

$$\begin{aligned}S\times(n-1)\times\lceil \log_2 m\rceil &= \lceil \log_m r\rceil\times(n-1)\times\lceil \log_2 m\rceil \\ &\approx \lceil \log_2 r\rceil\times(n-1)\times \log_2 m/\log_2 m=\lceil \log_2 r\rceil\times(n-1)\end{aligned}$$

这样，排序码比较次数与 m 无关，总的内部归并时间不会随 m 的增大而增大。因此，只要内存空间允许，增大归并路数 m，将有效地减少归并趟数，从而减少读写磁盘次数 d，提高外排序的速度。

设每个初始归并段的长度为 len，总共有 n 个记录，做 m 路平衡归并排序，每趟归并可使归并段的长度扩大为归并前的 m 倍，完成排序所需的总趟数是$\left\lceil \log_m(n/\text{len})\right\rceil$，其中 $m\geqslant 2$，$\text{len}\geqslant 1$。与二路归并排序相比：

$$\lceil \log_2(n/\text{len})\rceil/\lceil \log_m(n/\text{len})\rceil=\lceil \log_2(n/\text{len})\rceil/\lceil(\log_2(n/\text{len})/\log_2 m\rceil\approx \log_2 m$$

当 m 增大时，归并趟数（以及访外次数）按对数关系减少。例如，8 路归并排序的趟数为二路归并排序趟数的 1/3，16 路归并排序的趟数是二路归并排序趟数的 1/4。但是，就主机的执行时间而言，m 路归并排序和二路归并排序却基本上是相等的。二路归并时选取一个最小记录需要一次比较，m 路归并时选取一个最小记录需要 $\log_2 m$ 次比较，它们每趟归并都要把 n 个记录全选一遍，所以使用两种方法完成排序的排序码总比较次数分别为

$$\begin{cases}1\times(n-1)\times\log_2(n/\text{len}), & \text{二路归并排序}\\ \log_2 m\times(n-1)\times\log_m(n/\text{len}), & m\text{路归并排序}\end{cases}$$

记录在内存中的移动次数分别为 $n\times\log_2(n/\text{len})$和 $n\times\log_m(n/\text{len})$。

总起来看，两种方法的主机执行时间都是 $O(n\log_2 n)$，可见 m 路归并排序的好处主要是减少归并趟数，从而减少访外次数。

思考题　*二路归并排序与 m 路归并排序的排序码比较次数为什么基本相等？记录移动次数差多少？*

败者树实际上是一棵完全二叉树。其中每个叶结点（视为外结点）存放各归并段在归并过程中当前参加比较的记录，每个非叶结点（视为内结点）记忆它两个子女结点中排序码大的结点（即败者），排序码小的结点上升到更上一层的比较。如此继续，当前树中排序码最小的结点最终一定上升到根结点。

为叙述简单起见，以后把排序码最小的记录称为最小记录。

【例 8-18】 作为一个例子，设有 5 个初始归并段，它们中各记录的排序码分别是

R_0: {17, 21, ∞}　R_1: {05, 44, ∞}　R_2: {10, 12, ∞}　R_3: {29, 32, ∞}　R_4: {15, 56, ∞}

其中，∞是段结束标志。图 8-23(a)是进行 5 路平衡归并排序时最初形成的败者树。其中的叶结点 k_0～k_4 是各归并段 R_0～R_4 在归并过程中的当前参选记录的排序码，各非叶结点 ls_1～ls_4 记忆两个子女结点中排序码大的记录所在归并段号，ls_0 记忆最小记录所在归并段号。

从图 8-23(a)可知，叶结点 k_3 与 k_4 进行排序码比较，k_3 是败者，将其归并段号 3 记入双亲 ls_4 中，胜者 k_4 上升到上一层继续比较；叶结点 k_1 与 k_2 进行排序码比较，k_2 是败者，将其归并段号 2 记入双亲 ls_3 中，胜者 k_1 上升到上一层继续比较；叶结点 k_0 与升上来的胜者 k_4 进行排序码比较，k_0 是败者，将其归并段号 0 记入双亲 ls_2 中，胜者 k_4 上升到上一层继续比较；k_4 再与右侧升上来的胜者 k_1 做排序码比较，k_4 是败者，将其归并段号 4 记入双亲 ls_1 中；胜者 k_1 作为最终的胜者，其归并段号 1 记入 ls_0 中。

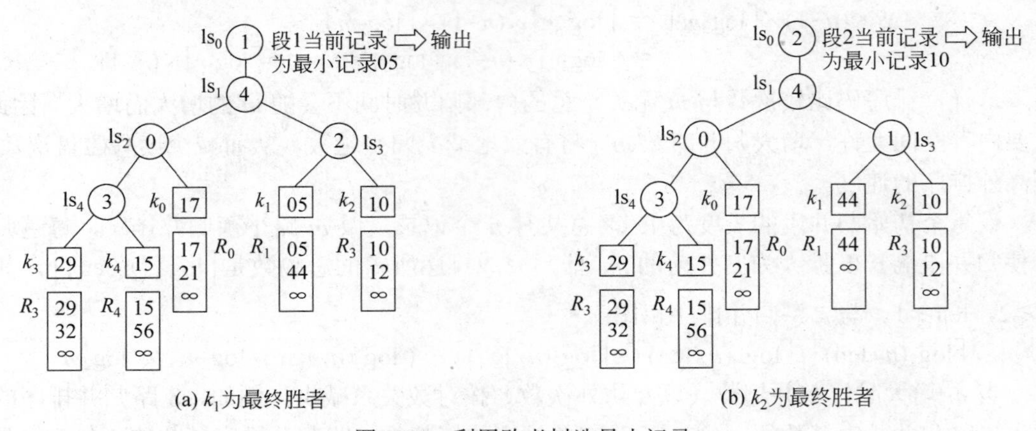

(a) k_1为最终胜者　　(b) k_2为最终胜者

图 8-23　利用败者树选最小记录

在 ls_0 中记忆的是当前找到的最小记录所在归并段号 i，根据该段号可取出这个记录，将它送入输出缓冲区，再从该归并段对应的输入缓冲区取出下一个记录，将其排序码送入 k_i，然后从该叶结点到根结点，自下向上沿子女-双亲结点路径进行比较和调整，使下一个具次小排序码的记录所在的归并段号调整到冠军位置。

如图 8-23(b)所示。将最小记录 05 送入输出缓冲区后，该归并段下一个记录的排序码 44 送入 k_1。k_1 与其双亲 ls_3 中所记忆的上次的败者 k_2 中的记录排序码做比较，k_1 是败者，其归并段号 1 记入双亲 ls_3；胜者 k_2 继续与更上一层双亲 ls_1 中所记忆的败者 k_4 做排序码比较，k_4 仍是败者，胜者 k_2 的归并段号进入最终胜者位置 ls_0。

以后每选出一个当前排序码最小的记录，就需要在将它送入输出缓冲区之后，从相应归并段的输入缓冲区中取出下一个参加归并的记录，替换已经取走的最小记录，再从叶结点到根结点，沿某一特定路径进行调整，将下一个排序码最小记录的归并段号调整到 ls[0] 中。最后，段结束标志∞升入 ls[0]，排序完成，输出一个段结束标志。

描述 m 路归并的败者树的高度为 $\lceil \log_2 m \rceil$（不计入结点 ls_0），在每次调整，找下一个具有最小排序码记录时，最多做 $\lceil \log_2 m \rceil$ 次排序码比较。

思考题　在修改败者树时需要查看双亲，还需要查看兄弟结点吗？在从叶到根的路径上是否每个结点都需要修改？

败者树是采用自下而上的方式，逐步向叶结点填入各归并段当前记录的排序码而构造起来的。设 m 是归并路数，败者树的叶结点存放在 $k[m+1]$中，其中 $k[m]$是辅助工作单元，存放一个不可能出现的最小排序码，不妨设为$-\infty$；败者树的内结点存放在 ls[m]中。构造过程分两步走：

（1）令败者树所有的 ls[0]到 ls[$m-1$]都为 m，意为第 m 号归并段（虚设）当前记录的排序码最小。

（2）从 $i = m-1, m-2, \cdots, 0$，每加入一个归并段的记录排序码 $k[i]$，就从 ls[i]起，自下向上调整败者树，直到所有归并段的当前参加归并的记录排序码都加进来，败者树就建立起来了。

【例 8-19】还是以图 8-23 所给出的例子来说明。因为是 5 路平衡归并，各内结点 ls[0]～ls[4]初始化为 5，辅助工作单元 $k[5]$的初始值为$-\infty$；然后让 $i = 4, 3, \cdots, 0$，输入各初始归并段当前记录的排序码，自下向上调整，逐步形成败者树，整个过程参看图 8-24(a)～(f)。

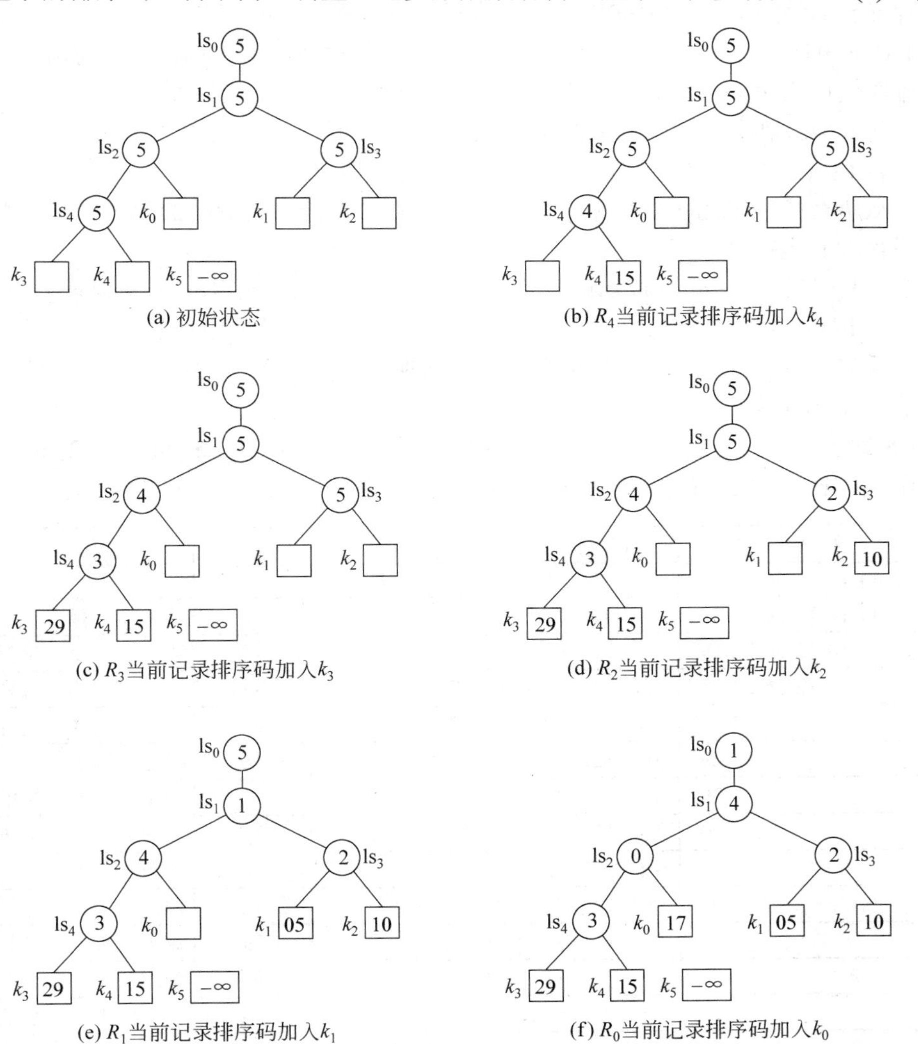

图 8-24　败者树的构造过程

思考题 归并路数 m 的选择是否越大越好？归并路数 m 增大时，相应地输入缓冲区个数是否要增加？如果可使用的内存空间不变，每个输入缓冲区的容量是否要减少？内外存交换数据的次数会增大还是减少？

思考题 当 m 值增大时，归并趟数会减少吗？读写外存的次数是增加还是减少？

8.8.4 初始归并段的生成

为了减少读写磁盘次数，除了增加归并路数 m 外，还可以减少初始归并段个数 r。在总记录数 n 一定时，要想减少 r，必须增大初始归并段的长度。为此可采用置换-选择排序算法来生成初始归并段。在使用同样大的内存工作区的情况下，生成平均比原来等长情况下大一倍的初始归并段，从而减少参加多路平衡归并排序的初始归并段个数，降低归并趟数。

置换-选择排序的步骤简述如下：

设内存工作区为 $r[w]$，它可容纳 w 个待排序记录，则置换-选择排序先从输入文件 FI 中把 w 个记录读入内存中的 $r[w]$中，然后执行以下步骤：

（1）在 r 中选择一个排序码最小的记录 $r[q]$，其排序码存入 LastKey 作为门槛，以后再选出的排序码比它大的记录归入本归并段，比它小的归入下一归并段。

（2）将此 $r[q]$记录写到输出文件 FO 中。

（3）若 FI 未读完，则从 FI 读入下一个记录，置换 $r[q]$。

（4）从所有排序码比 LastKey 大的记录中选择一个排序码最小的记录 $r[q]$作为门槛，其排序码存入 LastKey。

（5）重复（2）～（4），直到在 r[]中再选不出排序码比 LastKey 大的记录为止。此时，在输出文件 FO 中得到一个初始归并段，在它最后加一个归并段结束标志∞。

（6）重复（1）～（5），重新开始选择和置换，产生新的初始归并段，直到输入文件 FI 中所有记录选完为止。

【例 8-20】 设输入文件 FI 中各记录的排序码序列为{17, 21, 05, 44, 10, 12, 56, 32, 29}，内存工作区为 r[3]，采用置换-选择排序生成较长初始归并段的过程如图 8-25 所示。

输入文件 FI	内存工作区 r	输出文件 FO	LastKey	动作
17 21 05 44 10 12 56 32 29				
44 10 12 56 32 29	17 21 **05**		05	读入，选择
10 12 56 32 29	**17** 21 44	05	17	输出，置换，选择
12 56 32 29	10 **21** 44	05 17	21	输出，置换，选择
56 32 29	10 12 **44**	05 17 21	44	输出，置换，选择
32 29	10 12 **56**	05 17 21 44	56	输出，置换，选择
29	10 12 32	05 17 21 44 56		选不出大于门槛的记录
29	10 12 32	05 17 21 44 56 ∞		加归并段结束标志
29	**10** 12 32		10	重新选择
	29 **12** 32	10	12	输出，置换，选择
	29 — 32	10 12	29	输出，置换，选择
	— — **32**	10 12 29	32	输出，置换，选择
	— — —	10 12 29 32		选不出大于门槛的记录
	— — —	10 12 29 32 ∞		加归并段结束标志

图 8-25 生成初始归并段的过程

采用置换-选择排序算法，可生成 2 个长度不等的初始归并段：

$$R_0\ \{05, 17, 21, 44, 56, \infty\} \qquad R_1\ \{10, 12, 29, 32, \infty\}$$

思考题　置换-选择排序不是生成初始归并段的唯一选项，但它是时间效率较高的一种。如果利用初始为空的一组有序链表，也可以实现初始归并段的生成，想想如何做？

当输入的记录序列已经按排序码大小排好序时，只生成一个初始归并段。在一般情况下，若输入文件有 n 个记录，生成初始归并段的时间开销是 $O(n\log_2 w)$，这是因为在 w 个记录中选择排序码最小的记录，可采用败者树实现，每次选择当前最小记录，需要时间为 $O(\log_2 w)$，对所有 n 个记录都处理一次，所需时间即为 $O(n\log_2 w)$。

【例 8-21】 仍是图 8-25 的例子。设输入文件中各记录的排序码为{17, 21, 05, 44, 10, 12, 56, 32, 29}，用败者树生成初始归并段的过程可参看图 8-26。初始时，败者树非叶结点 ls[0]～ls[w−1]全为 0，叶结点有两个域：$k[i]$和 $rn[i]$分别是记录 $r[i]$的排序码和所在归并段段号(0≤i≤w−1)。在建立败者树时，从 $i = w-1, w-2,\cdots, 0$，逐个加入记录并调整之，最后得到败者树，参看图 8-26(a)～(d)。各叶结点中归并段段号 $rn[i]$给 1，但如果输入记录个数少于 w，则后面结点的归并段段号 $rn[i]$加 1，表示永远是败者，不会再升到 ls[0]位置。

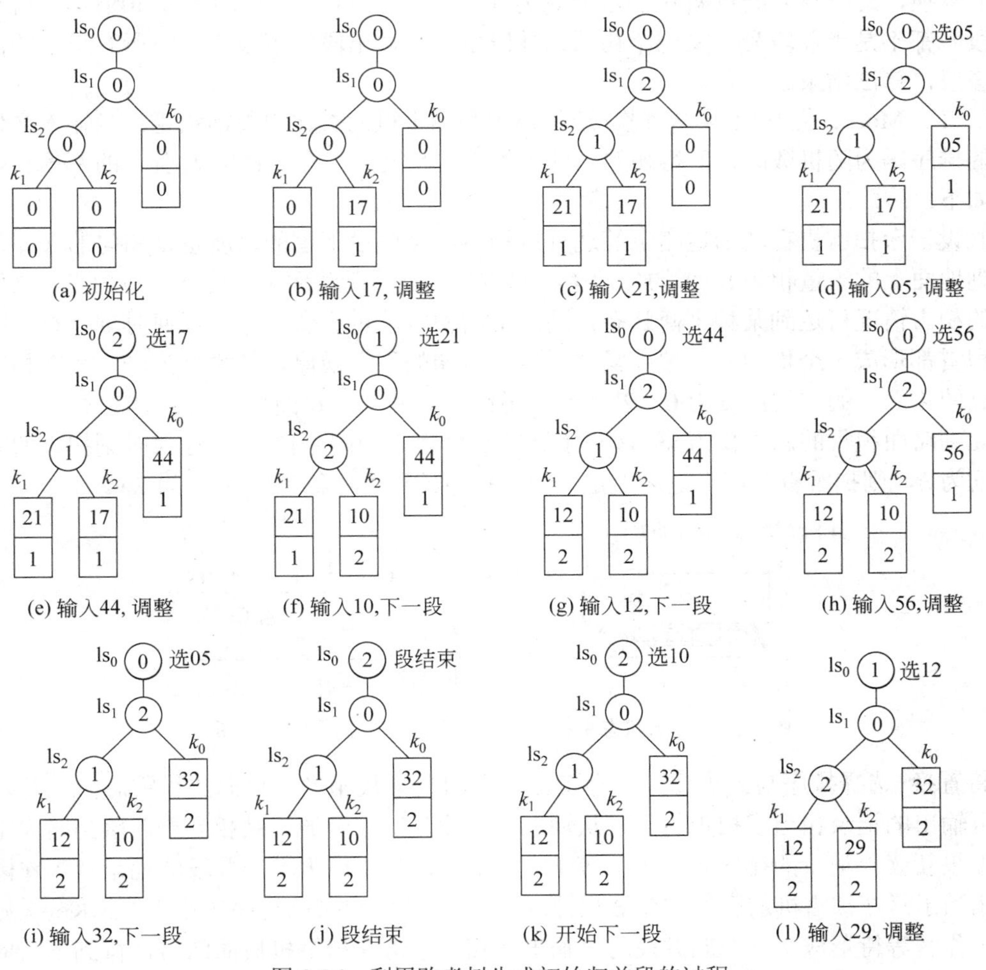

(a) 初始化　(b) 输入17, 调整　(c) 输入21,调整　(d) 输入05, 调整

(e) 输入44, 调整　(f) 输入10,下一段　(g) 输入12,下一段　(h) 输入56,调整

(i) 输入32,下一段　(j) 段结束　(k) 开始下一段　(l) 输入29, 调整

图 8-26　利用败者树生成初始归并段的过程

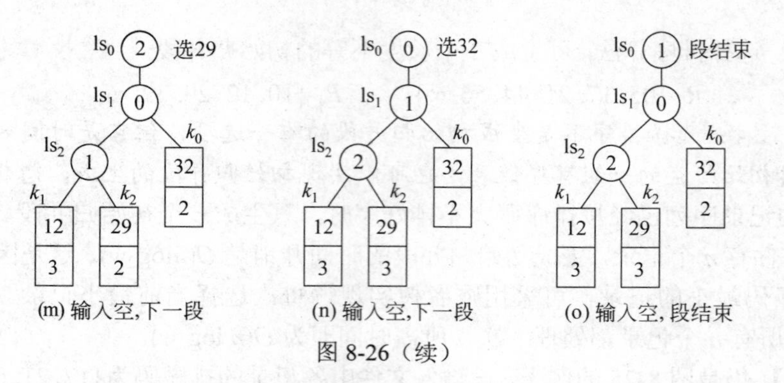

(m) 输入空,下一段　(n) 输入空,下一段　(o) 输入空,段结束

图 8-26（续）

接着做下去，在图 8-26(e)情形，当选择了 17 之后，它被当作门槛（LastKey），新记录 10 置换进来后，因为排序码比 LastKey 小，所以它的段号加到 2，归入下一个归并段。在图 8-26(h)情形，当选择了 56 之后，用 32 置换它。根据同样的原因，记录 32 的段号加到 2。因为败者树中所有记录的段号都不是当前归并段段号了，所以，一个初始归并段就形成了，输出一个段结束标志。在图 8-26(l)情形，输入文件已经读完，因此在选出 12 之后，再不能做新的置换，此时将叶结点 k_1 中的段号置为 3，即为一个虚段。在图 8-26(o)情形，所有记录的段号都不是当前段号，又一个初始归并段生成，输出段结束标志。但所有记录的段号均为虚段，算法结束。

E．F．Moore 在 1961 年从置换-选择排序和扫雪机的类比中得出结论：当输入文件中记录的排序码为随机数时，所得初始归并段的平均长度为内存工作区大小 w 的两倍。他的分析如下：

假设一台扫雪机在环形道路上等速行进扫雪，又假设下雪的速度也是均匀的（即每小时落到地面上的雪量相等），雪均匀地落在扫雪机的前、后路面上，边下雪边扫雪。这样道路上的积雪情况可达到某种平衡状态，路面上的积雪总量不变。且在任何时刻，整个路面上的积雪都形成一个均匀的斜坡：紧靠扫雪机前端的积雪最厚，其深度为 h，而在扫雪机刚扫过的路面上的积雪深度为 0。若将环形道路伸展开来，路面积雪状态如图 8-27 所示。假设此刻路面积雪的总体积为 w，环形道路的长度为 l，由于扫雪机在任何时刻扫走的雪的深度均为 h，则扫雪机在环形道路上走一圈，扫掉的积雪体积为 $1\times h$ 即为 $2w$。

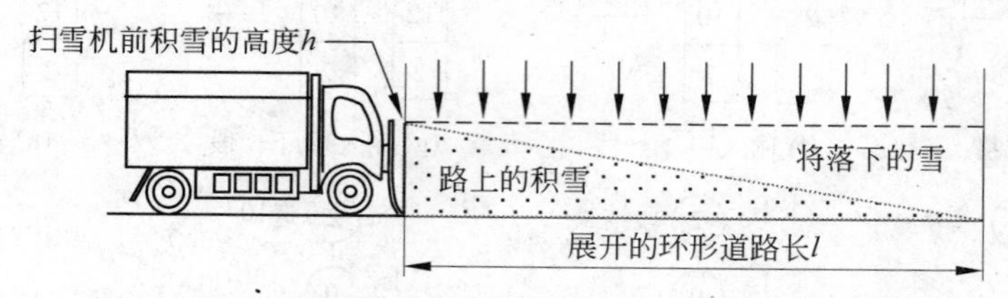

图 8-27　平衡状态下扫雪机在环形道路上扫雪的示意图

将置换-选择排序与此类比，内存工作区中的记录数相当于路面的积雪总量，从内存工作区输出的记录相当于扫走的雪，从输入文件读入工作区的记录相当于新落到路面上的雪，如果新读入记录的排序码大于或等于 LastKey，都要作为本归并段的记录从工作区输出（相当于落在扫雪机前面的雪要被扫掉）；如果新读入记录的排序码小于 LastKey，则应留在工作区等待形成下一个归并段时再输出（相当于落在扫雪机后面的雪，待到下一圈扫雪时才能被扫掉）。当排序码为随机数时，新记录的排序码比 LastKey 大或小的概率相等，

相当于雪是均匀地落在扫雪机的车前和车后的路面上。由此，得到一个初始归并段好比扫雪机走一圈。假设工作区的容量为 w，则置换-选择所得初始归并段长度的期望值为 $2w$。

思考题　能否利用小根堆得到平均长度为 $2w$ 的初始归并段？w 是内存工作区长度。

8.8.5　最佳归并树

从置换-选择排序的过程可以看到，所得的初始归并段的长度是不相同的。如何根据各个初始归并段的长度，组织访外次数最少的归并方案，是本节所要解决的问题，为此，引入归并树的概念。

归并树是描述归并过程的 k 叉树。因为每一次做 m 路归并都需要有 m 个归并段参加，因此，归并树是只有度为 0 和度为 m 的结点的严格 m 叉树。

【例 8-22】 设有 9 个长度不等的初始归并段，其长度（记录个数）分别为 38, 12, 2, 9, 27, 13, 43, 20, 31。对它们进行 3 路归并时的归并树如图 8-28 所示。此归并树的带权路径长度为 WPL＝ (38+12+2+9+27+13+43+20+31)×2＝390。

在归并树中，各叶结点代表参加归并的各初始归并段，叶结点上的权值为该初始归并段中的记录个数，根结点代表最终生成的归并段，叶结点到根结点的路径长度表示在归并过程中的归并趟数，各非叶结点代表归并出来的新归并段，那么，归并树的带权路径长度 WPL 就是归并过程中的总读记录数。因而在归并过程中总的读写记录次数为 2×WPL = 2×(52+49+94+195) = 780。

不同的归并方案对应的归并树的带权路径长度各不相同。为了使得总的读写次数达到最少，需要改变归并方案，重新组织归并树。为此，可将 Huffman 树的思想扩充到 m 叉树的情形。在归并树中，让记录个数少的初始归并段最先归并，记录个数多的初始归并段最晚归并，就可以建立总的读写次数达到最少的最佳归并树。

【例 8-23】 对图 8-28 所示的归并树，按照 Huffman 树的思想重新组织，可得如图 8-29 所示的最佳归并树，其带权路径长度 WPL 为(2+9+12)×3+(13+20+27+31+38)×2+43×1=370。

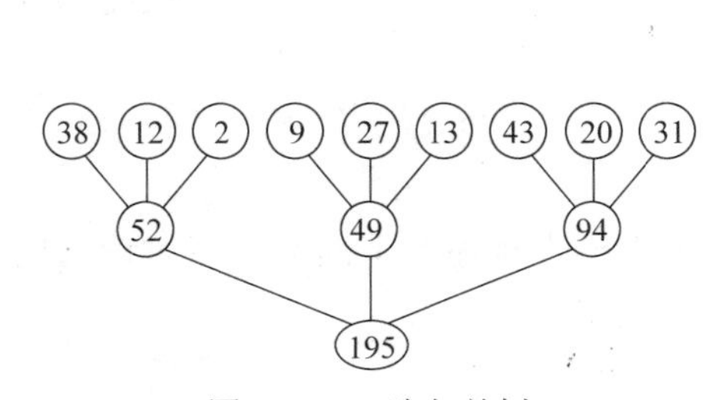

图 8-28　3 路归并树

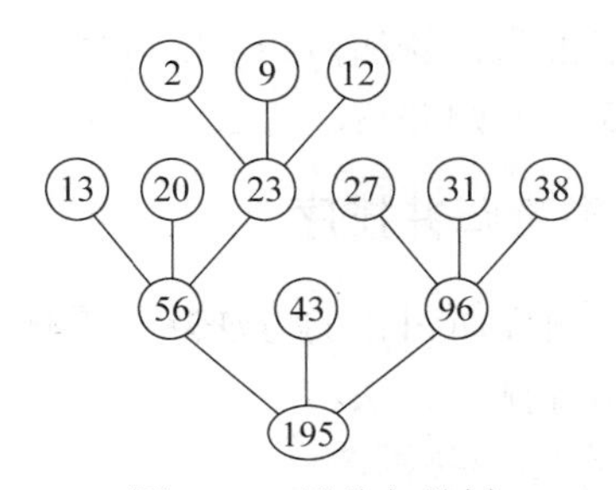

图 8-29　最佳归并树

上面给出的例子中 9 恰是 3 的平方，可以构造严格的 3 叉树；如果初始归并段的个数 n 没有特殊限制，不一定能够构造出严格 3 叉树。那么，如何构造一棵严格 3 叉树呢？下面用一个例子说明。

【例 8-24】 设有 10 个初始归并段长度（记录数）分别为 1, 5, 7, 9, 13, 16, 20, 24, 30, 38，做 5 路归并。若补入 3 个空归并段，按照 Huffman 树构造算法就可构造出一棵严格 5 叉树形式的归并树，如图 8-30 所示。

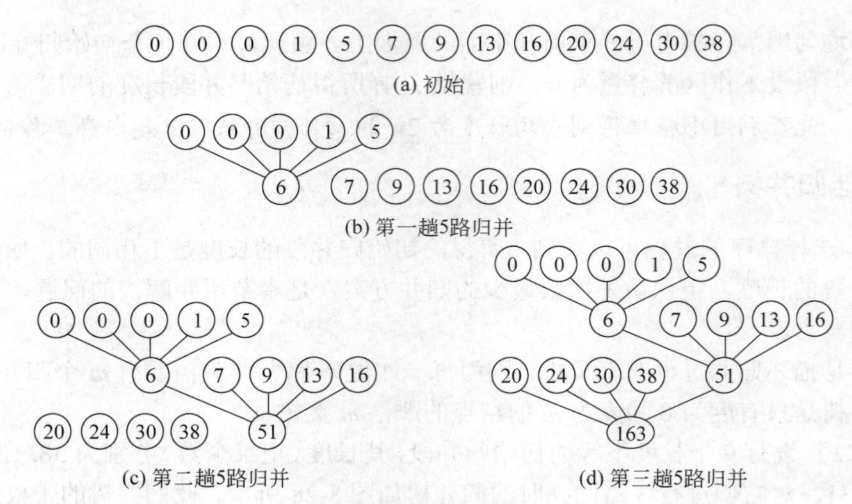

图 8-30　构造 5 路归并树的过程

它的带权路径长度为 WPL = (1+5)×3+(7+9+13+16)×2 + (20+24+30+38)×1 = 220。

一般地，设参加归并的初始归并段的个数为 n，做 m 路平衡归并排序。因为归并树是只有度为 0 和度为 m 的结点的严格 m 叉树，设度为 0 的结点有 $n_0(= n)$个，度为 m 的结点有 n_m 个，则有 $n_0 = (m-1)n_m +1$。因此，可以得出 $n_m = (n_0-1)/(m-1)$。如果该除式能整除，即 $(n_0-1)\ \%\ (m-1) = 0$，则说明这 n_0 个叶结点（即初始归并段）正好可以构造 m 叉归并树，不需加空归并段。如果$(n_0-1)\ \%\ (m-1) = u \neq 0$，则对于这 n_0 个叶结点，其中的 u 个多出，不能参加 m 路归并。为此，需凑足一排 m 个叶结点。除了多出的 u 个叶结点外，再增加 1 个内部结点替换一个叶结点，把替换出的叶结点计入那 m 个叶结点中，再补上 m-u-1 个记录个数为 0 的空归并段，就可以建立严格 m 叉的归并树。

在图 8-30 的例子中，$n_0 = 10$，$m = 5$，(10−1) % (5−1) = 1，说明构造严格 5 叉树时多出了 1 个归并段，需要加 5−1−1 = 3 个空归并段；另外，由(10−1) / (5−1) = 2，表示有 2 个度为 5 的内结点，故需要加一个内结点，它在归并树中代替了一个叶结点的位置，把被代替的叶结点推到该新加内结点的外侧，包括多出的 1 个归并段和 3 个空归并段，从而得到一棵严格 5 叉的归并树。

8.8.6　磁带归并排序

本节前面所讨论的方法除了最佳归并树外都适用于磁带排序。下面再继续讨论适用于磁带的两种排序方法。

1．平衡归并排序

因为磁带机是一种顺序存取设备，所以在磁带机上只能顺序读写数据，不能像磁盘机上那样实现“随机”读写数据，否则，会导致磁带机来回倒带。因此，在实现磁带文件归并排序时，要注意两件事：

（1）待归并的各归并段应放在不同的磁带机上，那么，在实现 m 路平衡归并时需要 $2m$ 台磁带机，在每一趟归并时，其中 m 台作输入带，另外 m 台作输出带，在下一趟归并时，输入带和输出带互相交换。

（2）在一趟归并结束时，无论是输入带还是输出带，均需倒带至读写头对准磁带的始端，则在计算外部排序所需总的时间时应加上每一趟归并结束后磁带倒带时间。

【例 8-25】 现对有 9000 个记录的文件进行外部排序，内存工作区最多可容纳 1000 个记录，因此可以得到 9000 / 1000 = 9 个初始归并段，顺序用 $R_1, R_2, \cdots, R_9$ 编号。假设采用二路平衡归并，需要 4 台磁带机 T_1, T_2, T_3, T_4，其归并过程如图 8-31 所示。R_1，R_2，…是段号，R_{12} 表示由 R_1 和 R_2 归并而成的段，以此类推。

磁带机	各归并段的初始分布	第一趟归并后	第二趟归并后	第三趟归并后	第四趟归并后
T_1	R_1, R_3, R_5, R_7, R_9	空	R_{1234}, R_9	空	$R_{123456789}$
T_2	R_2, R_4, R_6, R_8	空	R_{5678}	空	空
T_3	空	R_{12}, R_{56}, R_9	空	$R_{12345678}$	空
T_4	空	R_{34}, R_{78}	空	R_9	空

图 8-31 磁带机上的二路平衡归并排序

这种方法简单，但对磁带设备要求较多。因此，可以采用非均衡归并排序的方法，只用 m+1 台磁带机，实现 m 路归并排序的效果。这就是下面讨论的多步归并排序。

2．多步归并排序

【例 8-26】 有 9 个初始归并段，设每个归并段占用 1 块，使用 4 台磁带机作 3 路归并。将初始归并段以 4、3、2 非均匀地分配在 3 台输入磁带机 T_1、T_2 和 T_3 上，如图 8-32 所示。磁带机 T_4 初始为空，用作输出带。R_1，R_2，…是段号，R_{123} 表示由 R_1、R_2、R_3 归并而成的段，以此类推。

磁带机	各归并段的初始分布	第一步归并后	第二步归并后	第三步归并后
T_1	R_1, R_4, R_7, R_9	R_7, R_9	R_9	空
T_2	R_2, R_5, R_8	R_8	空	$R_{123456789}$
T_3	R_3, R_6	空	R_{12378}	空
T_4	空	R_{123}, R_{456}	R_{456}	空

图 8-32 9 个初始归并段的多步归并过程

在做了两次 3 路归并后，磁带机 T_3 被取空，需要将 T_3 和 T_4 两台磁带机倒带至最前端。此时 T_3 磁带机为空，可作为新的输出带，而 T_1、T_2、T_4 为输入带，继续做一次 3 路归并。T_2 带变空，同理，将 T_2 和 T_3 倒带后，T_2 带成为新的输出带，继续做一次 3 路归并，最后得到一个长度为 9 的有序文件。

下面分析归并过程中进行的外存读写次数：

- 第一步归并：3×2×2 = 12。每次读 3 块，写 3 块，共归并 2 次。
- 第二步归并：5×2×1 = 10。每次读 5 块，写 5 块，共归并 1 次。
- 第三步归并：9×2×1 = 18。每次读 9 块，写 9 块，共归并 1 次。
- 总次数：40。读 20 次，写 20 次。

同样条件下，做二路平衡归并，要做 4 趟，每趟读写 9×2＝18 块，共读写 18×4＝72 块，如图 8-31 所示；做三路平衡归并，要做 2 趟，第 1 趟把 9 个归并段归并为 3 个，第 2 趟把 3 个归并段归并成 1 个，每趟读写 9×2＝18 块，共读写 18×2＝36 块。因此，图 8-32 所示的 3 路多步归并排序比 3 路平衡归并要慢，比 2 路平衡归并要快。

这种多步归并排序的特点是：m+1 台磁带机可做 m 路多步归并，输出带由各磁带机轮流担任，每一步归并都进行到有且仅有一条输入带变空而止，而该磁带为下一步的输出带。

3．多步归并排序初始归并段的分配

实现多步归并排序，要求初始归并段在各输入带上合理分布。为此，可以从最后一步要求一台磁带机为空，而其他磁带机都仅有一个归并段开始，往回反推，可以得知：初始归并段的数目及其初始分布与斐波那契序列及广义斐波那契序列有关①。

设有 m+1 台磁带机，做 m 路多步归并。当初始归并段的总数恰为 m 阶广义斐波那契序列中的第 j 项 $F_j^{(m)}$ 时，在 m 台磁带机上分布的归并段的数目应为

$$\begin{cases} t_1^{(m)} = f_{j-1}^{(m)} + f_{j-2}^{(m)} + \cdots + f_{j-m+1}^{(m)} + f_{j-m}^{(m)} \\ t_2^{(m)} = f_{j-1}^{(m)} + f_{j-2}^{(m)} + \cdots + f_{j-m+1}^{(m)} \\ \vdots \\ t_{m-1}^{(m)} = f_{j-1}^{(m)} + f_{j-2}^{(m)} \\ t_m^{(m)} = f_{j-1}^{(m)} \end{cases}$$

【例 8-27】 在 4 台磁带机上做 3 路多步归并，初始归并段总数是 105，由于 105 恰为 3 阶广义斐波那契序列中的第 9 项（即 $j = F_9^{(3)}$），则 3 台磁带机上初始归并段数目分别为

$$\begin{cases} t_1^{(3)} = f_8^{(3)} + f_7^{(3)} + f_6^{(3)} = 24+13+7 = 44 \\ t_2^{(3)} = f_8^{(3)} + f_7^{(3)} = 24+13 = 37 \\ t_3^{(3)} = f_8^{(3)} = 24 \end{cases}$$

初始归并段的生成可以通过内排序得到，也可以通过置换-选择排序得到。如果得到的初始归并段的总数不恰为广义斐渡那契序列中的数，例如 20，它介于 $F_6^{(3)}$ (=17)和 $F_7^{(3)}$ (=31)之间，则要加上若干空归并段补足到某个广义斐波那契数。空归并段可以集中在一台磁带机上，也可分布在各台磁带机上，并且在归并时要考虑空归并段的存在。

图 8-33 给出有 105（$=F_9^{(3)}$）个初始归并段在 4 台磁带机上做 3 路多步归并的例子。假设一开始各初始归并段被分布到 T_1、T_2、T_3 上，T_4 是空的。

步	T_1	T_2	T_3	T_4	$T_总$	
0	44	37	24	0	105	
1	20	13	0	24	57	各带有 24 个归并段归并到 T_4，T_3 变空
2	7	0	13	11	31	各带有 13 个归并段归并到 T_3，T_2 变空
3	0	7	6	4	17	各带有 7 个归并段归并到 T_2，T_1 变空
4	4	3	2	0	9	各带有 4 个归并段归并到 T_1，T_4 变空
5	2	1	0	2	5	各带有 2 个归并段归并到 T_4，T_3 变空
6	1	0	1	1	3	各带有 1 个归并段归并到 T_3，T_2 变空
7	0	1	0	0	1	各带有 1 个归并段归并到 T_2，T_1 变空

图 8-33　各磁带机初始分布及 3 路多步归并过程

① m 阶斐波那契序列定义为 $f_0^{(m)} = \cdots = f_{m-2}^{(m)} = 0$，$f_{m-1}^{(m)} = 1$，$f_j^{(m)} = f_{j-1}^{(m)} + f_{j-2}^{(m)} + \cdots + f_{j-m}^{(m)}$ （$j \geqslant m$）。

m 阶广义斐波那契序列定义为 $F_0^{(m)} = \cdots = F_{m-1}^{(m)} = 1$，$F_j^{(m)} = F_{j-1}^{(m)} + F_{j-2}^{(m)} + \cdots + F_{j-m}^{(m)}$ （$j \geqslant m$）

如果从第 7 步倒推，也可以得知，在各台磁带机上归并段的初始分布服从 3 阶斐波那契序列，而初始归并段总数是某个 3 阶广义斐波那契序列的数。

小　　结

本章“内排序”的知识点有 12 个，包括排序的概念，插入排序（直接插入排序、折半插入排序、希尔排序），交换排序（起泡排序、快速排序），选择排序（简单选择排序、堆排序、锦标赛排序），二路归并排序，基数排序和各种内部排序方法的比较；“外排序”的知识点有 6 个，包括外存储器和缓冲区简介，外排序过程，多路平衡归并，置换-选择排序，最佳归并树，磁带多步归并排序。

内排序部分复习的要点如下：

- 排序的概念。包括什么是排序，排序算法的时间代价分析，排序所使用附加存储空间数的估计，排序的稳定性和使用静态链表排序的条件。
- 直接插入排序。包括排序过程示例，算法实现，排序码比较次数和数据移动次数的估计，算法的稳定性，附加存储的估计和排序算法的静态链表实现。
- 折半插入排序。包括排序过程示例，算法实现，在有序区间为 $0 \sim i-1$ 的情况下，插入第 i 个元素时定位的排序码比较次数，整个算法的排序码比较次数和数据移动次数的估计，算法的稳定性，附加存储的估计。
- 希尔排序。包括排序过程示例，算法实现，排序过程中子序列间隔增量序列的划分原则，排序码比较次数的估计和数据移动次数的估计，算法的不稳定性，附加存储的估计。
- 起泡排序。包括排序过程示例，伪代码描述和算法实现，排序码比较次数和数据移动次数的估计，算法的稳定性，附加存储的估计。
- 快速排序。包括排序过程示例，算法的递归实现和非递归实现，排序码比较次数与数据移动次数的估计，算法的不稳定性，附加存储的估计，划分算法的不同实现，递归树构造及递归深度的比较。
- 简单选择排序。包括排序过程示例，算法实现，排序码比较次数和数据移动次数的估计，算法的不稳定性，附加存储的估计。
- 锦标赛排序。包括排序过程示例，胜者树的构造、双亲、兄弟的计算方法，算法实现，排序码比较次数和数据移动次数的估计，算法的稳定性，附加存储的估计。
- 堆排序。包括排序过程示例，算法实现，排序码比较次数和数据移动次数的估计，算法的不稳定性，附加存储估计。
- 二路归并排序。包括排序过程示例，递归算法和非递归算法实现，排序码比较次数的估计，数据移动次数的估计，算法的稳定性，附加存储的估计。
- 基数排序。包括最高位优先的多排序码排序的思路和递归求解流程，最低位优先的多排序码排序（基数排序）的思路和分配 - 收集求解流程，算法实现，效率分析和算法的稳定性，附加存储数的估计。
- 各种内部排序方法的比较。包括基于排序码比较的排序方法归类，排序码比较次数受数据初始排列影响的排序方法归类，稳定和不稳定的排序方法归类，适合规模大的数据序列和规模较小的数据序列排序方法归类等。

外排序部分复习的要点如下：

- 多路平衡归并过程分为两个阶段：生成初始归并段阶段和归并段归并阶段。
- 生成初始归并段阶段有两种方法，一种方法是生成等长初始归并段，另一种方法是通过置换-选择排序生成不等长的初始归并段。
- 置换-选择排序借助败者树实现初始归并段的生成，产生的不等长初始归并段平均长度为内存工作区大小的 2 倍，相对地，初始归并段的段数也少。
- 多路平衡归并可用归并树描述。归并的趟数等于归并树的高度减 1，为$\lceil \log_m r \rceil - 1$。其中 m 为归并路数，r 为初始归并段的段数。
- 最佳归并树是仿照 Huffman 树构造的具有最小带权路径长度的多叉 Huffman 树，其带权路径长度等于归并过程中的读或写记录数，可有效减少归并过程中的 I/O 次数。
- 磁带排序的多步归并排序需要安排各带上初始归并段的布局，一般遵循斐波那契数列进行计算。

习　题

一、问答题

1．设待排序的排序码序列为 12, 2, 16, 30, 28, 10, 16*, 20, 6, 18，试分别写出使用以下排序方法每趟排序后的结果，并说明做了多少次排序码比较。

（1）直接插入排序。

（2）起泡排序。

（3）简单选择排序。

2．在起泡排序过程中，什么情况下排序码会朝向与排序相反的方向移动，试举例说明。在快速排序过程中有这种现象吗？

3．当待排序区间 R[low..high]中的排序码都相同时，执行一趟划分的 Partition 函数返回的值是什么？此时快速排序的运行时间是多少？能否修改 Partition，使得划分结果是均衡的（即划分后左、右区间的长度大致相等）？

4．在使用非递归方法实现快速排序时，通常要利用一个栈记忆待排序区间的两个端点。那么能否用队列来代替这个栈？为什么？

5．如果只想在一个有 n 个元素的任意序列中得到其中最小的第 k（$k \ll n$）个元素之前的部分排序序列，那么最好采用什么排序方法？为什么？例如有这样一个序列：57, 40, 38, 11, 13, 34, 48, 75, 6, 19, 9, 7，要得到其第 4 个元素之前的部分有序序列 6, 7, 9, 11，用所选择的算法实现时，要执行多少次比较？

6．设待排序的排序码序列为 12, 2, 16, 30, 28, 10, 16*, 20, 6, 18，试写出使用堆排序每趟排序后的结果，并说明做了多少次排序码比较。

7．设待排序的排序码序列为 12, 2, 16, 30, 28, 10, 16*, 20, 6, 18，试写出使用迭代的二路归并排序方法每趟排序后的结果，并说明做了多少次排序码比较。

8．将两个长度为 n 的有序表归并为一个长度为 $2n$ 的有序表，最少需要比较 n 次，最多需要比较 $2n-1$ 次，请说明这两种情况发生时两个被归并的表有什么特征。

9．设待排序的排序码序列为 12, 2, 16, 30, 28, 10, 16*, 20, 6, 18，试写出使用基数排序方法每趟排序后的结果，并说明做了多少次排序码比较。

10．在什么条件下，MSD 基数排序比 LSD 基数排序效率更高？

11．若排序码的值都是非负整数，快速排序、归并排序、堆排序和基数排序中哪一种最快？若要求辅助空间为 $O(1)$，则应选择哪一种？若要求排序是稳定的且排序码是浮点数，则应选择哪一种？

12．试为下列每种情况选择合适的排序方法：

（1）$n = 30$，要求最坏情况速度最快。

（2）$n = 30$，要求既要快，又要排序稳定。

（3）$n = 1000$，要求平均情况速度最快。

（4）$n = 1000$，要求最坏情况速度最快且稳定。

（5）$n = 1000$，要求既快又最省内存。

13．多路平衡归并排序是外排序的主要方法，试问多路平衡归并排序包括哪两个相对独立的阶段？每个阶段完成何种工作？

14．如果某个文件经内排序得到 80 个初始归并段，试问：

（1）若使用多路平衡归并执行 3 趟完成排序，那么应取的归并路数至少应为多少？

（2）如果操作系统要求一个程序同时可用的输入文件和输出文件的总数不超过 15 个，则按多路归并至少需要几趟可以完成排序？如果限定这个趟数，可取的最低路数是多少？

15．假设文件有 4500 个记录，在磁盘上每个块可放 75 个记录。计算机中用于排序的内存区可容纳 450 个记录。试问：

（1）可以建立多少个初始归并段？每个初始归并段有多少记录？存放于多少个块中？

（2）应采用几路归并？请写出归并过程及每趟需要读写磁盘的块数。

16．败者树中的“败者”指的是什么？若利用败者树求 m 个排序码中的最大者，在某次比较中得到 $a > b$，那么谁是败者？

17．设有一个排序码输入序列{10, 40, 30, 50, 20, 25, 45, 60}，试根据败者树的构造算法构造一棵败者树。

18．设初始归并段为(10, 15, 31, ∞), (9, 20, ∞), (22, 34, 37, ∞), (6, 15, 42, ∞), (12, 37, ∞), (84, 95, ∞)，试利用败者树进行 m 路归并，手工执行选择最小的 5 个排序码的过程。

19．设输入文件包含以下记录：14, 22, 7, 24, 15, 16, 11, 100, 10, 9, 20, 12, 90, 17。现采用置换-选择方法生成初始归并段，并假设内存工作区可同时容纳 5 个记录，请画出选择的过程。

20．请问一个经过置换-选择排序得到的输出文件再进行一次置换-选择，文件将产生怎样的变化？

21．给出 12 个初始归并段，其长度分别为 30, 44, 8, 6, 3, 20, 60, 18, 9, 62, 68, 85。现要做 4 路外归并排序，试画出表示归并过程的最佳归并树，并计算该归并树的带权路径长度 WPL。

22．设有 977 个初始归并段，要求用 5 路多步归并进行排序，试根据 5 阶斐波那契序列求出在各台磁带机上初始归并段的分布。

23．设有 55 个长度为 L 的初始归并段，在 3 台磁带机上做 2 路多步归并排序，试写出归并过程中各磁带机上的变化情况，并对这种方法进行分析。

二、算法题

1.（鸡尾酒排序）修改起泡排序算法，在正反两个方向交替进行扫描，即第一趟把排序码最大的对象放到序列的最后，第二趟把排序码最小的对象放到序列的最前面。如此反复进行。

2. 设有 n 个整数存放于一个一维数组 A[ ] 中，试设计一个递归函数，重新实现简单选择排序算法。

3. 编写一个算法，在基于单链表表示的待排序的排序码序列上进行简单选择排序。

4. 设有 n 个元素的待排序元素序列为 DataType A[ ]，试编写一个函数，利用队列辅助实现快速排序的非递归算法。

5. 试设计一个算法，使得在 $O(n)$的时间内重排数组，将所有取负值的排序码排在所有取正值（非负值）的排序码之前。

6.（荷兰国旗问题）设一个有 n 个字符的数组 $A[n]$，存放的字符只有 3 种：R（代表红色）、W（代表白色）、B（代表蓝色）。设计一个算法，让所有的 R 排列在最前面，W 排列在中间，B 排列在最后。

7. 在已排好序的序列中，一个元素所处的位置取决于具有更小排序码的元素的个数。基于这个思想，可得计数排序方法。该方法在声明元素时为每个元素增加一个计数域 count，用于存放在已排好序的序列中该元素前面的元素数目，最后依 count 域的值将序列重新排列，就可完成排序。试编写一个算法，实现计数排序。并说明对于一个有 n 个元素的序列，为确定所有元素的 count 值，最多需要做 $n(n-1)/2$ 次排序码比较。

8. 奇偶排序是另一种交换排序。它的第 1 趟对序列中的所有奇数项 i 扫描，第 2 趟对序列中的所有偶数项 i 扫描。若 $A[i] > A[i+1]$，则交换它们。第 3 趟有对所有的奇数项，第 4 趟对所有的偶数项，…，如此反复，直到整个序列全部排好序为止。

（1）这种排序方法结束的条件是什么？

（2）写出奇偶交换排序的算法。

（3）当待排序的排序码序列的初始排列是从小到大有序或从大到小有序时，在奇偶排序过程中的排序码比较次数是多少？

9. 设有 n 个元素的待排序元素序列为 DataType A[ ]，元素在序列中随机排列。试编写一个函数，返回序列中按排序码值从小到大排序的第 k（$0 \leqslant k < n$）个元素的值。

三、实训题

1. 利用程序 8-1 实现的数据表结构（放在 DataList.h 中），元素的数据类型约定为整型，编写希尔排序算法。主程序首先输入一连串 n（$n \leqslant 100$）个整数，然后使用如下的增量序列进行排序：

（1）1, 2, 4, 8, 16, 32, 64, 128, … 即 gap = $\lfloor \text{gap}/2 \rfloor$, …, gap = 1

（2）1, 2, 5, 14, 41, 122, 365, … 即 gap = $\lfloor \text{gap}/3 \rfloor$+1, …, gap = 1

（3）1, 3, 7, 15, 31, 63, 127, … 即 gap= $2^k-1, 2^{k-1}-1$, …, 1

（4）1, 7, 19, 37, 109, 168, … 即交替取 $9\times4^i-9\times2^i+1$ 和 $3\times4^i-3\times2^i+1$

要求在排序算法中插入比较计数器 counter，每次比较 counter 加 1。主程序分别按上述增量序列执行排序算法，并输出排序结果和比较次数。

输入整数序列分为 4 种情况：全部有序，全部逆序，全部相等，随机排列。

2．利用本章实现的数据表结构（放在 DataList.h 中），设元素的数据类型为整型，编写以下 3 种快速排序算法。主程序首先输入一连串 n（$n\leqslant100$）个整数，然后使用快速排序的不同实现进行排序：

（1）以序列第一个元素作为轴点进行一趟划分的快速排序算法。

（2）用三者取中法选择基准元素进行一趟划分的快速排序算法。

（3）快速-直接插入排序。

要求在排序算法中插入比较计数器 counter，每次比较 counter 加 1。主程序分别按上述实现分别执行排序，并输出排序结果和比较次数。

输入整数序列分为 4 种情况：全部有序，全部逆序，全部相等，随机排列。

3．设有 n 个待排序元素存放在一个不带头结点的单链表中，每个链表结点只存放一个元素，头指针为 r。试设计一个算法，对其进行二路归并排序，要求不移动结点中的元素，只改各链结点中的指针，排序后 r 仍指示结果链表的第一个结点。

算法的思路是：首先对待排序的单链表进行一次扫描，将它划分为若干有序的子链表，其表头指针存放在一个指针队列中。当队列不空时重复执行，从队列中退出两个有序子链表，对它们进行二路归并，结果链表的表头指针存放到队列中。如果队列中退出一个有序子链表后变成空队列，则算法结束。这个有序子链表即为所求。

要求主程序首先建立一个指针队列，再使用 LinkList.h 中的操作建立一个单链表，然后调用本算法进行二路归并排序，最后输出排序结果。

4．改写迭代的二路归并排序算法（参看程序 8-25 和程序 8-26），实现二路归并排序。在排序算法中插入比较计数器 counter，每次比较 counter 加 1。约定元素的数据类型为整型。

要求主程序首先输入一连串整数存入数据表中，再执行排序，最后由主程序输出排序结果和比较次数。输入整数序列分为 4 种情况：全部有序，全部逆序，全部相等，随机排列。

5．设计一组程序，实现用于锦标赛排序的胜者树结构和排序算法。胜者树选择完全二叉树，参加排序的数据放在外结点，而内结点存放两个子女比较中胜者的外结点编号。要求主程序定义胜者树结构，并对其初始化，得到第一个胜者，然后调用锦标赛排序算法得到其他胜者，直到完成。最后主程序输出排序结果。

6．设计一组程序，实现 5 路平衡归并的败者树和外结点结构、初始归并段的结构和缓冲区的结构和操作。约定元素的数据类型为整型。编写以下程序：

（1）缓冲区的存取算法。

（2）生成等长初始归并段的算法。

（3）败者树的初始生成算法。

（4）败者树调整算法。

（5）平衡归并排序的主算法。

要求主程序输入一连串 n（30～50）个整数，调用上述算法进行 5 路平衡归并排序，最后输出结果。

7．设计一组程序，构造执行 5 路平衡归并的败者树（需 5 个外结点和 5 个内结点）实现置换-选择排序。在程序中约定元素的数据类型为整型，输入的有效数据都是正整数。增设一个比较计数器 counter，每比较一次，counter 加 1。要求主程序输入一连串 n（30～50）个正整数，调用上述算法分别进行置换-选择排序，输入以-1 结束。算法执行结束，由主程序负责输出每个初始归并段和相应的比较次数。

附录 A　实训作业要求与样例

实训作业是教学实践的重要环节，目的是提高学生的动手能力。通过实训，可以巩固从教材中学到的知识，并把它应用到分析和解决问题上，从而使学生了解为什么学习数据结构，数据结构和算法是什么，数据结构知识和算法在什么场合使用，什么时候用，又如何用。所以不可把大作业当做学习的负担，而应把它视为一种获取能力的途径。

A.1　实训作业要求

完成的实训作业主要有以下几部分：

（1）作业题目。通过一句话简要说明作业是什么。

（2）问题描述。复述作业的描述。必要时，可对作业描述的正文加以分类和归纳，详细解释每一段的中心内容和各段的相互关系。

（3）问题分析。这一部分是最关键的。通过分析，进一步了解 3 件事：

① 问题描述是要你干什么（功能要求）。

② 问题涉及的对象是什么（数据要求）。

③ 问题处理的流程是什么（行为要求）。

可采用图文结合的方式描述和分析问题的结构，特别是许多应用问题都可以转化为图，所以掌握基本的图论或离散数学知识，可以很方便地把问题直观地分析清楚。

（4）算法和数据结构设计。这一部分在权衡各种性能要求之后提出问题解决的方案。

算法设计给出问题解决的策略，并通过伪代码或自然语言方式精确描述算法的框架或步骤。但是，算法的实现，为达到要求的时间和空间代价的要求，需要有适当的数据结构配合。在衡量算法的好坏时，最重要的衡量标准是速度。为此，在算法设计时需要做出权衡，必要时可以用空间换取时间，即开辟一些辅助数组来存放算法执行过程中产生的中间结果。

数据结构是构成系统的基本要素，数据结构设计要考虑模块化、分层化等技术要求。

（5）算法实现代码。算法实现源代码应是算法设计框架细化的结果。用 C 语言描述时，要考虑结构化、程序设计风格等要求，做到清晰可读。

（6）调试方案。算法以函数方式实现，它必须嵌入到实际可运行环境中，通过选择合适的输入数据以确认算法是否有错。如果有错，应通过错误的征兆或表现，查出错误产生的根源，并纠正之。调试方案就是构建程序的运行上下文环境，设计测试数据，通过输入测试数据并执行程序以验证或确认程序的正确与否。

（7）结果分析。根据结果做出结论。对于可能的不足给出改进方案。

A.2 实训作业样例

1．作业题目

狼羊菜渡河。

2．问题描述

一个人带了一只狼、一只羊、一棵白菜想渡过河去。现在只有一条小船，每次只能载一个人和一件东西。人不在时，狼会吃羊，羊会吃菜。请设计并实现一种渡河次数最少的方案，把三件东西都安全地带过河去。

3．问题分析

首先画一个图，它的顶点是渡河过程中出现的各种情况。为明确起见，假定是从河的西岸渡到河的东岸。先不考虑“人不在时，狼会吃羊，羊会吃菜”这个条件，而只考虑人、狼、羊、菜在河两岸的分布情况。开始时，人与东西都在河西岸，河东岸是空的，用

人，狼，羊，菜	空

来表示，方框左边是目前在河西岸的情况，右边则是河东岸的情况。这样，所有可能出现的情况有以下16种：

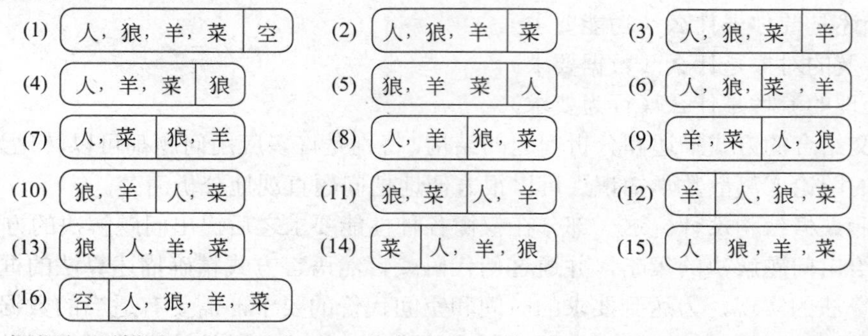

根据问题描述，“人不在时，狼会吃羊，羊会吃菜”，应当排除上面16种情况中的(5)、(6)、(7)、(9)、(10)、(15)这6种情况，可能允许出现的情况只有10种，因此我们所作的图有10个顶点。

如果经过一次渡河，可以使情况A变为情况B，则应在相应两个顶点A和B间连一条边。这条边应是无向边，因为情况B也可以返回变为情况A。这样就得到下图。

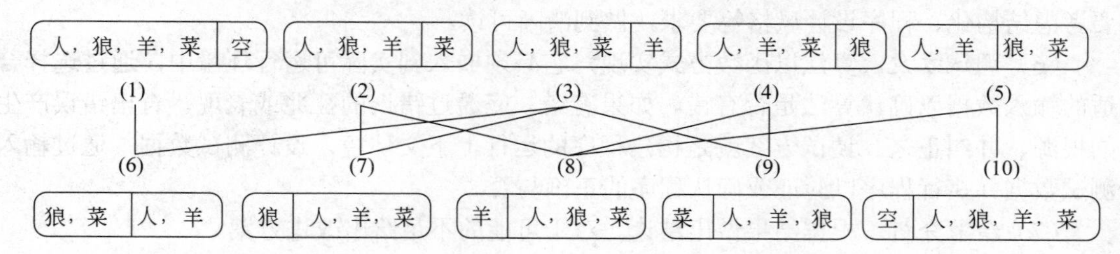

渡河方案就转化为在这个无向图中找一条从顶点(1)到顶点(10)的通路。可能存在多条通路，每条通路对应一个渡河方案。问题是不但要渡过河去，还要使得渡河的次数达到最

少，问题就转化为求从顶点(1)到顶点(10)的最短路径，其中每条边上的权值视为 1。

4．算法和数据结构设计

在教材中已经介绍过，对于无权值，即每条边上权值相等的情形，可以采用图的广度优先搜索算法求最短路径，但求顶点间最短路径的思路还是 Dijkstra 算法所反映的贪婪法。不过 dist 数组记录的是路径上边的条数而非路径上各边权值的总和。算法的步骤如下：

（1）初始化 dist 数组和 path 数组。对于 $i = 1$ 到 $i = n$，令 dist[i] = Edge[i]；且若顶点 1 到顶点 i 有边（Edge[1][i]≠0），则 path[i] = 1；否则 path[i] = 0。

（2）初始化 S 数组，令 S[1] = 1，其他 S[i] = 0（$1 < i \leqslant n$）。

（3）对于 $i = 2$ 到 n 循环，选择从顶点 1 到第 i 个顶点的最短路径：

① 对于所有 dist[j]≠0 的项，选择其中最小的项，设其顶点为 k。

② 置 S[k] = 1。

③ 对于所有 S[j] = 0（$1 < j \leqslant n$）的顶点，判断 dist[k]+Edge[k][j]＜dist[j]？若小于，则令 dist[j] = dist[k]+Edge[k][j]，且 path[j] = k。

（4）算法结束。从 dist[n]可得最短路径长度，从 path 可得逆向最短路径。

从 k = path[n]开始回溯，当 k≠0 时输出 k；然后，令 k = path[k]，反过来即求得的最短路径；最后输出 dist[n]，即最短路径长度。

算法涉及的辅助数组有 3 个：dist[n]记录从顶点 1 到顶点 i（$1 < i \leqslant n$）的最短路径；path[n]记录从顶点 1 到顶点 i 的最短路径长度；S[n]是集合数组，S[i] = 1，表示顶点 i 已求得最短路径，S[i] = 0，表示顶点 i 还未求到最短路径。

5．算法实现代码

```
void Dijkstra1( MGraph& G, int dist[], int path[] ) {
      int i, j, k, min, n = G.numVertices;  //顶点数
      int S[Num];
      for ( i = 1; i <= n; i++ ) {
            dist[i] = G.Edge[1][i];
            path[i] = ( dist[i] > 0 && dist[i] < maxValue ) ? 1 : 0;
            S[i] = 0;
      }
      S[1] = 1;                                    //源点标志为“已求得最短路径”
      for ( i = 2; i <= n; i++ ) {                 //逐点求最短路径
            min = maxValue;  k = 0;
            for ( j = 2; j <= n; j++ )
                  if ( !S[j] && dist[j] < min ) {
                        min = dist[j];  k = j;
                  }
            S[k] = 1;
            for ( j = 2; j <= n; j++ )
                  if ( !S[j] && G.Edge[k][j] < maxValue
                        && dist[k]+G.Edge[k][j] < dist[j] )
                        { dist[j] = dist[k]+G.Edge[k][j];  path[j] = k; }
      }
};
```

此算法的时间代价为 $O(n^2)$，其中 n 是顶点数。

6. 调试方案

下面是渡河方案的调试程序，其中嵌入求解最短路径的算法 Dijkstra1。

```
#include <stdio.h>
#include <stdlib.h>
#include <limits.h>
#define maxValue INT_MAX                      //整数最大值（在 limits.h 中定义）
#define Num 11                                //渡河状态数加 1
typedef struct MGraph {                       //图的结构定义
    int numVertices, numEdges;                //图中实际顶点个数和边的条数
    char *VerticesList[Num];                  //顶点表
    int Edge[Num][Num];                       //邻接矩阵
};
```

嵌入 Dijkstra1 算法的源程序

```
void main(void) {
    MGraph G;
    G.numVertices = Num-1;  G.numEdges = Num-1;
    G.VerticesList[1] = "Granger, Wolf, Sheep, Cabbage | Nothing";
                                                            //人,狼,羊,菜|空
    G.VerticesList[2] = "Granger, Wolf, Sheep | Cabbage"; //人,狼.羊|菜
    G.VerticesList[3] = "Granger, Wolf, Cabbage | Sheep"; //人,狼,菜|羊
    G.VerticesList[4] = "Granger, Sheep, Cabbage | Wolf"; //人,羊,菜|狼
    G.VerticesList[5] = "Granger, Sheep | Wolf, Cabbage"; //人,羊|狼,菜
    G.VerticesList[6] = "Wolf, Cabbage | Granger, Sheep"; //狼,菜|人,羊
    G.VerticesList[7] = "Wolf | Granger, Sheep, Cabbage"; //狼|人,羊,菜
    G.VerticesList[8] = "Sheep | Granger, Wolf, Cabbage"; //羊|人,狼,菜
    G.VerticesList[9] = "Cabbaege | Granger, Wolf, Sheep";//菜|人,狼,羊
    G.VerticesList[10] = "Nothing | Granger, Wolf, Sheep, Cabbage";
                                                            //空|人,狼,羊,菜
    int i, j;  int dist[Num], path[Num];
    for ( i = 0; i <= G.numVertices; i++ ) {
        G.Edge[i][i] = 0;
        for ( j = 0; j <= G.numVertices; j++ )
            if ( i != j ) G.Edge[i][j] = maxValue;
    }
    G.Edge[1][6] = G.Edge[6][1] = G.Edge[2][7] = G.Edge[7][2] = G.Edge[2][8]
= G.Edge[8][2] = 1;
    G.Edge[3][6] = G.Edge[6][3] = G.Edge[3][7] = G.Edge[7][3] = G.Edge[3][9]
= G.Edge[9][3] = 1;
    G.Edge[4][8] = G.Edge[8][4] = G.Edge[4][9] = G.Edge[9][4] = G.Edge[5][8]
= G.Edge[8][5] = 1;
    G.Edge[5][10] = G.Edge[10][5] = 1;
    Dijkstra1( G, dist, path );                           //计算最短路径
    cout << "已求得最短路径长度为" << dist[G.numVertices];
    j = G.numVertices;  i = j-1;
```

```
    while ( j ) { dist[i--] = j;  j = path[j]; }    //读出路径，存入dist
    cout << "最短路径为: " << endl;
    for ( i = i+1; i <= G.numVertices-1; i++ )
        cout << dist[i] << ": " << G.VerticesList[dist[i]] << endl;
}
```

执行结果：

```
"C:\Documents and Settings\Administrator\Debug\dijkstra1.exe"
已求得最短路径长度为7
最短路径为:
1: Granger, Wolf, Sheep, Cabbage | Nothing
6: Wolf, Cabbage | Granger, Sheep
3: Granger, Wolf, Cabbage | Sheep
7: Wolf | Granger, Sheep, Cabbage
2: Granger, Wolf, Sheep | Cabbage
8: Sheep | Granger, Wolf, Cabbage
5: Granger, Sheep | Wolf, Cabbage
10: Nothing | Granger, Wolf, Sheep, Cabbage
Press any key to continue_

搜狗拼音 半:
```

7. 结果分析

使用求最短路径的 Dijkstra1 算法，可以求得从顶点 1 到顶点 10 的一条最短路径，从而得到一个渡河方案，即 1→6→3→7→2→8→5→10。下图是渡河无向图的拓扑图，从图中可知，还有一个渡河方案，即 1→6→3→9→4→8→5→10。

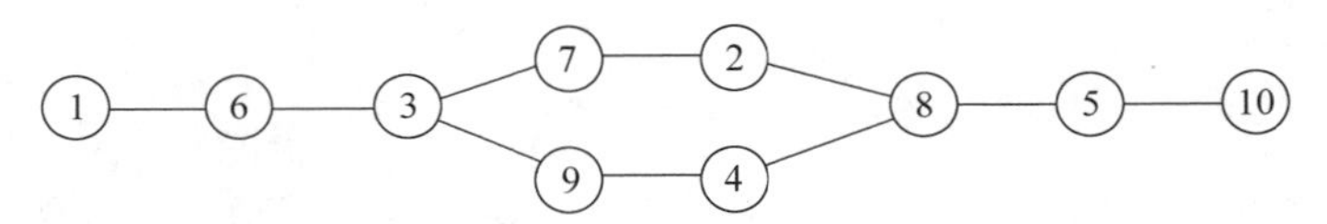

如果要寻找所有从顶点 1 到顶点的最短路径，就需要借助深度优先搜索了。为此采用递归的图的深度优先算法。实现代码如下：

```
void Dijkstra2( MGraph& G, int v, int f, int d, int dist[], int path[], int visited[] ) {
//针对以邻接矩阵存储的无向图G计算最短路径。递归算法以v为开始顶点，f为最终终止顶点
//用d传递顶点v到顶点1的路径长度；其他dist、path、visited的含义与前一程序相同
    int w;
    if ( v == f ) {                          //递归到终止顶点，输出一条最短路径
        printf( "一条最短路径是: " );
        w = v;                               //逆向输出路径的各顶点
        while ( w > 0 ) { printf ("%d←"f, w);  w = path[w]; }
        printf ( "\n" );
    }
    else{                                    //递归未到终止顶点
        visited[v] = 1;                      //对该顶点作访问标记
        for ( w = 1; w <= G.numVertices; w++ )
            if ( G.Edge[v][w] < maxValue ) break;  //找v的第一个邻接顶点w
        while ( w <= G.numVertices ) {             //邻接顶点w存在
            if ( !visited[w] ) {                   //且未访问过
                dist[w] = d+1  path[w] = v;        //记下路径和路径长度
```

```
                Dijkstra2 ( G, w, f, d+1, dist, path, visited );//递归
            }
            for (w++; w <= G.numVertices; w++) //找顶点 v 的下一个邻接顶点 w
                if ( G.Edge[v][w] < maxValue ) break;
        }
        visited[v] = 0;
    }
};
```

调试程序相关语句为

```
for ( i = 0; i <= G.numVertices; i++ ) visited[i] = 0;
dist[1] = path[1] = 0;
Dijkstra2( G, 1, 10, 0, dist, path, visited );
```

执行结果如下：

```
"C:\Documents and Settings\Administrator\Debug\dijkstra3.exe"
一条最短路径是：10<-5<-8<-2<-7<-3<-6<-1<-
一条最短路径是：10<-5<-8<-4<-9<-3<-6<-1<-
Press any key to continue

搜狗拼音 半：
```

附录B　词 汇 索 引

G

H

J

检索（retrieval, search）
简单回路（simple cycle）
简单路径（simple path）
健壮性（robustness）
渐近空间复杂度（asymptotic space complexity）
渐近时间复杂度（asymptotic time complexity）
交叉边（cross edge）
交换排序（exchange sorting）
阶乘函数（factorial function）
结点（node）
结点层次（level of node）
结点的度（degree of node）
结点的平衡因子（balance factor of node）
结点分裂（node division）
结点分配（node allocation）
结点合并（node merge）
结点释放（node release）
结构化程序设计（structured programming）
解码（decoding）
锦标赛排序（tournament sorting）
进队（en-queue）
静态查找表（static search table）
静态查找结构（static search structure）
静态链表（static linked list）
静态排序（static sorting）
静态数组（static array）
矩阵（matrix）

K

KMP 算法（Knuth-Morris-Pratt algorithm）
k 路归并（*k*-way marging）
k 路平衡归并（*k*-way balanced merge）
开放定址法（open addressing）
开散列（open hashing）
可使用性（usability）
克鲁斯卡尔算法（Kruskal's algorithm）
空表（empty list）
空串（empty string）
空堆（empty heap）
空间复杂度度量（space complexity metric）
空树（empty tree）
空栈（empty stack）
空指针（empty pointer）
快速排序（quick sort）
扩充二叉树（extended binary tree）
括号配对（bracket match）

L

类（class）
理想平衡二叉树（perfect balanced binary tree）
连通分量（connected component）
连通图（connected graph）
连通网络（connected network）
链表插入排序（insert sorting of linked list）
链表归并排序（merge sorting of linked list）
链表选择排序（selected sorting of linked list）
链地址法（chaining with separate lists）
链式队列（linked queue）
链式基数排序（linked radix sorting）
链式栈（linked stack）
两路归并（two-way merge）
邻接表（adjacency list）
邻接顶点（adjacency vertex）
邻接多重表（adjacency multilist）
邻接矩阵（adjacency matrix）
零元素（zero element）
路径（path）
路径长度（path length）
路径压缩（path compression）
逻辑操作符（logical operator）
逻辑结构（logical structure）
逻辑删除（logical delete）

M

m 路静态查找树（static *m*-way search tree）
满二叉树（full binary tree）
迷宫（maze）
面向对象（oriented object）
面向过程（oriented procedure）
模式（pattern）
模式匹配（pattern matching）

时间复杂度度量（time complexity metric）
时间余量（time slack）
事件序列（event sequence）
事前估计（a prior estimate）
首元结点（first node）
输出缓冲区（output buffer）
输入缓冲区（input buffer）
属性（attribute）
树（tree）
树的计数（enumeration of tree）
树结点（tree node）
数据（data）
数据比较次数（compare number of data）
数据抽象（data abstract）
数据对象（data object）
数据结构（data structure）
数据类型（data type）
数据移动次数（data movement number）
数据元素（data element）
数制转换（number conversion）
数字查找树（digits search tree）
数字分析法（digital analysis）
数组（array）
双端队列（deque）
双连通分量（bi-connected component）
双连通图（bi-connected graph）
双链表（doubly linked list）
双链树（doubly linked tree）
双亲结点（parent node）
双亲指针表示（parent representation of tree）
双散列（doubly hash）
双向链表（doubly linked list）
双向循环链表（doubly circle linked list）
双序遍历（biorder traversal）
顺序表（sequential list）
顺序查找（sequential search）
顺序存取（sequential access）
顺序栈（sequential stack）
松弛时间（slack time）
算法（algorithm）
算法规格说明（algorithm specification）
算术表达式（arithmetic expression）
随机存取器（Random Access Machine, RAM）
缩小增量排序（deminishing increment sorting）
所有点对（all-pairs shortest paths）
索引表（index table）
索引结构（index structure）
索引块（index block）
索引顺序查找（index sequential search）
索引顺序存取（index sequential access）
索引顺序结构（index sequential structure）
索引项（index item）

T

Trie 树（Trie multi-linked srearch tree）
贪心法，贪婪法（greedy method）
特殊矩阵（special matrix）
跳表（skip list）
同构的（isomorphic）
同义词（synonym）
桶（bucket）
头结点（head node）
图（graph）
图的遍历（graph traversal）
拓扑排序（topological sorting）
拓扑有序序列（topological order sequence）

U

Union 的加权规则（Union weighted rule）

W

外存储器（external storage）
外结点（external node）
外排序（external sorting）
完全二叉树（complete binary tree）
完全图（complete graph）
网络（network）
伪随机探查（pseudo-random probing）
尾递归（tail recursion）
位置（position）
文件（file）

再散列（rehashing）
增量（increment）
栈（stack）
栈底（bottom）
栈顶（top）
栈混洗（stack permutation）
栈内优先数（in-stack priority digital）
栈外优先数（out-stack priority digital）
栈溢出（stack overflow）
折半插入排序（binary insert sorting）
折半查找（binary search）
折叠法（fold）
正交链表（orthogonal linkage list）
正确性（correctness）
正则 *k* 叉树（regular *k*-way tree）
之字形旋转（zigzag rotation）
直接存取（direct access）
直接定址法（direct addressing）
直接选择排序（straight select sorting）
指数（exponent）
指针（pointer）
质数（prime）
秩（rank）
置换-选择（replacement-selection）
中位数（median）
中序遍历（inorder traversal）
中序序列（inorder sequence）
中缀表达式（infix expression）
中缀表示（infix notation）
终端结点（terminal node）
逐步求解（greedy）
逐步求精（refinement）
主轴（spindle）
柱面（cylinder）
装填因子，装载因子（load factor）
子表（sublist）
子串（substring）
子女（children）
子女结点（children node）
子女-兄弟表示（left-children and right-sibling representation）
子树（subtree）
子孙（descendant）
子图（subgraph）
字典（dictionary）
字典树（dictionary tree）
字典有序序列（dictionary ordered sequence）
字符树（character tree）
字符串（character string）
自身环（self loop）
组合项（composite item）
祖先（ancestor）
最长路径长度（longest path length）
最迟允许开始时间（latest allowable start time）
最低位优先（Least Significant Digit （LSD） first）
最短路径长度（shortest path length）
最高位优先（Most Significant Digit （MSD） first）
最佳归并树（optimal merge tree）
最小（代价）生成树（minimum spanning tree）
最小冗余编码（minimum redundancy code）
最优二叉查找树（optimal binary search tree）
最优二叉树（optimal binary tree）
最优判定树（optimal decision tree）
最早可能开始时间（earliest possible start time）
左单旋转（left single rotation）
左子树（left subtree）

参 考 文 献

[1] 王本顺，方蕴昌. 数据结构技术. 北京：清华大学出版社，1988.

[2] 严蔚敏，吴伟民. 数据结构（C 语言版）. 北京：清华大学出版社，1997.

[3] Sartaj Sahni. Data Structures, Algorithms, and Applications in C++. McGraw Hill. 数据结构、算法与应用——C++语言描述. 汪诗林，孙晓东，等译. 北京：机械工业出版社，2000.

[4] 築山修治. アルゴリズムとデータ構造の設計法. コロナ社，2003.

[5] 紀平拓男，春日伸弥. アルゴリズムとデータ構造. ソフトバンクパブリッシング，2003.

[6] Mark Allen Weiss. Data Structures amd Algorithm Ananlysis in C. 2nd ed. 数据结构与算法分析 C 语言描述. 2 版. 冯舜玺，译. 北京：机械工业出版社，2004.

[7] Mark Allen Weiss. Data Structures and Problem Solving Using C++. 数据结构与问题求解（C++版）. 2 版. 张丽萍，译. 北京：清华大学出版社，2005.

[8] Mark Allen Weiss. Data Structures amd Algorithm Ananlysis in C++. 3rd Ed. 数据结构与算法分析 C++语言描述. 3 版. 张怀勇，等译. 北京：人民邮电出版社，2007.

[9] Anany Levitin. Introduction to the Design and Analysis of Algorithms. 2nd Ed. 算法设计与分析基础. 潘彦，译. 北京：清华大学出版社，2007.

[10] 王晓东. 数据结构（C 语言版）. 北京：电子工业出版社，2007.

[11] 殷人昆，邓俊辉，朱仲涛，等. 数据结构（用面向对象方法与 C++语言描述）. 2 版. 北京：清华大学出版社，2007.

[12] 廖明宏，郭福顺，张岩，等. 数据结构与算法. 4 版. 北京：高等教育出版社，2007.

[13] 张铭，王腾蛟，赵海燕. 数据结构与算法. 北京：高等教育出版社，2008.

[14] 彭波. 数据结构. 北京：电子工业出版社，2008.

[15] Ellis Horowitz, Sartaj Sahni, Dinesh Mehta. Fundamentals of Data Structures in C. 2nd Ed. 数据结构基础（C 语言版）. 2 版. 朱仲涛，译. 北京：清华大学出版社，2009.

[16] 翁惠玉，俞勇. 数据结构：思想与实现. 北京：高等教育出版社，2009.

[17] 朱明芳，吴及. 数据结构与算法. 北京：清华大学出版社，2010.

[18] 刘大有，虞强源，杨博. 数据结构. 2 版. 北京：高等教育出版社，2010.

[19] 朱站立. 数据结构——使用 C 语言. 4 版. 北京：电子工业出版社，2010.

[20] 陈卫卫，王庆瑞. 数据结构与算法. 北京：高等教育出版社，2010.

[21] 张乃孝，陈光，孙猛. 算法与数据结构——C 语言描述. 3 版. 北京：高等教育出版社，2011.

[22] 陈越. 数据结构. 北京：高等教育出版社，2012.

[23] 邓俊辉. 数据结构（C++语言版）. 3 版. 北京：清华大学出版社，2013.

[24] 耿国华，张德同，周明金，等. 数据结构——用 C 语言描述. 2 版. 北京：高等教育出版社，2015.

[25] 苏仕华，顾为兵，贾伯琪，等，数据结构实用教程. 合肥：中国科学技术大学出版社，2015.

[26] 唐明华. 数据结构与算法. 北京：电子工业出版社，2016.

[27] 周幸妮，任智源，马彦卓，等. 数据结构与算法分析新视角. 北京：电子工业出版社，2016.